Photoshop CS4
数码照片精修专家
技法精粹

Chapter 4 数码照片的调色技法

before

after

before

after

before

after

before

after

before

after

before

after

before

after

Chapter 5 数码照片的锐化技法

before

after

before

after

Chapter 6 人像照片的修饰技法

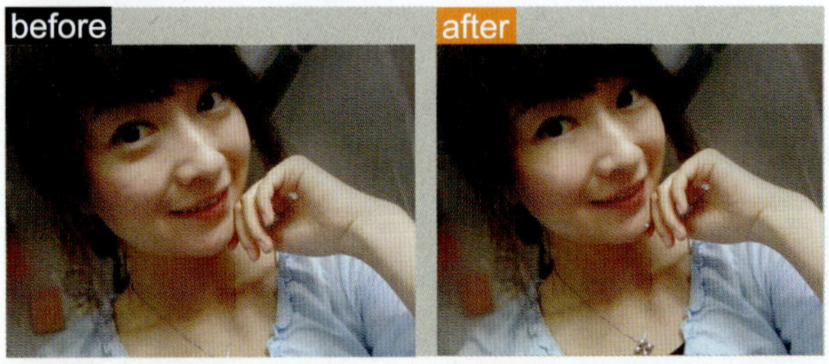

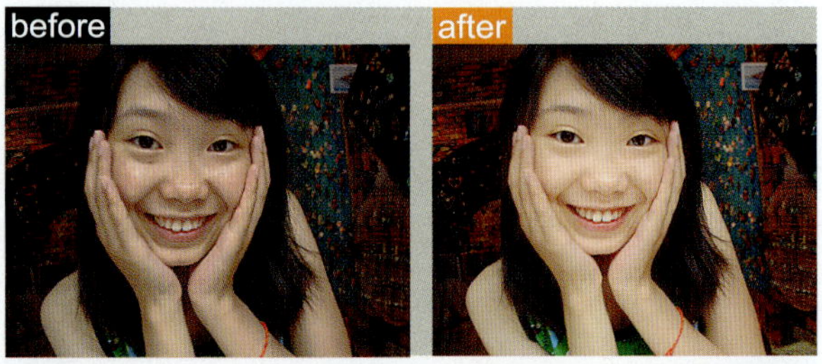

before

after

before

after

Chapter 7 静物照片的修饰技法

before

after

before

after

before

after

before

after

before

after

before

after

Chapter 8 黑白照片的处理技法

before

after

before

after

before

after

before

after

Chapter 9 数码照片的合成和艺术处理技法

before

after

before

after

before

after

before

after

Photoshop CS4

数码照片精修专家技法精粹

锐艺视觉 / 编著

中国青年出版社
中国青年电子出版社
http://www.21books.com http://www.cgchina.com
中青雄狮

律师声明

图书在版编目(CIP)数据

Photoshop CS4 数码照片精修专家技法精粹 / 锐艺视觉编著. —北京：中国青年出版社，2009.8

ISBN 978-7-5006-8868-6

I.P... II.锐 ... III.图形软件，Photoshop CS4 IV. TP391.41

中国版本图书馆CIP数据核字（2009）第 129857号

Photoshop CS4 数码照片精修专家技法精粹

锐艺视觉 编著

出版发行：中国青年出版社
地 址：北京市东四十二条21号
邮政编码：100708
电 话：（010）59521188 / 59521189
传 真：（010）59521111
企 划：中青雄狮数码传媒科技有限公司

责任编辑：肖 辉 沈 莹 郑 荃
封面设计：辛 欣

印 刷：北京建宏印刷有限公司
开 本：787 × 1092 1/16
印 张：27.5
版 次：2009年9月北京第1版
印 次：2009年9月第1次印刷
书 号：ISBN 978-7-5006-8868-6
定 价：75.00元（附赠1DVD）

本书如有印装质量等问题，请与本社联系 电话：（010）59521188 / 59521189
读者来信：reader@cypmedia.com
如有其他问题请访问我们的网站：www.21books.com

前 言

随着数码时代的到来，数码照片时刻记录着人们的生活。想要获得更好的图像效果，除了专业的摄影技术，运用照片的后期精修技术对图像进行修饰与调色也必不可少，使用Photoshop CS4软件即可轻而易举地实现这一目的。Photoshop CS4拥有全面而专业的工具和命令，可以用于校正图像不足、修饰图像颜色、柔化或锐化图像，从而使数码照片达到更好的效果。

主要内容

由于探讨的是Photoshop CS4照片处理技法，本书最先讲解了摄影方面的基础知识，使摄影爱好者能够轻松入门。其次介绍照片处理知识，让读者对后期调整有所了解。最后以实例方式为读者详细分析各种照片调整技法，例如调色技法、锐化技法、人像修饰技法、静物修饰技法以及黑白照片处理技法等。本书实例操作与知识点结合的写作方式，使读者在学习实例的同时，轻松掌握使用Photoshop CS4照片精修方面的各种知识。

编写特色

由于本书是针对需要学习数码后期处理技术的数码爱好者和摄影爱好者而编写的，因此本书以Photoshop CS4中不同的功能为线索，深入浅出、详尽细致地讲解了多种数码照片精修技法的操作实例。在讲解实例的同时，针对每一个实例配备了相关的“Photoshop 基础”和“提示与技巧”，使得在读者掌握实际操作的前提下，充分了解不同功能的延伸知识与相关技巧。

作者期待

为数码照片调色是调色与配色艺术的基本目的，如何运用照片的精修技术将平淡的生活照变为具有艺术美感的摄影作品，则是更加值得读者思考和探索之处。在此，衷心希望本书能够成为读者照片精修学习的良师益友。通过对本书的学习，在对摄影作品进行后期处理时具有清晰的构思，合理的创意，纯熟的技术，从而调整出令人满意的艺术效果。

本书附赠

随书赠送的光盘中提供了书中全部实例的素材文件、最终文件及部分实例的教学视频文件，供读者加深学习印象。由于时间仓促，书中难免有疏漏之处，希望广大读者能够给予批评指正。

作者

目 录

第1章 数码照片拍摄前的准备工作

本章内容导读

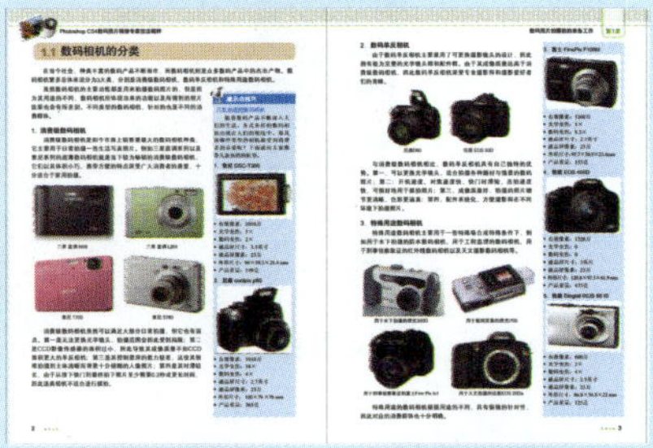

随着数码产品的不断更新，数码相机已经成为人们日常必备的一种数码产品。掌握数码相机的常识，对于选择一款合适的数码相机非常有益。在拍摄数码照片时，对数码相机进行适当的设置也会更有利于拍摄出优秀的摄影作品。在本章中将详细讲解拍摄前对相机的各项设置，同时也对摄影的一些相关技巧进行剖析。

第2章 照片素材的采集和导入

本章内容导读

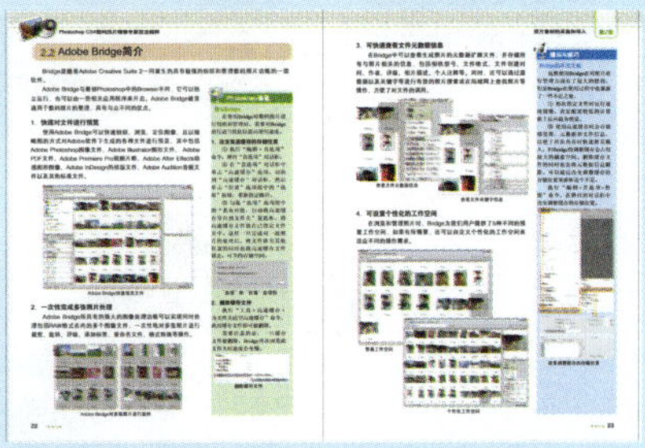

在使用数码相机完成拍摄后，需要对数码照片进行初步的处理。将照片输入电脑后，需要运用一些相关的软件如Bridge、Camera Raw等对照片进行整理。在本章中将对照片的采集、导入和管理进行讲解，使数码照片保存得井然有序，方便对照片进行进一步的处理。

第3章 数码照片处理的基础知识

本章内容导读

在数码照片拍摄完成后，还需要使用数码照片处理软件对数码照片进行进一步的调整。在处理数码照片前，需要对相关的软件Photoshop CS4进行了解，熟练掌握相关的工具和命令可以更好地为数码照片处理服务。在本章中将主要针对数码照片处理Photoshop CS4的知识进行讲解，掌握照片处理的基础知识。

本章内容导读

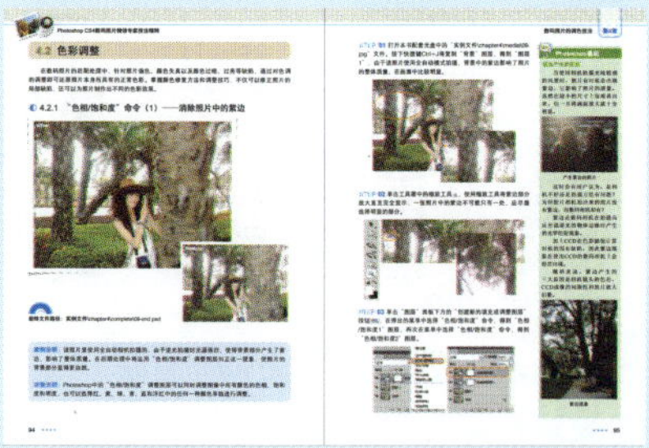

随着数码时代的到来，数码相机越来越多地融入到人们的生活中，数码照片的后期处理也变得越来越重要。在本章中将针对Photoshop CS4的不同功能，对数码照片调色进行讲解。通过后期的调整可以弥补前期拍摄的不足，从而得到理想的图片效果。下面将一一展现Photoshop中图像调整工具与命令的强大功能。

第4章 数码照片的调色技法

麻糖
HEMP HOUSE

第5章 数码照片的锐化技法

本章内容导读

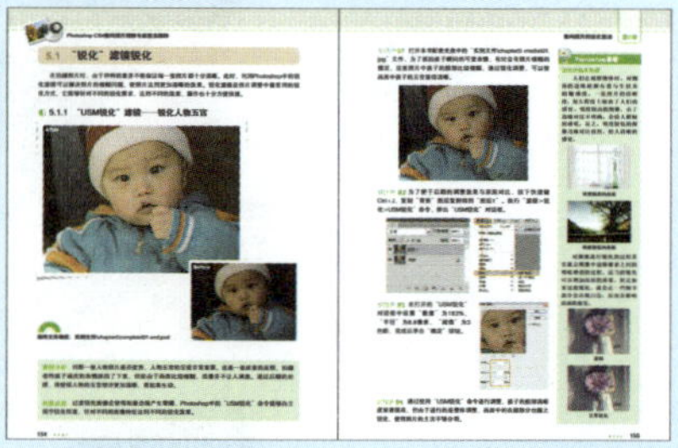

数码照片可能会由于手抖或相机成像原因导致画面模糊，一些细节的丢失使得相片质量降低。因此需要对数码照片进行适当的锐化。锐化处理能够增加照片细节的表现力，使一张普通的生活照片变为优秀的摄影作品。此外，适度锐化操作会改变照片的明暗对比度，使照片摆脱灰蒙蒙的感觉。

第6章 人像照片的修饰技法

本章内容导读

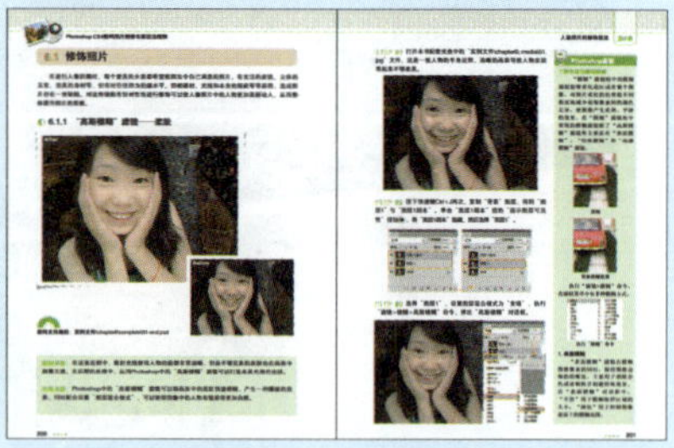

在拍摄数码照片的过程中，由于人物自身存在的一些瑕疵，加上拍摄方式的不当，可能会导致拍摄出的照片不理想。通过后期的精心处理与修饰，可以使照片呈现出较为完美的状态。本章将根据不同照片的调整需求，详细讲解人像照片的修饰技法。如何使皮肤看起来更加柔美光滑，如何消除眼袋以及如何使人物眼神更有神采等都是本章学习的重点。

本章内容导读

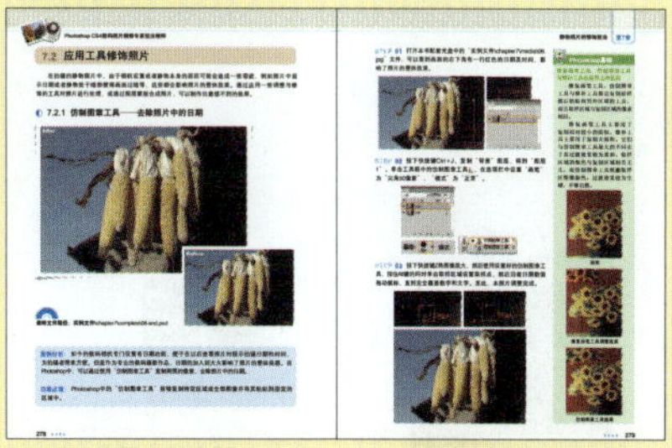

通过留心观察，会发现生活中有许多有趣的事物，将它们用数码相机拍摄下来可以得到很多妙趣横生的作品。但是由于拍摄环境的不同，有些照片会因为光线或相机设置的原因达不到理想的效果。本章介绍的静物照片的修饰技法，主要针对照片的局部不足进行调整，或者通过添加艺术效果使照片具有鲜明的主题，从而加强照片的主题性。

第8章 黑白照片的处理技法

本章内容导读

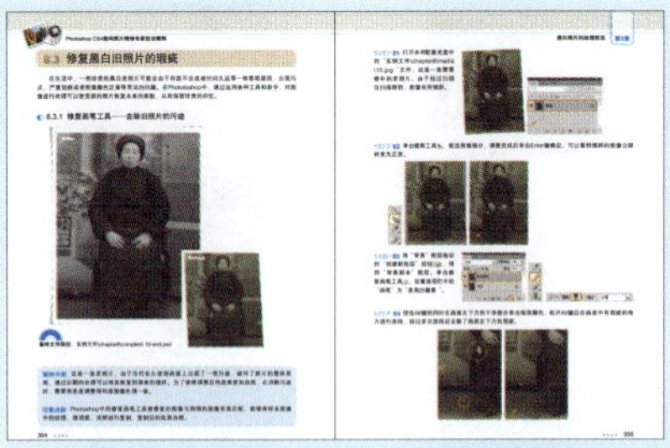

黑白照片一直是人们喜爱的一种表现形式，它多以优美动人的影调或丰富细腻的层次体现美感。除了使用相机直接拍摄黑白照片，也可以通过后期的处理与调整，为彩色照片制作黑白效果，着重体现黑白照片的明暗对比、光影层次，使得照片更加具有视觉冲击力。

第9章 数码照片的合成和艺术处理技法

本章内容导读

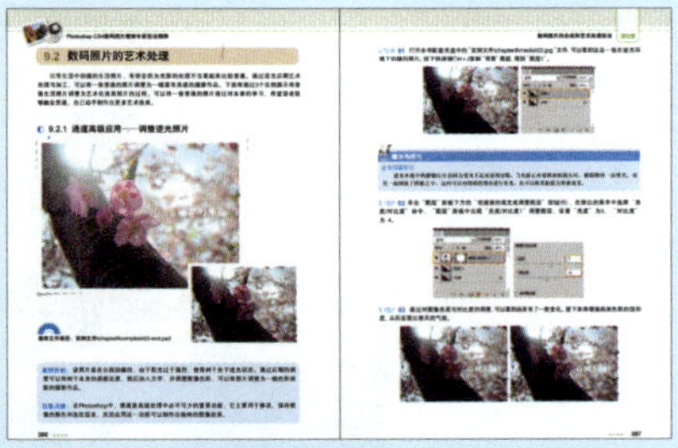

借助专业的技术可以对数码照片进行调整，从而弥补照片本身存在的不足，或者将普通的生活照片修饰为充满新意的视觉照片，表达无限的创意。本章分为两个部分，第一部分主要介绍数码照片的合成，第二部分着重讲解数码照片的艺术处理。

第10章 数码照片的输出和共享

本章内容导读

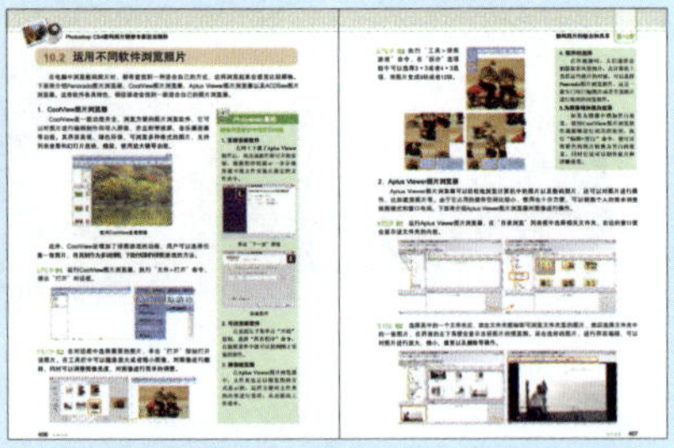

对数码照片进行调整后，不仅要将照片存放在电脑中，还可以对照片进行输出以及打印。在本章中将讲解数码照片后期的输出处理，包括将照片按照需要储存为不同的格式、制作PDF演示文稿以及制作光盘CD的索引表等多方面的内容。

第1章 数码照片拍摄前的准备工作

随着数码产品的日益普及，数码相机成为大众常用的一种数码产品。掌握数码相机的常识，对于选择一款合适的数码相机非常有益。在拍摄数码照片前，对数码相机进行适当的设置会更有利于拍摄出优秀的摄影作品。在本章中将对相机的各项设置进行全面深入的讲解，同时也将对相机的一些相关使用技巧进行剖析。

1.1 数码相机的分类

在当今社会，种类丰富的数码产品不断面市，而数码相机则是众多数码产品中的杰出产物。数码相机繁多总体来说分为3大类，分别是消费级数码相机、数码单反相机和特殊用途数码相机。

虽然数码相机的主要功能都是用来拍摄数码照片的，但是因为其用途的不同，数码相机所体现出来的功能以及所得到的照片效果也会有所差别。不同类型的数码相机，针对的也是不同的消费群体。

1. 消费级数码相机

消费级数码相机是如今市面上销售量最大的数码相机种类，它主要用于日常拍摄一些生活写真照片。例如三星蓝调系列以及索尼系列的超薄数码相机就是当下较为畅销的消费级数码相机，它们以其体积小巧、携带方便的特点深受广大消费者的喜爱，十分适合于家用拍摄。

三星 蓝调 NV9

三星 蓝调 L201

索尼 T700

索尼 S780

消费级数码相机虽然可以满足大部分日常拍摄，但它也有弱点。第一是无法更换光学镜头，拍摄范围会因此受到局限；第二是CCD影像传感器的面积过小，因此导致其成像质量不如CCD面积更大的单反相机；第三是其控制景深的能力较差，这使其很难拍摄到主体清晰而背景十分模糊的人像照片；第四是其时滞较长，由于从按下快门到最终拍下照片至少需要0.2秒或更长时间，因此该类相机不适合进行抓拍。

提示与技巧

几款热销的数码相机

随着数码产品不断深入人们的生活，各式各样的数码相机出现在人们的视线中。那具体哪些类型的相机最受到消费者的喜爱呢？下面就向大家推荐几款热销的机型。

1. 索尼 DSC-T300

- 有效像素：1010万
- 光学变焦：5×
- 数码变焦：2×
- 液晶屏尺寸：3.5英寸
- 液晶屏像素：23万
- 外形尺寸：94×59.3×21.4 mm
- 产品重量：149克

2. 尼康 coolpix p80

- 有效像素：1010万
- 光学变焦：18×
- 数码变焦：4×
- 液晶屏尺寸：2.7英寸
- 液晶屏像素：23万
- 外形尺寸：110×79 ×78 mm
- 产品重量：365克

2. 数码单反相机

由于数码单反相机主要采用了可更换摄影镜头的设计，因此拥有极为完整的光学镜头群和配件群。由于其成像质量远高于消费级数码相机，因此数码单反相机深受专业摄影师和摄影爱好者们的青睐。

尼康D80

佳能 EOS 50D

与消费级数码相机相比，数码单反相机具有自己独特的优势。第一，可以更换光学镜头，适合拍摄各种题材与情景的数码照片；第二：开机速度、对焦速度快，快门时滞短，连拍速度快，可很好地用于抓拍照片；第三，成像质量好，拍摄的照片细节更清晰，色彩更逼真；第四，配件系统化，方便摄影师在不同环境下拍摄照片。

3. 特殊用途数码相机

特殊用途数码相机主要用于一些特殊场合或特殊条件下，例如用于水下拍摄的防水数码相机、用于工程监理的数码相机、用于刑事侦察取证的红外线数码相机以及天文摄影数码相机等。

用于水下拍摄的理光300G

用于新闻采集的理光i700

用于刑事侦察取证的富士Fine Pix IS1

用于天文拍摄的佳能EOS 20Da

特殊用途的数码相机根据用途的不同，具有很强的针对性，因此对应的消费群体也十分明确。

3. 富士 FinePix F100fd

- 有效像素：1200万
- 光学变焦：5×
- 数码变焦：8.2×
- 液晶屏尺寸：2.7英寸
- 液晶屏像素：23万
- 外形尺寸：97.7×58.9×23.4mm
- 产品重量：153克

4. 佳能 EOS 450D

- 有效像素：1220万
- 光学变焦：0
- 数码变焦：0
- 液晶屏尺寸：3英寸
- 液晶屏像素：23万
- 外形尺寸：128.8×97.5×61.9 mm
- 产品重量：475克

5. 佳能 Digital IXUS 80 IS

- 有效像素：800万
- 光学变焦：3×
- 数码变焦：4×
- 液晶屏尺寸：2.5英寸
- 液晶屏像素：23万
- 外形尺寸：86.8×54.8×22 mm
- 产品重量：125克

1.2 拍摄模式设置

在使用数码相机拍摄照片时，可以根据不同的拍摄条件选择相应的拍摄模式进行拍摄。一般的数码相机都预设了多种拍摄模式，选用恰当的拍摄模式会得到更高质量的照片效果。

一般情况下，数码相机内部有预先设置的参数值，以保证经验不足的用户也可以拍出满意的效果。但是在特定环境或条件下，仅靠自动功能进行拍摄，照片的质量难以保证。这就需要用到数码相机厂商提供的不同的拍摄模式。

1. 智能场景拍摄模式

智能场景模式是数码相机功能的一次伟大突破。在最初，众多的数码相机厂家专门针对拍摄主题的光线环境进行研究，最终研发出具有智能场景拍摄模式的新型数码相机。

智能拍摄模式种类繁多，常见的有人像模式、风景模式、夜景模式和日落模式等。使用智能拍摄模式，可以轻松地拍摄出高质量的摄影作品。

风景模式

日落模式

夜景模式

微距模式

2. P档程序自动拍摄模式

P档的英文全称是Program，即程序自动控制，属于“傻瓜”型拍摄模式。

使用P档程序自动拍摄数码照片时，可以对数码相机的ISO感光度、白平衡、图像锐度等诸多参数进行手动调整。使用此种拍摄模式时，还可以在不改变曝光度的情况下，对光圈和快门进行快速联动的调整，这就方便了在复杂场景下对拍摄对象的抓拍。

提示与技巧

数码相机常见问题分析

1. 哪种长宽比例的拍摄效果更好？

这是一个较为值得讨论的问题，不同数码相机拍摄的照片长宽比例是固定不变的，通常为4:3或3:2，一般来说，在拍摄普通题材时使用3:2即可。除此以外，在拍摄风景照时，使用16:9能更好地表现风景的宽广。

长宽比例为16:9的拍摄效果

2. 多少像素才够用？

目前主流的数码相机分辨率都已达到了千万像素，但是也有更多高像素的数码相机不断推出。在拍摄时，需要根据后期打印输出的需要来决定所使用的分辨率。

影像尺寸	最大输出尺寸
10M	3648×2736mm巨幅海报
5M	2560×1920mm A3 打印
3M	2048×1536mm A4 打印
2M	1600×1200mm 4R 照片
VGA	640×480 mm 电子邮件

P档模式下抓拍的照片

3. S档快门优先拍摄模式

S档快门优先拍摄模式是在拍摄数码照片前预先设置好快门的速度，按下快门时由数码相机自动选择光圈大小。为了保证照片清晰而使用的最慢快门速度被称为“安全快门速度”，而“安全快门速度”一般是所用的镜头焦距的倒数。

S档快门优先拍摄模式主要适用于几种不同效果照片的拍摄。第一是拍摄运动物体或者使用长焦距镜头；第二是故意制作虚化效果的情况，如拍摄瀑布、夜景中快速运动的车流时都可以使用较慢的快门速度；第三是变焦摄影，在按下快门的同时旋转镜头的变焦环，可以制作出爆炸式的画面效果；第四是拍摄夜景时，通常可以将快门速度设置为1/8秒；第五是追随摄影，使用数码相机跟踪拍摄时按下快门，即可得到主体清晰而背景模糊的特殊效果。

使用慢快门拍摄车流

使用高速快门拍摄动作瞬间

3．数码变焦是否有用？

数码变焦是对CCD影像传感器捕捉数码照片进行局部裁剪，同Photoshop中裁剪工具类似。厂商不断宣传变焦的优秀之处，但该功能对实际拍摄并无太大用处。所以在购买相机时不必太过关注数码变焦的倍数。

4．手动功能是否越多越好？

对于专业摄影师而言，手动功能越多越好，而对于普通的家庭拍摄而言手动功能还是简单一些更好，过于复杂划分反而会使使用者迷惑而不能得到良好的效果。

5．哪种相机更适合拍摄视频小电影？

随着大容量存储卡的降价，人们都会考虑使用数码相机的摄像功能来记录生活中的点点滴滴。那么何种类型相机适合于拍摄小电影呢？具有优秀摄像功能的数码相机像素值应达到30万，帧数要达到30fps，要具有光学变焦功且录音效果要清晰无杂音。

6．何种相机适合于弱光拍摄？

在拍摄数码照片时难免会遇到阴雨天气，光线不足，那么在这种情况下应该选择何种相机进行拍摄呢？拍摄此类照片的数码相机需具有较高的ISO感光值，且不会产生过多的噪点，最好具备光学防抖动系统。因此使用数码单反相机比消费级数码相机更易于拍摄到清晰的照片。

4. A档光圈优先拍摄模式

使用A档光圈优先拍摄模式拍摄照片时，只需要事先设置好光圈大小，当按下快门时数码相机会自动调整快门速度以得到正确的曝光度。光圈的特殊功能就是能很好地控制距离数码相机不同远近的物体在照片中的清晰度。

A档拍摄模式主要适合用于以下几种场景的拍摄。

① 拍摄人像时，为了突出主体，需要使用f2.8以上的大光圈将背景虚化。

② 制作星光效果时，使用f16或更小的光圈，使光源变为带有光芒的“星星”。

③ 拍摄风景时，为了使画面上的所有物体完全清晰，需要使用f22或更小的光圈。

④ 因镜头缺陷造成画面四周出现暗角时，需要在最大光圈基础上缩小两档，一般为f5.6或f8。

⑤ 追求最佳清晰度时，通过在最大光圈基础上缩小两档或三档，使用镜头分辨率得到最好的表现。

使用长焦镜头虚化背景突出主体

拍摄星光路灯效果

所有景物完全清晰

7. 何种相机适于拍摄运动照片？

对运动的被摄物进行拍摄时，需要选择合适的数码相机才能捕捉到精彩的瞬间。适合拍摄运动照片的相机需要快速准确地对焦且连拍的功能要强大。

拍摄动态人物

8. 勤用闪光灯

闪光灯并非只是在夜晚或室内才能使用，其实日间拍摄时，闪光灯一样具有很大的作用。

拍摄风景时，闪光灯可以提高前景花卉或者草木的反差和色彩鲜艳度。

拍摄逆光人像时，闪光灯可以照亮脸部，改善反差。一些日间拍摄的人像照片，由于光线过暗因此人物亮度很低。

在拍摄微距照片时，闪光灯能起到主光源的作用。

勤用闪光灯，能够让数码照片的品质得到很大的改善。

使用闪光灯拍摄的照片

5．M档全手控拍摄模式

M档全手控拍摄模式是指在按下快门以前，预先手动设置快门速度和光圈大小。在光线复杂多变的场景下，M档全手控拍摄模式可以发挥其重要的作用。

M档全手控拍摄模式适合在复杂多变的光线环境下使用

酒吧灯光

绚丽烟花

在拍摄变幻莫测的酒吧或烟花场景时，为了使曝光准确，摄影者往往需要使用M档全手控拍摄模式。

M档全手控拍摄模式将光圈与快门在按下拍摄之前固定下来，它主要用于以下几种场合的拍摄。

① 专业的摄影棚灯光拍摄。

② 大批量的复制摄影，如证件照或翻拍等。

③ 光线变换的场景，如酒吧，舞台等。

④ 闪电或者焰火的拍摄，可以捕捉照亮黑暗的瞬间。

6．AUTO全自动拍摄模式

一般的数码相机转盘上都有一个AUTO图标，这就是AUTO全自动拍摄模式。该模式不需要设置任何拍摄参数，只需要瞄准被拍摄主体后按下快门按键，就可以得到一张精彩的数码照片。正因为该模式操作非常简单，即便是完全没有拍摄经验的用户也能轻松使用，因此AUTO全自动拍摄模式也被称为“傻瓜模式”。

9．CCD的面积大小对成像质量有何影响？

数码相机的CCD影像传感器有多种不同规格，比较常见的有1/2.7英寸、1/1.8英寸、2/3英寸、4/3英寸、APS尺寸和全画幅尺寸等。

而CCD影像传感器的面积尺寸越大，照片的成像质量就越好。CCD影像传感器的面积越大，单个像素的尺寸也就越大，所接收的光线就越多，因此对光线的灵敏度就越高，所拍摄的影像色彩就越鲜艳，细节就越清晰、锐利。

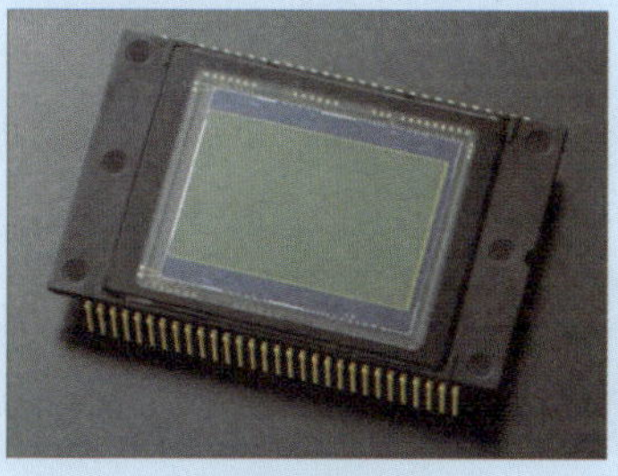

CCD传感器

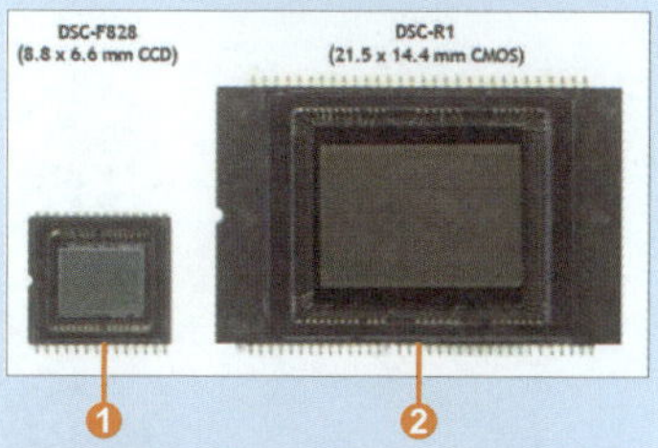

❶ 消费级数码相机使用的CCD传感器。

❷ 数码单反相机使用的CCD传感器。

10．不可轻易删除原始数码照片

在拍摄时产生的原始数码照片包含了很多原始的影像细节，而经过软件处理的照片虽然看起来色彩鲜艳、风格多变，但是往往会损失原照片的一些细节。

所以，为了满足各种场合使用的需要，建议用户在使用软件处理数码照片前妥善保存好原始数码照片。

1.3 数码照片的格式

不管使用什么相机拍摄数码照片，最终都会将照片存储为一定的格式，数码照片的格式非常多，不过现在应用最为广泛的还是JPEG和RAW格式，这是目前几乎所有的数码相机都采用的照片格式，两种格式都有自己各自的特点和优势。

1. JPEG文件格式

JPEG文件格式的全称是Joint Photographic Experts Group，是一种有损压缩存储格式，也是最常见的一种格式，几乎使用所有的图像浏览和编辑软件都可以打开它。JPEG格式能够很好地再现全彩色图像，所以也比较适合摄影图像的存储。

由于JPEG格式的压缩算法是采用平衡像素之间的亮度色彩来压缩的，因而更有利于表现带有渐变色彩且没有清晰轮廓的图像，JPEG格式在图像文件的大小和图像画质之间取得了一个很好的平衡。JPEG格式照片的优势就是存储速度快、拍摄效果好、兼容性好，可直接在Photoshop 中打开，并对照片色彩进行调整。

JPEG格式的数码照片

2. RAW文件格式

RAW格式是一种将数码相机感光元件成像后的图像数据直接存储的格式。RAW格式的图像文件保留了CCD或CMOS在将光信号转换为电信号时的电平高低的原始记录，也为后期的制作提供了最大的余地。

由于RAW格式不经过压缩也不会损伤数码照片的质量，而且因为存储的是感光元件的原始图像数据，所以可以对图像正负两极的曝光调整、色阶曲线、白平衡、锐度等参数进行调整。如果拍摄的数码照片是用于印刷出版，那么RAW格式的照片效果会比较理想。

提示与技巧

JPEG格式的工作原理

数码相机感光元件中的每个CCD对应了一个像素，而其中R感应红光、G感应绿光、B感应蓝光，所以CCD或CMOS在得到原始数据以后，经过相机的配置文件处理，如色彩空间、锐化值、白平衡等，得到变换后的图像再按设定的JPEG质量进行压缩，最终得到JPEG文件。

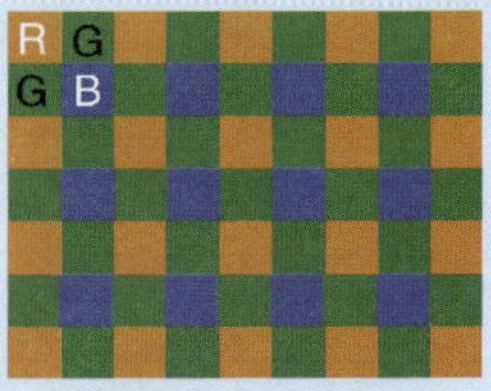

相机感光中对应的像素

RAW格式的工作原理

RAW格式记录的是每个像素位置的电荷值，而不记录任何颜色信息。相机中所有的设置除ISO、快门、光圈、焦距以外，其他设定都不会影响RAW文件。只有在软件转换RAW文件时才会指定色彩空间、锐化值、白平衡等。

JPEG格式

RAW格式

RAW格式的数码照片

在将RAW格式的照片导入到Photoshop CS4中以后，由于RAW格式的照片信息保存了最原始的信息，因此它具有很强的还原度。将RAW格式导入到Camera Raw以后，它可以根据情况自动对照片进行颜色及亮度调整，同时也可以手动对照片进行调整。能得到最真实的颜色信息。

自动调整RAW格式的数码照片

需要注意的是，RAW格式的文件可以转换为JPEG格式的文件，而JPEG格式的文件夹不能转换为RAW格式。

手动调整RAW格式的数码照片

提示与技巧

Adobe DNG格式

1. Adobe DNG格式的涵义

Adobe DNG是一种用于数码相机原始数据文件的公共文档格式，可用于解决不同型号相机原始数据文件之间缺乏开放式标准的问题，可帮助摄影师用来访问不同相机中的原始数据文件。

自从DNG格式推出后，众多支持DNG格式相机格式的数码相机也相继推出。DNG格式也将成为存储相机原始数据的一种趋势。

未来的DNG格式将成为照相机原始数据的储存趋势。如果不想自己满意的照片原始数据因为软件的更新而无法打开或编辑。那么将格式转换为DNG可以说是比较好的选择。

2. Adobe DNG格式的优点

在处理照片时，Adobe DNG格式具有JPEG和RAW格式没有的优点。

① 可以更放心地存储照片，因为它可以轻松打开原始数据文件。

② 处理不同厂商、不同型号的相机原始数据时，单一的处理格式提高了工作效率。

③ 可公开并随时获取存档范围，这一点深受相机制造商的喜欢，也更易于适应更新，同时适应未来技术的发展。

在Photoshop中可将RAW格式的文件转换为DNG格式，也可使用Adobe官方所提供的Adobe DNG Converter转换器对格式进行转换。

1.4 感光度（ISO）的设置

在使用数码相机拍摄照片时，为了减少照片上的噪点，就需要对数码相机的感光度进行合理的设置。感光度的大小决定了噪点在照片上的数量，也就是照片的质量及效果。

在拍摄数码相机的成像芯片时，产生光电转换时虽然会同样起着“感光”的作用，但是成像芯片却对成像光线有“量”的要求和限制，这时就需要通过感光度来调节，从而控制照片成像效果。

所谓噪点，是对CCD采集到的电信号进行超级放大处理时，在信号被放大以后表现在照片上的杂乱的色点。按照国际标准，数码相机的灵敏度被标注为ISO感光度值。改变数码相机的感光度，实际上就是改变成像芯片输出信号的增益，所以在感光度提高一倍时灵敏度也就提高了一倍，而曝光量就会相应地减小一半。

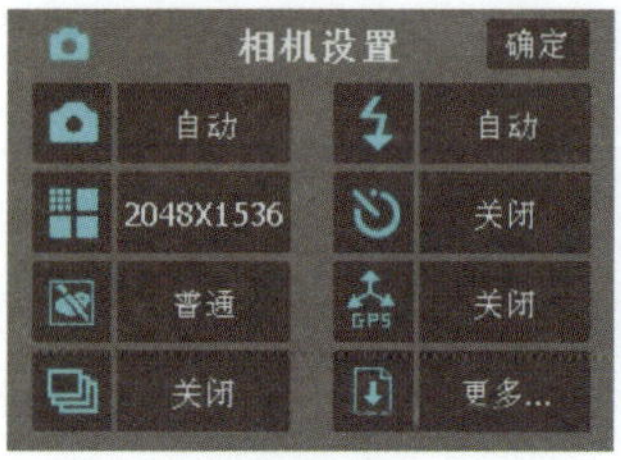

系统菜单

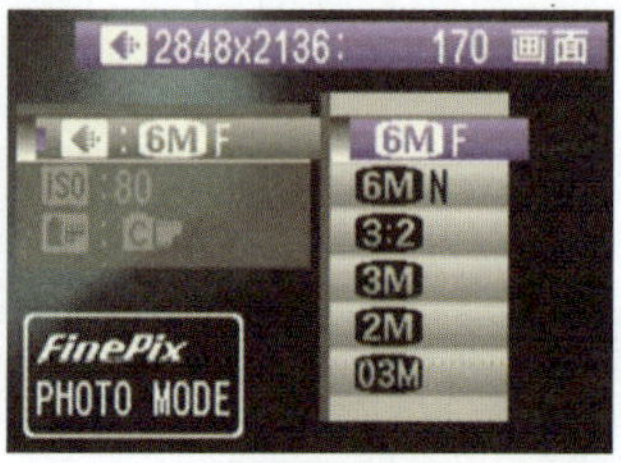

设置感光度

常用的ISO感光度值有80、100、160、200、400、800、1600、3200等。ISO数值越大，照片中的噪点也就越多。当ISO值为400、800、1600、3200时，称为高速感光度，其主要特点是对光线的灵敏度较高，噪点多，照片质量也会不佳，其主要用于体育、新闻、抓拍等。当ISO值为100、125、150、120时，称为中速感光度，其主要特点是对光线的灵敏度一般，噪点相对较少，其照片质量几乎可用于任何场合。当ISO值为25、50、60、80时，称为低速感光度，其主要特点是对光线的灵敏度较低，噪点极少，照片质量也极佳，主要用于风景和静物的拍摄。

感光度为500时的拍摄效果

提示与技巧

何种情况下适合使用感光度

在光线不足时，闪光灯的使用是必然的。但是在一些不允许或不方便使用闪光灯的情况下，可以通过 ISO值来增加照片的亮度。通过调高ISO值、增加曝光补偿等办法，减少闪光灯的使用次数。调高ISO值可以增加光亮度，但是也会增加照片的噪点。

提示与技巧

使用高感光度拍摄的注意事项

数码单反相机在使用较高ISO感光度值时仍然能拍摄到质量不错的照片，但还是应该注意一些问题。

① 尽量使用最低ISO感光度值进行拍摄。

② 尽量不要使用ISO800或更高的ISO值进行拍摄。

③ 在拍摄生活快照、新闻摄影时，如果对画面的要求不是特别高时，可以一直使用ISO 400、ISO800进行拍摄。

④ 当使用闪光灯拍摄照片时，采用ISO400拍摄不但可以节省电池而且可以加快闪光的回电。

⑤ 当遇到长时间曝光时，为了减少噪点，应该打开数码相机的降噪功能。

感光度为160时的拍摄效果

感光度为80时的拍摄效果

对于一般的消费级数码相机而言，当拍摄感光度超过ISO200，噪点就会明显增加，成像品质就会下降，所得到的照片质量也就会不尽人意。所以在光线允许的情况下，应尽可能地使用低感光度拍摄，这是获取高清晰度、细腻影调照片的有效方式。

高感光度拍摄效果

低感光度拍摄效果

提示与技巧

胶片相机与数码相机的感光区别

在胶片相机的时代，胶卷的外包装上都会有数字符号，如柯达100、柯达200等，其实这就是胶卷的感光度。通常胶卷分为慢速胶卷和高速胶卷。国际标准化组织为了能统一反映这一速度，于是把胶卷的感光速度确定为ISO 100、ISO 200等。

数码相机与传统的胶片相机不同，它是通过感光元件CCD感应入射光线的强弱，但为了与传统胶片相机统一计量单位，所以也引用了ISO感光度的概念。

至于原理方面，目前的数码相机普遍采用两种方式，第一种是把数个像素点当作一个像素点来感光的方式，从而提高感光速度，例如正常的ISO 100是对感光元件的单一的像素点进行感光，要提高到ISO 400的感光度，只需要把四个点当成一个点来感光，就能获得四倍的感光速度。第二种就是提高放大增益来实现提高感光度的目的。

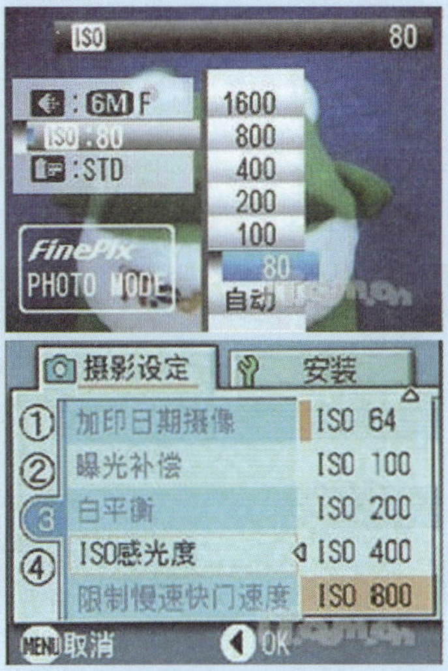

数码相机感光度设置

1.5 光圈大小的设置

数码相机中的光圈是一个用于控制光线透过镜头，进入机身内感光面的光量装置，它通常是在镜头内。通过设置不同光圈大小可以控制照片的景深效果。

为了在拍摄数码照片时得到特殊的景深效果，就需要使用光圈来控制物体距数码相机的不同远近，即在照片上所表现出的清晰度。在表达光圈大小时通常用f值来表示，光圈f值=镜头的焦距/镜头口径的直径。因此，在特殊情况下为了得到相同的光圈值时，长焦距镜头的口径要比短焦距镜头的口径大。

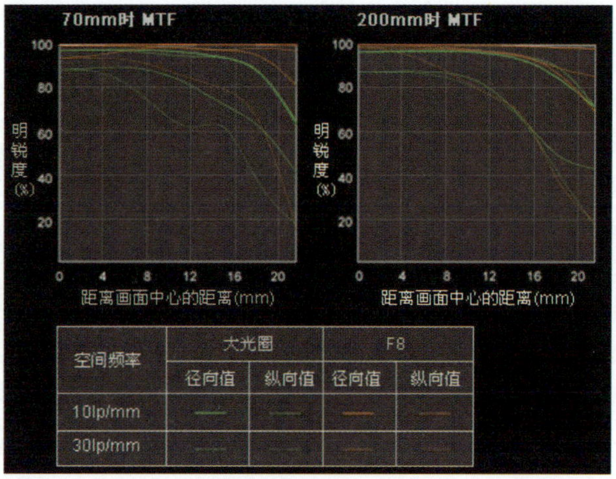

光圈的参数设置

数码相机完整的光圈值系列包括 f1，f1.4，f2，f2.8，f4，f5.6，f8，f11，f16，f22，f32，f44和f64。光圈f值愈小，在同一单位时间内的进光量便愈多，而且上一级的进光量刚好是下一级的一倍。例如光圈从f8调整到f5.6时，进光量便多一倍，也就是常说的光圈开大了一级。对于消费型数码相机而言，光圈f值常常介于f2.8 ~ f16之间。此外许多数码相机在调整光圈时，可以进行1/3级的调整。

尼康S500操控菜单

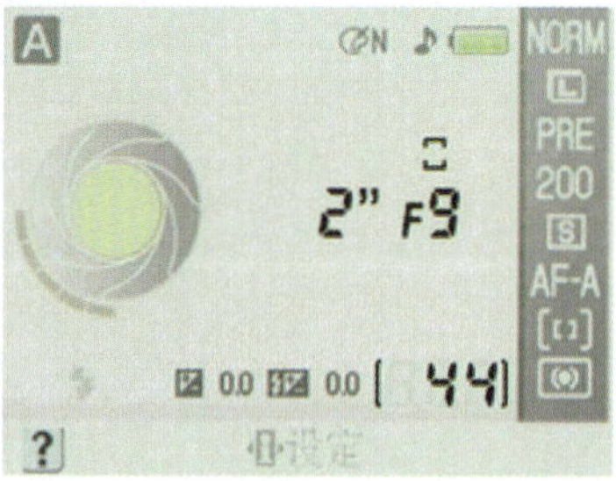

设置光圈

由于光圈的数值是由焦距除以镜头直径而得到的，所以光圈的数值越小其口径就会越大，而光圈数值越大其口径就越小。当光圈的数值每减小一级，其曝光量也会随着减小一倍。

提示与技巧

影楼使用大光圈的原因

在婚纱影楼拍摄数码照片时，由于主体对象是人，在光圈的设置上也会采取相对的大光圈，这是有其原因的。

① 相对太小的光圈会使影像的锐度增大，在拍摄人物时，这会使人物脸部的过度生硬并产生一定的色块，导致后期的制作、修改遇到很多麻烦且有可能造成无法弥补的缺陷。

② 相对太小的光圈必然会造成快门速度的放慢。对于数码相机而言，太慢的快门速度，过长的曝光时间会使CCD上感应到的电流加强，从而产生相对的噪声比的提高。因此婚纱拍摄时对光圈通常采取f5.6~f8之间的设置拍摄人像照片。

提示与技巧

使用f5.6或f8光圈，造成曝光过度的解决办法

① 对闪光灯进行调整，降低闪光灯的强度。

② 在闪光灯强度降到最低后如仍存在曝光过度，可以在闪光灯柔光箱内加罩白色的的确良布，从而降低闪光的强度。

曝光过度的照片

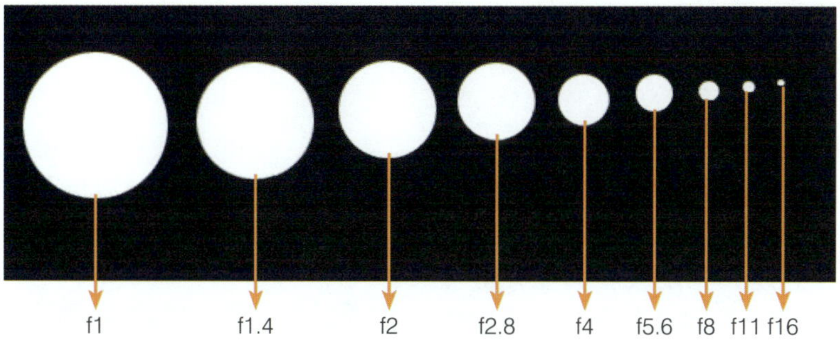

光圈的口径大小变化

通过改变光圈的大小，可以直接决定画面上景深的大小。当光圈值较大时，景深就越小，画面上将只有主体物最为清晰。当光圈值较小时，景深越大，画面中主体前后的景物都会比较清晰。

光圈具备一个特殊的功能，它可以控制距离数码相机不同远近的被射物体在照片上的清晰度。

下面的几张图片是分别针对景物和人采用不同光圈值拍摄出来。从照片中可以很明显地看到光圈值大小对于整个照片所产生的影响。一般拍摄人像，需要使用f2.8以上的大光圈。如果拍摄近照，则需要设置f5.6或f8的大光圈。适当地调整光圈值可以拍摄出优秀的摄影作品。

光圈为f8时的拍摄效果

光圈为f3.2时的拍摄效果

光圈为f2.8时的拍摄效果

光圈为f16时的拍摄效果

提示与技巧

在较弱光线下拍摄清晰照片

在较弱的光线下拍摄出来的照片通常都会相对模糊，此时就可以采用较高光圈值来进行拍摄。采用高光圈在弱光下拍摄出来的照片也会相当清晰，但是使用高光圈拍摄的照片不能过于放大来查看。一旦将其放大到一定程度就会看到照片具有很明显的噪点。

弱光下所拍摄的模糊照片

采用高光圈拍摄的照片

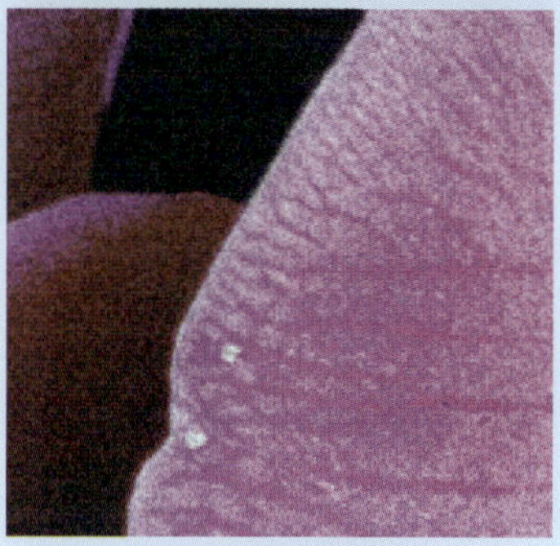

照片中产生噪点

1.6 白平衡的设置

在拍摄数码照片时，需要对数码相机的白平衡进行设置。白平衡是相机在拍摄时根据光照条件及时校正色彩的一个过程，因为不同的光源所发出的光线颜色都是不同的，调整白平衡值以后，才能使照片上的物体还原真实的色彩。

由于人的眼睛具备了自我调节的能力，所以在大部分情况下，相同颜色在不同光源下呈现的效果几乎都是相同的。不同的光源以出的光线，颜色是各不相同的。以最为突出的钨丝灯和荧光灯来看，钨丝灯所产生的光线就明显偏红，照片的画面色彩就会严重偏蓝，而荧光灯光线就明显偏蓝，照片的画面色彩就会严重偏红。

正常色调

偏红色调

偏蓝色调

随着数码相机的普及，大部分相机都具备了自动调整白平衡的功能，可以根据不同的光线调整合适的白平衡。一般数码相机对白平衡都有预设值，其中包括自动、日光、阴天、白炽灯、荧光灯、自定义等模式。当使用自动白平衡功能无法还原真实色彩时，则可以使用预设白平衡模式或使用手动自定义白平衡。

提示与技巧

手动设置白平衡的方法

为了准确呈现被摄物的色彩，就需要手动定义数码相机的白平衡。具体的操作方法是首先进入菜单选择“手动自定义白平衡”，然后将数码相机的镜头对准一张白纸进行拍摄，这样即可成功地设置白平衡。

操作方法

同时如果不对相机的白平衡进行设置时，也可以在摄影器材店购买灰度卡，在拍摄时将其放在画面不起眼处。在后期处理白平衡时，直接在Camera Raw中使用白平衡工具在灰度卡图像上单击，就可得到适当的白平衡。

Photoshop基础

Camera Raw的白平衡校正功能

随着相机的不断更新，对白平衡纠正功能的要求也在不断地提高。但是在一些特殊的混合光照下，也无法很准确区别一些较小的差别。如果使用RAW格式拍摄照片，相机的传感器会以元数据的形式记录白平衡信息，在拍摄完成后将其转换为其他格式时，只需要调整其色温即可还原出照片中物体的真实色彩。

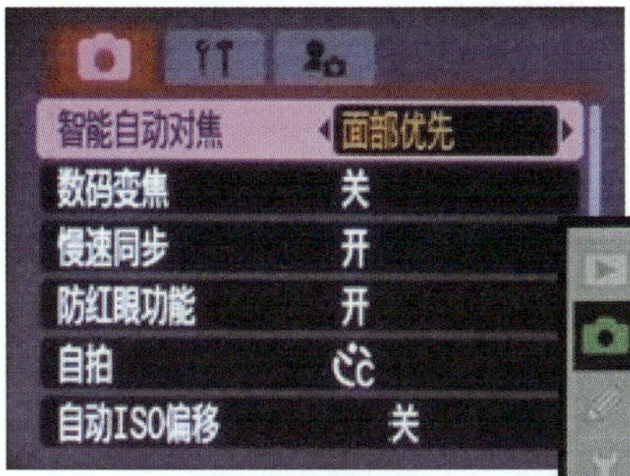

佳能IXUS 70操控菜单

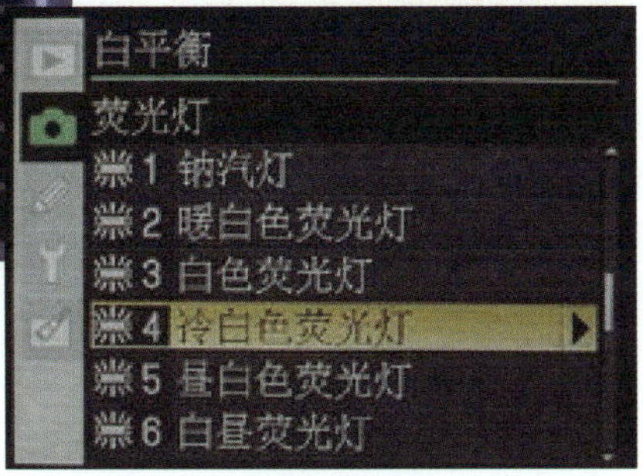

设置白平衡

白平衡的设置是在拍摄数码照片时最基础的设置和表现技法，使用不同的白平衡模式可以表现不同的特殊效果。白平衡模式设置为“太阳光”时，照片为橙色调，天空将变为深褐色，而设置为“钨丝灯”时，照片表现为正常色调，天空为正常的深蓝色，下面几张照片是设置不同的白平衡模式拍摄出来的色调效果。

自动白平衡模式

“荧光灯”白平衡模式

自动平衡模式

“钨丝灯”白平衡模式

Photoshop基础

了解Adobe RGB色彩管理

当包含Adobe RGB色彩管理的图片在不支持Adobe RGB色彩管理的软件下浏览时，图像会产生一些偏色，较为明显的表现方式就是会使图像的颜色显得偏灰。

比如一张带有Adobe RGB色彩模式拍摄的JPEG照片，在处理完成后尚未转换成sRGB就放在网络浏览器上观看时，就会产生偏色的现象。

由于普通浏览器不支持Adobe RGB色彩，所以会产生比原图偏灰的效果。这种效果在显示人物肤色时会更加明显。

Adobe RGB色彩的正常效果

不支持Adobe RGB色彩产生的效果

1.7 曝光补偿的设置

曝光补偿也是一种曝光控制方式，用于手动更改曝光量以达到调整照片整体亮度的效果。现在市面上的数码相机都提供了曝光补偿功能。

曝光补偿就需要了解什么为曝光补偿。曝光补偿也是一种曝光控制方式，一般设置为±2~3EV左右。如果环境光源偏暗可增加曝光值（如调整为+1EV、+2EV），以突显画面的清晰度。

当拍摄环境比较昏暗，需要增加亮度，而闪光灯无法起作用时，可对曝光进行补偿，适当增加曝光量。如果照片过暗，要增加EV值，EV值每增加1.0，相当于摄入的光线量增加一倍。反之则EV值每减小1.0，相当于摄入的光线量减小一倍。不同相机的补偿间隔可以以1/2（0.5）或1/3（0.3）的单位来调节。

曝光补偿前

曝光补偿后

如果被拍摄的白色物体在照片里看起来是灰色或是不够白的时候，就需要增加曝光量，简单地说就是“越白越加”。主要是因为相机的测光往往以中心的主体为偏重，白色的主体会使相机误以为环境非常明亮，因而产生曝光不足的结果。

白色物体带来的曝光不足

曝光补偿的调节是经验加上对颜色的敏锐度所决定的，多比较不同曝光补偿下的图片质量、清晰度、还原度和噪点的大小，才能真正拍出最好的图片。

提示与技巧

使用曝光补偿的条件

在拍摄数码照片时，正确运用曝光补偿可以拍摄出效果更好的照片。下面来了解使用曝光补偿的条件。

① 当被摄对象亮度比较高时需作曝光正补偿。如在拍摄风景照时，当蓝天白云等浅色调内容占了较大面积时，就要考虑适当增加曝光量。此外，在拍摄雪景、雾景等特定内容时，都要根据表现对象最后需以高调形式来显示的特点，酌情进行曝光补偿。

② 被摄对象亮度较低需进行曝光负补偿。如在拍摄城市夜景时，除了画面中建筑、街道或其他亮度较高的内容占据画面主要面积外，为防止曝光过度就需要利用曝光补偿来适当减少曝光量。

提示与技巧

曝光补偿和闪光补偿的区别

曝光补偿是通过改变ISO来对照片补光，而闪光灯曝光补偿是通过内置的闪光灯对照片补光。

主体与背景的距离是闪光曝光补偿与连续光曝光补偿的最大区别之处。当主体与背景距离足够远时，闪光曝光补偿主要考虑测光模式和主体的反光率，而不再考虑背景，因为这时闪光对背景的亮度变化已可以忽略。而普通曝光补偿在任何时候都必须考虑背景的亮与暗。

1.8 色彩空间的选择

色彩空间是可见光中的颜色范围，而色彩空间所包含的颜色范围又被称为色域。对数码照片进行处理时，色彩空间可以维持显示器颜色和最终照片颜色一致。

在了解色彩空间的基础之上，才能对数码照片的颜色进行很好的控制，使照片得到最完美的效果。在专业的数码处理过程中，所用到的各种设备都是在不同的色彩空间内运行的，其色域也会各不相同。

某一些颜色位于数码相机的色域内，但是却不在显示器的色域内。而存在于显示器内的色域又不一定存在于打印机的色域范围内。无法在设备上生成的颜色就被称为超出了该设备的色彩空间，最终效果就达不到所预期的效果。

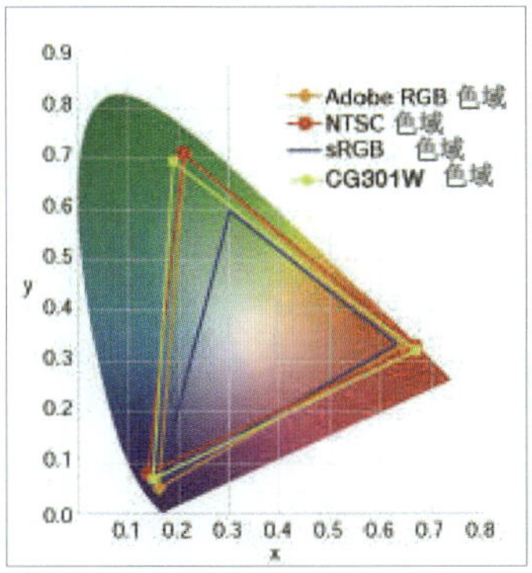

色域在直方图中的表现

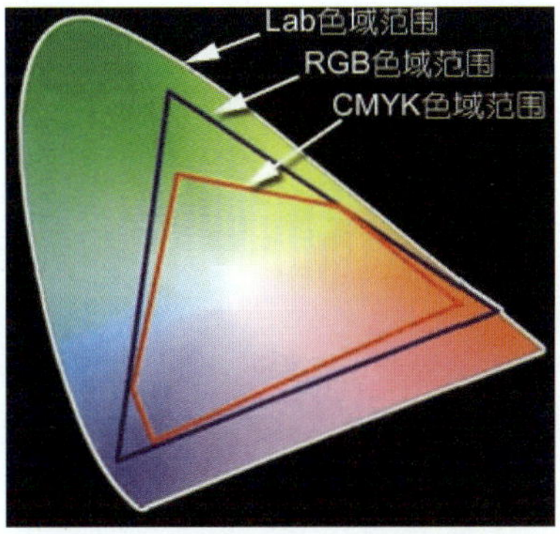

不同颜色模式的色域范围

色彩空间对于照片的成像效果具有很大影响。当遇到颜色超出色域时，在特定工作空间内编辑图像时Photoshop会弹出警告信息，以保证能在最大范围内还原真实的颜色。

现在的数码相机一般提供两种色彩空间，即Adobe RGB和sRGB。数码相机所拍摄的照片默认为sRGB色彩空间，它是一个标准的、通用的显示器色彩空间。而Adobe RGB色彩空间是Adobe提供的更为专业的色彩空间，与sRGB相比起来，它的色域更加宽广，可以使拍摄出来的照片色彩更加丰富。

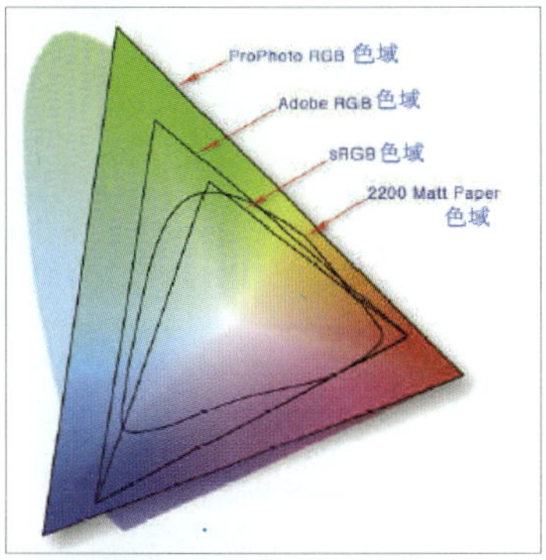

专业色彩管理流程中的不同色域

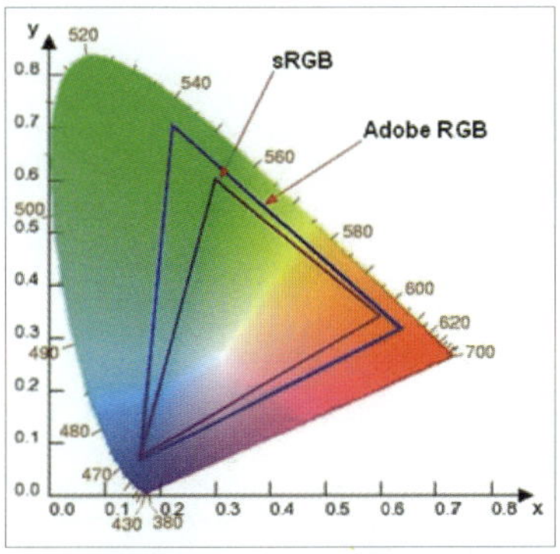

sRGB色域和Adobe RGB色域比较

Photoshop基础

在输出设置时可采用不同的色彩管理

对于不同的输出设备，在输出时根据具体情况可以设置与之相应的色彩管理方案。

① 喷墨打印机：匹配到自己打印机中的ICC配制文件。

② 网络浏览：转换为sRGB色彩空间。

③ 冲印中心：在冲印时最好将其转换为冲印中心的ICC配置文件，如不能转换，可将其转换为sRGB色彩空间。

④ 印刷输出：转换为印刷机ICC配制文件。

提示与技巧

使用数码相机拍摄时常用的色彩模式

1. La（sRGB）

La（sRGB）色彩模式适用于人像拍摄，能够表现人物自然的肤色，且适用于打印或直接输出。

2. Adobe RGB

在此设置下所拍摄的照片适用于Adobe RGB色彩空间。它有着更加宽广的色域，适用于广泛处理和润饰的照片。

3. Llla（sRGB）

Llla（sRGB）色彩模式适合于拍摄风景以及花朵照片。在此颜色模式下拍摄时，可以增加成品中的绿色和蓝色，使照片色彩更加真实，可用于直接打印、输出而不需要修改的照片。

第2章 照片素材的采集和导入

在使用数码相机拍摄完成以后，就需要对所拍摄的照片进行一个全面处理。将照片输入计算机后，需要运用一些相关的软件，如Bridge,Camera Raw等对照片进行整理操作。在本章节中将对照片的采集、导入和管理进行讲解，使数码照片更加井然有序，便于后期对照片进行进一步处理。

2.1 数码照片的导入

使用数码相机拍摄完成后，如果不是直接送到数码冲印店进行冲印，通常需要把数码相机中的照片输入到计算机中进行保存、浏览、挑选以及照片后期处理。一般来说，把数码相机照片输入计算机的方法有3种。

1. 使用数码相机数据线与电脑相连进行照片传输

使用数码相机数据线与电脑相连并进行照片传输是最常用的数码照片传输方法。在购买数码相机时，一般情况下都会配置数据传输线，而且一般数码相机也都会附有数码照片处理专用软件。

只要计算机安装了该数码相机的USB驱动程序，即可使用数据线直接将数码相机与计算机连接起来。数码相机的存储卡与一般的移动硬盘、U盘的性质是一样的，接通之后打开数码相机电源开关，即可从数码相机存储卡中找到保存照片的文件夹，将数码照片复制出来粘贴到计算机硬盘上即可。

不同样式的数码传输线

2. 使用读卡器传输数码照片

在拥有数码照片存储卡读卡器的情况下，可以使用读卡器传输数码照片。首先将数码相机中的存储卡取出，插入到读卡器中。将读卡器与电脑相连，开启读卡器后就可以从计算机上读取数码相机存储卡中的照片文件了，而照片的复制、粘贴、清除文件的方式与“使用数码相机数据线与电脑相连进行照片传输”的方法一样。

提示与技巧

存储卡的分类

数码相机使用存储卡来记录和保存数码照片，目前常用的存储卡类型有CF卡、微硬盘、SD卡、MMC卡、记忆棒、SM卡等。

CF卡是使用最为广泛的存储卡，其体积比其他类型稍大一些。

CF储存卡

SD卡是目前最为常用的一种存储卡，它比CF卡和记忆棒都要小一些，其最大特点是在手机、MP3、数码相机等设备间通用。

SD储存卡

MMC卡与SD卡在外观上非常接近，只是MMC卡要比SD卡稍薄一些。

MMC储存卡

记忆棒是索尼公司推出的一款专利存储卡，可在索尼品牌的笔记本电脑、数码相机、MP3等电子设备上通用。

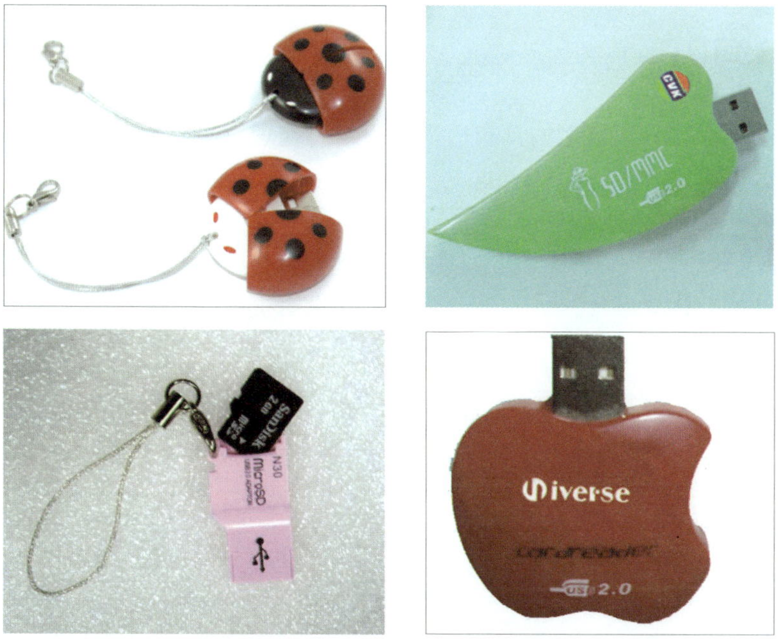

不同样式的读卡器

记忆棒

xD卡是富士和奥林巴斯联手推出的一种小型存储卡。只能用于富士和奥林巴斯的数码设备，且价格也比其他存储卡贵。

xD储存卡

3．将数码照片传输到笔记本电脑的专用方法

除了前面所介绍的两种主要方法之外，还有一种将数码照片直接传输到笔记本电脑的专用方法，即笔记本电脑直接用数码相机存储卡读取照片文件。如果笔记本电脑有数码照片存储卡读卡插口（例如SD卡接口），并且笔记本电脑的操作系统是Windows XP的话，即可将数码相机中的存储卡取出，直接插入到笔记本电脑的插槽中。这时存储卡将显示为“可移动存储设备”，照片的复制、粘贴、清除等方法与前面两种方法一样。

使用数码照片存储卡传输照片

提示与技巧

读卡器的分类

目前的读卡器种类繁多，从产品角度可以分为单一式和兼容式两种。单一式的产品仅可以读取一种类型的记忆卡。如果有多台使用不同存储介质的数码相机，或是其他的数码产品时就需要能够兼容多种记忆卡的读卡器，方便读取不同类型记忆卡的内容。

兼容式读卡器

单一式读卡器

2.2 Adobe Bridge简介

Bridge是随着Adobe Creative Suite 2一同诞生的具有极强的组织和整理数码照片功能的一款软件。

Adobe Bridge与最初Photoshop中的Browser不同，它可以独立运行，也可以由一些相关应用程序来开启。Adobe Bridge被普通用于数码照片的整理，具有与众不同的优点。

1. 快速对文件进行预览

使用Adobe Bridge可以快速组织、浏览、定位图像，且以缩略图的方式对Adobe软件下生成的各种文件进行预览，其中包括Adobe Photoshop图像文件、Adobe Illustrator图形文件、Adobe PDF文件、Adobe Premiere Pro视频片断、Adobe After Effects动感图形图像、Adobe InDesign的排版文件、Adobe Audition音频文件以及其他标准文件。

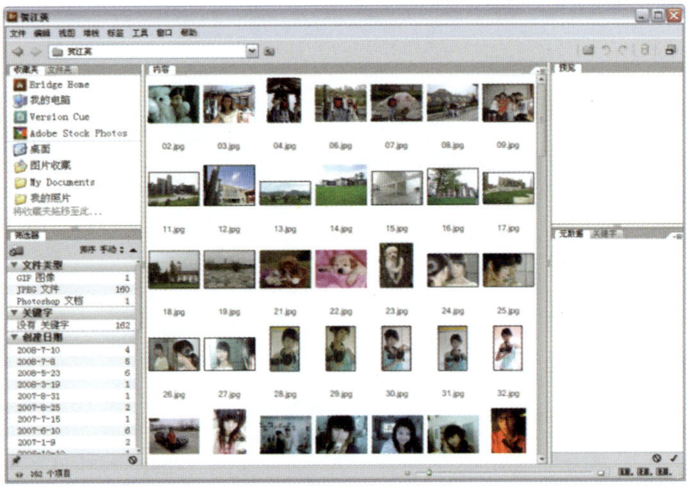

Adobe Bridge快速预览文件

2. 一次性完成多张照片处理

Adobe Bridge所具有的强大的图像处理功能可以实现同时处理包括RAW格式在内的多个图像文件，一次性地对多张照片进行裁剪、旋转、评级、添加标签、重命名文件、格式转换等操作。

Adobe Bridge对多张照片进行旋转

Photoshop基础

优化Bridge

在使用Bridge对数码照片进行组织和管理时，需要对Bridge进行适当优化以提高使用速度。

1. 改变高速缓存的存储位置

① 执行“编辑 > 首选项”命令，弹出“首选项”对话框。

② 在“首选项”对话框中单击“高速缓存”选项，切换到“高速缓存”对话框，然后单击“位置”选项组中的“选取”按钮，重新指定路径。

③ 勾选“选项”选项组中的“若有可能，自动将高速缓存导出到文件夹”复选框，将高速缓存文件放在已指定的文件夹中。这样一旦完成对一批照片的处理后，将文件移至其他位置的同时也将高速缓存文件移走，可节约存储空间。

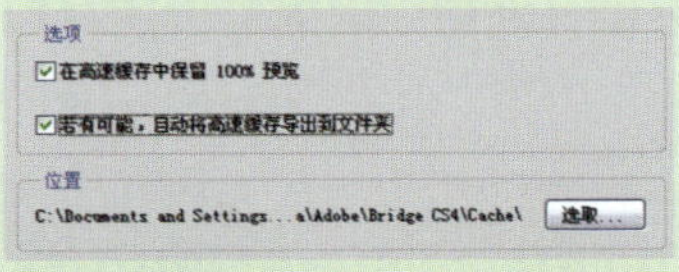

“选项”和“位置”选项组

2. 删除缓存文件

执行“工具 > 高速缓存 > 为文件夹清空高速缓存”命令，此时缓存文件即可被删除。

需要注意的是，一旦缓存文件被删除，Bridge再次浏览此文件夹时速度会变慢。

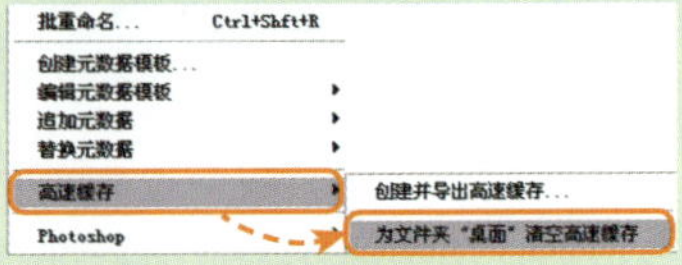

删除缓存文件

3. 可快速查看文件元数据信息

在Bridge中可以查看生成照片的元数据扩展文件，并存储所有与照片相关的信息，包括相机型号、文件格式、文件创建时间、作者、评级、相片描述、个人注释等。同时，还可以通过源数据以及关键字等进行有效的照片搜索或在局域网上查找照片等操作，方便了对文件的调用。

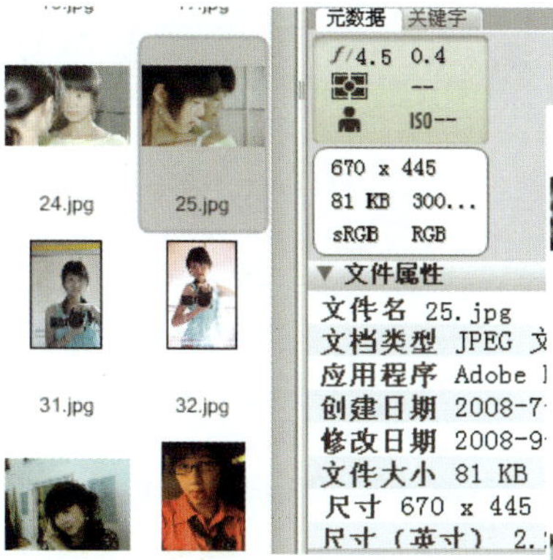

查看文件元数据信息

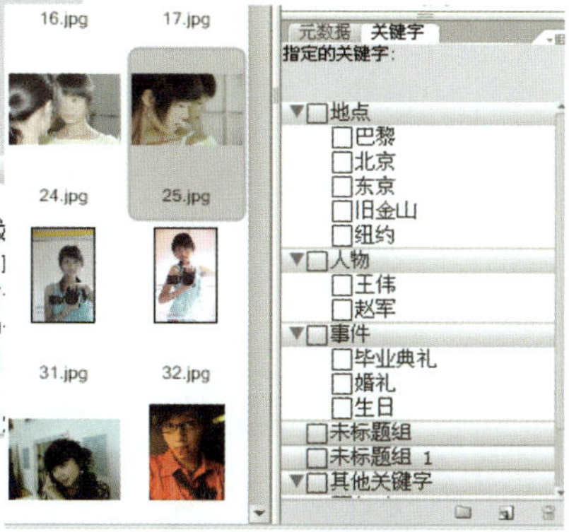

查看文件关键字信息

4. 可设置个性化的工作空间

在浏览和管理照片时，Bridge为我们用户提供了5种不同的预置工作空间，如果有所需要，还可以自定义个性化的工作空间来适应不同的操作需求。

普通工作空间

个性化工作空间

提示与技巧

Bridge的不足之处

虽然使用Bridge在对照片进行管理方面有了很大的便利，但是Bridge在使用过程中也暴露了一些不足之处。

① 初次指定文件时运行速度缓慢，在配置较低的计算机上反应最为明显。

② 使用高速缓存时会存储缩览图、元数据和文件信息，以便于再次查看时快速将其载入。但Bridge的调整缓存会占用较大的磁盘空间。删除缓存文件的同时也会将元数据信息删除。可以通过改变调整缓存的存储位置来弥补这个不足。

执行“编辑>首选项>性能”命令，在弹出的对话框中改变调整缓存的存储位置。

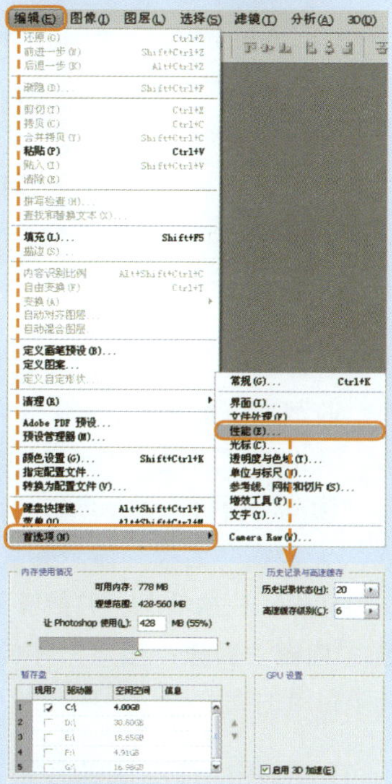

改变调整缓存的存储位置

2.3 认识和创建Bridge工作区

Bridge是一个独立的应用程度，它具有强大的照片浏览功能，熟练地使用Bridge可以对数码照片进行更好的浏览，同时可以更快地进行数码照片的组织与后期处理。在使用Bridge浏览照片和进行照片管理前，需要对Bridge的一些操作及工作界面进行全面的了解。

在运用Bridge进行照片浏览前，需要对其工作区进行一个全面的认识，包括了解工作区中各个面板的功能。下面针对Bridge默认的工作区以及预置工作区的转换进行全面讲解。

1. Bridge默认的工作区

Bridge包括6个预置的工具区域，在启动Bridge时最初显示的是默认的工作区域。默认的工作区内显示了所有照片的位置、大小以及创建日期等信息。

❶ **文件位置**：单击展开时可以查看文件的目录及结构。

❷ **“收藏夹”面板**：用于快速指定文件位置，添加或浏览收藏夹。

❸ **“筛选器”面板**：以创建和修改日期来快速筛选照片。

❹ **“预览”面板**：显示所选择照片的预览图。

❺ **“元数据”面板**：显示并查看选中文件的元数据，可以了解一切与文件相关的信息，并能够添加个人信息。

❻ **“内容”面板**：指定文件位置后，Bridge显示指定位置中文件和子目录的缩览图、文件名以及创建日期。

2. Bridge中5种不同的预置工作区

在Bridge中为了满足不同用户的操作需求，Bridge提供了5种不同的预置工作区。在选择需要的工作区时，只需执行“窗口>工作区”命令，即可在级联菜单中选择一种工作区。

看片台工作区：执行“窗口>工作区>看片台”命令，显示看片台预置工作区效果。此工作区下只显示缩览图，左右两侧的面板都被隐藏起来，整个操作版面变得宽敞。

Photoshop基础

打开Bridge的方法

Bridge可以使用各种不同的方法打开并运用，下面分别讲解5种打开Bridge的操作方法。

方法一：在启动Photoshop的情况下，执行“文件>在Bridge中浏览”命令。

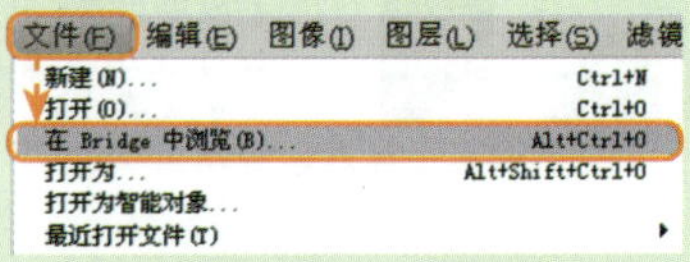

打开Bridge的操作

方法二：按下快捷键Ctrl+Alt+O。

方法三：单击Photoshop选项栏上的“启动Bridge”按钮。

“启动Bridge”按钮

方法四：在没有启动Photoshop的情况下，可在Adobe Creative Suite4安装目录下直接运行Bridge。

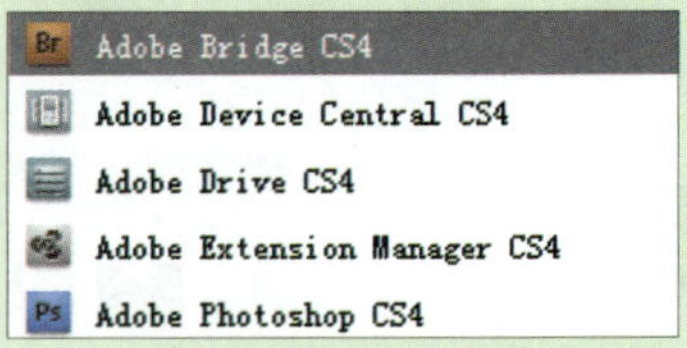

直接运行Bridge

方法五：在Illustrator或InDesign已经启动的情况下，执行“文件>浏览”命令可打开Bridge。

看片台预置工作区

文件夹工作区：执行“窗口>工作区>文件夹”命令，显示文件夹预置工作区效果。在此工作区下，仅显示“文件夹”面板和“收藏夹”面板。

文件夹预置工作区

元数据工作区：执行“窗口>工作区>元数据”命令，显示元数据预置工作区效果。使用元数据工作区编辑图像时，元数据面板空间被放大，并显示于图像后，方便对元数据进行编辑。

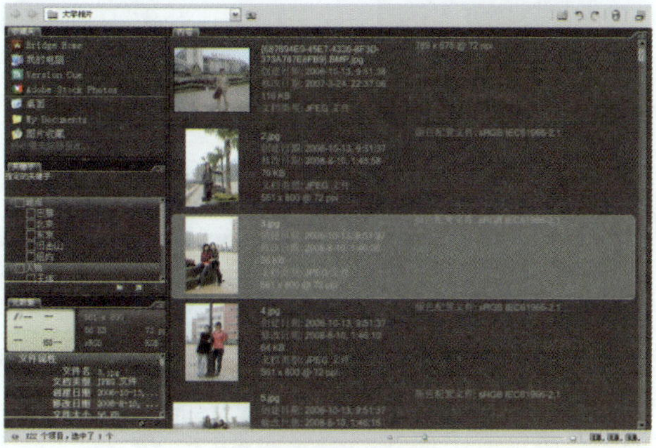

元数据预置工作区

提示与技巧

数码照片中的元数据

数码照片中的元数据记录与文件相关的信息，包括作者、分辨率、色彩空间、版权以及文件的关键字等。使用元数据可以更有加效地对照片进行组织和管理操作，优化后期处理的工作流程。Bridge强大的照片整理功能也是通过元数据信息来实现的。

Photoshop基础

“元数据”面板的5个卷展栏

1．文件属性

显示文件的描述信息，如文件名、文档类型、创建日期、分辨率、颜色模式等。

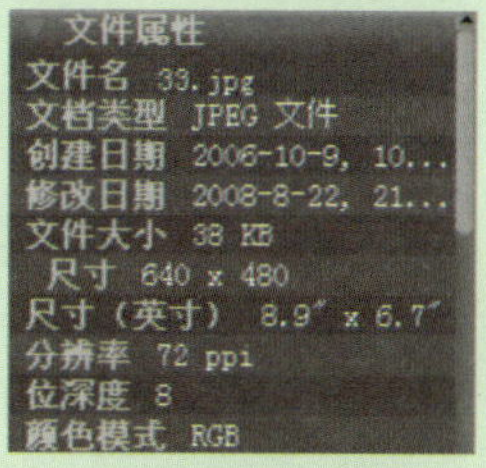

“文件属性”卷展栏

2．TPCT Core

显示可编辑的元数据信息，在此面板中可以输入个性化信息，如创建者地址、联络信息、关键字等。

在需要输入信息时，只需单击文本框旁边的铅笔图标即可，在文本框中输入相关内容后按下Enter键即完成操作。

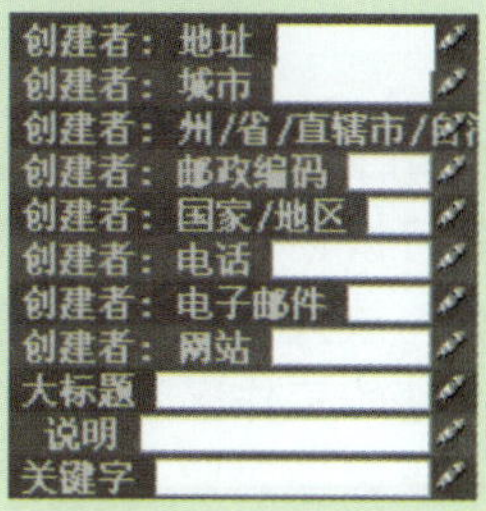

TPCT Core卷展栏

胶片工作区：执行“窗口>工作区>胶片”命令，显示胶片预置工作区效果。这种工作区与看片台的显示方式类似，隐藏了所有工作面板，只是图像的缩览图以水平幻灯片的形式显示。

胶片预置工作区

预览工作区：执行“窗口>工作区>预览”命令，显示预览预置工作区效果。这种工作区与胶片工作区的显示基本相同，隐藏了所有工作面板，只是将水平幻灯片出现的方式更改为垂直幻灯片的形式。

预览预置工作区

在Bridge中，除了可以应用默认的工作区以及5种预置的工作区，还可以创建属于自己的个性化工作区。例如隐藏暂时不需要的面板、放大预览面板以及将Bridge调整为实用的漂浮窗口等。创建个性的工作区可以在下次运行此软件时快速地调用创建的工作区，更好地对照片进行浏览及管理操作。在Bridge中创建个性工作区的方法与相关软件创建个性工作区的方法类似，下面对创建个性工作区域的操作方法进行讲解。

3. 音频

显示可编辑的音频元数据信息，可以在此输入个性化的音频信息，如艺术家名字、曲目编号、发行日期等。

在需要输入信息时，只需要单击文本框旁边的铅笔图标，在文本框中输入相关内容后按下Enter键即可完成操作。

“音频”卷展栏

4. 视频

显示可编辑的视频元数据信息，可以在此输入个性化的视频信息，如像素宽高比、场景、拍摄日期等。

在需要输入信息时，同样只需要单击文本框旁边的铅笔图标，在文本框中输入相关内容后按下Enter键即可完成操作。

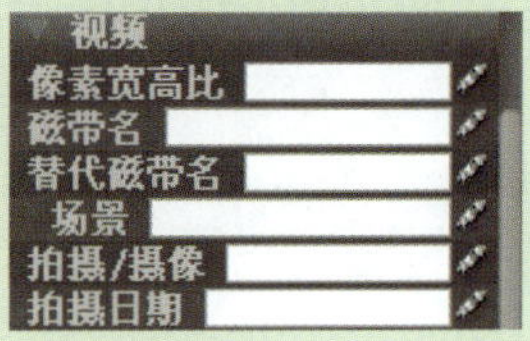

“视频”卷展栏

5. DICOM

显示可编辑的DICOM信息，可以在此输入个性化的DICOM信息，如病人姓名、病人代码、出生日期等。

在需要输入信息时，同样只需要单击文本框旁边的铅笔图标，然后在文本框中输入相关内容后按下Enter键即可完成操作。

DICOM卷展栏

1. 显示或隐藏“筛选器”面板

执行“窗口>筛选器面板”命令，取消勾选，则可将暂时不需要的“筛选器”面板隐藏起来，再次执行“窗口>筛选器面板”命令即可将隐藏的“筛选器”面板显示出来。

显示“筛选器”面板

隐藏“筛选器”面板

2. 放大“预览”面板

单击“预览”面板并按住鼠标不放将其拖动至“内容”面板的位置上，此时“预览”面板会被放大显示在Bridge正中的位置。

放大“预览”面板

3. 保存工作区

执行“窗口>工作区>保存工作区”命令，在弹出的“保存工作区”对话框的“名称”文本框中输入工作区名“我的工作区”，设置键盘快捷键为Ctrl+F7，完成后单击“保存”按钮，即可保存现设置的工作空间。在下次需要切换到此工作区时，只需要执行“窗口>工作区>我的工作区”命令或按下快捷键Ctrl+F7即可完成切换。

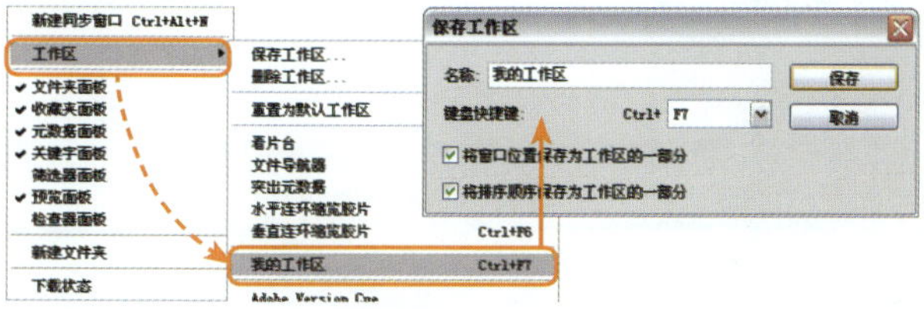

保存工作区操作

提示与技巧

调整元数据信息字体大小

在显示和编辑“元数据”面板中的信息时，为了便于查看可以适当放大或缩小元数据中的字体大小。具体操作是在“元数据”面板中单击右上角的扩展按钮，在弹出的菜单中选择“增加字体大小”或“减小字体大小”命令。

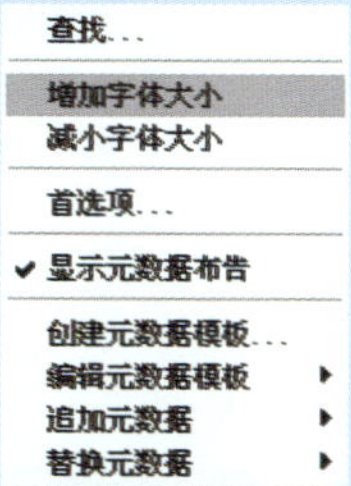

调整元数据信息字体大小

Photoshop基础

漂浮窗口的实用性

Bridge提供了一个非常实用的简化窗口——紧凑模式。

紧凑模式隐藏了除“内容”面板外的所有面板，整体缩小了Bridge窗口，简化了菜单，并具有置前的特性。

切换到紧凑模式的方法非常简单，单击Bridge窗口右上角的“转换到紧凑模式”按钮，即可。再次单击该按钮可变为正常视图。

在紧凑模式下单击扩展按钮，在弹出的扩展菜单中单击“紧凑窗口始终显示在最前面”命令，可以使紧凑模式置前。

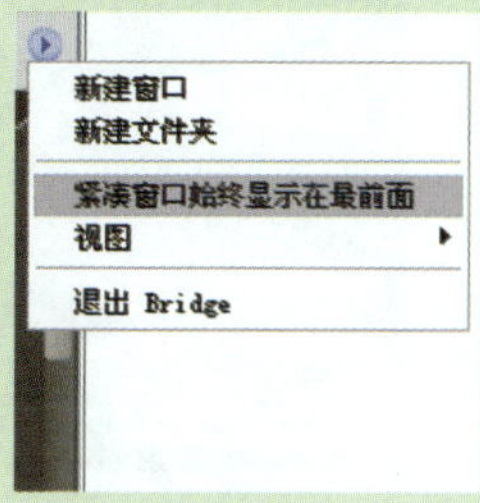

切换到紧凑模式的方法

2.4 使用Bridge使照片井然有序

拍摄完成数码照片以后，都会将其存入到电脑中，然后再对所拍摄的照片进行初步的整理，包括筛选、分类、排序等，此时就需要使用Bridge将所拍摄的照片整理得井然有序。

下面详细讲解使用Bridge组织和管理照片，使所拍摄照片管理规范，也更方便于后期照片的处理。

1．新建文件夹

在处理照片时，为了保存需要的照片，可以新建一个文件夹，用于存放需要保留的照片。

具体操作是首先单击“内容”面板右上角的“新建文件夹”按钮，或在“内容”面板空白处右击，在弹出的快捷菜单中选择“新建文件夹”，此时在“内容”面板中会显示新建的文件夹。在文件夹上右击，在弹出的快捷菜单中选择“重命名”命令，将文件夹命名为“我的照片”。

新建文件夹

2．移动照片至指定文件夹

将需要保留的照片拖曳到“我的照片”文件夹中，如果有较多图片需要同时移动时，可以按住Ctrl或Shift键选择多张照片然后一起拖动。

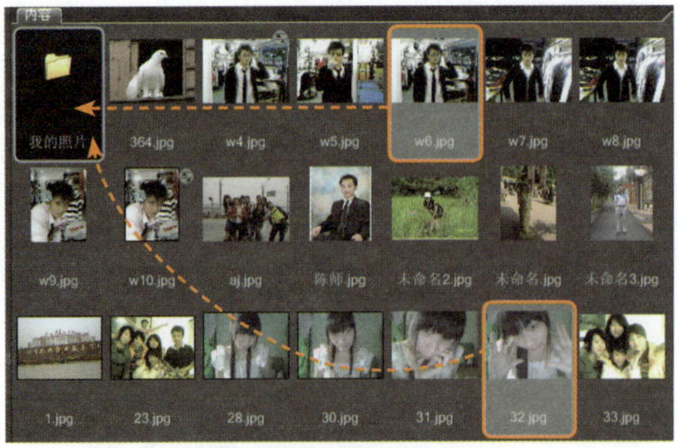

移动照片

Photoshop基础

指定文件的浏览位置

在Bridge中可以随意指定文件存放和浏览的位置，而且还有多种不同的操作方法。

方法一：打开Bridge后，直接通过“收藏夹”面板指定文件位置。

方法二：通过系统所提供的资源管理器来浏览文件夹，将文件夹直接拖入到Bridge的界面中，Bridge即可显示文件夹内的文件。

Bridge的“内容”面板

方法三：将经常浏览的文件夹添加到收藏夹中，然后通过收藏夹快速指定文件的浏览。

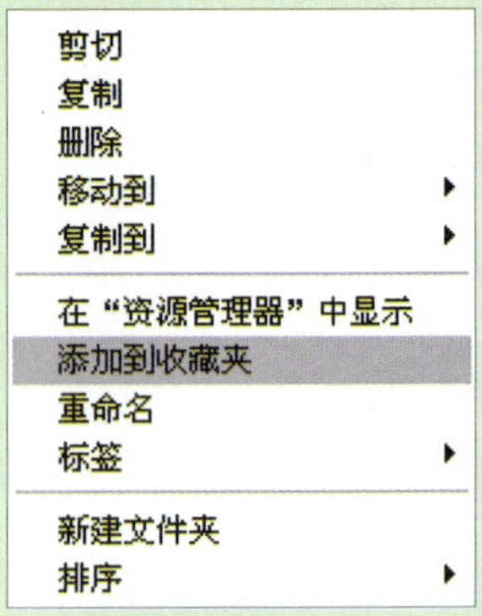

“添加到收藏夹”命令

3. 删除照片

对于不需要的照片，可以按下Ctrl键或Shift键将其选中，单击窗口右上角的“删除项目”按钮🗑或直接按下Delete键将其删除。

删除照片

4. 给照片评级

在“内容”面板中，选择一张照片或按下Ctrl键选择多张照片，然后按住鼠标在灰点上拖曳，鼠标所经过之处的灰点即变为星形，即可为照片评级。除此之外还可以按下快捷键Ctrl+1,2,3,4,5给照片评级，最高等级为5颗星，其次为4颗星，以此类推。

给照片评级

5. 添加标签

在为照片评级以后，为了方便识别，还可以为照片添加各种不同颜色的标签。

在“内容”面板中选择一张或多张照片，然后单击右键，在弹出的快捷菜单中选择“标签”命令，选择其中一种标签或按下快捷键Ctrl+6,7,8,9来运用颜色标签，即可为照片添加标签。如果需要删除标签，单击鼠标右键，在弹出的菜单中选择“标签>无标签”命令即可。

提示与技巧

改变缩览图的背景色

在缩览图中默认的背景色为深灰色，通过以下操作可以将其设置为其他的背景色或改变亮度，使用不同的颜色查看照片可以得到不同的浏览效果。

① 执行“编辑 > 首选项”命令，弹出“首选项”对话框。

打开“首选项”对话框

② 在“首选项”对话框中选择“常规”选项。

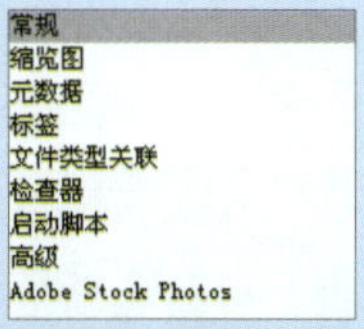

选择“常规”选项

③ 在“常规”选项对话框内的“外观”选项组中拖动“用户界面亮度”和“图像背景”的滑块，可以改变背景亮度颜色。

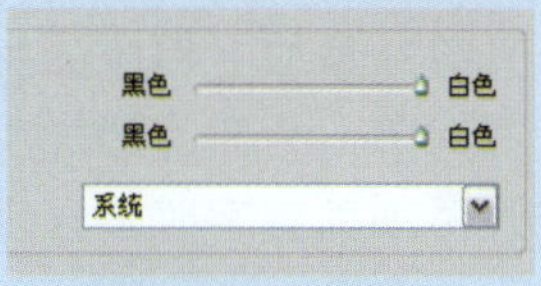

改变背景亮度和颜色

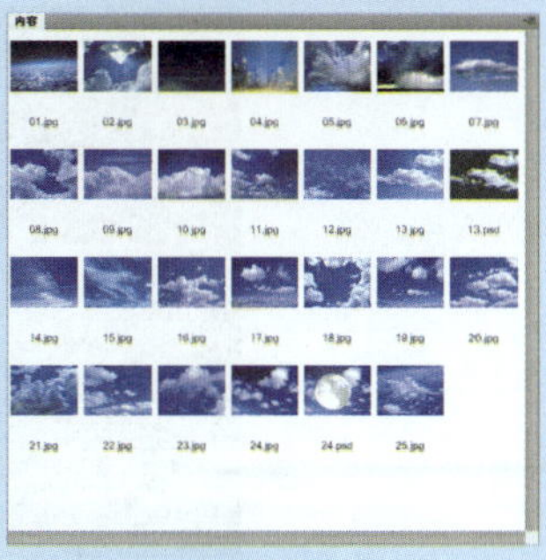
调整效果

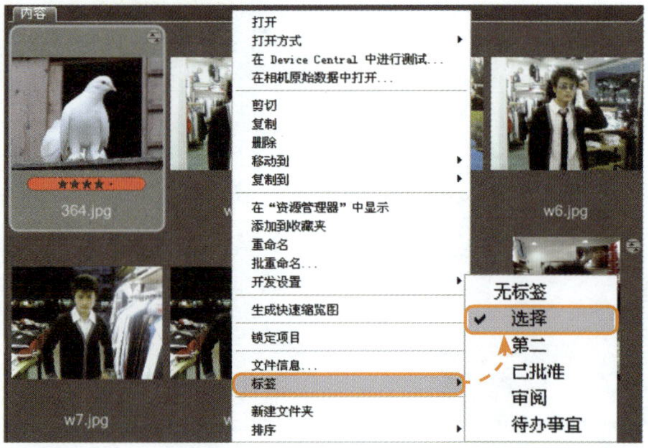

添加标签

6. 排序照片

在对照片进行了评级和添加标签操作以后，就可以对照片进行排序操作了。执行“视图>排序”命令，然后选择一种排序方式或者是在“内容”面板中单击鼠标右键，在弹出的菜单中选择“排序”命令都可进行照片的排序操作。

进行照片排序

7. 添加关键字

为照片添加上相应的关键字是使用Bridge进行照片管理的一个重要环节。为照片添加关键字以后，更加便于对照片的查找。为照片添加关键字时，只需要单击“关键字”面板下方的“新建关键字”按钮，然后在新建关键字的文本框中输入关键字即可。

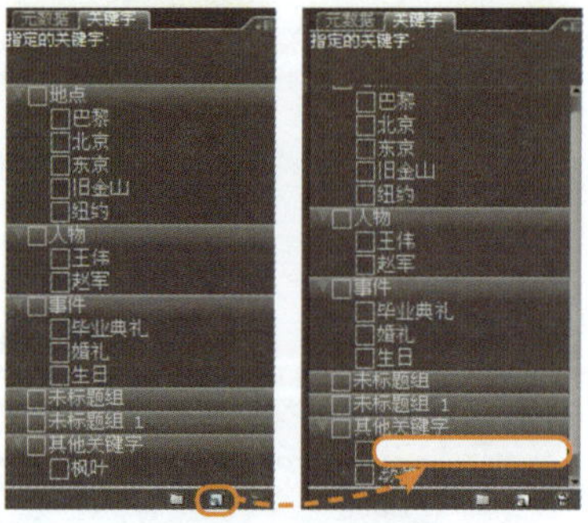

为照片添加关键字

Photoshop基础

旋转缩览图

在Bridge中可以对缩览图的方向进行旋转。选择需要进行旋转的照片，然后单击Bridge窗口右上角的旋转缩览图按钮，即可对缩览图进行顺时针或逆时针旋转。

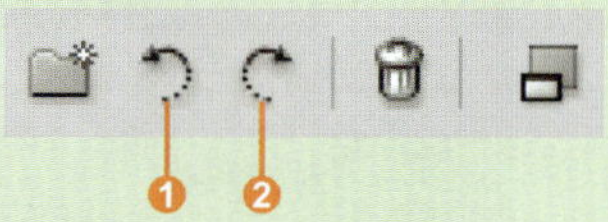

❶ 将照片缩览图沿逆时针方向旋转90°。

❷ 将照片缩览图沿顺时针方向旋转90°。

提示与技巧

快速隐藏缩览图下方的文字信息

在缩览图下方放置文字时，就不能更好地利用缩览图空间，此时就需要将照片下方的文字进行隐藏。按下快捷键Ctrl+T即可隐藏这些文字，需要显示文字信息时，再次按下快捷键Ctrl+T即可将隐藏的信息显示出来。

隐藏信息

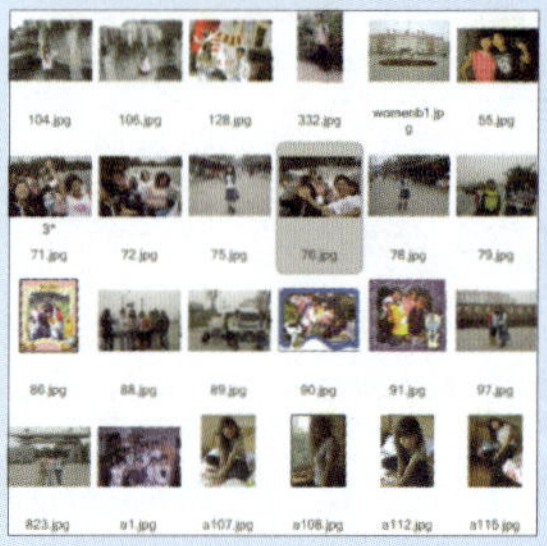

显示信息

2.5 搜索数码照片

Bridge在有效组织和管理数码照片的同时，还具有非常强大的照片搜索功能。在Bridge中保存有照片的创建日期、文件大小以及相关的个性化信息，通过这些信息可以快速地对照片进行查找。

在Bridge中，数码照片的所有相关信息都被完整保存在“元数据”面板中，这就为搜索照片提供了很大的帮助。在Bridge中可以通过元数据搜索照片，同时也可以根据设置的关键字或者是个性化信息进行搜索。

1. 打开“查找”对话框

执行“编辑>查找”命令或按下快捷键Ctrl+F，打开“查找”对话框。

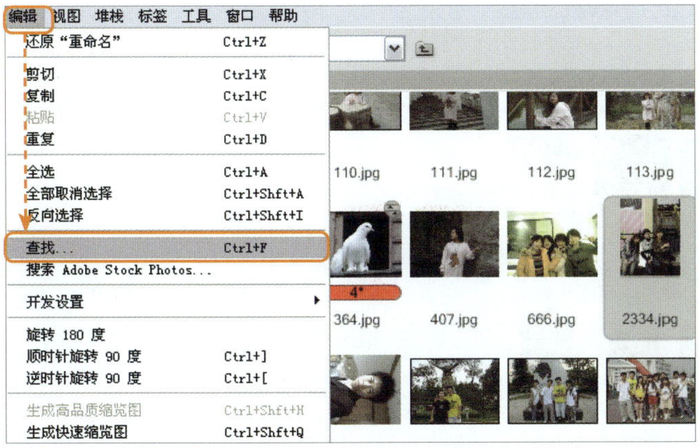

执行“编辑>查找”命令

2. 输入查找信息

在弹出的“查找”对话框中设置“查找位置”为“我的照片”，然后在“条件”下拉列表框中依次选择“关键字”和“包含”，在文本框中输入“我的好友”。在“匹配”下拉列表中选择“如果满足任何一个条件”选项，勾选“包含所有子文件夹”和“包括未编入索引的文件（可能速度较慢）”两个复选框，然后单击“查找”按钮即可查找到相关的照片及信息。

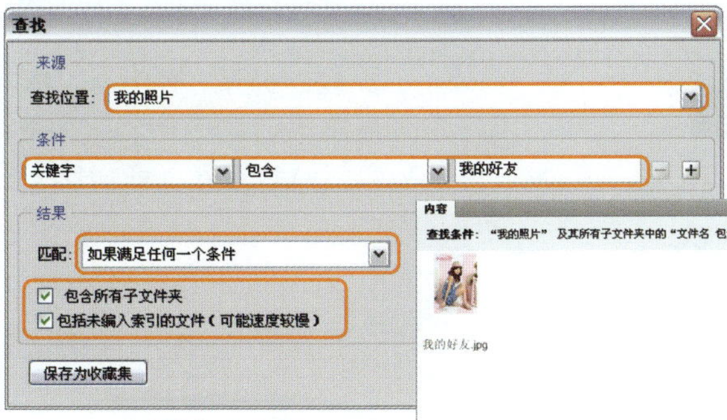

“查找”对话框

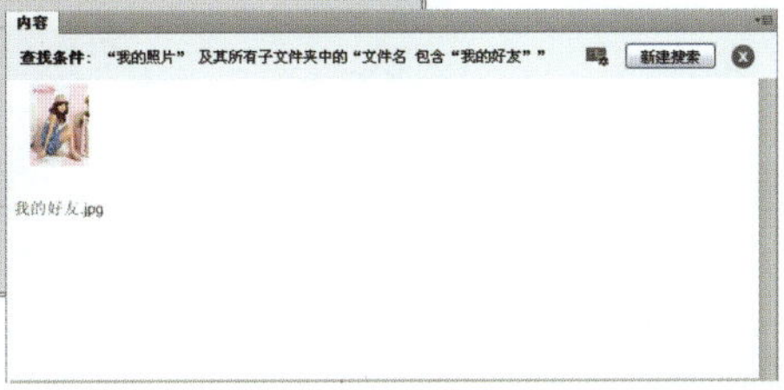

查找结果

Photoshop基础

保存照片集锦

在弹出的“保存收藏集”对话框的“文件名”文本框中输入名称，单击“保存”按钮，即可为查找到的照片创建照片集锦，然后即可在“内容”面板中看到创建的照片集锦。

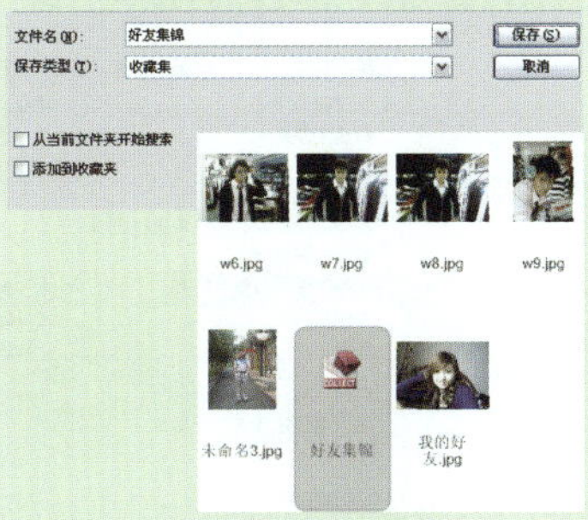

创建照片集锦

Photoshop基础

添加新照片到创建的集锦中

在创建照片集锦以后，还可以将其他照片也添加到所创建的集锦中。

如果照片是以关键字为搜索而得到的结果，只需将要添加到集锦中的照片设置为相同的关键字，当再次打开集锦时，该照片就会被自动添加到创建的集锦中。

添加新照片

2.6 启动Camera Raw处理器

在拍摄的照片被导入到电脑中后是以RAW格式保存的，它与JPEG文件不同，无法使用电脑自带或者普通的浏览器进行预览，此时就需要启动Camera Raw处理器对照片进行查看与编辑。

在Camera Raw中，可以对以RAW格式的文件进行简单的编辑和处理操作。同时使用Camera Raw对照片进行简单处理以后，为整个照片的后期处理操作提供了更大的便利，提高了整个流程的有效性。使用Camera Raw对照片进行操作最基础的一步就是要启动Camera Raw。启动Camera Raw有3种不同的操作方法。

1. 执行命令启动

在Bridge的"内容"面板中选择一张照片，执行"文件>在相机原始数据中打开"命令，即可启动Camera Raw处理器。

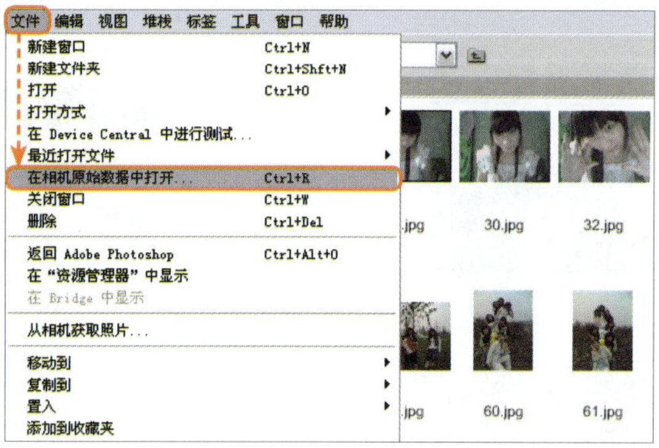

"在相机原数据中打开"命令

2. 使用快捷菜单启动

在Bridge的"内容"面板中选择一张照片，然后单击鼠标右键，在弹出的快捷菜单中选择"在相机原始数据中打开"命令，即可启动Camera Raw处理器。

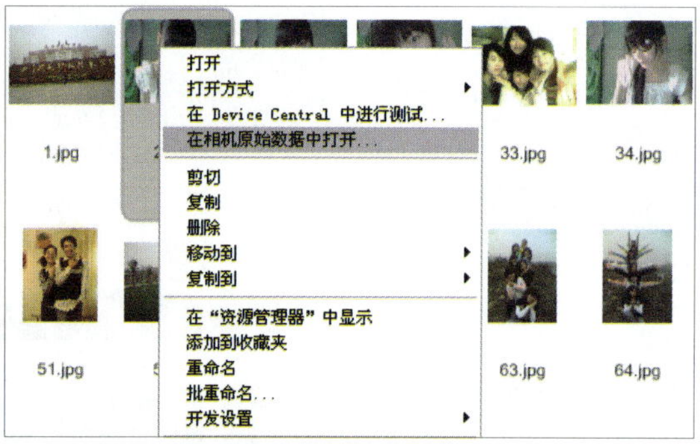

"在相机原始数据中打开"命令

3. 使用快捷键启动

在Bridge的"内容"面板中选择一张照片，然后按下快捷键Ctrl+R，即可启动Camera Raw处理器。

Photoshop基础

使用Camera Raw处理器调整RAW格式照片的基本步骤

① 旋转、裁剪和纠正倾斜。

② 选择合适的白平衡。

③ 调节曝光、阴影和亮度。

④ 曲线调整。

⑤ 纠正镜头晕影和校准色调。

⑥ 降噪和锐化。

⑦ 选择大小、精度和色彩空间。

⑧ 存储或输出照片。

完成后的照片有3种不同的保存方式。第一是将照片存储为其他Photoshop支持的文件格式，包括PSD,TIF,JPG,DNG等。第二是仅存储调整设置，返回到Bridge窗口。第三是在Photoshop CS4中打开照片进行进一步的调整。

提示与技巧

Camera Raw中的常用快捷键

与很多操作软件一样，为了提高操作效率，Camera Raw也有一些快捷键。

① 在任何情况下按下Ctrl++可放大预览，Ctrl++缩小预览。

② 任意选择一种工具，按住空格键或Ctrl键不放，可将其切换为抓手工具进行移动预览。

2.7 为什么选用Adobe的Camera Raw

随着各种不同类型的数码相机的产生，商家也随之而推出了相应的原始照片处理软件，Camera Raw就是其中之一。在众多的软件中为什么会选用Camera Raw呢？这就要从软件本身的特点进行详细的分析。

目前，人们会从价格、功能以及具体操作等方面来选择适合的照片处理软件，而Camera Raw通常会被作为首选。Camera Raw之所以能在各种软件中占居主导地位，自然具有其独特的优势。

与其他照片处理软件相比，Camera Raw的操作界面更加简洁，对数码照片的处理功能更加全面，不仅适合于新手，而且还能满足专业摄影师以及一些摄影爱好者的各种需求。而Camera Raw与Photoshop CS4的无缝合成提高了工作效率。

Camera Raw操作界面

Camera Raw与Bridge相结合可对照片进行批量的处理操作，而且还具有很强大的自动化处理功能，同时打开多张Raw格式照片时可以对照片进行调整和有选择的同步调整设置等。

打开多张Raw格式照片

Photoshop基础

更新Camera Raw插件

1. 下载更新

在使用最新的数码相机时，Photoshop CS4中的Camera Raw默认版本可能还无法支持，从而导致无法对原始数据进行更加高效的处理。此时，必须要对Camera Raw的插件进行更新操作，这需要到Adobe的官方网站去进行下载。

2. 安装更新方法

① 安装Photoshop CS4和Adobe Bridge。

② 浏览并找到Photoshop CS4的安装目录，将原来安装目录下的Camera Raw插件移动到其他位置，以做备用，以便需要时恢复。

③ 将新下载的Camera Raw插件复制到此目录下。

④ 启动Photoshop CS4和Bridge。

提示与技巧

Camera Raw工具详解

Camera Raw的工具栏中罗列了用于处理照片的常用工具，每个工具都可以对数码照片进行简单的处理。

① 缩放工具：在预览上单击，放大图像至下一预设置值。按住Alt键单击，即可缩小图像至前一项设置值。双击此工具可将图像以100%显示。

在默认情况下，Camera Raw会根据对图像数据的评估结果进行自动调整。同时为了更加方便地对画面进行裁剪操作，Camera Raw还提供了高光裁剪提示和阴影裁剪提示功能。与其他的原始照片处理软件相比，Camera Raw具有更为完善的裁剪、旋转和倾斜纠正功能。

原图

Camera Raw的裁剪效果

在全新的Camera Raw中提供了颜色取样器工具，进一步增强了Camera Raw处理器的高级色调调整能力，可以更快速地对照片的颜色进行调整。

原图

Camera Raw高级色调调整效果

② 抓手工具：当放大图像至预览窗口不能完全显示时，就需要使用抓手工具移动并查看图像。双击此工具，图像将会以适合预览框的比例显示图像。

③ 白平衡工具：白平衡是相机在拍摄时根据光照条件校正色彩的过程。有色彩的物体会在不同的光照条件下产生不同的颜色，如白色物体在蓝色光照条件下会呈蓝色，在紫色光照下会呈紫色。由于相机的感光元件无法修正光线的偏差，因此需要根据白平衡工具来修正偏差。

在预览窗口中单击应该为白色或中度灰色的位置，即可由软件自动完成白平衡调整。

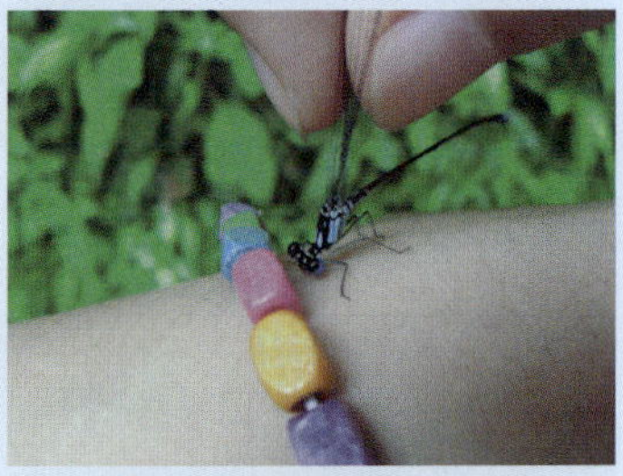

白平衡调整前

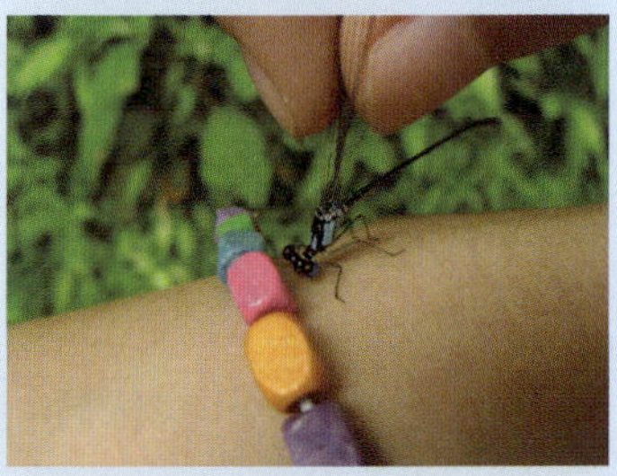

白平衡调整后

④ 颜色取样器工具：在预览图像上单击可以吸取色彩样本。

⑤ 裁剪工具：在预览窗口中拖曳绘制裁剪框，并裁剪图像。

⑥ 拉直工具：用于在照片上绘制水平或垂直的参考线，纠正倾斜的照片。

⑦ 顺时旋转90度工具/逆时针旋转90度工具：对图像进行顺时针或逆时针旋转90°操作。

提示与技巧

常用照片处理软件——光影魔术手

在数码照片拍摄完成后，对照片的后期处理也是非常重要的一项工作。除了可以使用Camera Raw来完成照片整理及简单的处理以外，还有很多可以用作后期处理数码相片的软件，例如光影魔术手、Turbo Photo等。

光影魔术手是一款对数码照片画质进行改善及效果处理的软件包，其英文名为Neo Imaging。使用光影魔术手可以对照片进行反转片效果、反转负冲效果、降低高ISO噪点、美化人像等多种操作。其操作界面简洁明了，操作方法简便非常适合于初学者使用。

光影魔术手操作界面

1．曝光调整

光影魔术手提供了多种曝光调整方式，其中最为实用的是“数字点测光”和“数码补光”。执行“调整 > 数字点测光”，在“数字点测光”对话框中将鼠标移动到原图上，当光标变为十字形时单击图上的某个点，光影魔术手就会根据该点的亮度调整曝光。

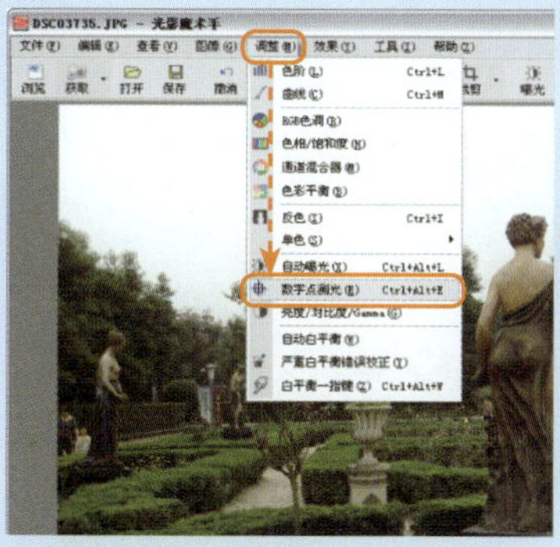

“数字点测光”命令

“数字点测光”对话框

2．白平衡调整

光影魔术手具有很强的白平衡调整功能，在光影魔术手中提供了3种校正白平衡的方式，分别是自动白平衡、严重白平衡错误校正和白平衡一指键，其中最后一种调整效果最好。将鼠标放在原图上，当光标变为十字形状时在原图的某个点上单击，光影魔术手就会根据该点的色彩对整个照片进行自动白平衡调整。

“白平衡”命令

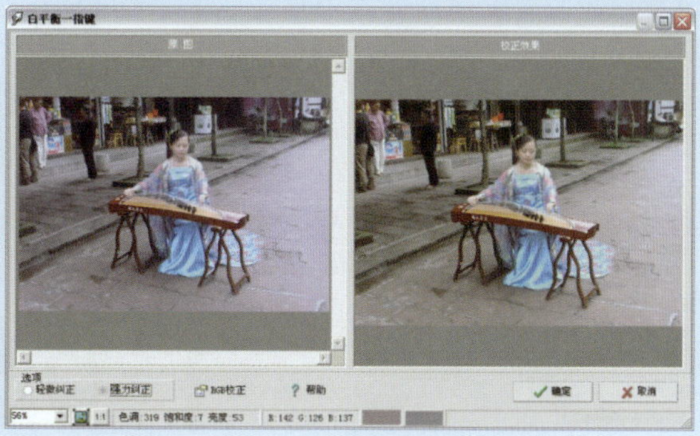

“白平衡一指键”对话框

3. 胶片效果

现在进行数码照片处理时比较流行模拟胶片处理效果，光影魔术手同样也整合了模仿各种胶片的修正模式，如反转片效果、滤镜效果、黑白效果等。对颜色反差不大的图像应用反转片效果后，照片的色彩和反差就会发生明显的变化。

原图1

胶片效果1

原图2

胶片效果2

4. 特效处理

光影魔术手还提供了多种不同的特效处理方法，如黄色滤镜、褪色旧相、晚霞渲染、红饱和衰减等。选择不同的特效调整命令，可以得到风格迥异的特殊图片效果。

原图

晚霞渲染效果

图片处理软件——Turbo Photo

Turbo Photo是一款专业的图片处理软件，它是集图像管理、浏览、处理、输出于一体的数码处理系统，针对广大的数码相机照片初级用户和专业的照片处理用户。此软件功能多种，体积小巧，所占用的内存也较小。

Turbo Photo软件具有人性化的操作界面，直观大方的界面完全便于不同用户使用。如果不需要对图像进行较为复杂的处理，Turbo Photo完全可以替代Photoshop对数码照片进行处理。

Turbo Photo软件

1．修正曝光不足

由于拍摄光线的不足，可能会导致照片效果整体较暗。使用Turbo Photo可以很好地改善曝光不足的照片。单击“向导中心”对话框中的“曝光不足”图标后，在弹出的提示对话框中单击“确定”按钮，将出现“自动曝光调整”对话框。在对话框中选择满意的调整效果，勾选左侧的复选框，最后单击“确认”按钮即可完成曝光的修复。

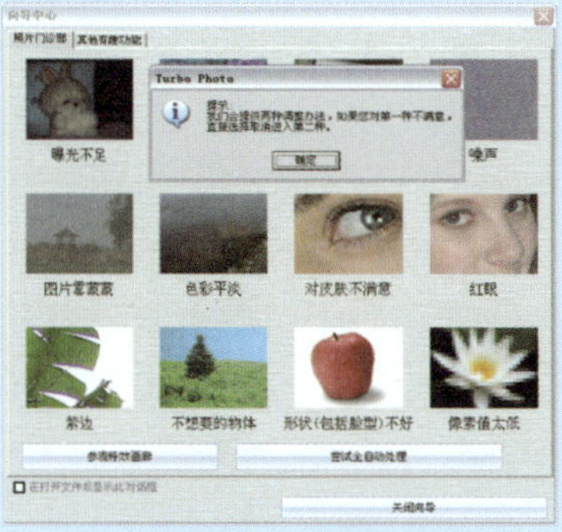

修正曝光不足操作

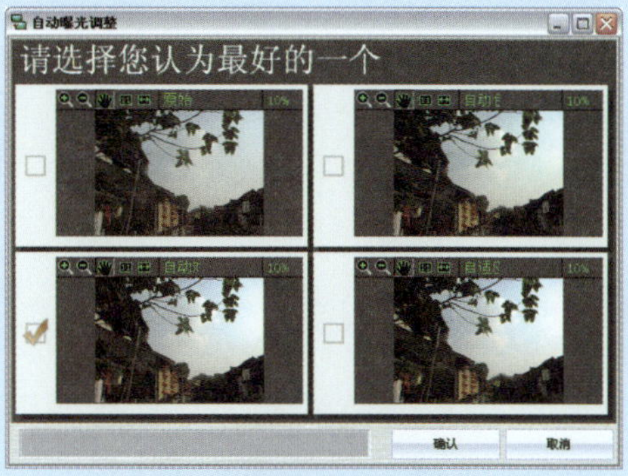

“自动曝光调整”对话框

2．修正偏色

在拍摄照片时很容易出现照片颜色不准确。Turbo Photo提供了两种修正偏色照片的方法，分别是白平衡自动调整和可视化的色彩调整。两种方法都可以快速完成照片的偏色修正。单击Turbo Photo左侧的“色彩调整”图标，在弹出的对话框中单击第一个图标即可对图像进行可视化的色彩调整，而单击第二个选项则是白平衡调整。

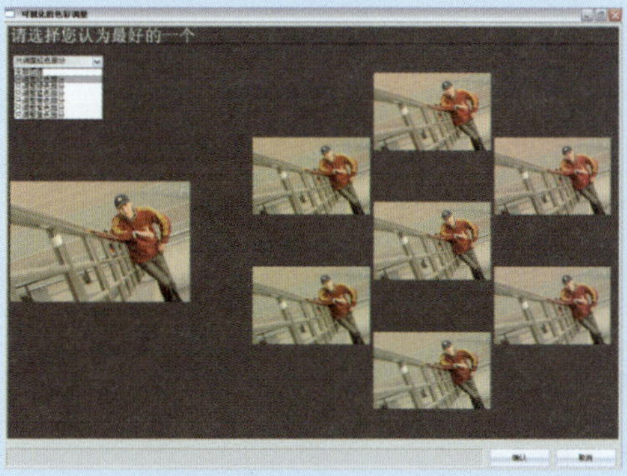

“可视化的色彩调整”对话框

“白平衡”对话框

3．特效处理

为了使拍摄出的照片更具有意境，可以为照片添加各种艺术效果，如添加各种滤镜效果、艺术边框等。Turbo Photo中的“增强与特效”功能可以为图像添加各滤镜效果，而“外框与签名”功能则可以为图像添加各种富有艺术美感的边缘效果。

添加艺术效果

“多图边框”对话框

第3章

数码照片处理的基础知识

在数码照片拍摄完成后，通常还需要使用数码照片处理软件对所拍摄的照片做进一步的调整。在处理数码照片前需要对相关的软件Photoshop CS4进行了解，掌握相关的工具和命令可以更加熟练，快捷地处理照片。在本章中主要针对数码照片处理软件Photoshop CS4进行讲解，帮助读者掌握照片处理的基础知识。

3.1 初识照片处理工具Photoshop CS4

Photoshop CS4是Adobe公司在Photoshop CS3的基础上，通过升级而得到的最新版本的图形图像处理软件。

由于它具有无与伦比的强大图像处理功能，因此在整个图像处理软件中占有主导地位。在数码相机日益普及的今天，Photoshop CS4在数码照片的处理方面将自己的图形处理功能表现得更加深入，帮助专业摄影师和摄影爱好者获得了更多优秀的数码摄影作品。

1. 启动Photoshop CS4

右击桌面上的Photoshop CS4图标，在弹出的快捷菜单中选择“打开”命令，启动Photoshop CS4。

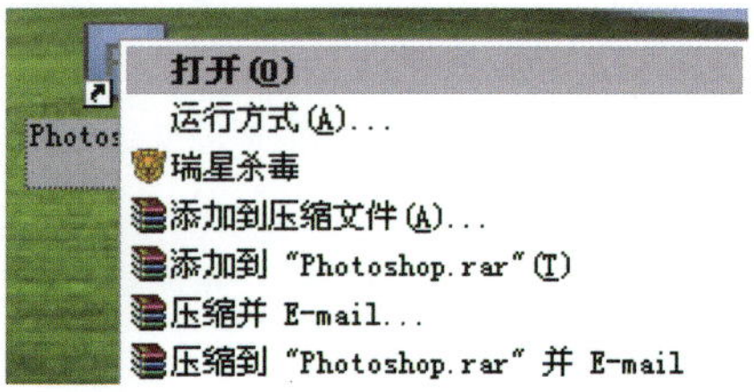

打开Photoshop CS4

2. 认识Photoshop CS4默认的工作界面

Photoshop CS4启动后，就会直接显示Photoshop CS4的工作界面。在工作界面中可以看到用于编辑图形的各种工具、菜单以及一些默认的面板。

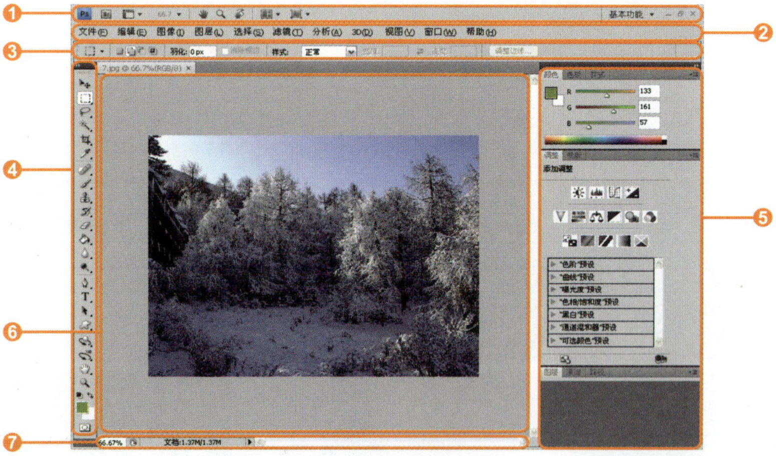

Photoshop CS4 工作界面

❶ **标题栏**：显示当前打开文件的文件名。

❷ **菜单栏**：Photoshop CS4中主要的菜单，在11个主菜单下还包括各种不同的级联菜单，当使用鼠标指向主菜单中带有下三角图标的命令时，就会显示其下一级级联菜单。

Photoshop基础

Photoshop CS4的应用领域

由于Photoshop CS4具有强大的图像处理功能，所以它可以应用的领域非常广泛。

1. 图像合成

利用Photoshop CS4可以进行两个或两个以上的图像间的合成，将多个图像中的元素合并到一个图像中，这种处理方法被广泛应用于各种设计领域中。

合成的风景图片

2. 网页设计

网页中的基本布局、标题、按钮、背景图像等都可以通过使用Photoshop CS4制作完成。

3. 排版设计

现在各种类型的印刷品都可以不使用专业的排版软件，而使用Photoshop CS4直接进行排版，制作出各种类型的宣传海报、报纸、杂志广告等。

4. 3D图效果制作

随着Photoshop的不断更新，Photoshop CS4同样可以用于3D效果的制作，例如室内设计效果图、环境设计效果图以及各种类型3D图片的制作。

❸ **选项栏**：用于设置工具箱中各工具的相关参数，根据所选择的工具，此处会自动切换到相应的选项栏。

❹ **工具箱**：工具箱显示了Photoshop CS4中几乎所有工具，它以单列或双列的形式放置在整个工作界面的左侧。

❺ **浮动面板**：在Photoshop CS4启动后，浮动面板会自动位于工作界面的右方，用于辅助处理图像。

❻ **工作区**：工作区占据整个工作界面的主要位置，是实现用户实际操作的空间，绝大部分操作都会在工作区内得到最为直观的表现。

❼ **状态栏**：用于显示当前图像的显示比例和位置，并帮助用户了解相关的图像信息。

3．关闭文件

在Photoshop CS4中，如果需要关闭已打开的文件，单击文件右上角的“关闭”按钮即可。

关闭Photoshop CS4中打开的文件

4．退出Photoshop CS4

在Photoshop CS4中关闭所打开的文件以后，最后一步操作就是退出Photoshop CS4。在需要退出时单击工作界面右上角的“关闭”按钮，即可退出Photoshop CS4应用程序。

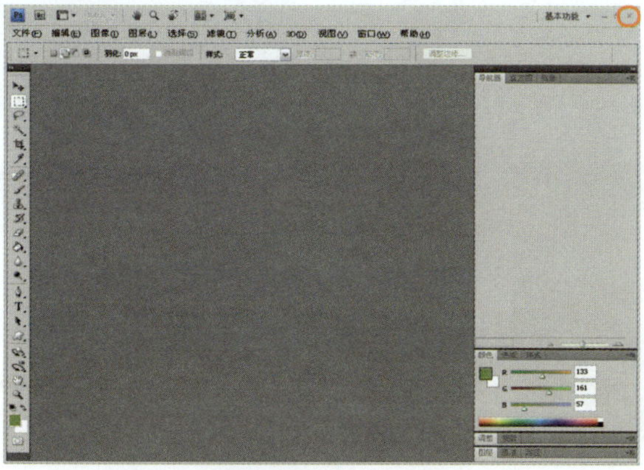

退出Photoshop CS4

提示与技巧

另一种打开Photoshop CS4的方法

单击任务栏中的“开始”按钮，在弹出的“开始”菜单中找到Photoshop CS4并单击，同样可以启动Photoshop CS4软件。使用此方式打开Photoshop CS4时，将鼠标停放在Photoshop CS4启动图标上，还能直接查看到软件的安装目录。

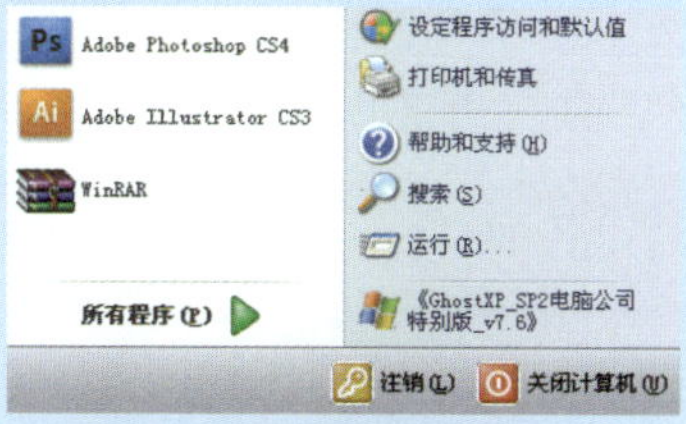

打开Photoshop CS4

Photoshop基础

Photoshop与Bridge之间的转换

Bridge可以快速组织、浏览、定位或以可随意缩放的缩览图方式预览所有Adobe旗下软件生成的文件。

针对Web或其他一些用途准备图像时，可以在Photoshop与Bridge之间进行编辑和查看的转换，从而有效地保证工作流程的顺畅。

单击状态栏中显示文档大小前面的黑色小箭头▶，在弹出的菜单中选择“在Bridge中显示”命令，或执行“文件 > 关闭并转到Bridge”命令都可实现转换操作。

“在Bridge中显示”命令

3.2 自定义有利于操作的工作界面

首次启动Photoshop CS4时，所有的面板都被放置在工作界面的右侧。在运用Photoshop CS4处理图像时为了操作的方便，很多时候都需要对操作工作界面进行调整。例如定义面板在工作界面中的位置、显示或隐藏面板、自定义面板组合、堆叠面板等。

1. 关闭面板

为了操作方便可以将一些不需要的面板进行关闭，而将需要使用的面板从“窗口”菜单中调用出来。如需要隐藏“样式”面板，只需单击鼠标右键，在弹出的快捷菜单中选择“关闭”选项，即可将面板隐藏起来。

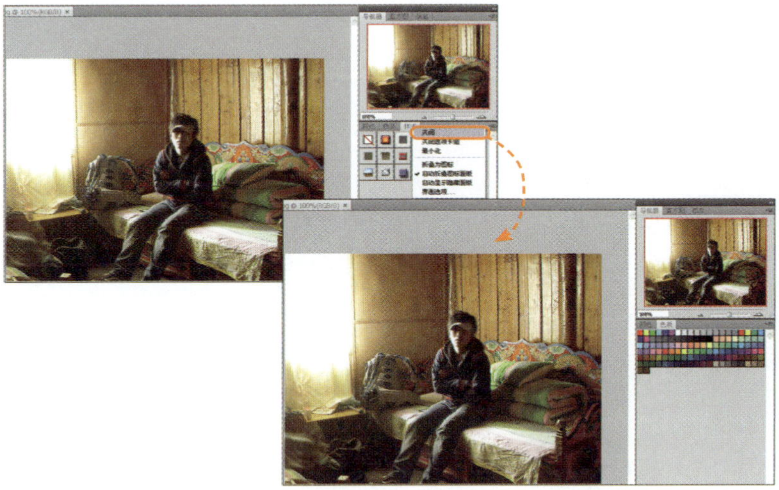

隐藏“样式”面板

2. 显示面板

在对图像进行编辑的过程中，为了查看上一步的操作或者是返回到上一步操作，可以通过使用“历史记录”面板来进行观察，此时就需要调用出“历史记录”面板。调用并显示“历史记录”面板时，执行“窗口>历史记录”命令，即可将该面板显示出来。

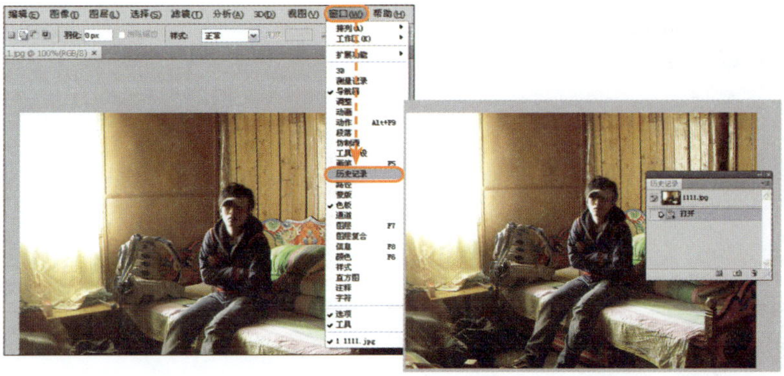

显示“历史记录”面板

Photoshop基础

显示或隐藏标尺的方法

在对数码照片进行编辑时，为了得到更准确的效果，就需要使用标尺来对图像进行精确的定位。

方法一： 执行“视图 > 标尺”命令。

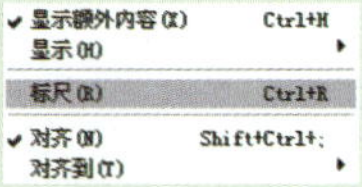

“标尺”命令

方法二： 按下快捷键Ctrl+R显示或隐藏标尺。

提示与技巧

复制图层的好处

历史记录的作用是记录操作过程中的所有操作步骤，然后将其反应在“历史记录”面板中。但是在“历史记录”面板中保留的操作步骤是有限的，所以当操作步骤较多且繁琐时，“历史记录”面板将不能完全保留所有操作步骤。如果出现了误操作很难将图像恢复到最初状态。

为了避免这种情况的发生，可以在开始编辑图像以前复制一次“背景”图层，在复制的新图层上进行编辑可以为原图保留一个备份，以防误操作带来的无法挽回的影响。

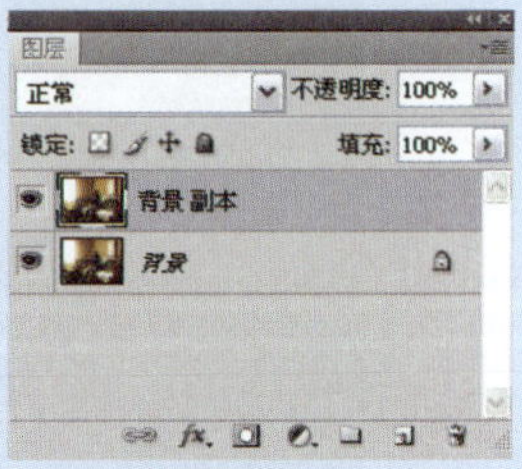

复制图层

3. 自定义面板组

将“历史记录”面板显示以后，为了方便下一次的操作，可以将其与经常使用的“图层”面板进行组合，形成一个新的面板组。选择“历史记录”面板标签，将其拖曳到“图层”面板上，使两个面板的名称标签并列，释放鼠标之后，“历史记录”面板与“图层”面板组形成了一个新的面板组。

自定义面板组

4. 隐藏面板组

将所有需要使用的面板整理好以后，可以将面板隐藏起来，以便留出更大区域的显示处理效果。在隐藏面板时，直接依次单击面板组右上角的“折叠为图标”按钮，可以将所有的面板都隐藏起来而只显示工作区，需要显示时再次单击此按钮即可。

隐藏面板组

提示与技巧

确认已打开的面板

在工作界面中编辑图像时，为了操作方便，用户也许会不断拖动面板改变位置，导致有时候不清楚具体哪些操作面板已被打开。

此时，可以通过“窗口”菜单查询到已经打开的面板。如果面板已打开，那么该面板命令前会显示一个黑色小对勾，表明该面板已在使用。

“窗口”菜单

Photoshop基础

将面板恢复到默认状态

在编辑图像时，由于打开过多的面板可能会导致整个操作界面显得凌乱，从而影响整个工作的继续进行。

此时可将所有面板的放置恢复到默认状态。

执行“窗口 > 工作区 > 基本功能（默认）”命令，即可将工作区快速恢复到最初的默认状态。

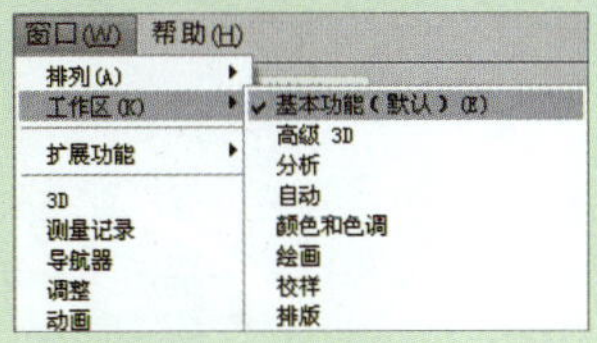

执行“基本功能（默认）”命令

3.3 使用不同屏幕模式工作

在Photoshop CS4中处理数码照片时，可以对屏幕模式进行设置，根据不同的显示方式来编辑照片，可以更大程度使得整个工作流程更加流畅。

在Photoshop CS4的工具栏中可以直接设置不同的屏幕模式或者是在不同的屏幕模式之间进行切换，用户在操作时可以根据个人需要选择适合的模式。

带有菜单栏的全屏模式

除此之外，还有一种可以切换屏幕模式的方法。具体操作就是执行“视图>屏幕模式”命令，然后在级联菜单中选择一种屏幕模式，即可进行屏幕模式的转换。

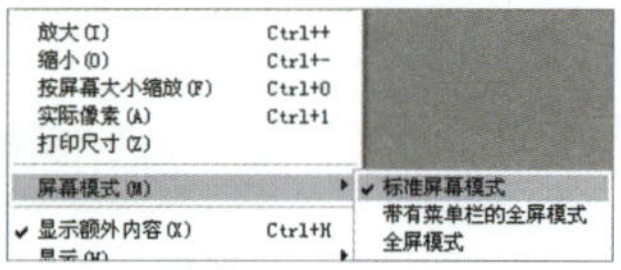

“屏幕模式”级联菜单

1. 标准屏幕模式

标准屏幕方式是平时最常接触到的一种屏幕模式，同时也是Photoshop CS4所默认的屏幕模式。

标准屏幕模式

提示与技巧

快速切换屏幕模式

在平常的工作中，通常会根据需要以不同屏幕显示方式观察画面，此时按键盘上的F键可以对屏幕显示方式进行切换。

提示与技巧

设置多图排列方式

通过不同的屏幕模式显示图像，以得到最佳的显示效果。但有时还会遇到这样的情况，前后两个对比图需要进行比较，此时就可以设置多图排列方式。

执行“窗口>排列”命令，然后在级联菜单中选择其中一种排列方式即可。

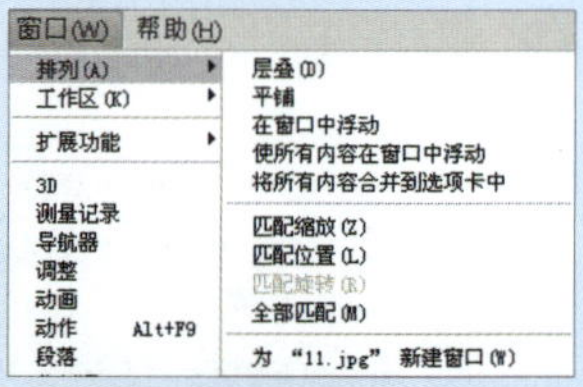

执行“窗口>排列”命令

多图层叠状态

将多图合并到选项栏中

2. 最大化屏幕模式

与标准屏幕模式相比，此屏幕模式将Photoshop中所打开的图像以最大化的方式显示在整个屏幕的中央。

最大化屏幕模式

3. 带有菜单栏的全屏模式

在此种屏幕模式下，整个画面横跨在面板之下，且面板右侧的滚动条也会消失。如果需要查看图像，就需要使用抓手工具移动图像进行查看。

带有菜单栏的全屏模式

4. 全屏模式

在全屏模式下，所有的菜单和选项栏都会被关闭，图像以幻灯片的形式显示在屏幕上，这种屏幕模式可以更清晰地查看整个图像的效果。

全屏模示

Photoshop基础

转换带有菜单栏的全屏模式的背景颜色

在默认的状态下，带有菜单栏的全屏模式和全屏模式下的背景颜色默认显示为灰色，但是在需要时可以更改背景颜色，制作个性化的背景。

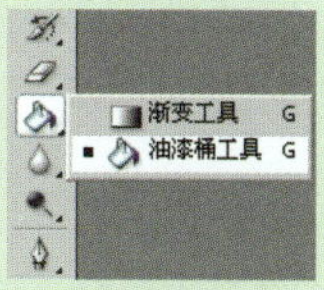

更改背景色操作

设置一种前景色，然后选择工具箱中的油漆桶工具并按住Shift键单击背景上的灰色区域，就可使用设置的前景色替换来灰色背景，从而制作出个性化的背景颜色。

背景颜色转换为绿色

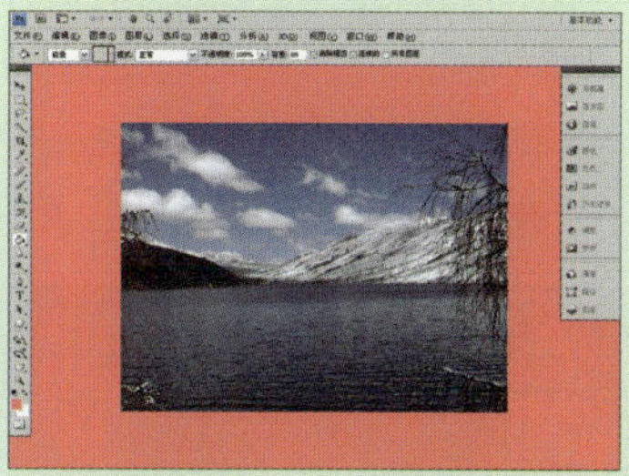

背景颜色转换为红色

提示与技巧

隐藏工具和面板的显示

按下Tab键可以隐藏所有工具和面板，当所有工具都消失以后，再次按下Tab键即可恢复原来的显示。

3.4 熟悉工具箱中的常用工具

与其他图像处理软件相比，Photoshop具有更为强大的图像编辑功能，这些处理能力的表现离不开工具箱中的各种工具。在工具箱中包含了几乎所有Photoshop中的工具，使用这些工具能够完成对数码照片后期处理的各项操作。

在使用Photoshop进行数码图像后期处理操作时，熟练掌握工具箱中的各个工具是非常重要的。运用不同的工具可以得到不同的效果。在使用工具时，为了便于操作还可以运用Photoshop提供的快捷键来快速选择工具，从而达到提高工作效率的目的。

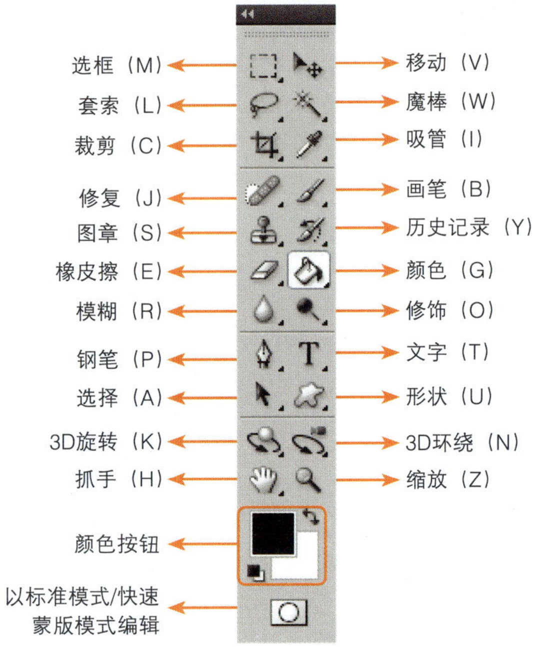

移动工具：用于移动选择的区域或者是选择的图层。

选框工具：用于绘制矩形、椭圆或单行单列选区。

矩形选框工具框选效果

椭圆选框工具框选效果

套索工具：用于自由选择操作的区域。

魔棒工具：用于在图像上根据颜色快速选择大面积的选区，即选择具有相同颜色值的区域。

Photoshop基础

查看是否带有隐藏的工具

在工具箱中包含了Photoshop CS4中所有的工具，但是通常情况下，工具箱只显示其默认的工具。

要查看在该工具下是否带有隐藏的工具，只需查看其工具图标右以下角有没有黑色小三角形。

带有隐藏的工具

例如选框工具的右下角带有黑色小箭头，即表示在该工具下还带有其他隐藏的工具存在，而移动工具右下角就没的黑色小箭头，表示在该工具下就没有隐藏的工具存在。

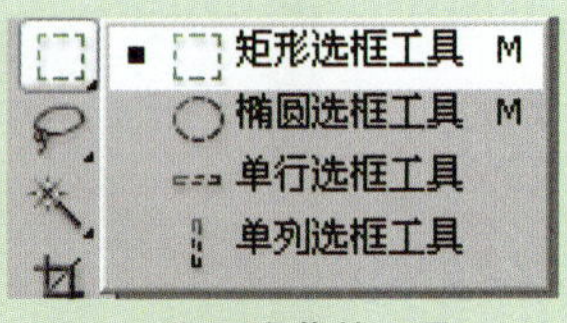

显示隐藏的工具

使用快速选择工具选取

使用魔棒工具选取

修复工具：用于弥补照片中的部分缺陷，如复原图像或消除红眼等。

画笔工具：用于在画面上表现出毛笔或铅笔的效果，可用于添加一些特殊的元素等。

图章工具：仿制图章工具和图案图章工具用于复制特定的图像，并将复制的图像粘贴到指定位置上。

原图

使用图案图章工具添加草地

模糊：用于对图像的清晰程度进行处理。

修饰工具：用于对图像的色相及饱和度进行调整，如将图像调整得更亮或更暗。

原图

使用减淡工具涂抹效果

抓手工具：如果图像大于操作窗口时可使用此工具移动图像，以便在窗口中查看所需部分的图像。

缩放工具：用于放大或缩小图像。

移动图像

放大图像

Photoshop基础

选择隐藏的工具

要查看并使用工具箱中隐藏的工具时，按住带有黑色三角形的工具图标，在出现的工具列表中单击所需的工具，即可将该工具选中。

选择隐藏的工具

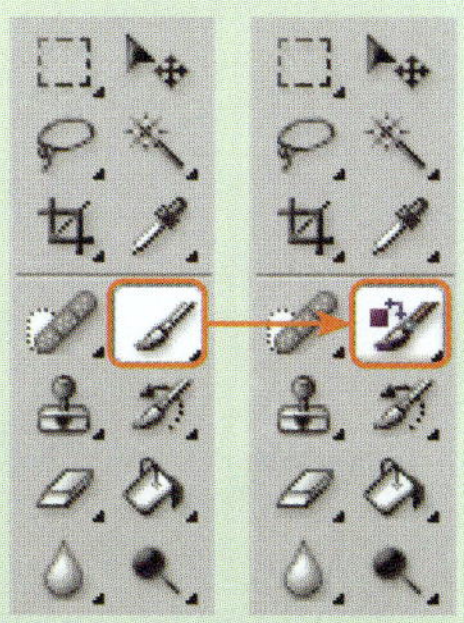

替换工具

Photoshop基础

工具箱的两种排列方式

Photoshop CS4的工具箱以两种形式进行显示，一种是长单条，另一种为短双条。

当工具箱为长单条显示时，在工具箱上方的灰色图像上单击符号，即可以将其转换为双排式。

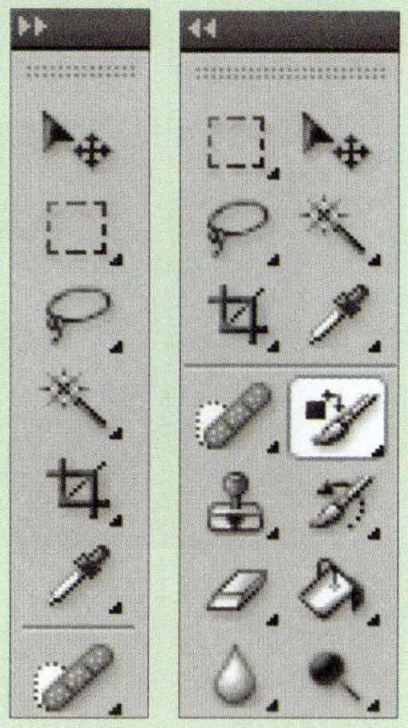

两种排列方式

3.5 数码照片后期处理的色彩管理

一般情况下，很多数码照片在计算机上显示出的颜色与打印出的色彩会有很大的偏差。在这种情况下就需要对数码照片进行色彩管理，对整个照片的色彩进行校正，从而保证照片显示色彩与打印出来的色彩一致。

人们在选购数码相机时，常常会关注数码相机的色彩还原度，导致于在选择相机时过高的追求高质量色彩而出现金钱的浪费。高质量的色彩并非不好，但是色彩管理在处理数码照片时同样具有很重要的作用。

1．色彩管理的涵义

色彩管理是让图像颜色在整个流程中保持相同，即保证所有的设备如数码相机、扫描仪、显示器、输出设置的打印机等，在互相传递照片信息时保持颜色的一致性。

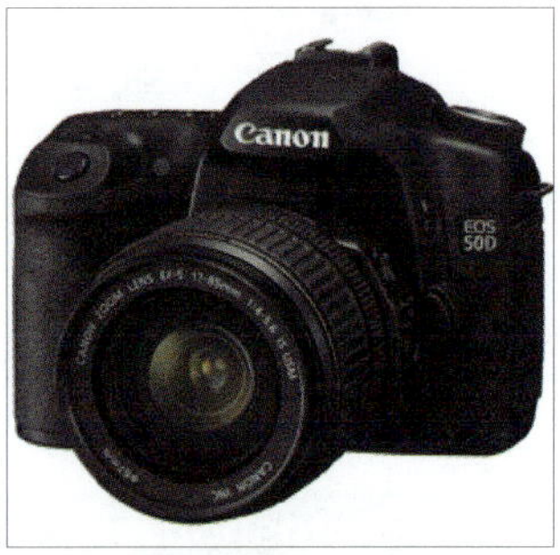

数码相机

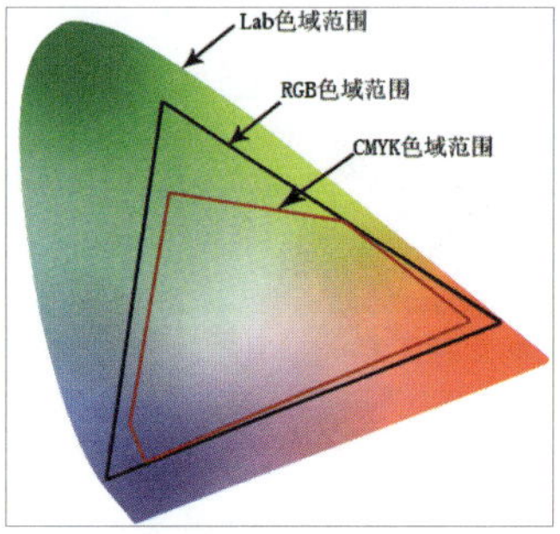

三种色彩模式的色域

2．色彩管理的用途

正确的管理色彩能够在最大限度上运用现有的设备得到最佳的颜色效果，得到更高质量的照片。在进行数码照片的处理前，为了使照片还原得到更为真实的效果，需要在编辑软件中对工作的色彩空间进行转换，使处理过程中的照片与拍摄时的颜色完全统一。同样，在最后处理完成后，也要针对不同的输出设置再对照片的色彩空间进行转换。

未经过色彩管理的照片

经过色彩管理以后的照片

在处理照片时，经过了繁复的色彩空间转换以后，最后会得到高质量的照片。另外，经过正确色彩管理后的照片在保持原有色彩的基础上颜色也会鲜亮许多。

Photoshop基础

后期处理色彩管理流程

数码照片处理同所有操作一样，都具有自己的操作流程，一般情况下可分为拍摄、处理、冲印等几个重点工作流程。

1．拍摄前设置色彩空间

在拍摄数码照片前，需要对所拍摄的色彩空间进行设置，现在的数码相机都包括了Adobe RGB和sRGB两种色彩空间，前者的颜色比后者更丰富，但却只有在支持Adobe RGB的显示器上才能使用，所以如果照片是作为网络浏览而不需要修改时，只需选择sRGB即可，这样可免去色彩空间转换的麻烦。

2．用Adobe RGB作为处理软件的色彩空间

由于Adobe RGB色域广泛，色彩信息也更为丰富，所以在处理数码照片时，应用Adobe RGB作为处理照片的色彩空间可以在更大的空间上调整照片色彩。

3．选择输出途径

转换色彩空间并对照片进行后期处理后，通常需要会选择一种途径来进行输出，如冲印、喷墨打印、印刷等。当选择不同的色彩空间时，会出现色彩偏差现象，从而导致照片颜色偏暗。此时需要针对于不同的输出设置设置不同的色彩管理方式。

3.6 设置Photoshop CS4的色彩工作空间

色彩工作空间的设置是保持数码照片质量的一个关键步骤，是保证照片忠于原色的基础。色彩管理流程虽然看起来显得有些繁琐，但却是保持照片原色的基础，也是保证照片质量的一个有效途径。在Photoshop CS4中可以快速设置色彩工作空间。

1．执行命令

启动Photoshop CS4，在未打开任何照片的情况下，执行“编辑>颜色设置”命令，或按下快捷键Ctrl+Shift+K，打开“颜色设置”对话框。

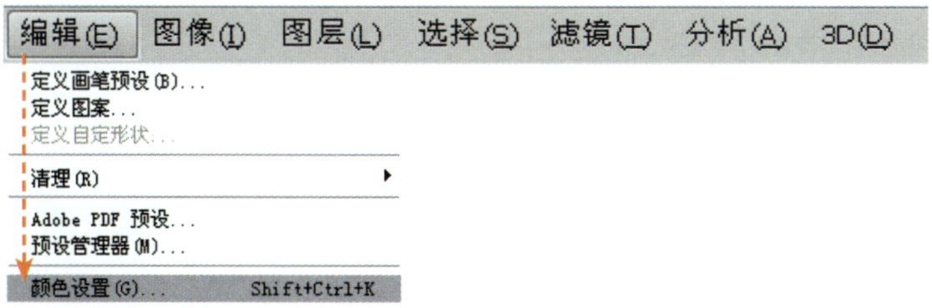

“颜色设置”命令

2．设置工作空间

在弹出的“颜色设置”对话框的“工作空间”选项组中，设置标准色彩空间模式设置为Adobe RGB（1998），以便得到更大的色彩范围。

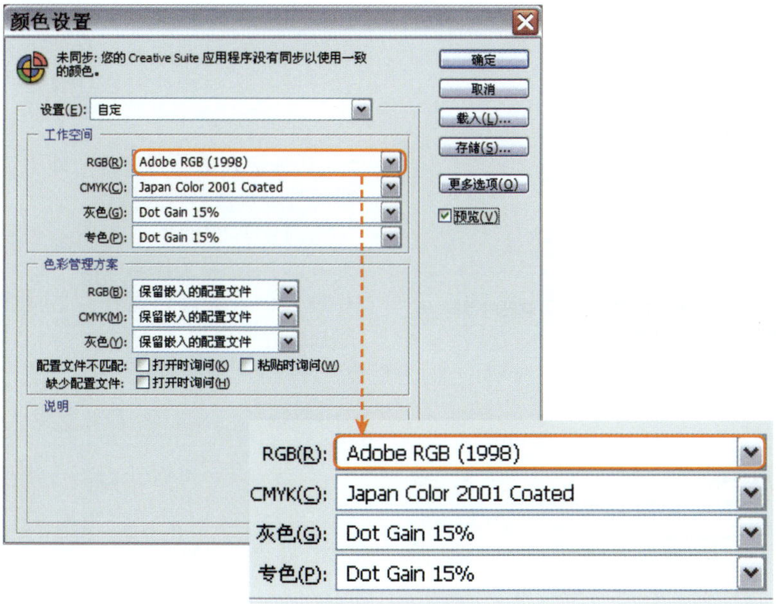

设置工作空间

3．设置色彩管理方案

在“色彩管理方案”选项组的RGB下拉列表中选择“转换为工作中的RGB”选项。

Photoshop基础

色彩管理专用术语

拍摄照片后，有些照片在显示器中看到的颜色非常鲜亮，而冲印出来却大有差别，这是因为缺少对色彩的管理。

色彩管理使画面保持原味

在对拍摄的数码照片进行色彩管理时，通常会遇到一些相应的专业术语，这里针对这些术语进行详解。

① 色域：是使用原色所限定的颜色区域。

② 工作空间：为某种文件模式所设定的默认颜色空间。如打开一幅RGB图像以后，为文件设置一个RGB工作空间，为CMYK文件设置一个默认的颜色空间。在一般情况下，编辑色空间为最佳的工作空间。

③ 特性文件：是指色彩管理模式为颜色从设置的颜色空间内转出或者转入时的全部信息，又叫做设置特性文件。

④ 色彩配置文件不匹配：当打开一个嵌入的图像时，打开的图像与当前应用软件的色彩工作空间不同，被称为特性文件不匹配。

⑤ 嵌入特性文件：将设备特性文件保存到图像中。

⑥ 连续色阶：用于表示连续变化的色彩阶调。

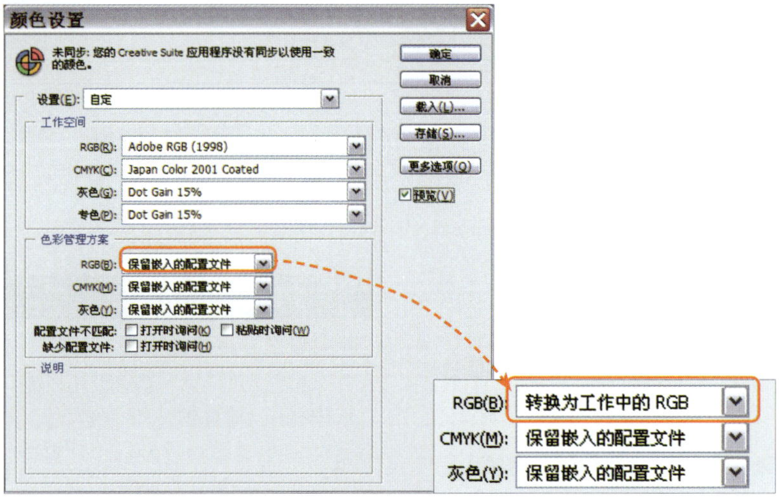

设置色彩管理

4．设置提示选项

在设置完成后，还可利用Photoshop所提供的色彩转换提示选项，对打开文件的颜色转换进行相应的提示。具体的方法就是直接在“色彩管理方案”选项组中勾选所有的复选框，然后单击“确定”按钮。

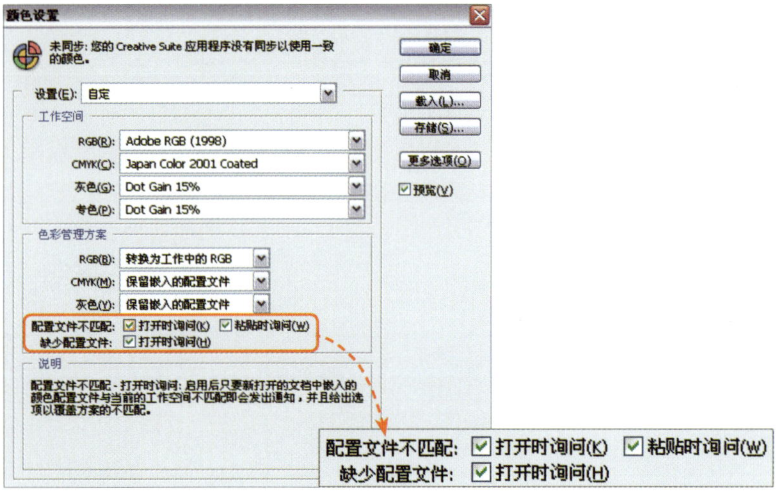

勾选复选框

5．查看设置后的效果

当色彩工作空间设置完成后，再次打开一个以sRGB色彩空间保存的照片时，就会自动弹出“嵌入的配置文件不匹配”对话框，提示原照片色彩空间与设定的色彩空间不匹配，提示是否将其转换等信息。

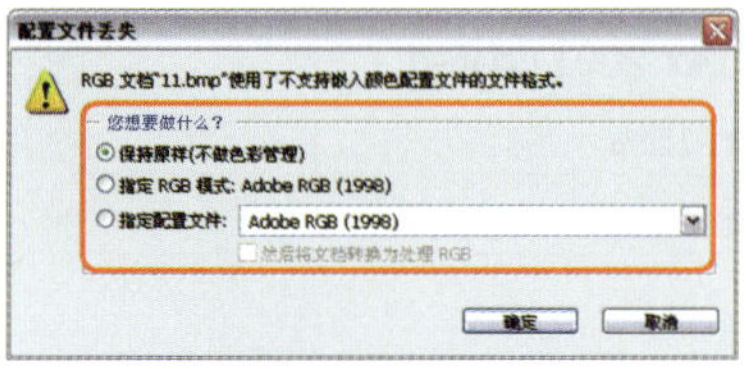

“配置文件丢失”对话框

提示与技巧

色彩配置文件与当前软件色彩空间不匹配的解决办法

当打开一个嵌入特性文件的图像时，该特定的文件与当前应用软件的条件或工作空间不同时，就称为特性文件不匹配。

当图片色彩配置文件不匹配时，分别有3种不同的解决办法。

解决方法

1．使用嵌入的配置文件，即不处理照片

使用文件原有的色彩空间代替Photoshop工作空间设置的色彩管理，使原照片中包含的原有色彩配置信息不产生变化。该方法仅适用于对照片的缩小、裁切等不影响照片颜色的处理时使用。

2．将文档的颜色转换到工作空间，即精确处理图像

当色彩空间不匹配时，使用此方法将自动放弃原有的色彩管理，选择所使用软件设定的工作空间色彩。

3．扔掉嵌入的配置文件，即不对照片进行色彩管理操作

当色彩空间不匹配时，扔掉嵌入的配置文件就不会对照片进行色彩管理，这样会造成照片颜色的损失。

3.7 转换文件的色彩空间

将Photoshop中的色彩工作空间转换为Adobe RGB以后，当再打开一个图像文件时，可能会涉及到当前打开文件的色彩配置文件与所使用软件所设置的色彩空间不匹配的问题，这就需要对文件的色彩空间进行转换。

需要进行的转换，可能在对文件编辑操作前进行，也可能在文件处理完成后因为输出设备与处理软件的不匹配而进行。

1．打开文件时进行色彩空间转换

打开一张色彩空间不匹配的照片时会弹出“配置文件丢失”对话框，在对话框中单击“保持原样”单选按钮，再单击“确定”按钮即可完成色彩空间的转换。

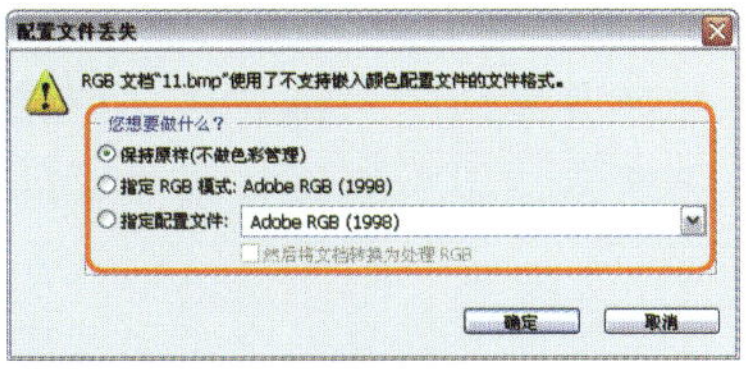

色彩空间转换

2．处理完成后照片的色彩转换

对于已经处理完成的照片，在选择不同的输出方式时需要对输出照片的色彩空间进行设置，例如要将一张数码照片放到网络中共享时。

选择一张已经调整完成的照片，在状态栏上查看其现用的色彩空间，然后执行“编辑>转换为配置文件”命令，打开“转换为配置文件”对话框。在“目标空间”选项组的“配置文件”列表中选择“sRGB IE1966_2.1”，完成后单击“确定”按钮。

原图

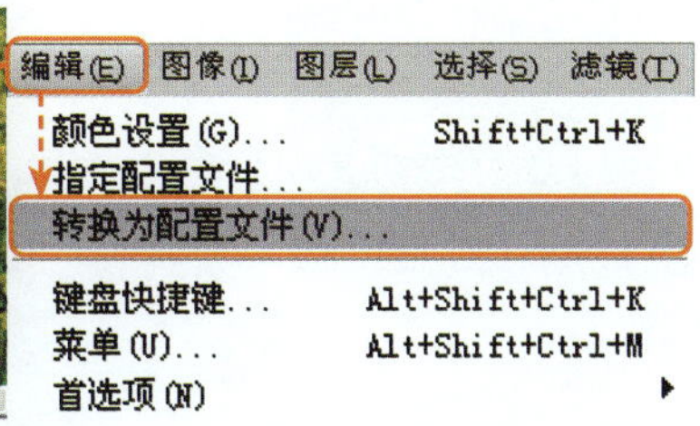

“转换为配置文件”操作

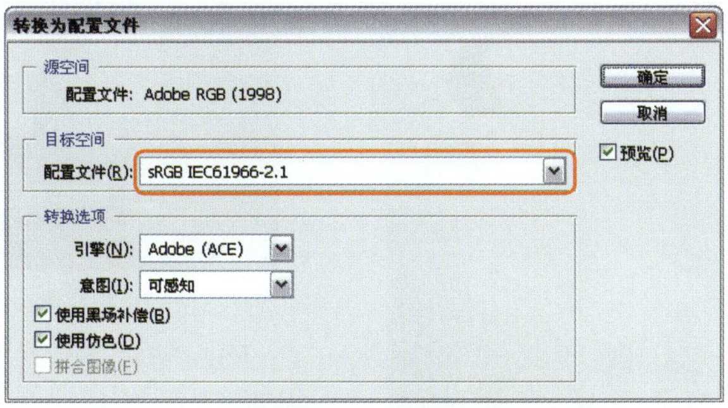

“转换为配置文件”对话框

提示与技巧

查看当前照片色彩配置的方法

在进行文件的色彩空间转换时，可以使用以下方法查看所打开的文件的色彩配置。

打开照片，在照片最下方的状态栏中直接显示了该照片的相关信息，在默认情况下，显示的是文件大小。

照片显示信息

单击状态栏右侧的三角形扩展按钮，在弹出的菜单中执行“显示 > 文档配置文件”命令。

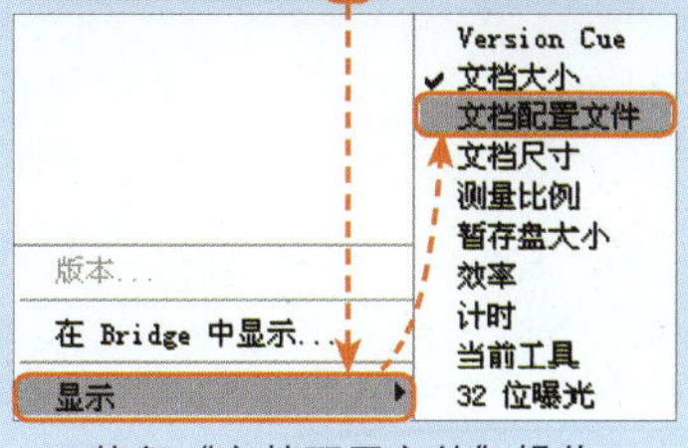

执行“文档配置文件”操作

3.8 调节数码照片的大小

在拍摄数码照片时，由于数码相机的分辨率有所不同，因此拍摄出来的照片在大小上也会有差别。过大的照片不仅在打开时速度缓慢，而且会占据大量的内存空间，所以在有些情况下需要对照片的大小进行调整。

调节数码照片的大小有3种不同的操作方法：分别是使用裁剪工具调节照片大小，使用“图像大小”命令调节照片大小和使用“画布大小”命令调节照片大小。

方法一：使用裁剪工具调节照片

在调整图像大小时，裁剪工具是速度最快的一种方法。但是使用此工具调整照片大小时，会给图像造成不可恢复性损失，所以一般情况下不采用此种方式调整照片。

在工具箱中选择裁剪工具，然后在画面上拖动一个矩形裁剪框，将此裁剪框调整到合适大小后双击鼠标左键或按下Enter键，即可将图像裁切到需要的大小。

原图

调整裁剪框

图像裁剪效果

Photoshop基础

裁剪框的调整

在使用裁剪工具裁剪照片时，需要使用裁剪工具在页面上拖动一个裁剪框，根据实际情况可以调整其大小。

缩小裁剪框

放大裁剪框

向左移动裁剪框

向右移动裁剪框

将鼠标指针放在裁剪框四角的任一一个节点上，节点会转换为旋转标记，此时单击可以旋转裁剪框。

方法二：使用“图像大小”命令调节照片

使用“图像大小”命令调整图像时，不仅可以调整整个照片的大小，而且可以通过更改照片的分辨率和像素，达到精确更改照片大小的效果。

执行“图像>调整>图像大小”命令，弹出“图像大小”对话框。在弹出的“图像大小”对话框中输入需要的图像大小，并单击“确定”按钮，即可将图像调整为适当图像大小。

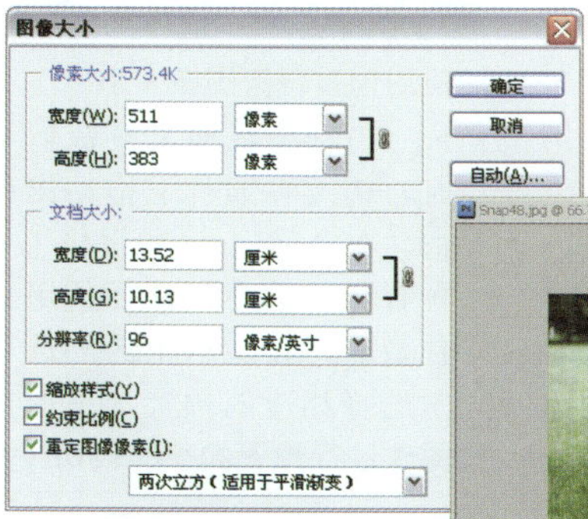

“图像大小”对话框

调整效果

方法三：使用“画布大小”命令调节照片

使用“画布大小”命令调整图像大小的操作方法与使用“图像大小”命令的方法基本类似。不同的是，使用“画布大小”命令是通过调节画布的大小来控制图像大小，画布变大则图像变大，画布变小则图像变小，而且它同使用裁剪工具一样，当将图像大小变化时，会对照片造成损失。

执行“图像>调整>画布大小”命令，弹出“画布大小”对话框，在弹出的“画布大小”对话框中输入数值，然后单击“确定”按钮，弹出提示对话框后在其中单击“继续”按钮，即可完成对图像大小的调整操作。

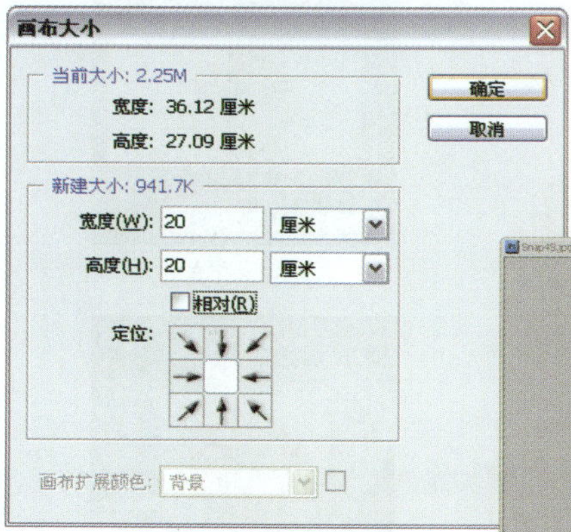

“画布大小”对话框

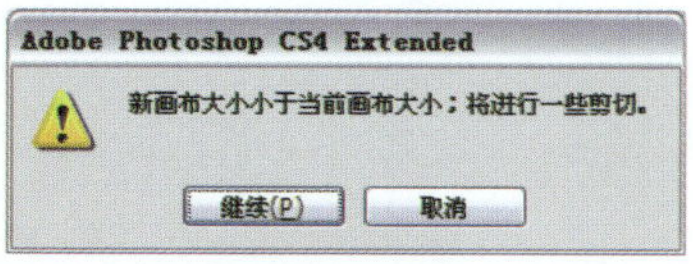

提示对话框

调整效果

旋转裁剪框

提示与技巧

“屏蔽”选项

选择裁剪工具以后，在画面上拖动出裁剪框时，默认的被保留区域为亮度显示，而需要删除的部分则为灰色显示。可以对删除区域的颜色进行调整。

在选项栏上取消勾选“屏蔽”复选框，图像自动取消颜色，只在图像上显示虚线裁剪框。

勾选“屏蔽”复选框

勾选“屏蔽”复选框效果

取消勾选“屏蔽”复选框

取消勾选“屏蔽”复选框效果

3.9 裁剪照片

在照片拍摄完成以后，在后期处理中需要对照片的构图进行调整。如果照片中多余的部分被保留下来可能会影响到整个照片的色调影像效果。适当地裁剪照片中的部分图像，可以达到使拍摄主题鲜明的效果。

在Photoshop CS4中使用裁剪命令，可以快速达到裁剪照片不需要的图像的目的。照片被裁剪以后，整个画面更具有整体感，这是照片后期处理工作的基础。在Photoshop CS4中裁剪照片有两种方法，分别是使用“裁剪”命令裁剪照片和运用裁剪工具裁剪照片，下面分别对两种方法的操作进行详解。

方法一： 执行命令裁剪照片

执行“文件>打开”命令，打开本书配套光盘中的“实例文件\chapter3\media\裁剪照片.jpg“文件，使用矩形选框工具在图像中创建选区，执行“图像>裁剪”命令裁剪照片。

原图

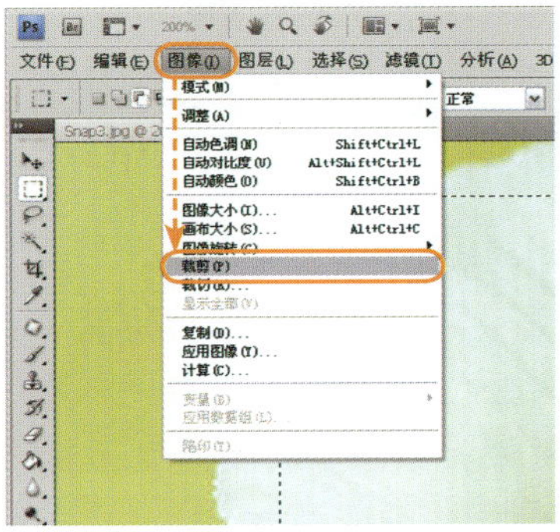

执行“图像>裁剪”命令

方法二： 运用工具裁剪照片

在工具箱中选择裁剪工具，然后在画面上拖动出一个矩形裁剪框，将裁剪框调整到合适大小后双击鼠标左键或按下Enter键，即可将图像裁剪到需要的大小。

裁剪前

裁剪后

Photoshop基础

应用预置裁剪图像大小

当选择裁剪工具裁剪照片时，需要在照片上拖动出裁剪框。在Photoshop 中提供了多种预置裁剪大小，需要使用预置裁剪时，在裁剪工具的选项栏中选择相应的预置选项即可对图像进行预置大小的裁切。

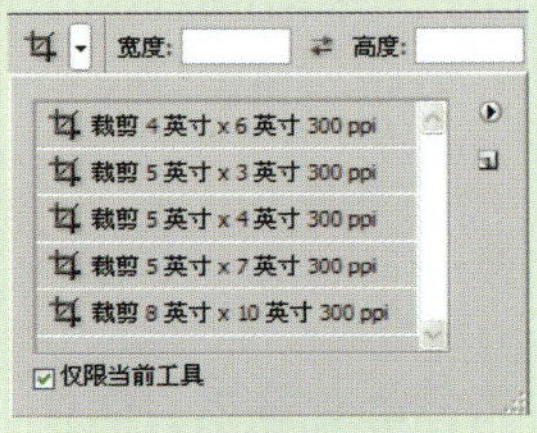

预设裁剪大小

4英寸×6英寸

5英寸×3英寸

5英寸×4英寸

3.10 使用“镜头矫正”滤镜矫正照片中的图像

如果照片的构图不够完美，会使照片整体效果不佳。对于拍摄数码照片时因为拍摄造成的一些问题，如照片角度出现一定偏差等，需要在后期处理的过程中运用软件对其进行矫正。

在拍摄照片时，虽然会仔细调整拍摄时的角度，以确保最终拍摄效果达到最好。但是在大数情况下，还是会出现一定的偏差。Photoshop所提供的“镜头矫正”滤镜就为解决镜头偏差提供了方便快捷的矫正方法。

STEP 01 执行“文件>打开”命令，打开本书配套光盘中的“实例文件\chapter3\media\使用镜头矫正矫正照中的图像.jpg”文件，然后执行“滤镜>扭曲>镜头矫正”命令，弹出“镜头矫正”对话框。在对话框中单击左侧的拉直工具，沿着图像的下部拉出一条与地平线平行的直线，释放鼠标时将自动摆正角度。

STEP 02 在对话框的底部调整合适的网格间距，选择移动网格工具，使用网格与图像的边缘对齐，然后在“边缘”下拉列表中选择“边缘扩展”选项，对图像边缘进行处理完成后单击“确定”按钮，完成图像矫正操作。

Photoshop基础

“镜头矫正”滤镜的参数详解

移去扭曲： 用于纠正镜头畸变，将滑块向右拖动时能去除桶状畸变，而向左拖动则去除枕形畸变。

原图

镜头畸变

色差： 用于去除照片边缘中的各种杂色。

晕影： 用于减少镜头产生的暗角。“数量”用于控制各个角在中心的亮度，而“中点”则用于控制中心部分位置的亮度。

变换： 用于设置图像的水平或垂直的透视角度，设置的参数越大，所产生的透视效果就越明显。

透视效果

3.11 使用标尺工具矫正照片

矫正照片是拍摄完成后最基本的操作，目的是使拍摄出来的照片构图更加精美，所得到的照片效果更加贴近生活，用照片展示生活的色彩。

在矫正照片方面，Photoshop有多种不同的操作方式。对于一般情况下的物体倾斜或是人像不端正等问题，可以使用Photoshop工具箱中的标尺工具进行快速矫正。

STEP 01 执行“文件>打开”命令，打开本书配套光盘中的“实例文件\chapter3\media\使用标尺工具矫正照片.jpg”文件，然后单击标尺工具，移动十字光标至图像左上角的位置，按住鼠标不放拖动至终点位置，绘制出一条直线。

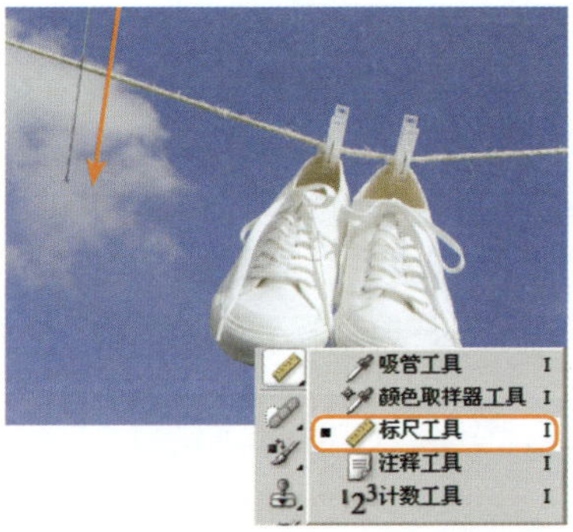

STEP 02 执行“图像>图像旋转>任意角度”命令，在“旋转画布”对话框中会产生根据绘制线条给出的倾斜角度，此时直接单击“确定”按钮。

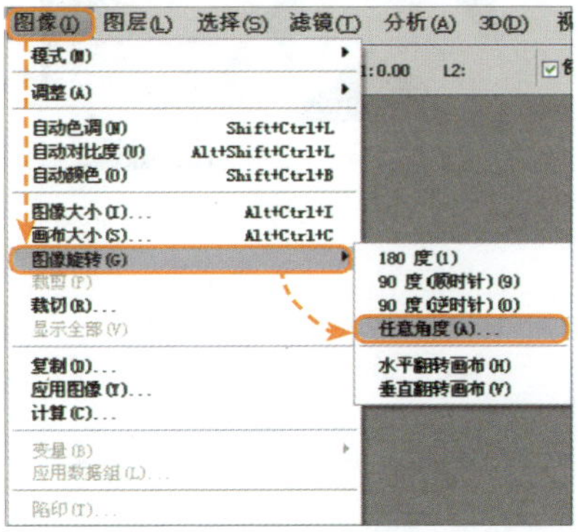

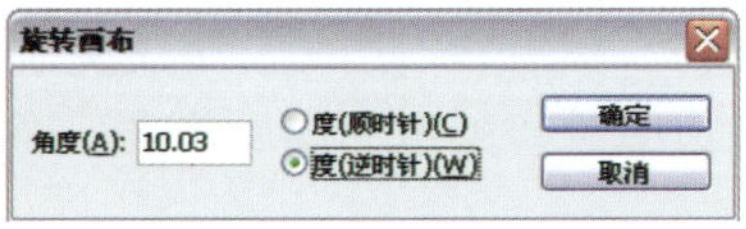

STEP 03 单击裁剪工具，在照片中拖动绘制一个裁剪框，适当调整裁剪框上的控制手柄直至得到满意构图，按下Enter键完成照片的矫正操作。

Photoshop基础

缩放技巧

在Photoshop中可以按下快捷键Ctrl+0，系统将会以适合屏幕的大小来显示所打开的图像，按下快捷键Ctrl+Alt+0，系统则会以100%显示图像。

打开时默认显示

以适合屏幕大小显示

以100%显示

提示与技巧

使用标尺工具矫正图像的不足

使用标尺工具矫正图像时，会配合裁剪工具使用。在旋转图像角度后，图像的空白区域会以背景色显示，此时就需要使用裁剪工具对边缘进行修整，修整后的图像会使原图像损失一些内容。

3.12 用图片合并功能自动拼接全景图

现在市场上的数码相机的功能越来越强大，很多数码相机都具备拍摄全景图的功能。在拍摄完全景照片以后，配合Photoshop的自动拼接全景图功能可以将多张全景图拼合成为一个连续的图像。

在拍摄一系列的全景照片以后，由于每张相片都是独立的，并不便于查看整个风景的整体效果。Photoshop CS4的全景图命令解决了这一问题，它可以自动通过汇集水平平铺和垂直平铺的照片，将其拼合成一张连续的整体图像。

STEP 01 执行“文件>打开”命令，打开本书配套光盘中的“实例文件\chapter3\media\用图片合并功能自动拼接全景图01.jpg\02.jpg\03.jpg”这是一组已经拍摄好的全景照片。

STEP 02 执行“文件>自动>Photomerge”命令，打开“Photomerge”对话框或直接在Bridge缩略图窗口中选择一组全景图片，执行“工具>Photoshop>Photomerge”命令，打开全景图编辑对话框。

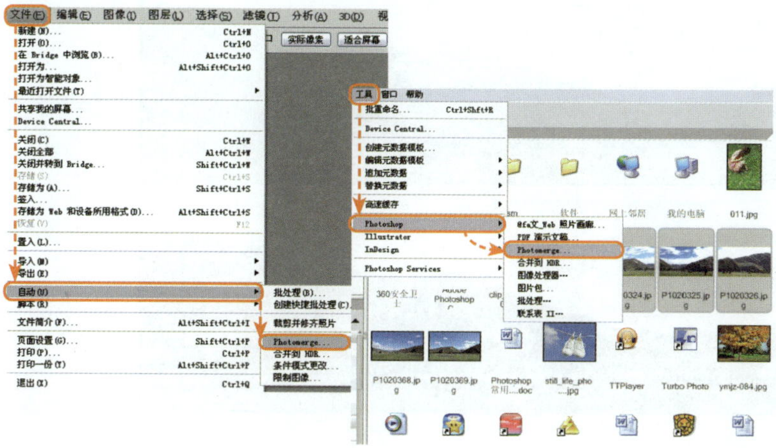

提示与技巧

怎样拍摄全景照片

在拍摄全景照片时，拍摄照片的质量会对最后拼合得到的图像产生重要的影响，所以在拍摄照片时应注意一些问题。

1. 留有重叠区域

一组全景照片中两张照片之间需有15%~25%的重叠区域，为了保证效果，在拍摄时最好使用相同的拍摄高度。

2. 避免缩放

拍摄照片时应选用相同的焦距，最好不使用数码相机的变焦功能。

3. 保持相机水平

在拼接全景图时，如果拍摄的全景照片存在角度倾斜就会导致错误。因此在拍摄时可以使用带有旋转头的三脚架来帮助保持相机的稳定和视点。

4. 保持固定位置

在拍摄系列照片时应尽量在同一位置拍摄，最好不要改变位置。如果改变位置以后再拍摄，有可能会破坏图像的连续性。

5. 避免使用扭曲镜头

在拍摄照片时如果采用了广角镜头或是鱼眼镜头，就会干扰图像拼合。

6. 保持相同的曝光度

在拍摄照片时最好不要使用闪光灯。Photoshop中的全景图高级混合功能有助于消除不同的曝光度，但很难自动处理曝光度相差过大的照片。

STEP 03 在“照片合并”对话框左侧设置“版面”拼合类型为“调整位置”单击“浏览”按钮，将照片添加至文件列表中，确认后单击“确定”按钮。

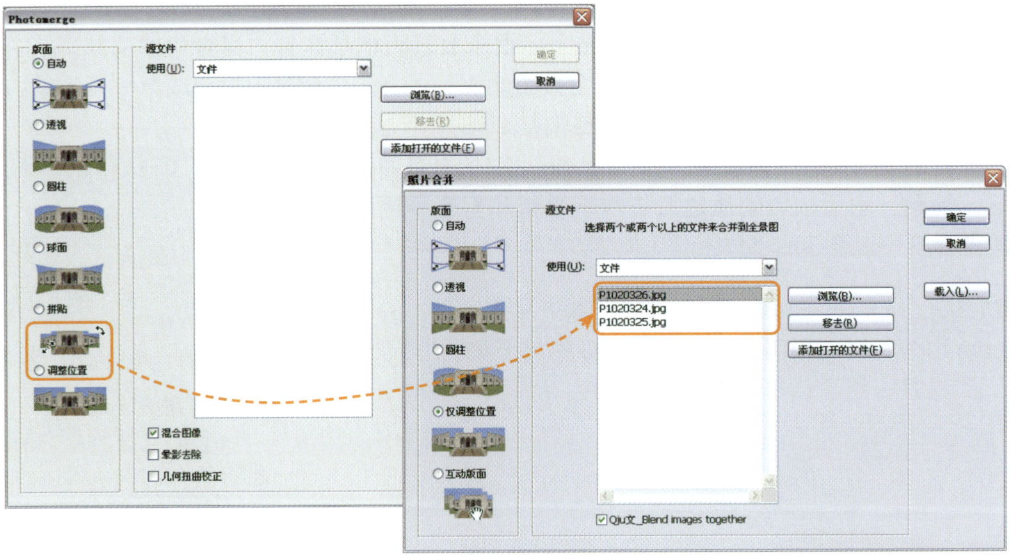

STEP 04 在单击“确定”后Photoshop自动打开选择的照片，自动寻找每张照片之间可以重合的部分并将其自动合并。对于拼合的照片，如果由于位置不够精准可以使用移动工具拖动至合适位置，Photoshop会自动融合相同部分。

STEP 05 完成照片的拼合操作后，单击裁剪工具，将拼合图像中多余的部分裁剪即可完成最终的拼合操作。

提示与技巧

修复全景照片中的曝光不均

在拍摄照片时，很多相机会根据光线的改变而自动更改曝光值，从而使最终拍摄出来的照片明暗不一致。因为曝光度不同的图像颜色就会发生一定的差异，此时得到的全景图，就很难达到平滑拼合的要求，看起来会不自然。当曝光不均时，可以使用“匹配颜色”命令调整照片的颜色，解决颜色不一致的问题。

正常效果照片

曝光不均的照片

自动更改曝光值

将用于拼合全景图的照片全部打开，执行“图像>调整>匹配颜色”命令，弹出“匹配颜色”对话框。

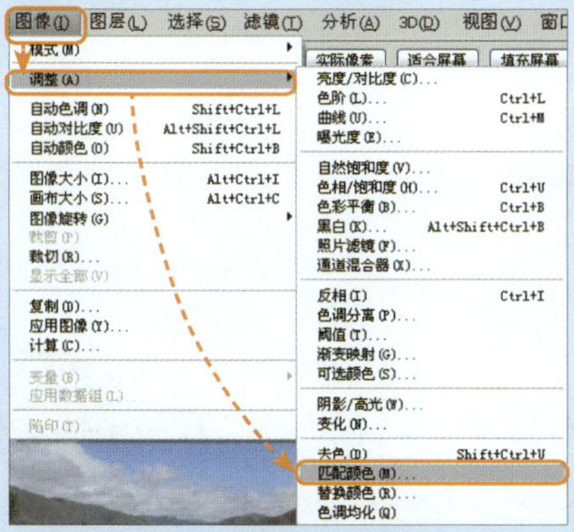

执行“图像>调整>匹配颜色”命令

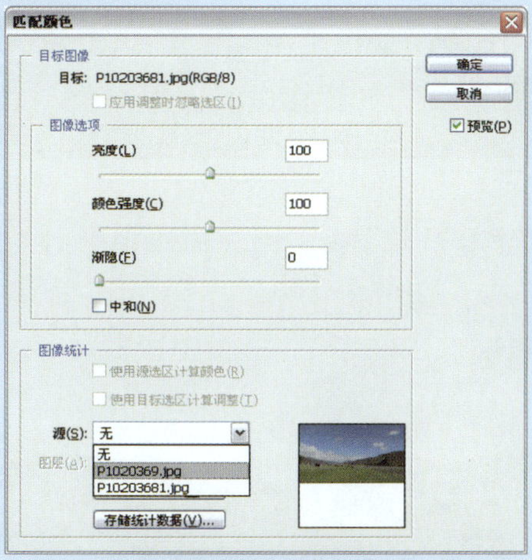

“匹配颜色”对话框

进行拼合的图片

进行设置后单击“确定”按钮，经匹配调整后的照片颜色融合得更加平滑。此时再对图像使用Photomerge命令进行拼合，所得到的拼合效果就会显得更自然。

匹配颜色调整前

匹配颜色调整后

对于图像拼接后产生的图像透明区域，除了可以使用裁剪工具将多余部分裁剪掉，也可以使用仿制图章工具对透明区域进行弥补。裁剪操作一般比较适合图像复杂的背景，而仿制图章工具比较适合较为单纯的背景。此处的风景图片由于天空背景比较单一，可以使用仿制图章工具进行修补。

修补前

修补后

第4章 数码照片的调色技法

随着数码时代的到来，数码相机正一步步取代传统的胶片摄影，数码照片的后期处理也变得越来越重要。在本章中将使用Photoshop CS4的不同功能对数码照片进行调色。通过后期的调整来弥补照片的不足，将其调整为具有理想效果的照片。

4.1 色调调整

在数码照片的调色技法中，色调的调整往往占据了主导的地位。通过运用Photoshop中的“调整”命令可以修复由于拍摄造成的偏色或者曝光不足的现象。色调的调整不仅可以校正照片自身的颜色，还可以修正曝光不足或曝光过度的现象。色调与照片之间的微妙关系，是需要我们不断学习和研究的。

4.1.1 “色阶”命令——调整照片的整体色调

最终文件路径：实例文件\chapter4\complete\01-end.psd

案例分析：这是一张在雪地中拍摄的照片，画面构图完整，袅袅炊烟使画面显得很有生活气息。但是由于该照片是在下午拍摄的，光线不是很充足，使得画面的对比度与饱和度不到位，缺乏统一的色调。通过运用Photoshop中的“色阶”命令可以调整画面的对比度和饱和度，从而呈现统一的色调。

功能点拨：Photoshop中的“色阶”调整图层不仅可以调整画面整体的色调，还可以使用通道针对RGB的每一个颜色分别调整图像的阴影、中间调和高光的强度级别，从而校正图像的色调范围。

STEP 01 打开本书配套光盘中的“实例文件\chapter4\media\01.jpg”文件。可以观察到由于受拍摄时间和天气因素的影响，画面显得比较灰暗，整体对比度不够强烈。将“背景”图层拖动到“创建新图层”按钮上，得到“背景副本”图层。

STEP 02 下面通过“色阶”命令加强画面的对比度，单击“图层”面板下方的“创建新的填充或调整图层”按钮，在弹出的菜单中选择“色阶”命令。在弹出的“调整”面板中设置“输入色阶”的参数为15、1.24和236。

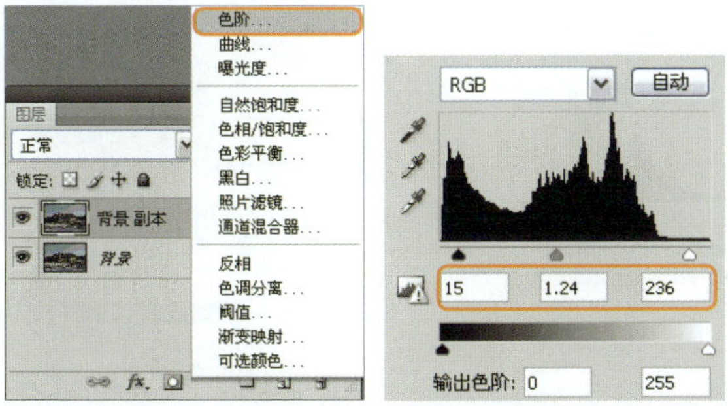

STEP 03 通过运用“色阶”命令对照片进行调整，画面的整体对比度加强，亮部与暗部的层次关系更加明显。

Photoshop基础

使用色阶调整画面亮度与对比度

色阶调整是Photoshop调色的基本工具之一。“色阶”命令可以精确地调整图像中的阴影、高光和中间调。照片中的亮度和对比度调整完全可以通过使用“色阶”命令来完成。

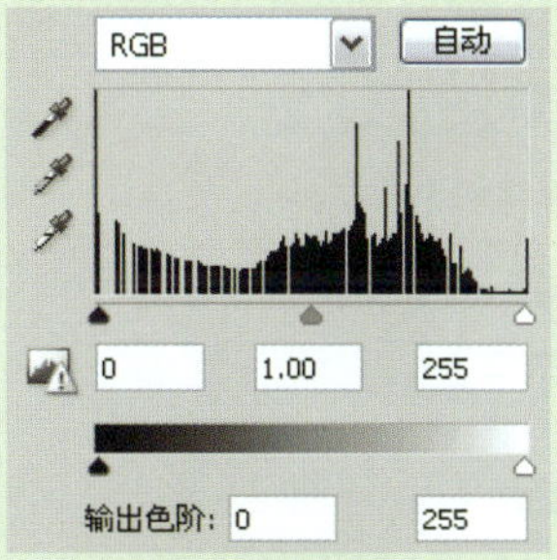

“调整”面板

色阶“调整”面板主要由“通道”、“输入色阶”和“输出色阶”3个主要的部分组成。

根据色彩模式的不同，可以在“通道”下拉列表中选择复合通道或者单个通道。

选择复合通道用于改变整个图像的色调或者颜色。如果选择单个通道只改变单个通道的色调而不影响其他通道，会出现偏色的现象。

输入色阶用于增加图像的对比度。与“直方图”面板上显示的一致，可以通过拖动下面的黑、灰、白滑块来进行调整。

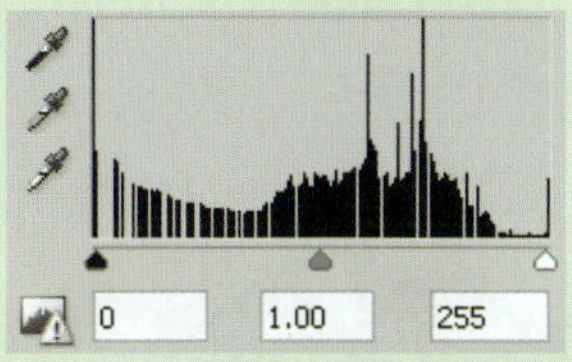

输入色阶

向右拖动黑色滑块，可增大图像阴影的对比度，使图像变暗；向左拖动白色滑块时，可以增大图像高光的对比度，使图像变亮。

STEP 04 单击“图层”面板下方的“创建新的填充或调整图层”按钮，在弹出的菜单中选择“色相/饱和度”命令，在弹出的“调整”面板中选择“编辑”下拉列表中的“全图”选项，设置“饱和度”为+17，然后选择“编辑”下拉列表中的“蓝色”选项，设置“饱和度”为-14，可以看到画面的饱和度提高，草地的颜色显得更加自然。

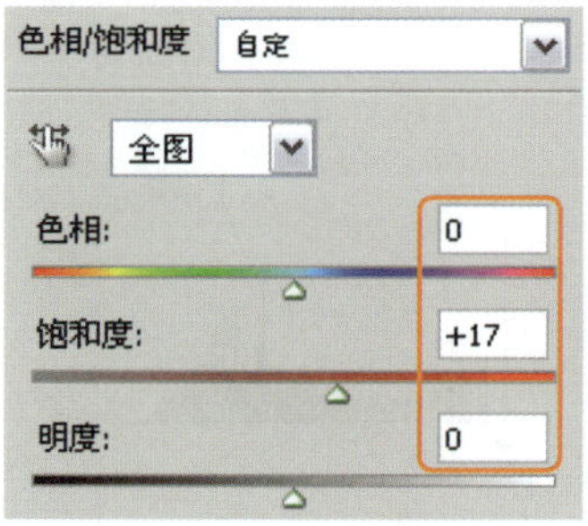

STEP 05 下面将通过“色阶”命令对不同通道调整图像的颜色，单击“图层”面板下方的“创建新的填充或调整图层”按钮，在弹出的菜单中选择“色阶”命令，得到“色阶2”图层。在弹出的“调整”面板中选择“通道”下拉列表中的“蓝”选项，设置“输入色阶”的参数为16、1.12和247。

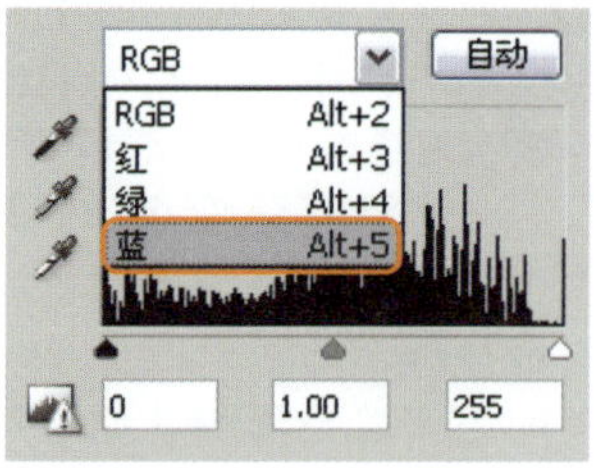

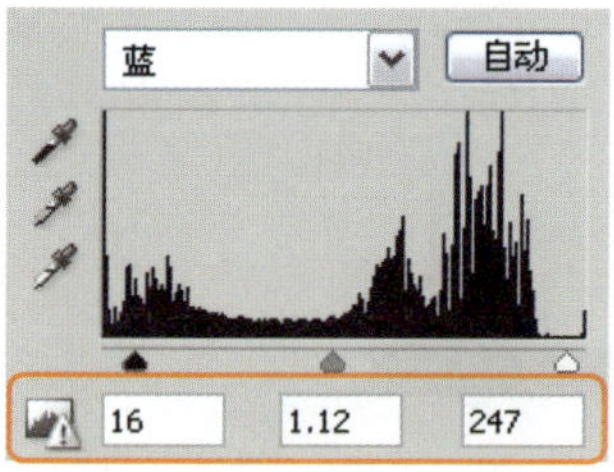

STEP 06 经过对“蓝”通道的调整可以发现，向右拖动黑色滑块后房屋部分会明显偏黄，向左拖动白色滑块，天空部分明显偏蓝，将黑白滑块分别向中间移动，加强了房屋与天空部分的色调，使画面的对比更加强烈。至此，本照片调整完成。

原图

向右拖动黑色滑块

向左拖动白色滑块

输出色阶用于降低图像的对比度。其中黑色滑块用于降低图像中阴影的对比度，白色滑块是用于降低图像中高光的对比度。

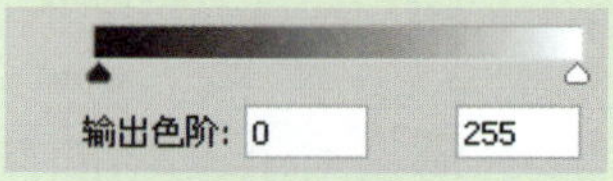

输出色阶

向右拖动黑色滑块

向左拖动白色滑块

4.1.2 “自动色调”命令——矫正照片颜色

最终文件路径： 实例文件\chapter4\complete\02-end.psd

案例分析： 这是一张在清晨拍摄的照片，通过运用“自动色调”命令可以将原本偏色的片子调整为影调正常的画面，保留了清晨的淡蓝色调。清晨拍摄的照片往往会出现偏色的现象，虽然数码相机的白平衡纠正现象越来越先进，但它终究无法辨别混合光照条件下物体的正常色彩。在后期的处理中使用Photoshop中的“自动色调”命令进行调整，可以还原照片的正常影调。

功能点拨： 使用Photoshop中的“自动色调”命令调整简单的灰阶图像最为有效。对于一般操作者来说，很难准确地将画面的颜色控制在正确的范围，“自动色调”命令是初学者较容易掌握的一项命令。该命令操作简单，可以自动调整图像中的黑场和白场。

STEP 01 打开本书配套光盘中的“实例文件\chapter4\media\02.jpg”文件。由于照片是在清晨拍摄的，照片明显偏蓝，这里将介绍一种简单、快捷的方法将色彩校正。复制“背景”图层得到“图层1”。

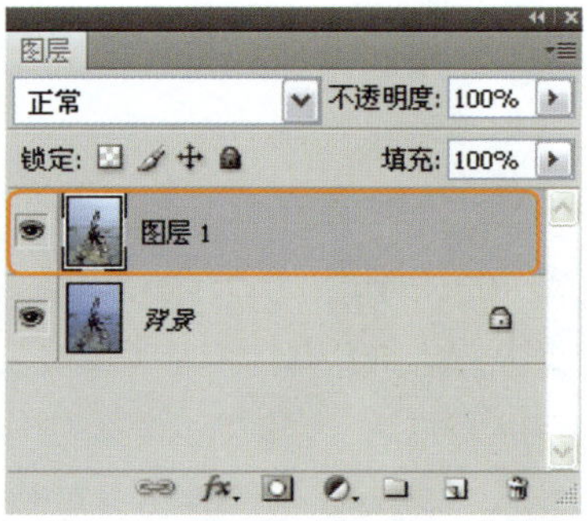

STEP 02 执行“图像>自动色调”命令，可以观察到图像明显提亮，偏蓝的现象被改变，呈现出正常的色调。

STEP 03 矫正颜色后，提高画面的亮度与对比度，单击“图层”面板下方的“创建新的填充或调整图层”按钮，在弹出的菜单中选择“亮度/对比度”命令，此时“图层”面板中出现“亮度/对比度1”图层。

Photoshop基础

色阶中的黑场与白场

执行“图像>调整>色阶”命令，弹出“色阶”对话框，对话框中的“输入色阶”是用于增加图像的对比度，可以拖动3个黑、灰、白色滑块来调整画面。“输出色阶”用于降低图像的对比度。

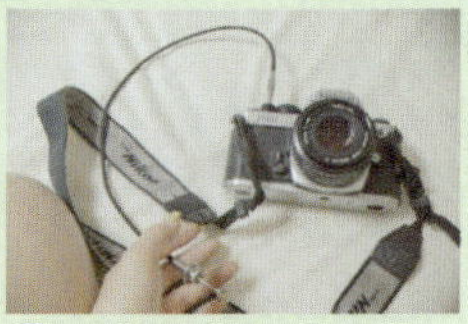

原图

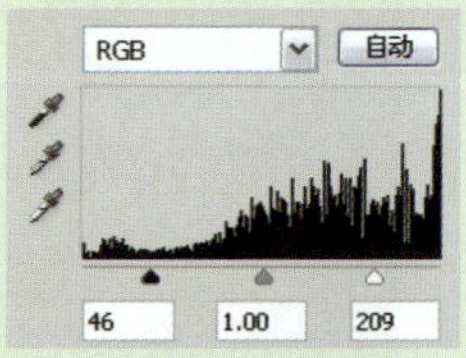

调整黑场与白场

调整效果

当输出色阶为默认值时，输出滑块位于色阶0（像素为全黑）和色阶255（像素为全白）的位置。如果移动黑色滑块或者白色滑块，将会改变画面整体的明度。

移动黑色滑块

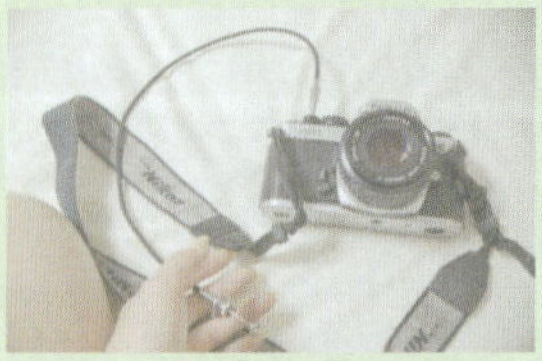

调整效果

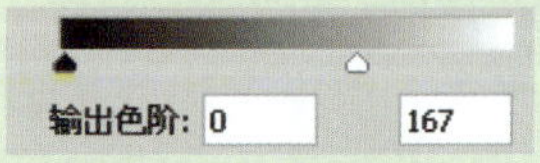

移动白色滑块

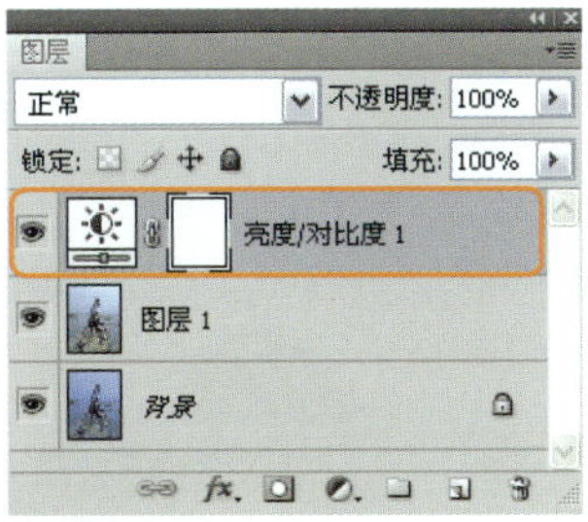

STEP 04 在弹出的“调整”面板中，设置“亮度”为9，“对比度”为13。

STEP 05 最后调整画面中的色彩饱和度，单击“图层”面板下方的“创建新的填充或调整图层”按钮，在弹出的菜单中选择“色相/饱和度”命令，在弹出的“调整”面板中，设置“饱和度”为+10。至此，本照片调整完成。

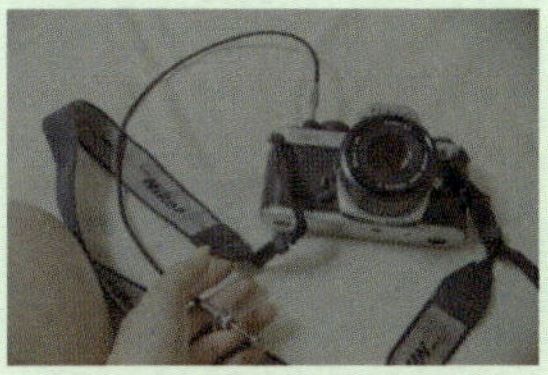

调整效果

在“输入色阶”与“输出色阶”选项中，两端的黑场和白场反映的是输入色阶与输出色阶的参数。如果移动“输入色阶”的黑色滑块，会将像素值映射为色阶0，而移动白场滑块会将像素值映射为色阶255。

其余的色阶将在色阶0~255之间重新分布，这种重新分布会增强画面的整体对比度。

“输出色阶”滑块可以设置阴影色阶和高光色阶，可以将图像压缩到0~255的范围。

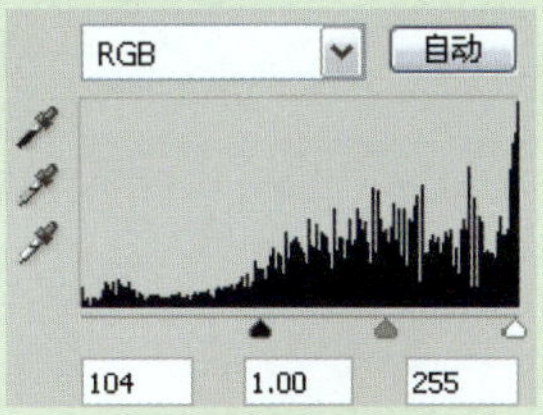

拖动黑色滑块

调整阴影

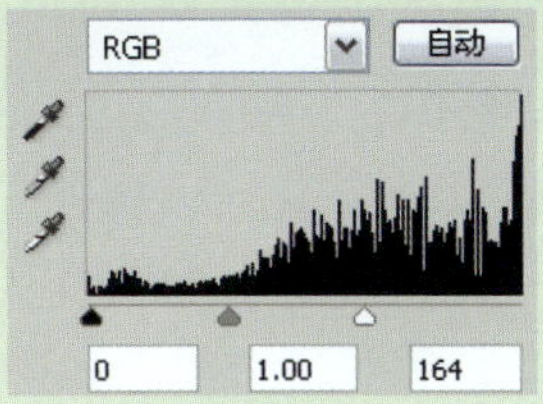

拖动白色滑块

调整高光

4.1.3 “自动对比度”命令——修正黄昏拍摄的照片

最终文件路径：实例文件\chapter4\complete\03-end.psd

案例分析：这是一张在海边拍摄的照片，通过运用“自动对比度”命令调整，可以将原本暗黄的画面调整为对比度丰富的画面，给人自然清新的感觉。使用Photoshop中的“自动对比度”命令，可以迅速地调整图像中的整体阴影与高光。

功能点拨：Photoshop中的“自动对比度”命令在照片调整中是十分便捷的一种命令。“自动对对比度”命令不需要任何参数的设置，即可对画面进行调整。对于Photoshop的初学者来说是便于理解与操作的。

STEP 01 打开本书配套光盘中的“实例文件\chapter4\media\03.jpg”文件。由于照相机的感光元件并不能平衡数据，因此拍摄出来的颜色往往并非看到的景像。傍晚的天空会呈现暖色，使画面看起来比较灰。

STEP 02 按下快捷键Ctrl+J复制并新建“图层1”。复制“背景”图层便于原文件，也便于与调整后的效果进行对比。

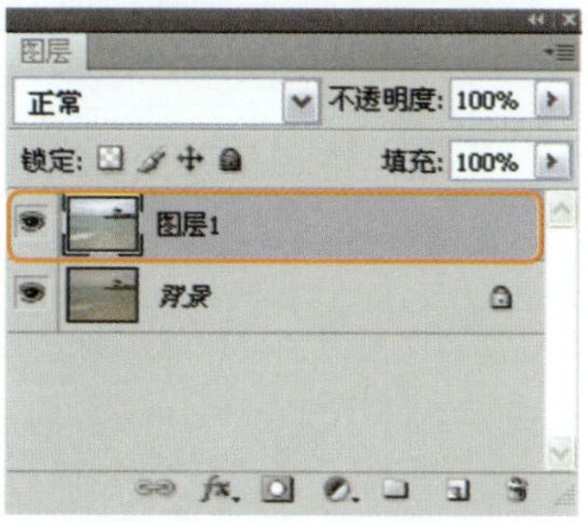

STEP 03 选择“图层1”图层，执行“图像>自动对比度”命令，自动调整图像的对比度，按下快捷键Alt+Shift+Ctrl+L也可以执行“自动对比度”命令。

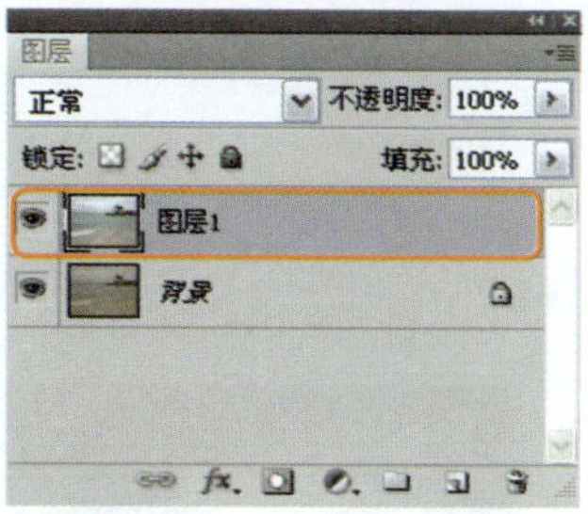

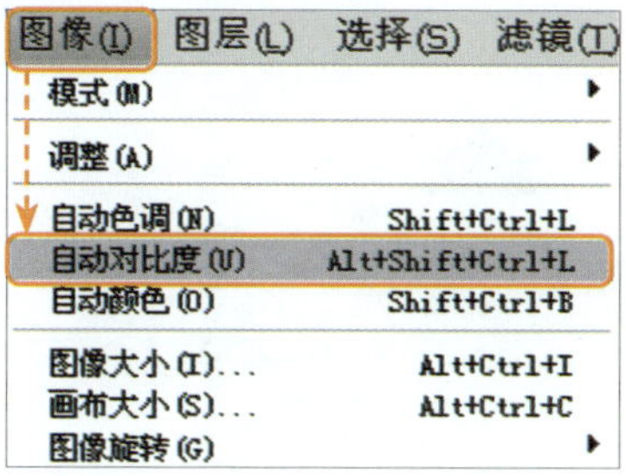

STEP 04 通过对图像进行自动对比度的调整，可以看到画面对比度明显改变，图像更加自然。海水与天空呈现出淡蓝色，整体色调也显得自然清新。

提示与技巧

背景副本的作用

在处理图像时，可以直接在“背景”图层上进行调整，但是如果复制“背景”图层进行调整，工作效率会大大改善。

在背景副本图层中，不但可以根据需要设置不透明度，而且还可以通过蒙版修复不理想的笔触。

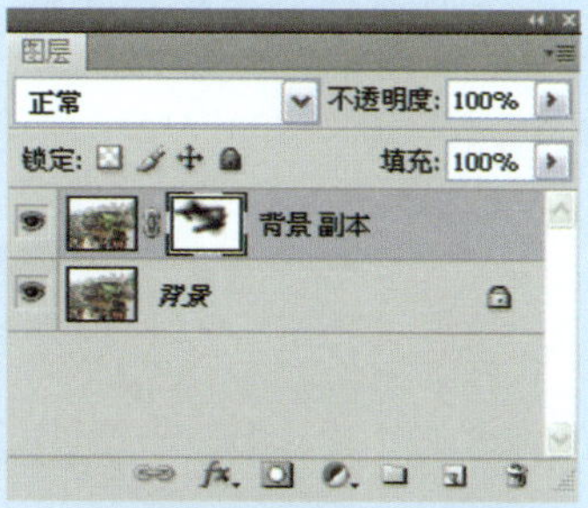

蒙版调整“背景副本”图层

复制图层背景有两个方法。

方法一：拖曳“背景”图层到“创建新图层”按钮上，就会出现复制的图层。

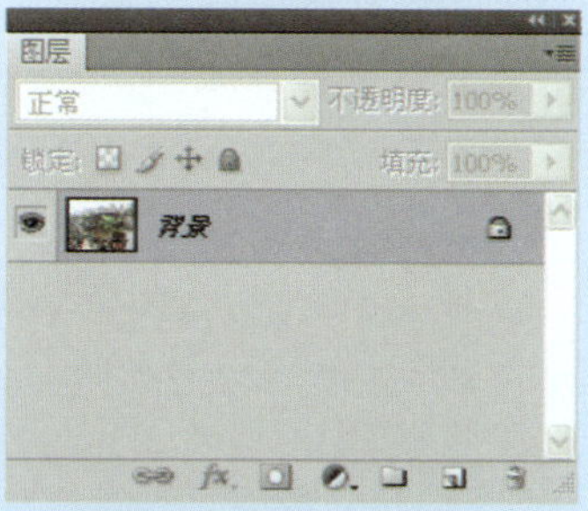

复制“背景”图层方法一

方法二：选择“背景”图层，按下快捷键Ctrl+J复制得到“图层1”。

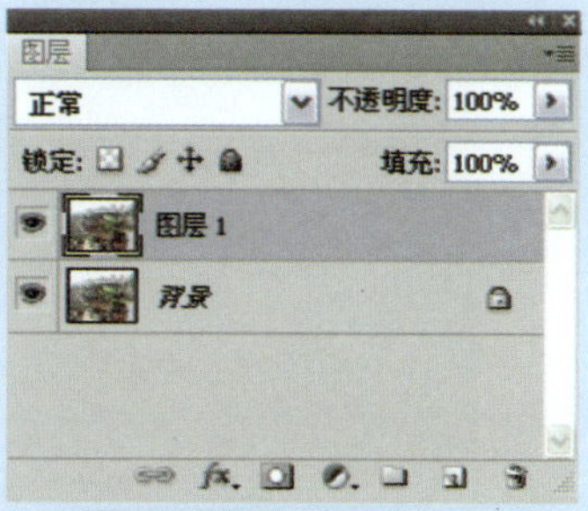

复制“背景”图层方法二

STEP 05 在调整完成图像的亮度/对比度后，大多数情况下没有必要多加修饰。然而对于在较暗光线下拍摄的照片和一些风景照，还需要加强效果。单击“图层”面板下方的“创建新的填充或调整图层”按钮，在弹出的菜单中选择“色相/饱和度”命令。

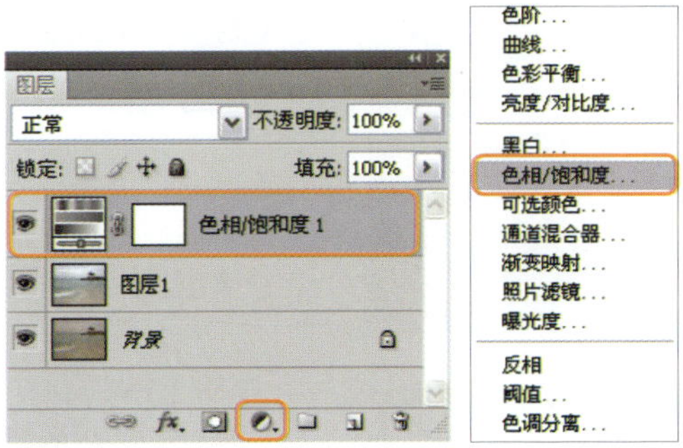

STEP 06 在弹出的“调整”面板中，设置“饱和度”为+38。至此，本照片调整完成。

“红”通道下的图像

选择“蓝”通道并且显示其他通道。对“蓝”通道执行“图像>调整>亮度/对比度”命令。弹出“亮度/对比度”对话框。

选择“蓝”通道

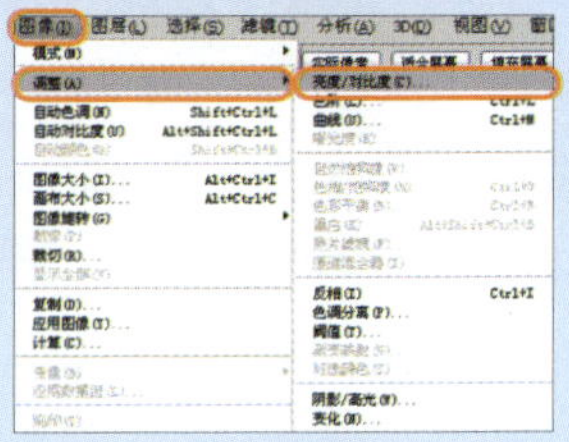

执行“亮度/对比度”命令

在弹出的“亮度/对比度”对话框中增加该通道的亮度与对比度的参数，完成后单击“确定”按钮。

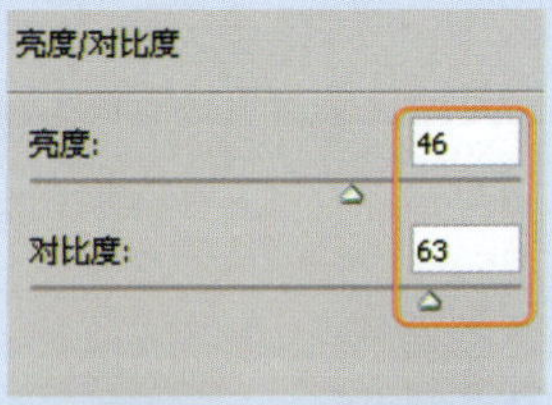

设置亮度与对比度参数

调整效果

4.1.4 “自动颜色”命令——调整照片中的白平衡

最终文件路径：实例文件\chapter4\complete\04-end.psd

案例分析：这张照片是在雪地中拍摄的，S型的构图比较到位，但由于相机的白平衡模式设置为“钨丝灯”，使得整体画面偏蓝。通过运用Photoshop中的“自动颜色”命令对其进行调整，可以简单快捷地调整照片的白平衡。

功能点拨：Photoshop CS4具有强大的色彩调整功能，不论是专业设计人员还是初学者，都能从中找到适合使用的功能，“自动颜色”命令可以简单、快捷地纠正画面的色彩，无须设置参数，通过调整可以将画面中的阴影和高光的色彩控制在正确的范围内，这也是初学者非常容易掌握的一个命令。

STEP 01 打开本书配套光盘中的“实例文件\chapter4\media\04.jpg”文件。由于在拍摄时错误地将相机的白平衡设置为“钨丝灯”，导致了照片的色调失真。

STEP 02 执行“图层>新建>通过拷贝的图层”命令，得到“图层1”。执行“图像>自动颜色”命令，或者按下快捷键Shift+Ctrl+B，自动调整图像的颜色。

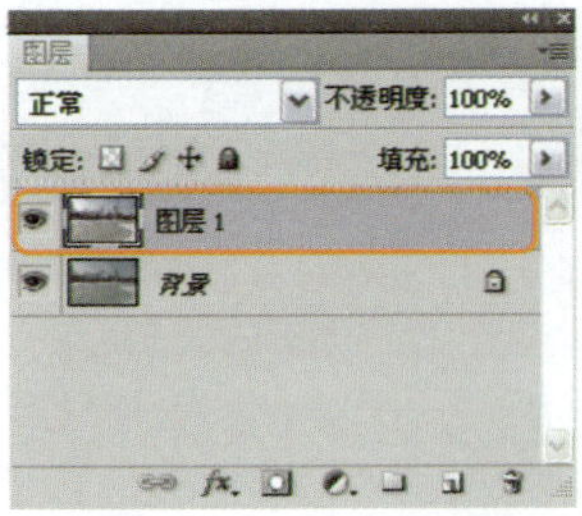

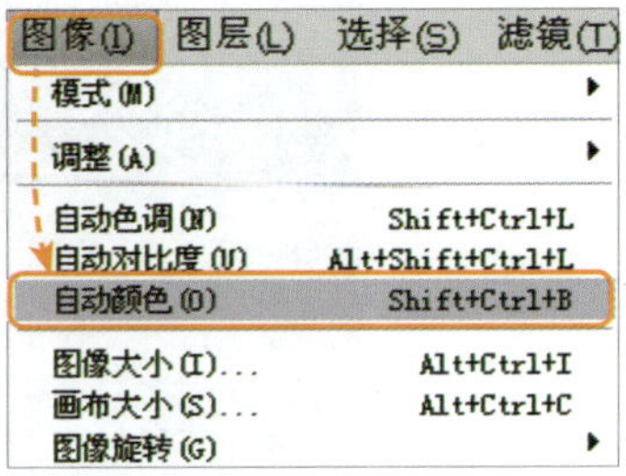

STEP 03 通过运用“自动颜色”命令对照片进行调整，照片的白平衡现象减弱。下面对图像进行色彩与对比度的调整，使画面效果达到最佳状态。

提示与技巧

认识白平衡

白平衡是相机在拍摄时，根据光照条件校正色彩的过程。

有色体在不同的光照条件下会产生不同的颜色，比如说白色的物体在红光照射下会呈现红色，在黄光照射下会呈现黄色。

原图

在红光的照射下

在黄光的照射下

但是由于人的眼睛在不同的光照条件下看同一物体时，对颜色的感受是基本相同的。因此无论是在晴天还是在昏暗的灯光下看到白色的物体，仍然能够感受出本身的颜色。

那是由于人类大脑已对不同光照条件下的物体色彩还原具有适应性，从而能够修正由光线带来的偏差。但是照相机的感光元件无法修正光线偏差，因此需要根据光照条件来修正色差。在RGB图像中，由于白色包含了所有的颜色，因此，校正相机的白色表现时其他颜色也就一同被校正了。

STEP 04 单击“图层”面板下方的“创建新的填充或调整图层”按钮，在弹出的菜单中选择“色相/饱和度”命令，在弹出的“调整”面板中显示相关的选项，得到“色相/饱和度1”图层。

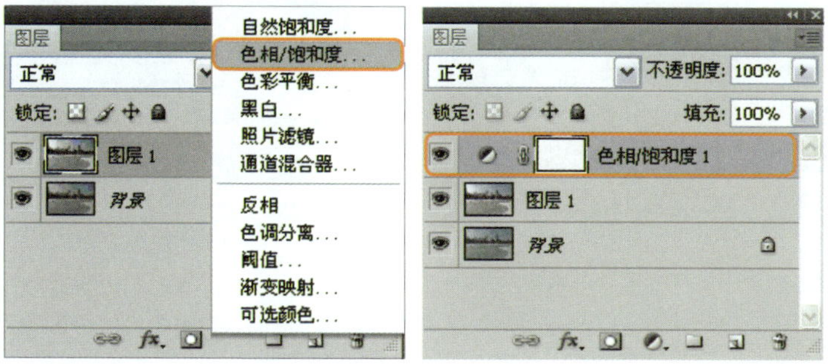

STEP 05 在打开的“调整”面板中，选择“编辑”下拉列表中的“全图”选项，设置“饱和度”为+14，然后再选择“编辑”下拉列表中的“蓝色”选项，设置“饱和度”为+14。

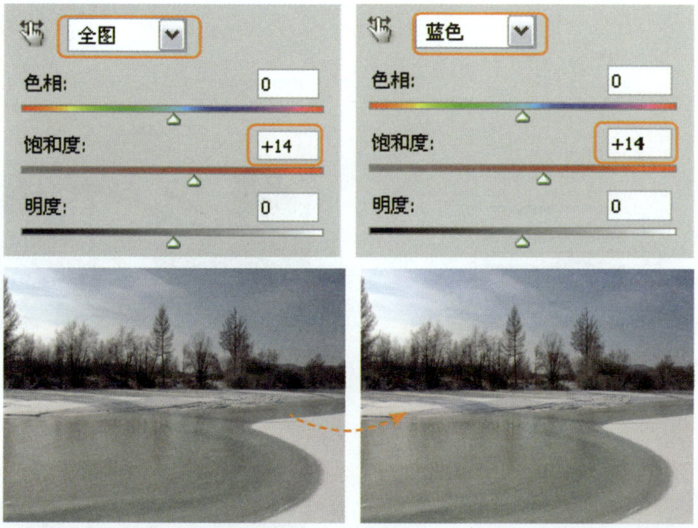

STEP 06 最后使用“曲线”命令提高照片的对比度，单击“图层”面板下方的“创建新的填充或调整图层”按钮，在弹出的菜单中选择“曲线”命令，此时“图层”面板中增加了“曲线1”调整图层。

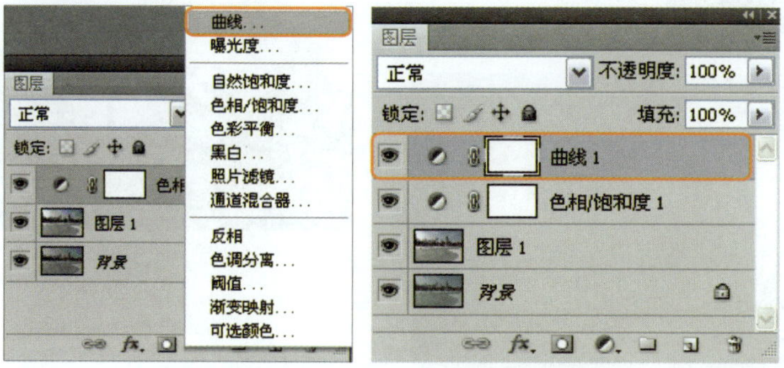

提示与技巧

数码相机中的白平衡

现在大部分的数码相机都具备了自动和手动调整白平衡两种功能。

自动调整功能可以根据光源的变化自动调整白平衡，相机会依据拍摄光线自动在一定的色温范围内校正白平衡。

当使用白平衡模式无法准确还原色彩的时候，可以使用预设白平衡模式，如果还是不能准确地还原色彩，就需要手动自定义白平衡了。

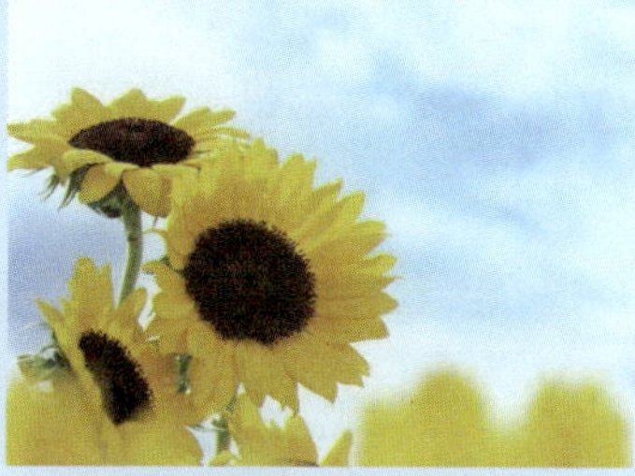

“自动”模式下的白平衡状态

如果选择手动调整白平衡，将要为相机提供白色参考。

白平衡的调整是数码摄影最为基础的表现技法，可以起到以下的作用：

① 准确地还原色彩，为此必须根据光源的变化选择相对应的白平衡模式。

② 利用白平衡模式的设置来实现特殊效果。当白平衡模式设置为“太阳光”时，照片为橙色调，天空透出深褐色。当白平衡设置为“钨丝灯”时，照片为正常的色调，天空为深蓝色。

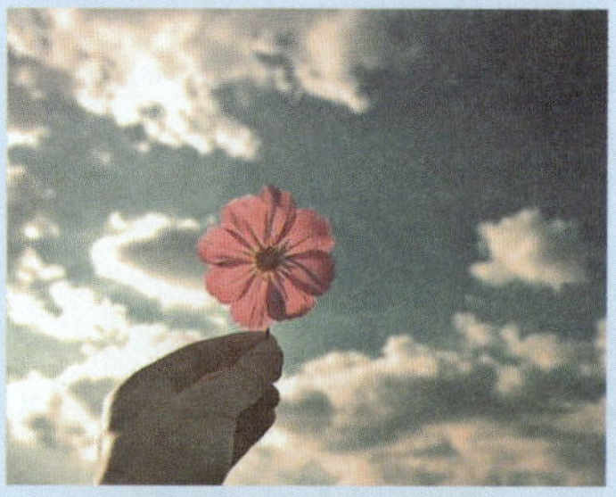

“太阳光”模式偏红

STEP 07 在打开的“调整”面板中，设置两个坐标点，将其向相反的方向移动，可以看出画面的对比度提高。

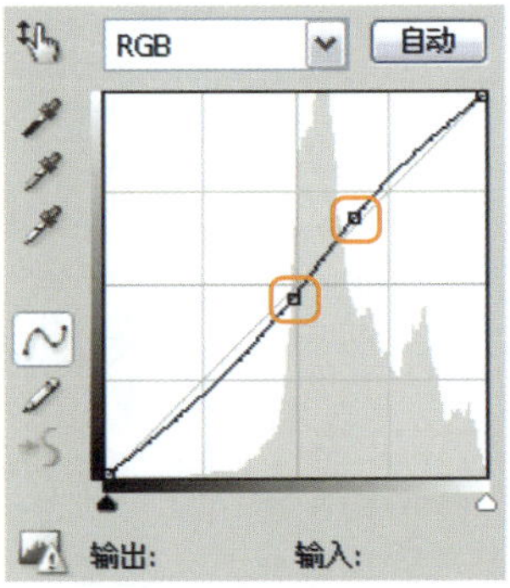

STEP 08 调整后仔细观察会发现，画面中树木的阴影过黑，而丢失了细节，这时可以通过蒙版对其进行保护。选择“曲线1”调整图层右边的白色方块，选择画笔工具，设置“画笔”为“柔角100像素”，选择画笔颜色为黑色。

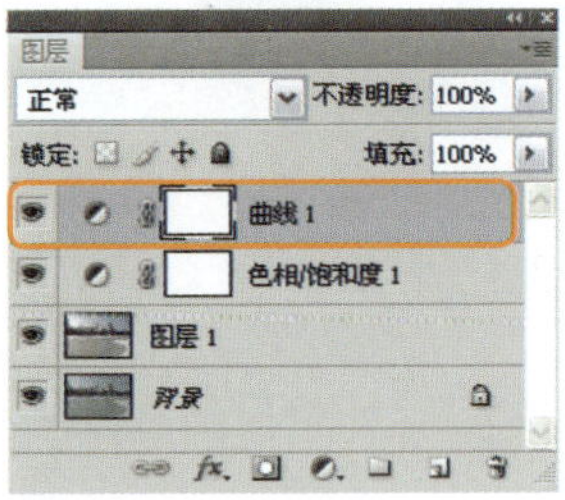

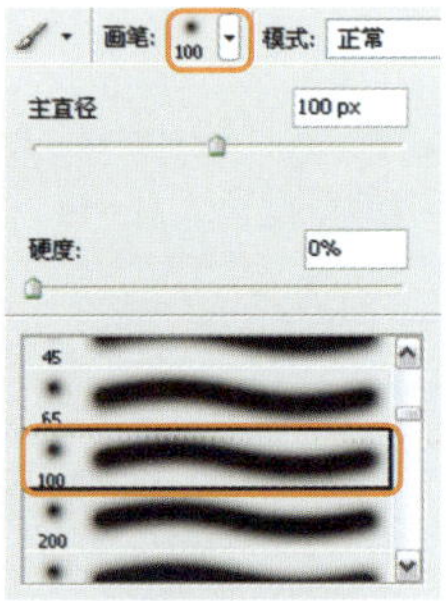

STEP 09 使用设置好的画笔在树木的阴影部分涂抹。在涂抹树木的边缘部分的时候，可以将画笔调小一些，使得画面中的细节增加，照片的质量提高。通过蒙版的调整，画面更加完整。至此，本照片调整完成。

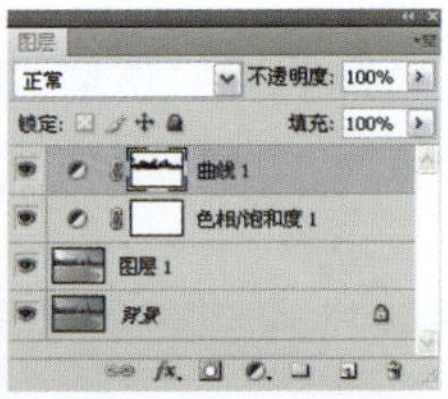

“钨丝灯”模式为正常色调，天空呈现深蓝色

利用不同的白平衡模式，可以实现截然不同的色调效果。以拍摄风景照片为例，当使用“自动”白平衡模式拍摄的时候，画面色彩基本正常。当使用“荧光灯”白平衡模式拍摄的时候，画面色彩偏红。当使用“钨丝灯”白平衡模式拍摄，画面会偏蓝。

“自动”模式画面正常

“荧光灯”模式画面偏红

“钨丝灯”模式画面偏蓝

◐ 4.1.5 “曲线”命令（1）——调整曝光不足

最终文件路径： 实例文件\chapter4\complete\05-end.psd

案例分析： 这是一张在游乐园拍摄的照片，通过运用“曲线”命令对照片进行调整，可以将原本曝光不足的片子调整为蓝天白云的效果，给人以色彩丰富的感觉，从而达到预期的效果。在照片的后期调整中，使用Photoshop中的“曲线”命令可以迅速提升或者降低图像的整体影调，而不会影响到色彩。

功能点拨： Photoshop中的“曲线”命令是照片调整中经常使用的一项命令。它拥有丰富的参数，可对每一个通道进行细致调整，而且它的“预览”选项，可以保证在不破坏原数据的前提下，对画面做出调整。

STEP 01 打开本书配套光盘中的"实例文件\chapter4\media\05.jpg"文件，这张照片是在中午拍摄的，却没有拍摄出蓝天白云的效果，整体感觉比较灰暗。在接下来的调整中将逐步还原当时的效果。

STEP 02 照片的原始数据非常重要，在调整之前应先复制备份。将"背景"图层拖动到"创建新图层"按钮上，生成"背景副本"图层。

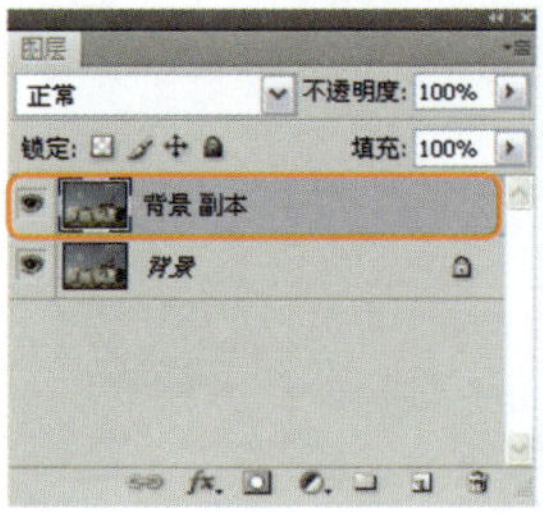

STEP 03 执行"图像>调整>曲线"命令或者建立一个"曲线"调整图层，使用鼠标单击选取控制点，使用鼠标或者是键盘的方向键，向上移动控制点对画面中的高光部分进行调整。

Photoshop基础

曲线控制点表示的不同区域

曲线中的控制点位置不同，所调整的区域也不同。可以根据图像调整的需要在"曲线"中增加调整的节点。

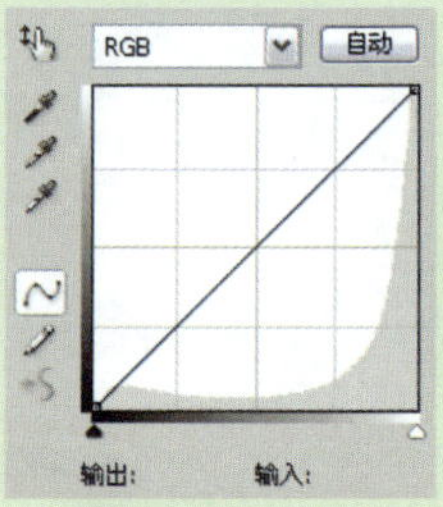

原曲线

在曲线的上方单击增加一个控制点，控制图像中高光区域的部分。

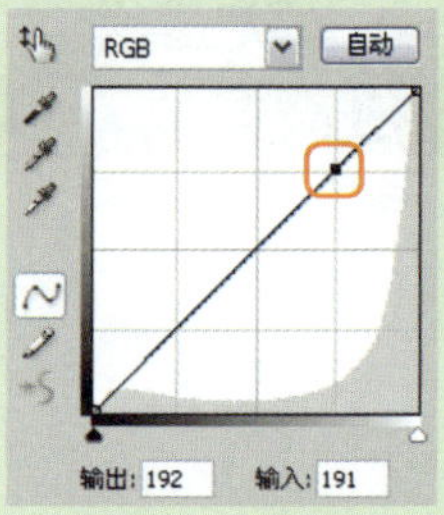

高光区域控制点

在曲线中间单击增加一个控制点，控制中间调部分。

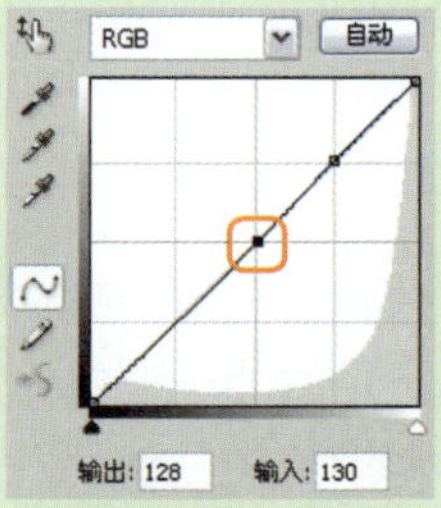

中间调区域控制点

最后在曲线下方增加一个控制点，控制阴影区域的部分。

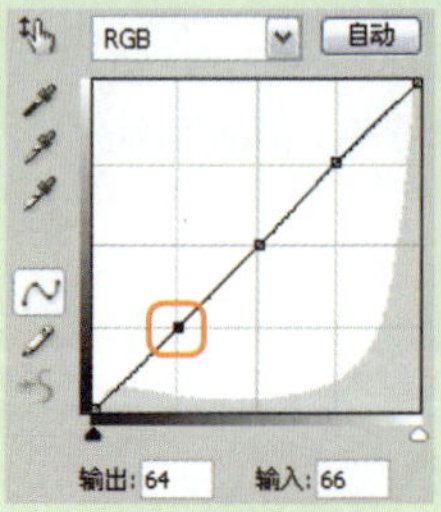

阴影区域控制点

STEP 04 使用同样的方法，将画面中的阴影区域加强，这样能够呈现高光与阴影的对比，层次感增加。使用鼠标单击阴影的控制点，向下移动控制点。将画面中的阴影区域加强。

STEP 05 调整好高光与阴影后，通过观察可以发现画面的对比度加强了，但是显得不够自然。这时调整中间调，将画面处理得更加自然。使用鼠标单击中间的控制点，向左移动控制点对画面进行调整。

Photoshop基础

S形曲线控制点的运用

将高光的控制点向上移动，阴影的控制点向下移动，即可形成一个S形曲线。

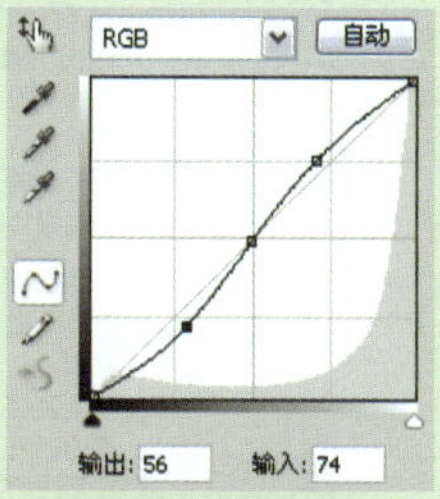

S形曲线的调整

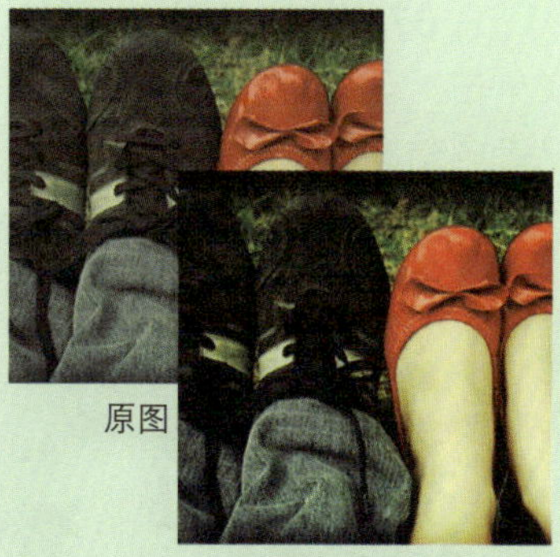

S曲线调整效果

S形的弧度越大，画面的对比度就越大。反之，弧度越小，对比度就越小。

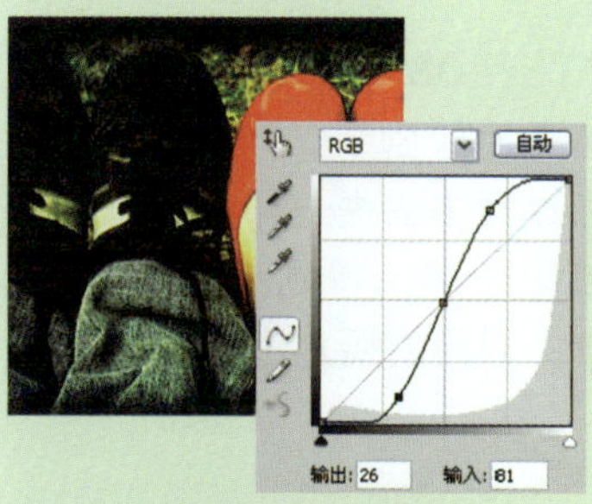

S形弧度较大的效果

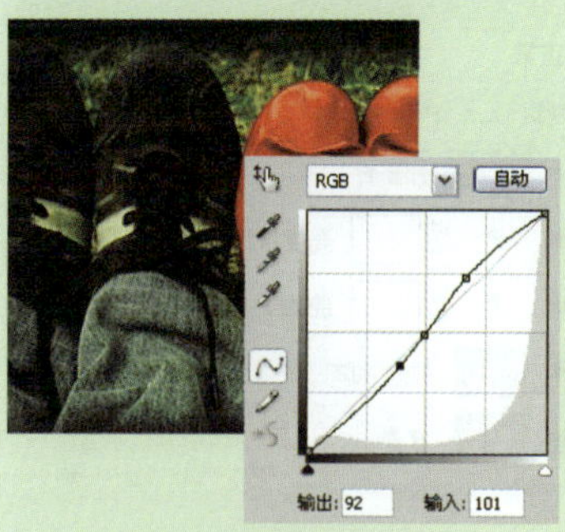

S形弧度较小的效果

STEP 06 在“图层”面板中单击“创建新的填充或调整图层”按钮，在弹出的菜单中选择“亮度/对比度”命令，设置“亮度”为-6，“对比度”的参数设置为-4。

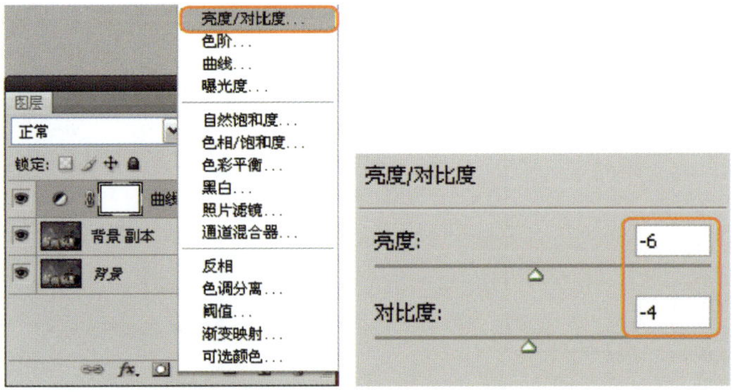

STEP 07 经过对图像亮度/对比度的调整，画面变得更为协调。在单击“确定”按钮以后仍旧可以改变设置。在“图层”面板上双击调整图层的缩览图，即可马上打开相应的面板或对话框。

STEP 08 此时已经完成了调整的基本步骤，色彩与影调都已调整得比较到位。照片看起来有一些模糊，这种模糊是在拍摄成图像过程中丢失一部分细节所造成的。按下快捷键Ctrl+Shift+Alt+E盖印图层，得到“图层1”，然后执行“滤镜>锐化>锐化”命令，即可对照片进行锐化。

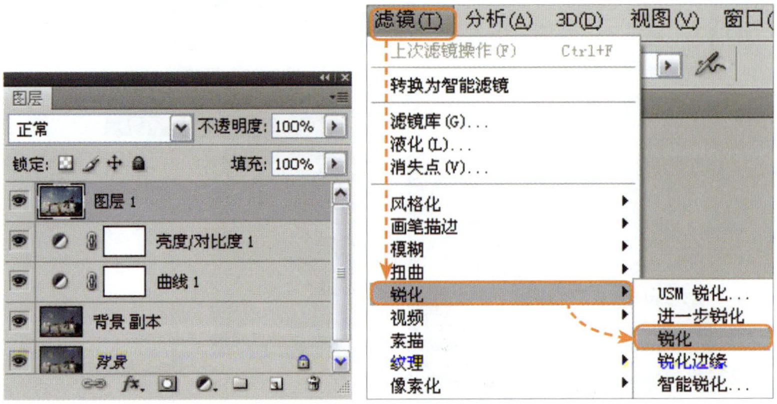

提示与技巧

曲线控制点的使用

在“曲线”面板中，单击会增加控制点，再次单击可以选取控制点并对其进行编辑。

原图

使用鼠标或者键盘上的上下键可以向上或向下移动控制点。向上移动会增加画面的亮度，向下移动会降低画面的亮度。

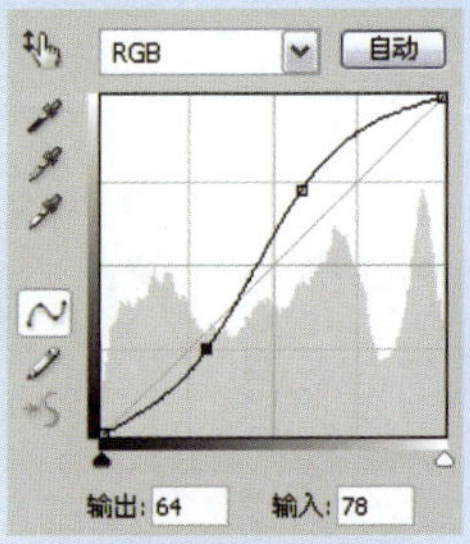

手动调整曲线

调整效果

Photoshop基础

输入色阶和输出色阶

在进行曲线调整时，“输入色阶”表示调整之前的数值，“输出色阶”表示调整之后的数值，使用控制点或者是输入数值的方法可以控制曲线。

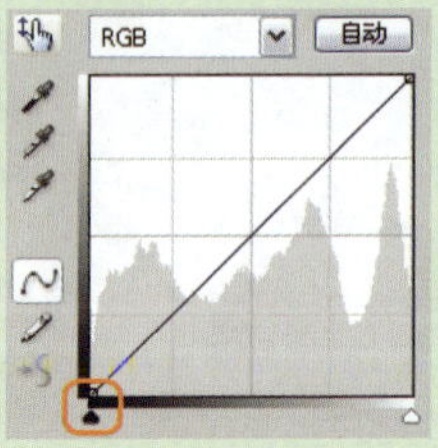

面板中的输入与输出色阶

STEP 09 通过观察可以看到照片已经被明显锐化，显示出了明显的层次，使用“锐化”命令可以很大程度上解决数码相机成像偏软的问题，同时避免锐化过度的现象。

STEP 10 执行“文件>存储”命令。为了便于以后的修改，在“格式”下拉列表中选择带有图层的Photoshop PSD格式。

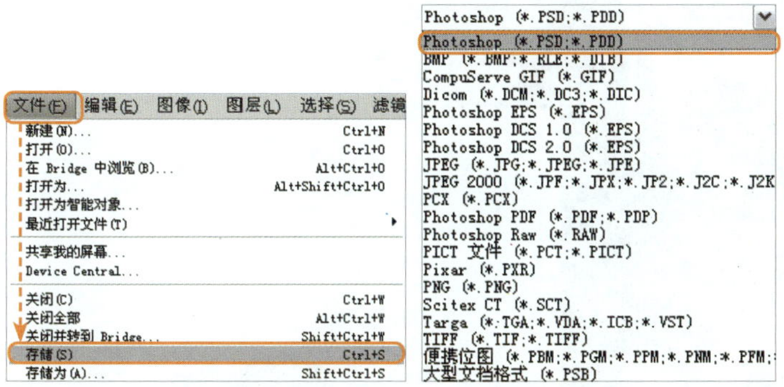

STEP 11 如果需要传输或打印照片，则需要另存一个JPGE副本。合并“图层”面板中的所有图层，单击“图层”面板右上角的扩展按钮，选择“拼合图像”命令。单击“文件>另存为”命令，在“格式”下拉列表中选择TIFF格式作为打印文件，选择JPGE格式文件用于网上传输。如果要修改重新打开PSD格式文件即可。至此，本照片调整完成。

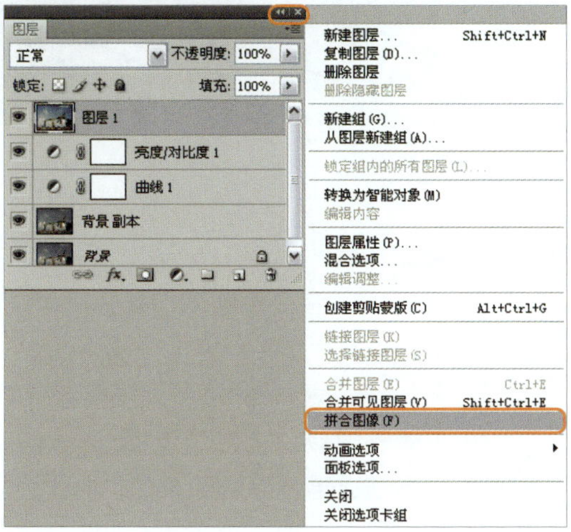

原图

在Photoshop中有两种不同的色彩模式，即RGB模式与CMYK模式。当图像为RGB模式时，图像默认使用0~256色阶系统，控制点向上部移动，其输出色阶数值要比输入色阶的数值大。

在RGB系统中增加输出色阶提高图像亮度

当图像为CMYK模式时，默认的是0~100油墨百分比系统，它代表的是油墨深浅的百分比。和0~256色阶系统相反，控制点向上移动的时候，输出数值大于输入数值，但图像变暗。

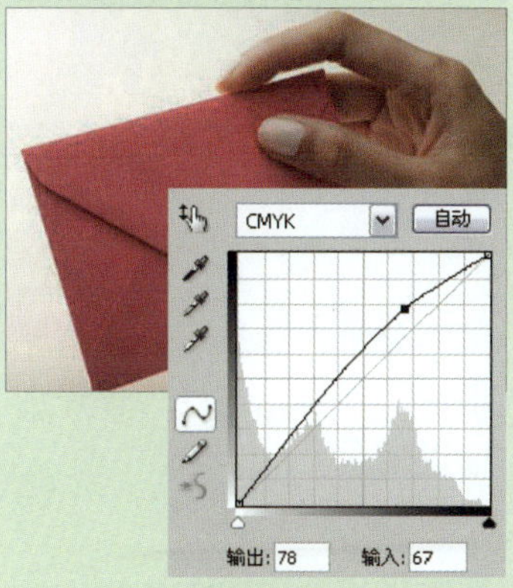

在CMYK系统中增加输出色阶会降低图像亮度

4.1.6 “曲线”命令（2）——修正曝光过度的照片

最终文件路径：实例文件\chapter4\complete\06-end.psd

案例分析：这是一张在高原上拍摄的照片，由于拍摄时间为正午，太阳光线非常充足，使得拍摄出的照片曝光过度。背景也因为曝光过度而色彩饱和度降低，通过后期的调整将校正这一现象。通过使用Photoshop中的“曲线”调整图层对照片进行调整，可以修正曝光过度的现象。

功能点拨：Photoshop中的“曲线”调整图层可以用于调整图像的色彩与色调。针对于图像不同点的调整，使图像中指定的色调范围变亮或者变暗，从而创建出特殊的效果。

STEP 01 打开本书配套光盘中的“实例文件\chapter4\media\06.jpg”文件。可以观察到照片曝光过度，通过“曲线”将对其进行调整，将“背景”图层拖动到“创建新图层”按钮上，得到“背景副本”图层。按下快捷键Ctrl+J得到“图层1”。

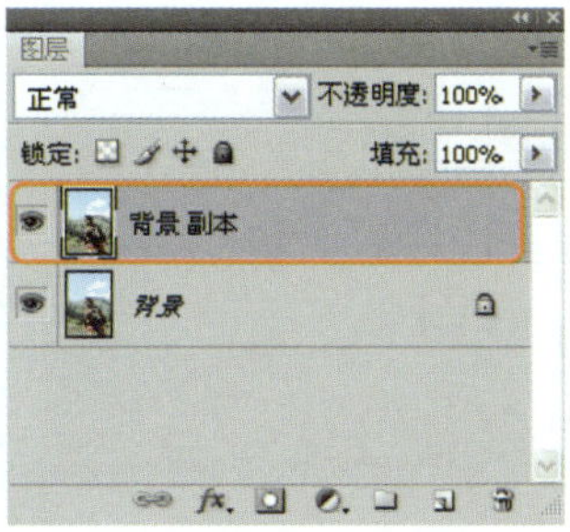

STEP 02 单击“图层”面板下方的“创建新的填充或调整图层”按钮，在弹出的菜单中选择“亮度/对比度”命令，得到“亮度/对比度1”调整图层。在“调整”面板中设置“亮度”为−17，“对比度”为3，可以观察到画面中偏白的现象减弱。

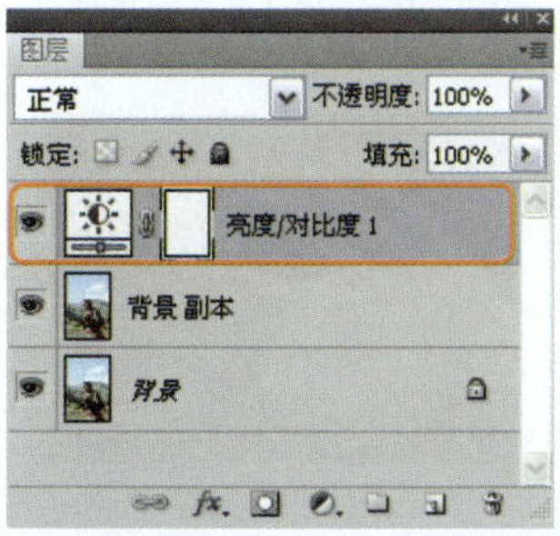

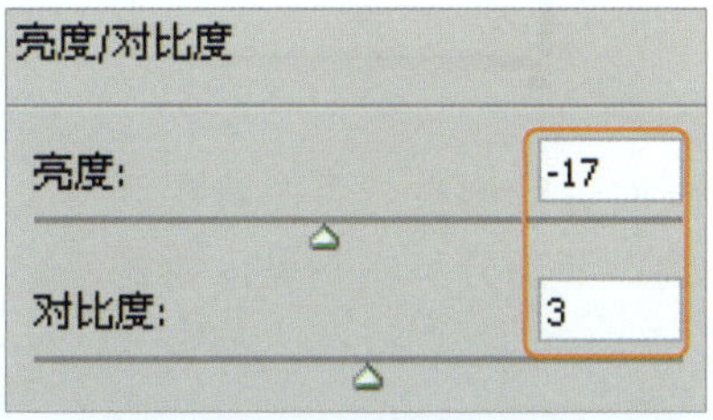

提示与技巧

“曲线”面板的设置

在调整的过程中，根据调整的需要可以改变“曲线”面板的显示细节。

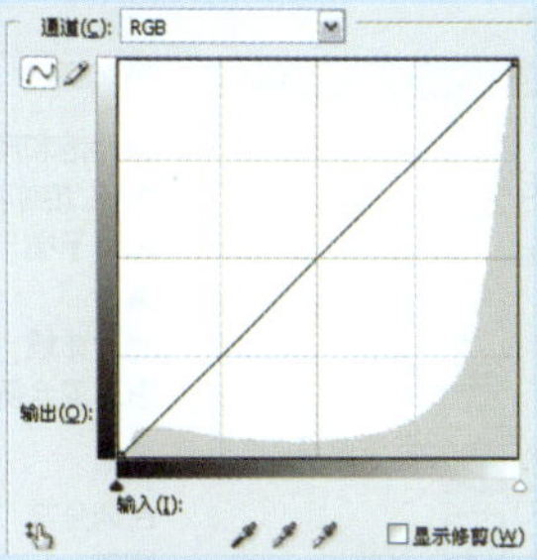

“曲线”面板

1. 网格的大小

改变显示网格的大小，更密集的网格意味着提供更多的参照点，可以在10×10或者是4×4网格之间进行切换。

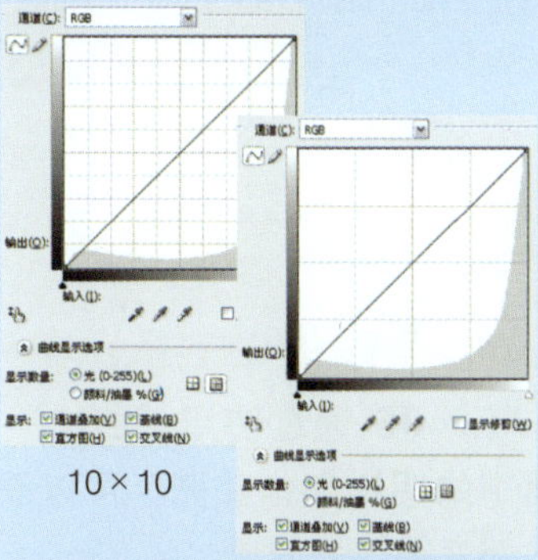

10×10　4×4

2. 直方图的隐藏

取消勾选面板中的“直方图”复选框，可使显示的直方图隐藏。

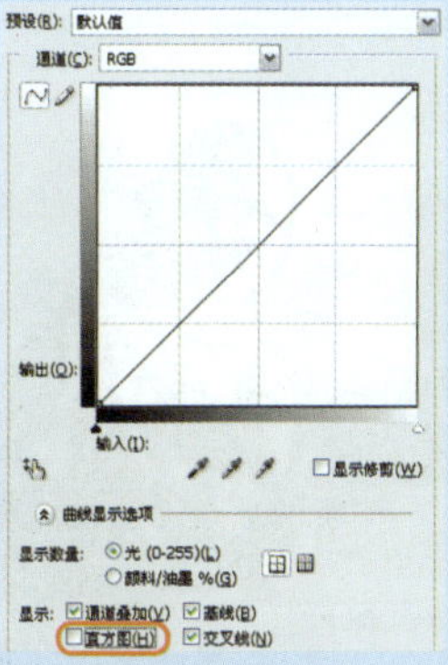

隐藏直方图

STEP 03 通过对图像亮度和对比度的调整，可以看到曝光过度现象相对减弱，但是仔细观察会发现局部阴影部分过暗，通过“曲线”命令将调整画面的整体影调。单击“图层”面板下方的“创建新的填充或调整图层”按钮，在弹出的菜单中选择“曲线”命令，“图层”面板中出现“曲线1”调整图层。

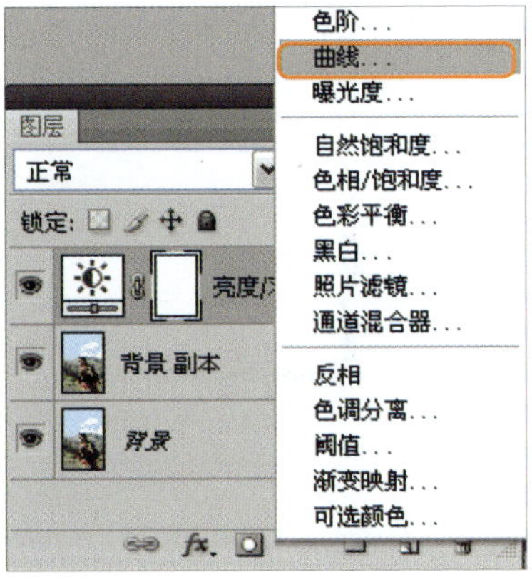

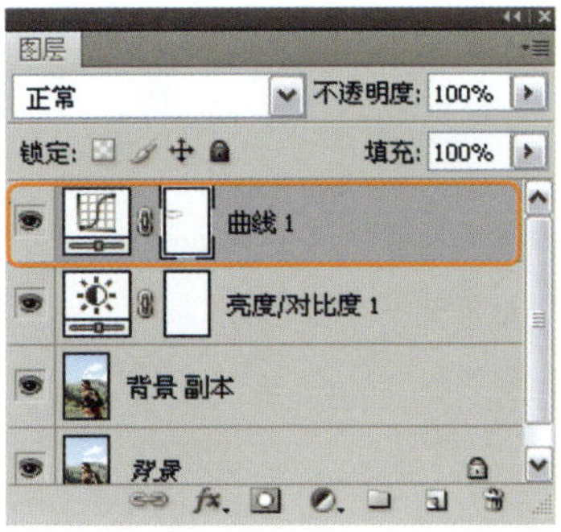

STEP 04 在弹出的“调整”面板中设置4个控制点，分别对其进行移动可调整画面的细节部分。

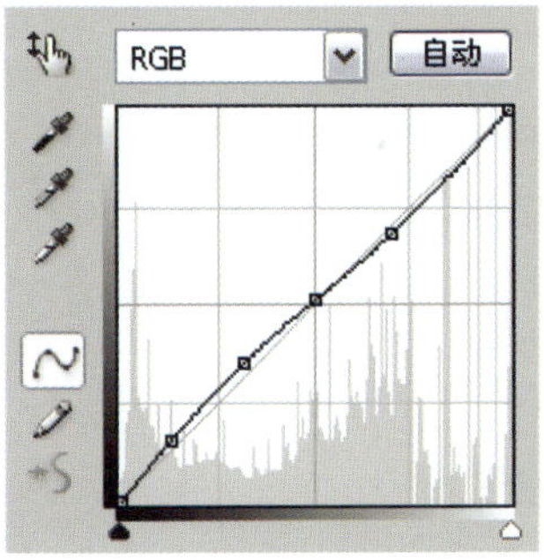

STEP 05 通过使用“曲线”命令对画面进行调整，可以看到画面中的阴影部分变亮，可以清晰地看到细节部分，特别是人物的脸部变得较为明显。

提示与技巧

曝光度的调整

曲线可以控制画面中的曝光程度。控制点向上即增加画面的曝光量，曲线形成一个弧线。当调节控制点向下时图像整体变暗，曲线则向下弯曲形成一条弧线。

原图

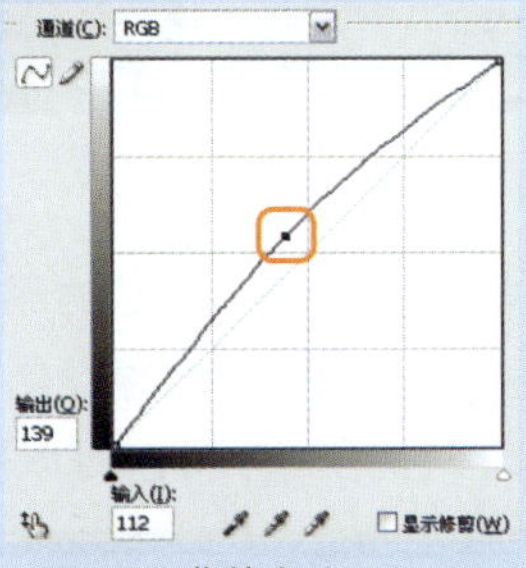

曲线向上

曝光度增加

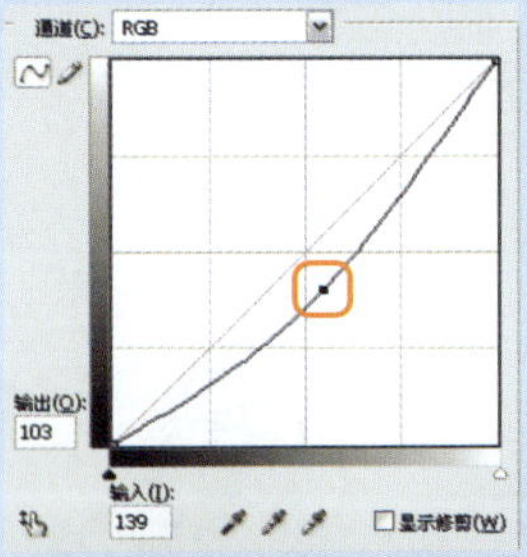

曲线向下

曝光度降低

STEP 06 再次使用“曲线”命令调整画面的色彩，单击“图层”面板下方的“创建新的填充或调整图层”按钮，在弹出的菜单中选择“曲线”命令，“调整”面板显示相关的选项。选择“通道”下拉列表中的“蓝”选项，或者按下快捷键Alt+5，对“蓝”通道进行调整。

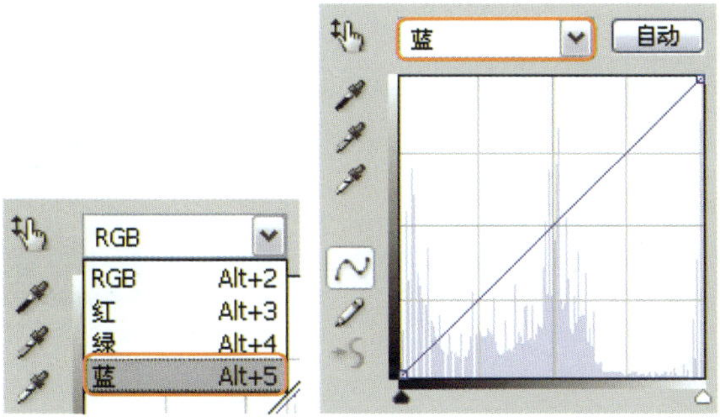

STEP 07 设置一个控制点，将其适当往下移动，可以看到画面整体色彩更加接近自然，背景部分的山脉偏绿。通过“曲线”对不同通道进行调整，画面中的曝光过度现象已经校正完毕。

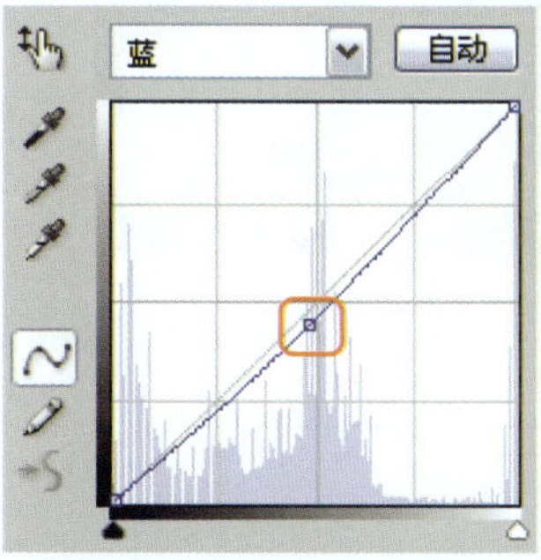

Photoshop基础

曲线在RGB模式下的调整

曲线可以在任何模式中进行调整，其中在RGB模式中应用最广。RGB表示红色、绿色和蓝色3种单色通道。在R\G\B3个通道中调节控制点是校正颜色的重要工具。

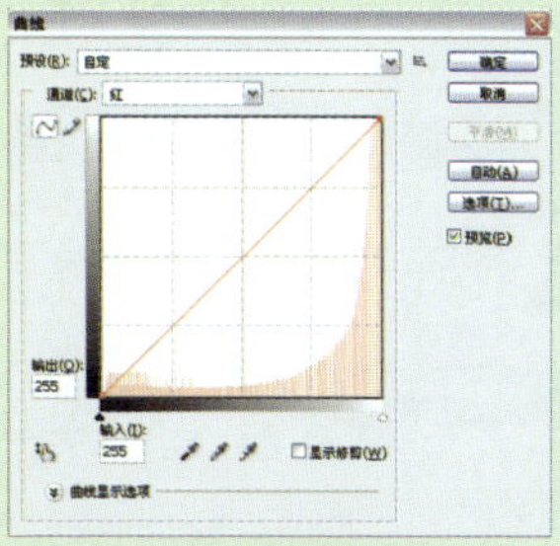
“红”通道

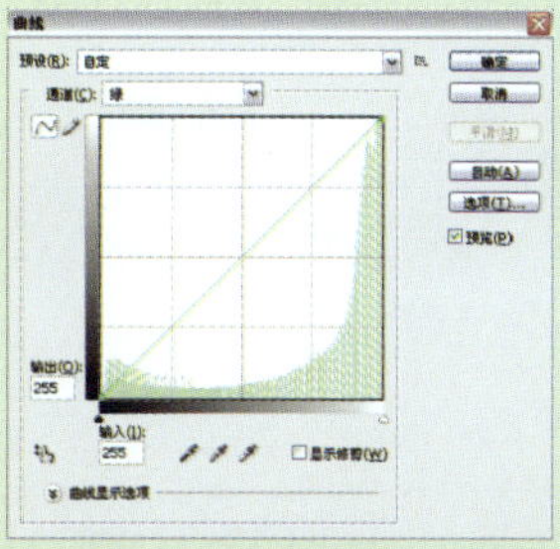
“绿”通道

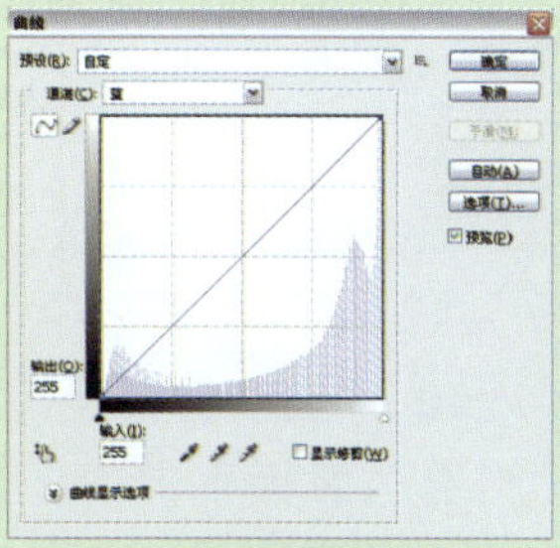
“蓝”通道

在“红”通道中，曲线向上移动时图像中的红色加强，向下移动时图像中的青色加强。

原图

STEP 08 最后对画面的对比度进行调整，单击“图层”面板下方的“创建新的填充或调整图层”按钮，在弹出的菜单中选择“亮度/对比度”命令，“调整”面板中显示相关的选项，得到“亮度/对比度2”调整图层。

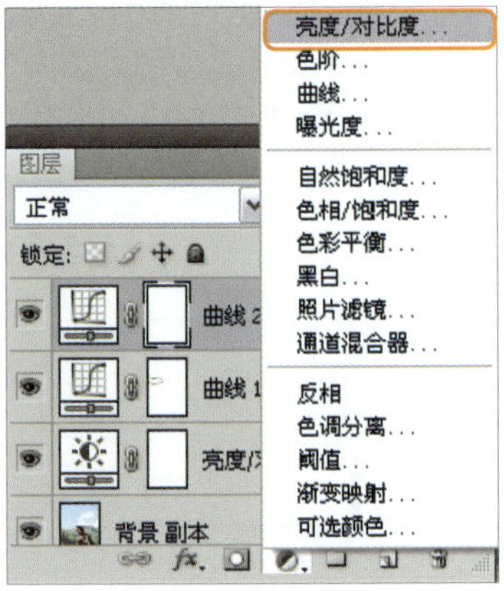

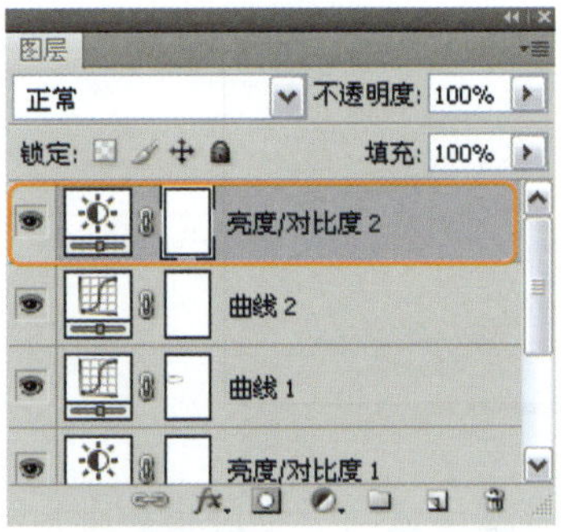

STEP 09 设置“亮度”为-5，“对比度”为22，通过观察可以看到画面的对比度提高。

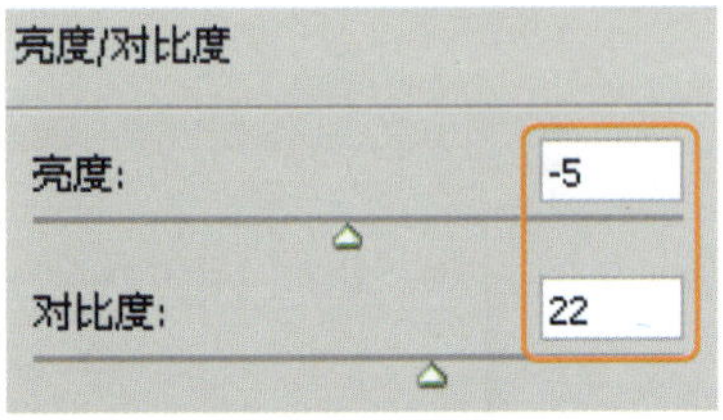

STEP 10 仔细观察会发现天空部分有一些颜色不是很自然。单击“图层”面板下方的“创建新图层”按钮，得到“图层1”。单击吸管工具，单击画面中的蓝色，得到前景色为R181、G217、B255。单击画笔工具，对天空不自然的地方进行涂抹。再次单击吸管工具，单击画面中的白云部分，得到前景色为R254、G254、B255，单击画笔工具，对白云部分涂抹。至此，本照片调整完成。

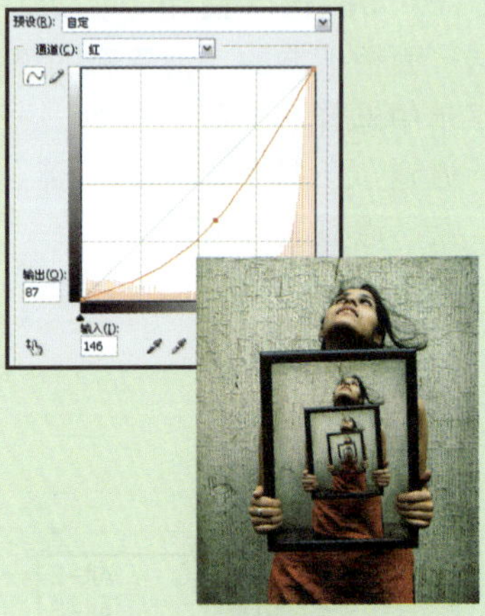

“红”通道调整效果

在“绿”通道中，曲线向上移动时图像中的绿色加强，曲线向下移动时图像中的洋红加强。

在“蓝”通道中，曲线向上移动时图像中的蓝色加强，曲线向下移动时图像中的黄色加强。

原图

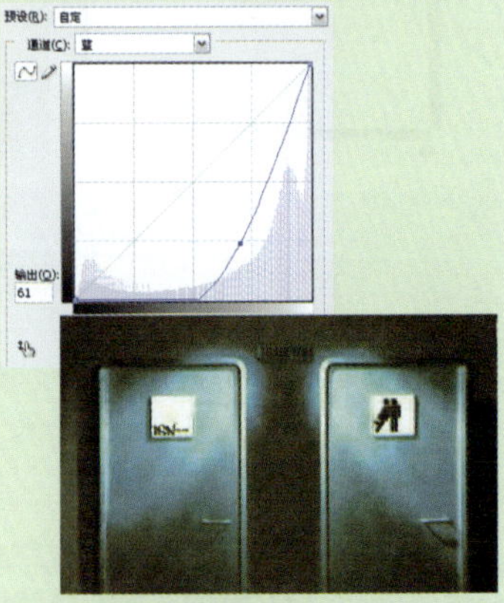

“蓝”通道调整效果

因此根据色轮原理，当图像偏青时，可以调节曲线中的“红”通道，将曲线向上移动从而增加图像中的红色。图像偏黄时可以调节“蓝”通道，使曲线向上弯曲从而增加蓝色。

4.1.7 “色彩平衡”命令——改变照片的色调

最终文件路径： 实例文件\chapter4\complete\07-end.psd

案例分析： 这张照片是在室内拍摄的，由于整个画面缺乏色彩感，给人比较生活化的感觉。通过后期的处理，可以为照片调整出统一色调，创造更明显的意境效果。使用“色彩平衡”调整图层对照片的整体色调进行调整，再配用以其他调整命令，可以使照片的色彩更加丰富，从而制作出非主流的艺术效果。

功能点拨： Photoshop中的“色彩平衡”调整图层用于更改图像中的颜色混合，使图像的色调平衡，从而校正画面色彩或调出适合的色调。在调整图像色彩时，可以分别对阴影、中间调和高光进行调整，针对不同的区域调整出的效果是不同的。

STEP 01 执行“文件>打开”命令，打开本书配套光盘中的“实例文件\chapter4\media\07.jpg”文件。单击“背景”图层，按Ctrl+J复制得到“图层1”。

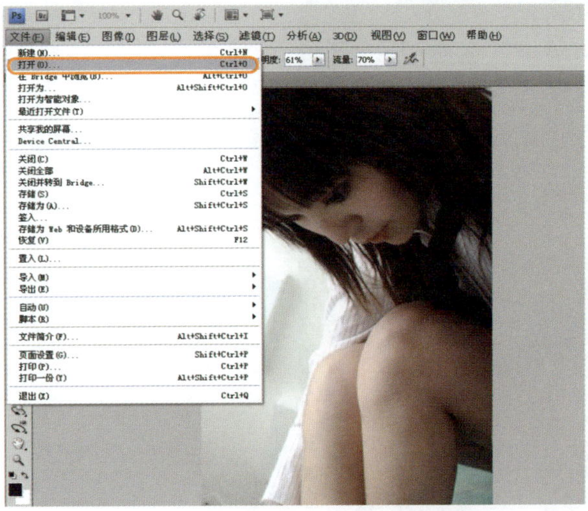

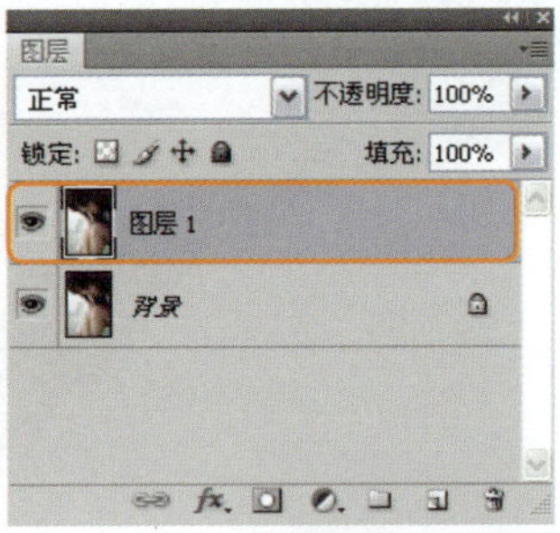

STEP 02 单击“图层1”，并单击“图层”面板中的“创建新的填充或调整图层”按钮，在弹出菜单中选择“色彩平衡”命令。单击“中间调”单选按钮，设置“色阶”为+37、+55、-13，然后单击“阴影”单选按钮，设置“色阶”为-23、-17、-21，对照片色调进行初步调整。

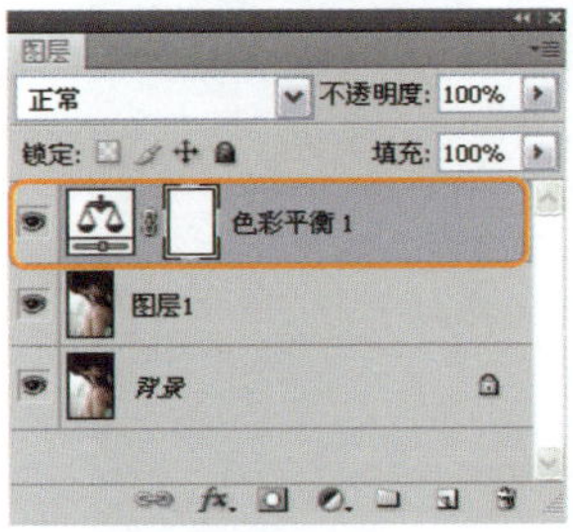

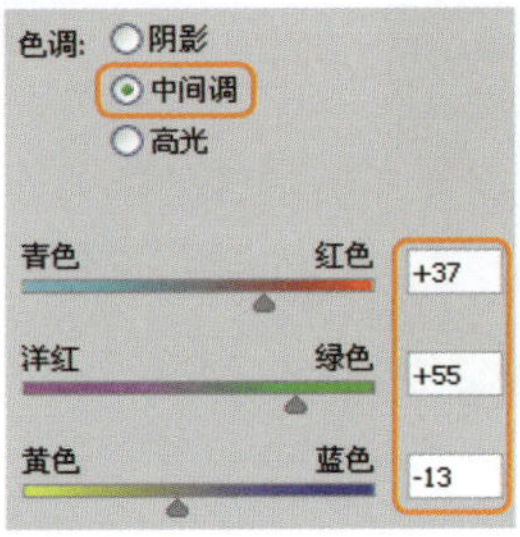

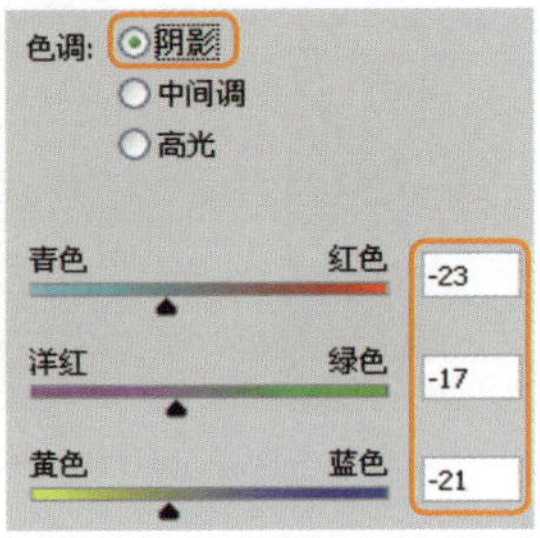

STEP 03 单击“图层”面板下方的“创建新的填充或调整图层”按钮，在弹出的菜单中选择“曲线”命令。在“调整”面板中，单击创建控制点，并将其移动。可以看到调整图像中的颜色亮度有所变化。

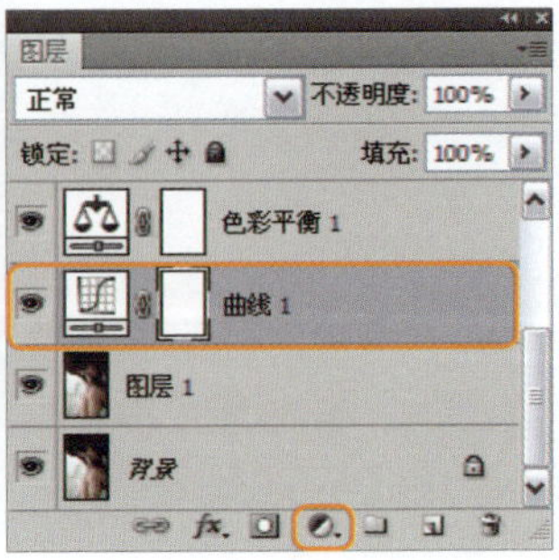

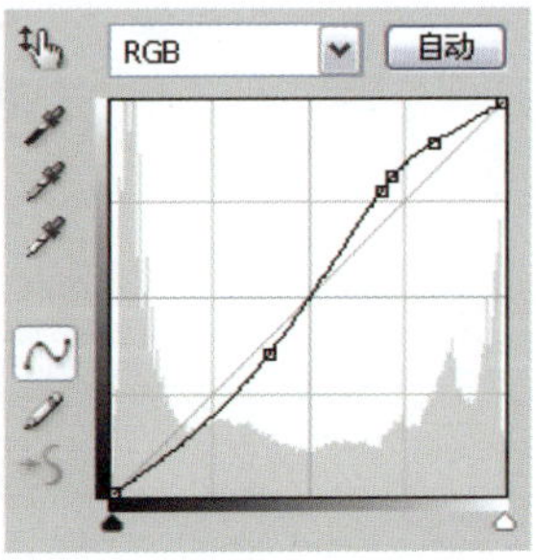

STEP 04 按下快捷键Ctrl+Alt+Shift+E盖印图层，得到“图层2”。单击“图层2”，单击“图层”面板下方的“创建新的填充或调整图层”按钮，在弹出的菜单中选择“色彩平衡”命令。在“调整”面板中设置色阶参数，“中间调”色阶参数为+3、+10、-3，“阴影”参数为+11、+15、-19，“高光”参数为+19、-14、+6，对照片色调进行加深调整。

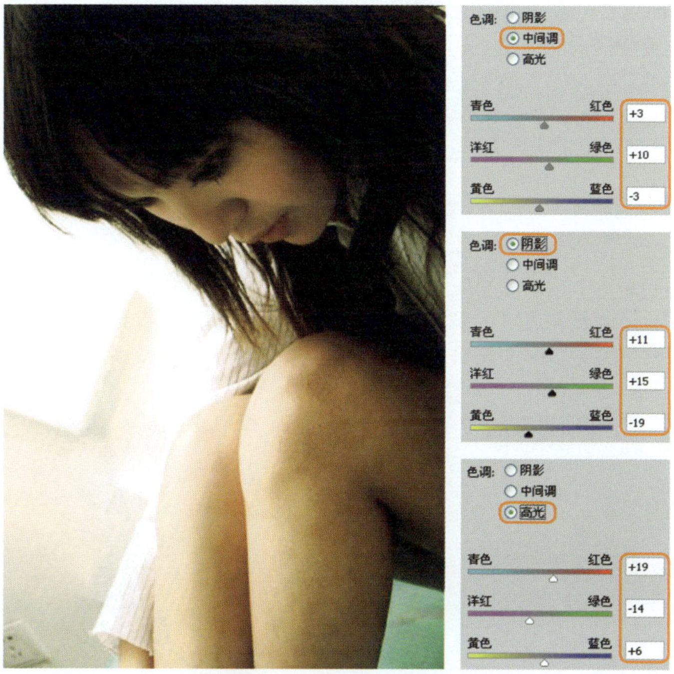

STEP 05 单击“图层1”，并单击“图层”面板下方的“创建新的填充或调整图层”按钮，在弹出的菜单中选择“色彩平衡”命令。在“调整”面板中设置色阶参数，“中间调”参数为+5、+13、-16，“阴影”为-2、-10、-25，“高光”为+14、+14、+36。至此，本照片调整完成。

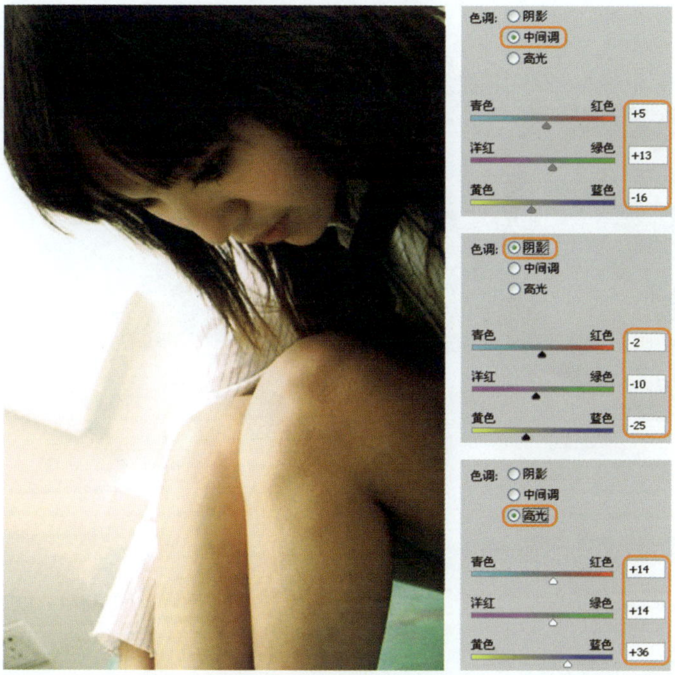

Photoshop基础

阴影、中间调和高光

在“色彩平衡”对话框内，运用色轮原理，拖动滑块即可在两个颜色之间进行颜色的互补，如拖动青色和红色中间的滑块，即相当于在青色和红色这两个互补色之间补偿。

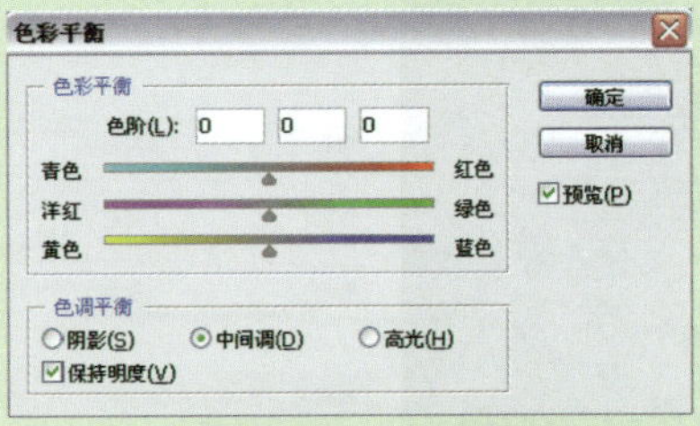

“色彩平衡”对话框

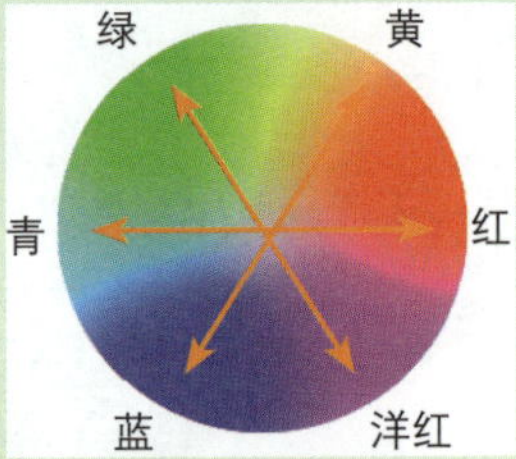

色轮原理

“色彩平衡”命令通过调整各通道的颜色份量来达到平衡，它既可以针对整个照片进行颜色调整，也可以分阶段地对照片的阴影、高光和中间调进行调整。在同一张照片中调整不同的部分，所得到的调整效果也会各不相同。

青和红：当滑块向左移动时增加青色，向右移动则增加红色。

洋红和绿：当滑块左移动时增加洋红色，向右移动则增加绿色。

黄和蓝：当滑块向左移动时增加黄色，向右移动则增加蓝色。

在调整色彩平衡时，将滑块向左或向右拖动即可完成色调的调整。

原图

中间调：设置照片中间色调的色彩平衡，调整中间色调中的图像颜色。

阴影：设置照片中阴影部分的色调。

高光：设置对象中的高光部分的色调。

在“色彩平衡”对话框中有一个“保持明度”复选框，主要用于在调节过程中保持原图像的亮度。

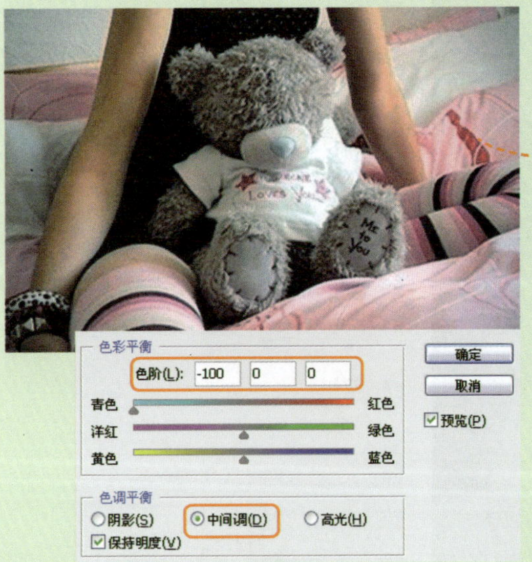

“中间调”调整为偏青色

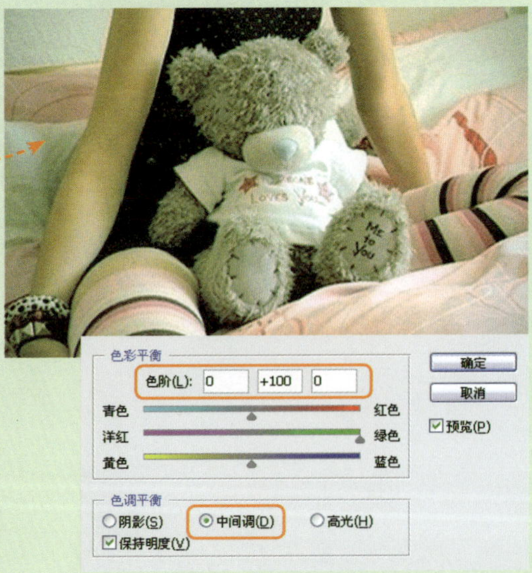

“中间调”调整为偏绿色

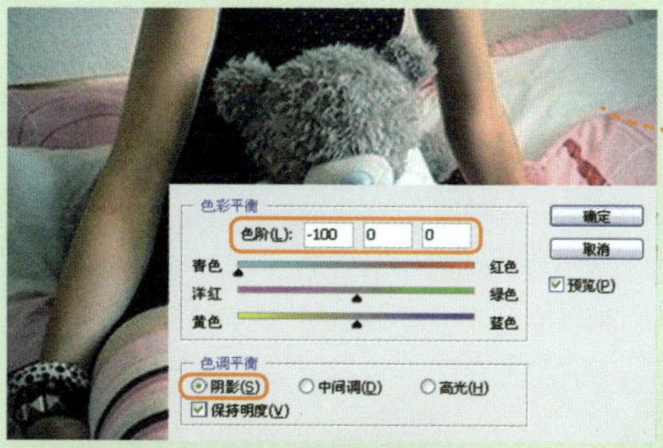

“阴影”调整为偏青色

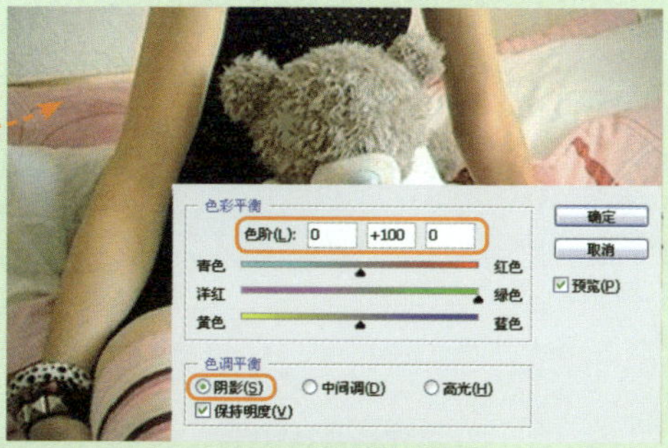

“阴影”调整为偏绿色

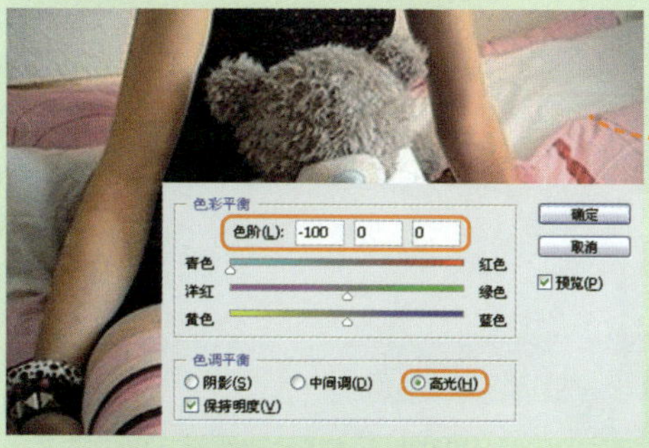

“高光”调整为偏青色

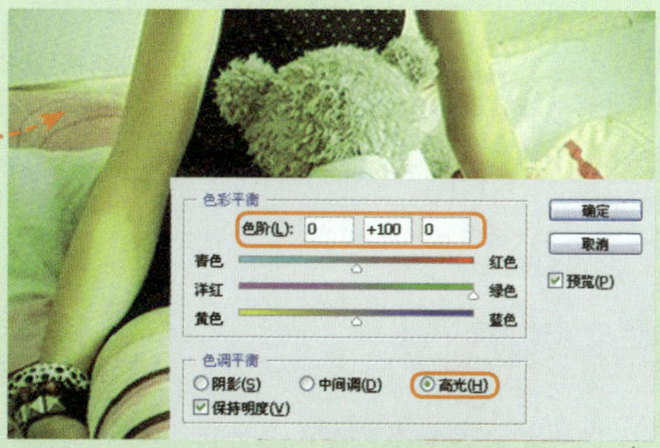

“高光”调整为偏绿色

取消勾选“保持明度”复选框

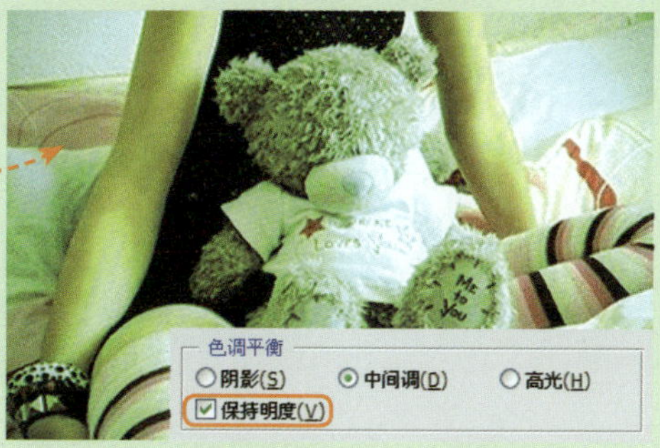

勾选“保持明度”复选框

提示与技巧

如何寻找色彩中的反色

某个颜色的相反色是这个颜色在色轮上对角线上的相对一个颜色。使用吸管工具选取颜色后双击设置前景色图标，在打开的“拾色器”对话框中将HSB中H，即色相值减去180，得到的绝对值就是当前选取颜色的相反色。

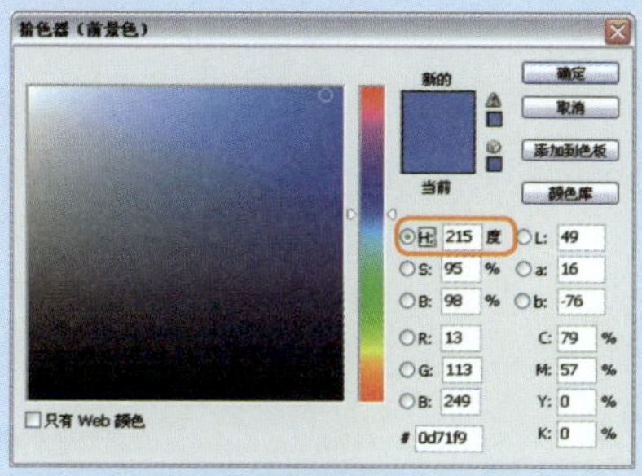

色相

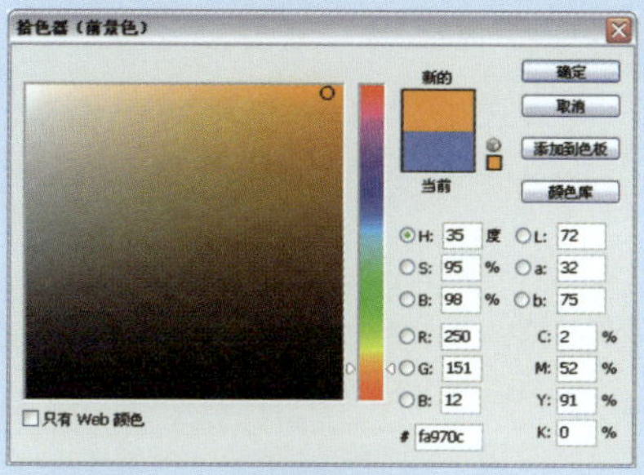

设置相反色

4.1.8 “亮度/对比度”命令——调整照片整体亮度

最终文件路径： 实例文件\chapter4\complete\08-end.psd

案例分析： 这是一张在阳光下拍摄的照片，由于是在侧逆光的情况下拍摄的，人物与背景都不够清晰，层次不分明。通过使用“亮度/对比度”调整图层对照片进行整体调整，使人物在画面中突现出来，成为一张高质量的照片。使用Photoshop中的“亮度/对比度”命令对照片进行调整，可以将画面中的亮度和对比度调整为理想的效果。

功能点拨： 与“自动对比度”命令相比，“亮度/对比度”调整图层更加具有灵活性，根据画面的不同效果，可以设置不同的参数，将其调整为理想的效果，主动性更强。而“自动对比度”命令较为单一，但是它操作简单，适用于对照片的简单调整。

STEP 01 打开本书配套光盘中的“实例文件\chapter4\media\08.jpg”文件，按下快捷键Ctrl+J复制并新建图层，得到“图层1”。

STEP 02 单击“图层”面板下方的“创建新的填充或调整图层”按钮，在弹出的菜单中选择“亮度/对比度”命令，在“图层”面板中增加了“亮度/对比度1”图层。

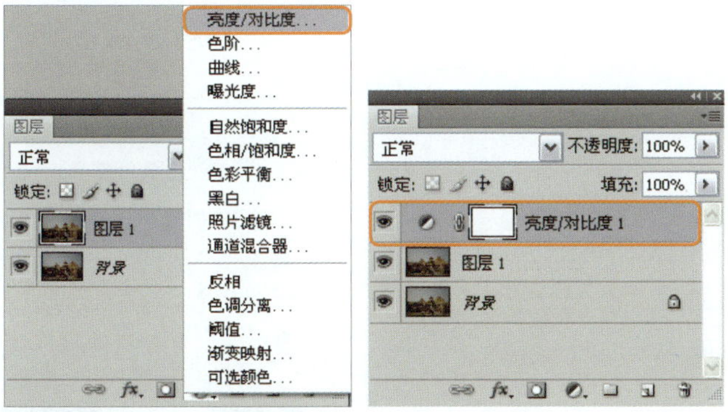

STEP 03 在“调整”面板中设置“亮度”为29，“对比度”为7。

Photoshop基础

使用“亮度/对比度”命令增大通道差别

“亮度/对比度”命令可以一次性地对整个图像做亮度和对比度的调整。在图层中使用该调整命令可以将暗淡的照片恢复到正常的亮度。在通道中使用“亮度/对比度”命令可增加选择图像与不需要选择图像通道之间的颜色差距。

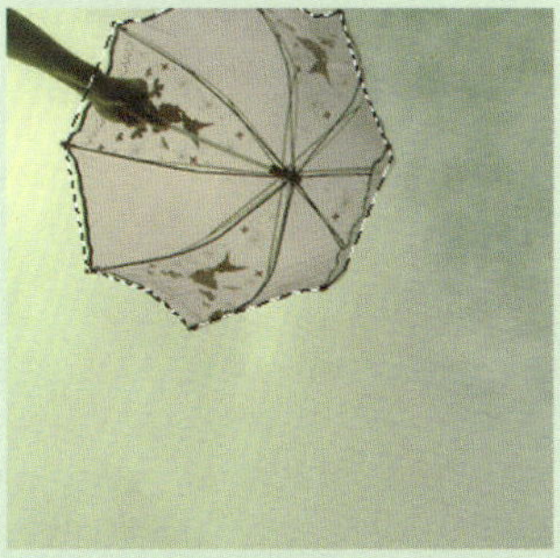

原图

首先选取图中的雨伞，然后观察每个通道中的颜色差别。

“绿”通道中的图像

经过观察发现“绿”通道中的图像颜色差别最大，将其复制得到“绿副本”通道。

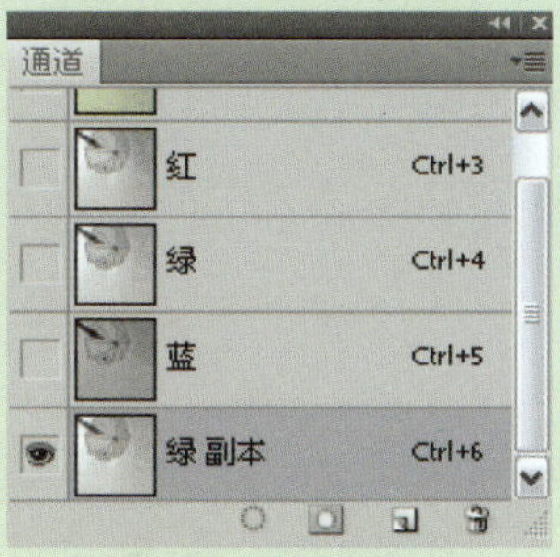

复制“绿”通道

STEP 04 经过调整，画面中的亮度明显提高，再次执行同样的操作，继续提高画面亮度。单击“图层”面板下方的“创建新的填充或调整图层”按钮，在弹出的菜单中选择“亮度/对比度”命令，在“调整”面板中显示相关选项。

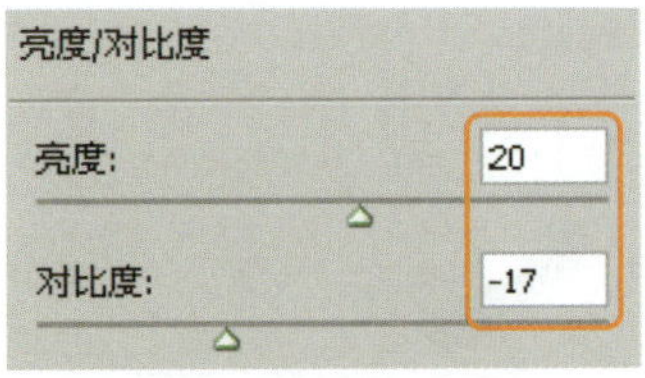

STEP 05 整体画面的对比度提高后，继续调整人物的对比度，单击“创建新的填充或调整图层”按钮，在弹出的菜单中选择“亮度/对比度”命令，在面板中设置“亮度”为32，“对比度”为-12。

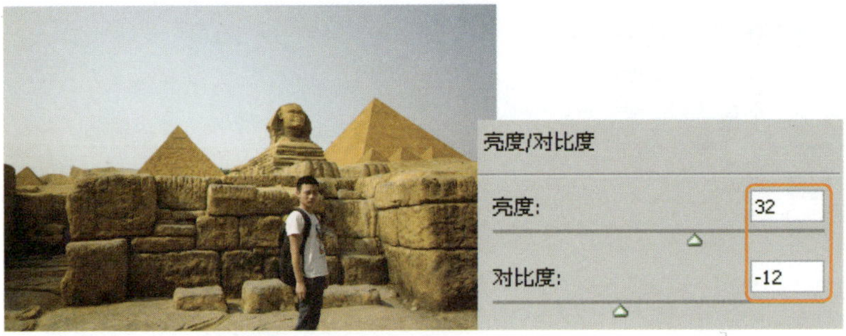

STEP 06 整体的调节会使得天空和背景过亮，此时就需要通过蒙版进行保护。选中“亮度/对比度3”调整图层右边的白色方块，选择画笔工具，选择一个较软的笔刷，设置画笔颜色为黑色。对照片中人物以外的区域进行涂抹。当画笔为黑色时，所绘制的区域全部隐藏，当画笔为白色时，所绘制的区域为不隐藏。

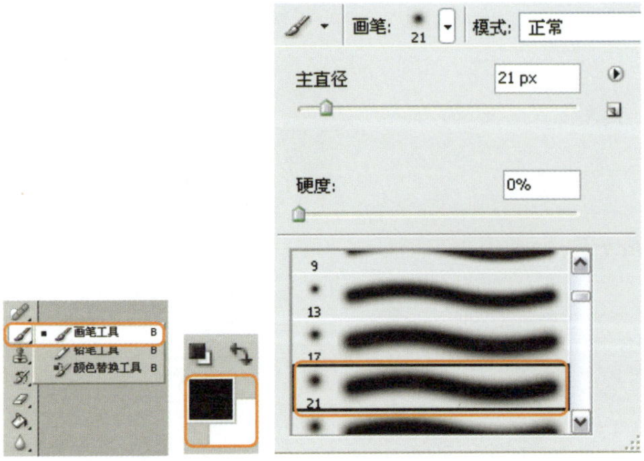

选择“绿 副本”通道，执行“图像>调整>亮度/对比度”命令，弹出“亮度/对比度”对话框。在对话框中分别调整亮度与对比度的参数。调整对比度的目的是将通道中的黑色区域增强，调整亮度的目的是将通道中的白色区域增强。

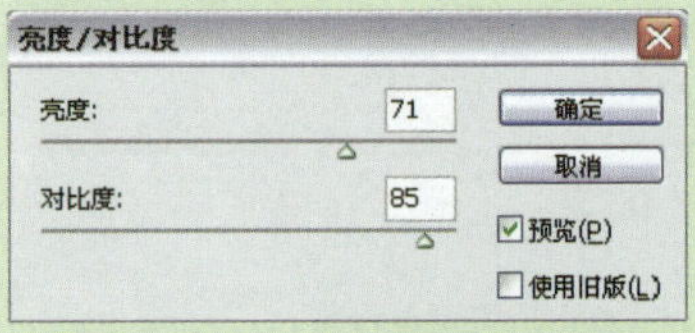

调整亮度/对比度

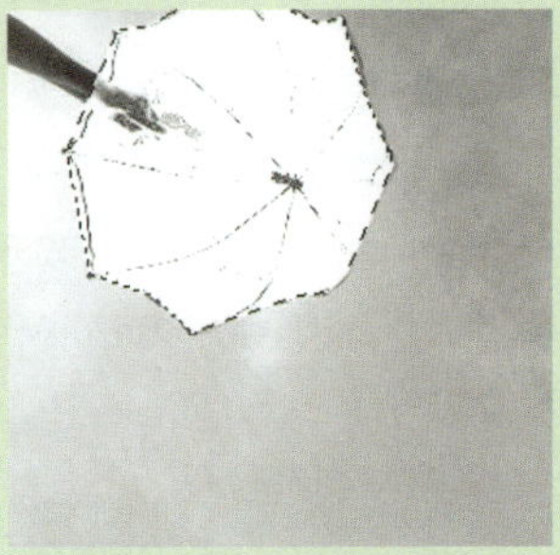

调整效果

使用画笔工具将雨伞部分全部绘制为白色，将背景部分涂抹为黑色。载入选区后返回“图层”面板，复制选区中的图像，此时雨伞部分被单独选择。

载入选区

选取局部

STEP 07 对人物的调整完成后，再次观察画面效果，会发现画面中的细节还不够，接下来通过“锐化”命令增加照片细节的表现力度，使照片具有层次感。按下快捷键Ctrl+Shift+Alt+E盖印图层，得到“图层2”执行“图像>锐化>锐化”命令，可以观察到画面有了改善。至此，本照片调整完成。

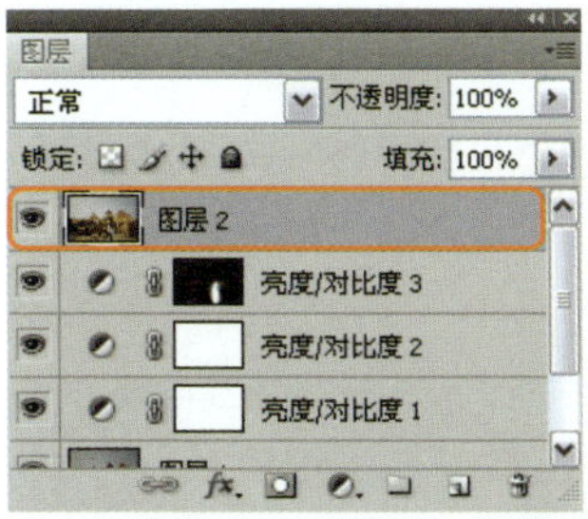

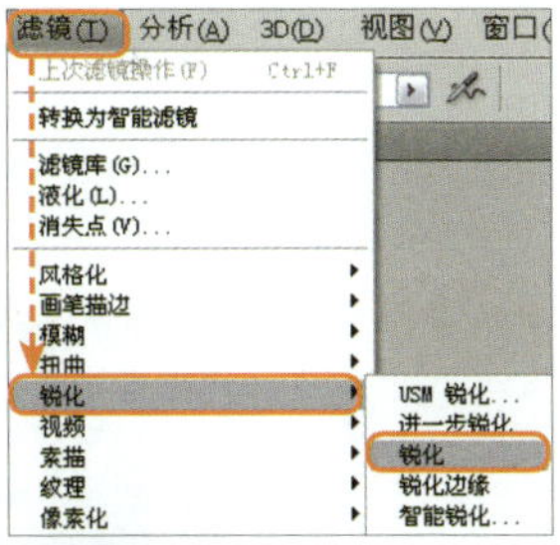

提示与技巧

快速复位对话框数据

当调整“亮度/对比度”对话框中的参数后，希望恢复为原始数据，可以拖动滑块使数据变为0，或者直接在数值框中输入0。

除了以上两种方法外，还可以勾选“使用旧版”复选框或者是按下Alt键，此时“取消”按钮会变为“复位”按钮，单击“复位”按钮即可恢复原始设置。

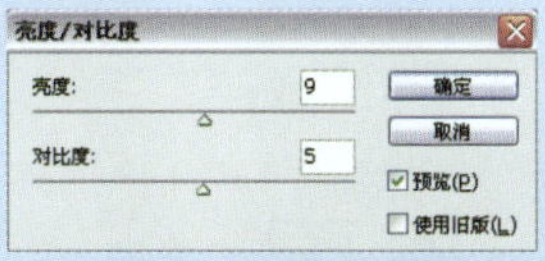

参数改变后的对话框

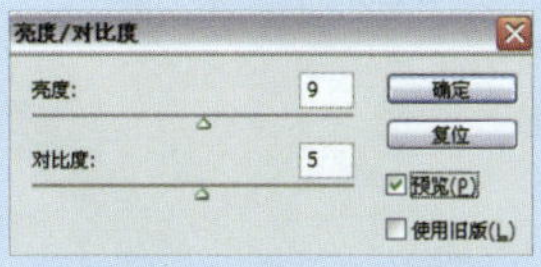

转换为“复位”按钮

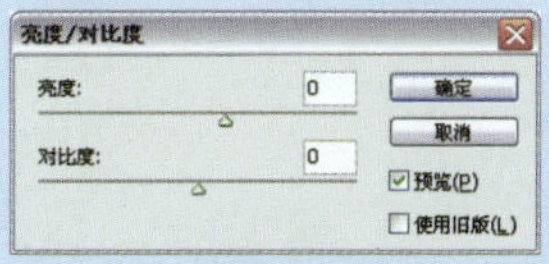

复位后的对话框

提示与技巧

灵活改变面板中的参数

在“亮度/对比度”对话框中进行调整时，会发现拖动滑块改变数值不够灵活和精确。在这里介绍两种方法精确调整参数。

方法一：在弹出的对话框中，选中该数值后按下快捷键↑或↓键来改变参数，如果同时按住Shift键可以加快参数的变化。

方法二：在弹出的对话框中，选中该数值然后在数值框中直接输入参数。

原图

调整效果

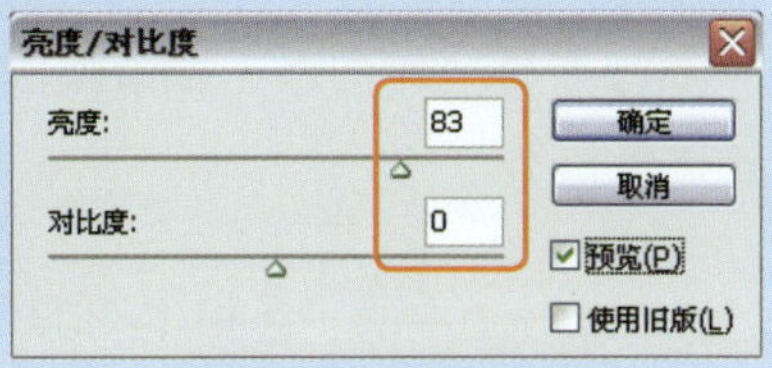

“亮度/对比度”对话框

4.2 色彩调整

在数码照片的后期处理中，针对照片偏色、颜色失真以及颜色过暗、过亮等缺陷，通过对色调的调整即可还原照片本身所具有的正常色彩。掌握颜色修复方法和调整技巧，不仅可以修正照片的局部缺陷，还可以为照片制作出不同的色彩效果。

4.2.1 “色相/饱和度”命令（1）——消除照片的紫边

最终文件路径：实例文件\chapter4\complete\09-end.psd

案例分析：该照片是使用全自动相机拍摄的，由于逆光拍摄时光源强烈，使得背景部分产生了紫边，影响了整体质量。在后期处理中将运用“色相/饱和度”调整图层纠正这一现象，使照片的背景部分显得更自然。

功能点拨：Photoshop中的“色相/饱和度”调整图层可以同时调整图像中所有颜色的色相、饱和度和明度，也可以选择红、黄、绿、青、蓝和洋红中的任何一种颜色单独进行调整。

STEP 01 打开本书配套光盘中的“实例文件\chapter4\media\09.jpg”文件。按下快捷键Ctrl+J将复制“背景”图层，得到“图层1”。由于该照片使用全自动模式拍摄，背景中的紫边影响了照片的整体质量，在画面中比较明显。

STEP 02 单击工具箱中的缩放工具，使用缩放工具将紫边部分放大直至完全显示，一张照片中的紫边不可能只有一处，应尽量选择明显的部分。

STEP 03 单击“图层”面板下方的“创建新的填充或调整图层”按钮，在弹出的菜单中选择“色相/饱和度”命令，得到“色相/饱和度1”图层，再次在菜单中选择“色相/饱和度”命令，得到“色相/饱和度2”图层。

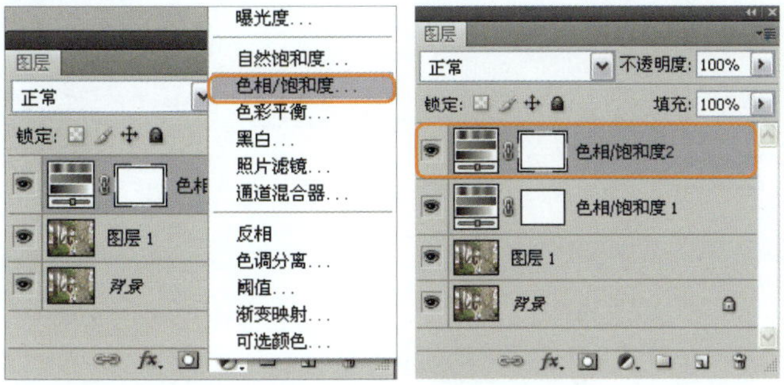

提示与技巧

紫边产生的原因

当使用相机拍摄光线较强的风景时，照片有时候会出现紫边，它影响了照片的质量。虽然在较小的尺寸上很难看出来，但一旦将画面放大就十分明显。

产生紫边的照片

这时会有用户认为，是相机不好还是拍摄方法有问题？为何胶片相机拍出来的照片没有紫边，而数码相机却有？

紫边是数码相机在拍摄高反差强逆光的物体边缘时产生的光学衍射现象。

加上CCD在色彩插值计算时候的固有缺陷，因此紫边现象在使用CCD的数码相机上会经常出现。

概括来说，紫边产生的三大原因是相机镜头的色差、CCD成像的局限性和照片放大倍数。

紫边现象

STEP 04 双击“图层”面板中的“色相/饱和度2”图层，在“调整”面板中选择下拉列表中的“洋红”选项。

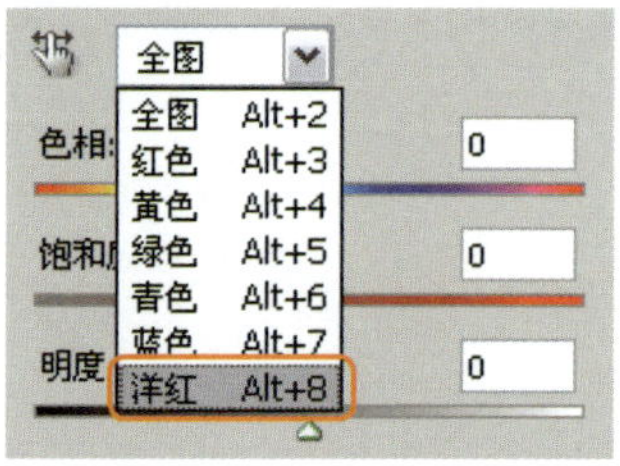

STEP 05 首先将照片中紫边的颜色调整为与树干相同色系的颜色，消除紫边。选择吸管工具，在树干颜色较深的部分采样，得到色彩范围322°/352°～22°\52°并将其记录，然后在紫边部分采样，得到色彩范围244°/274°～304°\334°。将紫边的数值和树干的数值相减得到78，这表示紫边部分的颜色还原78才会接近树干的颜色。

STEP 06 在色相/饱和度“调整”面板中设置“色相”的参数为+78，“饱和度”的参数为-16，“明度”的参数为-74，经过调整紫边上的颜色与正常的树干颜色接近了。

提示与技巧

“色域警告”命令

在调整的过程中，由于色彩的空间不同，如果要使调整的图像颜色与打印机匹配，在调整色彩饱和度时，应该注意调整的颜色是否超出了输出设备所能容纳的颜色。

执行“视图>色域警告”命令，系统将会以预设的一种颜色来表示超出范围的颜色。

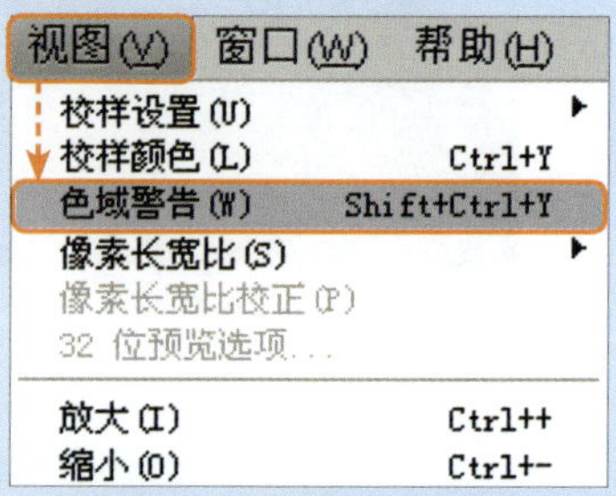

执行“色域警告”命令

执行“视图>校样颜色”命令，系统将模拟最终的输出效果。

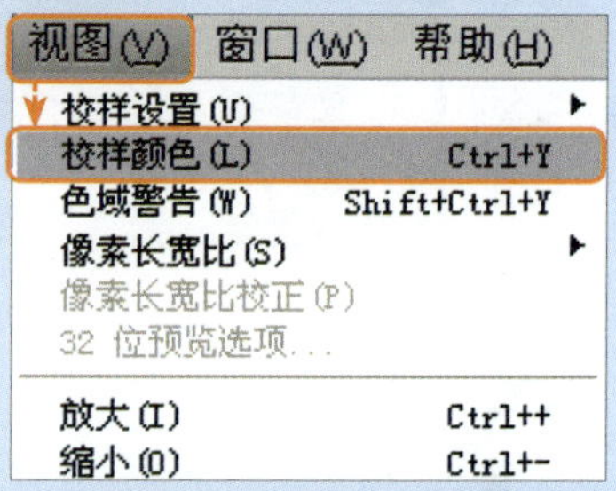

执行“校样颜色”命令

如果需要指定打印设备的ICC，执行“视图>校样设置>自定”命令，存储自定义校样设置后在“视图>校样颜色”的级联菜单中选择该命令，即可指定该打印设备的ICC。

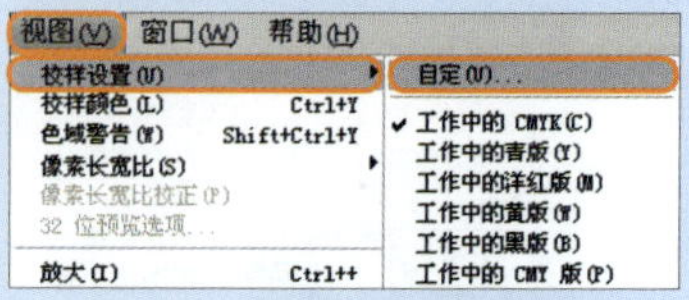

自定义命令

STEP 07 在调整紫边的过程中，也会影响到其他与紫色相近的颜色。可以将“饱和度”的调整滑块稍向左滑动，以保证其他颜色不受影响。

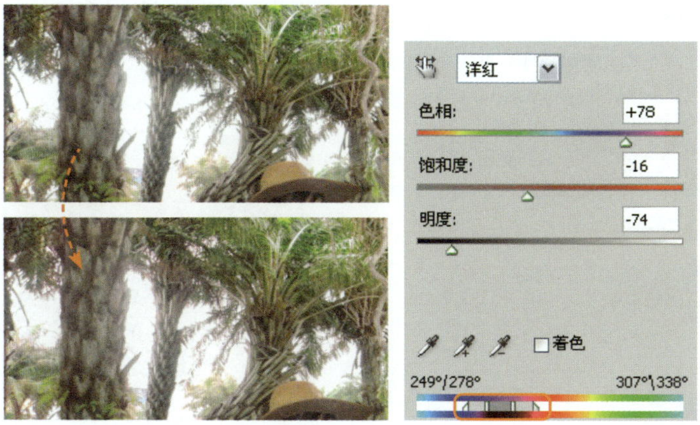

STEP 08 为了使画面效果更好，将增加图像整体的色彩饱和度，双击“图层”面板中的“色相/饱和度1”图层，在“调整”面板中选择下拉列表中的“全图”选项，设置“饱和度”为+10，选择“红色”选项，设置“饱和度”为+12，最后选择“黄色”选项，设置“饱和度”为+17。

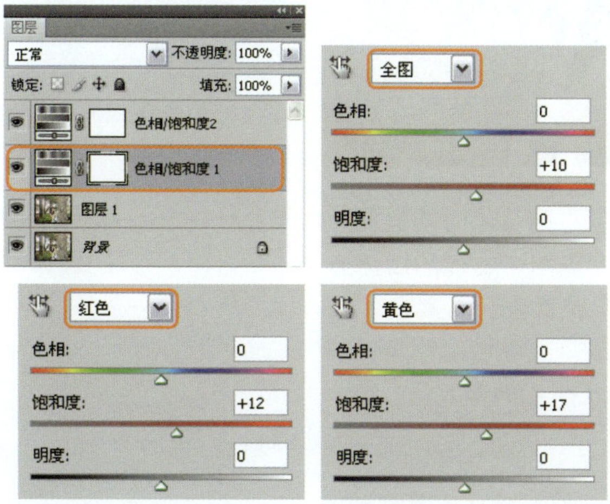

STEP 09 使用“色相/饱和度”命令调整后画面色彩更加丰富。但是主体人物与背景之间的层次关系不够清晰，下一步将解决这一问题。

提示与技巧

如何减少照片中的紫边

无论是小型的家用数码相机，还是广角镜头的单反数码相机，都会出现紫边现象。这个现象其实与数码相机的光学设计有较大的关系。紫边现象在数码拍摄中不可避免，尤其是一些风景照片，因此不用将其想像得过于严重。

背景部分产生紫边现象

我们可以从以下3个方面入手，减轻紫边现象产生的影响。

方法一：软件补救

使用Photoshop等图像后期处理软件即可对图像进行各种调整，这可以在很大程度上补救有色彩问题的数码照片。

数码相片反映到计算机中是一个个像素，只要使用图像修改软件对像素点进行修改，就可以消除紫边现象。而且利用软件去除或减轻相片中的紫边现象并不难操作，只需对图像的“色相/饱和度”进行调整即可。

方法二：拍摄技巧

如果想要拍摄的照片不出现紫边也是需要技巧的。在不更换拍摄器材和场景的条件下，拍摄方法不同所得到相片中的紫边严重程度也会不同。

STEP 10 单击“图层”面板下方的“创建新的填充或调整图层”按钮，在弹出的菜单中选择“色阶”命令，得到“色阶1”图层。

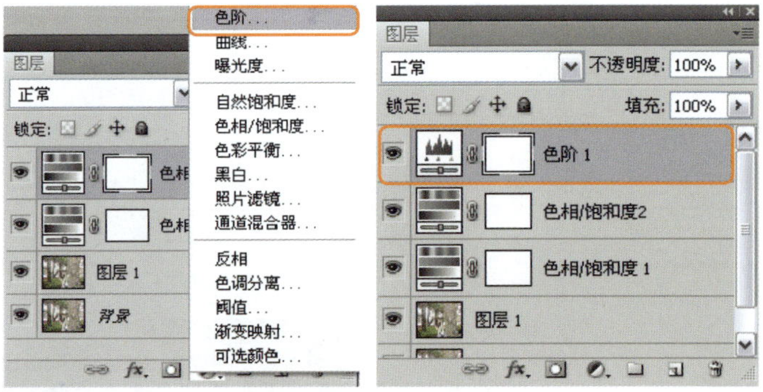

STEP 11 单击“色阶1”图层，在“调整”面板中设置“输入色阶”的参数为49、0.94和255。

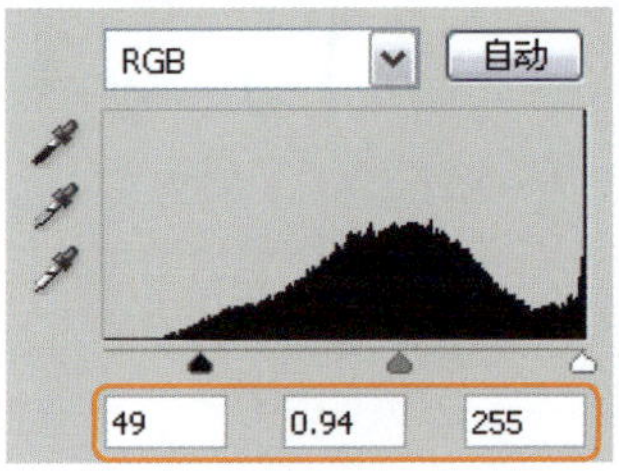

STEP 12 整体的调整会使得背景部分对比度过高，此时就需要通过蒙版进行背景保护。选中“色阶1”图层缩览图中右侧的白色方块单击画笔工具，选择一个较软的画笔，设置颜色为黑色，画笔大小为160px，在照片的背景部分进行涂抹。这样使用蒙版保护的区域不会受色阶参数调整的影响。至此，本照片调整完成。

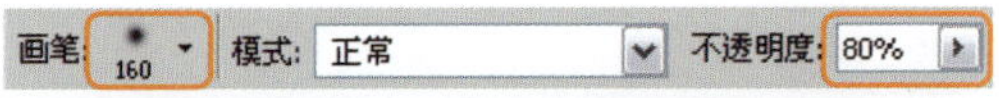

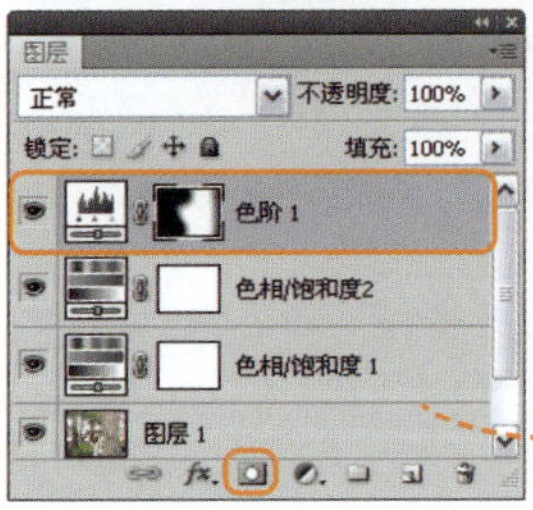

通常情况下，大光圈、广角端、变焦倍数过大这几种情况都容易产生紫边现象，在拍摄过程中应当尽量避免。此外，采用多点测光而不是单点测光也有利于避免画面不同部分的光线反差过大。

无紫边现象的照片

方法三：相机的选择

拍摄器材的选择，对照片的质量也是有决定性影响的。

不同品牌、不同型号的相机在拍摄同一场景时得到的照片效果是不尽相同的。不仅在色彩的表现上不同，紫边的严重程度也会不一样。

形成紫边现象涉及到数码相机的成像身法。从专业上来说，由于成像算法是一个需要考虑多个因素的系统工程，如果用户只注重照片的紫边，就会忽略照片品质的其他方面。因此消费者在购买相机时不应过分看重相机之间的紫边情况差异而忽略了其他更关键的因素。选择相机要总体考虑，应根据实际需求选择适合使用的相机。

◐ 4.2.2 “色相/饱和度”命令（2）——增加照片的鲜艳程度

最终文件路径：实例文件\chapter4\complete\10-end.psd

案例分析：该照片是在山间拍摄的，原本景物很有意境，但由于图像色彩太过平淡，使得整幅图像缺乏亮点。在后期的调整中将运用“色相/饱和度”命令，使得原本饱和度较低的照片变得艳丽多彩。

功能点拨：Photoshop中的“色相/饱和度”命令可以增加画面中的色彩。针对画面的不同需要，可以对不同色彩区域进行调整。该命令是调整画面色彩的最佳选择，尤其是在增强画面色彩饱和度方面。

STEP 01 执行“文件>打开”命令，打开本书配套光盘中的“实例文件\Chapter4\media\10.jpg”文件，单击“背景”图层，按Ctrl+J复制得到“图层1”。

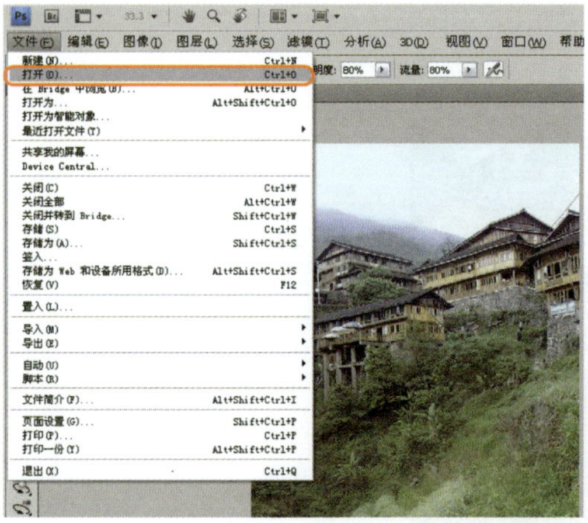

STEP 02 选择“图层1”，执行“图像>调整>色相/饱和度”命令，或按下快捷键Ctrl+U，弹出“色相/饱和度”对话框。

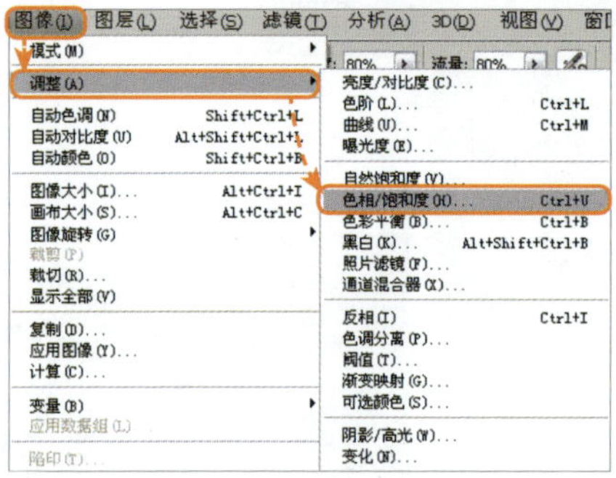

STEP 03 在弹出的“色相/饱和度”对话框中设置饱和度，分别设置“全图”、“红色”、“黄色”、“绿色”和“青色”选项的“饱和度”为+33、+40、+40、+19和+42，完成后单击“确定”按钮退出。至此，本照片调整完成。

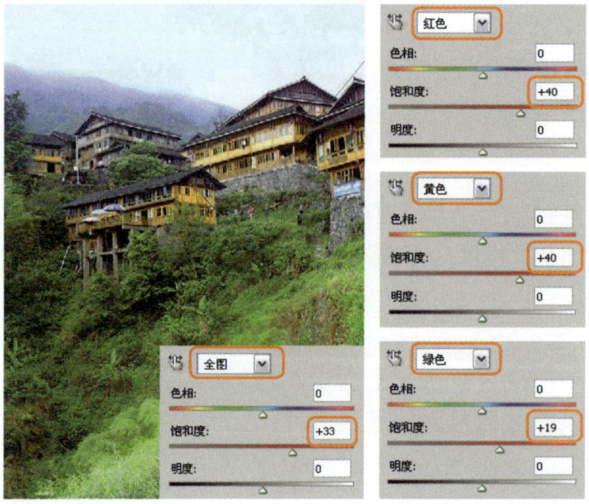

提示与技巧

色彩模式的不同应用

Photoshop中包括了多种不同的色彩模式，它们体现在“图像>模式”的级联菜单下。色彩模式不同，照片所表现出来的效果各异，所得到的照片精确程度也会不同。

通常拍摄的照片都是以RGB格式保存，所以在Photoshop中打开照片时是以RGB模式打开。

在处理数码照片时，为了一些特殊的需要可以将照片转换为其他色彩模式。

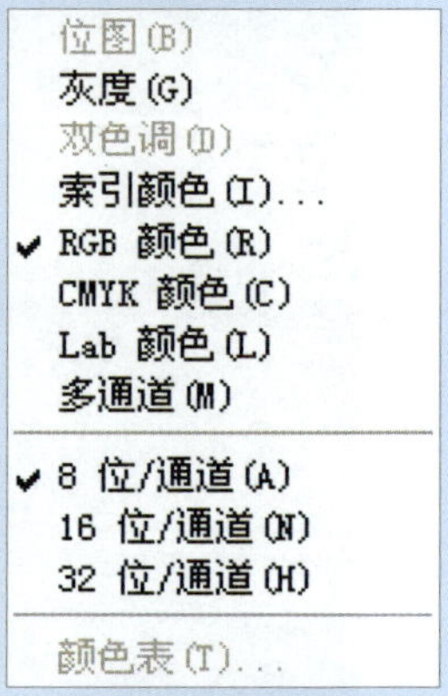

色彩模式列表

执行“图像>模式”命令，选择相应的色彩模式后可在不同色彩模式之间进行转换。

显示和处理图像时，应使用RGB模式，需要印刷或者使用印刷打印时，最好使用CMYK模式。一般设置颜色在CMYK模式中进行。

制作印刷色打印图像的时候，RGB模式的图像转换为CMYK模式时会产生分色。如果使用的图像素材为RGB模式，最好在编辑完成以后将其转换为CMYK模式。

Photoshop基础

Photoshop中的色彩模式

Photoshop支持多种色彩模式，在“图像>模式”菜单和“颜色”面板中提供了各种转换图像色彩模式的命令，包括灰度、位图、双色调、RGB、CMYK、索引颜色等，下面就详细介绍Photoshop中常用到的色彩模式。

1. 位图模式

位图模式以黑和白两种颜色来显示图像，需要将图像模式转换为位图模式前必须先转换为灰度模式，否则“位图”命令为灰色状态，即不能使用。在执行“图像>模式>位图”命令时会弹出“位图”对话框，可设置位图的分辨率和方法。

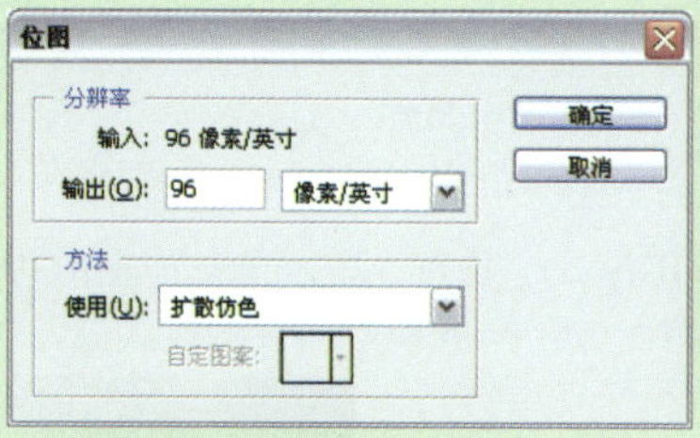

“位图”对话框

位图模式的照片效果

2. 灰度模式

灰度模式以黑、白和灰3种颜色显示图像，灰度颜色的范围是0%~100%，并且只有一种颜色通道。执行“图像>模式>灰度”命令时，会弹出“信息”对话框，提示是否扔掉颜色信息，勾选“不再显示”复选框，将在下次进行色彩模式转换时不再提示。

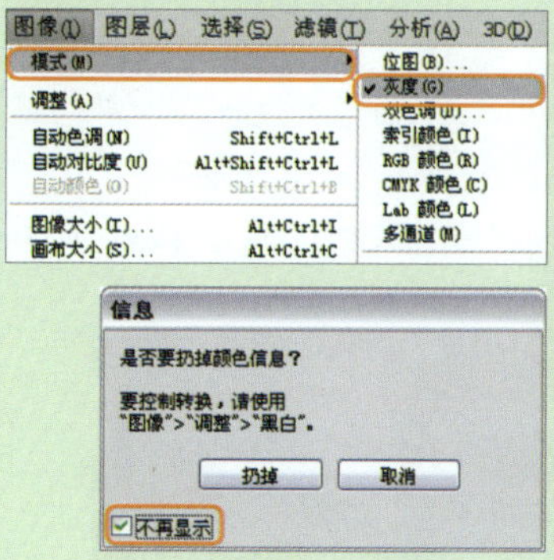

“信息”对话框

灰度模式的照片效果

3. 双色调模式

在设置双色调模式之前，必须将图像先转换为灰度模式才能使用。通过“双色调选项”对话框可以设置多个颜色为图像重新填色，包括单色调、双色调、三色调和四色调4种方式。

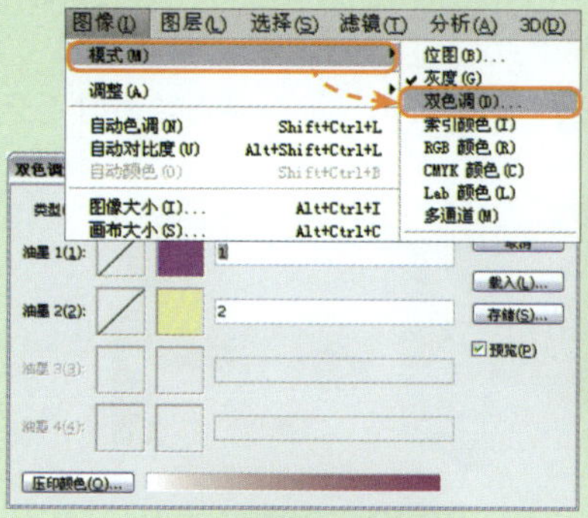

“双色调选项”对话框

双色调模式的照片效果

4. 索引色彩模式

索引色彩模式是一种专业的网络图像色彩模式。在这种模式下常会出现颜色失真现象，但却能极大减小文件的存储空间，多用于制作多媒数据。通过“索引颜色”对话框可对索引模式进行详细设置。

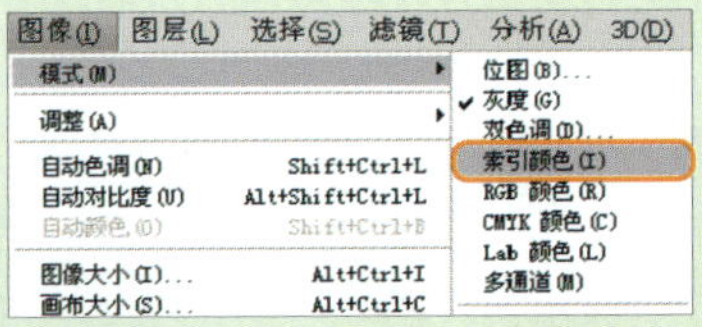

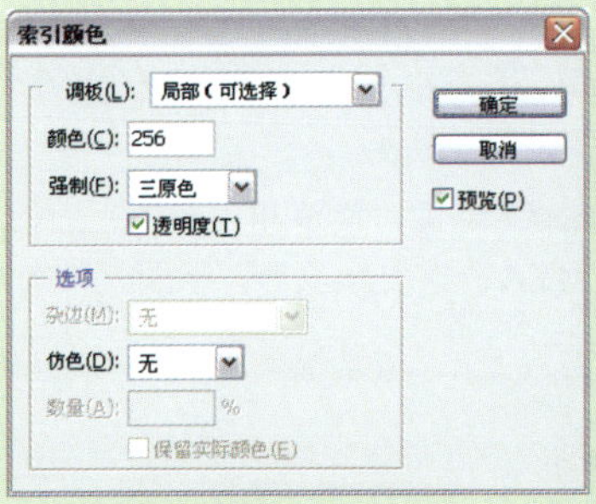

"索引颜色"对话框

索引色彩模式的照片效果

5. RGB模式

Photoshop中默认的色彩模式为RGB模式，且有一些功能只能在RGB模式下才能使用，所以一般情况下都使用此模式编辑处理图像，完成后再将图像转换成其他需要的模式。

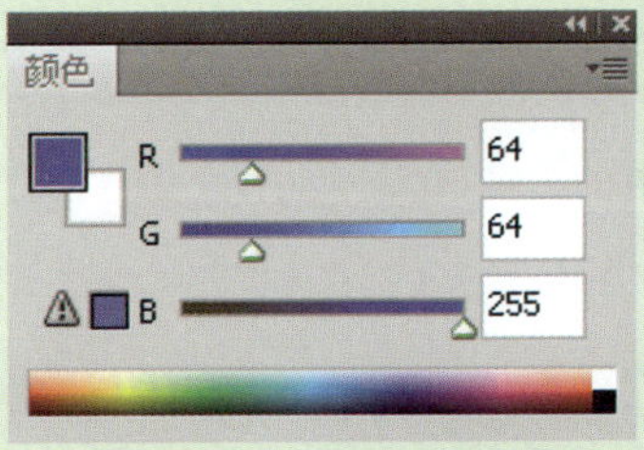

RGB模式的"颜色"面板

RGB模式的照片效果

6. CMYK模式

CMYK模式是常用的打印输出模式。它的基本原色包括青色（Cyan）、洋红（Magenta）、黄色（Yellow）和黑色（Black）4种打印油墨这种模式的图像所占用的空间较大。

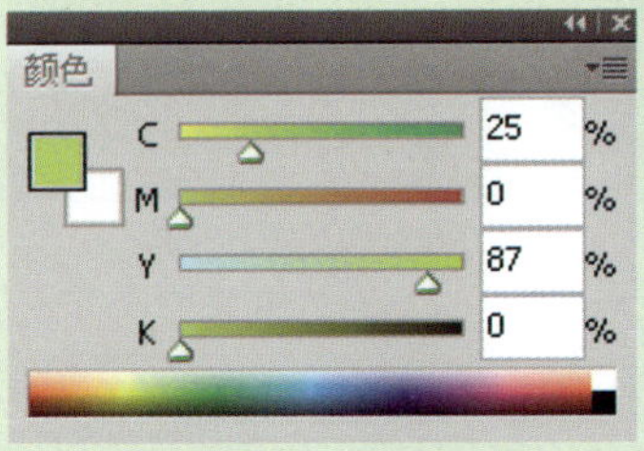

CMYK模式的"颜色"面板

CMYK模式的照片效果

7. Lab模式

Lab模式是Photoshop内部的色彩模式，也是色域最广的色彩模式，在进行模式转换时不会造成任何色彩上的缺失。

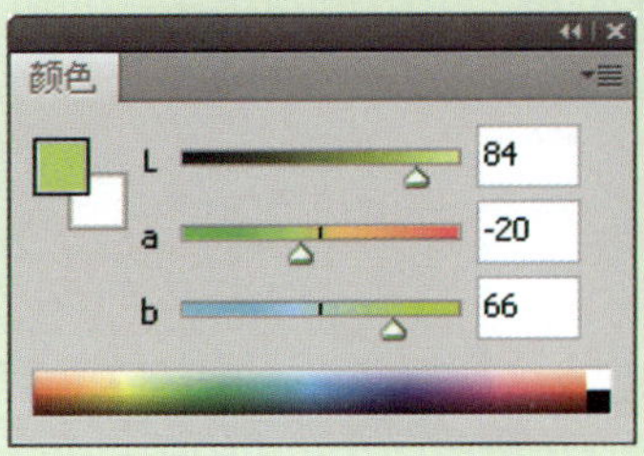

Lab模式的"颜色"面板

Lab模式的照片效果

◐ 4.2.3 “色阶”与“曲线”命令——转换照片的颜色

最终文件路径：实例文件\chapter4\complete\11-end.psd

案例分析：此照片是一张人像艺术写真，照片整体极具艺术美感。但是从色彩上来看，图片整体色调偏黄，使得人物皮肤也随之显得过于发黄。在后期的调整中充分运用了“色阶”和“曲线”调整图层，对人物的肤色进行调整，使照片中的人物肤色更加白皙。

功能点拨：Photoshop中的“色阶”与“曲线”调整图层可以分别调整整体色调和颜色，“色阶”命令可以精确调整图像中的阴影、高光和中间调。“曲线”命令则针对图像的不同点进行调整，使图像中指定的色调范围变亮或者变暗。两个命令结合使用，会将画面的色彩调整更加精确和细致。

STEP 01 执行“文件>打开”命令，打开本书配套光盘中的“实例文件\chapter4\media\11.jpg”文件，单击“背景”图层，按Ctrl+J复制得到“图层1”。

STEP 02 选择“图层1”，并单击“图层”面板中的“创建新的填充或调整图层”按钮，在弹出的菜单中选择“阈值”命令，在“调整”面板中向左拖动滑块直至图像几乎为白色，放大图像可以看到在最深色区域有几个黑色小点，按住Shift键在小点上单击创建黑场取样点。

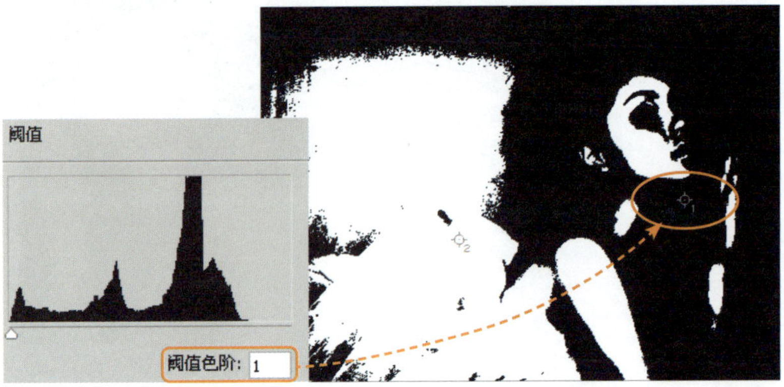

STEP 03 再将滑块向右拖动直至图像几乎为黑色时，放大图像可以看到在最深色区域中有几个白色小点，按住Shift键在小点上单击创建白场取样点，最后单击“取消”按钮。

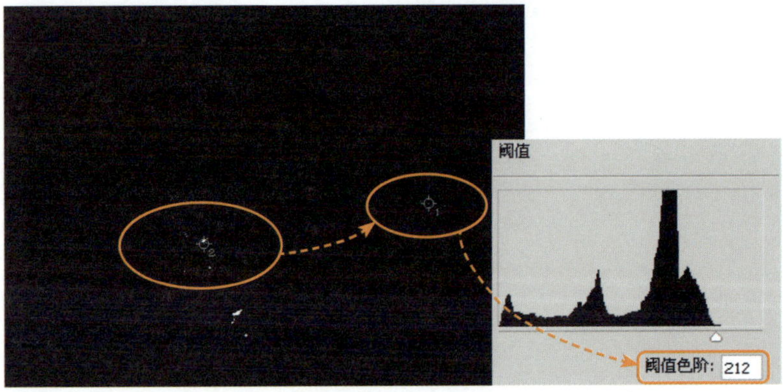

Photoshop基础

调整图层

调整图层可对图像的颜色或色调进行调整，但不会永久地修改图像中的像素。颜色或色调位于调整图层中时，该图层像一层透明膜片一样，下层图像可以通过它而显示出来。

在使用调整图层进行调整时会影响它下面的所有图层，所有可以通过单个调整多个图层中的对象，而不需要单独对每个图层进行调整。如需对单个图层调整时，应按下Shift键再单击“创建新的填充或调整图层”按钮。

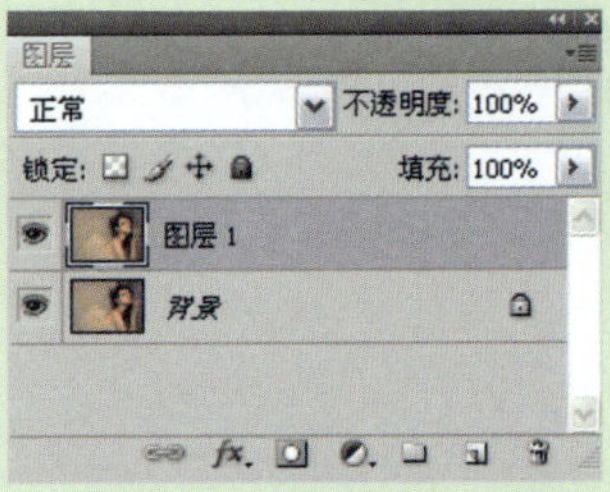

原“图层”面板

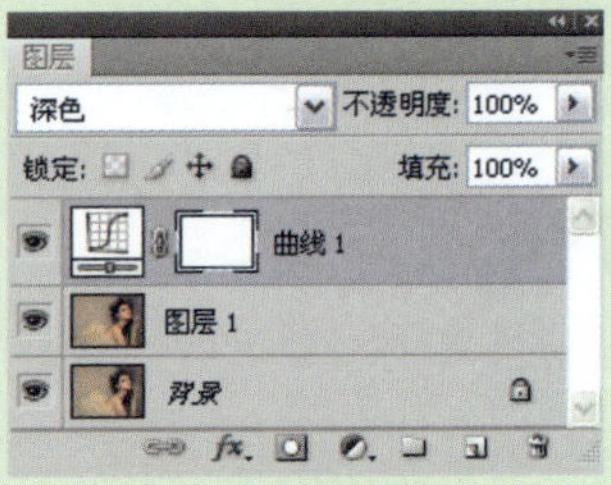

创建调整图层后

Photoshop基础

“图层”面板操作

Photoshop中的各项图层功能主要通过在“图层”面板中的操作来完成，“图层”面板中包含了多种操作方式，同样的操作可以通过不同的方式进行。

1. 新建图层

方法一： 单击“图层”面板中的“创建新图层”按钮。

STEP 04 选择“图层1”，并单击“图层”面板中的“创建新的填充或调整图层”按钮，在弹出的菜单中选择“色阶”命令，在“调整”面板中使用黑场工具在黑场取样点上单击，再使用白场工具在白场取样点上单击。

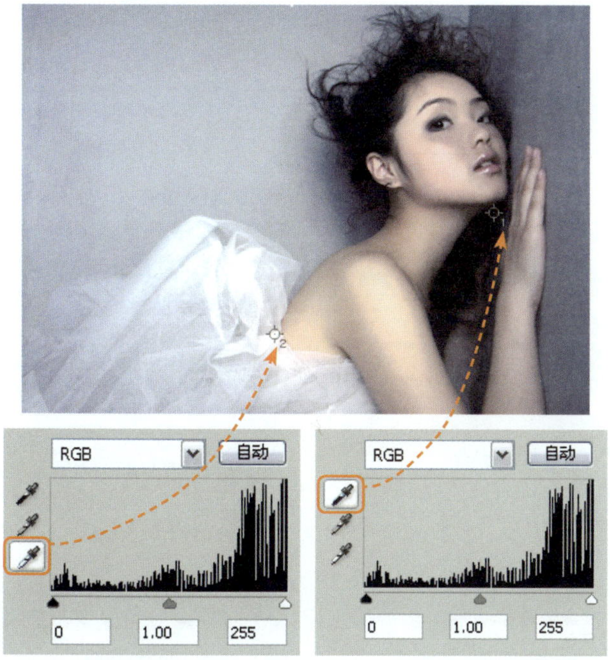

STEP 05 选择“图层1”，并单击“图层”面板中的“创建新的填充或调整图层”按钮，在弹出的菜单中选择“曲线”命令。在“调整”面板的曲线图上单击创建3个控制点，然后拖动鼠标调整曲线，完成图像的亮度调整。

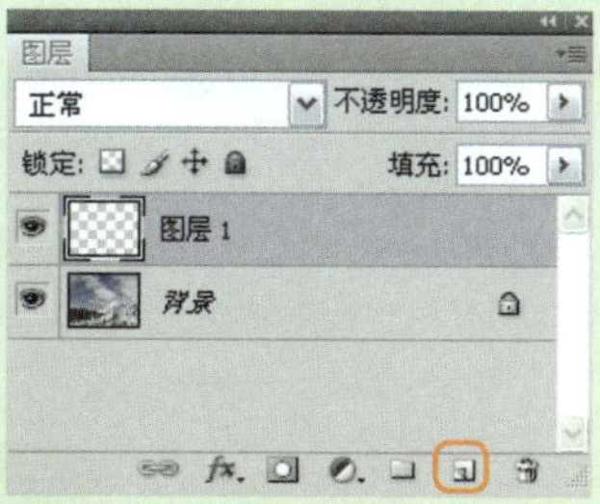

新建图层

方法二：执行“图层 > 新建 > 图层”命令，在“新建图层”对话框中输入图层信息。

2．重命名图层

双击图层名即可重新输入新图层名。

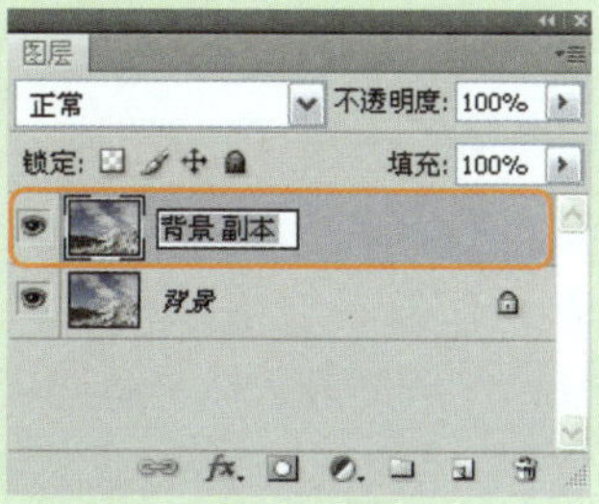

重命名图层

3．复制图层

在同一文件中复制图层时，直接将图层拖动到“创建新图层”按钮上或者右击图层，在菜单中选择“复制图层”命令。

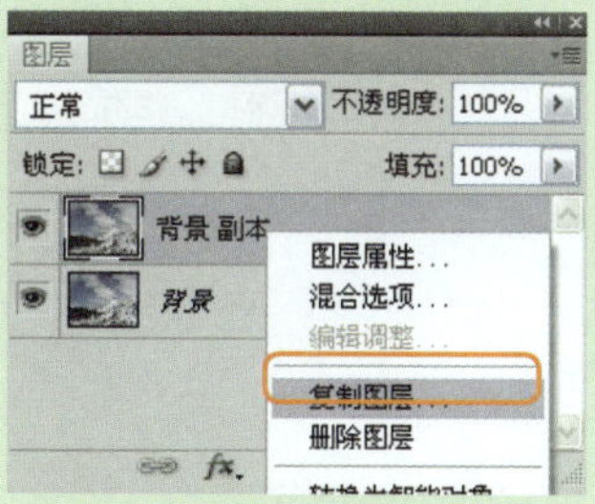

复制图层

4．对齐图层

按下Shift键选择需要对齐的图层后执行“图层 > 对齐”命令，可在级联菜单中选择对齐方式。

5．编组图层

按住Shift键选择多个图层，然后按下快捷键Ctrl+G，即可对所选图层进行编组操作。

STEP 06 选择“图层2”，并单击图层面板中的“创建新的填充或调整图层”按钮，在弹出的菜单中选择“曲线”命令，在弹出的“调整”面板中单击创建一个控制点，然后再向上拖动调整照片的亮度。

STEP 07 选择“图层1”，并单击“图层”面板中的“创建新的填充，或调整图层”按钮，在弹出的菜单中选择“可选颜色”命令，在弹出的面板中设置“洋红”的参数为0、-26、0、0，“红色”的参数为0、-8、0、0。至此，本照片调整完成。

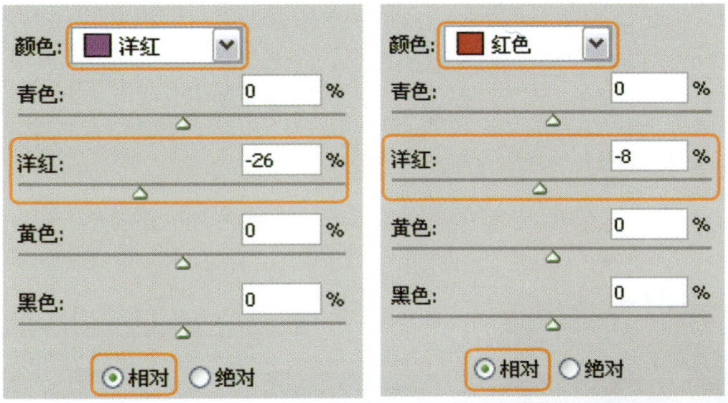

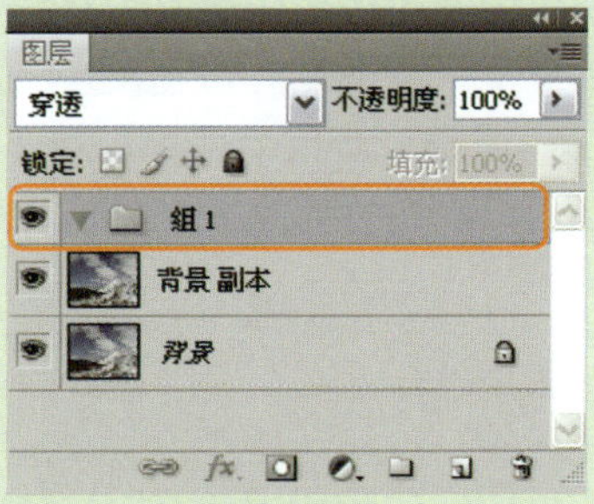

编组图层

6. 链接图层

按住Shift键后选择两个或两个以上图层，然后单击图层面板上的“链接图层”按钮，可对图层进行链接。

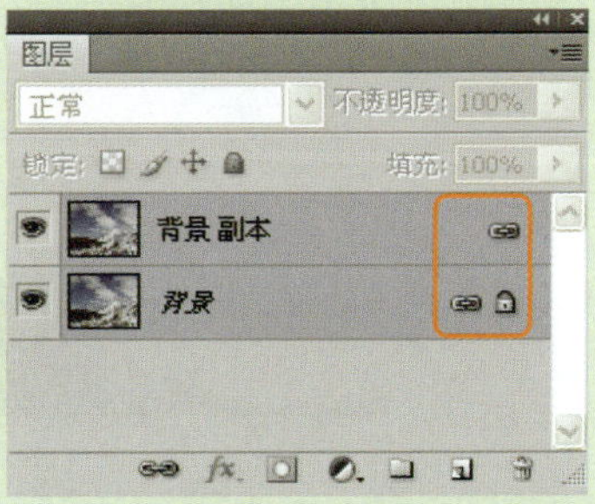

链接图层

7. 合并图层

当编辑完图层以后，可将图层合并。合并所选图层需按下快捷键Ctrl+E，合并所有图层则要按下快捷键Ctrl+Shift+E。

提示与技巧

使用“信息”面板调整颜色

“信息”面板是调整颜色的一种数值参考工具，虽然它不能选择颜色，但通过“信息”面板可以了解图像中的颜色信息。

将光标放置于图像上任意一点时，“信息”面板会自动以RGB和CMYK两种模式显示颜色色值。

当以RGB模式调色时，单击“信息”面板上的吸管图标，可以更改不同色彩模式下的颜色值表达方式。

◐ 4.2.4 “渐变映射”命令——调整特殊色彩

最终文件路径：实例文件\chapter4\complete\12-end.psd

案例分析：此照片是主人公坐在一面墙旁边拍摄出来的，目的在于表现出一种苍白且颓废的效果。但是从整体色调上来看，这种效果表现得不是很强烈，可以利用Photoshop对整个照片的色彩进行加强，创作出更加强烈的色彩对比效果，从而突显照片所要表现的颓废感。运用“渐变映射”调整命令可以将照片的色调调整为更具视觉吸引力的深色调，使照片中的人物形象更加突出。

功能点拨：Photoshop中的“渐变映射”调整图层通过把渐变映射到图像上产生特殊的效果。在调整图像时，可以设置不同的渐变颜色和渐变效果。设置渐变色的操作与设置普通渐变的操作基本类似。

STEP 01 执行“文件>打开”命令，打开本书配套光盘中的“实例文件\chapter4\media\12.jpg”文件，单击“背景”图层，按快捷键Ctrl+J复制得到“图层1”。

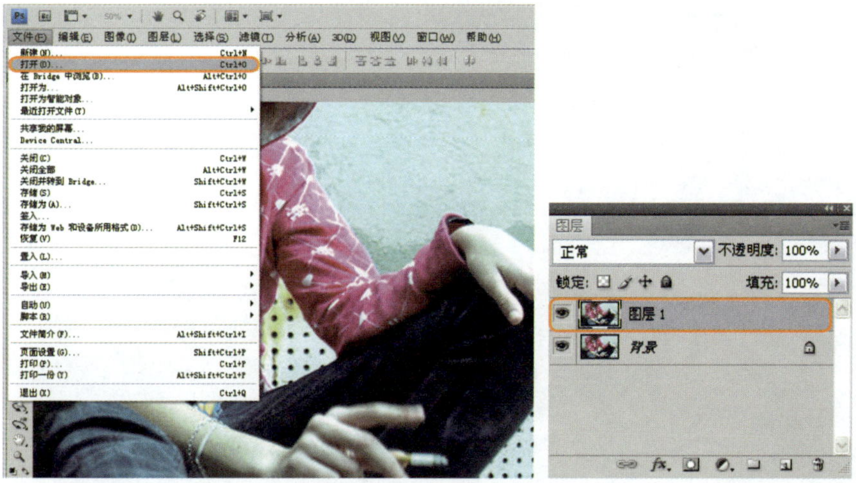

STEP 02 选择“图层1”，并单击“图层”面板下方的“创建新的填充或调整图层”按钮，在弹出菜单中选择“渐变映射”选项。

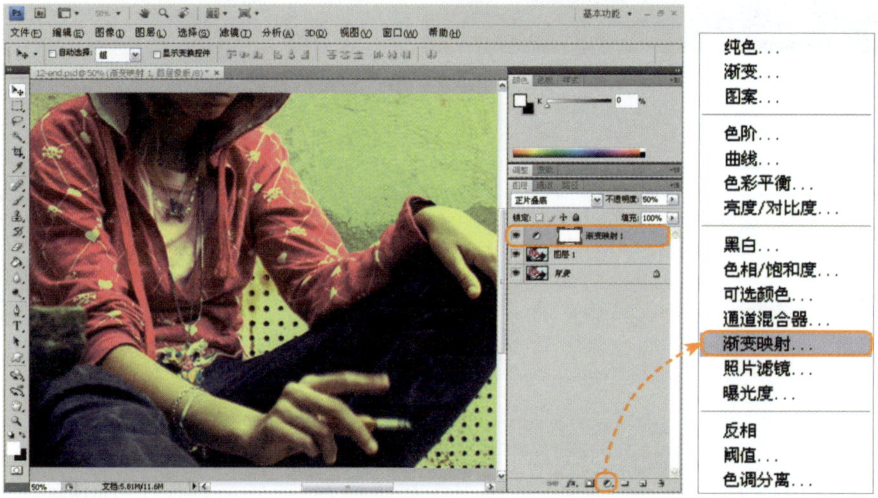

STEP 03 在打开的“调整”面板中，设置蓝色、红色和黄色的三色渐变效果，在照片上添加渐变映射效果。

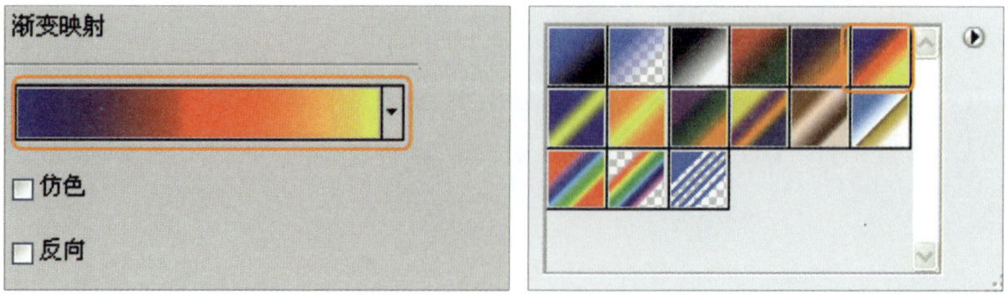

STEP 04 添加渐变映射以后，虽然照片色调有了明显的变化，但是颜色过于强烈。选择“渐变映射1”调整图层，设置图层混合模式为“正片叠底”，“不透明度”为50%，适当对照片色彩进行混合，降低对比度。

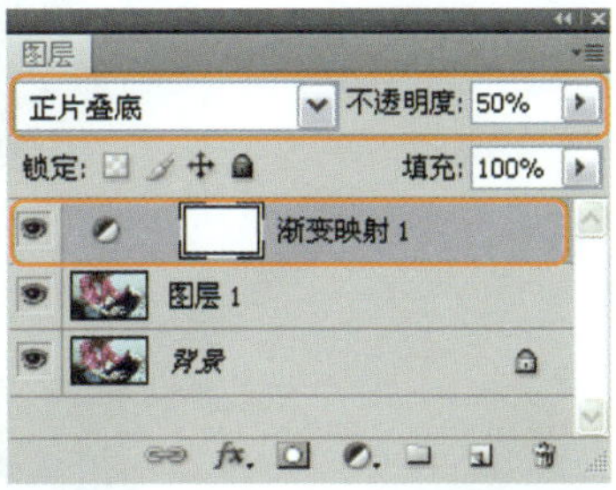

STEP 05 单击“图层”面板中的“创建新图层”按钮，新建“图层2”，按下快捷键Ctrl+Alt+Shift+E盖印图层。

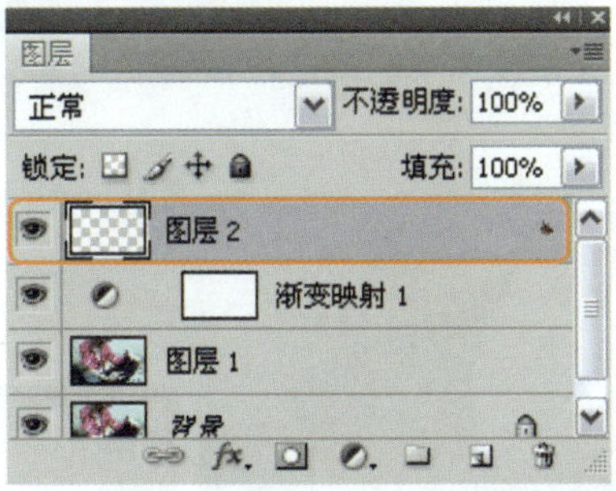

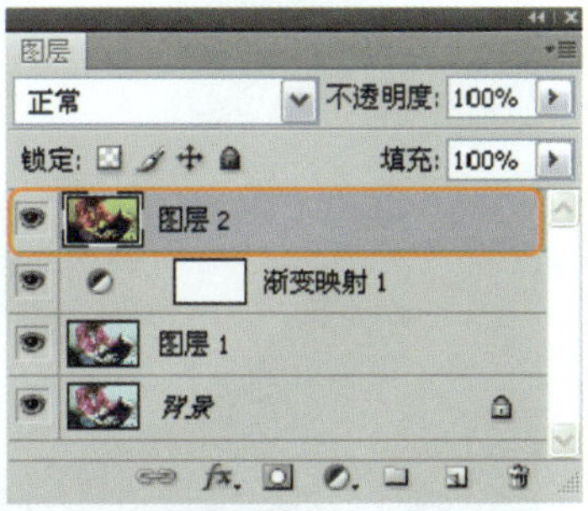

STEP 06 选择“图层2”，单击“图层”面板中的“创建新的填充或调整图层”按钮，在弹出的菜单中选择“曲线”命令。在曲线图中分别创建三个控制点，然后拖动调整曲线，对图像的色调进行更进一步的调整后完成本案例的制作。至此，本照片调整完成。

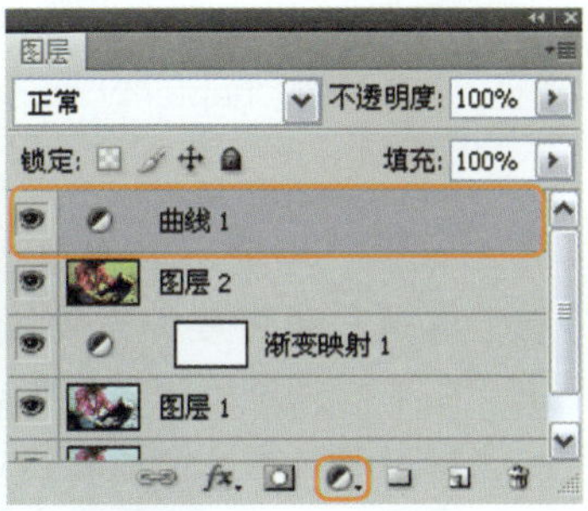

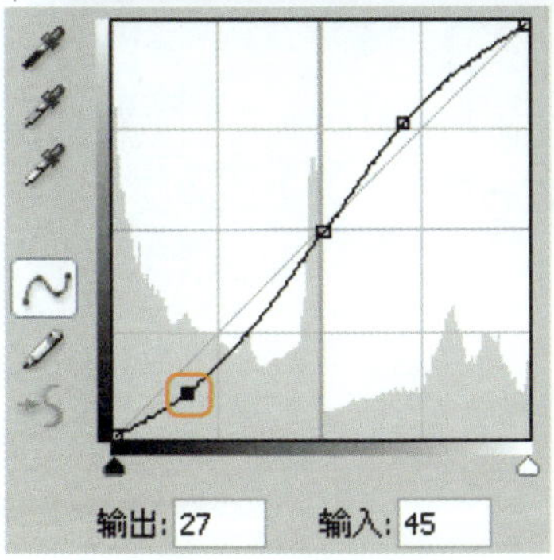

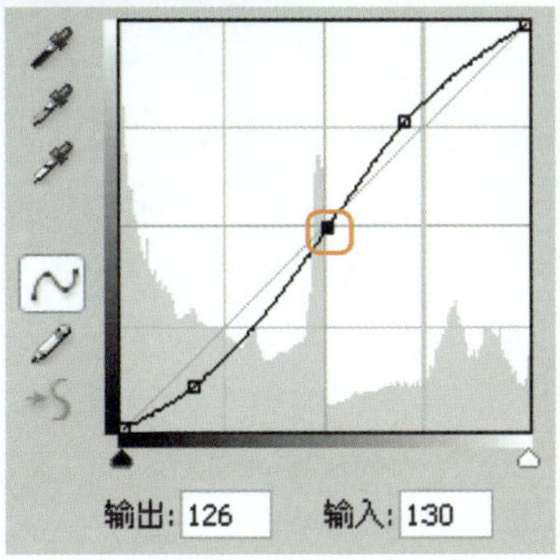

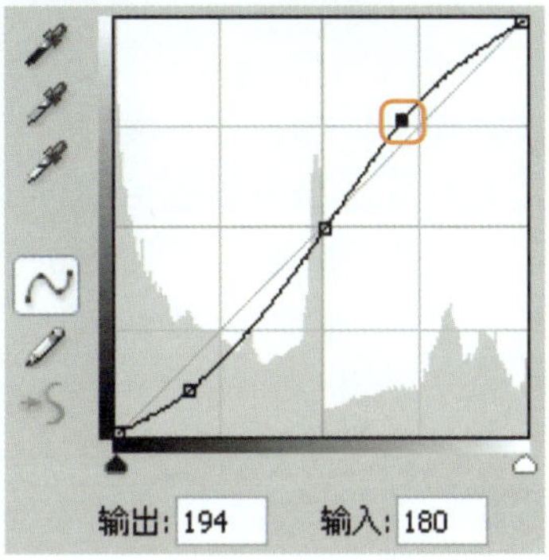

4.2.5 “可选颜色”命令——修复偏色照片

最终文件路径：实例文件\chapter4\complete\13-end.psd

案例分析：这是一张可爱的宠物照片，拍摄者抓住了动物的生动神态，将宝贵的一瞬间拍摄下来。但由于白平衡处理不当，使得画面整体偏色。在后期的处理中可以使用Photoshop中的“可选颜色”调整图层对每一个色彩区域进行细微调整，从而解决画面中的偏色现象，为照片还原一个正常的色调。

功能点拨：Photoshop中的“可选颜色”调整图层是处理偏色画面的最佳工具。如果仔细观察会注意到该命令与“色相/饱和度”命令比较相似，都是对色彩进行调整。两者的差别主要在于“可选颜色”命令允许调整白色、中灰色和黑色区域。

STEP 01 打开本书配套光盘中的“实例文件\chapter4\media\13.jpg”文件。这是一张拍摄宠物的照片，将小狗的可爱神态拍摄得非常到位，但是由于白平衡处理不当，造成了画面偏色的现象，可以通过“可选颜色”命令调整画面偏色现象。

STEP 02 在调整图像之前，首先先复制“背景”图层，这样便于调整过程中的对照比较。按下快捷键Ctrl+J复制得到“图层1”。

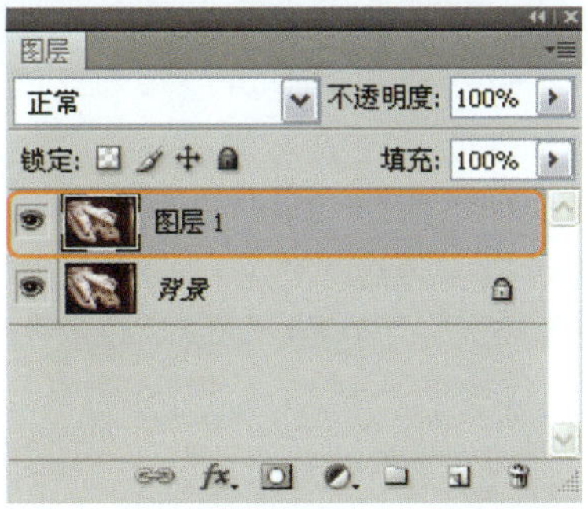

STEP 03 单击“图层”面板下方的“创建新的填充或调整图层”按钮，在弹出的菜单中选择“可选颜色”命令，在“调整”面板中出现“可选颜色”命令的相关参数。

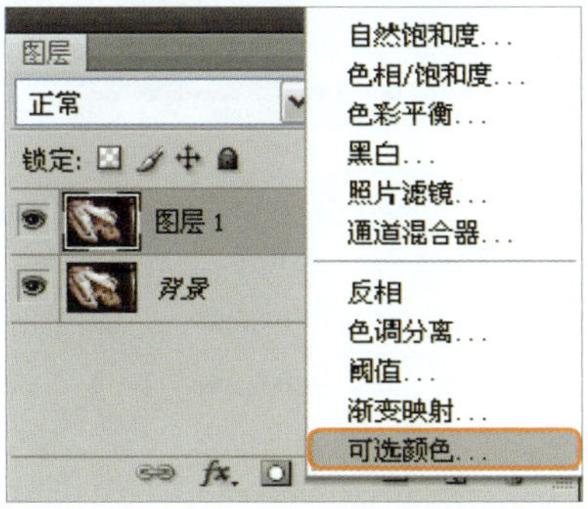

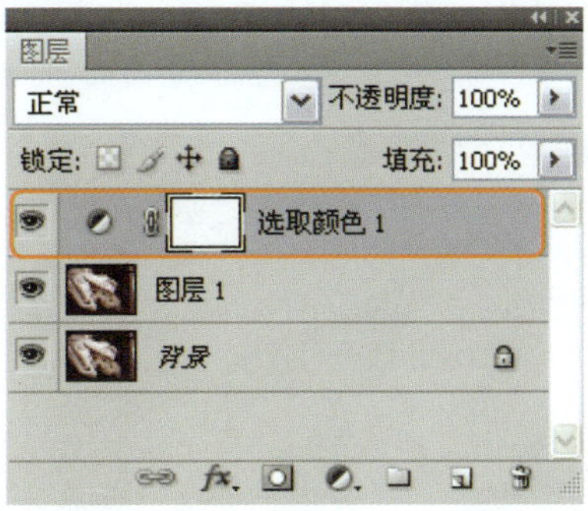

提示与技巧

巧用“亮度/对比度”命令

“亮度/对比度”命令是调整图像色调的常用命令之一。它经常应用在通道的操作中，通过调整亮度和对比度可以增加通道的对比度，从而快速调整整体色调。

原图

“通道”面板

切换到“通道”面板观察各个通道，可以看到“蓝”通道的对比度最弱且颜色过深，因此需要调整该通道。

“蓝”通道下的图像

“绿”通道下的图像

STEP 04 可以看出这张照片明显偏红，因此首先调整红色，在“颜色”下拉列表中选择“红色”选项，拖动“洋红”的滑块，将参数设置为-72%，然后拖动“黄色”滑块，设置参数为-88%。将画面中的暖色调减弱，使画面呈现较为真实的色彩。

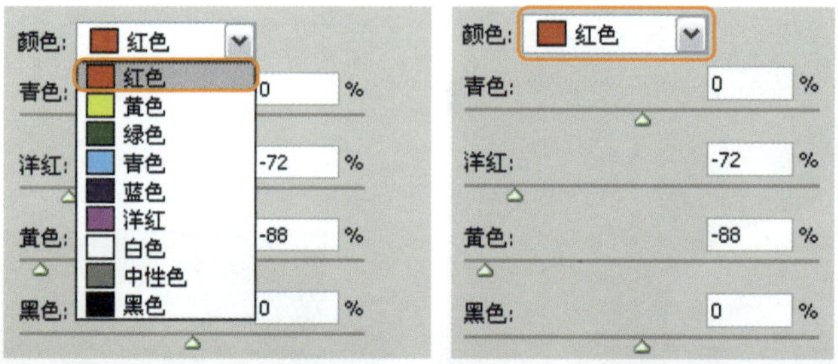

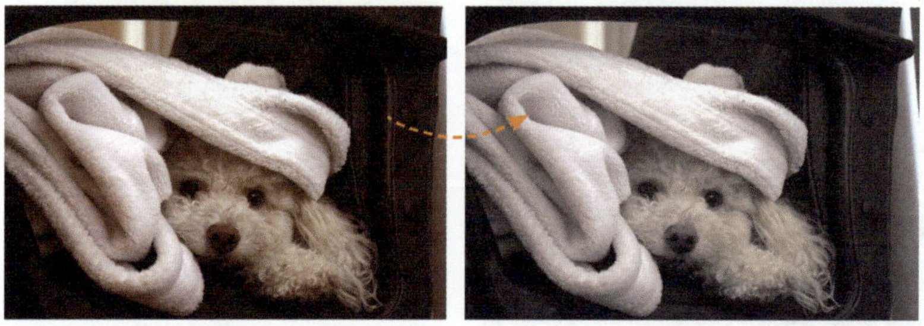

STEP 05 照片整体色调恢复正常后，下面将丰富画面的色彩。使用同样的方法，在“可选颜色”面板中分别调整黄色和洋红的区域。单击“颜色”下拉列表选择“黄色”选项，拖动“黄色”滑块，将参数设置为+100%，然后拖动“黑色”滑块，设置的参数为-23%。在“颜色”下拉列表中选择“洋红”选项，拖动“洋红”滑块，将参数设置为-86%，然后拖动“黄色”滑块，设置的参数为-20%。

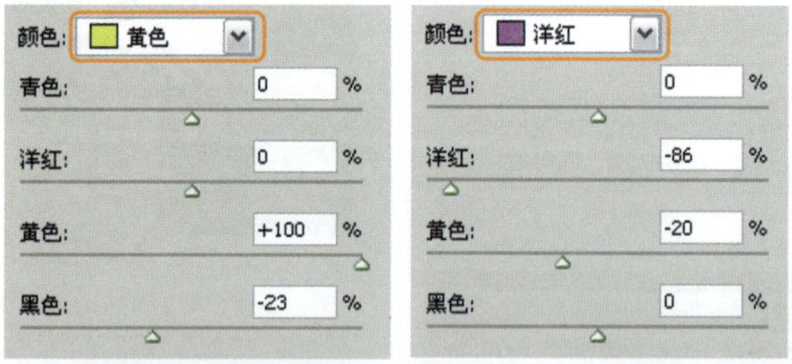

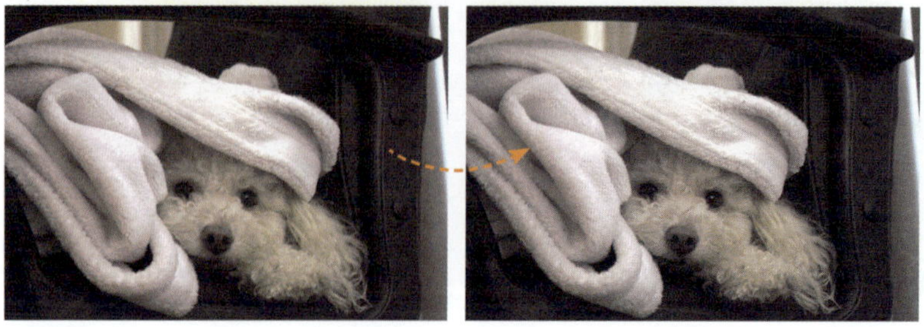

提示与技巧

调整图层的查看与顺序

使用调整图层调整画面，如果需要在调整的过程中查看前后的变化，通常需要逐个关闭所有的图层直到最后一个。其实在按住Alt键的同时使用鼠标单击“背景”图层的“指示图层可见性”图标，便可切换观察之前或以后的效果。

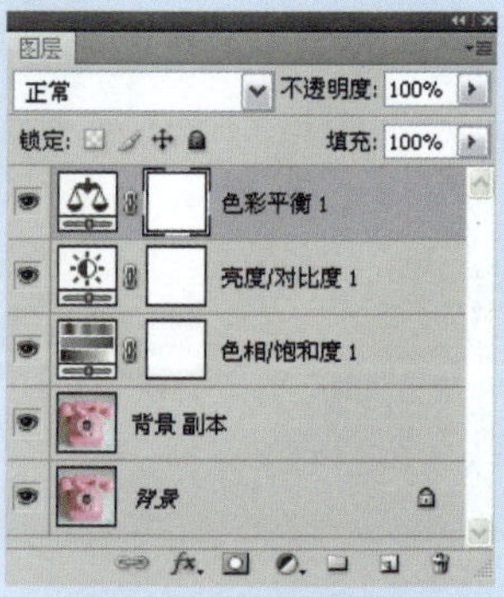

显示所有调整图层

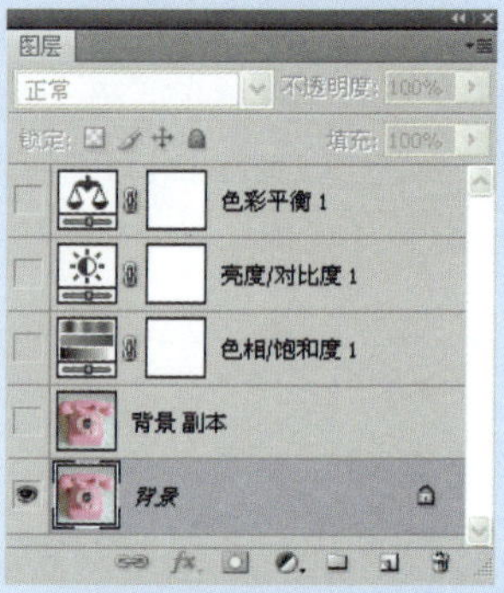

查看原图效果

在调整的过程中，如果叠加了多个调整图层，图层的堆积顺序将确定调整被应用的顺序。

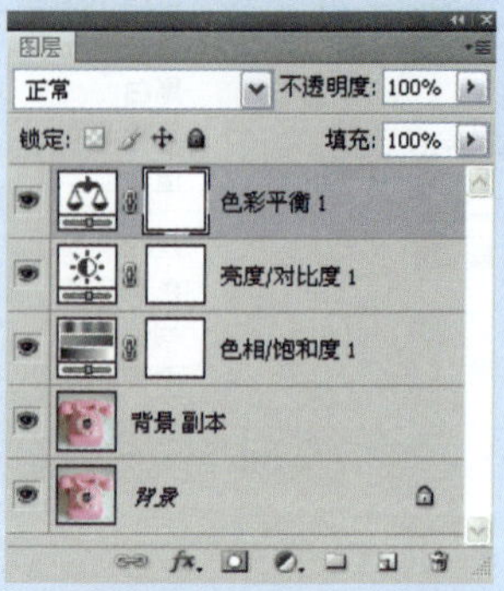

正常顺序的“图层”面板

STEP 06 使用“可选颜色”命令调整完成后，可以看到画面的色彩得到了明显的改善。

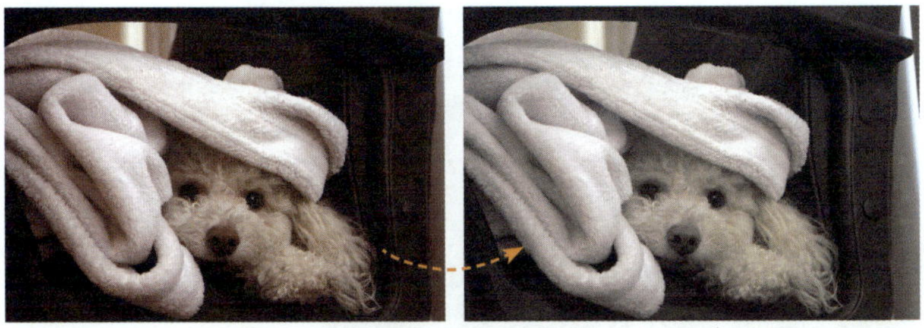

STEP 07 下面调整被摄物体，使其在画面中更加突出。按下快捷键Ctrl+Shift+Alt+E盖印图层，得到“图层2”。单击选择减淡工具，选择一个较软的画笔，设置大小为300px，使画笔的大小正好可以将小狗覆盖，在小狗部分涂抹，将小狗的整体亮度提高，使其从画面中突显出来。

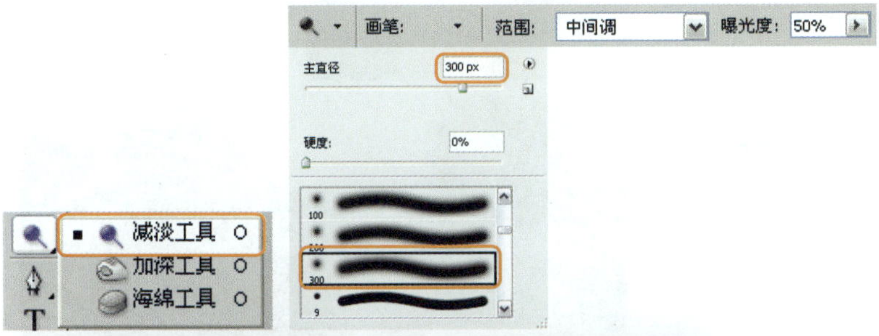

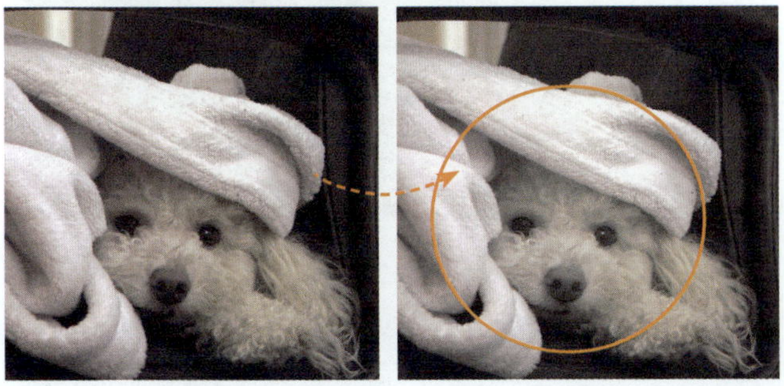

调整效果

和普通图层不同的是，在进行图像调整时，应该确保下面的调整图层保持激活状态，否则之后的调整效果很难呈现。同样的道理，不能随意更改调整图层的上下位置，这样会使得调整效果变得混乱。

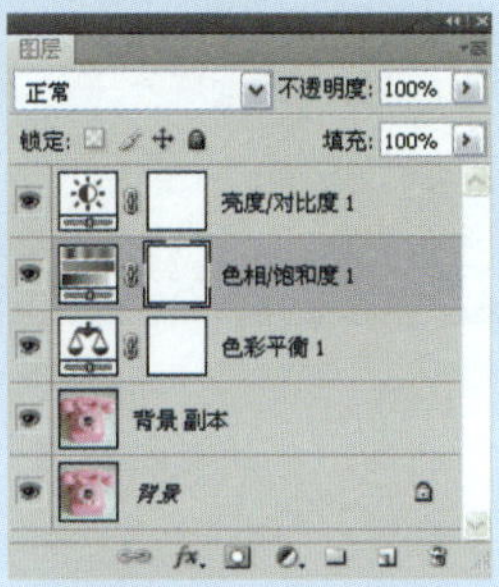

顺序混乱的“图层”面板

调整效果

STEP 08 通过“可选颜色”命令的调整，将一张偏色的照片调整为正常影调。该命令最大的优势是能够针对9个颜色，进行精确的调整。至此，本照片调整完成。

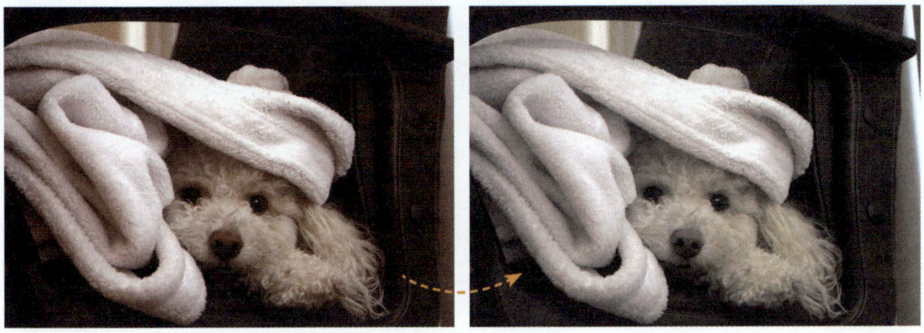

4.2.6 “通道混合器”命令——制作秋景照片

最终文件路径：实例文件\chapter4\complete\14-end.psd

案例分析：这是一张在夏天拍摄的照片，近景中的玩具熊坐在草地的一角，与远景中的稻草人和房子相映成趣，整个画面富有童趣。通过对画面色彩的调整，可以快速地转换画面的季节，从而创造神奇的画面效果。利用“通道混合器”调整图层可以将画面调整为橙黄色调，使其充满浓浓的秋意，给人以金秋时节的美感。

功能点拨：Photoshop中的“通道混合器”调整图层是把当前颜色通道中的图像颜色与其他颜色通道中的图像按一定比例混合。使用该命令可以为画面创造多种神奇的艺术效果。它并不等同于色彩替换功能，而是在一个新创建的色彩通道上进行操作，并且该操作对色彩创建有着很大的可控性。

STEP 01 打开本书配套光盘中的“实例文件\chapter4\media\14.jpg”文件。为了便于查看源文件，按下快捷键Ctrl+J，复制“背景”图层得到“图层1”。

STEP 02 单击“图层”面板下方的“创建新的填充或调整图层”按钮，在弹出的菜单中选择“通道混合器”命令，在“调整”面板中显示“通道混合器”的选项。

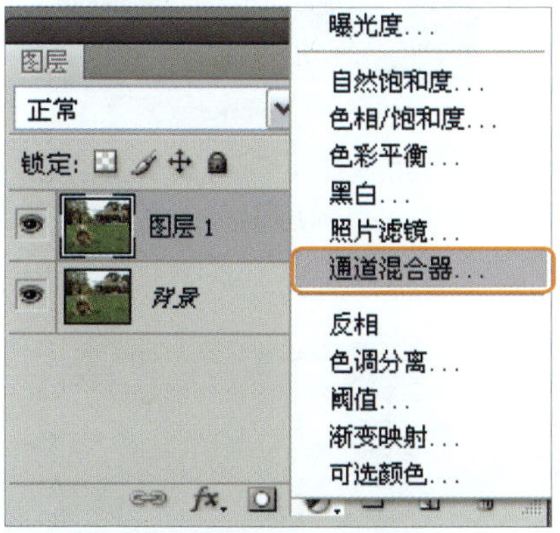

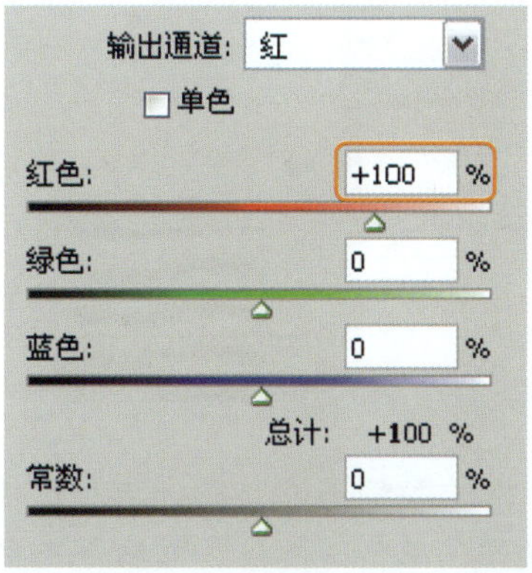

STEP 03 在打开的“通道混合器”面板中设置“输出通道”为“红”，设置“红色”的参数为-49%，“绿色”的参数为+200%，“蓝色”的参数为-50%。

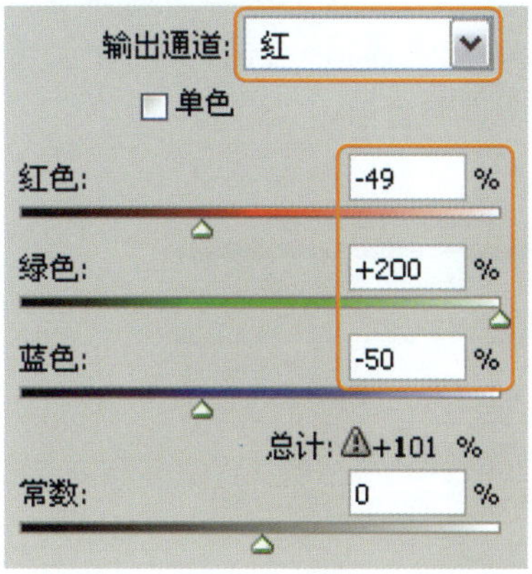

Photoshop基础

了解通道混合器

通道混合器是把当前颜色通道中的图像颜色与其他颜色通道中的图像颜色按一定比例混合。使用通道混合器可以分别对图像文件中的各个通道进行颜色的调整。

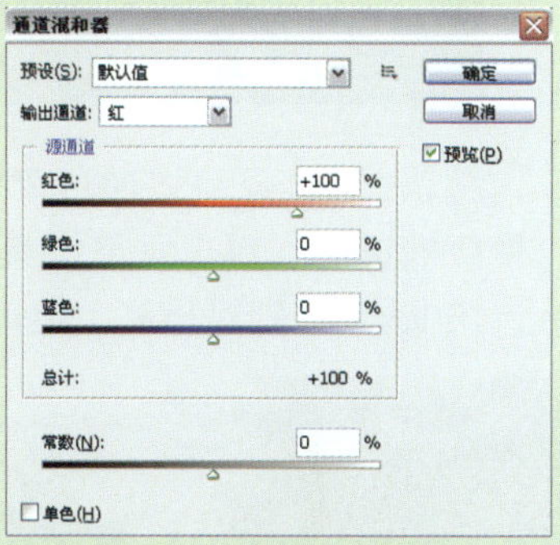

“通道混合器”对话框

1. 源通道

它包括了“红色”、“绿色”和“蓝色”等选项，选取某一个通道即该通道的参数为100%，其他的通道为0%。减少一个通道在输出通道中所占的比重，将相应的源通道滑块向左拖动即可。要增加一个通道的比重，将相应的源通道滑块向右拖动即可。

2. 输出通道

表示要在其中混合一个或者多个现有通道的通道。

下面是一张冷色调的照片，通过“通道混合器”命令进行调整，可以改变该背景的色调。

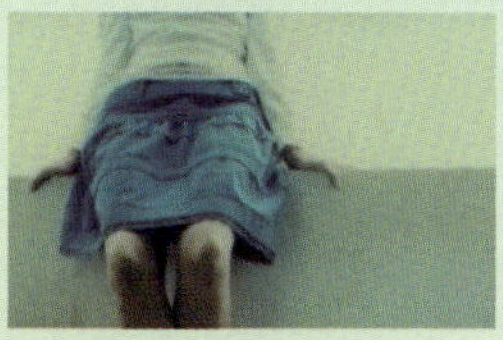

原图

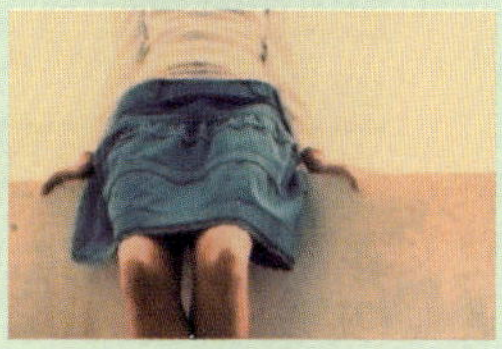

调整效果

STEP 04 调整完成后，画面中已经呈现出秋天景象的色彩，草地也由深绿色变为了深黄色，但是由于是对整张照片调整，一些不需要调整的细节部分也随之改变。

STEP 05 该问题可以通过蒙版解决，选择“通道混合器1”图层的蒙版缩览图，单击画笔工具，选择较软的画笔，设置画笔大小为100px，分别对小熊、稻草人以及草地上的蔬菜进行涂抹。

STEP 06 仔细观察照片会发现草地的颜色不够自然，再次运用“通道混合器”进行细微的色彩调整。单击“图层”面板下方的“创建新的填充或调整图层”按钮，在弹出的菜单中选择“通道混合器”命令，“调整”面板中弹出“通道混合器”的相关选项。此时“图层”面板上增加了“通道混合器2”图层。

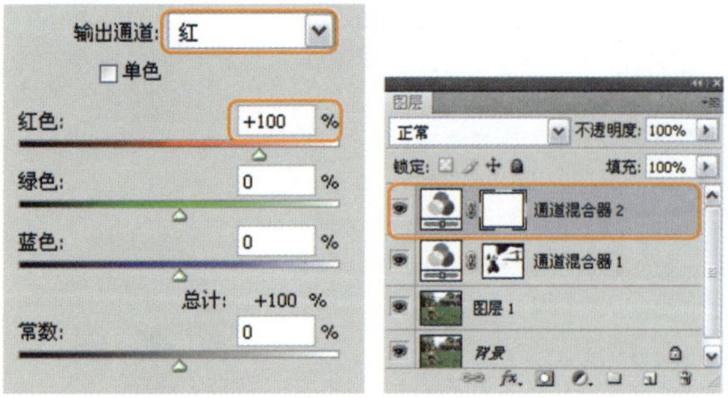

提示与技巧

通道混合器的用途

通道混合器可以在RGB和CMYK两种色彩模式下使用，它通常有两种主要的用途。

用途一：通过在每个颜色通道中选取其所占的混合比重来创建高品质的灰度图。

原图

灰度图

用途二：利用通道混合器创造其他颜色调整工具无法完成的特殊效果，如反转效果、换色等。

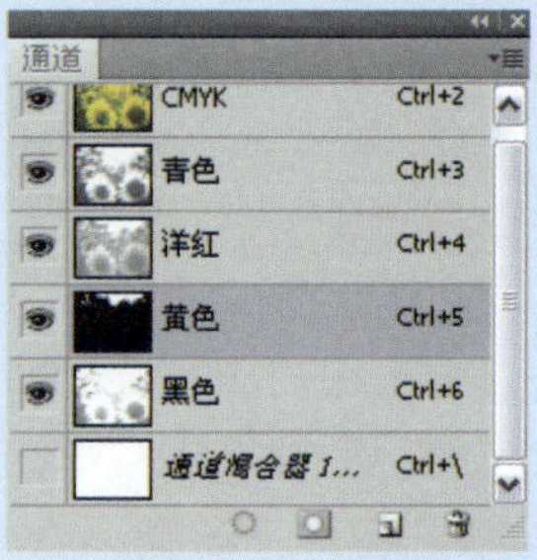

调整“黄色”通道

换色效果

STEP 07 在“通道混合器”选项中设置“输出通道”为“红”，设置“红色”的参数为+95%，“绿色”的参数为-5%，“蓝色”的参数为+1%。

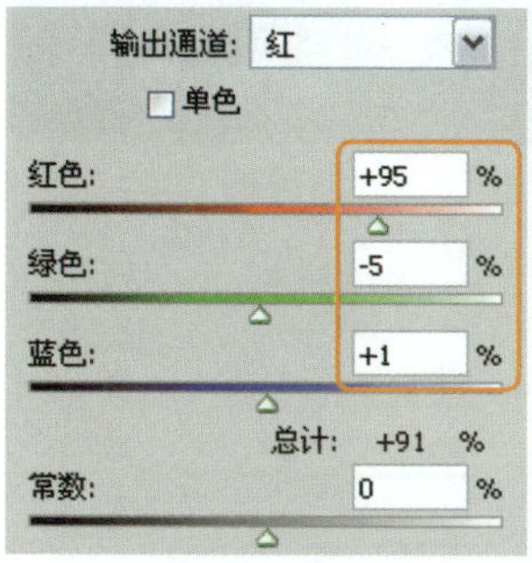

STEP 08 接下来调整画面的亮度和对比度，单击“图层”面板下方的“创建新的填充或调整图层”按钮，在弹出的菜单中选择“亮度/对比度”命令，在“调整”面板中显示“亮度/对比度”的相关选项。

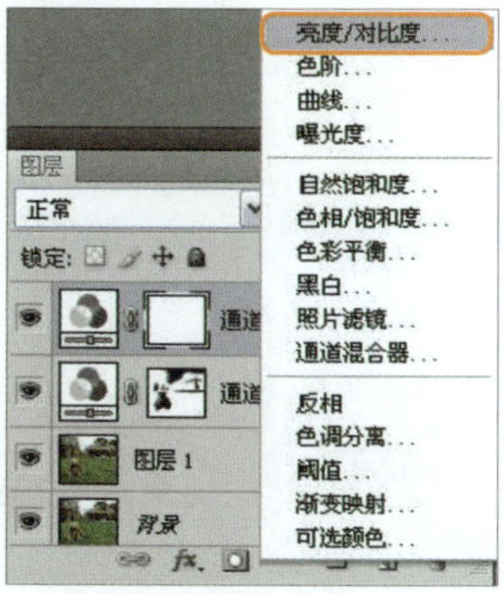

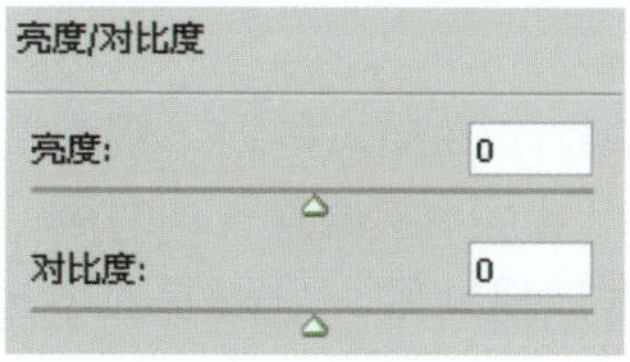

STEP 09 在“亮度/对比度”选项组中设置“亮度”为3，“对比度”为7，这时可以观察到画面的对比度提高。

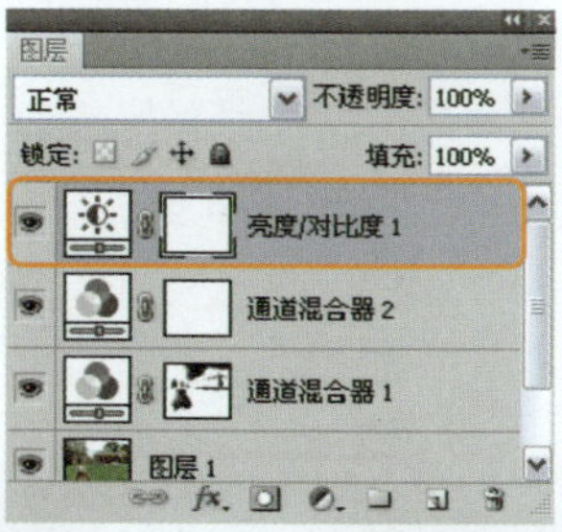

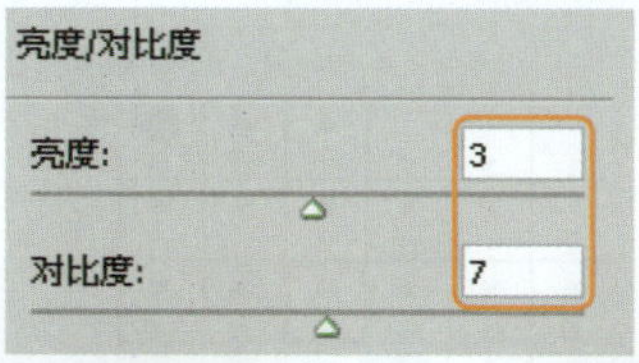

Photoshop基础

通道混合的原理

在默认的情况下，“通道混合器”面板中“输出通道”的各个通道中，所对应的源通道都是+100%，其余通道为0%。

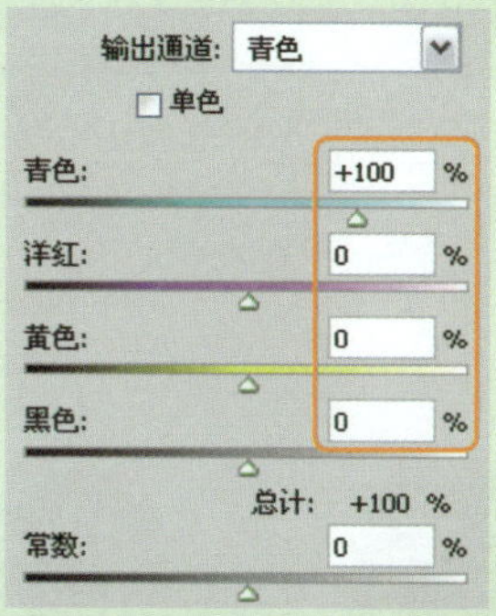

“输出通道”所对应的“源通道”

这说明混合后的图像是由原始进行通道的100%亮度信息组成的，颜色不发生变化。

当进行通道混合时，它将原图像中的通道亮度信息进行不同的百分比混合，然后将混合后的结果替代原来的图像通道。

原图

红通道

绿通道

STEP 10 在对照片色调调整的过程中，适当提高照片的色彩饱和度，可以提高照片的质量。单击“图层”面板下方的“创建新的填充或调整图层”按钮，在弹出的菜单中选择“色相/饱和度”命令，在“调整”面板中显示相关的选项。选择“编辑”下拉列表中的“全图”选项，设置“饱和度”为+13，然后选择“编辑”下拉列表中的“黄色”选项，设置“饱和度”为-14，可以看到照片的饱和度提高，草地的颜色更加自然。

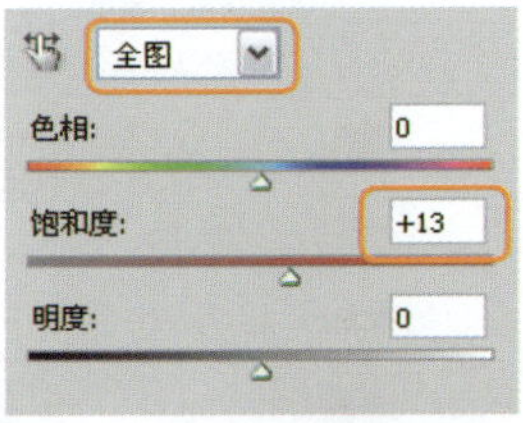

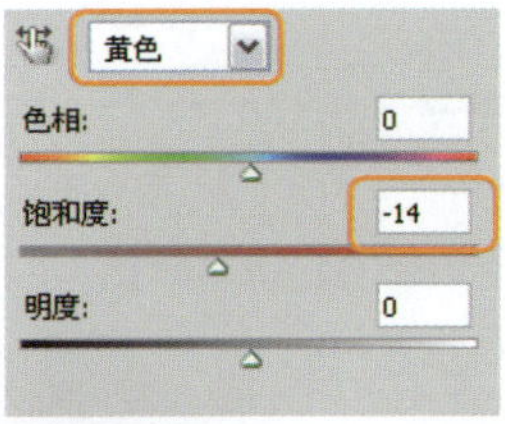

STEP 11 按下快捷键Ctrl+Shift+Alt+E盖印图层，得到“图层2”。单击模糊工具，设置“画笔”为“柔角100像素”，对画面背景的部分树木进行涂抹。远处的树木被模糊后，可以看到画面中的层次被拉开了。

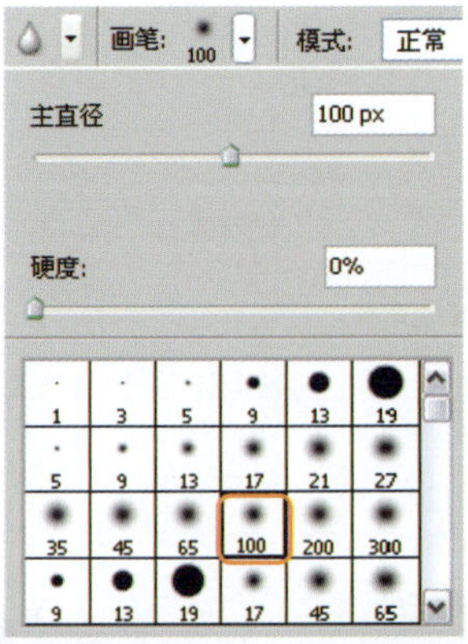

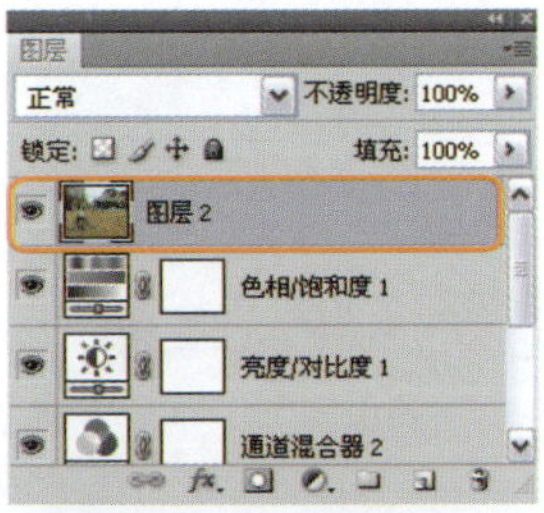

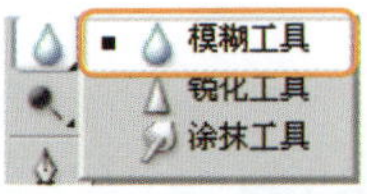

蓝通道

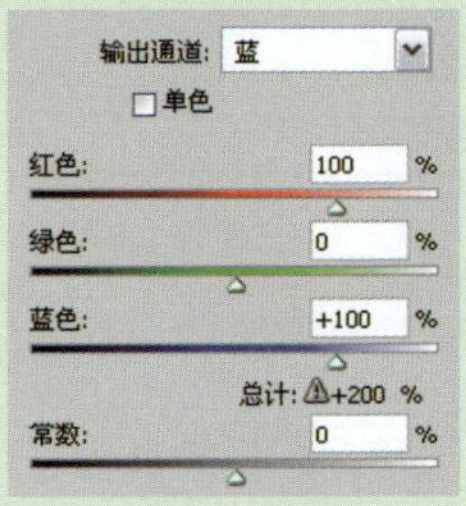

蓝通道调整

将图像中100%红通道的亮度信息和原图像中蓝通道的亮度信息进行混合，混合后替换原来的蓝通道。当其他各个通道保持不变时就可以得到色调截然不同的图像效果。

调整后

在通道混合器中，可以将通道的亮度信息加强到最高的200%后与其他通道进行混合，也可以使用负值使通道反相后与其他通道混合。

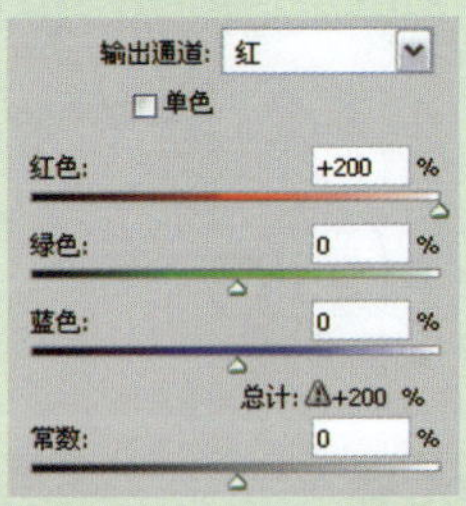

亮度信息为200%

图像效果

STEP 12 整体观察发现画面亮度还不够，单击“图层”面板下方的“创建新的填充或调整图层”按钮，在弹出的菜单中选择“色阶”命令，得到“色阶1”图层。在“色阶1”选项中设置“输入色阶”的参数为0、0.94和221，可以观察到画面中的亮度提高。

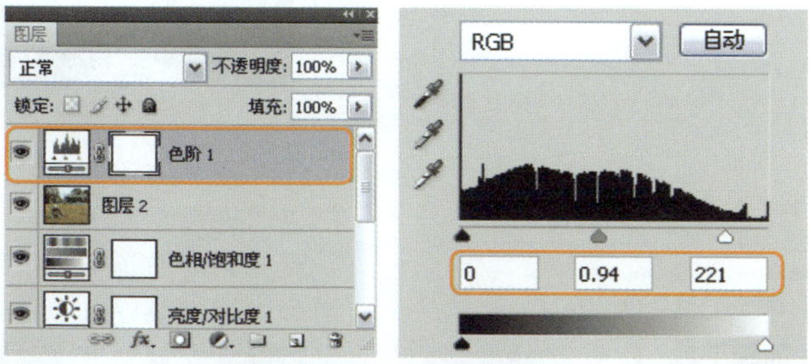

STEP 13 画面亮度整体提高后，天空部分的色彩感减弱了，此时可以通过蒙版将其还原，选中“色阶1”图层中右边的白色方块，单击画笔工具，设置“画笔”为“柔角65像素”，设置颜色为黑色，在天空部分进行涂抹。

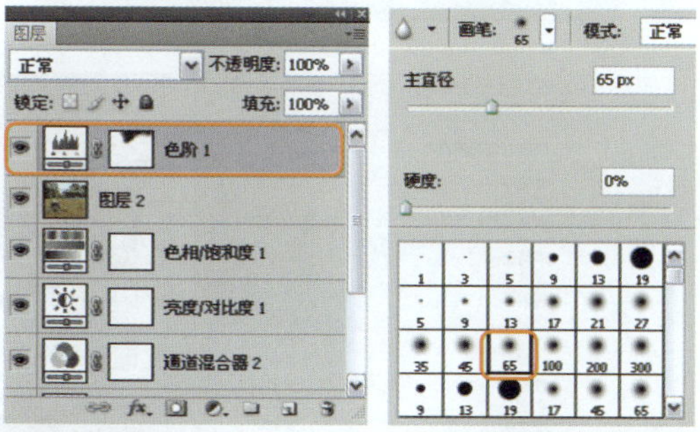

提示与技巧

运用通道混合器制作黑白照片

在打开的“调整”面板中勾选“单色”复选框，即可将照片转化为灰度图像。

原图

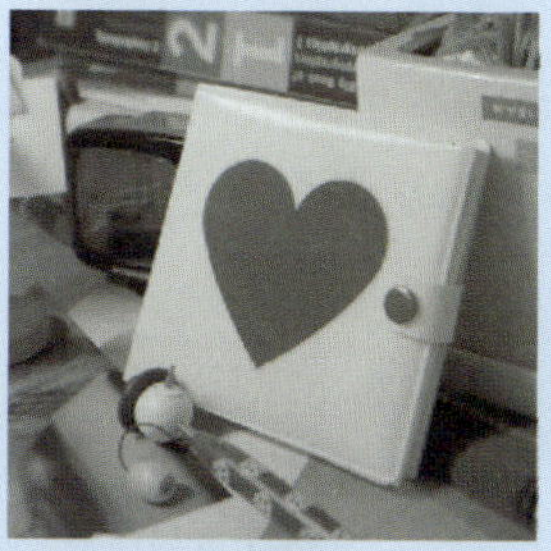

灰度图像

需要注意的是，应该选用通道中最适合作为灰度输出的通道与其他通道进行混合才最有效。

在制作前应先对各个通道的情况进行查看。

红通道

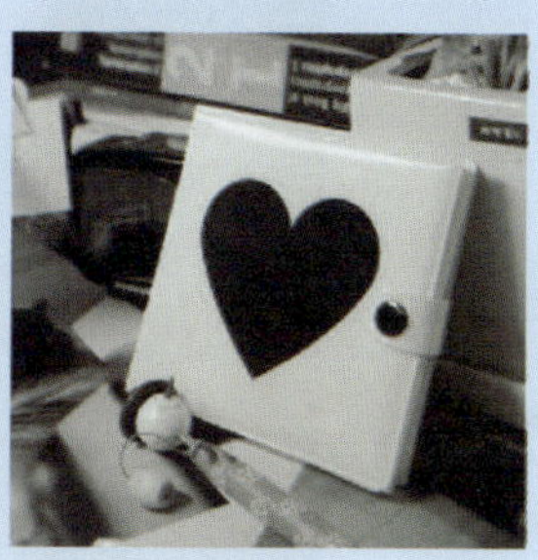

绿通道

STEP 14 按下快捷键Ctrl+Shift+Alt+E盖印图层，得到“图层3”。单击加深工具，选择较软的画笔，设置画笔大小为400px。

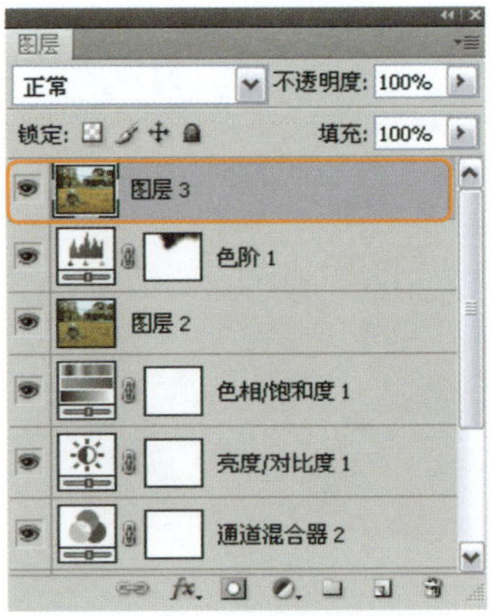

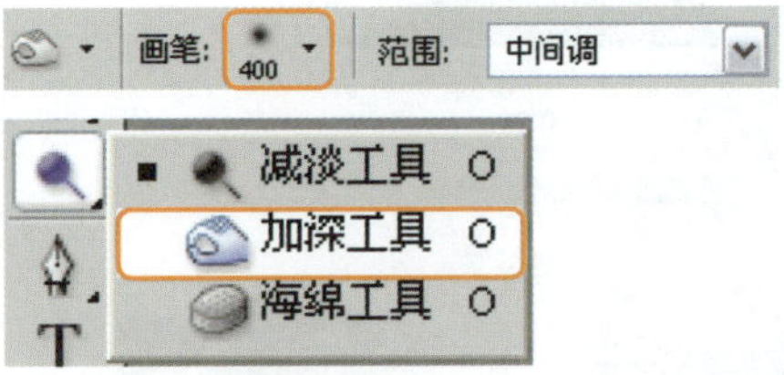

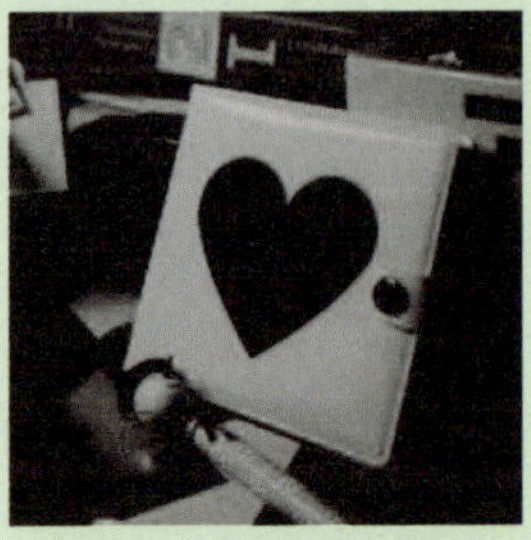
蓝通道

对各个通道分析完成后，在“通道混合器”面板中选择需要调整的通道，对其进行调整。如果需要继续制作着色效果，可以在调整完灰度图像后再次勾选“单色”复选框。此时，就可以在这张灰度图像的基础上进行混合，制作将变得非常容易。

STEP 15 使用加深工具对画面的四周进行涂抹，使得四周的图像较暗，将人们的视觉集中在画面中间。

STEP 16 按下快捷键Ctrl+Shift+Alt+E盖印图层，得到“图层4”。执行“滤镜>锐化>锐化边缘”命令，将图像的清晰度提高。为了使画面效果更自然，设置图层的“填充”为59%。至此，本照片调整完成。

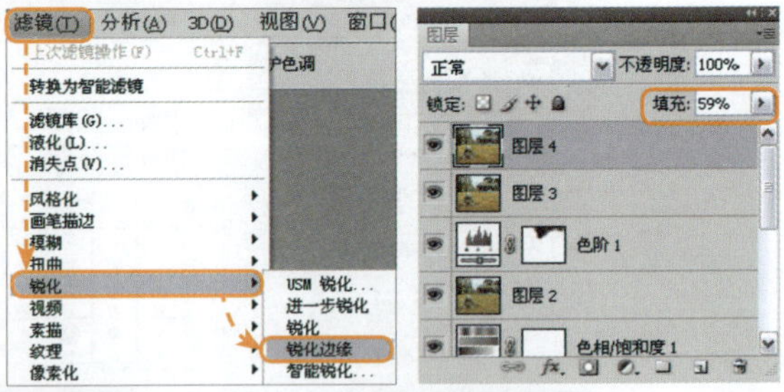

4.2.7 “色调均化”命令——均匀图像中的色彩

最终文件路径：实例文件\chapter4\complete\15-end.psd

案例分析：原照片是一张带有一定艺术效果的生活照，但由于整个画面色彩太过平淡，背景色彩偏灰，使得其艺术效果大打折扣。这里介绍通过使用“色调均化”命令将照片色调平均化，使画面达到一种色调统一，从而将照片调整为一幅具有古典效果的艺术照片。

功能点拨：Photoshop中的“色调均化”命令通过重新更新均匀分布像素亮度值，将最亮的部分提升为白色，最暗的部分降低为黑色，从而使图像更加鲜明。在照片中单一使用“色调均化”命令有时不能一步达到满意的效果，这就需要配合其他的操作来完成，在本案例中就通过在不同的图层中设置不同的图层混合模式，使不同的设置融合在图像中。

STEP 01 执行“文件>打开”命令，打开本书配套光盘中的“实例文件\chapter4\media\15.jpg”文件，单击“背景”图层，按Ctrl+J复制得到“图层1”。

STEP 02 选择复制的“图层1”，执行“图像>调整>色调均化”命令，将整个图像的色调平均化。

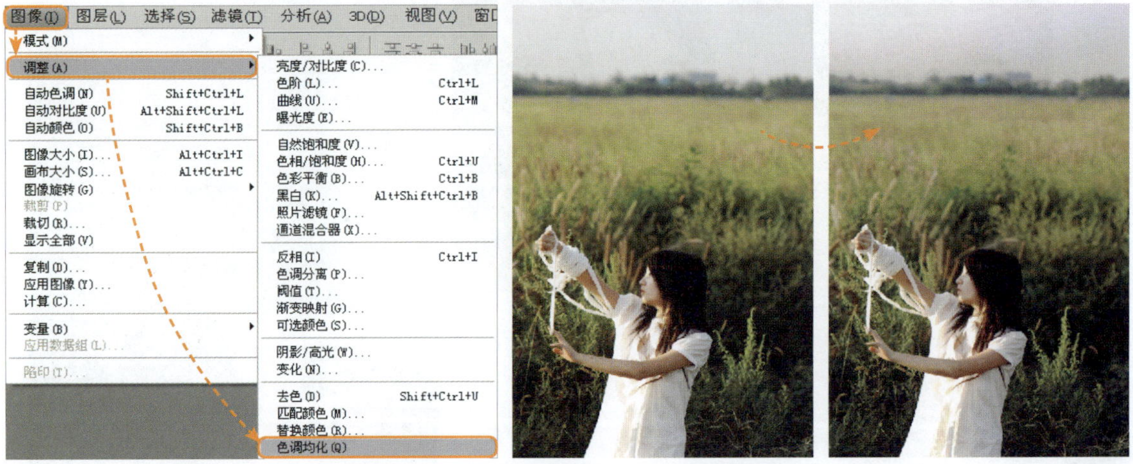

STEP 03 在“图层”面板中设置“图层1”的图层混合模式为“柔光”，可以看到设置后的图像颜色有所提亮。

STEP 04 再次按下快捷键Ctrl+J复制“图层1”，生成“图层1副本”图层，并设置其图层混合模式为“变暗”。这一操作可以使图像色彩变暗一些，显得更柔和。

STEP 05 在“图层”面板中单击“创建新图层”按钮，新建“图层2”。设置前景色为R158、G94、B4，单击画笔工具，在其选项栏中设置画笔大小为70像素，“不透明度”为26%，“流量”为36%，在图像中靠上部分的浅色背景上进行涂抹，添加一层颜色。

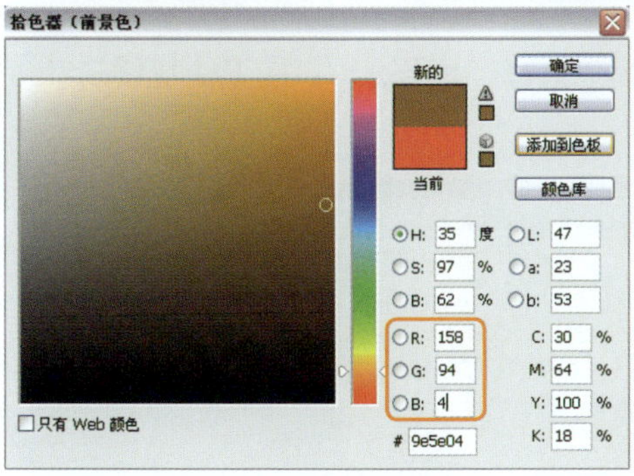

提示与技巧

笔触的灵活应用

在绘制的过程中，可以使用快捷键快速地改变画笔的大小和样式。

“<”键表示上一种笔触的样式，“>”键表示下一种笔触的样式，“[”键表示减小笔尖大小，“]”键表示放大笔尖大小。

STEP 06 添加了填充图层后，画面中充满了昏黄的色彩。但是由于其太过明显，接下来将通过设置图层混合模式，将其调整为自然的效果。

STEP 07 选择“图层2”，在“图层”面板中设置图层混合模式为“颜色”。在“图层2”中使用画笔绘制的图像与原图像融合在一起，将原本浅色的背景区域调整为昏黄色调，使整体画面更加自然协调。

STEP 08 下面对图像的细节部分进行调整，在“图层”面板中选择“图层2”，按下快捷键Shift+Ctrl+Alt+E，盖印图层，生成“图层3”。

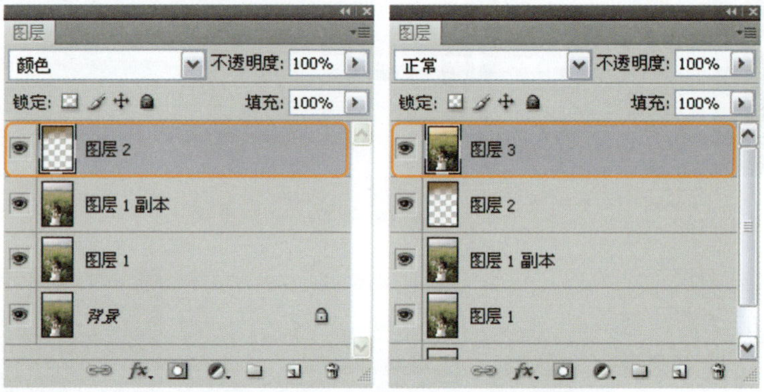

STEP 09 按下快捷键Ctrl++放大图像，单击仿制图章工具，设置画笔为“柔角45像素”，对人物脸上有光亮的地方和手臂上有斑点的地方进行修复。至此，本案例制作完成，可以观察到图像经过调整后更完善更有艺术效果。

◐ 4.2.8 “照片滤镜”命令——还原照片中的真实阳光

最终文件路径： 实例文件\chapter4\complete\16-end.psd

案例分析： 该照片是中午拍摄的，由于天气的原因照片呈现灰暗的感觉，使得整个画面缺乏意境，并没有将江南水乡的真实色彩呈现出来。运用Photoshop中的“照片滤镜”调整图层对其进行调整，可以还原照片中的真实阳光，使得照片的亮度和色彩表现力都大大增强，从而更具有艺术美感。

功能点拨： Photoshop中的“照片滤镜”调整图层，作用类似于在相机镜头前面添加彩色滤镜来平衡色彩或者是色温，此外还可以选择预设颜色，使用非常方便。建议使用一些暖色调或冷色调滤镜对照片进行微调，从而增加照片的色调或是使颜色再现。

STEP 01 打开本书配套光盘中的“实例文件\chapter4\media\16.jpg”文件。首先复制“背景”图层，按下快捷键Ctrl+J，得到“图层1”。

STEP 02 在还原阳光之前，应将画面的整体对比度提高，单击“图层”面板下方的“创建新的填充或调整图层”按钮，在弹出的菜单中选择“色阶”命令，得到“色阶1”图层。

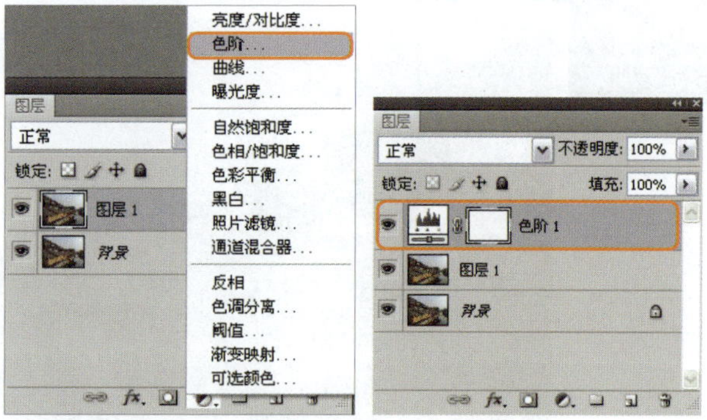

STEP 03 在“调整1”面板中设置“输入色阶”为15、1.02和244，可以观察到画面中的阴影区域与高光区域加强。

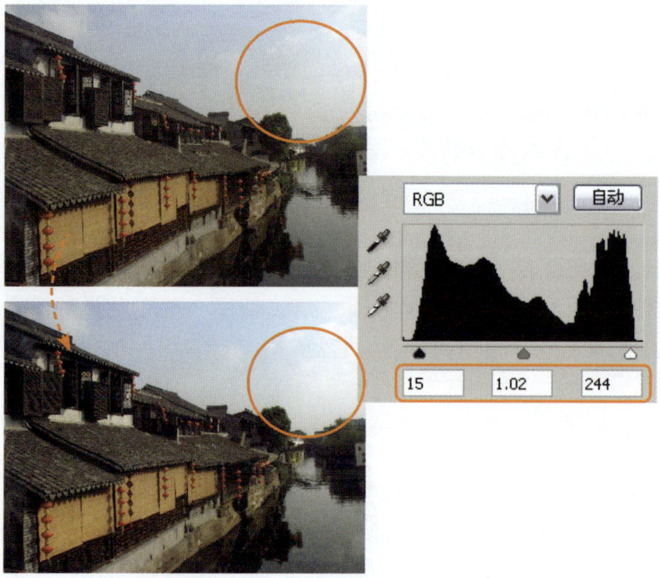

Photoshop基础

认识“照片滤镜”对话框

“照片滤镜”模拟传统摄影中的有色滤镜来调整图像中的颜色和色调，使图像具有冷色调或暖色调，其效果相当于对图像进行色彩平衡或曲线的调整，但其设定更符合专业人士的使用习惯。

执行“图像>调整>照片滤镜”命令，弹出“照片滤镜”对话框。

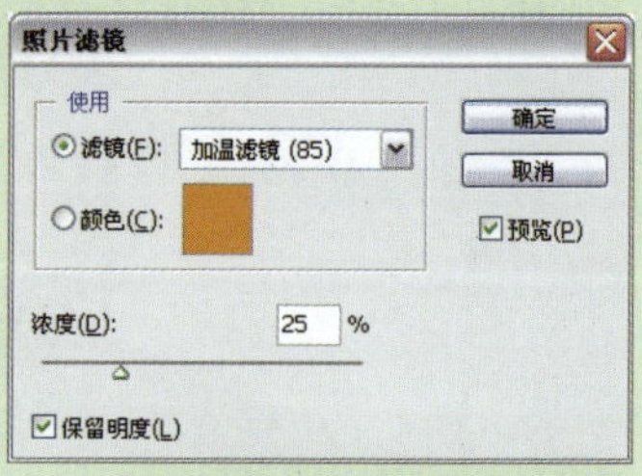

“照片滤镜”对话框

滤镜：包括系统预设的一些常用的滤镜，根据传统的摄影标准滤镜命名。

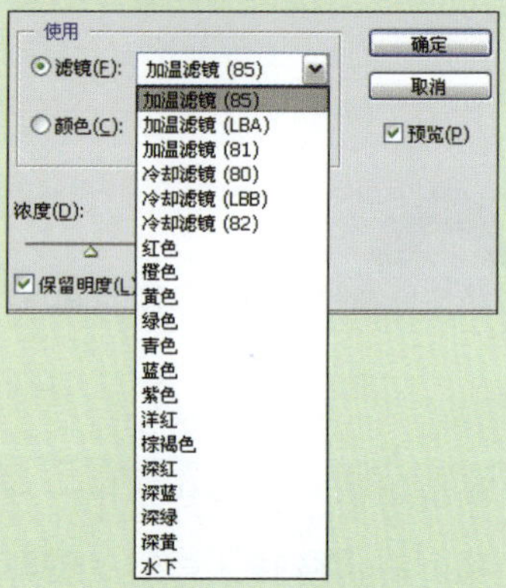

“滤镜”下拉列表

颜色：单击色块，可以使用Adobe拾色器来指定颜色。

浓度：表示应用颜色滤镜的使用程度，拖动滑块可调节其大小。

保留明度：添加滤镜一般都会降低画面的亮度，勾选该复选框会保持调整过程中的亮度。

STEP 04 单击“图层”面板下方的“创建新的填充或调整图层”按钮，在弹出的菜单中选择“色阶”命令，在“调整”面板中选择“通道”下拉列表中的“红”通道选项。

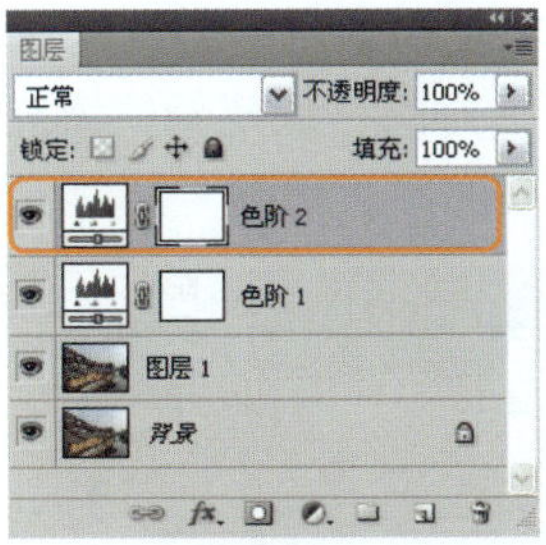

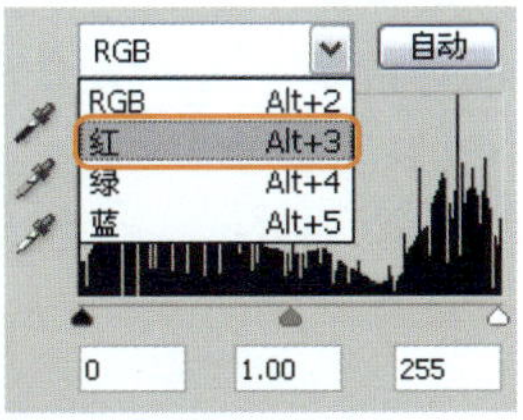

STEP 05 设置“输入色阶”的参数为0、1.15和255。可以看到画面中的房屋部分呈现出暖色调。

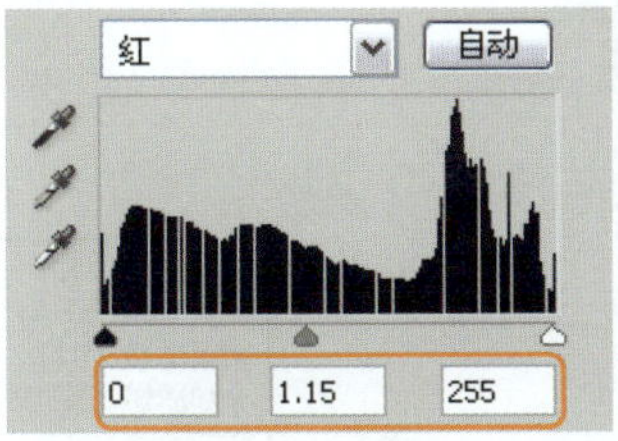

STEP 06 下面调整画面的色调，单击“图层”面板下方的“创建新的填充或调整图层”按钮，在弹出的菜单中选择“色彩平衡”命令，在“调整”面板中设置中间调部分的参数为−15、−8、+21，高光部分的参数为+10、0、-2。

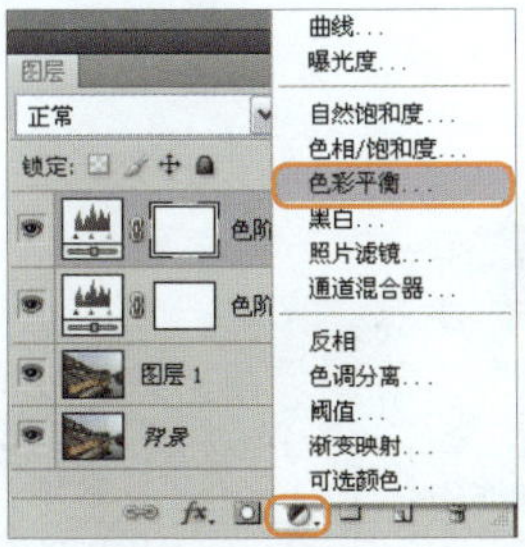

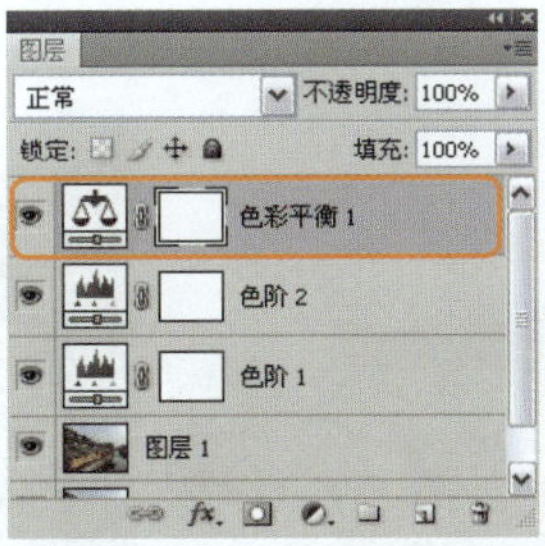

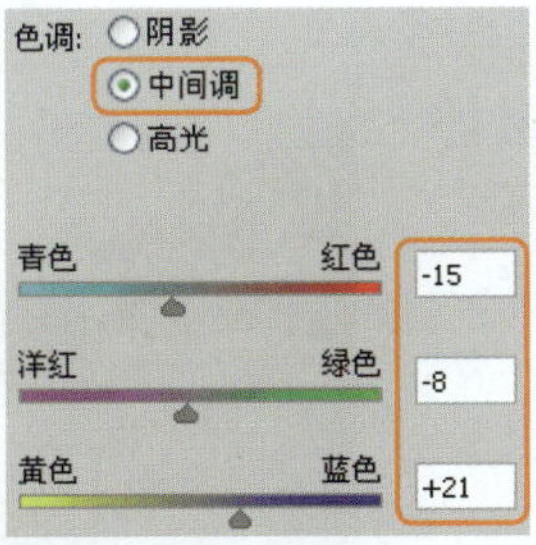

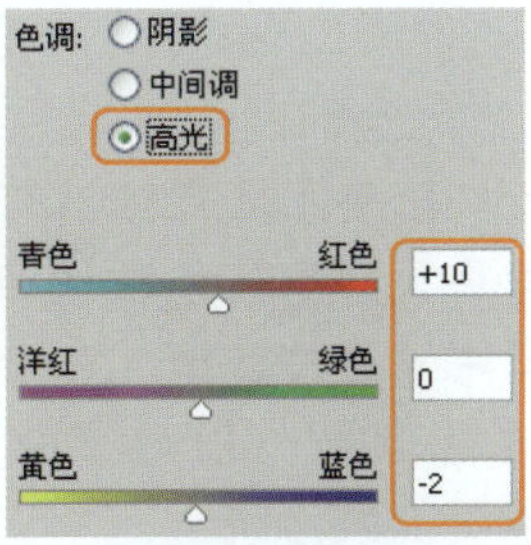

STEP 07 通过对色调的调整，整个画面更加富有意境，通过观察发现天空与水面的色彩不够真实，可以通过对“照片滤镜”的调整将其还原。

STEP 08 通过两种方式可以使用“照片滤镜”，一种是执行“图像>调整>照片滤镜”命令，另一种是单击“图层”面板下方的“创建新的填充或调整图层”按钮，在弹出的菜单中选择“照片滤镜”命令，这里使用调整图层，得到“照片滤镜1”调整图层。

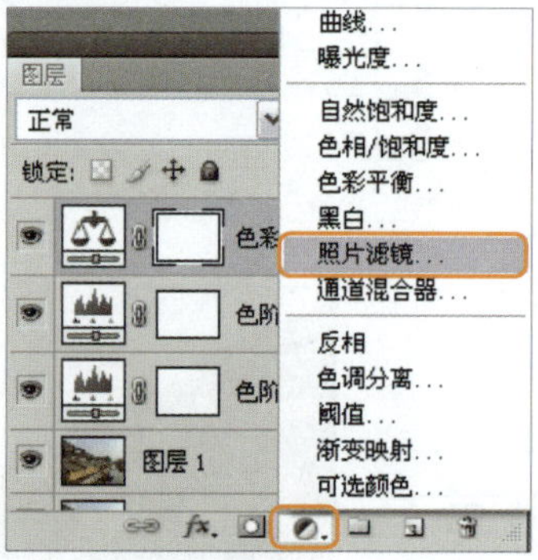

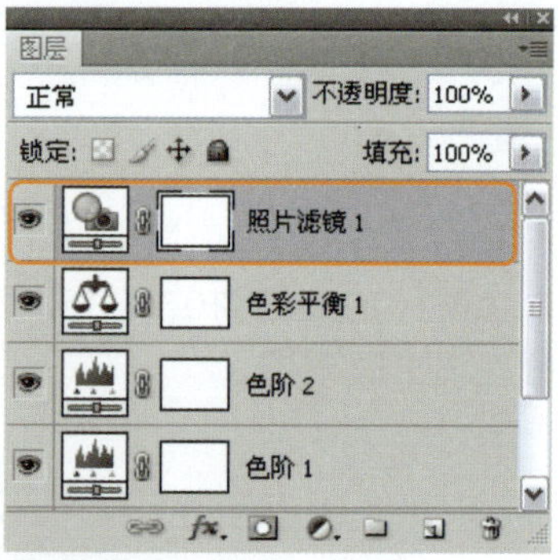

STEP 09 在打开的照片滤镜“调整”面板中，选择“滤镜”下拉列表中的“青”选项，设置“浓度”为55%。

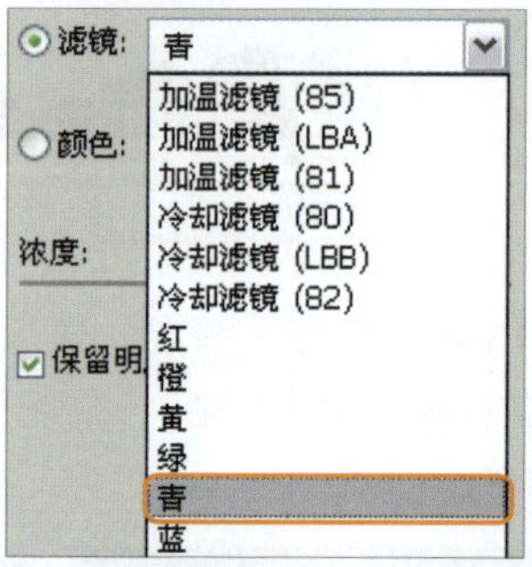

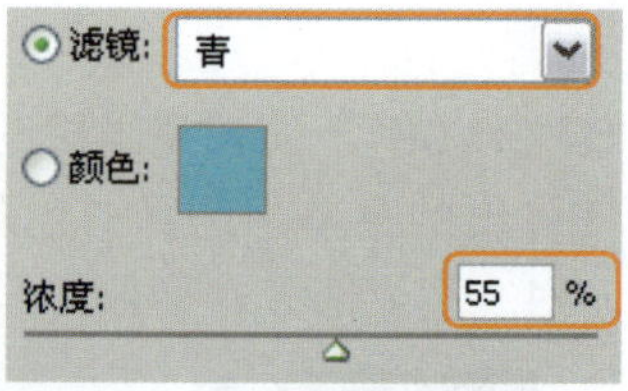

STEP 10 调整后的天空呈现蓝色，但是水面却依然较灰，没有将天空的蓝色映射出来。再运用“照片滤镜”命令对水面进行调整，使得整体画面效果更加融洽统一。

STEP 11 单击“图层”面板下方的“创建新的填充或调整图层”按钮，在弹出的菜单中选择“照片滤镜”命令，得到“照片滤镜2”调整图层。在“调整”面板中选择“滤镜”下拉列表中的“水下”选项，设置“浓度”为41%。

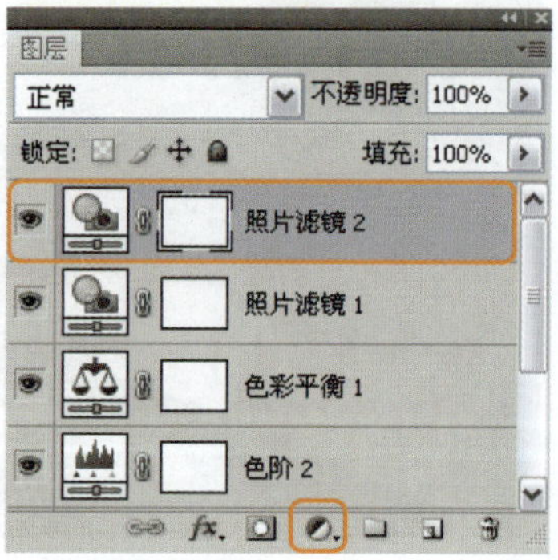

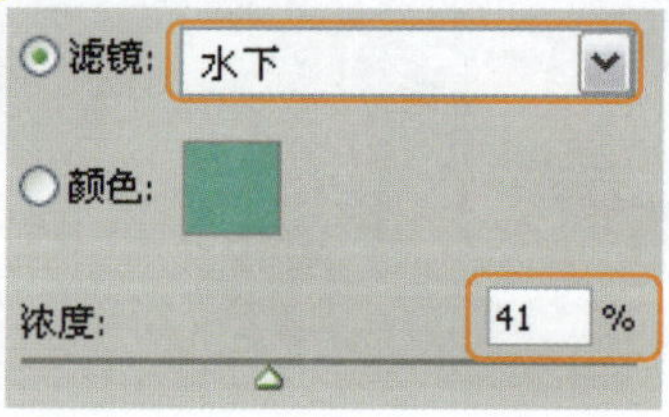

STEP 12 对于画面整体的调节会使得天空与房屋部分过于偏蓝，这时就需要使用蒙版对其进行保护。选择“照片滤镜2”调整图层右边的白色方块，选择画笔工具，在画笔工具选项栏中设置“画笔”为“柔角200像素”，设置画笔颜色为黑色。使用画笔在照片中的天空与房屋部分进行涂抹，恢复其部分色彩。

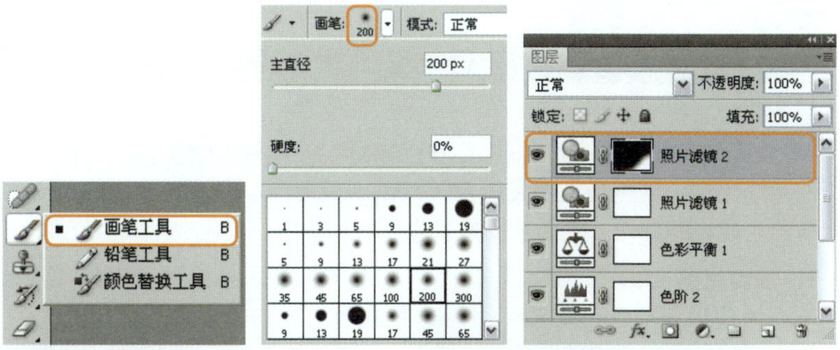

STEP 13 下面将调整水面的亮度，单击“图层”面板下方的“创建新的填充或调整图层”按钮，在弹出的菜单中选择“亮度/对比度”命令，在“调整”面板中设置“亮度”为39，“对比度”为8。

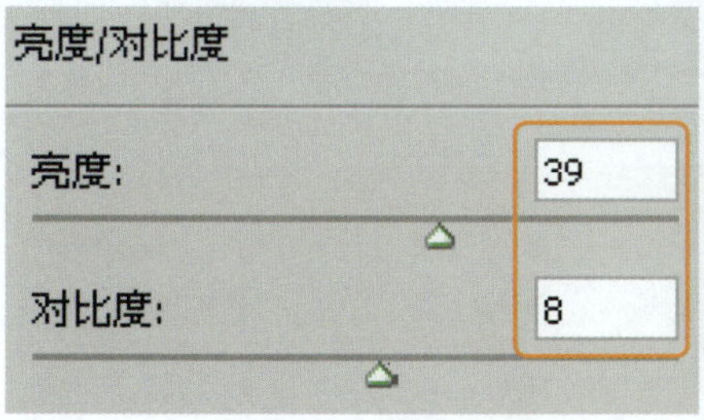

STEP 14 调整后可以看到天空的色彩相对减弱，使用同样的方式，使用蒙版对屋顶部分进行还原。单击画笔工具，在工具选项栏中设置“画笔”为“柔角100像素”，设置画笔颜色为黑色。在照片中的房屋部分进行涂抹。

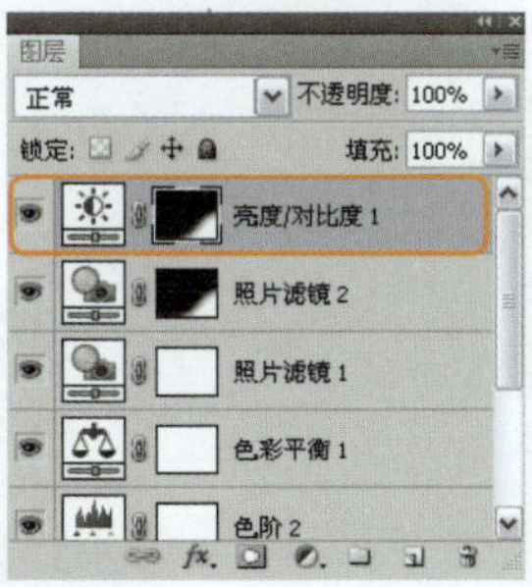

STEP 15 单击“图层”面板下方的“创建新的填充或调整图层”按钮，在弹出的菜单中选择“曲线”命令。在“调整”面板中将两个坐标点向上移动。使用蒙版对天空与房屋部分进行涂抹。至此，本照片调整完成。

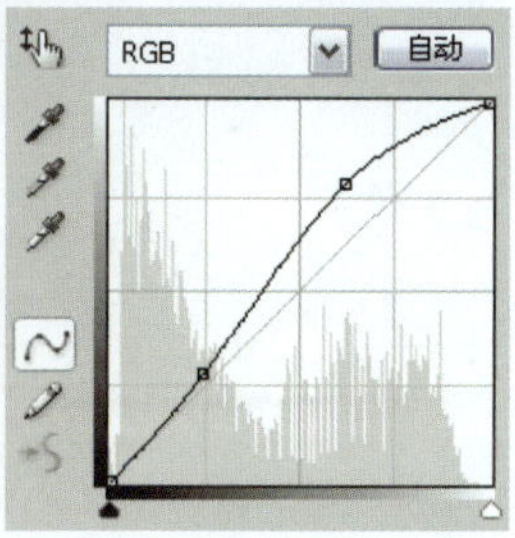

Photoshop基础

颜色补偿滤镜

在“照片滤镜”对话框中，在“滤镜”下拉列表中包含了所有的颜色补偿滤镜，主要分为暖色调和冷色调两个类型。暖色调的滤镜颜色为橙色到琥珀色，可以滤去蓝色和青色。冷色调滤镜颜色为蓝色，可以滤去红色、绿色和黄色。下面使用效果进行对比说明。

1．加温滤镜（85）

为琥珀色暖色调滤镜，可用于使肤色更加自然或者强化日落或日出的暖色。

原图

调整效果

2．加温滤镜（81）

琥珀色中的暖色调滤镜，可用于除去阴天拍摄出的蓝色调或除去阳光下较暗的蓝色调，也可将肖像调整为暖色调。

原图

调整效果

3．冷却滤镜（80）

为蓝色调的滤镜，可以用于快速校正白炽灯或者烛光下拍摄的黄色与橙色明显的图片，将其转化为正常影调。

原图

调整效果

4．冷动滤镜（82）

为湖蓝色的冷色调滤镜，可以用于瀑布或者雪景中，将画面稍微变蓝以突显被摄物体的蓝色调。

原图

调整效果

5．水下

为青绿色的冷色调滤镜，用于增强水下拍摄时的蓝色调。

原图

调整效果

◐ 4.2.9 “阴影/高光”命令——调整照片的光线

最终文件路径：实例文件\chapter4\complete\17-end.psd

案例分析：这是一张在海边拍摄的照片，构图与人物都较好。但是由于人物处于背光位置，再加上伞的作用，使得人物脸部处于背光且拍摄效果不清晰。在后期的处理中，运用Photoshop中的“阴影/高光”命令对其进行调整，改善高光和阴影的不足。

功能点拨：Photoshop中的“阴影/高光”命令不仅可以改善极亮区域和极暗区域的亮度色调，而且还可以改变整张照片的层次。只要照片高光或阴影部分没有被剪切掉，就有可能挽回失去的亮部与暗部的阴影。

STEP 01 打开本书配套光盘中的“实例文件\chapter4\media\17.jpg”文件。由于被拍摄人物打了伞，加上天气灰暗，使得人物的高光和阴影部分不足，在下面的调整中将挽回失去的高光和阴影的层次。

STEP 02 将“背景”图层拖动到“创建新图层”按钮上，得到“背景 副本”图层。执行“图像>调整>阴影/高光”命令，弹出“阴影/高光”对话框。

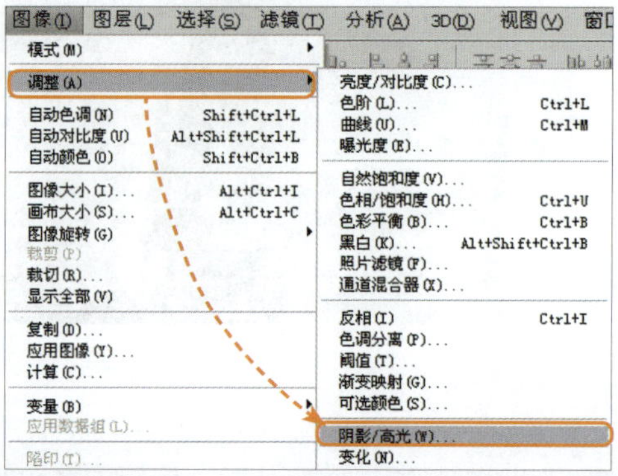

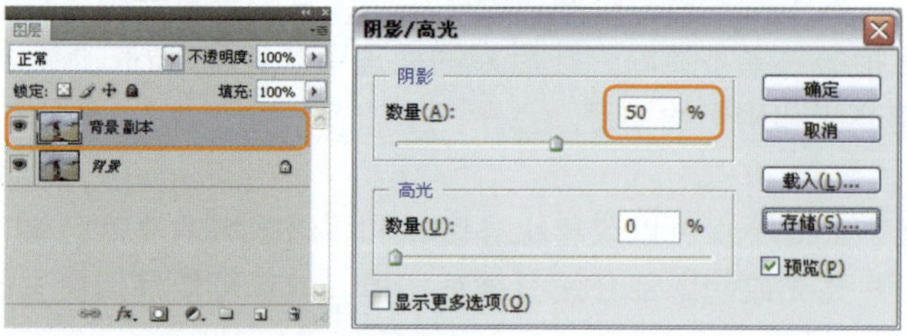

STEP 03 在弹出的对话框中，勾选“显示更多选项”复选框，弹出更多细节选项。在进行调整之前，将“阴影选项组”与“高光选项组”中的“色调宽度”设置为50%，再将“阴影选项组”与“高光选项组”中的“半径”设置为25像素。这是因为如果“色调宽度”与“半径”的参数为0的话，调节“数量”选项效果会很差。

Photoshop基础

“阴影/高光”对话框详解

在“阴影/高光”对话框中，只提供了两个参数，用于控制提亮或降低高光区或阴影区的亮度，勾选“显示更多选项”复选框后，会显示更多的可调节选项。

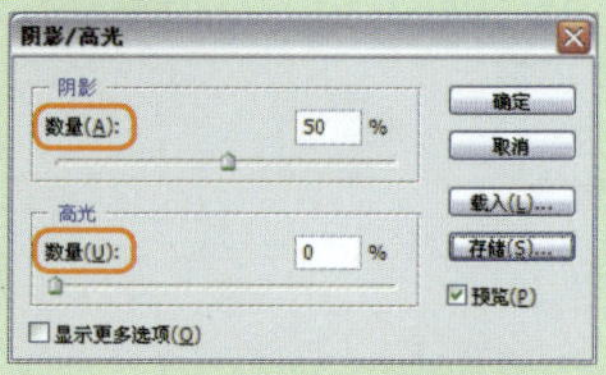

“阴影/高光”对话框

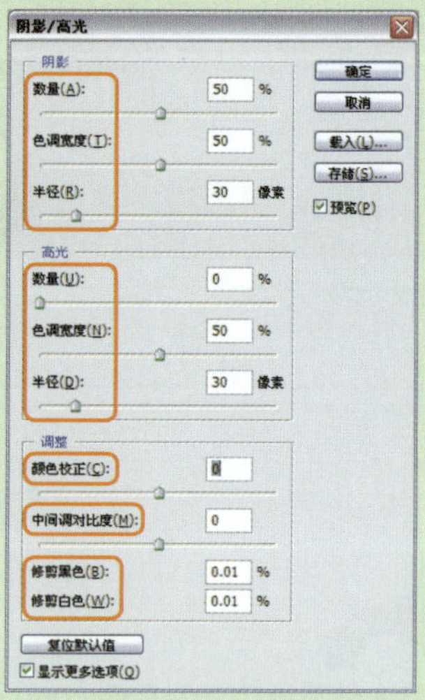

显示更多选项

数量：用于控制提高或降低高光/阴影区亮度的强度百分比。

色调宽度：用于控制调节时的色调宽度，范围在0%~100%。如果“色调宽度”的参数很小，将只影响到阴影中最暗的一小部分，增大数值将影响到中间调。当“色调宽度”的参数达到最大时，将扩展到整个图像的色调。

需要提醒的是，调节“色调宽度”时要根据图像的实际情况调节，数值过大图像中的明暗对比强烈区域会出现色晕。

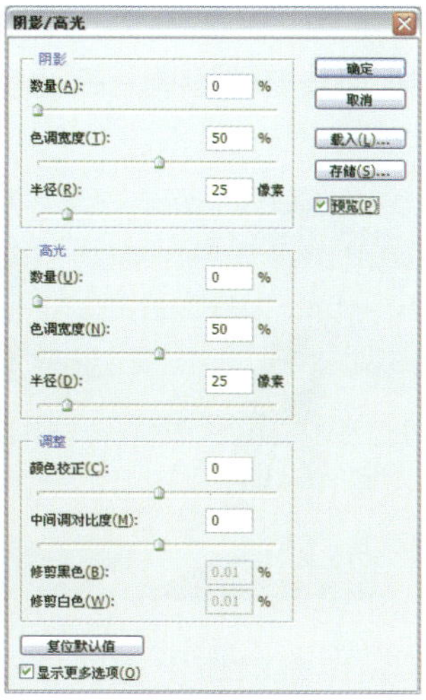

STEP 04 在打开的“阴影/高光”对话框中，首先调整阴影区域，拖动“阴影”选项组的“数量”滑块，设置参数为65%，拖动“高光”选项组的“数量”滑块，设置参数为9%，然后增加“颜色校正”的参数补偿由于太暗而损失的色彩，设置其为+6。完成后单击“确定”按钮退出。

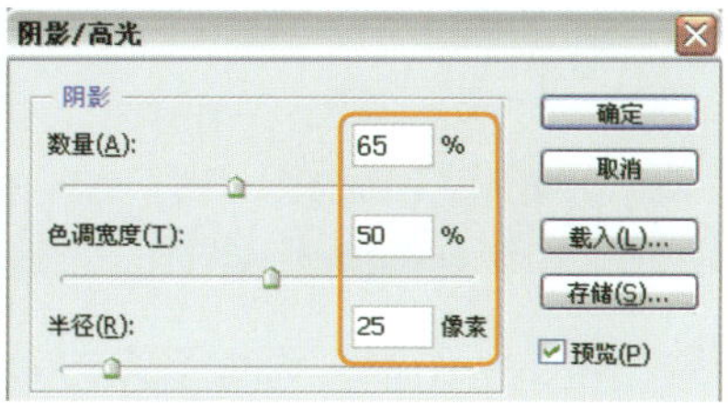

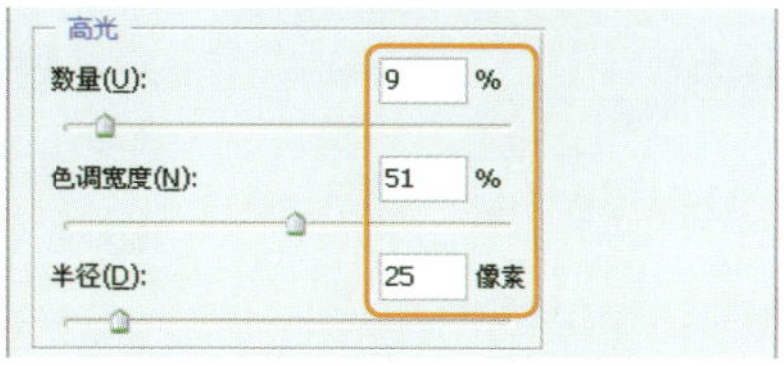

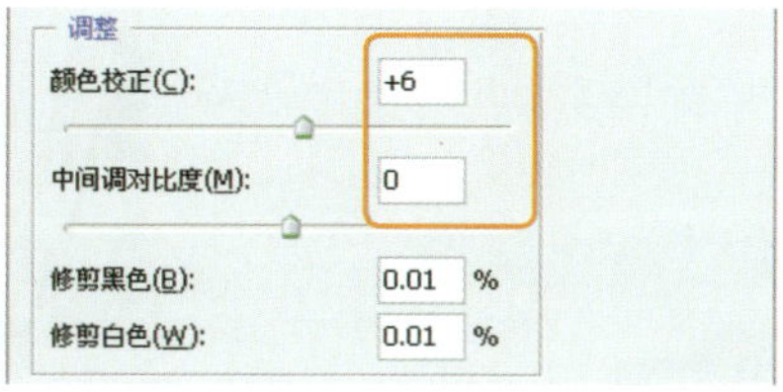

半径： 它决定阴影和高光相交区域附近像素的范围，用于提高对比度。数值越小影响的区域就越小，反之，数值越大影响就越大。最佳的数值大小要取决于图像，太大或太小都会使图像丢失细节。因此要多尝试不同的设置来达到最佳的平衡。

颜色校正： 用于加强或减弱调节区域内的色彩饱和度，调整的范围越大，调节的幅度就越大。

中间调对比度： 用于加强或者减弱中间调的对比。

修剪黑色/修剪白色： 用于对最暗部与最亮部色阶进行裁剪，参数越大，照片的对比度就越大，但是参数过大会造成细节的丢失。

原图

调整效果

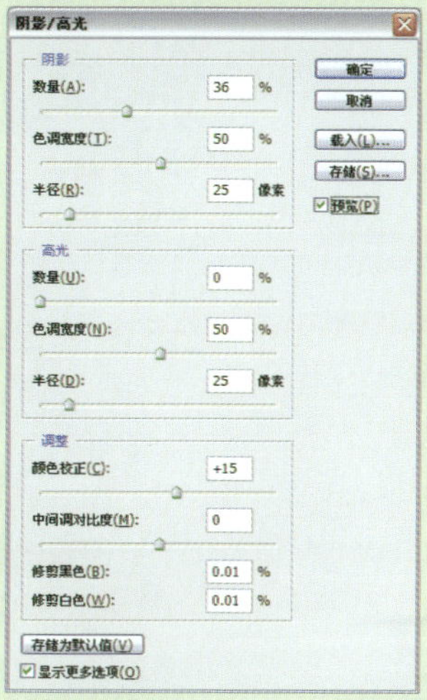

“阴影/高光”所有选项

STEP 05 至此，已基本完成调整，通过运用“阴影/高光”命令挽回了高光与阴影的层次。但该命令不能调整整体影调，因此使用“曲线”命令进行整体影调的校正。

STEP 06 单击“图层”面板下方的“创建新的填充或调整图层”按钮，在弹出的菜单中选择“曲线”命令，“调整”面板中弹出相关选项。在打开的“曲线”面板中，设置两个控制点，将其向上移动，可以观察到画面整体提亮。

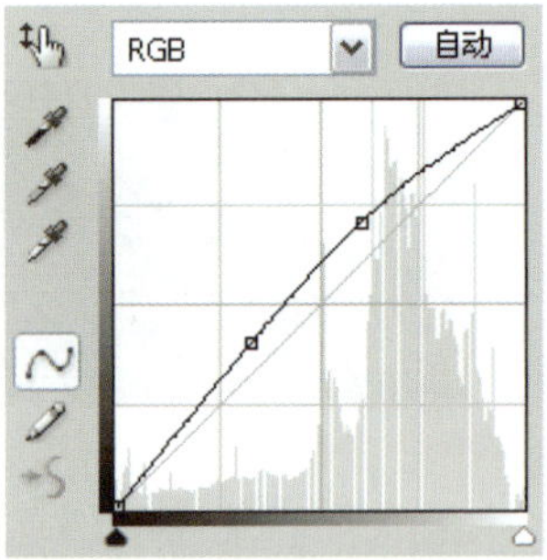

提示与技巧

存储设置的阴影和高光

当“阴影/高光”命令调整完成后，可以将设置的选项数值存储为默认值，这样便于在下一次操作时使用和参考。

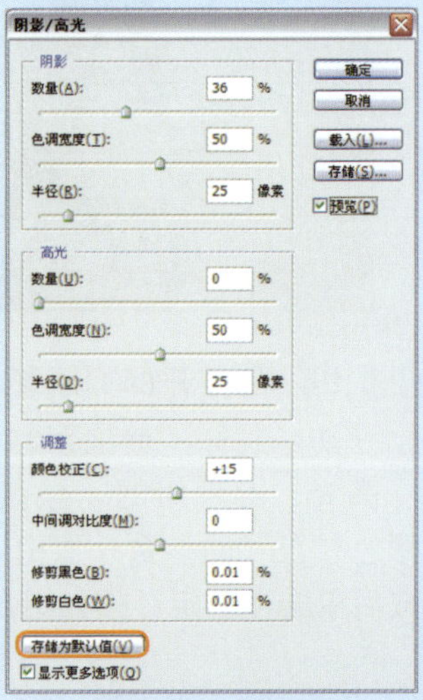

“存储为默认值”按钮

执行“图像>调整>阴影/高光”命令，打开“阴影/高光”对话框。设置相关参数后，然后单击“存储为默认值”按钮。

STEP 07 最后进行局部的色彩调整，单击“图层”面板下方的“创建新的填充或调整图层”按钮，在弹出的菜单中选择“色相/饱和度”命令，此时“图层”面板中增加了“色相/饱和度1”图层，它将在调整照片的同时保留所调整的数据。选择“编辑”下拉列表中的“红色”选项，设置其“饱和度”为-10。调整后的图像中红色相对减弱，画面更加协调。至此，本照片调整完成。

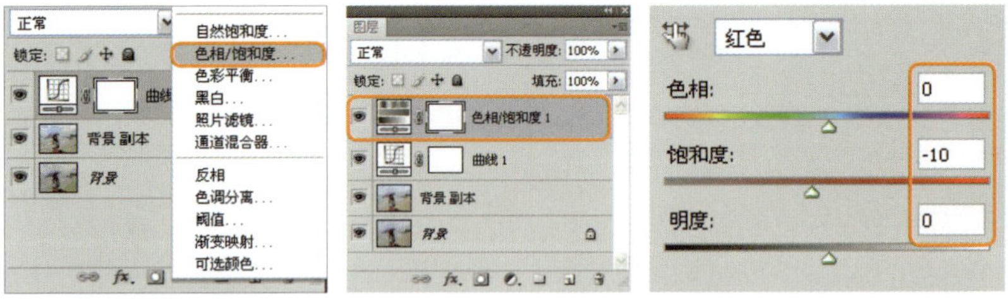

4.3 特殊调整

在照片的后期处理过程中，常常会遇到因为拍摄疏忽或者拍摄条件的限制，使得照片过灰或者照片对比度不够等。针对这些问题可以通过特殊调整将其纠正，从而直接增强照片的视觉效果，得到满意的效果。特殊调整不仅可以还原照片的真实色彩，而且还能调整照片的亮度和对比度。

4.3.1 “阈值”命令——寻找照片中隐藏的中性灰

最终文件路径：实例文件\chapter4\complete\18-end.psd

案例分析：这是一张在雪地中拍摄的照片，可以观察到原照片灰色调不足。通过“阈值”调整图层中的设置可以找到原图像中的灰场，然后为其添加“色阶”和“曲线”调整图层，使照片恢复本来的色彩。

功能点拨：Photoshop中的“阈值”调整图层可以将灰度图像或者彩色图像转变为高对比度的黑白图像，从而摆脱使用灰度卡寻找中性灰的方法，找到隐藏的或者本来应该是真实灰色的中性灰，从而还原照片的本来色调。

STEP 01 执行“文件>打开”命令，打开本书配套光盘中的“实例文件\chapter4\media\18.jpg”文件，在“图层”面板下方单击“创建新图层”按钮，新建“图层1”。

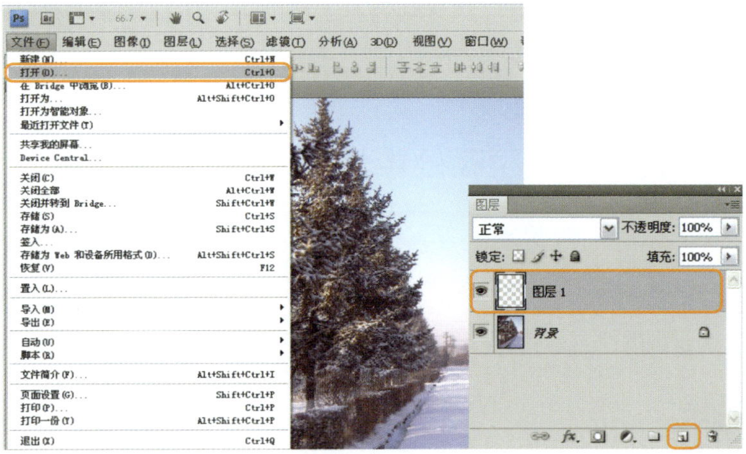

STEP 02 选择新建的“图层1”，执行“编辑>填充”命令或按下快捷键Shift+F5，即弹出“填充”对话框。在对话框中设置“使用”选项为“50%灰色”，并单击“确定”按钮。

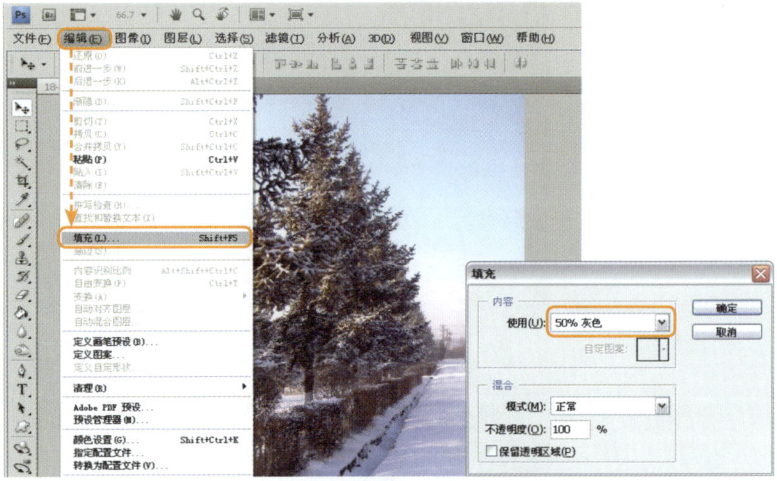

STEP 03 在“图层”面板中设置“图层1”的图层混合模式为“差值”，在工作区中的任意位置单击，确定设置。

Photoshop基础

如何选择颜色

1. 设置前景色和背景色

在工具箱下方有两个叠加的色块，分别表示前景色和背景色。前景色用于绘画、填充和描边选区，Photoshop中的大多数工具在使用时都需要设置前景色，例如画笔工具、形状工具等。背景色用于生成渐变填充和在已选择的区域中填充，例如在区域中进行从前景色到背景色的渐变。

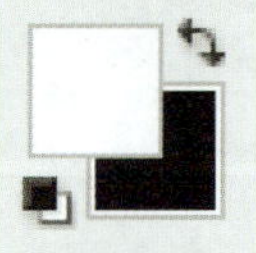

颜色工具

在默认情况下前景色和背景色为黑、白两色，双击色块即可进入“拾色器”中设置不同的颜色。单击右上方的“切换前景色和背景色”按钮，即可切换前景色和背景色，其快捷键为X。单击左下方“默认前景色和背景色”按钮，即可将背景色和背景色恢复到默认的黑白两色，其快捷键为D。

2. 使吸管工具挑选颜色

工具箱中的吸管工具可以在打开的图像或图层上取样前景色或背景色。

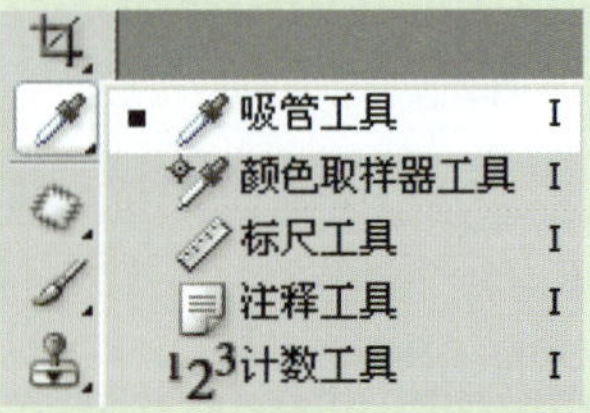

吸管工具

使用“吸管工具”选择颜色时，只需将光标放置在需要取样的颜色上再单击鼠标左键，即可吸取需要的颜色。如果画面中颜色种类较多，可使用缩放工具调整画面后进行选取。

STEP 04 在“图层”面板下方单击“创建新的填充或调整图层”按钮，在弹出的菜单中选择“阈值”命令。

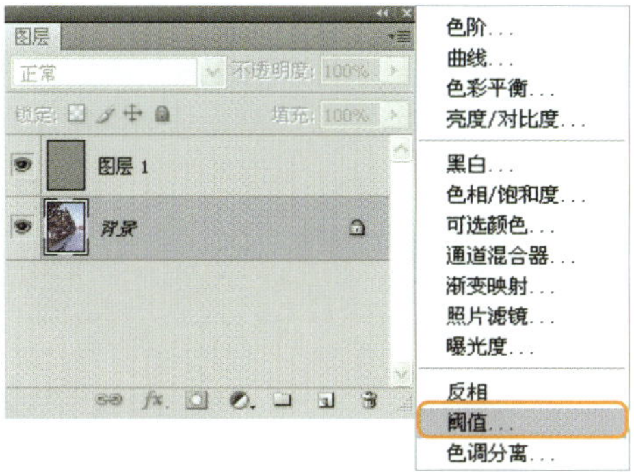

STEP 05 在弹出的“阈值”对话框中将滑块向右拖动，直到图像上刚刚有黑色影像出现为止。对比原图中的黑色位置是否本应该是灰色或白色的物体可以作为判断标准。按下快捷键Ctrl++放大图像，然后按住Shift键，当光标由 变为 时，将光标移动到黑色区域单击，标示一个取样点以方便查找。单击“确定”按钮，关闭对话框。

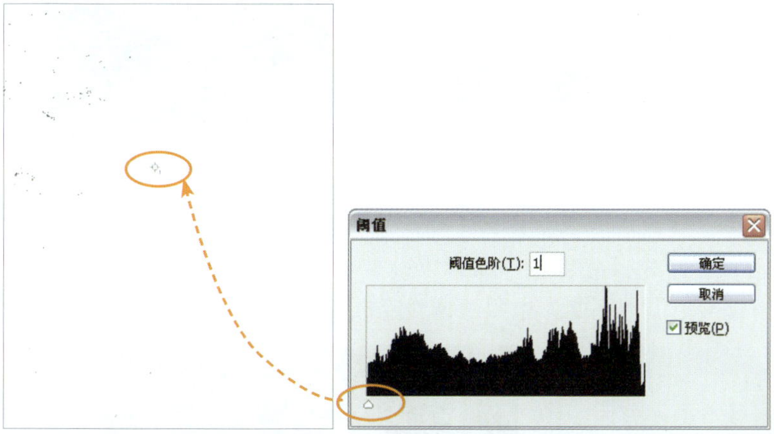

STEP 06 在“图层”面板中单击“阈值 1”和“图层 1”的“指示图层可视性”按钮，隐藏这两个图层，或将这两个图层拖动到“图层”面板底部的“删除图层”按钮上，删除这两个图层。分别选择这两个图层，执行“图层>删除>图层”命令，也可删除这两个图层。

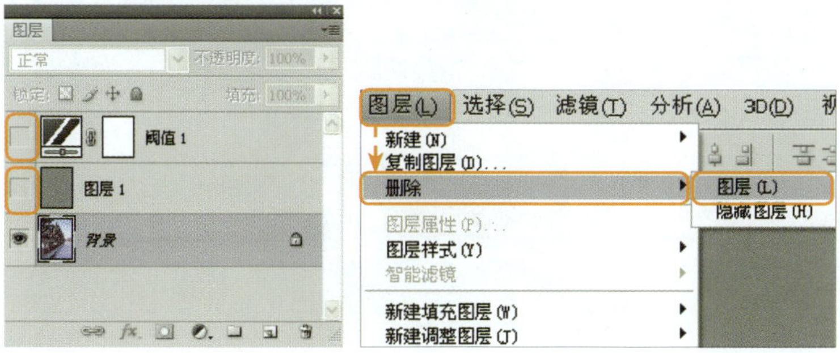

3. Adobe拾色器

Adobe拾色器是Photoshop的色彩中心，在该拾色器中有RGB,CMYK,HSB,Lab等4种色彩表示方式。用户可以根据图像的需要和个人习惯来选择颜色。

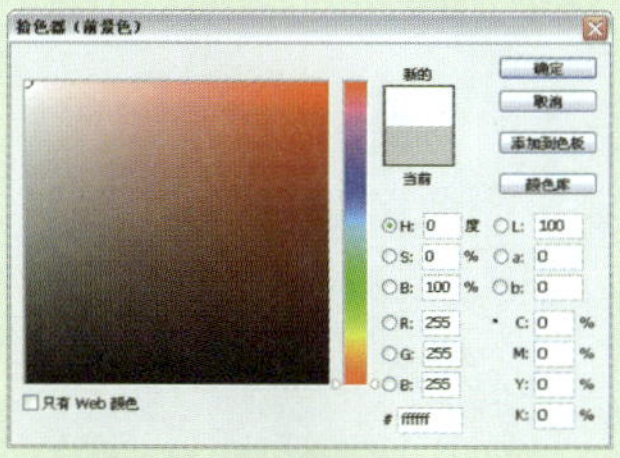

拾色器

4. “颜色”面板

在“颜色”面板中同样可以设置不同色彩模式下的颜色。单击面板右上方的扩展按钮，在弹出的扩展菜单中可以选择色彩模式。在面板中拖动滑块或在数值框中输入参数即可设置颜色。

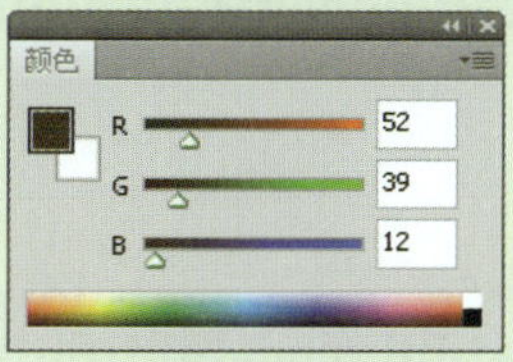

“颜色”面板

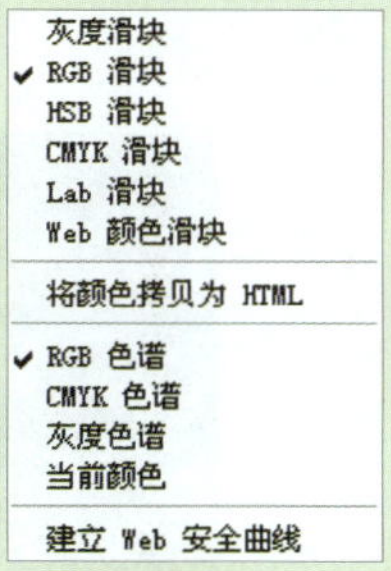

扩展菜单

5. “色板”面板

通过“色板”面板可以快速地从存储的颜色或Photoshop中已存储的颜色中选取颜色。

“色板”面板

STEP 07 选择“背景”图层，再次单击“创建新的填充或调整图层”按钮，在弹出菜单中选择“色阶”命令。在弹出的“色阶”面板中，单击“在图像中取样以设置灰场”按钮，在图中原本标示的取样点上单击进行取样，可以看到图像颜色发生改变。

提示与技巧

在图像中取样

在图像中取样，可以分别设置黑场、灰场和白场。白场指图像中最亮的地方，黑场指图像中最暗的地方，通过控制白场和黑场可以控制整个图像的明暗，并对图像的明暗层次分布产生影响。

原图

在图像中取样以设置白场

STEP 08 在“图层”面板中再次单击“创建新的填充或调整图层”按钮，在弹出的菜单中单击“曲线”选项，在弹出的“调整”面板中单击“在图像中取样以设置灰场”按钮，然后在图中取点上单击进行取样，照片即被调整为正常色调。至此，本照片调整完成。

4.3.2 “色调均化”命令——调亮较灰的图像

最终文件路径：实例文件\chapter4\complete\19-end.psd

案例分析：这是一张在黄昏落日时拍摄的照片，照片中记录的时刻极富意境，但由于光线不足，使得照片亮度不够，从而不能将景物完整地展示出来。运用Photoshop中的“色调均化”命令对其进行调整，可以使图像中最亮的部分重新被定义，从而使得画面的整体色调被提亮。

功能点拨：Photoshop中的“色调均化”命令通过重新均匀分布亮度值，将最亮的部分提升为白色，最暗的部分降低为黑色，从而使图像更加鲜明。当扫描图像比原稿暗或者是照片明暗不分明，可以使用该命令对图像进行调整。

STEP 01 打开本书配套光盘中的“实例文件\chapter4\media\19.jpg”文件。可以看出照片很暗，树木与雪地部分的边界很不清晰，通过使用“色调均化”命令可以将图像调亮。按下快捷键Ctrl+J，复制“背景”图层得到“图层1”。

STEP 02 执行“图像>调整>色调均化”命令，通过调整，画面明显变亮，雪地部分也变得清晰，但是天空部分由于过亮有些曝光过度，将在以下步骤中解决。

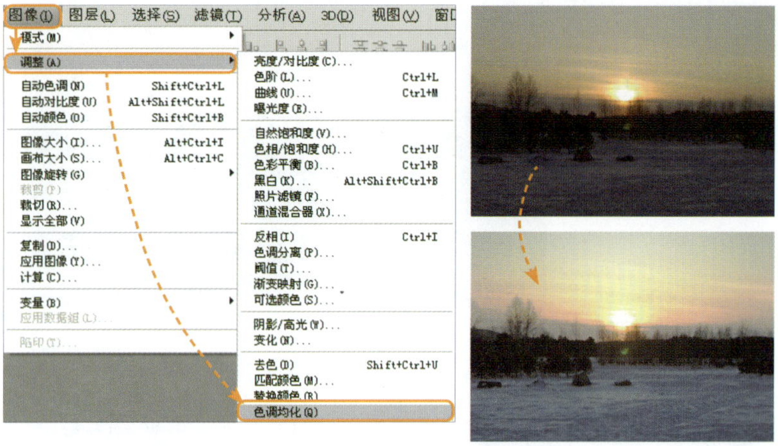

STEP 03 选择“图层1”，单击图层面板下方的“添加图层蒙版”按钮，单击画笔工具，设置“画笔”为“柔角100像素”，对天空部分进行涂抹。

Photoshop基础

了解“色调均化”命令

当扫描的图像比原稿暗或者是照片的明暗不够清晰时，可以使用“色调均化”命令进行调整。

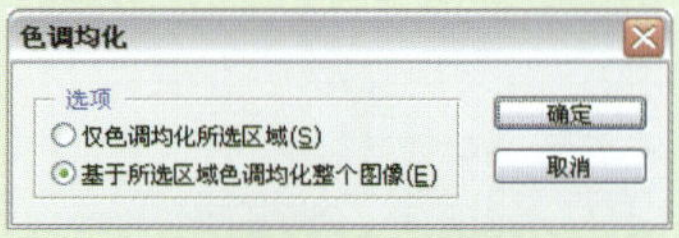

“色调均化”对话框

该命令通过重新均匀分布亮度值，将最亮的部分提升为白色，最暗的部分降低为黑色，使图像更加鲜明。

原图

调整效果

“色调均化”命令只能基于原像素进行调整，无法校正色偏的现象。在调整的过程中，是否使用选区的效果有所不同。

1. 无选区

执行“图像>调整>色调均化”命令，命令将直接作用于图像。

原图

STEP 04 通过观察画面发现图像亮度仍旧不够，使用同样的方式再次执行“色调均化”命令。按下快捷键Ctrl+Shift+Alt+E盖印图层，得到“图层2”。执行“图像>调整>色调均化”命令，可以看到画面的亮度再次提高。

STEP 05 画面的亮度提高后，太阳部分的光线过亮，此时需使用蒙版将其还原。单击“图层”面板下方的“添加图层蒙版”按钮，单击画笔工具，设置“画笔”为“柔角200像素”，在太阳部分与画面最上方涂抹，使用蒙版后画面效果更加自然。

STEP 06 加强天空中的橙黄色，突出画面中的落日余晖效果，提高视觉冲击力。单击“图层”面板下方的“创建新的填充或调整图层”按钮，在弹出的菜单中选择“色相/饱和度”命令，“调整”面板中弹出相关选项。

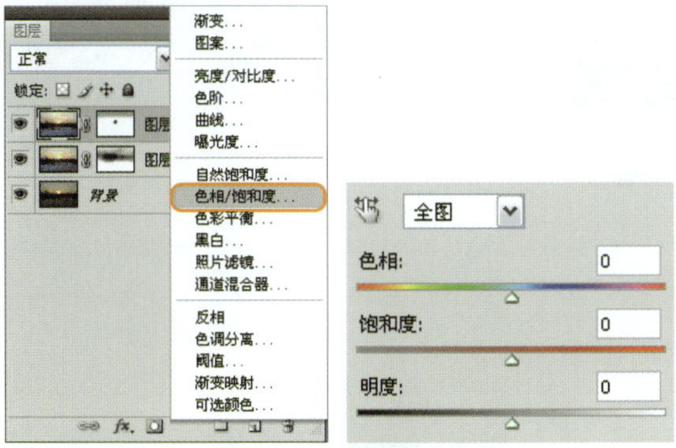

STEP 07 在“色相/饱和度”选项中选择“编辑”下拉列表中的“全图”选项，设置“饱和度”为+10，然后选择“编辑”下拉列表中的“蓝色”选项，设置“饱和度”为-10，可以看到经过调整画面的饱和度相对提高，雪地的饱和度降低。

调整效果

2. 有选区

在图像中为需要调整的部分创建选区，然后使用“色调均化”命令，弹出“色调均化”对话框。

创建选区

“仅色调均化所选区域”单选按钮表示对选区像素进行像素均匀分布调整。

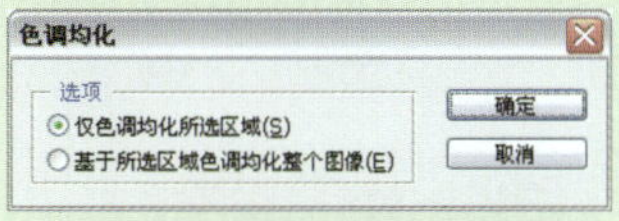

单击“仅色调均化所选区域”单选按钮

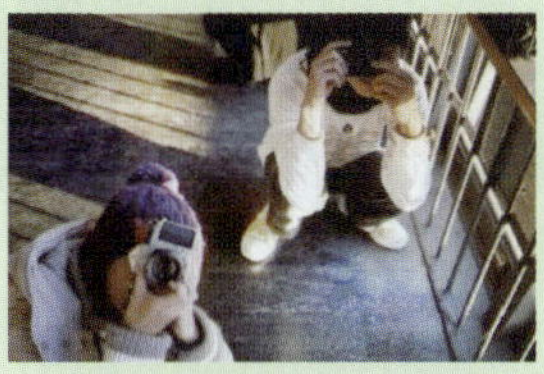

仅色调均化所选区域

“基于所选区域色调均化整个图像”单选按钮表示选区像素均匀分布整个图像。

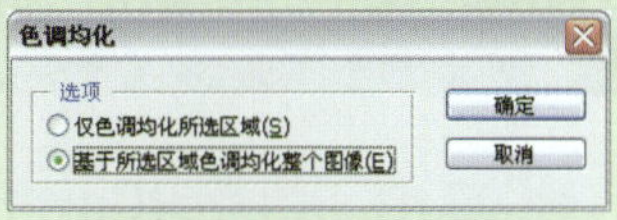

单击“基于所选区域色调均化整个图像”单选按钮

所选区域色调均化整个图像

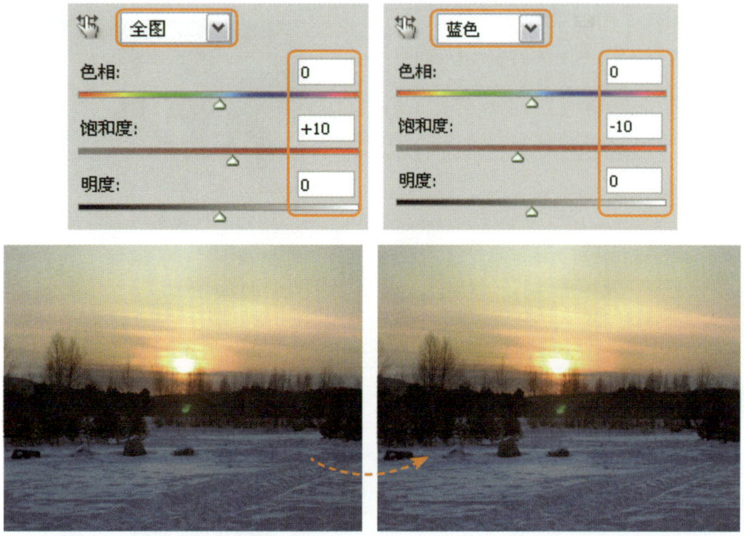

STEP 08 通过观察可以发现太阳附近的颜色有一些过深，使用蒙版将其还原，选中“色相/饱和度1”图层中右边的白色方块，将其转换为蒙版模式。选择画笔工具，设置“画笔”为“柔角100像素”，设置颜色为黑色，在太阳部分附近进行涂抹。

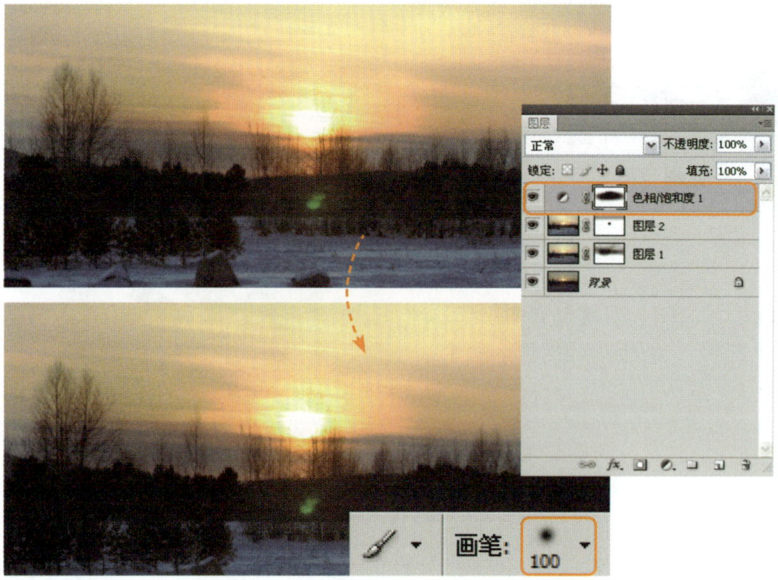

提示与技巧

画笔大小的重要性

在蒙版状态下，使用画笔工具对画面进行涂抹，这时不只是使用一种笔刷。

涂抹自然的效果比较难得到，笔刷太大会把不需要调整的部分也涂抹到，而笔刷太小又需要花费大量时间完成，这时需要根据不同细节部分的情况来随时调整笔刷的大小。

选择画笔工具，在选项栏中可以设置笔刷的尺寸，也可以按“[”或者“]”键调整笔刷大小，后者更为轻松。

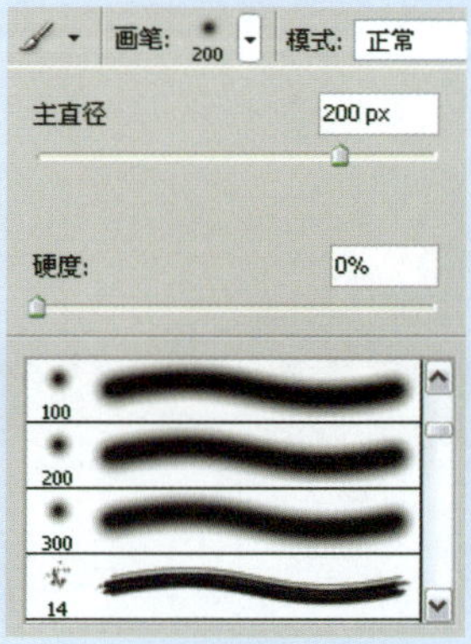

“画笔”拾取器

除了对笔触大小的改变，调整画笔的不透明度也会对画面有所帮助。在一些边缘部分，稍稍减低笔刷的透明度能够使画面显得更加自然。

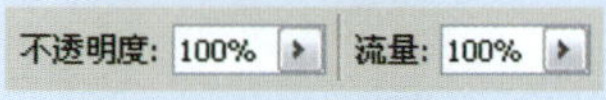

“不透明度”与“流量”调整

STEP 09 按下快捷键Ctrl+Shift+Alt+E盖印图层，得到“图层3”。单击加深工具，设置“画笔”为“柔角200像素”，在画面的四周涂抹，使周围变暗，给人以光线由中间向四周扩散的感觉。至此，本照片调整完成。

◐ 4.3.3 “色调分离”命令——还原照片的对比度

最终文件路径：实例文件\chapter4\complete\20-end.psd

案例分析：该照片拍摄的是雪地中的老虎，将老虎威武的神情呈现得非常到位，但由于雪地的反光使得老虎的高光与阴影区分不是很明显，使其视觉效果受到影响。通过后期的处理可以还原图像的对比度从而提高照片的质量。

功能点拨：Photoshop中的“色调分离”命令可以指定图像中每一个通道色调级的数目，然后将像素映射为最接近匹配级别。在调整的过程中，为了使画面更加自然，接近真实，可以结合图层混合模式对画面进行调整，从不同的混合模式中挑选出理想的效果。

STEP 01 打开本书配套光盘中的“实例文件\chapter4\media\20.jpg”文件。由于雪地的影响，使得整体画面对比度不够强烈，也使得细节部分表现得不到位。通过以下调整将还原照片对比度。

STEP 02 为了在调整的过程中便于与原效果进行对比，按下快捷键Ctrl+J，复制“背景”图层得到“图层1”。

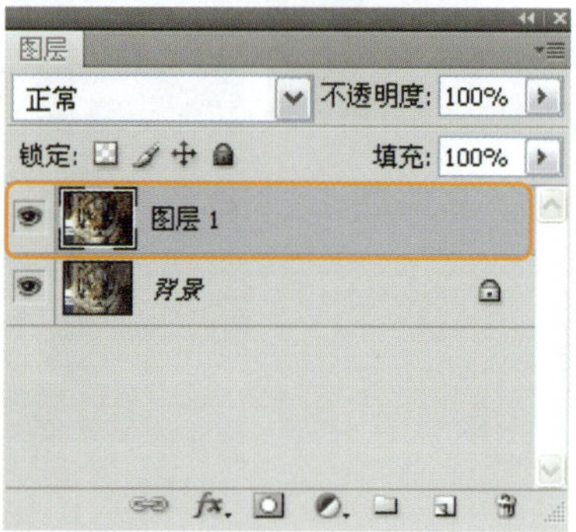

STEP 03 执行“图像>调整>色调分离”命令，弹出“色调分离”对话框，在打开的对话框中设置“色阶”为5，完成后单击“确定”按钮。

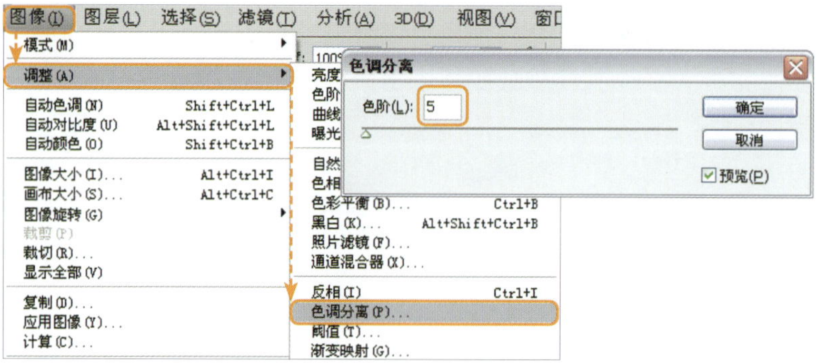

STEP 04 通过使用“色调分离”命令，画面产生了特殊的效果，可以看出画面的对比度明显加强，但是在背景部分中也形成了一些色块，使得画面不够真实。在下面的调整中，将运用图层混合模式和蒙版对其进行调整。

提示与技巧

使用“色调分离”命令表现强烈对比

使用“色调分离”命令可以指定图像中每一个通道的色调级数目，然后将像素映射为最接近的匹配级别。例如在RGB图像中选取两个色调的色阶，将产生6种颜色，两种代表绿色，两种代表红色，另外两种代表蓝色。

在照片中创建特殊效果，当减少灰色图像中的灰阶数量时，它的效果最为明显，但是它也会在彩色图像中产生有趣的效果。该命令在创建大的单调区域时非常有用。

下面制作强烈对比的特殊效果。执行“图像>调整>色调分离”命令，弹出“色调分离”对话框。

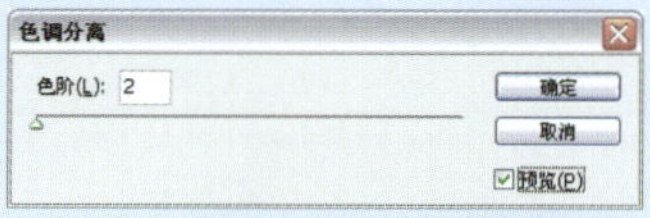

“色调分离”对话框

原图

色调分离效果

STEP 05 选择“图层1”，设置图层混合模式为“叠加”，画面效果更加明显。

STEP 06 下面调整背景部分不自然的色块，单击“图层”面板下方的“添加图层蒙版”按钮，单击画笔工具，设置“画笔”为“柔角200像素”，在太阳部分与画面最上方进行涂抹，可以看到画面更加自然。

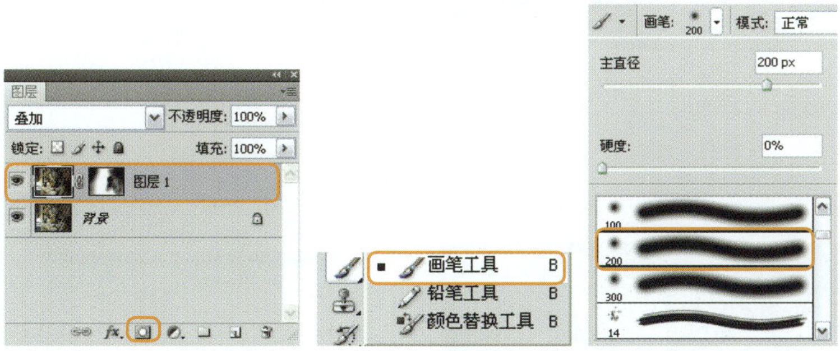

STEP 07 使用调整好的画笔在背景部分和老虎的阴影部分涂抹。

提示与技巧

使用“色调分离”命令制作阈值效果

使用“色调分离”命令也可以制作出阈值的效果。

首先打开一张彩色的照片，执行“图像>调整>去色”命令。

原图

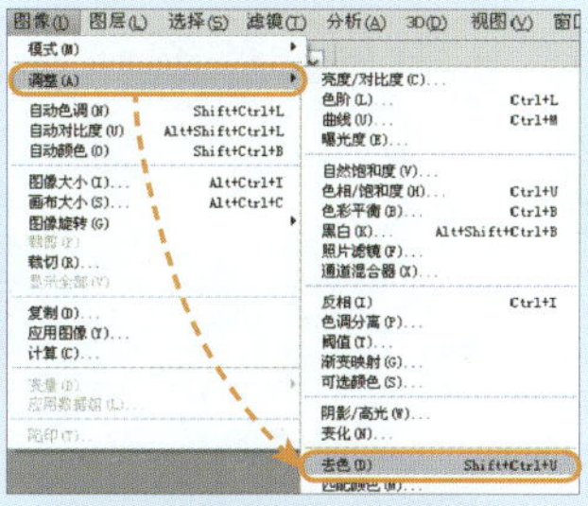

“去色”操作

去色效果

执行“图像>调整>色调分离”命令，在弹出的“色调分离”对话框中设置“色阶”为2，画面即出现阈值效果。

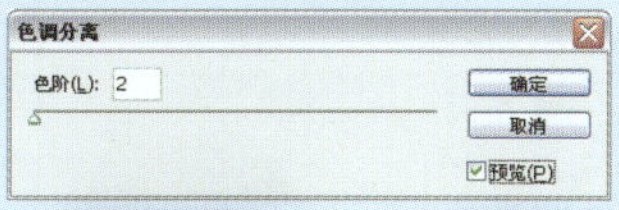

调整效果

STEP 08 单击“图层”面板下方的“创建新的填充或调整图层”按钮，在弹出的菜单中选择“亮度/对比度”命令，在打开的面板中，设置“亮度”为15，“对比度”为7。

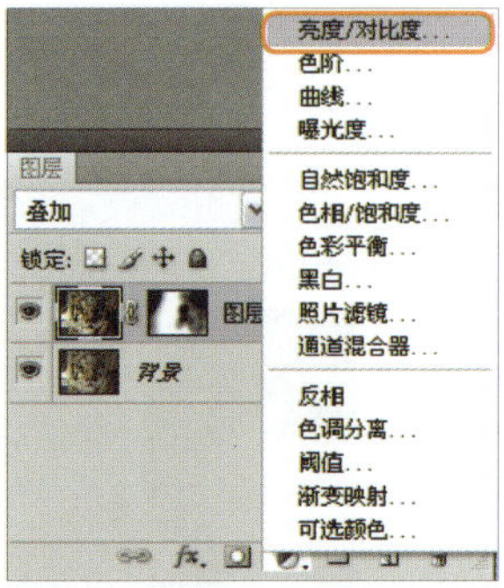

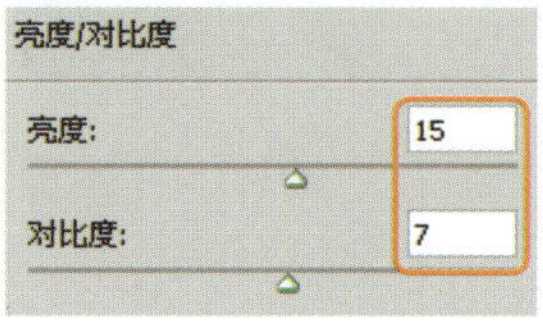

STEP 09 通过使用“亮度/对比度”命令进行调整，画面的对比度显著加强。

STEP 10 下面锐化老虎部分，提高照片的质量。按下快捷键Ctrl+Shift+Alt+E盖印图层，得到“图层2”。单击套索工具，为老虎的头部创建选区。

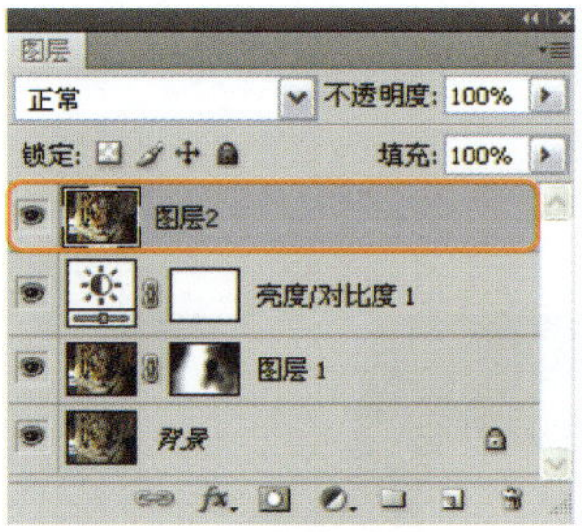

STEP 11 执行“选择>修改>羽化”命令，弹出“羽化选区”对话框，在打开的对话框中设置“羽化半径”为70像素，完成后单击“确定”按钮。

提示与技巧

灵活方便的调整图层

调整图层能够方便快捷地将对图层进行各种色调调整。

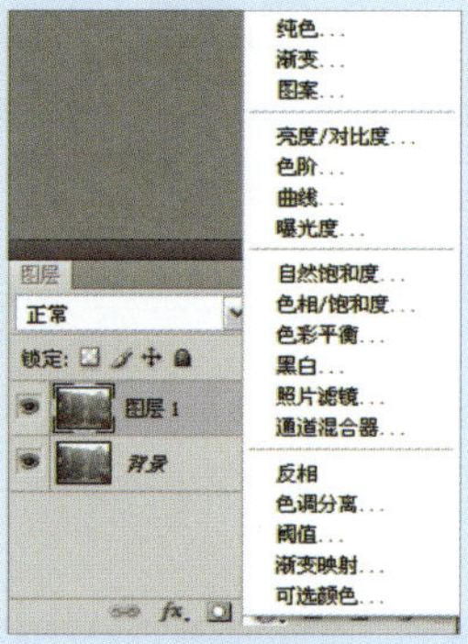

调整图层菜单

调整图层的优点很多，它可以将颜色的色调调整运用于图像中，并且不会破坏原始图像。在一个调整图层上可以叠加另一个或者多个调整图层，并且可以叠加使用“图层”面板上原有的很多功能，例如图层不透明度、图层样式、图层混合模式等。

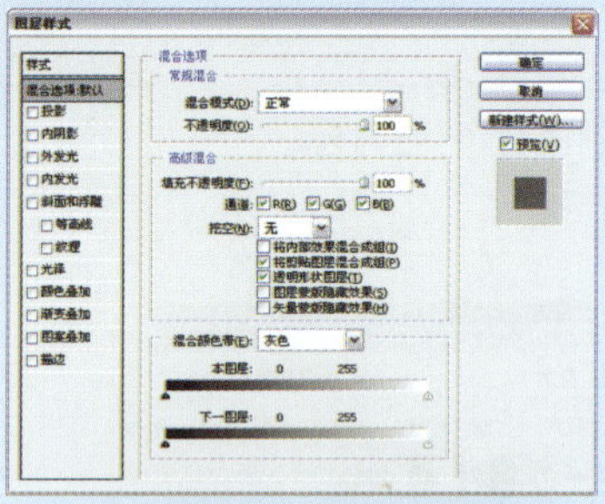

调整图层可设置图层样式

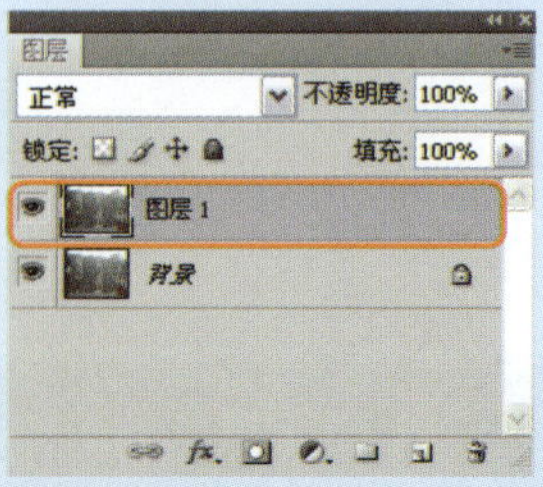

调整图层与图层混合模式及不透明度搭配运用

这些命令为照片的后期处理提供了无与伦比的灵活性，最重要的是无论如何编辑调整图层，都不会影响到原图层中的像素，而且可以对不满意的

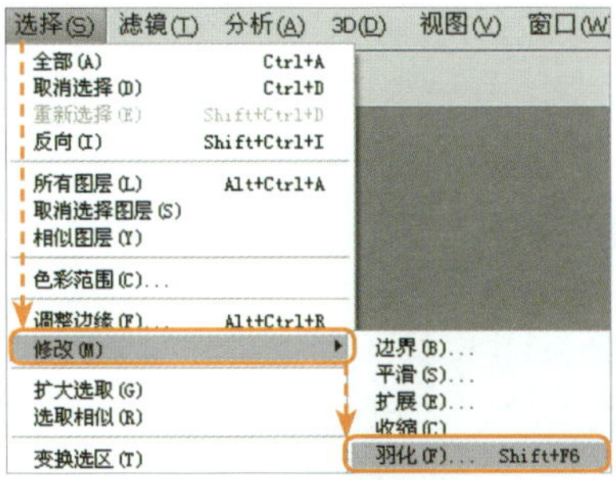

STEP 12 按下快捷键Ctrl+J，复制选区并得到“图层3”，执行“滤镜>锐化>USM锐化”命令，弹出“USM锐化”对话框。在打开的对话框中设置“数量”为76%，“半径”为1.5像素，“阈值”为0色阶，完成后单击“确定”按钮。

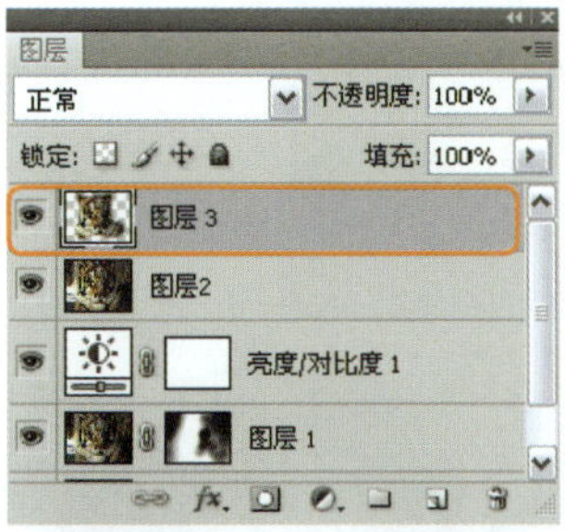

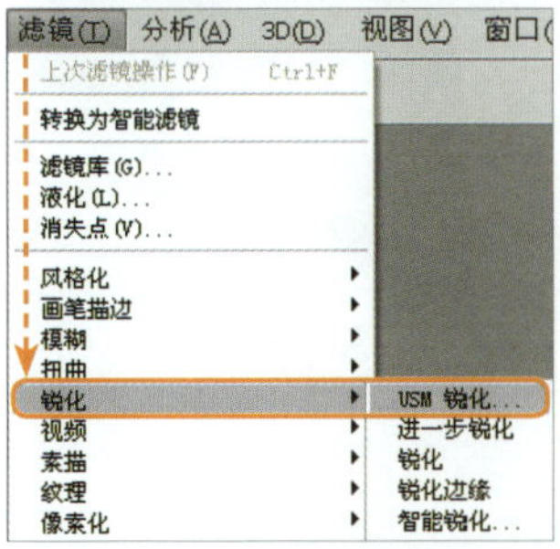

STEP 13 通过使用“USM锐化”命令对照片进行调整，老虎的头部细节更加明显，照片的质量显著提高。至此，本照片调整完成。

地方进行再次调整。

当前的Photoshop中有多种调整命令可以用于调整图层，包括最常用的“曲线”、“色阶”、“色彩平衡”等命令。

为了方便区别，Photoshop将其以不同的图标样式放置在“调整”面板中。

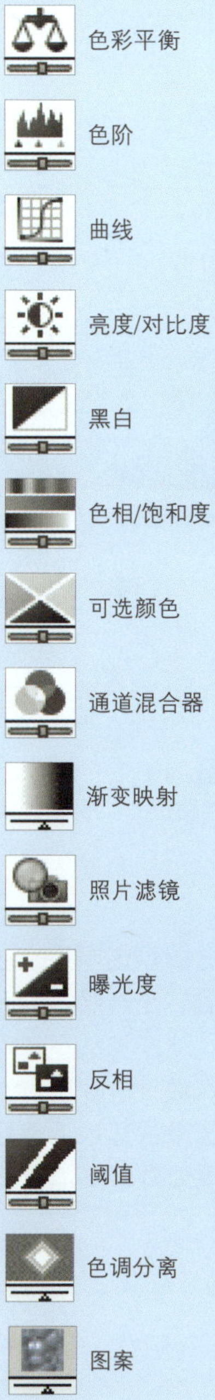

4.3.4 “变化”命令——还原照片的真实色彩

最终文件路径：实例文件\chapter4\complete\21-end.psd

案例分析：该照片是在顶层拍摄的，由于拍摄时天气为阴天，又没有设置正确的白平衡，使得画面偏蓝。在对照片的后期处理中，可运用“变化”命令来解决偏色现象，还原照片真实的色彩。

功能点拨：Photoshop中的“变化”命令运用色轮原理中颜色的互补关系，利用增加或减少一种颜色值来快速地调整颜色的偏差或制作颜色的特效。在调整完成后，可以使用“渐隐”命令将调整效果处理得更加自然。

STEP 01 打开本书配套光盘中的"实例文件\chapter4\media\21.jpg"文件。首先复制"背景"图层，按下快捷键Ctrl+J，得到"图层1"。观察"直方图"面板，直方图显示图像中的中间调部分像素比较欠缺，所以首先调整中间调。

STEP 02 选择"图层1"，执行"图像>调整>变化"命令，弹出"变化"对话框。

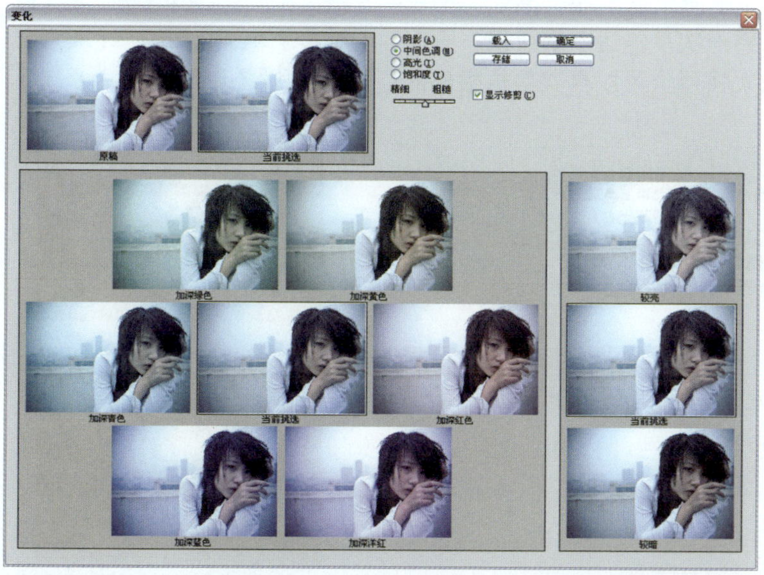

STEP 03 确认已选择"中间色调"单选按钮将"精细/粗糙"的滑块向右拖动，控制调节的数量。观察对话框中的缩略图，单击"加深黄色"，可以看到"当前挑选"缩略图转换为单击的图像颜色。

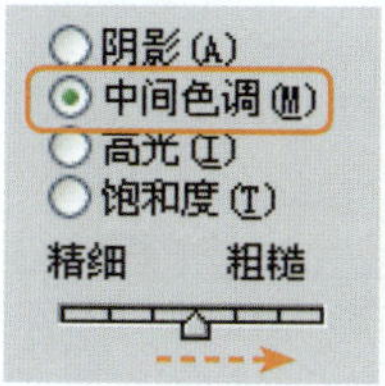

Photoshop基础

"变化"对话框详解

"变化"命令是通过显示替代物的缩览图，使用户调整图像的色彩平衡、对比度和饱和度。执行"图像>调整>变化"命令，打开"变化"对话框。

原图

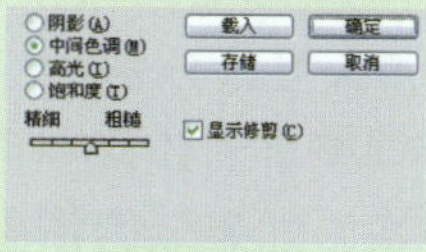

选择"中间色调"单选按钮

在打开的面板中，单击3次"加深黄色"，然后单击1次"加深红色"，完成后单击"确定"按钮。

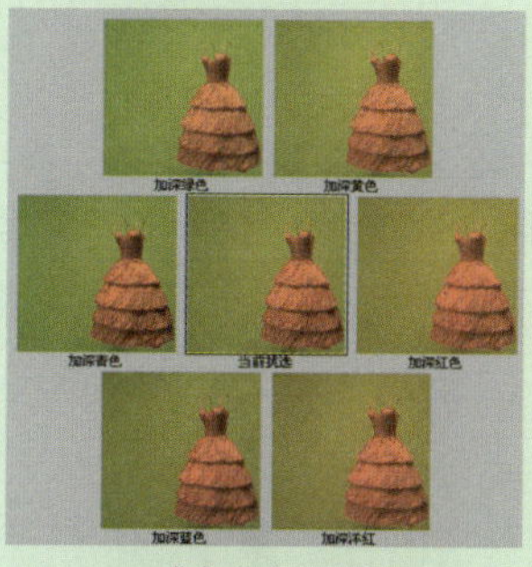

"变化"面板

调整效果

"精细/粗糙"表示控制调整的度。向左侧拖动滑块时可以调节得少一些，反之，向右则调节得多一些。滑块移动一格可以使调节的效果双倍增加或减少。

STEP 04 单击“阴影”单选按钮，重复上一步的动作，单击“加深黄色”，将色调调整到最接近真实色调的范围。在对话框中勾选“显示修剪”复选框，发现有颜色已经超出了色彩的最大范围，接下来将对其进行调整。

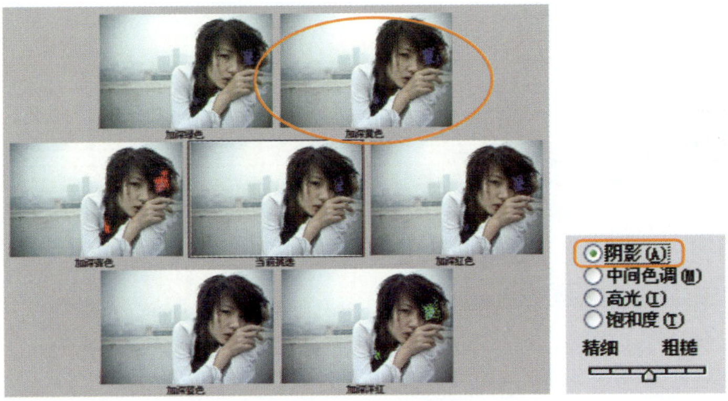

STEP 05 可以分别对“阴影”、“中间色调”和“高光”的色调进行调整直到效果满意为止。如果一次单击达不到效果，可以单击多次。如果认为调整后的效果太强烈，可以再次单击相反的颜色来减弱相应的颜色。

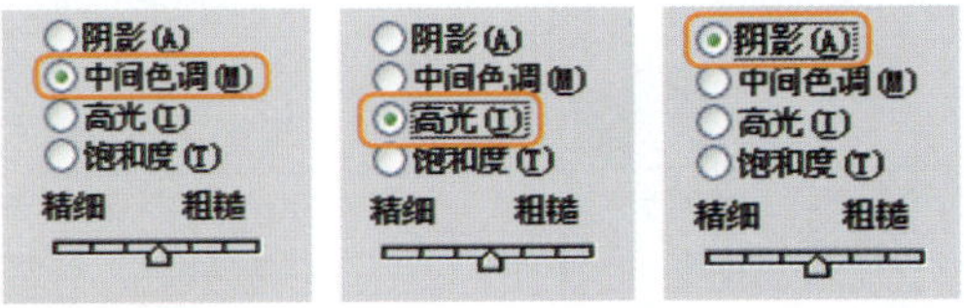

STEP 06 使用“变化”命令是一种主观的色调调整方法，可根据用户的喜好调整。观察原图会发现对比度还不够，因此单击“较暗”缩览图，可以看到画面的对比度加强。

STEP 07 勾选“显示修剪”复选框,可以看到画面中有一些颜色饱和度过高，此时需要减少饱和度，单击“饱和度”单选按钮，在对话框中单击“减小饱和度”，完成后单击“确定”按钮。

“高光”、“中间调”和“阴影”选项允许在较亮的区域、中间区域和较暗的区域分别进行色彩平衡、对比度和饱和度的调整。

“饱和度”表示饱和度加强或减弱图像色彩的饱和度。

“显示修剪”选项是指如果调节过度，超出了最大的色彩饱和度，则会显示颜色出来。

提示与技巧

“渐隐变化”命令

使用“变化”命令调整白平衡虽然非常方便和直观，但是调整人像肤色时，会使人觉得调节的范围太大而比较难把握，特别是对于初学者来说。

原图

“变化”命令调整效果

此时，会发现图像调整得明显偏黄，此时可以结合“渐隐”命令减少一些调整效果，从而使其达到自然的效果。

执行“编辑>渐隐变化”命令，弹出“渐隐”对话框。

调整对话框的“不透明度”滑块，参数越低，效果越接近原图。

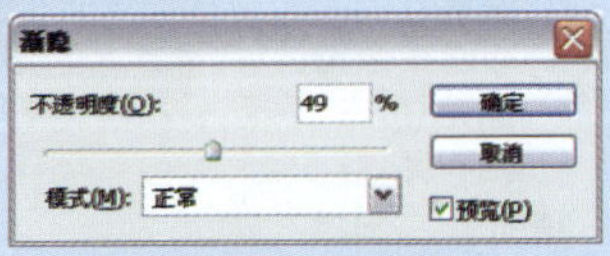

“渐隐”对话框

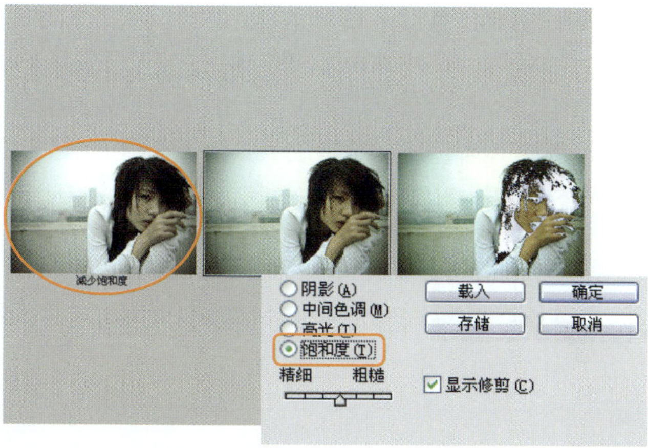

STEP 08 通过使用“变化”命令进行调整，可以原本偏蓝的色调还原为真实的色彩。

STEP 09 单击“图层”面板下方的“创建新的填充或调整图层”按钮，在弹出的菜单中选择“曲线”命令，这时“图层”面板中出现“曲线1”调整图层。在“调整”面板中设置一个坐标点，将其向上移动。

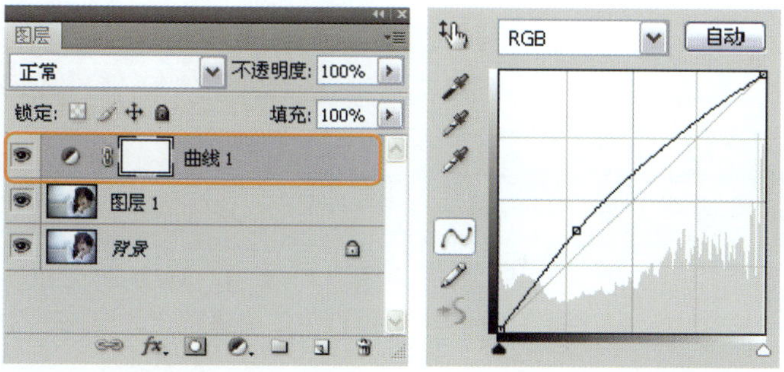

STEP 10 通过使用“曲线”命令进行调整，可以看到人物与背景的亮度都有所提高。

调整效果

“渐隐变化”命令不仅可以用于对“变化”效果做出调整，滤镜效果或者是“图像>调整”菜单下的大部分命令以及绘画功能都可以运用“渐隐变化”命令做进一步的调整，其中还可以指定相关的混合模式。

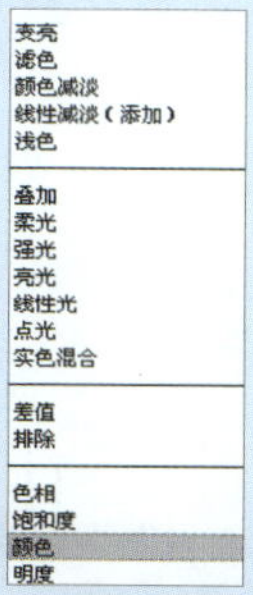

选择混合模式

混合模式调整效果

如只需调节画面的颜色部分而不需调整亮度，在“模式”下拉列表中选择“颜色”选项，效果就只作用于颜色。

原图

“颜色”混合模式调整效果

STEP 11 下面将通过“色阶”命令加强画面中的阴影，单击“图层”面板下方的“创建新的填充或调整图层”按钮，在弹出的菜单中选择“色阶”命令。

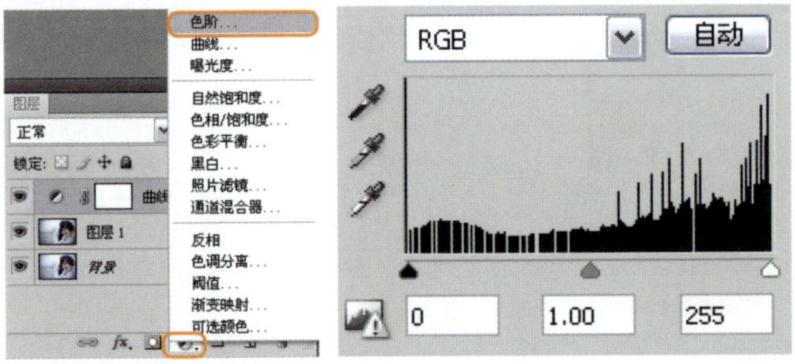

STEP 12 设置“输入色阶”的参数为7、1.00和255，可以看到画面中的阴影加强。

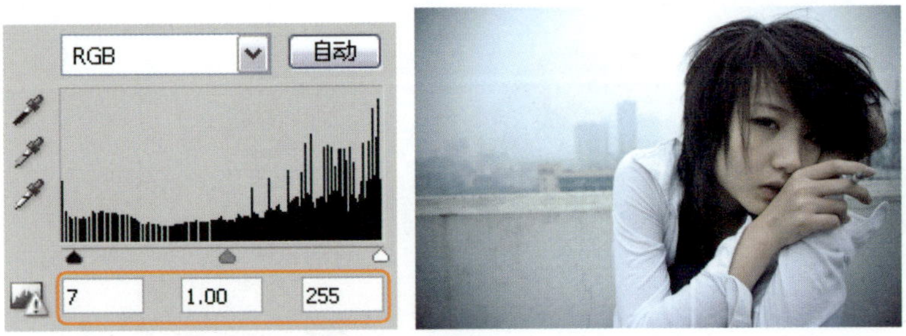

STEP 13 最后将画面的对比度提高，单击“图层”面板下方的“创建新的填充或调整图层”按钮，在弹出的菜单中选择“亮度/对比度”命令，在“调整”面板中显示相关的选项，设置“对比度”为22。

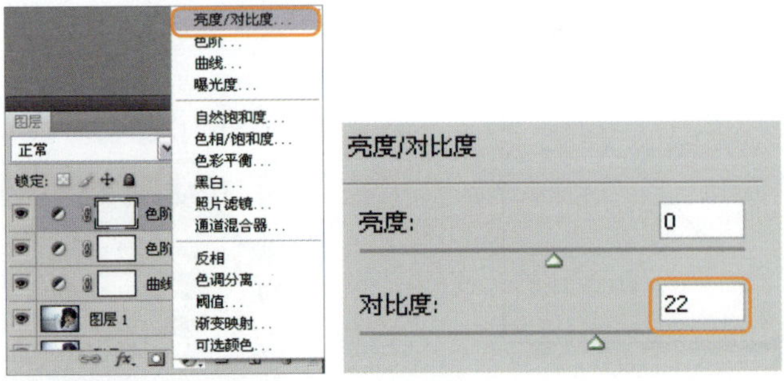

STEP 14 可以观察到调整后画面的对比度提高，影调加强。至此，本照片调整完成。

Photoshop基础

“变化”命令中的色彩原理

“变化”命令是根据色彩的互补原理设计的调节工具，可以通过灰色来观察它的变化。

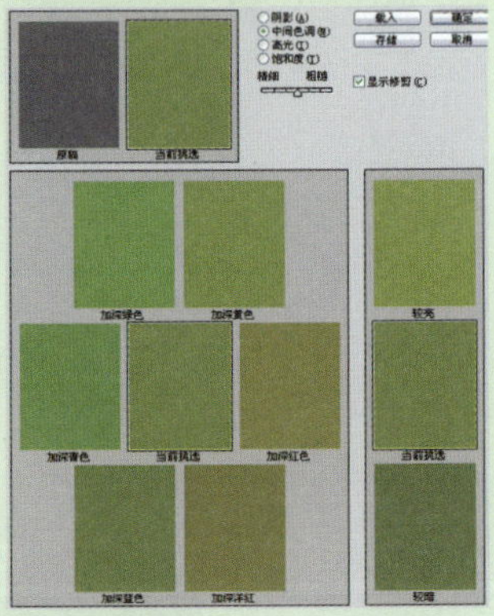

灰色中的“变化”面板

观察图像中的颜色偏向的范围，大多颜色的偏色现象不是用一种颜色补偿就可以纠正，而是需要几种颜色进行补偿。

比如一个偏红的颜色，需要加三次黄色和一次绿色才能将其调整为橙黄色。

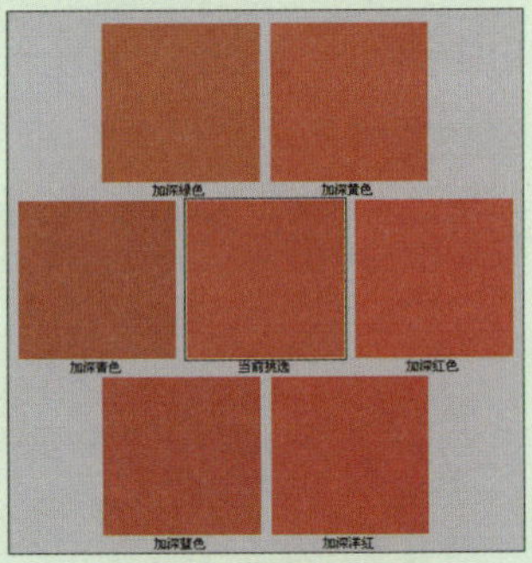

当前颜色

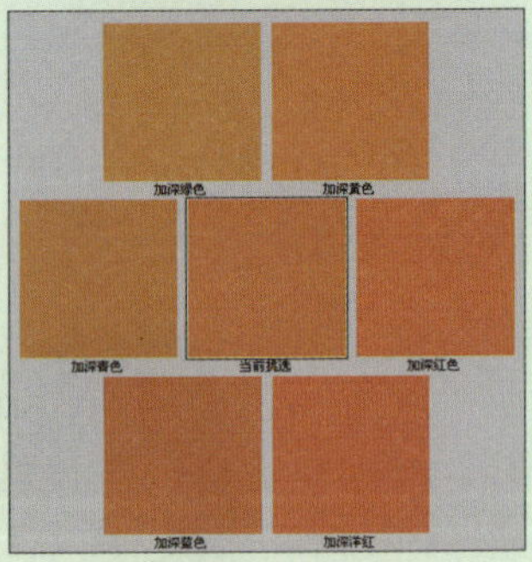

调整为橙黄色

第5章 数码照片的锐化技法

数码照片可能会由于手抖或相机成像原因导致画面模糊，一些细节的丢失使得相片质量降低。因此需要对数码照片进行适当的锐化。锐化处理能够增加照片细节的表现力，使一张普通的生活照片变为优秀的摄影作品。此外，适度锐化操作会改变照片的明暗对比度，使照片摆脱灰蒙蒙的感觉。

5.1 “锐化”滤镜锐化

在拍摄照片时，由于种种因素并不能保证每一张照片都十分清晰。此时，利用Photoshop中的锐化滤镜可以解决照片的模糊问题，使照片达到更加清晰的效果。锐化滤镜是照片调整中最常用的锐化方式，它能够针对不同的锐化需求，达到不同的效果，操作也十分方便快捷。

5.1.1 “USM锐化”滤镜——锐化人物五官

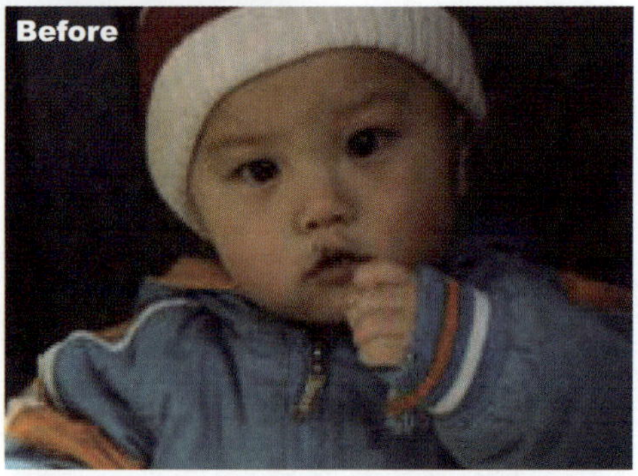

最终文件路径：实例文件\chapter5\complete\01-end.psd

案例分析：判断一张人物照片是否优秀，人物五官的呈现非常重要。这是一张孩童的近照，拍摄者将孩子顽皮的表情抓拍了下来，但是由于画面比较模糊，质量并不让人满意。通过后期的处理，将使得人物的五官部分更加清晰，看起来生动。

功能点拨：过度锐化图像会使得图像边缘产生晕圈，Photoshop中的“USM锐化”命令能够自主调节锐化程度，针对不同的图像特征达到不同的锐化效果。

STEP 01 打开本书配套光盘中的“实例文件\chapter5\media\01.jpg”文件，为了抓拍孩子瞬间的可爱表情，有时会有照片模糊的情况，这张照片中孩子的脸部比较模糊，通过锐化调整，可以使画面中孩子的五官显得清晰。

STEP 02 为了便于后期的调整效果与原图对比，按下快捷键Ctrl+J，复制“背景”图层复制得到“图层1”。执行“滤镜>锐化>USM锐化”命令，弹出“USM锐化”对话框。

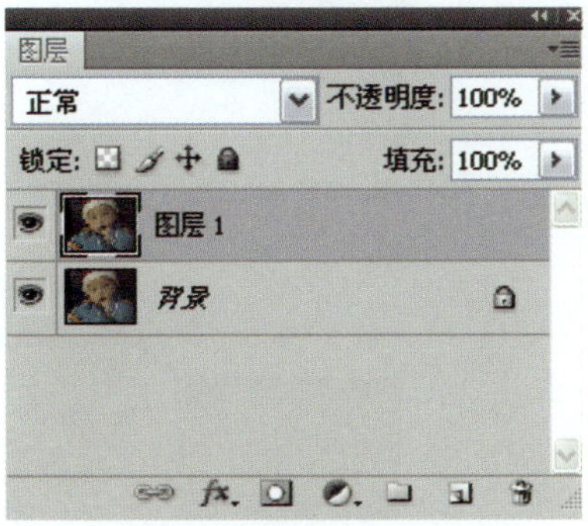

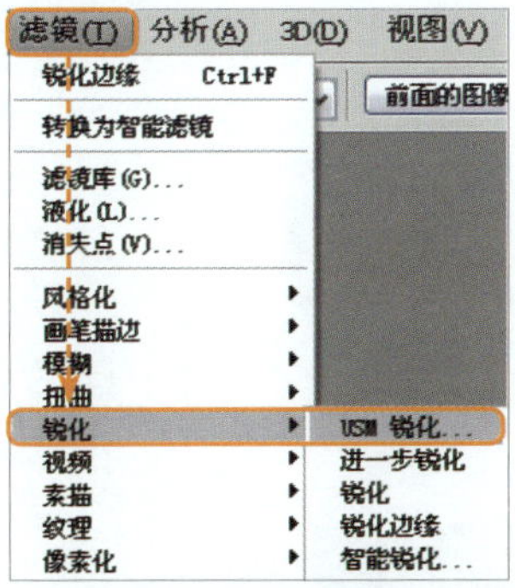

STEP 03 在打开的“USM锐化”对话框中设置“数量”为183%，“半径”为8.8像素，“阈值”为3色阶，完成后单击“确定”按钮。

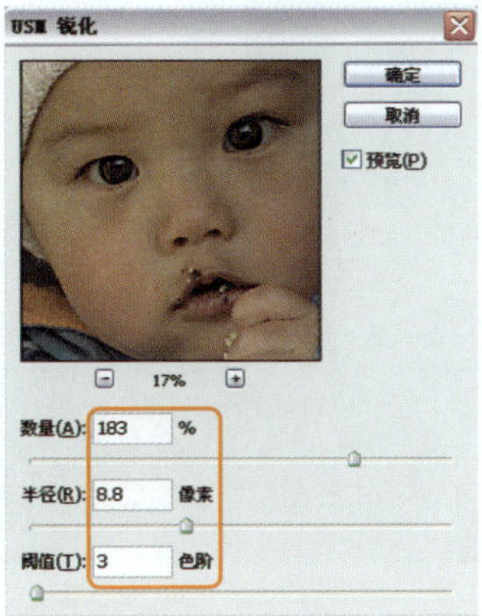

STEP 04 通过使用“USM锐化”命令进行调整，孩子的脸部清晰度显著提高，但由于进行的是整体调整，画面中的衣服部分也随之锐化，使得照片的主次不够分明。

Photoshop基础

锐化的基本原理

人们在观察物体时，对物体的边缘轮廓有着与生俱来的敏感度。一张照片的清晰度，很大程度上取决于人们的感官。明度较高的图像，由于边缘对比不明确，会给人模糊的感觉，反之，明度较低的图像边缘对比强烈，给人清晰的感觉。

明度较高的画面

明度较低的画面

对图像进行锐化的过程其实就是图像中边缘像素之间的明暗增强的过程。适当的锐化可以增加画面的质量，但是如果过度锐化，就会在一些细节部分会出现白边，反而会影响画面的效果。

原图

正常锐化

STEP 05 选择"图层1"，然后单击"图层"面板下方的"添加图层蒙版"按钮，单击画笔工具，设置画笔为"柔角120像素"，"不透明度"为100%。

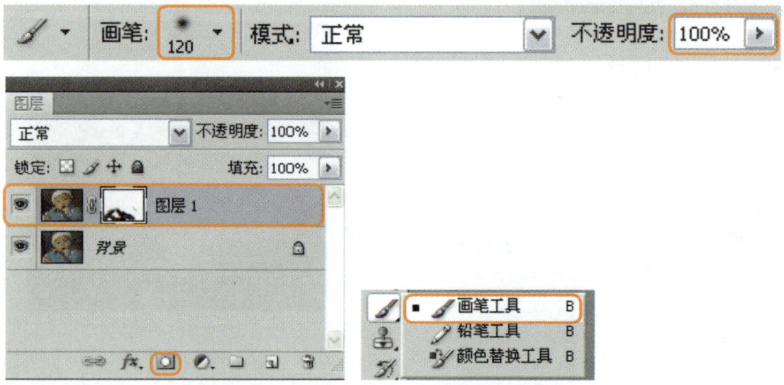

STEP 06 使用设置好的画笔工具在衣服部分涂抹，还原之前的模糊状态，使得孩子的脸部更加突出。

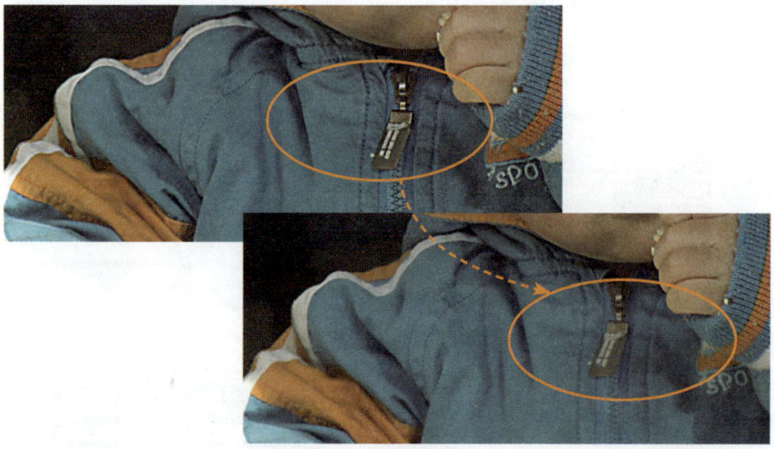

STEP 07 对孩子的五官调整完成后，将调整照片的整体亮度。单击"图层"面板下方的"创建新的填充或调整图层"按钮，在弹出的菜单中选择"亮度/对比度"命令，在弹出的"调整"面板中，设置"亮度"为21，"对比度"为5。

过度锐化

执行"滤镜>锐化>USM锐化"命令，弹出"USM锐化"对话框。原图由3个不同明度的色块组成，用两种不同的锐化参数进行锐化，会看到不同的效果。

原图

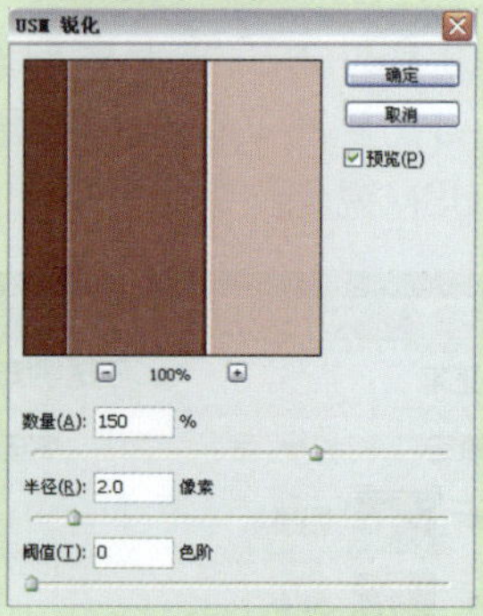

"半径"为2.0

调整效果

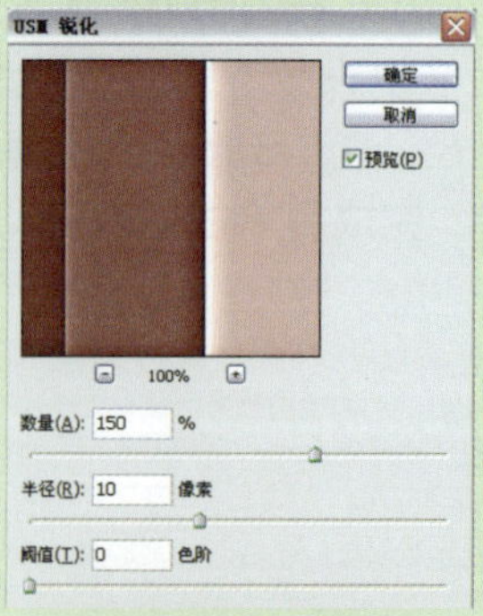

"半径"为10

调整效果

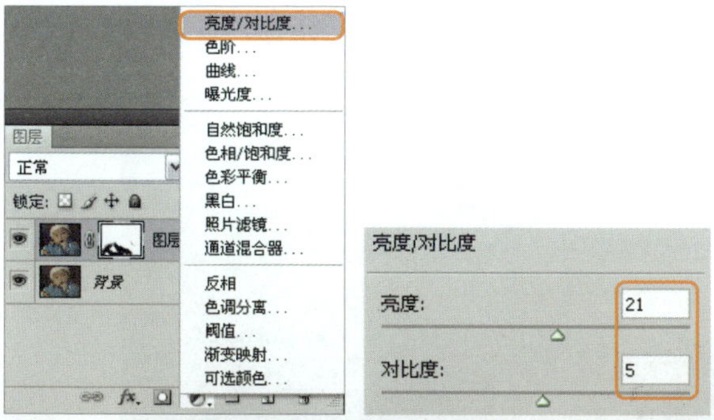

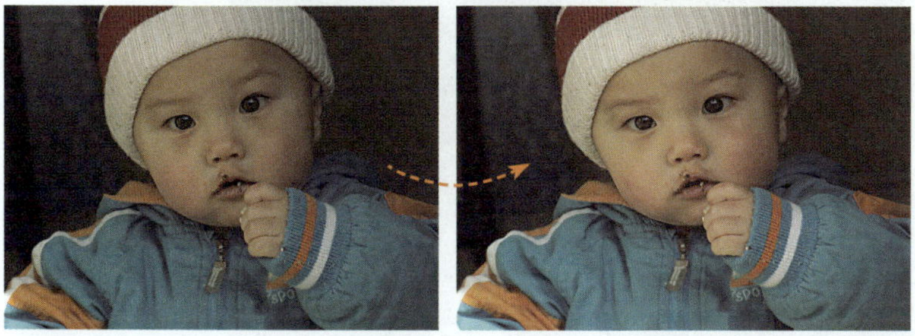

STEP 08 单击“创建新的填充或调整图层”按钮，在弹出的菜单中选择“曲线”命令，在弹出的“调整”面板中设置一个控制点，将其向上移动，以提亮照片的整体亮度。

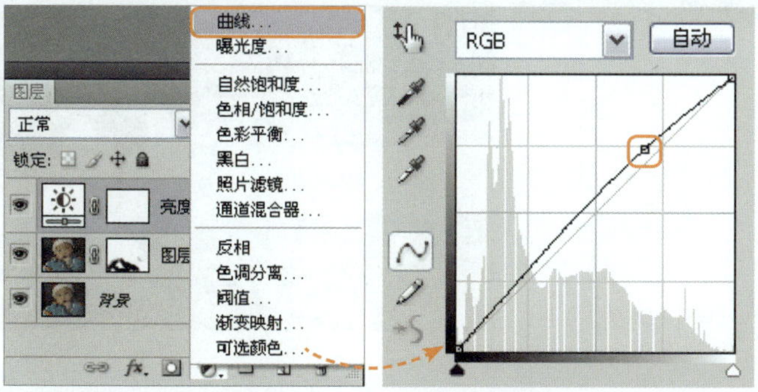

STEP 09 经过使用“曲线”命令进行调整，画面的亮度提高，孩子的五官部分更加清晰。至此，本照片调整完成。

提示与技巧

锐化效果的显示

对照片进行锐化处理时，在显示器屏幕中100%显示非常重要的。虽然它并不代表实际的打印尺寸，但如果在其他百分比下锐化将很难控制锐化程度，很可能在不经意间锐化过度了。

屏幕50%显示正常

屏幕100%显示锐化过度

现在越来越多的人开始使用液晶显示器，与传统显示器相比，使用液晶显示器显示的图像要更清晰一些。

同一张照片，应该调整得效果稍微过一点才能满足不同的显示效果。

液晶显示

传统显示

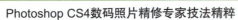

5.1.2 “智能锐化”滤镜（1）——调整聚焦不准的照片

最终文件路径：实例文件\chapter5\complete\02-end.psd

案例分析：本例拍摄的是一张生活照片，由于数码相机机械式的向中心对焦，使得人物部分模糊，背景部分清晰，最终导致主次不分明，这是数码照片拍摄中常见的问题。下面将通过对照片的调整，改善聚焦不准的现象。

功能点拨：Photoshop中的“智能锐化”命令能够对画面中的模糊部分快速进行调整。本例将画面分为背景和人物两个部分，以模糊背景和锐化人物的思路使用不同的步骤进行调整，从而还原近实远虚的画面效果。

STEP 01 打开本书配套光盘中的“实例文件\chapter5\media\02.jpg”文件。可以看出照片聚焦不准，人物与背景部分主次不明确，通过“智能锐化”命令将对图像进行调整。按下快捷键Ctrl+J，复制“背景”图层得到“图层1”。

STEP 02 执行“滤镜>锐化>智能锐化”命令，弹出“智能锐化”对话框，在对话框中设置“数量”为70%，“半径”为0.5像素，对图像进行锐化，完成后单击“确定”按钮。

STEP 03 经过锐化调整，人物部分较为清晰，但是背景部分却由于调整过度而出现杂点，影响了照片的质量。

Photoshop基础

图像大小与分辨率

在计算机中打开一张数码照片时，我们所看到的实际上是无数像素的彩色小方块组成的图像。当把相片放大到一定的倍数，可以看到这些各色小方块。

原图

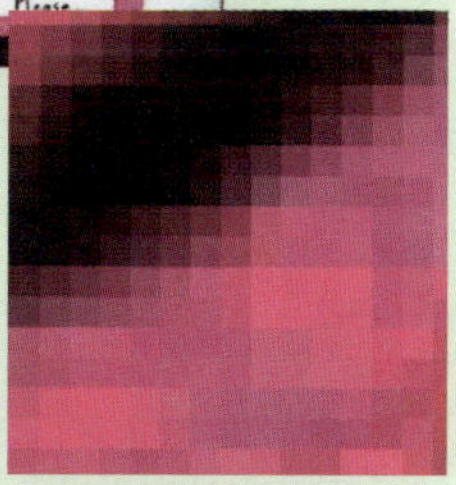

放大后的小色块

常说的图像大小是图像的物理尺寸，也就是实际打印尺寸。分辨率指的是当照片输出时每英寸图像所包含像素的实际数量。

图像的分辨率影响着画面的输出质量，因为每英寸图像所含的像素量越大，输出的画面质量就越精细。

在图像总量保持不变的情况下，如果放大图像的物理尺寸就会降低图片的输出质量。

物理尺寸：5mm×6.5mm
分辨率：150dpi

STEP 04 下面将使用蒙版对画面中调整过度的地方进行涂抹。单击“图层”面板下方的单击“添加图层蒙版”按钮，创建一个图层蒙版。单击画笔工具，设置画笔为“柔角175像素”，“不透明度”为100%，画笔颜色为黑色。

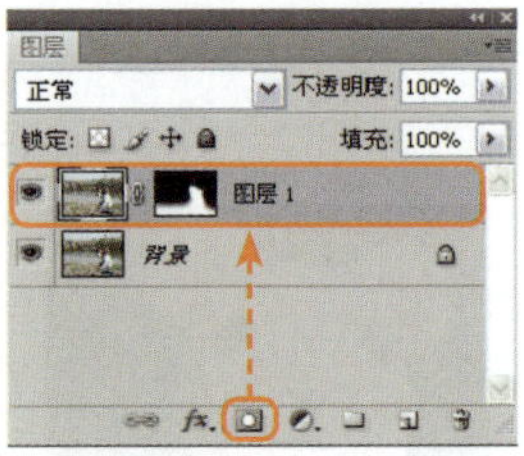

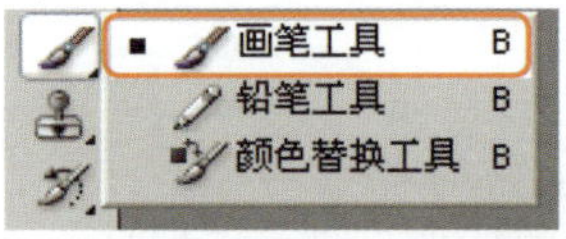

STEP 05 使用调整好的画笔，在画面中对背景部分进行涂抹，可以看到背景部分在还原之前的模糊状态。

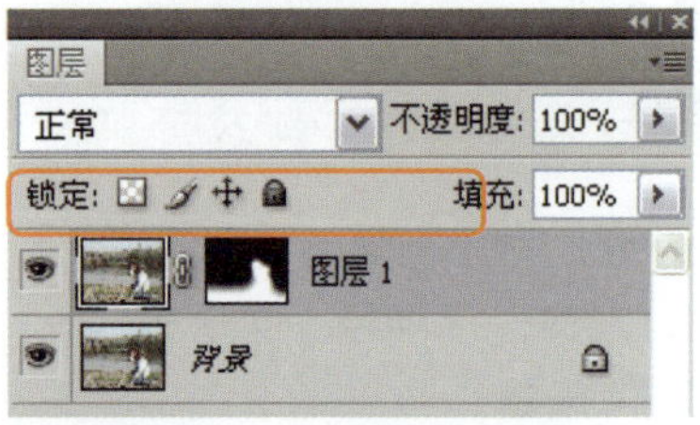

STEP 06 仔细观察调整后的画面，会发现聚焦不准的现象有所改善。下面将再次锐化照片，将人物调整得更加清晰。

STEP 07 按下快捷键Ctrl+Shift+Alt+E盖印图层，得到“图层2”图层。执行“滤镜>锐化>进一步锐化”命令，画面更进一步被锐化。人物显得更加清晰，然后同样使用蒙版对背景部分进行恢复。

物理尺寸：2.5mm×3mm
分辨率：300dpi

物理尺寸：10mm×13mm
分辨率：72dpi

通过对比可以看出，在像素总量保持不变的情况下更改图像的分辨率，图像的物理尺寸越大，图像越不清晰，质量也就越低。

相机参数中提到的500万像素或是600万像素，实际上是成像后照片所包含的像素总量。像素越高，成像后的照片越能满足大的打印尺寸。

600万像素相机拍摄的照片

在购买数码相机时，并非像素越高的数码相机就越好。像素越高，所占用的空间内存就越多，影响相机的运转。家用为目的购买时，建议选择600万像素的数码相机即可。高像素的数码相机适用于专业摄影者与以打印出版为主的摄影者。

STEP 08 单击“图层”面板下方的“添加图层蒙版”按钮，创建一个图层蒙版。单击画笔工具，设置画笔为“柔角200像素”，“不透明度”为86%，画笔颜色为黑色。

STEP 09 按下快捷键Ctrl+Shift+Alt+E盖印图层，得到“图层3”。单击模糊工具，将画笔设置为“柔角700像素”，“不透明度”为59%，在背景部分进行涂抹，使背景模糊。

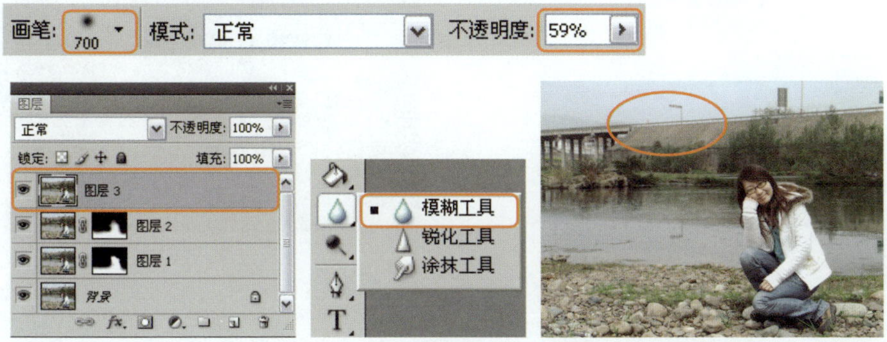

STEP 10 单击“创建新的填充或调整图层”按钮，在弹出的菜单中选择“色相/饱和度”命令，弹出“调整”面板，在打开的面板中设置“饱和度”为+16。至此，本照片调整完成。

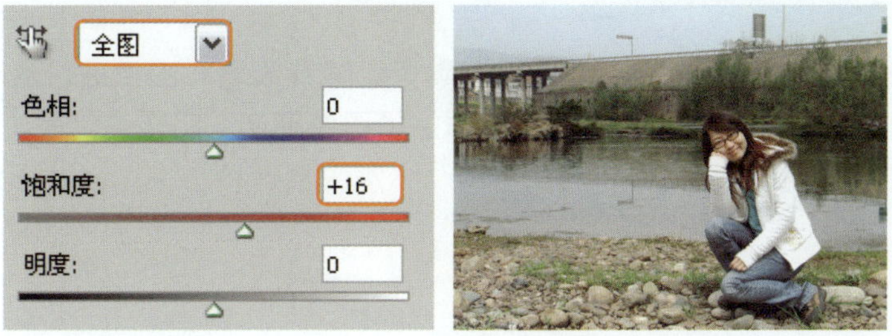

5.1.3 “智能锐化”滤镜（2）——制作秀丽山川照片

最终文件路径： 实例文件\chapter5\complete\03-end.psd

案例分析： 这是一张在湖边拍摄的照片，“照片将远景、近景表现得非常到位。但是由于画面效果比较模糊，使得被摄主体的层次感不够，近景与远景的虚实关系没有区分开。通过后期的处理，使用Photoshop中的“智能锐化”命令对其进行调整，使画面充满层次感。

功能点拨： Photoshop CS4中的“智能锐化”命令能够有效地对图像进行清晰处理，它将原有USM锐化滤镜的阈值功能变成高级锐化选项，添加了图像高光、阴影锐化等功能，使得调整后的画面层次更加丰富。

STEP 01 打开本书配套光盘中的“实例文件\chapter5\media\03.jpg”文件。可以看出照片比较模糊，而且缺乏层次感。首先按下快捷键Ctrl+J，复制“背景”图层得到“图层1”。

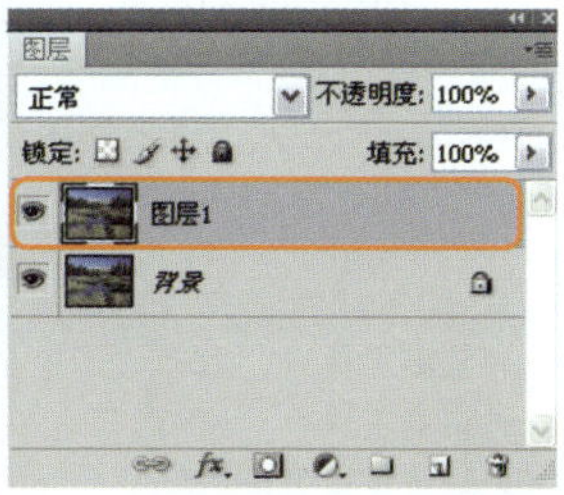

STEP 02 单击“图层1”，执行“滤镜>锐化>智能锐化”命令，弹出“智能锐化”对话框。

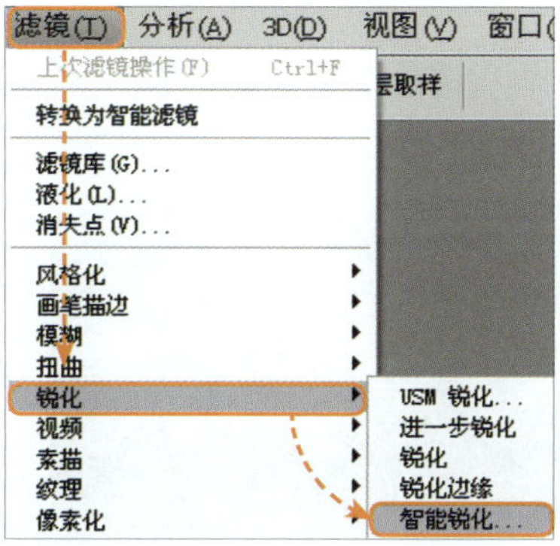

STEP 03 在打开的“智能锐化”对话框中设置“数量”为56%，“半径”为1像素，设置“移去”为“高斯模糊”，完成后单击“确定”按钮。

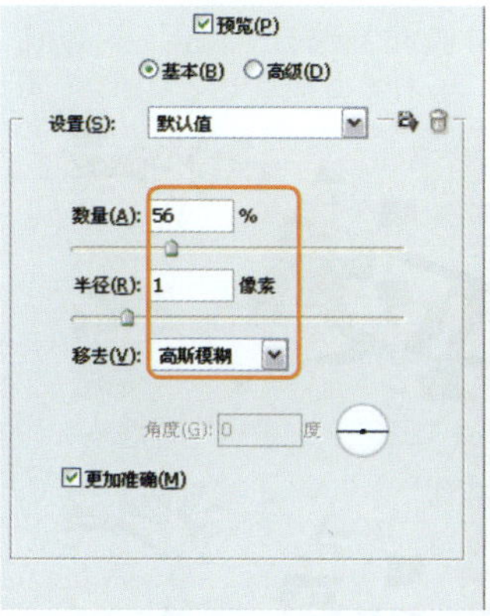

STEP 04 通过锐化调整后，画面的清晰度大幅度增加，但是通过仔细观察会发现，由于统一的调整使得远处的山脉也变得很清晰失去了层次感，这就需要通过蒙版来还原远处山脉的模糊。

Photoshop基础

智能锐化的基本设置

执行“滤镜>锐化>智能锐化”命令，弹出“智能锐化”对话框。

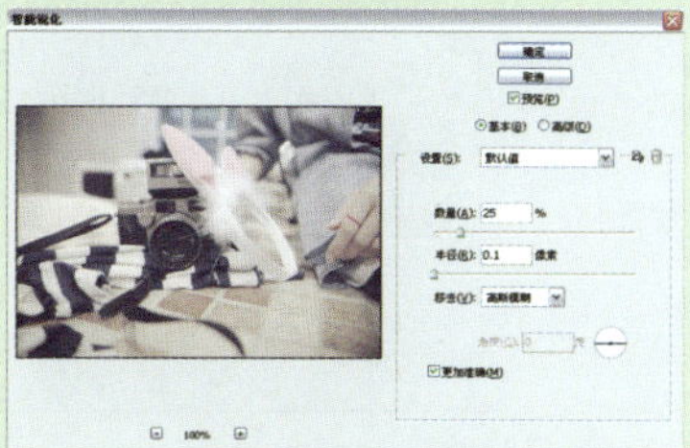

“智能锐化”对话框

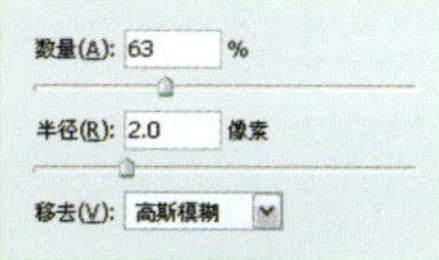

基本选项卡

1．数量

数量表示总的锐化度，数值越大图像边缘像素之间的对比度越强烈，看起来更加锐利。

原图

“数量”为500

“数量”为25

2．半径

图像的边缘像素周围受锐化影响的像素数量，数值越大就越明显。

STEP 05 选择“图层1”，单击“图层”面板下方的“添加图层蒙版”按钮，单击画笔工具，设置“画笔”为“柔角40像素”，“不透明度”为80%，对远山部分进行涂抹。

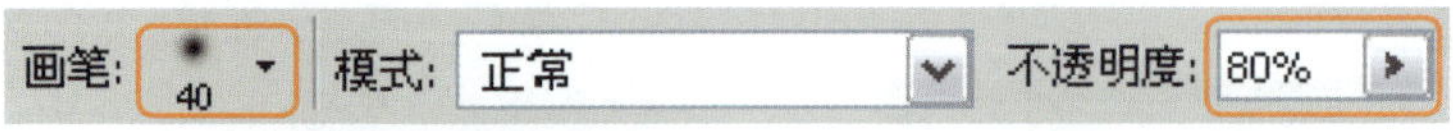

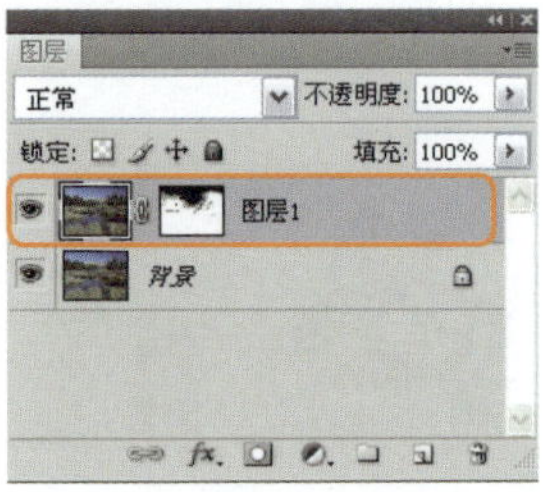

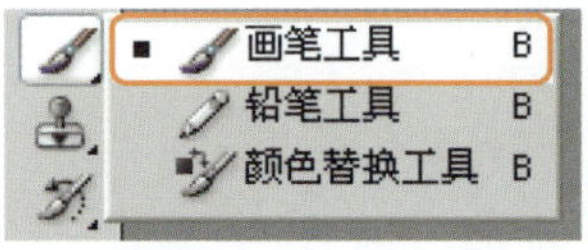

STEP 06 通过使用蒙版进行涂抹，远山部分还原了模糊的效果，但是过渡较为生硬，在下一步骤中将继续调整。

STEP 07 保持蒙版状态不变，将画笔设置为“柔角40像素”，“不透明度”设置为20%，对远处的树木进行涂抹。

STEP 08 通过使用蒙版进行调整，画面中有了近实远虚的层次关系，过渡显得更加自然。

“半径”为64像素

“半径”为0.1像素

3. 移去

有“高斯模糊”、“镜头模糊”和“运动模糊”3个选项。高斯模糊是USM滤镜使用的方法。镜头模糊可对细节进行更加精确的锐化，并减少锐化的光晕。运动模糊可针对拍摄主体移动而导致的模糊，如果选择了运动模糊可控制角度方向。

“更加准确”复选框是用于更加精确的选项，一般情况是不会增强细节的效果，但如果是图像有很多噪点，就不适合勾选此复选框，而且还会增强一些不需要的效果。

未勾选“更加准确”复选框

勾选“更加准确”复选框

STEP 09 加强照片的饱和度，会增添山川美景的色彩感，使画面更加丰富。单击“图层”面板下方的“创建新的填充或调整图层”按钮，在弹出的菜单中选择“色相/饱和度”命令，在“调整”面板中设置“饱和度”为+20。

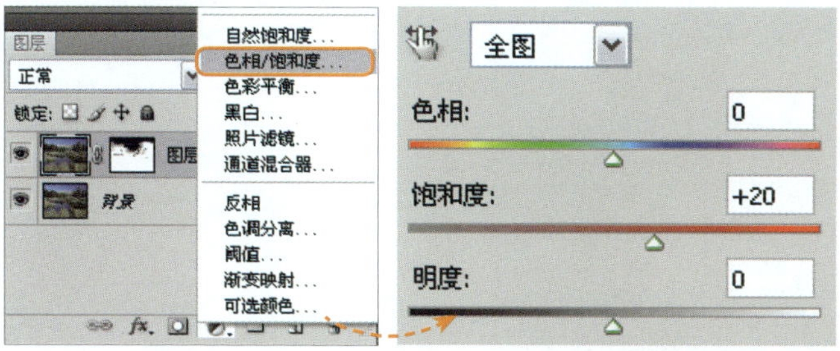

STEP 10 通过使用“色相/饱和度”命令进行调整，画面整体的色彩感加强，画面内容更加丰富。

STEP 11 下面通过“色阶”命令加强画面中的对比度，单击“图层”面板下方的“创建新的填充或调整图层”按钮，在弹出的菜单中选择“色阶”命令，在“调整”面板中显示相关选项，设置“输入色阶”的参数为7、1.00、226。

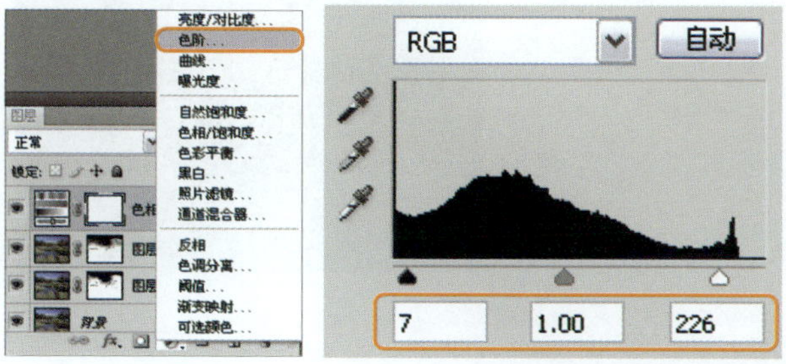

STEP 12 通过使用“色阶”命令进行调整，画面的整体对比度加强，亮部与暗部的层次关系更加明显。至此，本照片调整完成。

Photoshop基础

智能锐化的高级设置

“智能锐化”滤镜通过增加图像的阴影和高光中的锐化量来使得画面更加清晰。

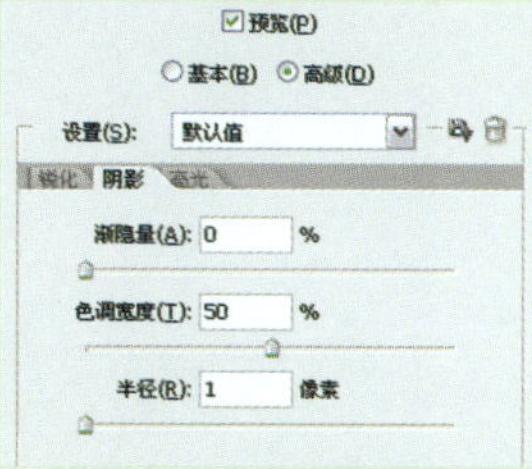

高级选项

下面将分别了解对话框中的选项设置。

1. 渐隐量

通过渐隐量可以调整阴影或高光的效果。渐隐量值越大，高光与阴影锐化的程度越弱。渐隐量值越小，高光与阴影的锐化程度越强。

“渐隐量”为0%

“渐隐量”为100%

2. 色调宽度

色调宽度用于控制阴影或高光中色调的修改范围。较小的值只对较暗区域进行阴影校正的调整，或者只对较亮区域进行高光校正的调整。

3. 半径

半径用于控制每一个像素周围区域的大小，用于确定像素是在阴影还是在高光中。数值小时会指定较小的区域，而数值大的时候会指定较大区域。

5.1.4 “进一步锐化”滤镜——挽救模糊照片

最终文件路径： 实例文件\chapter5\complete\04-end.psd

案例分析： 该照片是使用普通数码相机拍摄的，构图完整，以近大远小的透视关系使照片充满空间感。但由于照片较为模糊，没有将细节表现出来。下面将通过Photoshop中的“进一步锐化”命令对其进行调整。

功能点拨： Photoshop中的“进一步锐化”命令，通过锐化图像相邻像素的对比度使图像清晰，但只对具有明显反差的边缘有效果。该命令的锐化强度比“锐化”滤镜要强，无需参数设置。

STEP 01 打开本书配套光盘中的"实例文件\chapter5\media\04.jpg"文件。可以看出照片比较模糊，缺乏细节，将运用"进一步锐化"命令提高照片的质量。首先按下快捷键Ctrl+J，复制"背景"图层得到"图层1"。

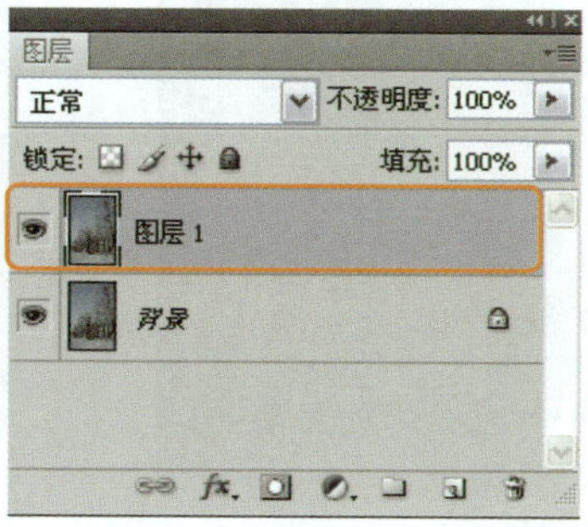

STEP 02 选择"图层1"，执行"滤镜>锐化>进一步锐化"命令，可以看到画面变的较为清晰。如果觉得锐化的效果不够明显，可以按下快捷键Ctrl+F重复上一步骤的锐化命令，直到效果满意为止。

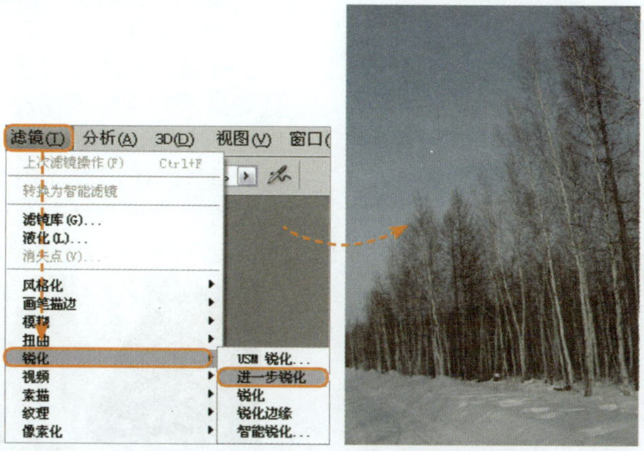

STEP 03 经过锐化调整后，整体画面很难看出明显的效果，可以放大图像通过细节来观察。

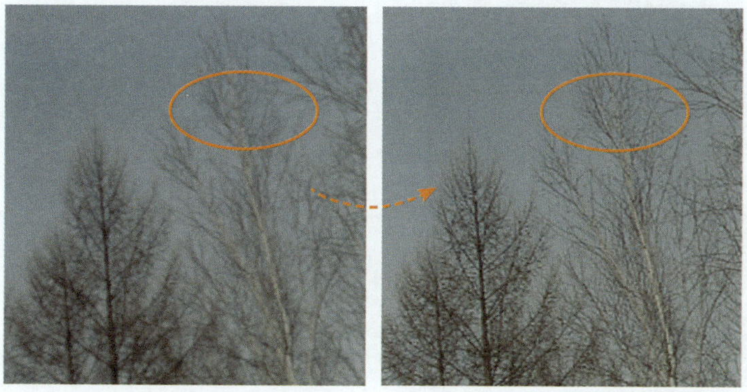

提示与技巧

对数码照片的锐化处理

多数的数码相机拍摄都会存在模糊的现象，这种模糊其实是在自然场景拍摄的过程中丢失一部分细节造成的。这种情况无法避免，数码相机的成像原理就是造成这种现象的原因之一。一般情况下，数码相机在将自然光线转换成数码的过程中，光线的转换不可避免地会造成细节的损失。

数码照片中的模糊效果

在缩小或者放大过程中，针对图像的尺寸系统会将图像重新采样，这同样会让图像看起来比较模糊。

所以，对数码照片进行适当的锐化操作是由必要的，需要扫描的图片也同样需要。

原图

锐化调整效果

锐化会增加照片细节的表现能力，可以使表现普通的照片立刻变为一幅优秀的摄影作品。

STEP 04 下面对前方的景物进行进一步的锐化，按下快捷键Ctrl+Shift+Alt+E盖印图层，得到“图层2”。再次执行“滤镜>锐化>进一步锐化”命令，可以看出通过调整画面更加清晰。

STEP 05 由于整体调整使得远处模糊的树木也变得清晰，画面缺少了层次感，通过蒙版可将其还原。单击“图层”面板下方的“添加图层蒙版”按钮，创建图层蒙版。单击画笔工具，设置“画笔”为“柔角100像素”，“不透明度”为100%。

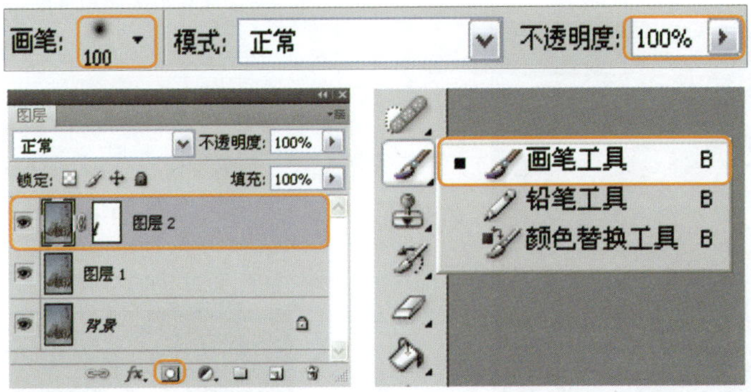

STEP 06 使用调整好的画笔工具，对远处的树木进行涂抹，还原之前的模糊状态。

但是在进行锐化的过程中会遇到产生噪点的问题。

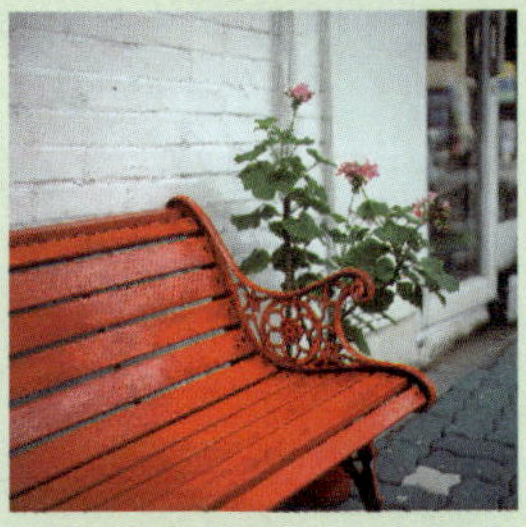

原图

产生噪点

在处理的过程中，一方面希望使用模糊的方法软化噪点，而另一方面希望照片有更多的细节表现。但是在锐化照片的同时，噪点会同细节一同显现出来。这样不仅没有提高照片的质量，反而还降低了画面的质量。对于这一问题，建议在进行锐化处理之前使用“减少杂色”命令将噪点去除。

原图

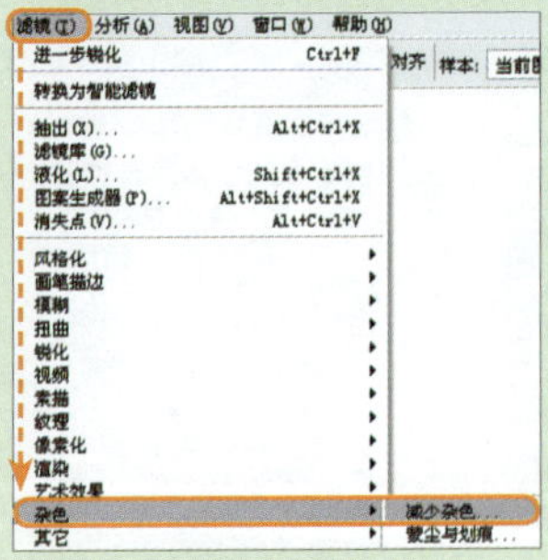

“减少杂色”命令

STEP 07 单击“图层”面板下方的“创建新的填充或调整图层”按钮，在弹出的菜单中选择“色相/饱和度”命令。在打开的“调整”面板中设置“饱和度”为+22。

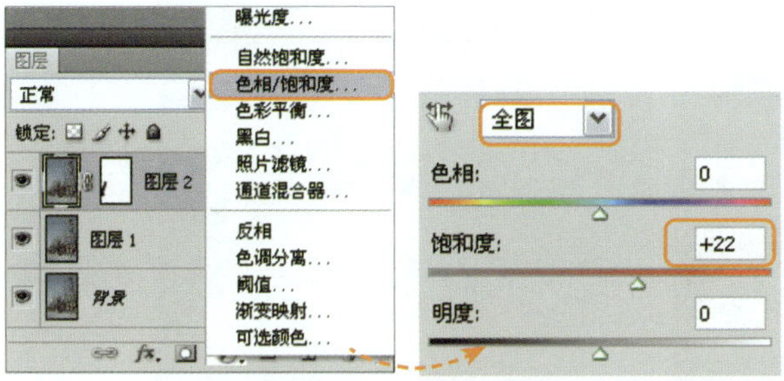

STEP 08 经过色彩的调整，可以看出天空摆脱了偏灰的现象，呈现出较为清爽的蓝色。适当调整照片的色彩饱和度会提高照片的质量，但如果调整过度会出现杂色，使画面看起来缺乏真实感。

STEP 09 单击“图层”面板下方的“创建新的填充或调整图层”按钮，在弹出的菜单中选择“色阶”命令，“图层”面板中出现“色阶1”调整图层，在弹出的“调整”面板中设置“输入色阶”的参数为0、1.00、239。

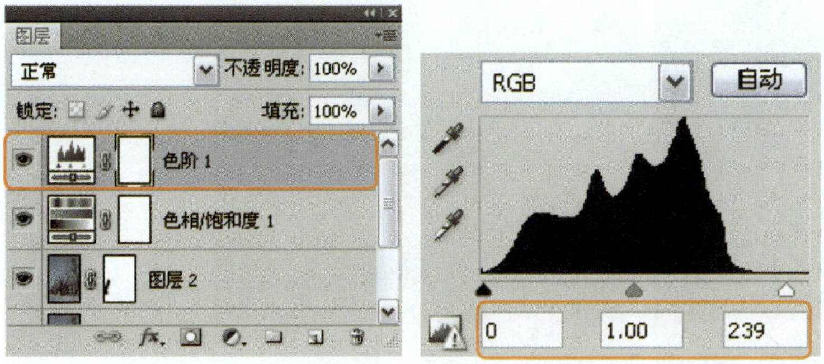

减少杂色效果

在照片的调整过程中，可以使用锐化滤镜增加相邻像素的对比度，从而使模糊图像变清晰。

可用的锐化工具很多，通常通过增强相邻像素间的对比度来聚焦模糊的图像，使图像具有清晰的轮廓。其效果与“模糊”滤镜组的效果正好相反，常见的有“USM锐化”、“锐化”、“进一步锐化”、“智能锐化”和“锐化边缘”滤镜。

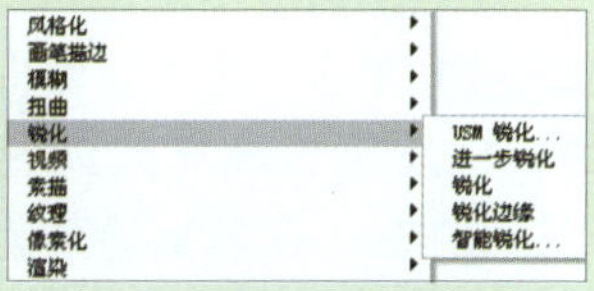

锐化工具

原图

USM锐化调整效果

“USM锐化”滤镜是最成熟的锐化技术工具，通过一个像素与一个像素相比较，为原图建立一个虚化版本，它增强了边缘的清晰度，却不会产生不自然的迹象，也不会消除低对比度区域的层次。

STEP 10 由于天气或者光线的原因，使得照片灰蒙蒙的，这也是造成画面效果模糊的原因之一，在这里将通过调整色阶中的白色滑块，加强画面的整体亮度，使得画面效果更加清晰，层次分明。

STEP 11 单击“图层”面板下方的“创建新的填充或调整图层”按钮，在弹出的菜单中选择“亮度/对比度”命令。在打开的“调整”面板中设置“亮度”为+20。

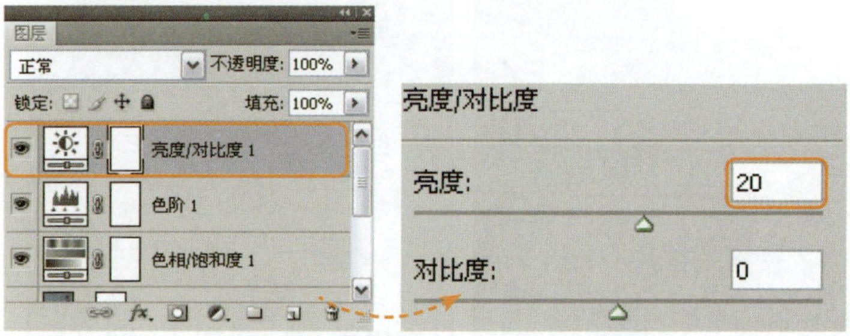

STEP 12 “亮度/对比度”命令与“色阶”、“曲线”命令所不同，“亮度/对比度”命令不会改变图像的饱和度和色相，只是调整图像的亮度值。经过“亮度/对比度”命令的调整，画面的整体亮度提高。至此，本照片调整完成。

5.2 特殊锐化

在对数码照片进行锐化的时候，有一些照片并不需要整体处理。使用锐化滤镜并不能达到理想的效果，这时就需要使用特殊锐化。特殊锐化能够根据画面的需要，针对不同的主体进行不同程度的锐化，从而使得锐化范围更加精确，画面效果更加自然。

5.2.1 Lab通道——打造绚丽烟花

最终文件路径：实例文件\chapter5\complete\05-end.psd

案例分析：这是一张拍摄烟花的照片，绚烂的颜色倒映在湖面上，形成五彩斑斓的画面。但由于拍摄时相机设置的快门速度不准确，使得画面有些模糊，留下了遗憾。在后期的处理中将会还原当时的绚烂场景。

功能点拨：使用“智能锐化”命令对照片进行锐化时，边缘区域会产生色彩混乱，这是彩色过度饱和引起的。为了避免这种情况的产生，可以通过Lab锐化解决，利用亮度通道锐化而不影响色彩，可以最大程度地避免色彩混乱。

STEP 01 打开本书配套光盘中的"实例文件\chapter5\media\05.jpg"文件。由于拍摄时快门速度设置的关系，使得照片模糊，通过后期的处理将对其进行调整。

STEP 02 执行"图像>模式>Lab颜色"命令，将图像调整为Lab颜色模式。它能够支持多个图层，是惟一不依赖外界设备而存在的色彩模式。

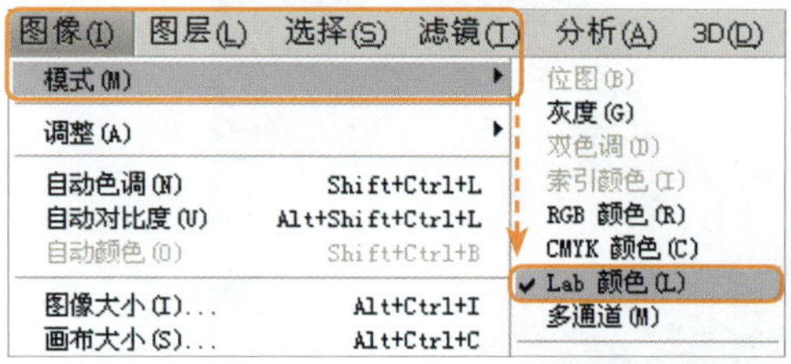

STEP 03 按下快捷键Ctrl+J，复制"背景"图层得到"图层1"。执行"滤镜>锐化>USM锐化"命令，弹出"USM锐化"对话框。

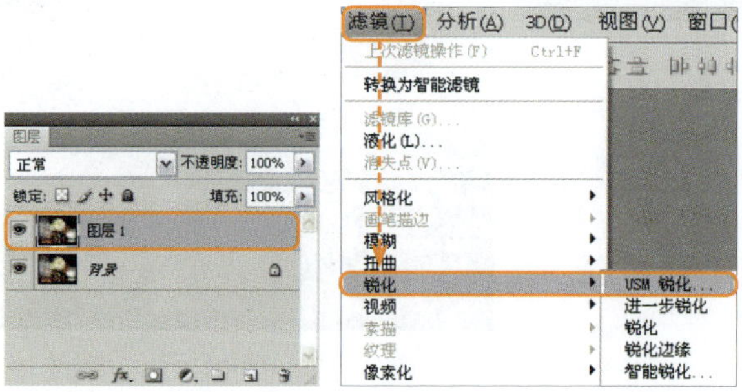

STEP 04 在打开的"USM锐化"对话框中设置"数量"为50%，"半径"为2.5像素，"阈值"为7色阶。

Photoshop基础

Lab色彩模式

Lab色彩模式通道是由"明度"通道、a通道和b通道3个要素组成。

原图

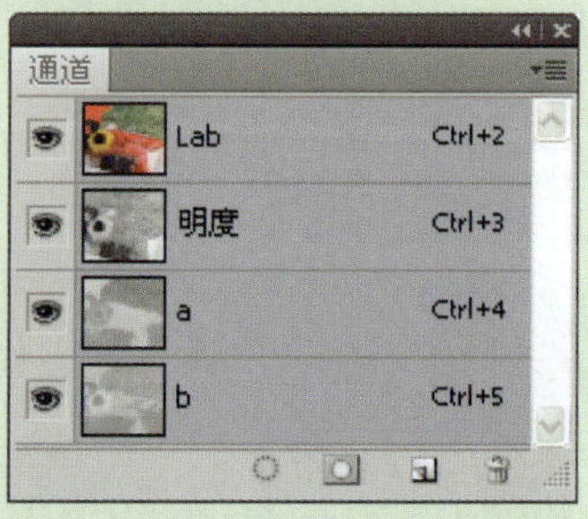

Lab模式的"通道"面板

L表示照明度，相当于亮度。

"明度"通道效果

a表示从红色至绿色的色彩范围。

a通道效果

b表示从蓝色至黄色的范围。

STEP 05 通过使用“USM锐化”命令进行调整，整体画面变得清晰。但是由于整体的清晰度提高，使得画面缺乏虚实对比，整体效果比较生硬。此时，需要通过蒙版为不需要锐化的部分进行还原。

STEP 06 选择“图层1”，单击“图层”面板下方的“添加图层蒙版”按钮，单击画笔工具，设置“画笔”为“柔角80像素”，“不透明度”为80%。

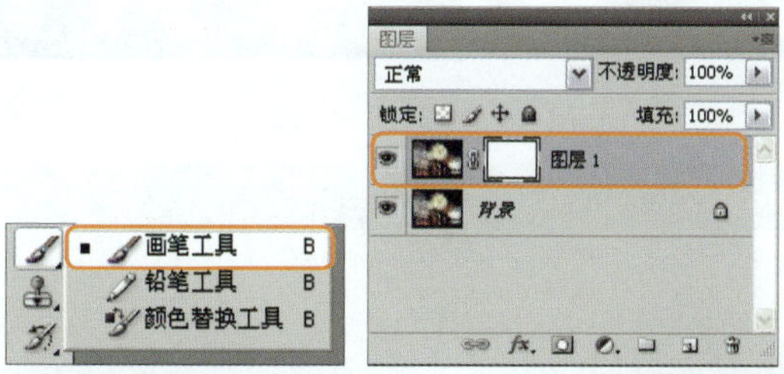

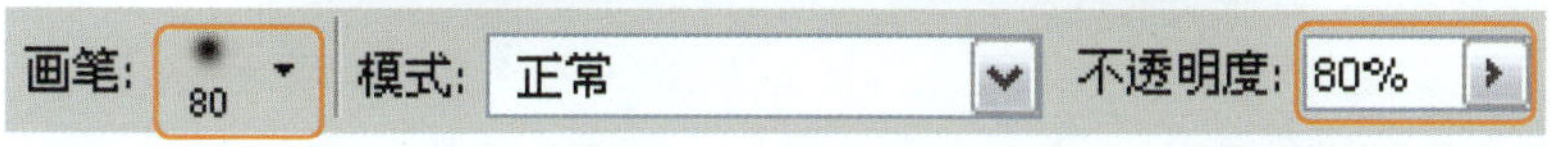

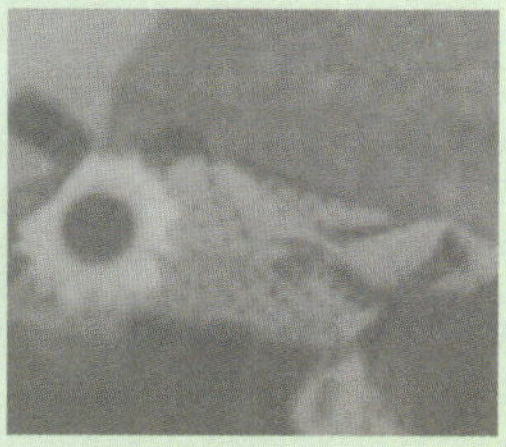

b通道效果

Lab色彩模式支持多个图层，它是惟一不依赖外界设备而存在的色彩模式，由亮度、a通道和b通道组成。除了不依赖设备外，它还具有自身的优势。

首先是色域宽阔。Lab色彩模式不仅包含了RGB、CMYK模式中的所有色域，还能表现它们不能表现的色彩。人的肉眼能感知的色彩，都能通过Lab色彩模式表现出来。

其次，Lab色彩模式弥补了RGB色彩模式色彩分布不均的不足，因为RGB模式在蓝色和绿色之间的过渡色彩过多，而在绿色到红色之间又缺少黄色和其他色彩。

在后期处理中，将照片从RGB或CMYK模式转换为Lab模式，颜色不会有任何损失，可以保持照片颜色的最佳状态。

STEP 07 使用设置好的画笔工具对远处的烟花部分进行涂抹。

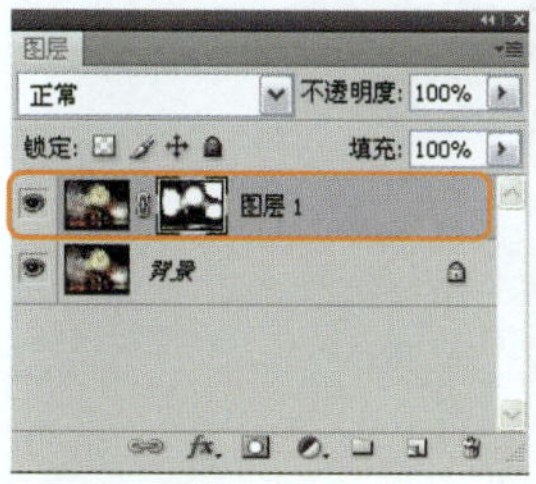

STEP 08 通过使用蒙版进行调整，照片的整体效果更加自然，下面调整图像的色彩饱和度。单击“图层”面板下方的“创建新的填充或调整图层”按钮，在弹出的菜单中选择“色相/饱和度”命令，此时“图层”面板中出现“色相/饱和度1”调整图层。

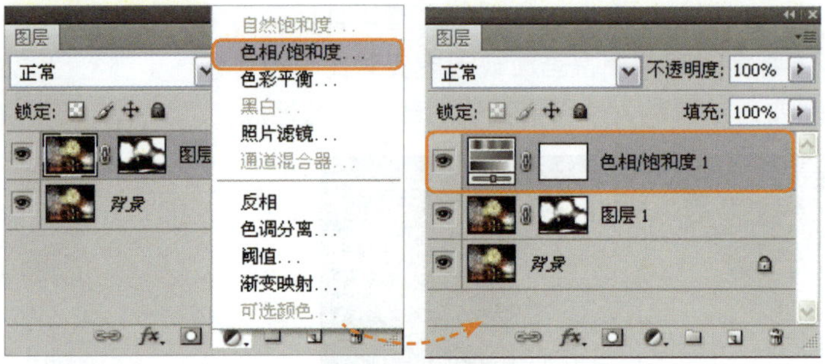

STEP 09 在打开的"调整"面板中，选择"编辑"下拉列表中的"全图"选项，设置"饱和度"为+25。至此，本照片调整完成。

Photoshop基础

锐化图像的注意事项

① 在锐化之前，最好对图像进行备份，以便与调整之后的效果进行对比。

② 对于不同的照片，根据各自的效果需求，应该灵活地设置锐化选项，不能一概而论。

③ 在锐化的过程中，效果宁可少一些，也不能调整过度。过度锐化会使图像产生晕圈，反而破坏了照片的质量。

原图

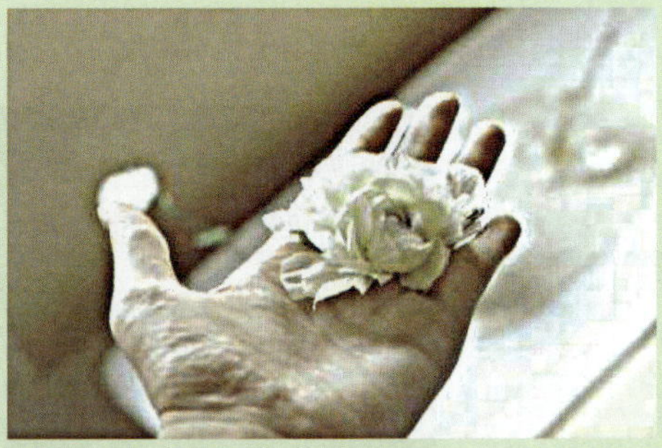

锐化过度

④ 在拍摄时，要避免照相机在成像时采用锐化选项，以免给后期处理带来困难。

⑤ 在调整锐化参数的过程中，拖动滑块改变数值不容易对比锐化效果。这时可以选中该数值，按下方向键↑或↓键来改变数值，可以看到一个锐化的过程，以便调整出适合的参数。按住Shift键可以加快参数的变化。

⑥ 如果调整后的效果太强，可以使用"渐隐"功能将其消褪一些。

5.2.2 “查找边缘”滤镜——锐化景物

最终文件路径：实例文件\chapter5\complete\06-end.psd

案例分析：这是一张拍摄向日葵的照片，模糊的背景与前面的向日葵形成对比，画面的主次分明。但是向日葵的细节表现得还不够。在后期的处理中，通过“查找边缘”滤镜来锐化景物，可以提高画面的质量。

功能点拨：使用通道和“查找边缘”滤镜来制作蒙版可以专注于边缘部分的锐化，优点在于可以选择性地强调边缘而不影响照片中的其他地方。该命令不需要专门绘制蒙版，而是由计算机自动生成，需要做的是手动调整不需要锐化的地方。

STEP 01 打开本书配套光盘中的“实例文件\chapter5\media\06.jpg”文件。这是一张拍摄景物的照片，需要锐化的只是画面中的主体向日葵，背景应保留原有的模糊状态，以强调画面中的虚实关系。

STEP 02 选择“背景”图层，按下快捷键Ctrl+A全选，然后按下快捷键Ctrl+C复制整个“背景”图层。

STEP 03 切换到“通道”面板，单击面板下方的“创建新通道”按钮，新建一个通道。

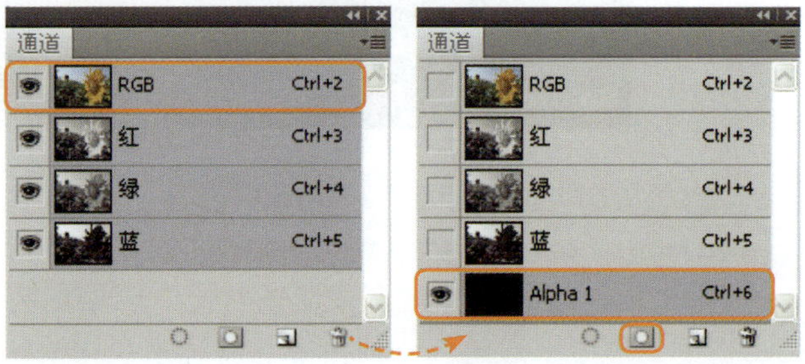

STEP 04 按下快捷键Ctrl+V将复制好的“背景”图层复制到通道中，得到黑白的图像，然后按下快捷键Ctrl+D取消选区。

提示与技巧

在不同色彩模式下寻找最佳通道

选择边缘锐化的通道有多种方法，最常用的是打开“通道”面板，分别比较每个通道中的对比度，选择对比度比较强的通道，其锐化后的边缘效果更加明显。

原图

对应边缘效果

为了调整出最佳的效果，也可以尝试使用“查找边缘”滤镜，比较每个通道处理后的效果。

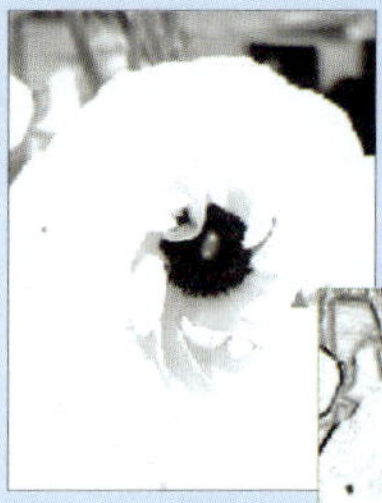
“红”通道

对应边缘效果

“绿”通道

对应边缘效果

STEP 05 执行“滤镜>风格化>查找边缘”命令，经过处理可以看到画面有了明显的改变，显示出了向日葵与背景的边缘轮廓，而且向日葵花蕊部分的细节也表现出来。接下来可以对其进行锐化，但是并不是显示的每一个部分都需要锐化，只需锐化主体部分。下面将通过调整，强调边缘和削弱多余的部分。

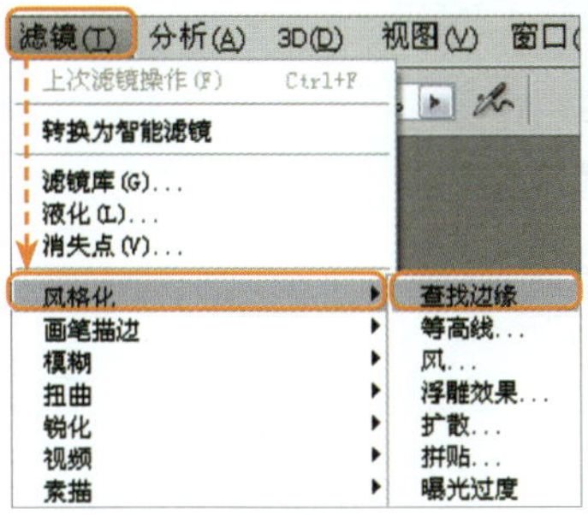

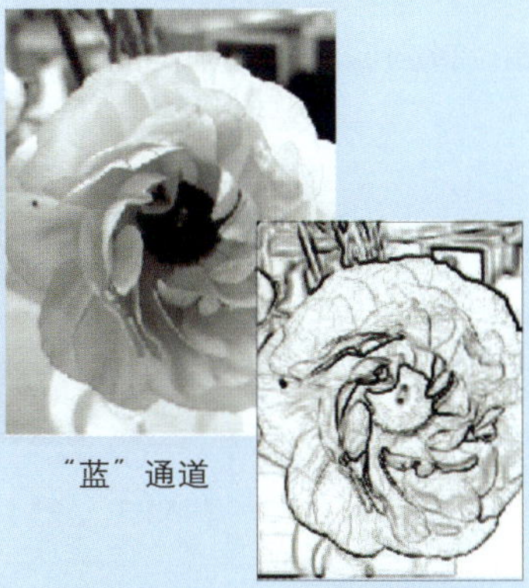

“蓝”通道

对应边缘效果

通过比较会发现蓝通道的对比最为强烈，处理边缘的效果会更加明显。

STEP 06 按下快捷键Ctrl+L，弹出“色阶”对话框，在打开的“色阶”对话框中拖动3个滑块，分别调整画面中的亮调、中间调和暗调。将3个滑块向右移动时，加强了画面中黑色与白色的对比，轮廓更加清晰。调整后的“输入色阶”参数为140、1.00和238。

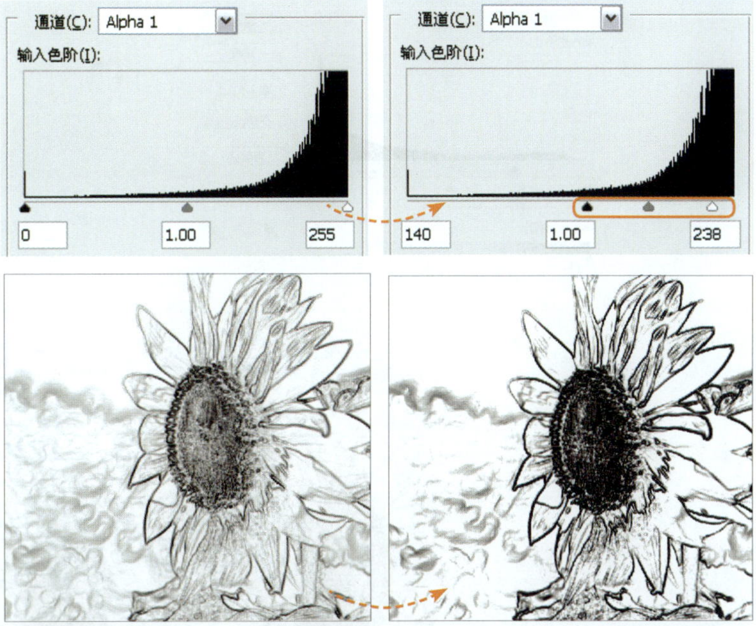

STEP 07 经过观察发现画面中有一些灰色调，为了得到更加准确的边缘，将对灰色调进行模糊处理。执行“滤镜>模糊>高斯模糊“命令，在对话框中对图像做进一步调整。

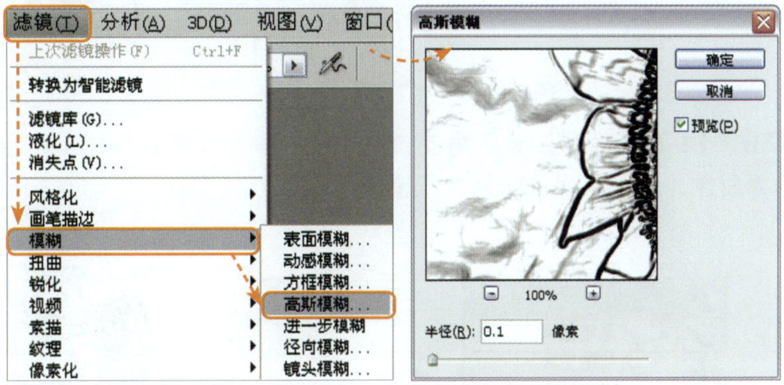

STEP 08 在打开的“高斯模糊”对话框中设置“半径”为1.5像素，完成后单击“确定”按钮。此时，将画面调整模糊是为了扩大边缘的清晰范围，弱化不需要的细节部分。

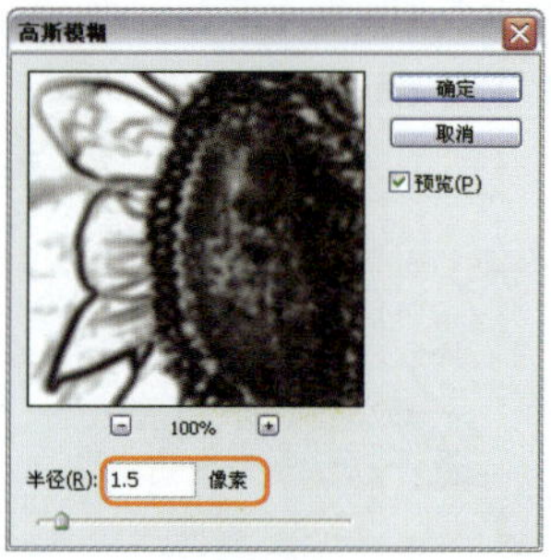

STEP 09 将图像模糊后，再次按下快捷键Ctrl+L，弹出“色阶”对话框。在打开的“色阶”对话框中将黑色滑块与白色滑块分别向中间移动，加强亮部与暗部的对比，灰色调部分相对削弱，最大限度地去除边缘以外的中间调。移动中间的灰色滑块可以改变画面的明暗，向左移动使画面更亮，向右移动使画面更暗。调整后“输入色阶”的参数为70、1.35和194。

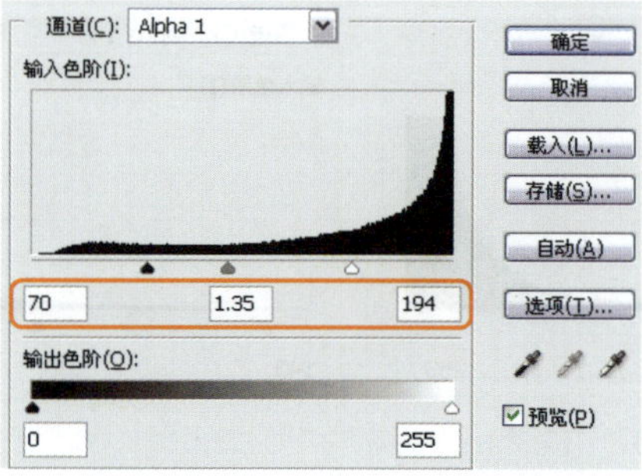

STEP 10 通过对色阶的调整，可以发现画面中向日葵的细节部分被消除，只保留下白色与黑色的边缘线条。

STEP 11 由于背景部分不需要锐化，可以使用画笔工具对其进行涂抹。单击画笔工具，设置前景色为白色，然后在背景部分进行涂抹。

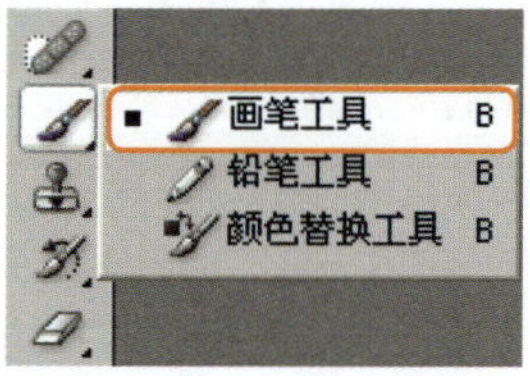

STEP 12 按住Ctrl键的同时，单击Alpha 1通道的缩略图，将通道载入选区。

STEP 13 Alpha 1通道中的白色部分被选取，由于将要调整的是向日葵部分，所以按下快捷键Ctrl+Shift+I进行反选，选中向日葵部分。执行“选择>反向”命令也可达到同样效果。

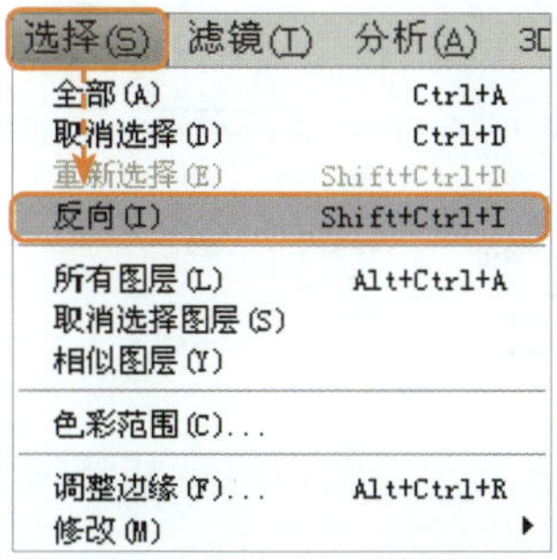

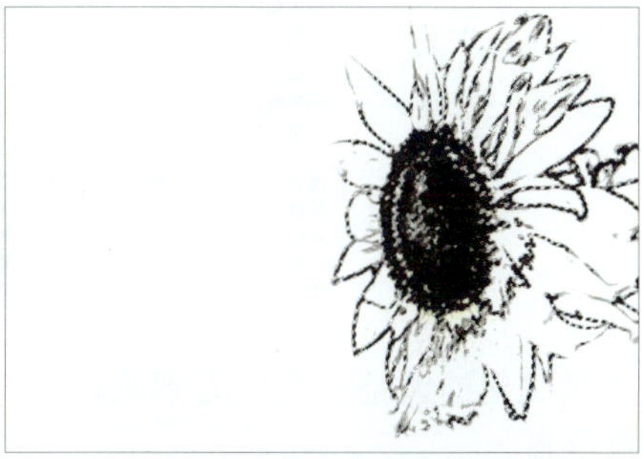

STEP 14 在“通道”面板中单击RGB通道前的“指示通道可见性”按钮，画面显示为原有的照片，并保留选区。

STEP 15 此时通过观察可以发现画面中有大片的红色区域，这是Alpha1通道中所调整的线条。单击Alpha 1通道前面的“指示通道可见性”按钮，使其隐藏，然后再单击RGB通道，这样可以更加清晰地显示所选区域。

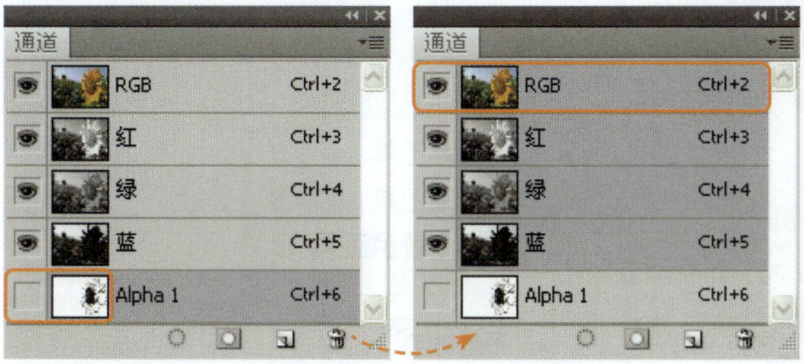

STEP 16 返回“图层”面板，此时仍保留所选区域，按下快捷键Ctrl+J将所选区域复制并新建图层，得到“图层1”。下面可以对选取出来的边缘部分进行锐化。

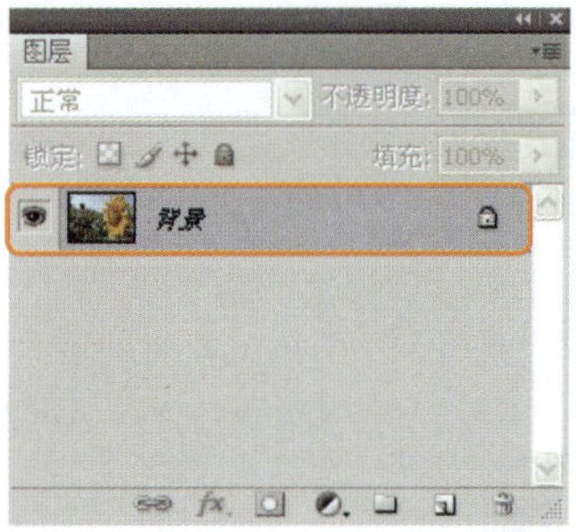

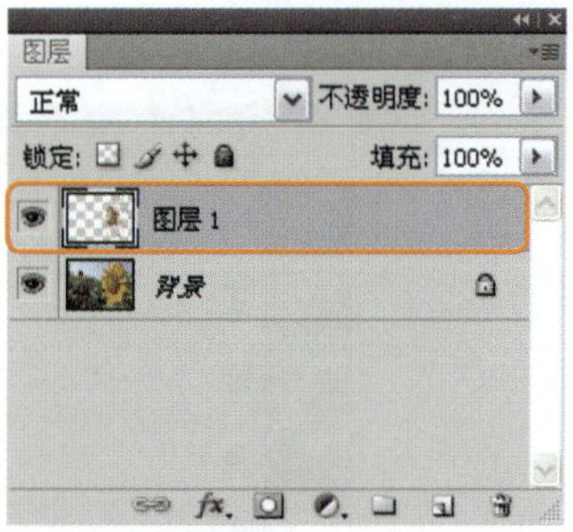

STEP 17 执行“滤镜>锐化>USM锐化”命令，弹出“USM锐化”对话框。在“USM锐化”对话框中，设置“数量”为109%，“半径”为3.2像素，“阈值”为0色阶，完成后单击“确定”按钮。

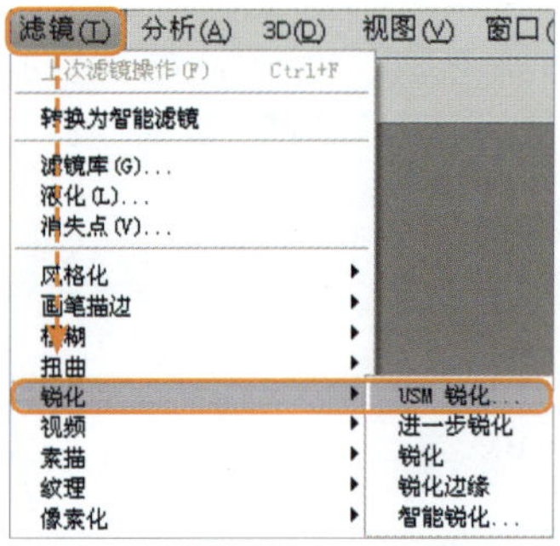

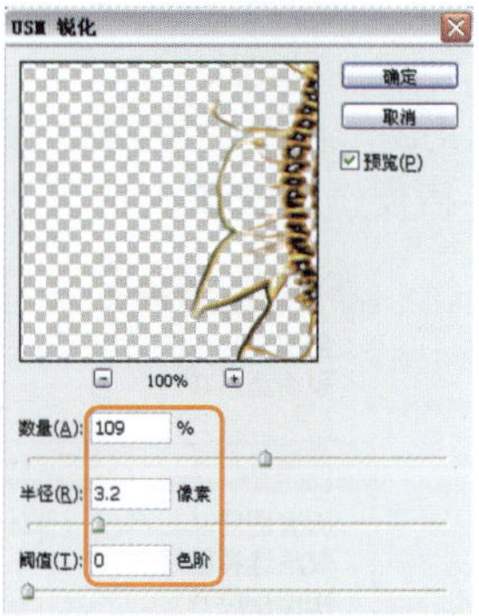

STEP 18 通过对边缘锐化的调整，可以看到画面中向日葵部分的边缘更加清晰，花蕊部分细节丰富，照片的质量明显提高。

STEP 19 整体调整完成后，仔细观察画面会发现向日葵的部分叶子也被锐化了，此时需要通过蒙版对其进行涂抹，从而恢复原状。单击“图层”面板下方的“添加图层蒙版”按钮，创建一个图层蒙版。单击画笔工具，设置“画笔”为“柔角35像素”，“不透明度”为100%。

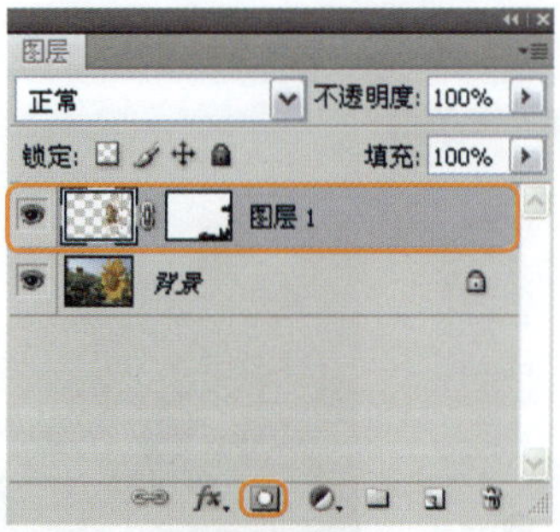

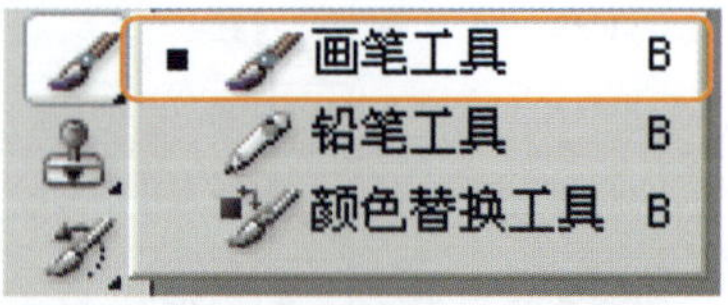

STEP 20 使用调整好的画笔在向日葵的叶子部分进行涂抹，使其还原模糊的状态，使向日葵在画面中更加显眼。

STEP 21 适当提高画面的色彩饱和度，会提高照片的质量。单击“图层”面板下方的“创建新的填充或调整图层”按钮，在弹出的菜单中选择“色相/饱和度”命令，在“调整”面板中显示相关的选项，在“调整”面板中选择“编辑”下拉列表中的“全图”选项，设置“饱和度”为+18。

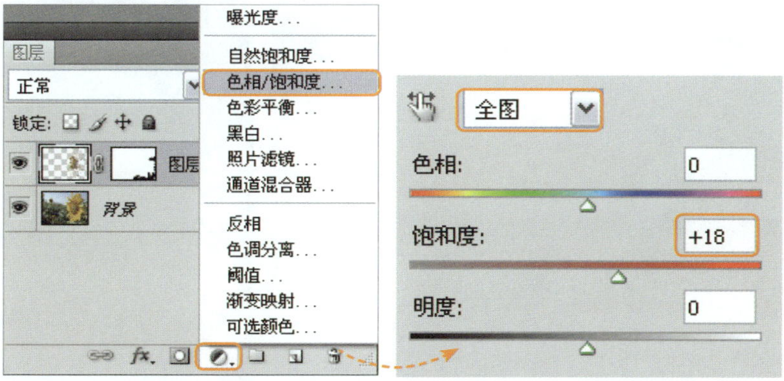

STEP 22 通过对色彩饱和度的调整，照片的整体质量提高，向日葵的细节之处也显现出来。通过使用边缘锐化的方法，将照片的细节部分自然地展现出来，同时又不影响图像的其他部分。在锐化的同时还可以去除多余的噪点，是简单易学的好方法。至此，本照片调整完成。

5.2.3 “高反差保留”滤镜——锐化动物照片

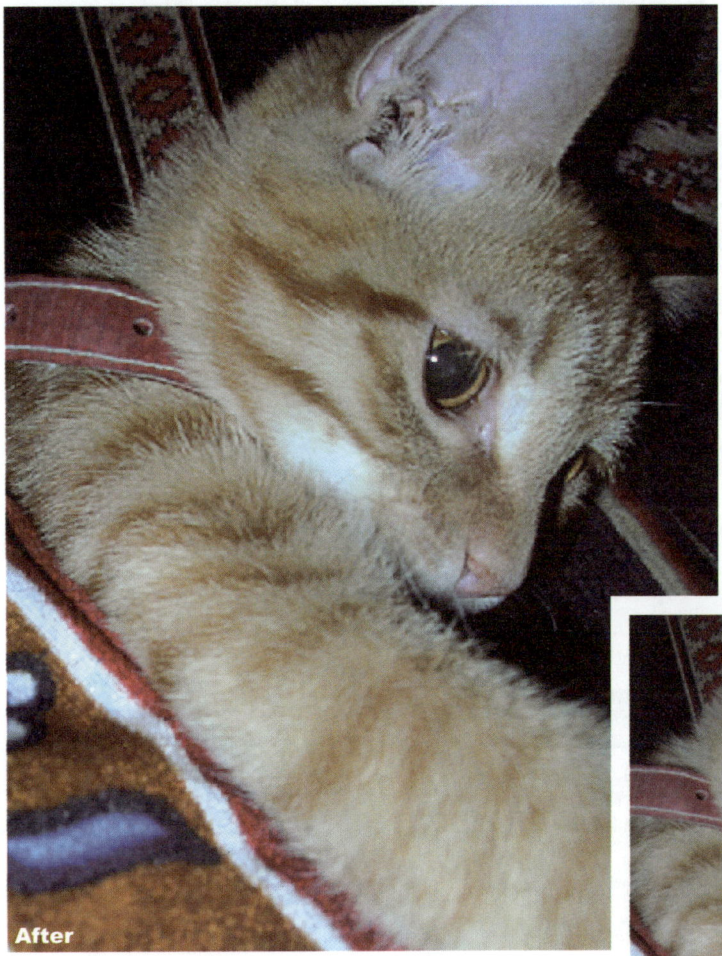

最终文件路径： 实例文件\chapter5\complete\07-end.psd

案例分析： 这是一张拍摄小动物的照片，构图充满平衡感，将小猫的可爱神情拍摄得十分到位。但由于画面比较模糊，使得照片质量不高。在后期的处理中将对照片进行锐化处理，使得小猫的细节更加明显，从而提高画面的质量。

功能点拨： “高反差保留”滤镜是Photoshop中一个常用的滤镜，它用于显示照片中有强烈反差的部分。经过处理图像以中性灰显示图像中的细节，利用这个原理来替换锐化功能，可以解决数码相机拍摄出的模糊现象。

STEP 01 打开本书配套光盘中的“实例文件\chapter5\media\07.jpg”文件。照片将小猫的可爱神态拍摄得非常到位，但是由于画面整体模糊，没有将小猫的细节表现出来，从而影响照片的质量。下面通过使用“高反差保留”滤镜对其进行调整，该滤镜用于调整动物照片的细节是最为有效的。

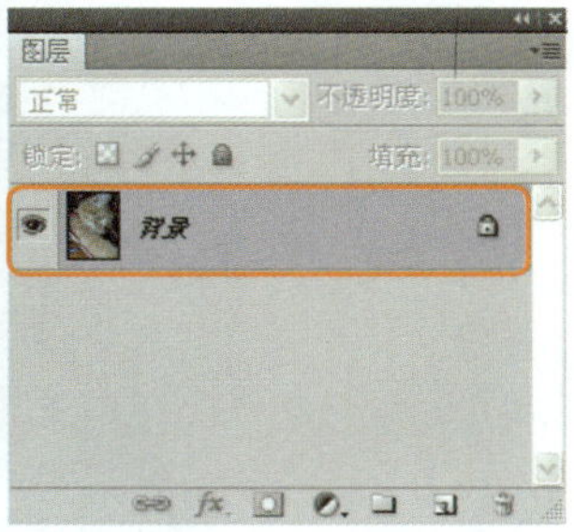

STEP 02 按下快捷键Ctrl+J，复制“背景”图层得到“图层1”。执行“滤镜>其他>高反差保留”命令，弹出“高反差保留”对话框。

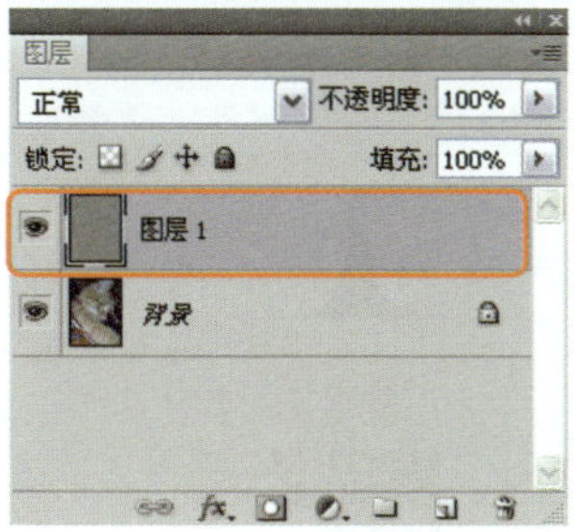

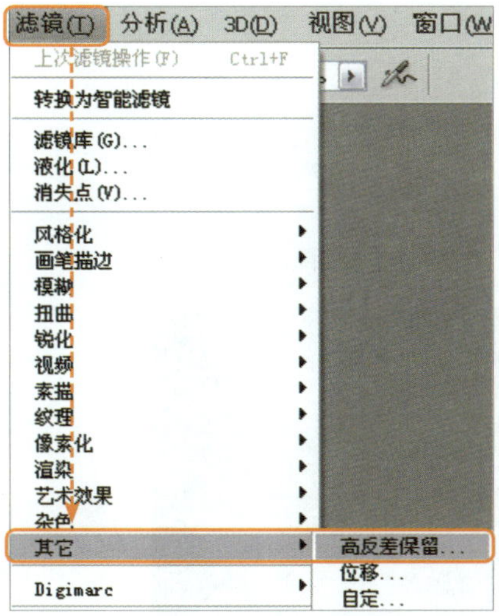

STEP 03 在打开的“高反差保留”对话框中设置“半径”为5.9像素，完成后单击“确定”按钮。画面呈现灰色的效果，隐约可以看出画面中的轮廓线条，下面将通过图层混合模式的调整，使画面呈现出自然的效果。

Photoshop基础

正确理解“高反差保留”滤镜

“高反差保留”滤镜是Photoshop中比较常用的一个滤镜。

“高反差保留”滤镜显示照片中有强烈反差的部分，处理过后的图像以中性灰显示图像中的低频细节，在此就是利用这个原理将其演化为锐化功能，它在很大程度上解决了数码相机中拍摄照片较为模糊的问题。

执行“滤镜>其他>高反差保留”命令，弹出“高反差保留”对话框。

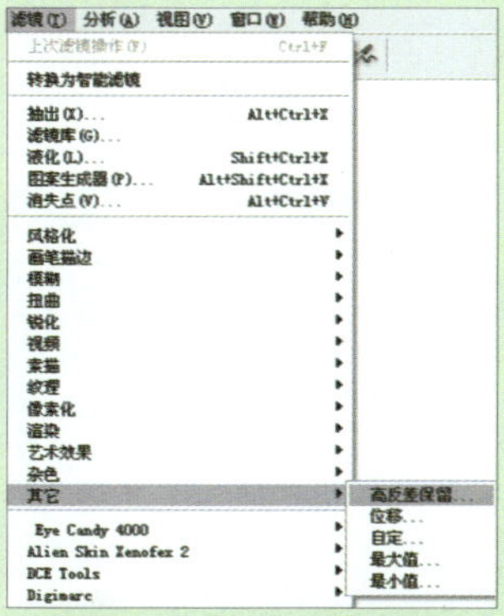

执行“高反差保留”命令

“高反差保留”滤镜将强烈颜色转变发生的地方按指定的半径保留边缘细节，并且不显示图像的其余部分（设置0.1像素半径仅保留边缘像素）。

该滤镜移去的是图像中的低频细节，即找到图像的边缘细节部分，它的效果与“高斯模糊”滤镜相反。

原图

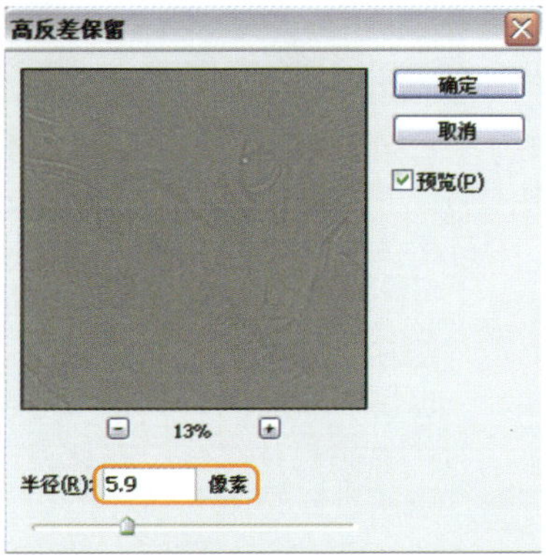

STEP 04 选择“图层1”，设置图层混合模式为“叠加”，可以观察到通过调整画面的清晰度提高。

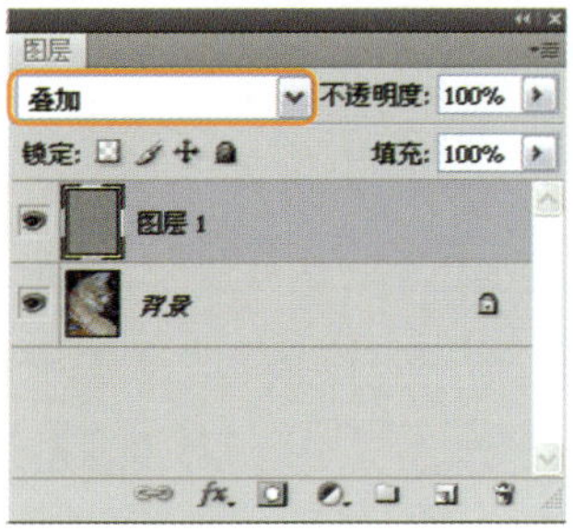

STEP 05 选择“图层1”，单击“图层”面板下方的“添加图层蒙版”按钮。单击画笔工具，设置“画笔”为“柔角200像素”，“不透明度”为80%。在小猫以外的部分涂抹，使得小猫在画面中更加突出。

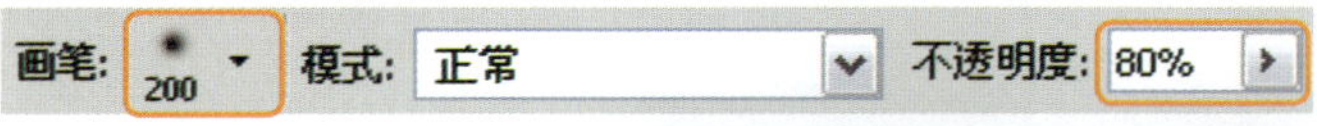

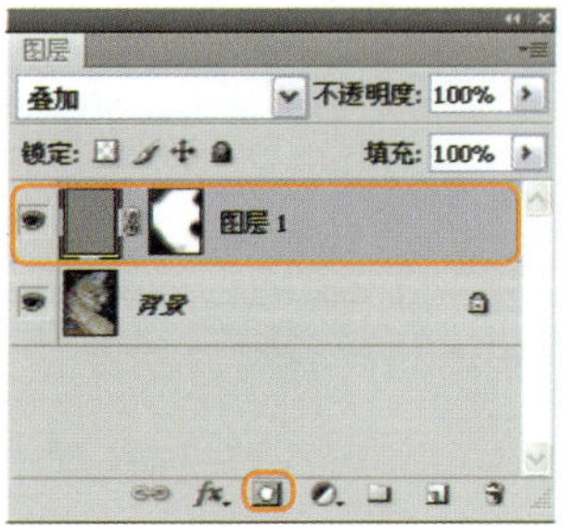

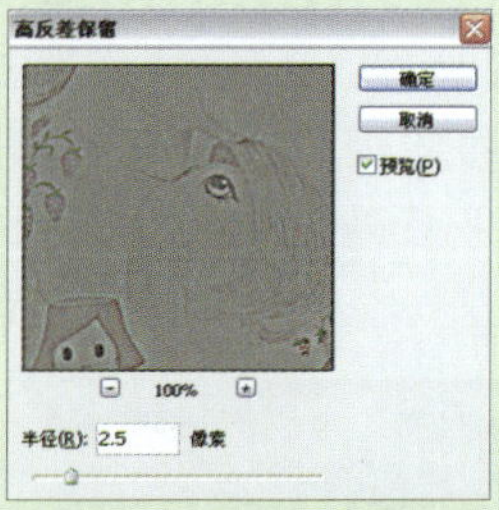

“高反差保留”对话框

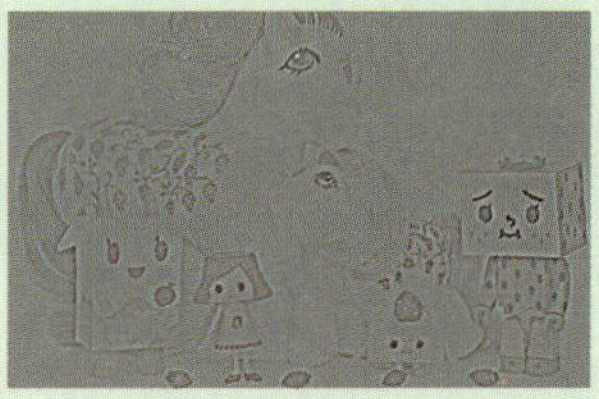

调整效果

在使用“阈值”命令或将图像转换为位图模式之前，将“高反差保留”滤镜应用于连续色调的图像将有很大的帮助。该滤镜对于从扫描图像中去取出的线条和大片的黑白区域非常有用。

使用“高反差保留”滤镜后，再使用“阈值”命令将其转换为黑白图像，非常具有艺术效果。

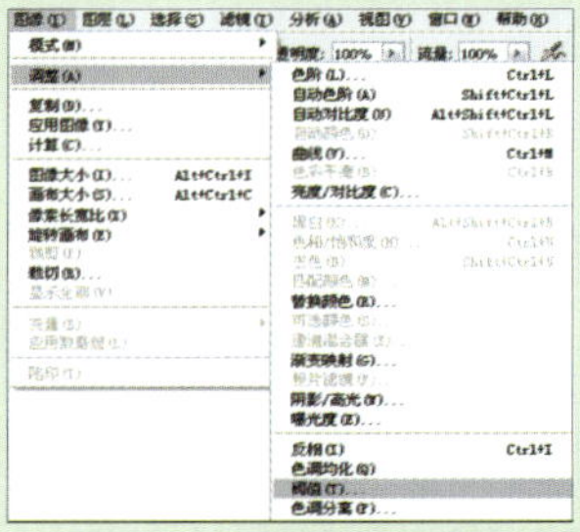

执行“阈值”命令

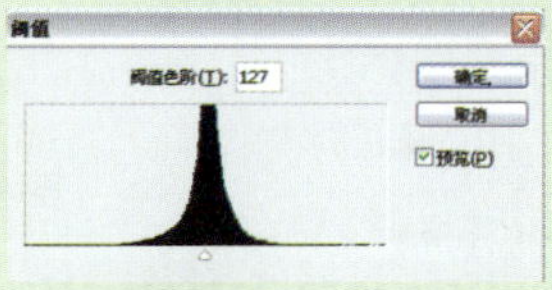

“阈值”对话框

调整效果

STEP 06 通过调整，画面中的小猫部分更加清晰，下面将提高画面中的色彩饱和度，单击“图层”面板下方的“创建新的填充或调整图层”按钮，在弹出的菜单中选择“色相/饱和度”命令，在“调整”面板中设置“饱和度”为+13。

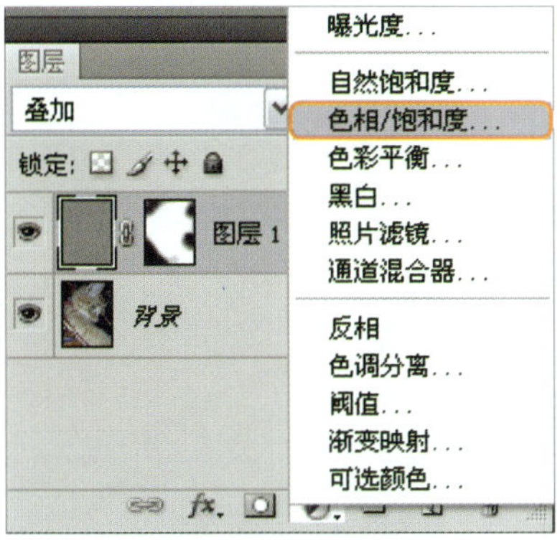

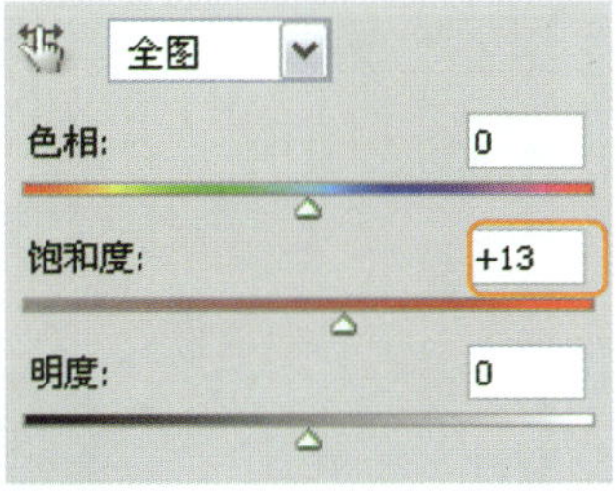

STEP 07 通过调整可以看到整体的色彩饱和度提高，画面更加丰富。

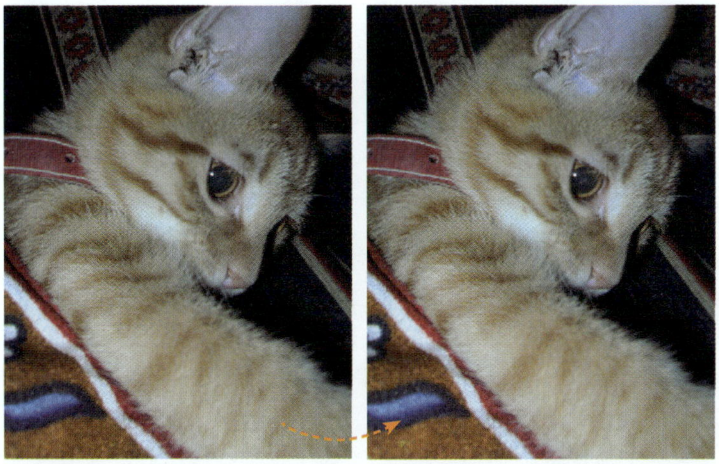

STEP 08 单击“图层”面板下方的“创建新的填充或调整图层”按钮，在弹出的菜单中选择“色阶”命令，得到“色阶1”图层。

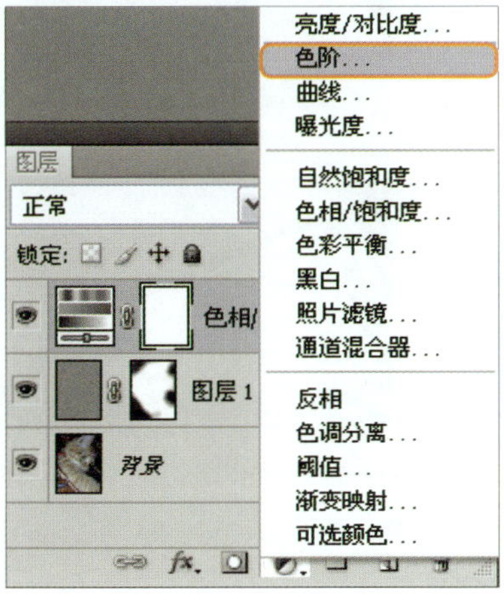

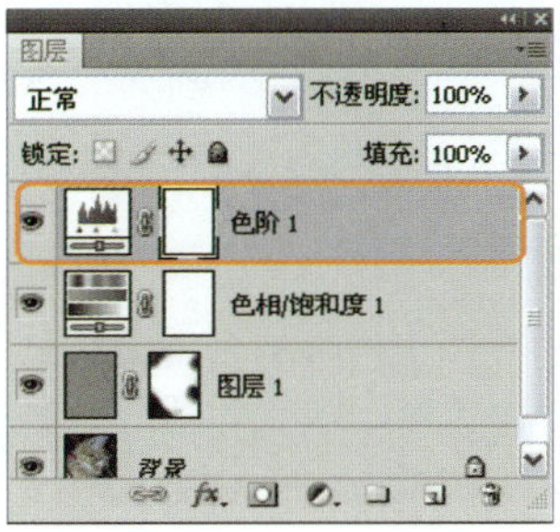

Photoshop基础

了解“USM锐化”滤镜

“USM锐化”滤镜可以使边缘生成明显的分界线，使图像清晰。在“USM锐化”对话框中可以设置锐化程度，而其他滤镜不能。

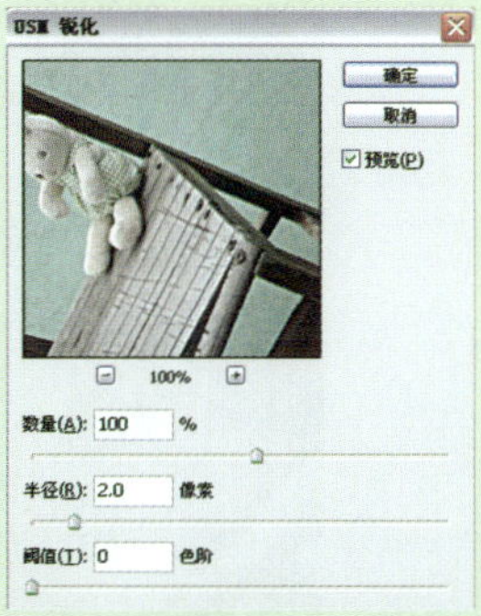

“USM锐化”对话框

原图

1. 数量

用于提高边缘差别的数量，典型的范围是在50%~150%。在任何50%以下的值不会产生足够的作用，150%以上则有一些过度。而对于高分辨率用于打印的图像，则建议使用150%~200%之间的数值。

“数量”为50%以下

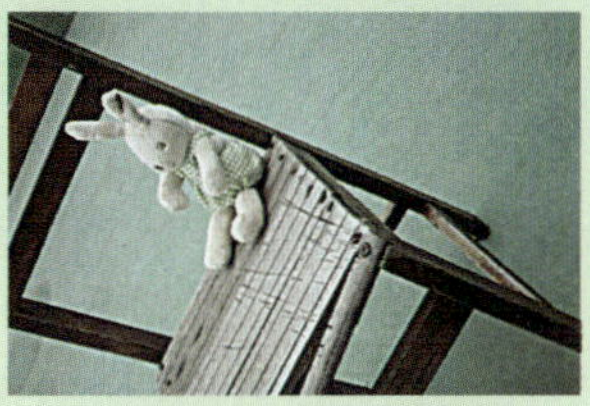

“数量”为150%以上

STEP 09 在“调整”面板中设置“输入色阶”的参数为14、1.05和247，可以观察到通过调整画面中的亮度与暗部提高。

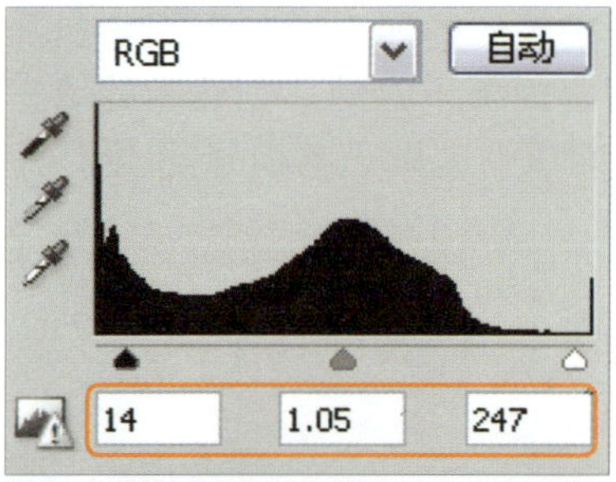

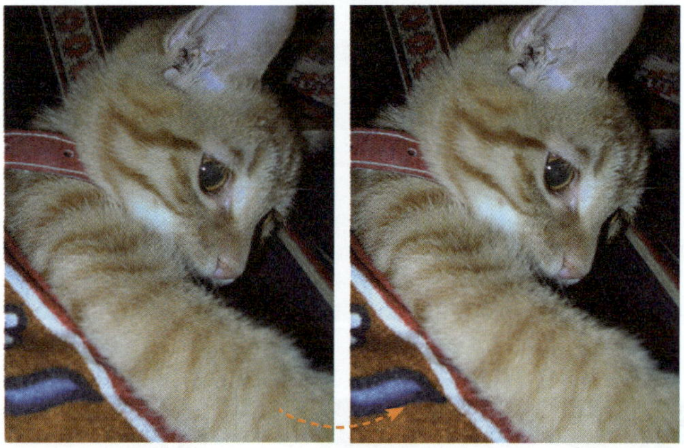

STEP 10 按下快捷键Ctrl+Shift+Alt+E盖印图层，得到“图层2”。使用同样的方法，执行“滤镜>其他>高反差保留”命令。在弹出的“高反差保留”对话框中设置“半径”为3.6像素，完成后单击“确定”按钮退出。

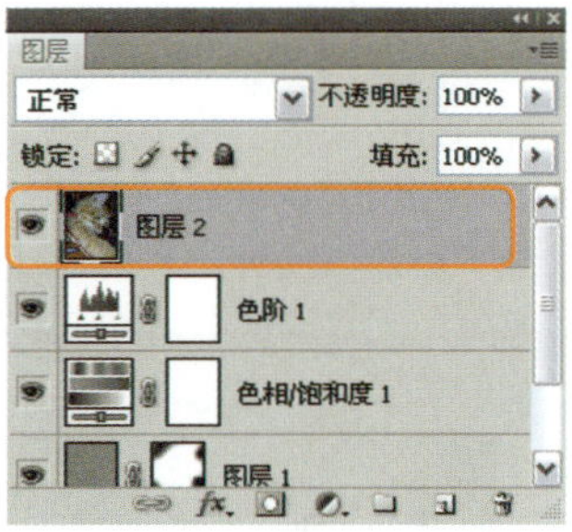

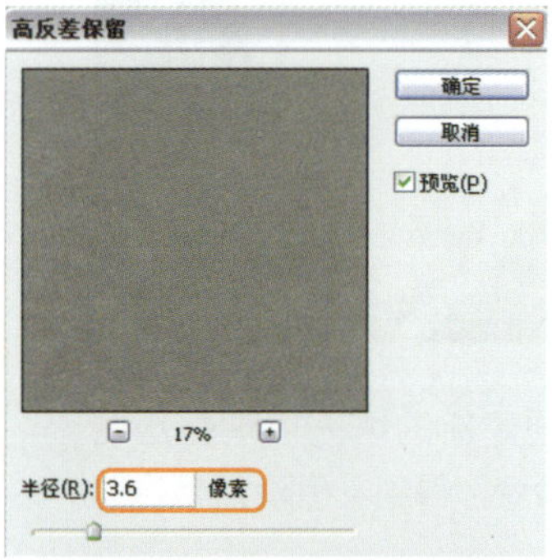

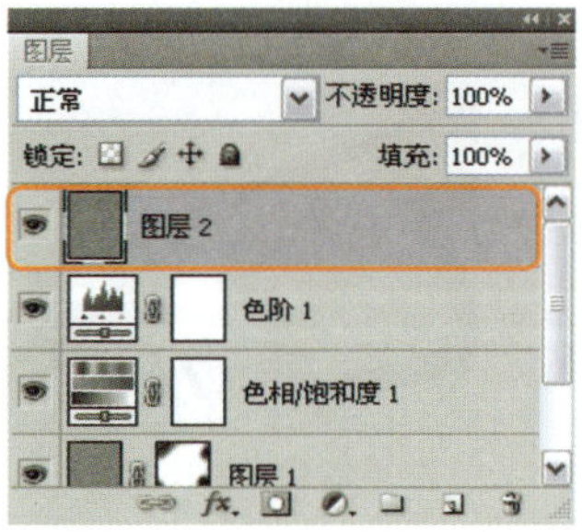

2. 半径

半径值越大，边缘效果的范围越广，锐化效果就越明显，所以半径用于提高包色边缘的对比度。大多数情况下，建议使用1像素的值，或者是1像素的值来加强效果。250像素的值只能在做特殊效果时用到，一般照片的调整不会涉及到。

“半径”为1

“半径”为250

3. 阈值

阈值中的3~20色阶是一个相对安全的范围，3最强，20最轻微，差别不是很大。如果是0，滤镜就会对每个像素起作用。图像中的噪点也同样会被锐化了。

“阈值”为0

“阈值”为20

STEP 11 选择“图层2”，设置“不透明度”为87%，可以看到画面效果有所变化。

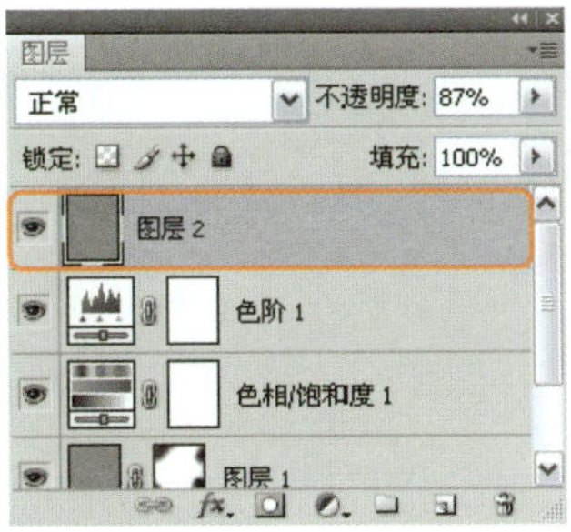

STEP 12 设置图层混合模式为“叠加”，可以观察到调整后画面的清晰度提高。

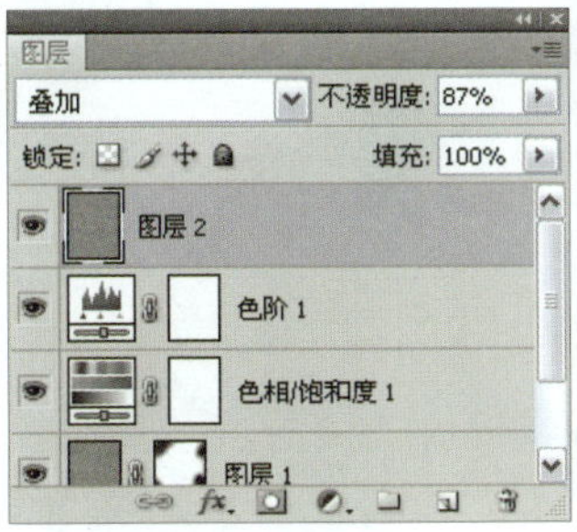

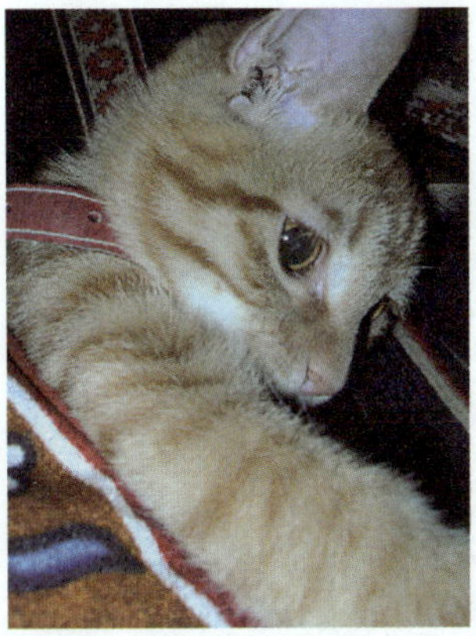

STEP 13 选择“图层2”，单击“图层”面板下方的“添加图层蒙版”按钮。单击画笔工具，设置“画笔”为“柔角80像素”，“不透明度”为60%，在背景部分进行涂抹。至此，本照片调整完成。

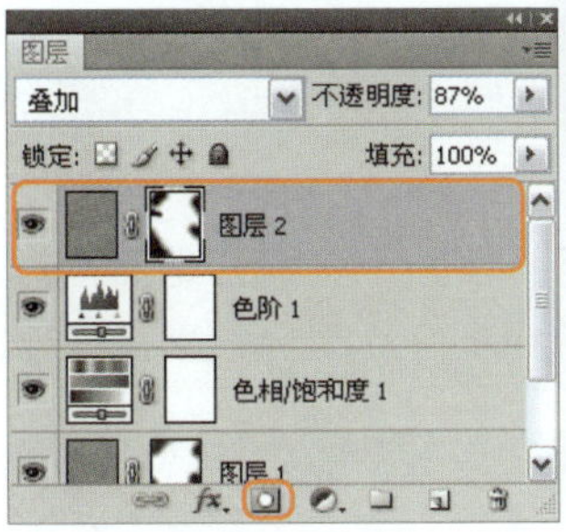

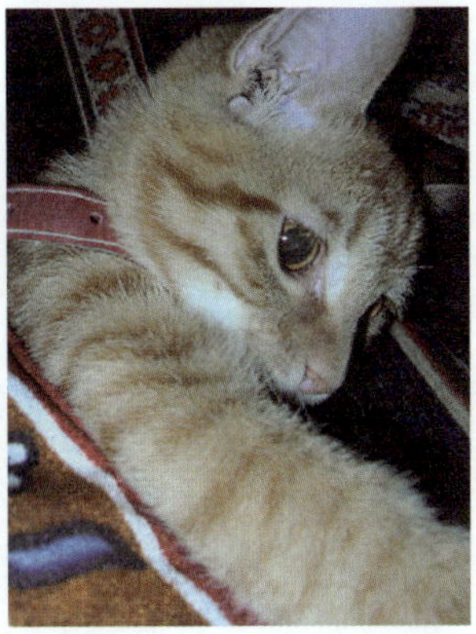

提示与技巧

“USM锐化”滤镜的其他用法

在一般的调整过程中，很少将“半径”的参数设置为50像素。下面使用一张对比度一般的照片来观察半径设置为50像素的调整效果。

原图

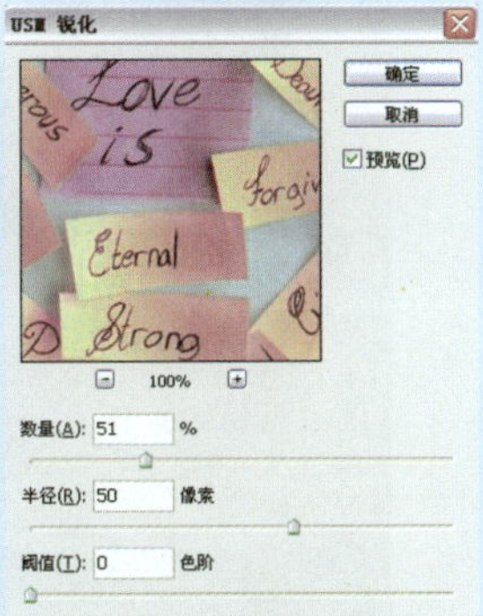

“半径”为50

调整效果

经过调整可以看出图像的对比度增强了，色彩层次也增强了，这要比单独使用“亮度/对比度”命令功能强得多。

该方法同样适用于高精度和低精度的图像。“数量”用于控制明暗层次的变化。

5.2.4 蒙版锐化——锐化近景女性肖像

最终文件路径： 实例文件\chapter5\complete\08-end.psd

案例分析： 本例拍摄的是一张近景女性肖像，由于是室内拍摄，使得人物的面部与头发的细节表现还不够，影响了照片的质量，帽子的边缘也缺乏细节。通过后期的处理将人物的头部与帽子的边缘部分锐化，以表现照片的细节。

功能点拨： Photoshop中滤镜的锐化功能能够使图像变得更为清晰，但由于该照片是女性肖像，要特别注意女性的皮肤部分，不能因为整体的锐化调整而使得皮肤粗糙，这里介绍蒙版锐化就能轻松解决这一问题。

STEP 01 打开本书配套光盘中的“实例文件\chapter5\media\08.jpg”文件。本例将运用蒙版将照片调整为清晰的效果。为了便于查看原文件，按下快捷键Ctrl+J，复制“背景”图层，得到“图层1”。

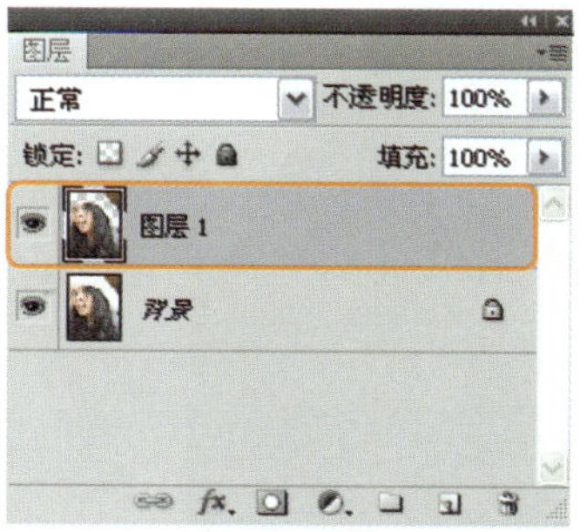

STEP 02 选择“图层1”，切换到“通道”面板，分别观察“红”、“绿”、“蓝”通道中帽子与人物面部的对比，会发现在“蓝”通道中对比最为明显。

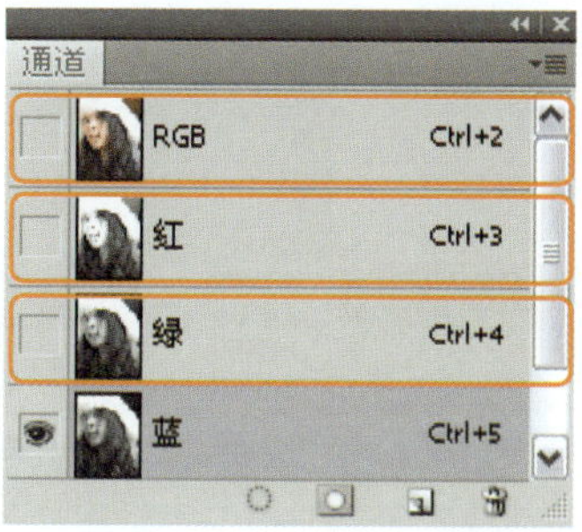

Photoshop基础

了解图层蒙版

蒙版是显示和隐藏图像的一项功能。通过对蒙版的编辑可以使图像发生变化，将图层中的图像与其他图像混合发生相应的变化。

它最重要的是控制像素不透明度的方式，对部分图像进行遮罩，而不是擦除，在需要时重新显示。

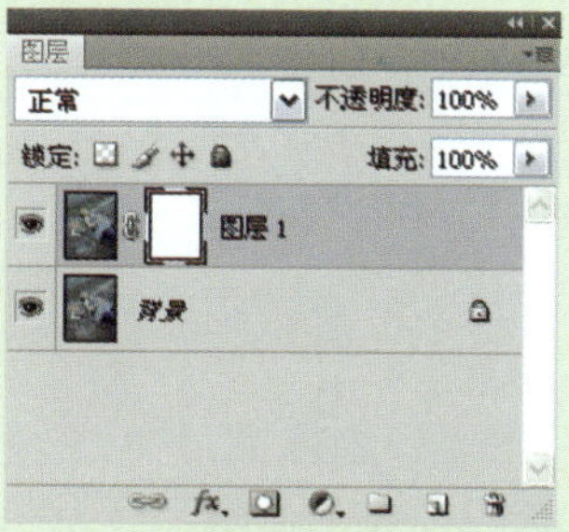

蒙版缩览图

Photoshop中存在很多蒙版类型，比较常用的是剪贴蒙版、图层蒙版以及矢量蒙版。在锐化调整中用到的主要是图层蒙版。

图层蒙版是Photoshop提供的以黑白图像来控制图像显示与隐藏的一项图层功能。

它最大的优势是在显示或隐藏图像时，所有的操作均在图层蒙版中进行，不会影响图像中的像素，这一点与调整图层比较相似。

原图

STEP 03 选择“蓝”通道，单击“通道”面板下方的“创建新通道”按钮，得到“蓝 副本”，单击画笔工具，设置“画笔”为“尖角150像素”，对帽子以外的部分进行涂抹。

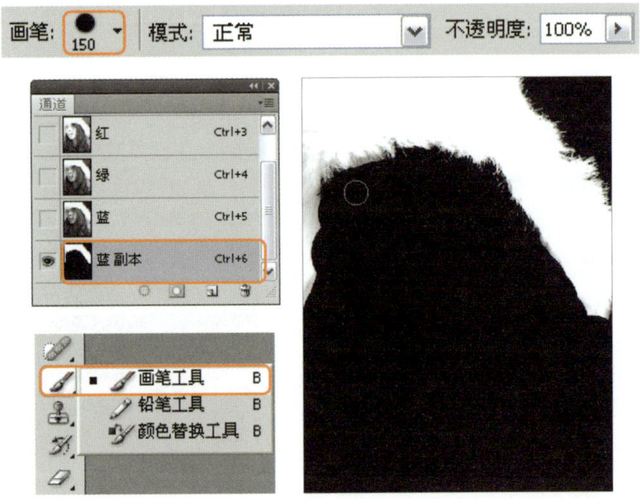

STEP 04 涂抹完后单击”通道“面板下方的“将通道作为选区载入”按钮，选择将区域转换为曲线，然后按下快捷键Ctrl+Shift+I反选，可以观察到帽子部分被选取。

STEP 05 按下Delete键将选区部分删除，然后按下快捷键Ctrl+D取消选区，帽子部分被删除。执行“滤镜>模糊>进一步模糊”命令。

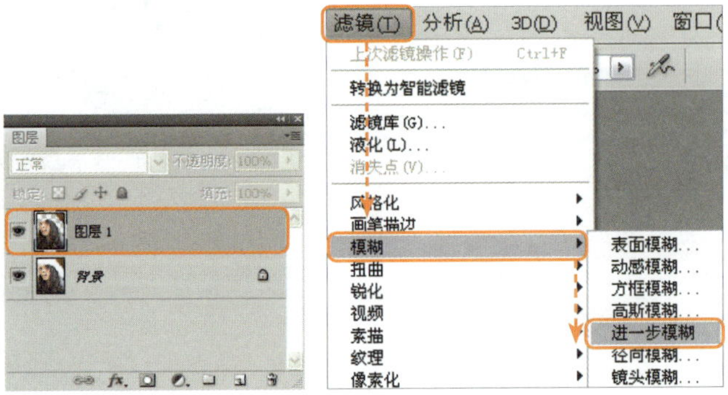

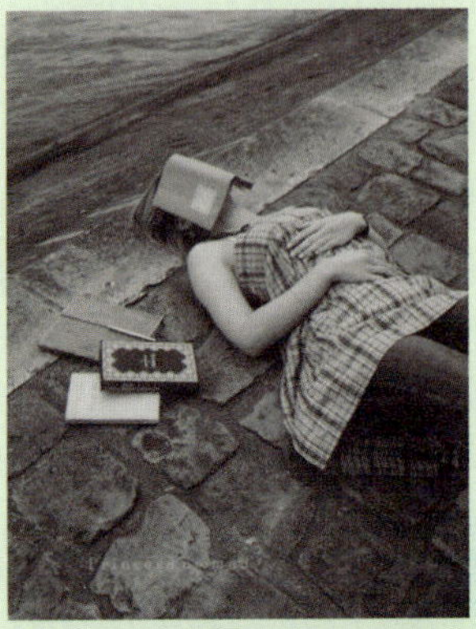
图像调整效果

蒙版调整效果

图层蒙版另一个好处，是在操作中使用黑白图像来显示或隐藏图像，而不是删除图像。如果误隐藏了图像或者需要显示出已经被隐藏的图像时，可以在蒙版中使用白色的画笔涂抹相应的位置进行还原。同样的道理，如果需要隐藏图像，可以在相应的位置涂抹黑色。

蒙版调整后的图像1

蒙版调整后的图像2

STEP 06 以上步骤是为了将背景部分模糊，删除帽子部分是为了保留帽子边缘部分的细节，便于后期的调整。

STEP 07 按下快捷键Ctrl+Shift+Alt+E盖印图层，得到“图层2”。执行“滤镜>锐化>USM锐化”命令，弹出“USM锐化”对话框，在打开的“USM锐化”对话框中设置“数量”为70%，“半径”为4.4像素，“阈值”为14色阶，完成后单击“确定”按钮。

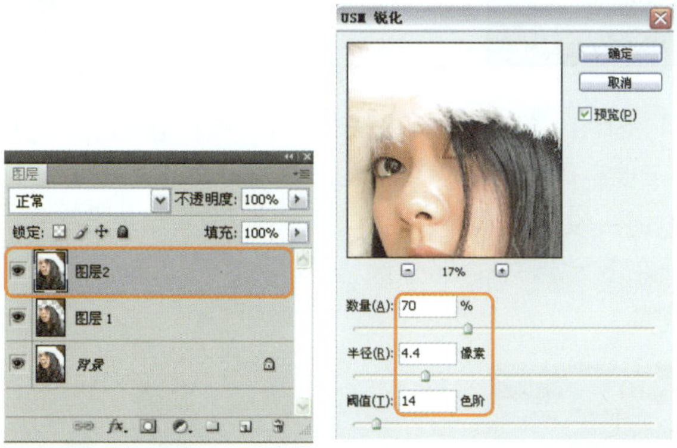

STEP 08 通过锐化调整，可以看到画面质量明显的改善，人物面部与头发更加清晰。

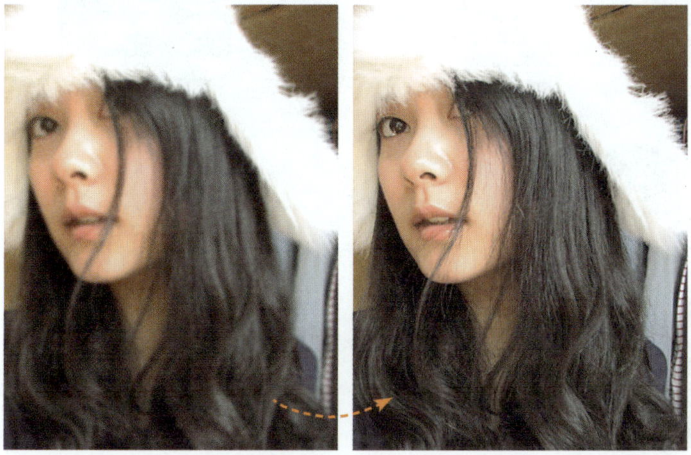

Photoshop基础

了解“进一步锐化”、“锐化”和“锐化边缘“滤镜

“进一步锐化”滤镜指的是通过锐化图像相邻像素的对比度使图像清晰，但只对具有明显反差的边缘有效果。

它的效果比“USM锐化”滤镜和“锐化”滤镜要明显，而且不需要进行参数设置。

原图

执行“进一步锐化”命令一次

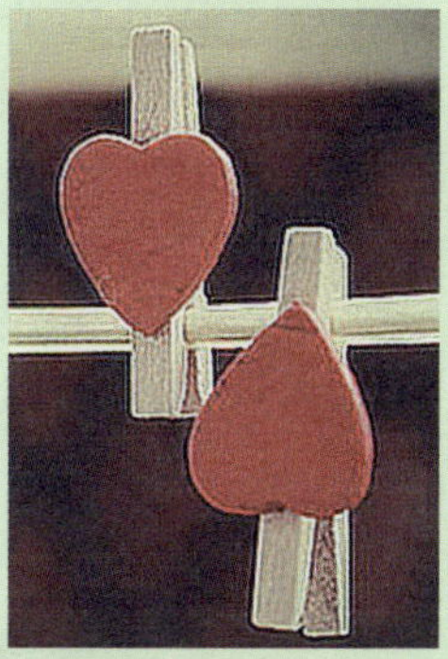

执行“进一步锐化”命令多次

“锐化”滤镜是指通过加强图像画面的对比度，使模糊的画面更加清晰，色彩更加鲜艳。使用一次效果并不很明显，连续使用会有明显效果。

STEP 09 选择“图层2”，单击“图层”面板下方的“添加图层蒙版”按钮。单击画笔工具，设置“画笔”为“柔角200像素”，“不透明度”为80%，在背景部分与鼻子部分上进行涂抹，以还原模糊的效果，使画面虚实有度。

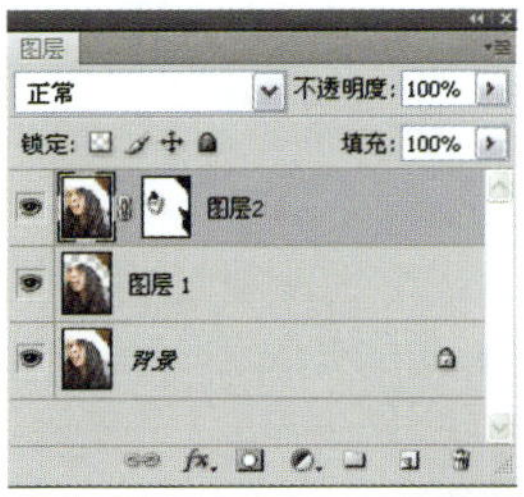

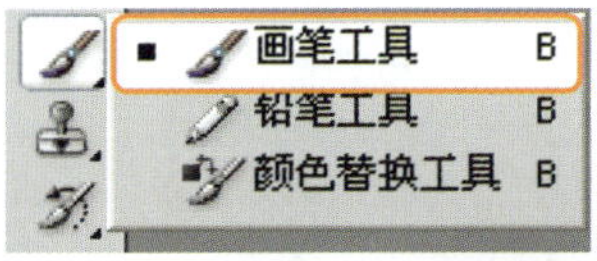

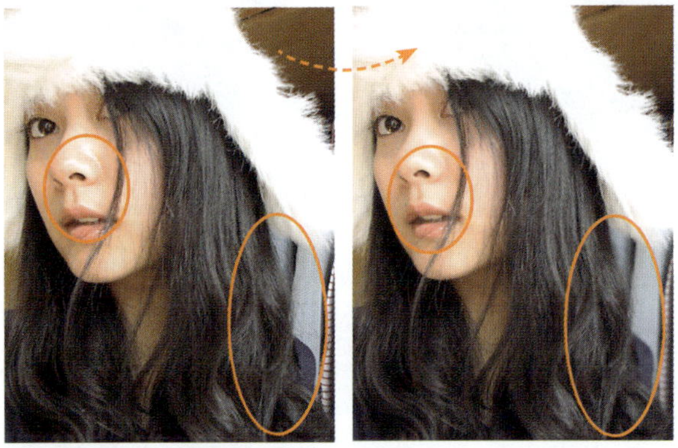

STEP 10 继续将照片锐化，按下快捷键Ctrl+Shift+Alt+E盖印图层，得到“图层3”，执行“滤镜>锐化>进一步锐化”命令。单击“添加图层蒙版”按钮后单击画笔工具，设置“画笔”为“柔角200像素”，“不透明度”为80%，在五官以外的部分涂抹，使得面部更加突出。至此，本照片调整完成。

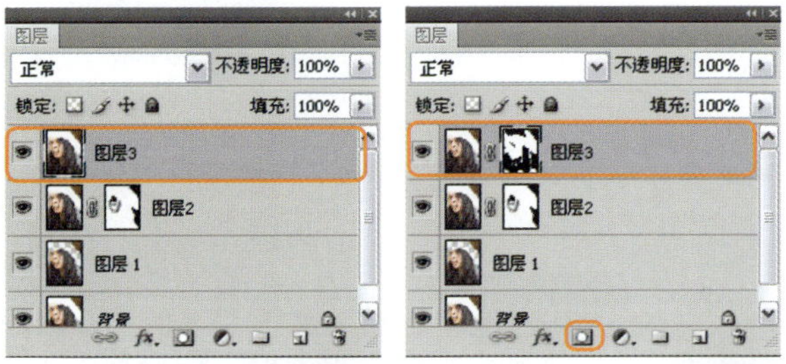

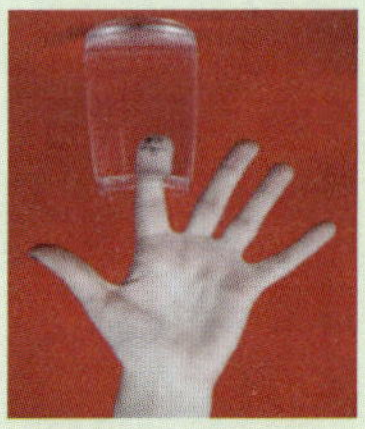

原图

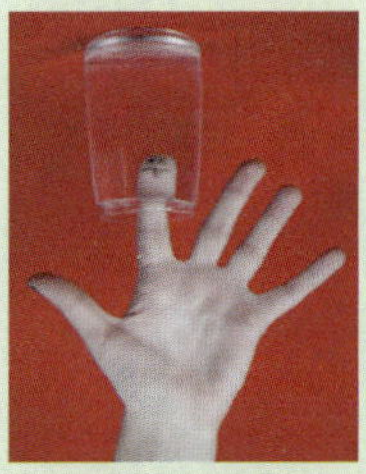

锐化一次

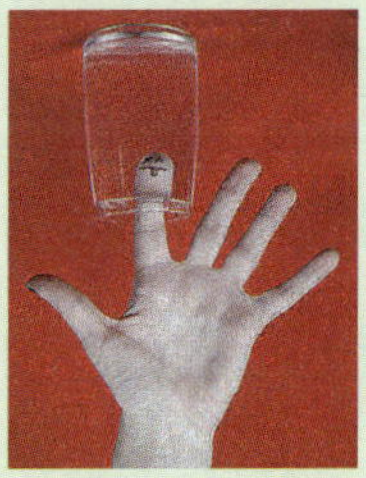

锐化多次

“锐化边缘”滤镜锐化图像中具有明显反差的边缘，如果反差不很明显，则不会处理。该滤镜同“USM滤镜”相似，但不需要参数设置。

原图

“锐化边缘”效果

5.2.5 “USM锐化”滤镜——锐化照片局部

最终文件路径：实例文件\chapter5\complete\09-end.psd

案例分析：这是一张生活照片，创意、构图与人物神态的拍摄都比较到位，但由于画面效果模糊大大降低了照片的质量。下面将通过局部蒙版的方式解决这一问题，为照片还原清晰的效果，提高照片的质量。

功能点拨：Photoshop中的“USM锐化”命令能够使整体图像清晰，所以有时候不需要锐化的部分，也随之一起锐化，局部锐化的方法能够轻松解决这一问题。

STEP 01 打开本书配套光盘中的“实例文件\chapter5\media\09.jpg“文件。这张照片需要锐化人物部分，按下快捷键Ctrl+J，复制“背景”图层得到“图层1”。

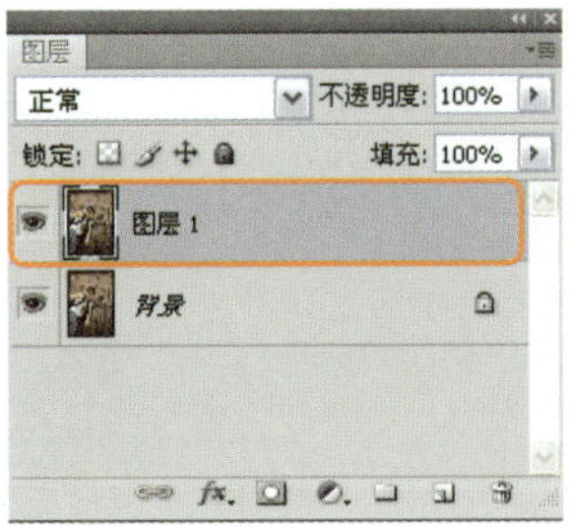

STEP 02 下面将调整局部，先将局部选取出来，单击套索工具，将人物与雕塑部分框选。

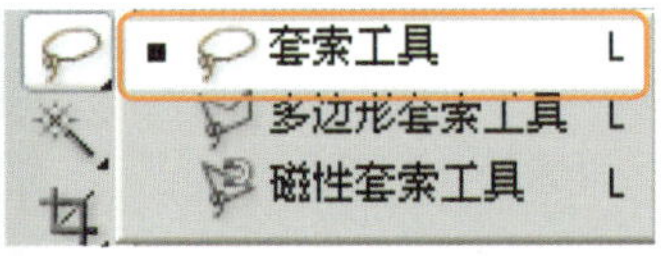

STEP 03 执行“选择>修改>羽化”命令，弹出“羽化选区”对话框，在打开的“羽化选区”对话框中设置“羽化半径”为80像素，完成后单击“确定”按钮。

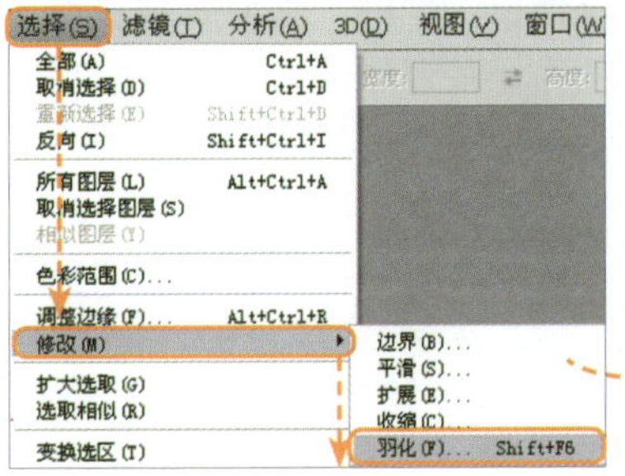

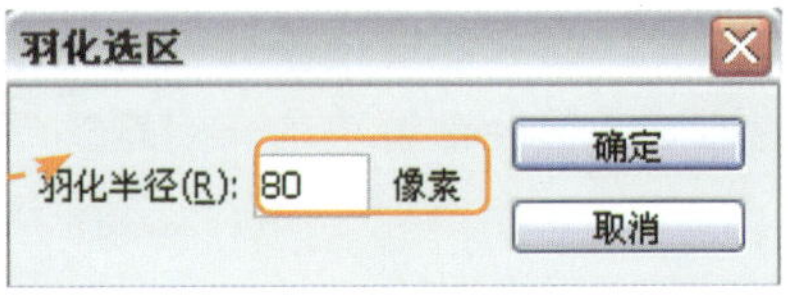

Photoshop基础

使用“动作”命令录制锐化步骤

“动作”命令是Photoshop中一些命令的集合，它将用户执行过的操作命令记录下来，需要再次执行同样操作命令时，应用录制的动作即可。“动作”命令可以大大提高工作效率并保证操作的准确性。

下面以录制一个锐化步骤来介绍“动作”命令的具体使用方法。

打开文件，执行“窗口>动作”命令，打开“动作”面板。

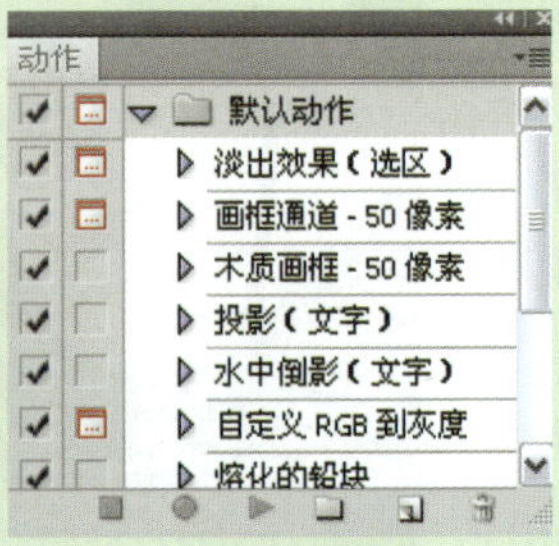

“动作”面板

单击“动作”面板下方的“创建新组”按钮，建立一个动作组。

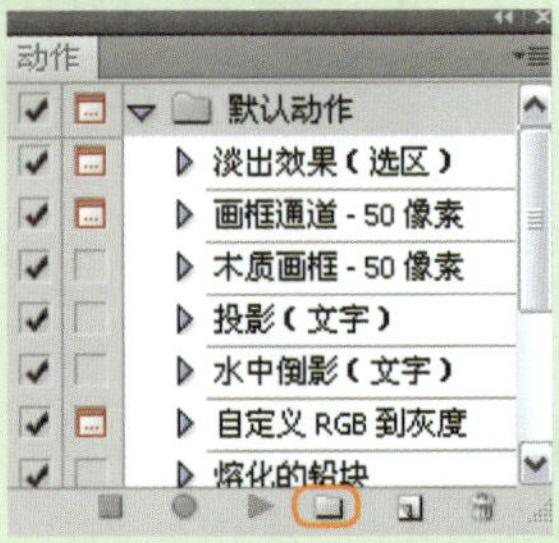

单击“创建新组”按钮

在弹出的“新建组”对话框中，设置“名称”为“常用锐化步骤”，单击“确定”按钮。建立工作组是为了将类似的动作更方便快捷地进行管理与运用。

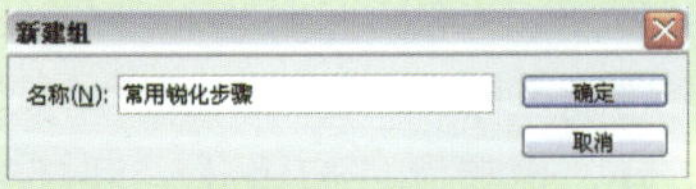

“新建组”对话框

STEP 04 经过羽化调整后，按下快捷键Ctrl+Shift+I反选选区，可以看到画面中的背景部分被选区。按下Delete键将选区部分删除，只保留主体物部分，然后按下快捷键Ctrl+D取消选区。

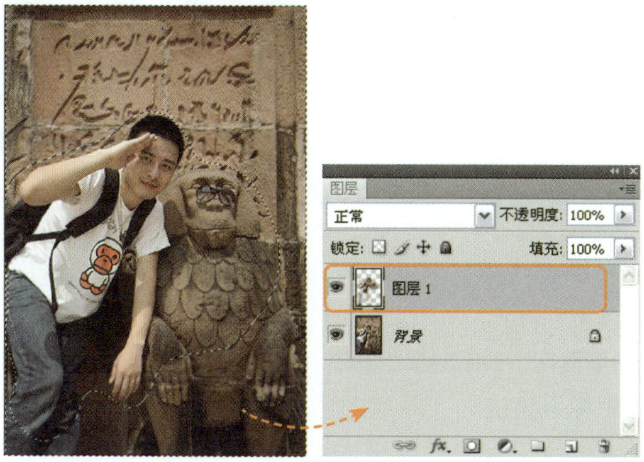

STEP 05 下面针对所选部分进行局部锐化，执行"滤镜>锐化>USM锐化"命令，弹出"USM锐化"对话框。在弹出的"USM锐化"对话框中设置"数量"为100%，"半径"为4.8像素，"阈值"为0色阶，完成后单击"确定"按钮。

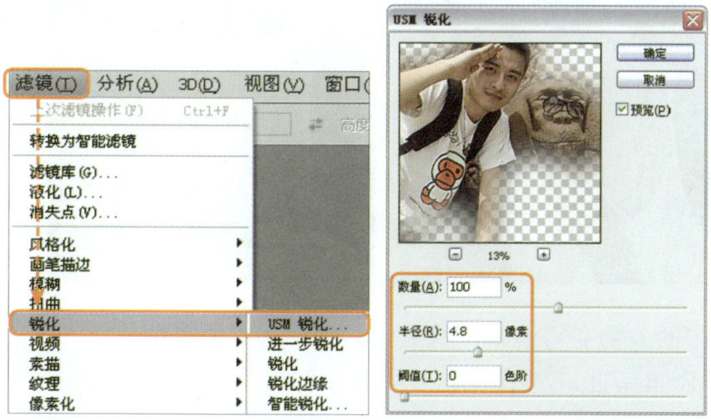

STEP 06 通过锐化的调整，可以看出画面明显变得清晰，而背景保留之前的模糊状态，使得照片虚实有度。

"常用锐化步骤"动作

单击"动作"面板下方的"创建新动作"按钮，在弹出的"新建动作"对话框中，设置"名称"为"通用锐化"，单击"确定"按钮。

建立新动作

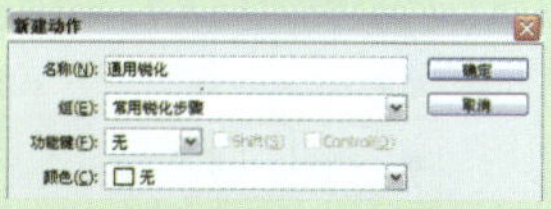

"新建动作"对话框

此时，"开始记录"按钮变为红色，表示可以开始记录动作。

执行案例中通用设置的锐化命令及选项。完成后，在"动作"面板的运行记录项目中会出现相应的动作记录，展开该项可以看到具体的操作步骤。

记录动作

单击"动作"面板下方的"停止记录"按钮，完成该动作的录制。

STEP 07 仔细观察画面会发现，由于锐化的调整，使得人物的皮肤显得粗糙，可以使用橡皮擦工具，将锐化效果局部擦除，也可以使用蒙版工具将其涂抹，这里使用蒙版工具对其逐步进行调整去除。

STEP 08 单击“图层”面板下方的“添加图层蒙版”按钮，创建一个图层蒙版。单击画笔工具，设置“画笔”为“柔角150像素”，“不透明度”为80%，画笔颜色为黑色。仅在人物的皮肤部分涂抹，避开五官。涂抹后可以看出，照片中的人物皮肤比之前有很大改善。

STEP 09 局部锐化调整完成后，画面中的人物变得清晰，背景则保持了之前的模糊状态。下面再次对照片进行整体锐化。按下快捷键Ctrl+Shift+Alt+E盖印图层，得到“图层2”。执行“滤镜>锐化>进一步锐化”命令，对画面进一步整体锐化。

STEP 10 由于“进一步锐化”滤镜的参数是固定的，因此可以运用“渐隐”命令来控制图层中锐化的数量。执行“编辑>渐隐进一步锐化”命令，弹出“渐隐”对话框。在打开的“渐隐”对话框中设置“不透明度”为60%，完成后单击“确定”按钮。

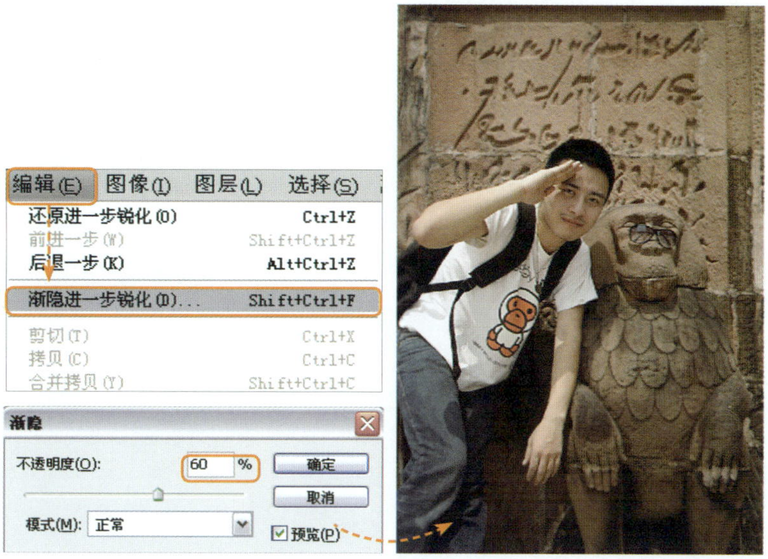

STEP 11 单击“图层”面板下方的“创建新的填充或调整图层”按钮，在弹出的菜单中选择“色相/饱和度”命令，此时，“图层”面板中出现“色相/饱和度1”调整图层。在打开的“调整”面板中设置“饱和度”为+7。

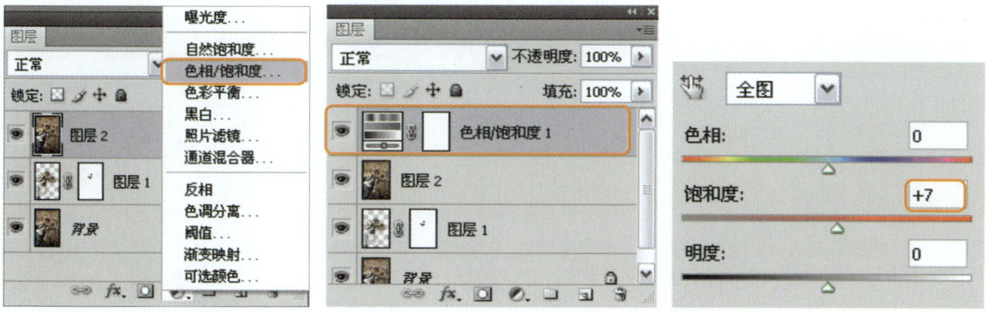

STEP 12 经过对照片整体色彩饱和度的调整，可以看到照片中的色彩加强，画面更加丰富。至此，本照片调整完成。

第6章 人像照片的修饰技法

在拍摄数码照片的过程中，由于人物自身存在的一些瑕疵，加上拍摄方式的不当，可能会导致拍摄出的照片不理想。通过后期的精心处理与修饰，可以使照片呈现出较为完美的状态。本章将根据不同照片的调整需求，详细讲解人像照片的修饰技法。如何使皮肤看起来更加柔美光滑，如何消除眼袋以及如何使人物眼神更有神采等都是本章学习的重点。

6.1 修饰照片

在进行人像拍摄时，每个爱美的女孩都希望能照出令自己满意的照片，有光洁的皮肤、立体的五官、完美的身材等，但有时往往因为拍摄水平、照相器材、光线和本身的瑕疵等等原因，造成照片存在一些缺陷。对这些缺陷有针对性地进行修饰可以使人像照片中的人物更加美丽动人，从而整体提升照片的质量。

6.1.1 “高斯模糊”滤镜——柔肤

最终文件路径：实例文件\chapter6\complete\01-end.psd

案例分析：在这张近照中，散射光线使得人物的脸部非常清晰，但是不够完美的皮肤也在画面中展露无遗。在后期的处理中，运用Photoshop中的“高斯模糊”滤镜可以打造柔美光滑的皮肤。

功能点拨：Photoshop中的“高斯模糊”滤镜可以将画面中的选区快速模糊，产生一种朦胧的效果，同时配合设置“图层混合模式”，可以使得图像中的人物表情显得更加自然。

STEP 01 打开本书配套光盘中的"实例文件\chapter6\media\01.jpg"文件，这是一张人物的半身近照，清晰的画面导致人物皮肤看起来不够柔美。

STEP 02 按下快捷键Ctrl+J两次，复制"背景"图层得到"图层1"与"图层1副本"。单击"图层1副本"前的"指示图层可见性"按钮，将"图层1副本"隐藏，然后选择"图层1"。

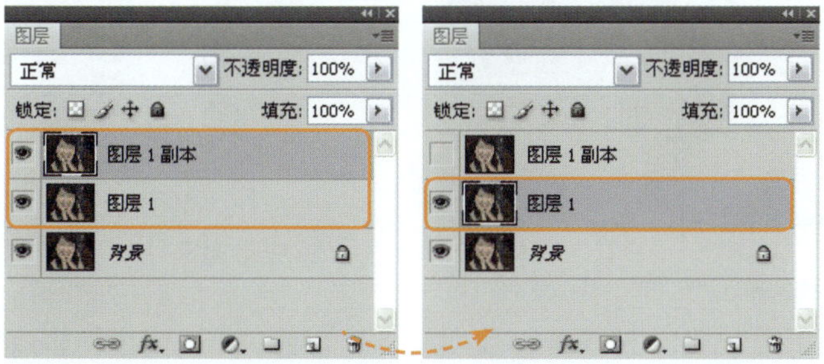

STEP 03 选择"图层1"，设置图层混合模式为"变暗"，执行"滤镜>模糊>高斯模糊"命令，弹出"高斯模糊"对话框。

Photoshop基础

了解常用的模糊滤镜

"模糊"滤镜组中的模糊滤镜能够柔化选区或者整个图像，对照片柔化的处理能不同程度地减少相邻像素间的颜色差异，使图像产生柔和、平滑的效果。在"模糊"滤镜组中常用的模糊滤镜除了"高斯模糊"滤镜外主要还有"表面模糊"、"特殊模糊"和"动感模糊"滤镜。

原图

背景模糊效果

执行"滤镜>模糊"命令，在级联菜单中有多种模糊方式。

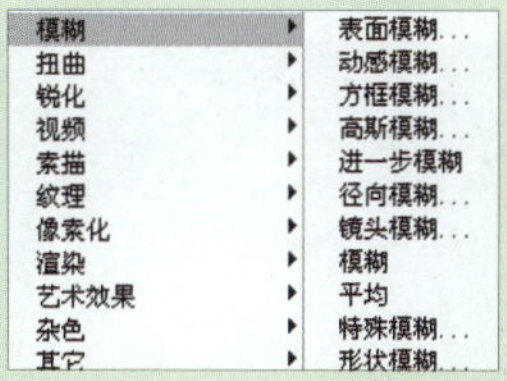

执行"模糊"命令

1. 表面模糊

"表面模糊"滤镜在模糊图像像素的同时，保持图像边缘的清晰度，主要用于消除杂色或者颗粒并创建特殊效果。在"表面模糊"对话框中，"半径"用于模糊取样区域的大小，"阈值"用于控制图像表面上的模糊范围。

STEP 04 在打开的“高斯模糊”对话框中，设置“半径”的参数为40像素，完成后单击“确定”按钮。这时人物的五官变得模糊，这只是暂时的效果，下面将通过图层的不透明度对其进行调整。

STEP 05 选择“图层1”，设置图层“不透明度”为41%，现在可以透过模糊的图层看到原始图层。

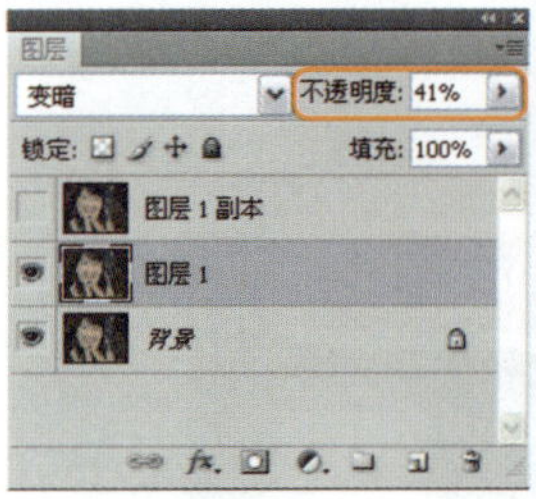

STEP 06 单击“指示图层可见性”按钮，使得“图层1”隐藏。单击“图层1副本”前面的“指示图层可见性”按钮，显示“图层1副本”，设置其图层混合模式为“变亮”。

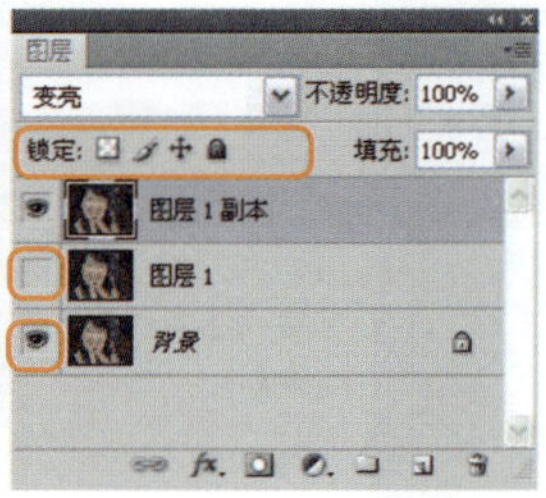

原图

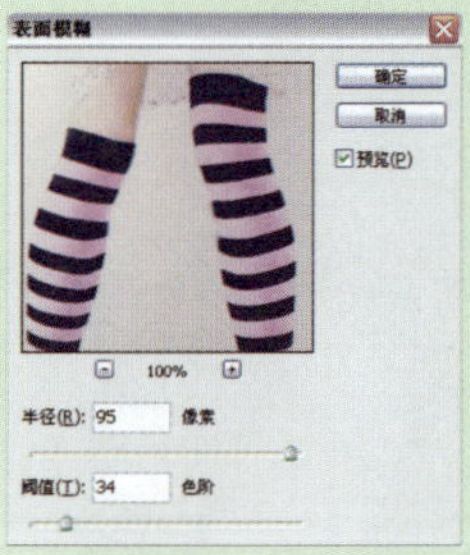

“表面模糊”对话框

调整效果

2．特殊模糊

“特殊模糊”滤镜可以对图像进行精确的模糊处理，可以智能地清晰图像的边缘，与“表面模糊”相似。在“特殊模糊”对话框中，“品质”可以选择低、中或高，模式中“仅限边缘”的边缘混合为黑白，“叠加边缘”的边缘为白色。

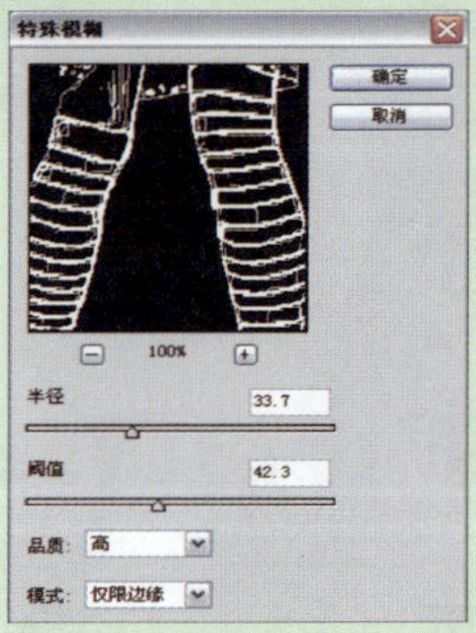

“特殊模糊”对话框

STEP 07 执行“滤镜>模糊>高斯模糊”命令，弹出“高斯模糊”对话框。在打开的对话框中设置“半径”为50像素，完成后单击“确定”按钮，可以看到画面中的人物变得模糊。

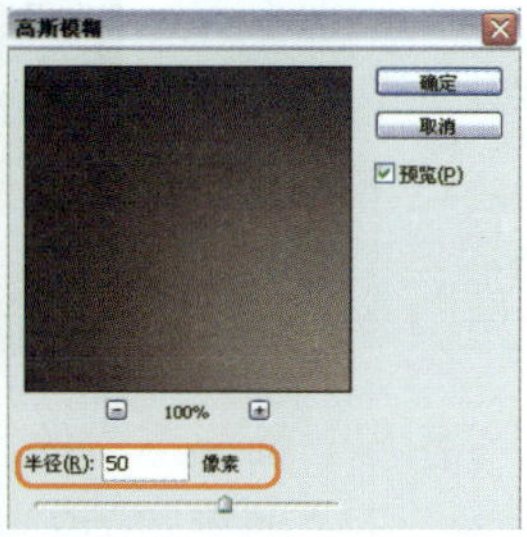

STEP 08 设置“图层1副本”的“不透明度”为50%，使得画面效果更加自然。

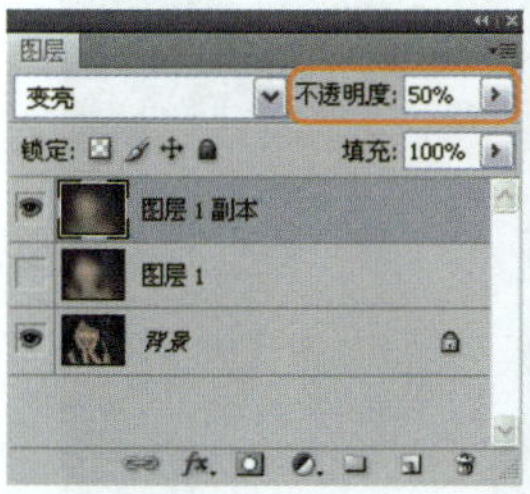

STEP 09 单击“指示图层可见性”按钮，将其隐藏，可以看到画面呈现半透明效果。然后在“图层”面板下方单击“创建新图层”按钮，将新建图层重命名为“合并”。

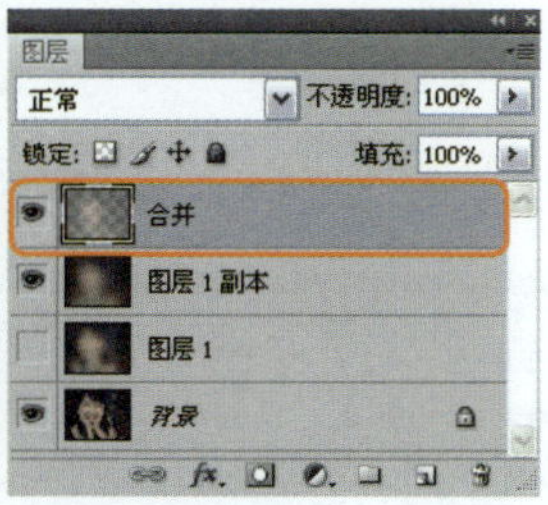

STEP 10 按住Alt键的同时单击“图层”面板右上方的扩展按钮，在弹出的扩展菜单中选择“合并可见图层”选项，该选项能够使新的层融合“图层1”和“图层1副本”图层。如果不按住Alt键，将直接将图层合并，不保留原有的图层。

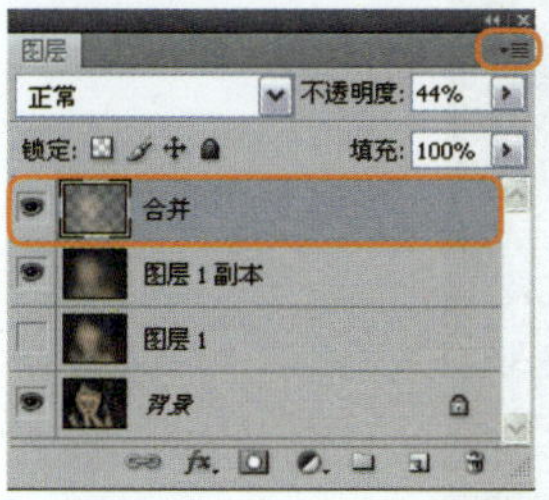

调整效果

3. 动感模糊

“动感模糊”滤镜能够使图像沿着指定方向进行线性位移以产生运动模糊效果，同时模拟传统的拍摄模式，产生物体运动的效果。动感模糊适用于表现加速运动中物体的特殊效果。在“动感模糊”对话框中，可以通过设置“角度”或者旋转方向指针改变模糊的效果方向，“距离”选项用于设置像素移动的距离，即控制模糊效果的程度。

原图

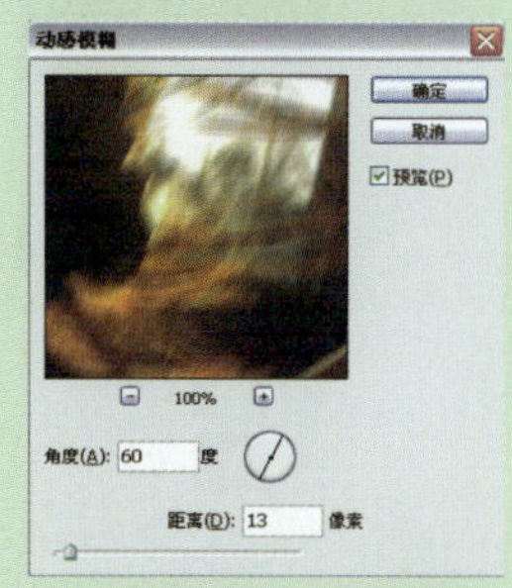

“动感模糊”对话框

调整效果

STEP 11 选择“合并”图层，设置“不透明度”为44%。可以看到图像变得清晰，人物皮肤更加柔美。但是背景与五官部分因为调整而变得模糊，下面将通过后期的处理对其调整。

STEP 12 选择“合并”图层，然后单击“图层”面板下方的“添加图层蒙版”按钮，单击画笔工具，设置“画笔”为“尖角25像素”，“不透明度”为90%，“流量”为80%。使用调整好的画笔工具，对人物的眼睛、鼻子与嘴巴进行涂抹，使人物的眼睛更加明亮，然后再涂抹背景部分，还原之前的清晰效果。

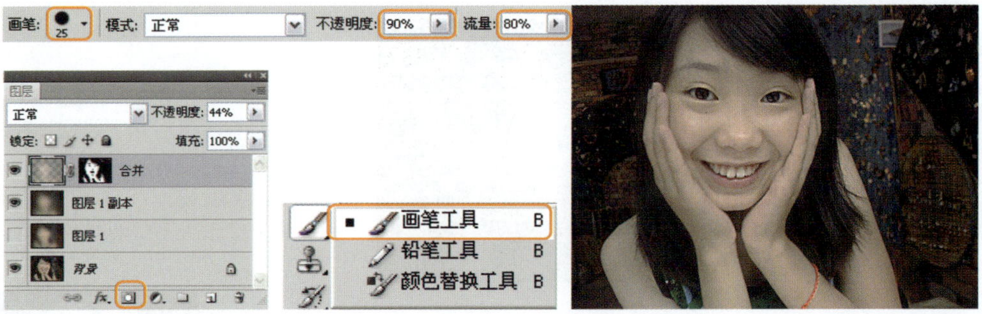

STEP 13 人物的皮肤调整完成后，下面将画面的整体亮度提高。单击“图层”面板下方的“创建新的填充或调整图层”按钮，在弹出的菜单中选择“亮度/对比度”命令，在弹出的“调整”面板中设置“亮度”为37，“对比度”为0。

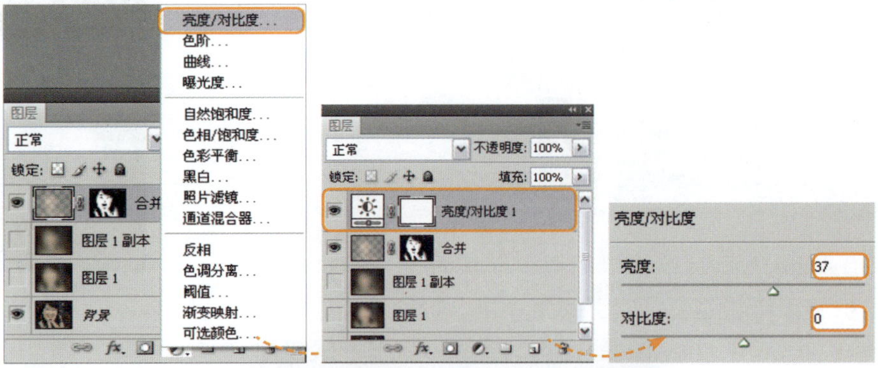

STEP 14 经过使用“亮度/对比度”命令的调整，可以看出人物的皮肤变白，更加柔美。但是仔细观察会发现，人物的皮肤虽然白皙无瑕，但是缺少一些红润的气色。下面将通过“色相/饱和度”命令对肤色进行调整。

STEP 15 单击“图层”面板下方的“创建新的填充或调整图层”按钮，在弹出的菜单中选择“色相/饱和度”命令，出现“色相/饱和度1”图层，在打开的面板中设置“饱和度”为+15。

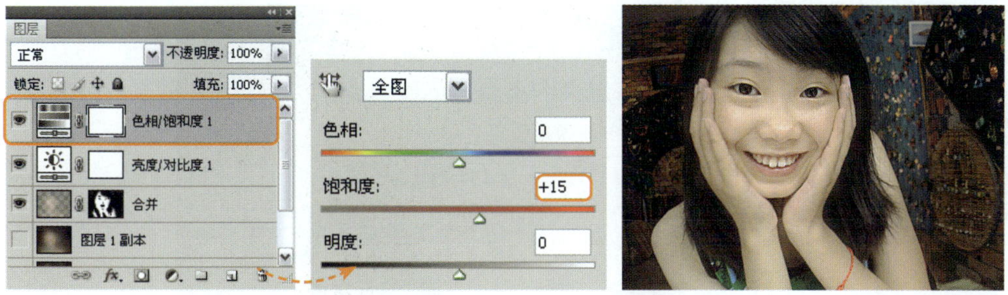

STEP 16 按下快捷键Ctrl+Shift+Alt+E盖印图层，得到“图层2”。选择污点修复画笔工具，将脸上的部分瑕疵消除，还原完美无瑕的皮肤。至此，本照片调整完成。

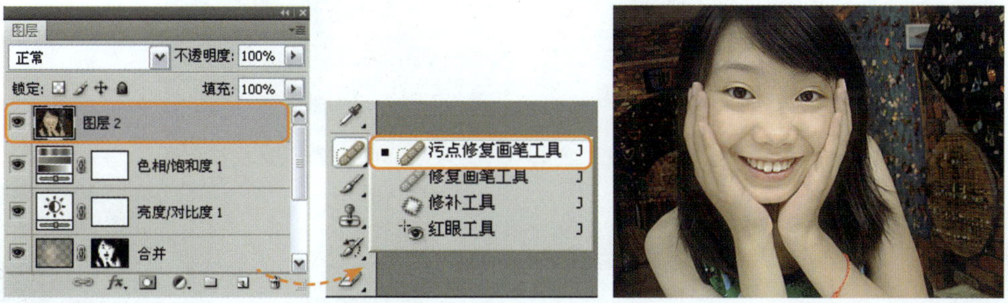

提示与技巧

使用图层混合模式

在本例中，为了使图像效果更加自然，针对各个图层分别使用了不同的混合模式，图层的混合模式决定了像素如何与下一图层的像素进行混合。

图层混合模式可以对两个图像、两个图层或者两个通道进行混合，图层的混合模式与其他混合模式相似，在混合模式的下拉菜单中将混合模式分为常规型混合模式、对比型混合模式、减淡型混合模式、对比型混合模式、比较型混合模式和色彩型混合模式这几大类。

本例中的“变暗”模式表示选择基色或者混合色中较暗的颜色作为结果色，比混合色亮的像素将被替换，而比混合色暗的像素保持不变。

使用“变暗”模式后

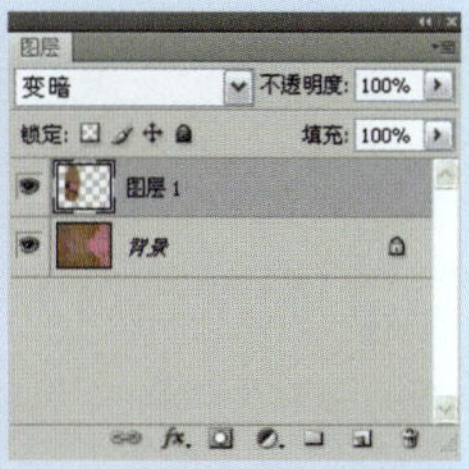

“图层”面板

将图层混合模式更改为“变亮”模式，它表示选择基色或者混合色中较亮的颜色作为结果色，比混合色暗的像素将被替换，比混合色亮的像素保持不变。

使用“变亮”模式后

“图层”面板

6.1.2 套索工具——为人物美白牙齿

最终文件路径： 实例文件\chapter6\complete\02-end.psd

案例分析： 该照片的构图与人物表情都非常好，但是由于人物的牙齿不够洁白，影响了照片的视觉效果。通过后期的调整，可以使人物的牙齿不但美白而且整齐，使照片呈现更大的美感。

功能点拨： Photoshop中的“套索工具”能够将人物的牙齿进行选取，然后调整。在选取后，使用“羽化”命令可以将选区调整得更加自然，这是一个非常简单而且有效的调整技法。

STEP 01 打开本书配套光盘中的“实例文件\chapter6\media\02.jpg”文件，由于人物的牙齿不够洁白，下面将通过调整改变这一瑕疵。首先使用缩放工具将图像放大，便于调整和观察。

STEP 02 将“背景”图层拖动到“创建新图层”按钮上，得到“背景副本”图层。单击套索工具，在选项栏中设置“羽化”为1px，将边界羽化是为了使 效果更加自然，使牙齿的边缘不留下边界。

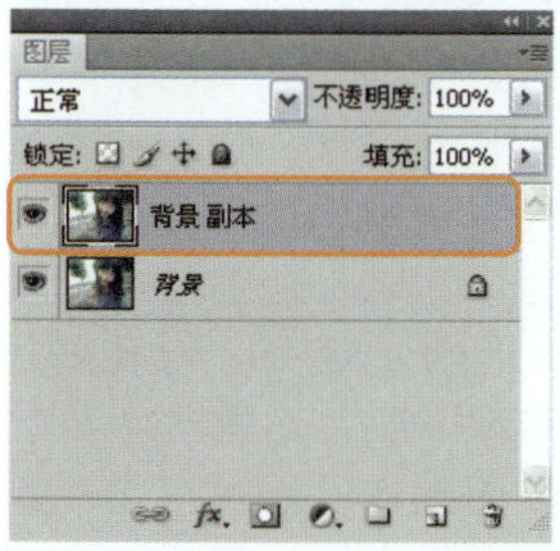

STEP 03 使用套索工具，对牙齿部分进行仔细的选择，注意不要选到嘴唇部分。可结合选项栏上的“添加到选区”按钮和“从选区减区”按钮进行选区的增加和减少操作。

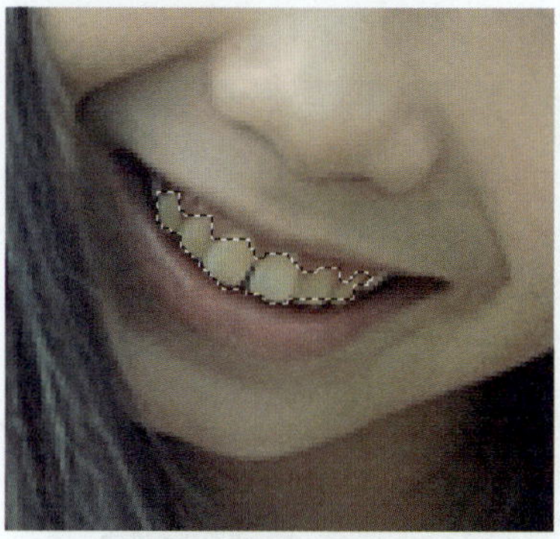

STEP 04 建立好牙齿选区后，下面调整牙齿的颜色。单击“创建新的填充或调整图层”按钮，在弹出的菜单中选择“色相/饱和度”命令，“图层”面板中出现“色相/饱和度1”调整图层。在调整时，切不可将牙齿调整得过白，这样会丢失真实感，不但没有提升照片的质量，反而使照片看起来不自然。

Photoshop基础

了解套索工具

套索工具是在绘制选取边缘时常用的选取工具，该工具非常实用。套索工具比较适合用于创建不规则的选区，选择合适的套索工具可以大大提高工作效率，节约工作时间。

Photoshop中有3种套索工具，分别是套索工具、多边形套索工具和磁性套索工具。

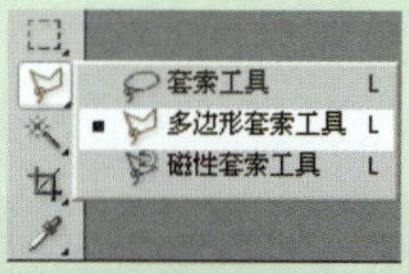

3种套索工具

套索工具主要用于创建随意性的边缘选区。

套索工具选取效果

多边形套索工具主要用于创建长方形、多边形等轮廓选区。

多边形套索工具选取效果

磁性套索工具主要用于创建边缘色差比较明显的图像选区。图像的轮廓像铁一样，磁性套索工具就像磁铁一样，拖动鼠标便可以沿着图像边缘自动绘制选区。

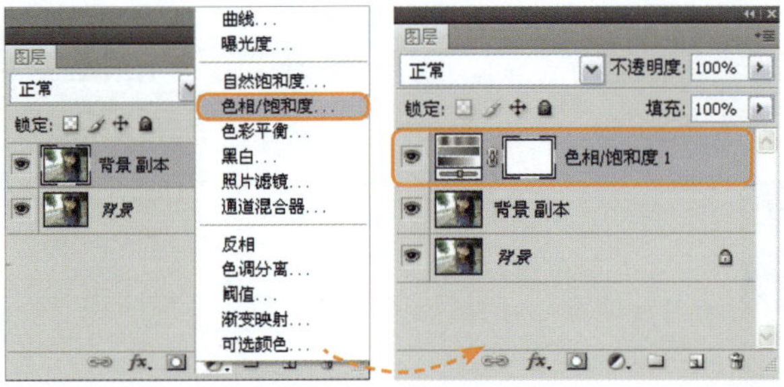

STEP 05 选择“编辑”下拉列表中的“全图”选项，首先提高牙齿的亮度，设置“明度”为+34，调整后可以看出牙齿明显变白。

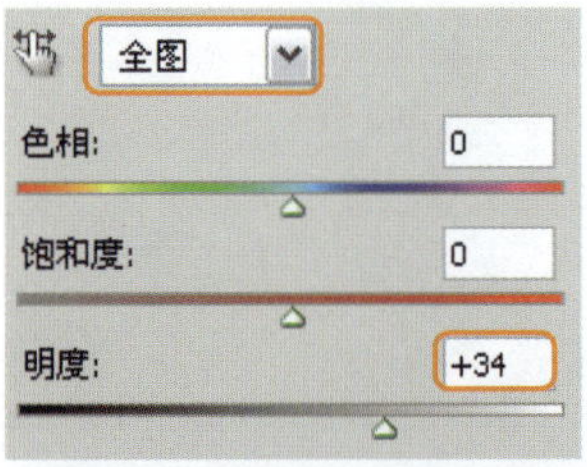

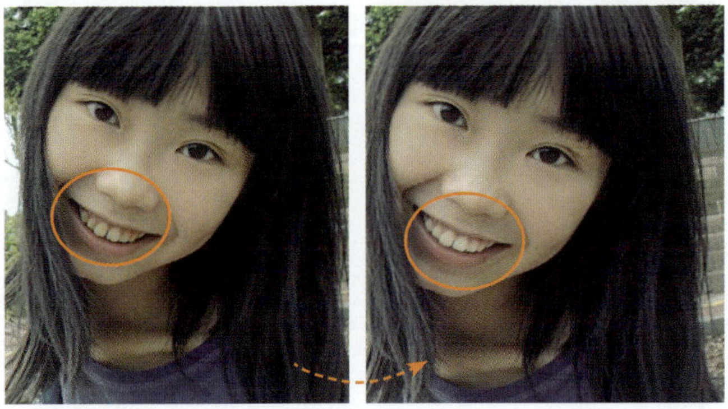

STEP 06 除了牙齿本身的颜色外，还应该注意观察整张照片的色调和光线的影响，阴影下的牙齿色调不一定要调整得非常洁白。选择“编辑”中的“黄色”选项，将牙齿的黄色去掉，设置“饱和度”为-70。经过调整，牙齿不但有光泽而且洁白，颜色与整张照片也十分协调。

STEP 07 此时，调整已经基本完成，可以看出牙齿的颜色有了很大的改善，但是仔细观察会发现牙齿的中间部分还不够完美，下面将对其进行进一步调整。

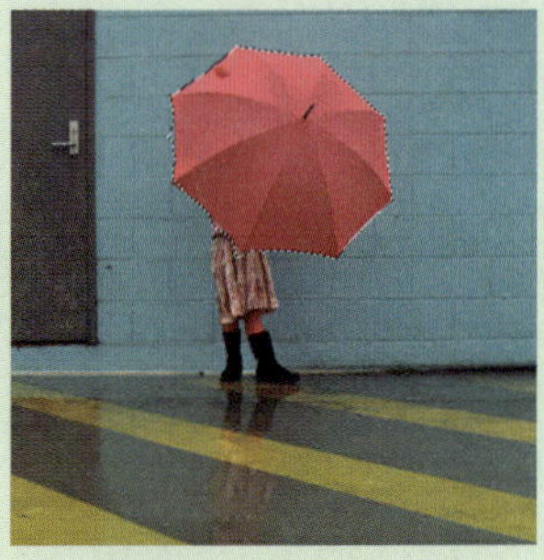

磁性套索工具选取效果

套索工具、多边形套索工具的选项栏设置与选框工具相似，磁性套索工具比较智能，选项栏的设置不同于其他的套索工具。

套索工具选项栏

多边形套索工具选项栏

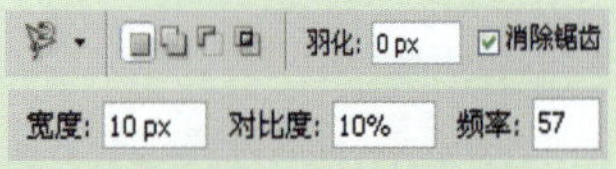

磁性套索工具选项栏

1. 宽度

“宽度”不同于平常说的长宽度量，这里的宽度数值代表设置与边的距离以区分路径，同时也代表使用套索时移动鼠标的速度。勾勒规则的边界或者临近对象的边界比较明显的图像时，可以设置比较大的宽度来快速勾勒对象。临近对象的边界比较模糊、对比度弱时，可以设置比较小的宽度来小心勾勒。

2. 对比度

用于设置边缘对比度以区分路径，也表示在查找边界时以多大的对比度来勾勒。临近对象边界比较明显时，则设置较大的对比度。临近对象边界比较模糊时，则设置较小的对比度。

3. 频率

表示设置锚点添加到路径中的密度。

STEP 08 按下快捷键Ctrl+Shift+Alt+E盖印图层，得到“图层1”。单击仿制图章工具，设置“画笔”为“尖角4像素”，“不透明度”为60%，“流量”为80%。按住Alt键的同时单击牙齿中白色的部分，将其作为样本。样本颜色应尽可能选择面积较大的部分，这样方便填补，然后在牙齿的中间部分单击。

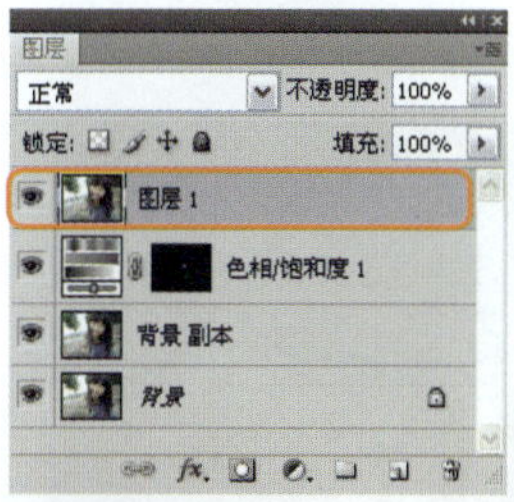

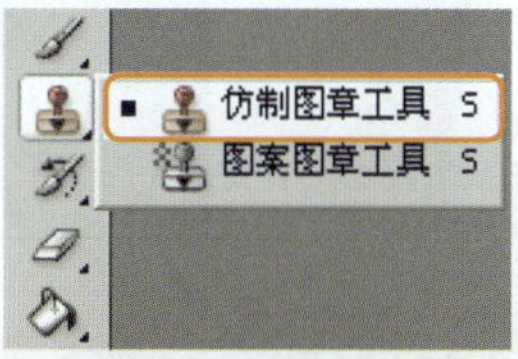

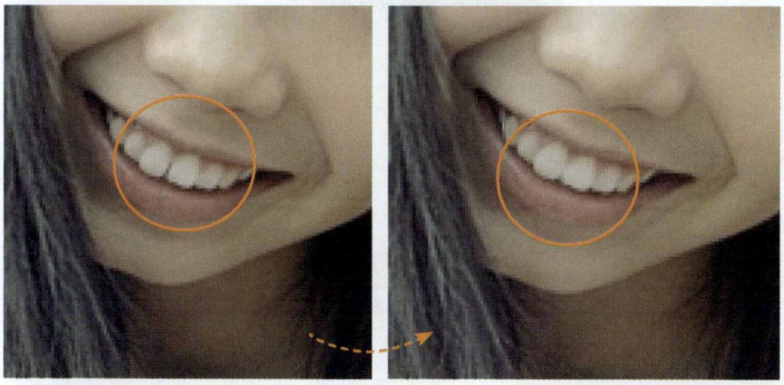

STEP 09 经过洁齿的调整，照片中的人物拥有了洁白的牙齿，照片质量也有了明显改善。至此，本照片调整完成。

提示与技巧

套索工具之间的转换

在使用套索工具时，有时会临时需要转换为另一种套索工具，此时放开鼠标再去更换会使选区的创建中断。下面将介绍配合快捷键切换套索工具，以避免这种问题的发生。

在使用磁性套索工具选取选区时，如果需要转换为手绘线段的套索工具，按住Alt键的同时继续绘制即可。

使用磁性套索工具

转换为套索工具

按住Alt键单击鼠标便可切换到多边形套索工具，放开Alt键便回到磁性套索工具。

如果需要删除锚点，按下Delete键依顺序删除即可。

绘制锚点

删除锚点

6.1.3 多边形套索工具——加深眉眼

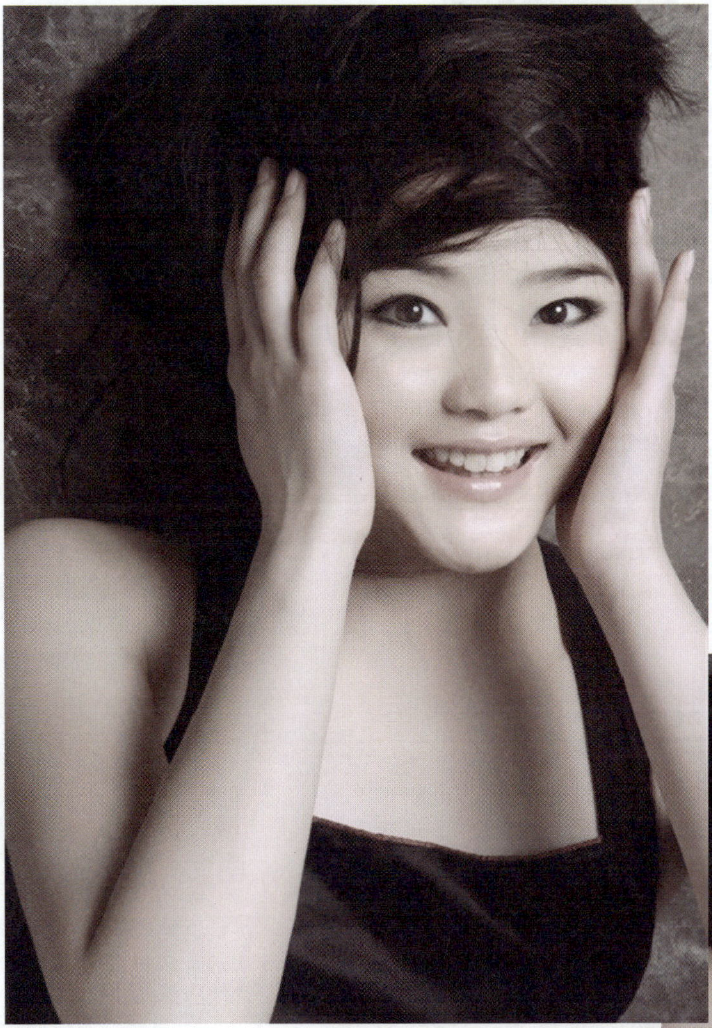

最终文件路径： 实例文件\chapter6\complete\03-end.psd

案例分析： 该照片中的人物青春靓丽，但是眉眼不够精神，不能够达到神采飞扬的效果。通过后期的调整，可以修补不够完美的眼眉浓度，使照片中的人物看起来更加精神。

功能点拨： Photoshop中的多边形套索工具主要用于创建长方形、菱形等多边形轮廓选区，与套索工具相比更加规则。创建选区后，可以结合“羽化”命令将选区的边缘处理得更加平滑，使得调整出的效果更加自然。

STEP 01 打开本书配套光盘中的“实例文件\chapter6\media\03.jpg”文件，按下快捷Ctrl+J，复制”背景“图层得到新建图层“图层1”。

STEP 02 选择“图层1”，单击多边形套索工具，选取人物的眉毛，然后按下快捷键Ctrl+J将其复制，得到新建图层“图层2”，然后设置图层混合模式为“正片叠底”。

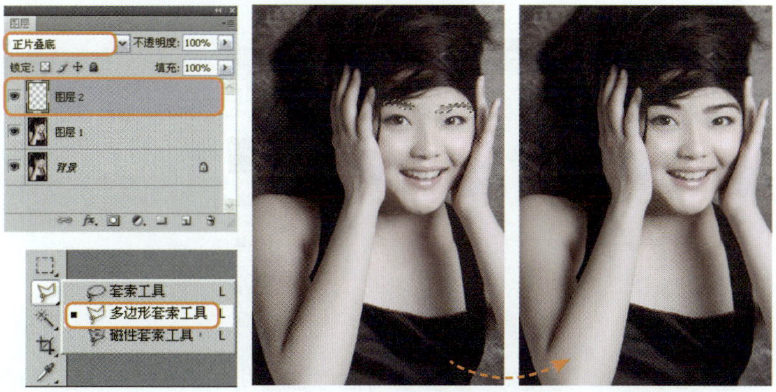

STEP 03 可以看到此时眉毛很深，效果非常不自然，下面将通过蒙版将其调整为自然的效果。单击“图层”面板下方的“添加图层蒙版”按钮，为“图层2”添加蒙版，将前景色设置为黑色，按下快捷键Alt+Delete将蒙版填充为黑色，此时“图层2”的效果被隐藏，眉毛还原为之前的状态。

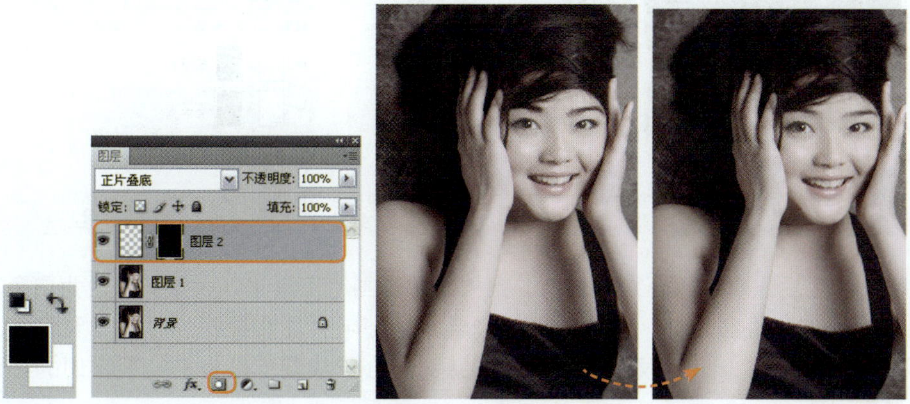

STEP 04 保持蒙版状态，单击画笔工具，设置前景色为白色，“画笔”为“柔角9像素”，“不透明度”为66%。“流量”为83%，使笔触的大小与眉毛最粗的地方一样宽。使用设置好的画笔，对眉毛部分仔细进行涂抹，在涂抹的同时可以按下快捷键“[”或者“]”键调整笔触的大小。注意靠近眉尾的部分使用较小的笔触，靠近眉头的部分使用较大的笔触。经过涂抹，可以看出眉毛体现出变暗效果。

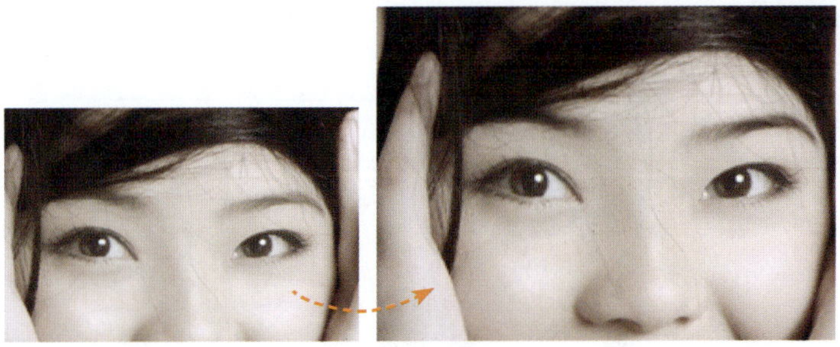

STEP 05 修饰好眉毛部分后，对眼睛部分进行调整。单击“图层1”，依照同样的方法使用多边形套索工具，选取眼睛部分，此时选取的范围不需要非常精细。按下快捷键Ctrl+J复制得到新建图层“图层3”。

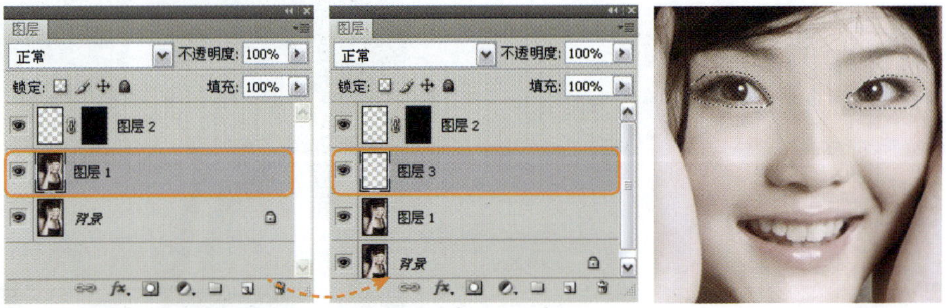

STEP 06 选择“图层3”，重复对眉毛部分所做的操作，对眼睛部分进行调整。设置图层混合模式为“正片叠底”，可以看到眼睛部分明显变暗。单击”图层“面板下方的“添加图层蒙版”按钮，为“图层3”添加蒙版，将蒙版填充为黑色。

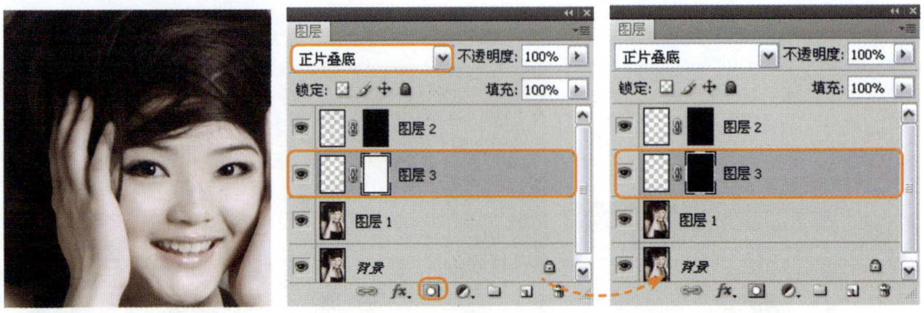

STEP 07 填充蒙版后，眼睛部分恢复之前的效果。单击画笔工具，设置前景色为白色，选择一个较软的笔触对眼珠部分进行涂抹，然后涂抹上睫毛与下睫毛，注意操作的时候需要仔细。调整完成后设置“不透明度”为80%。将眼睛与眉毛的调整图层分层放置，是为了控制它们的不透明度。至此，本照片调整完成。

6.1.4 “USM锐化”滤镜——锐化人物五官

最终文件路径： 实例文件\chapter6\complete\04-end.psd

案例分析： 这是一张在室内拍摄的照片，由于人物脸上有一些油光，使得照片效果有一些美中不足。下面将通过后期的处理使脸部的油光荡然无存，人物的脸部会像擦了粉一样的柔美。

功能点拨： Photoshop中的仿制图章工具可以复制特定区域或者全部图像，并将其粘贴到指定的区域，由于复制的图像是原样照搬的，即保证取样区域和复制区域的图像像素完全一致。

STEP 01 打开本书配套光盘中的“实例文件\chapter6\media\04.jpg”文件，这是一张需要去除油光的照片。按下快捷键Ctrl+J将其复制，得到“图层1”。

STEP 02 单击仿制图章工具，设置“画笔”为“柔角50像素”，“不透明度”为50%，“流量”为100%。

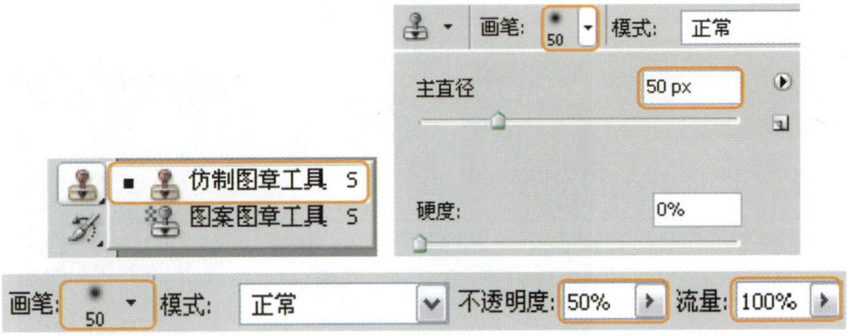

提示与技巧

去除面部油光的技巧

在去除油光的过程中，一定要遵循面部结构，不能将所有的油光连同高光全部擦拭，这样会使脸部看起来没有起伏，不够自然。整个脸部是有弧度的，不可当作平面处理。

油光最容易出现的地方是颧骨和额头部分，而颧骨正是整个面部的结构转折点，虽然比较微妙，但是不可忽略。

在涂抹的时候，应注意保留脸部的高光，使去除油光后的效果更加自然。

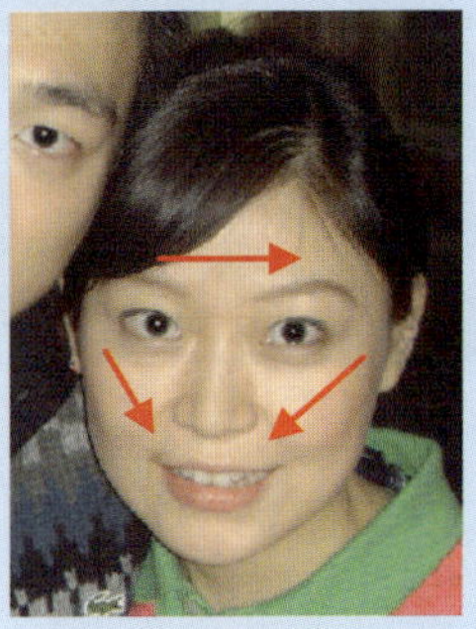

脸部弧度

STEP 03 按住Alt键的同时单击没有油光的皮肤，将其作为样本。取样的皮肤应尽可能接近被调整的部分，这样能够保持亮度一致，然后在需要调整的地方单击。在去除油光的过程中，发现笔触大小不合适时可按下快捷键“[”或者“]”进行调整，灵活控制笔触大小。经过调整会发现照片有所变化，人物皮肤更加柔和。至此，本照片调整完成。

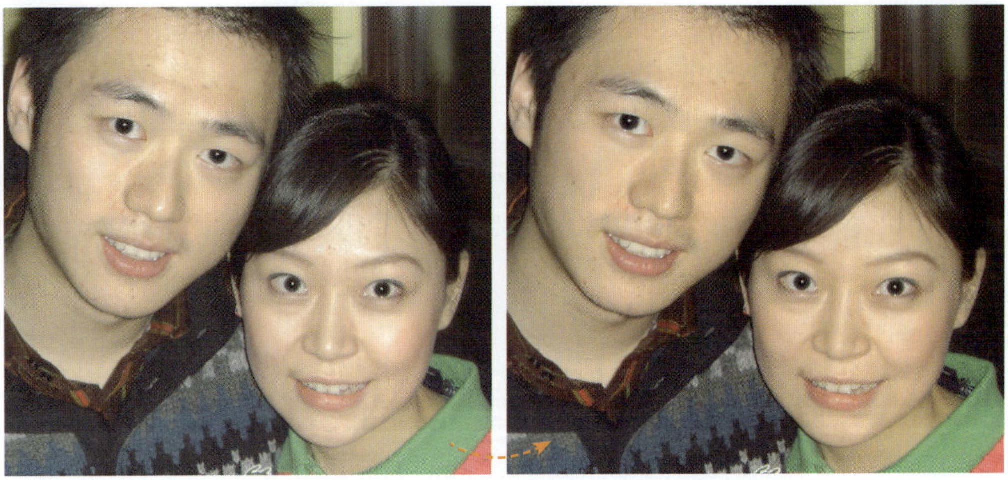

6.1.5 “替换颜色”命令——添加唇彩

最终文件路径：实例文件\chapter6\complete\05-end.psd

案例分析：该照片中的人物青春靓丽，但是唇部色彩却较为灰暗，使得人物看起来缺少精神。通过后期的调整，使用“替换颜色”命令可以为唇部增添粉红的唇彩，使得唇部看起来水嫩润泽，更加神采奕奕。

功能点拨：Photoshop中的“替换颜色”命令可以替换图像中的局部颜色，并且可以创建临时蒙版或选择特定色彩区域用于调整图像的色相、饱和度以及亮度，使局部和整体的色彩搭配得更加自然非常方便。

STEP 01 打开本书配套光盘中的“实例文件\chapter6\media\05.jpg”文件，打开一张添加唇彩的照片。将“背景”图层拖动到“创建新图层”按钮上，得到“背景副本”图层。

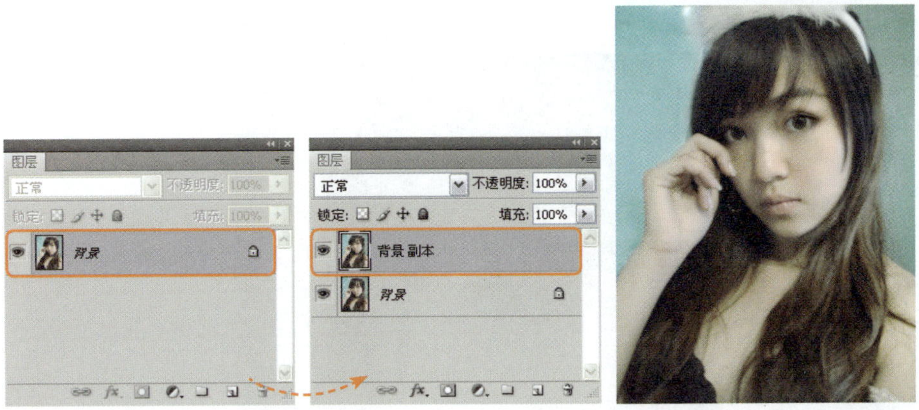

STEP 02 执行“图像>调整>替换颜色”命令，弹出“替换颜色”对话框。在“替换颜色”对话框中，单击画面中需要调整的嘴唇部分，选中将要替换的颜色，然后单击对话框下方的“结果”缩览图，弹出“选择目标颜色”对话框，设置颜色为R249、G124、B94，完成后单击“确定”按钮。

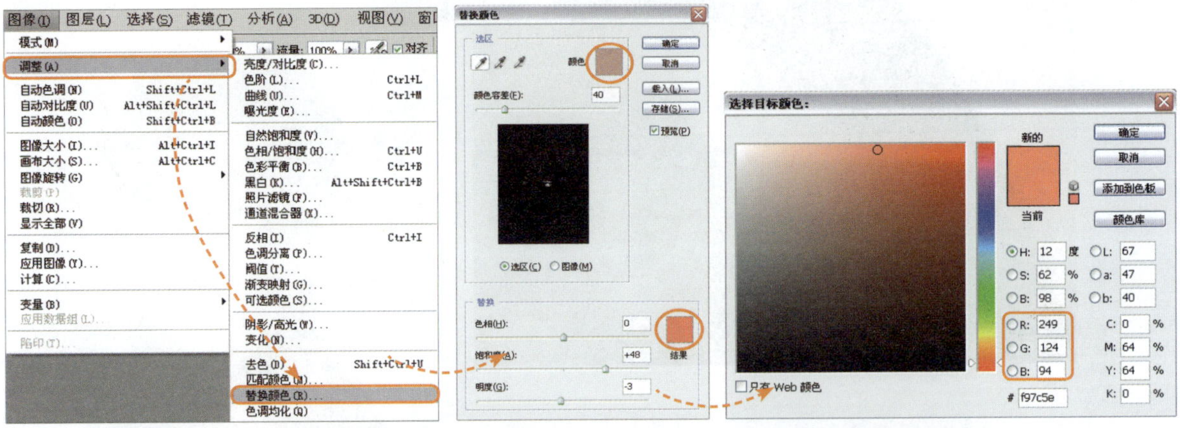

STEP 03 经过“替换颜色”命令的调整，可以看出嘴唇的颜色明显变得红润，但是颜色不够自然比较死板，而且眼睛与手部也被替换了同样的颜色，下面将通过蒙版的调整，将其还原。

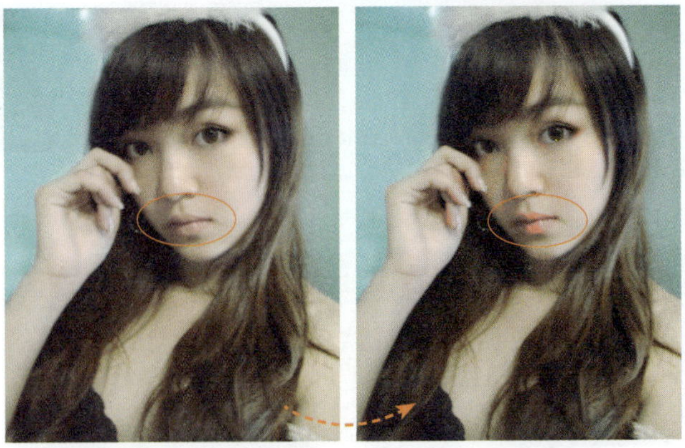

STEP 04 选择“背景副本”图层，单击“图层”面板下方的“添加图层蒙版”按钮，选择画笔工具，按下快捷键X交换默认前景色与背景色，然后在眼睛与手部较红的部分涂抹，还原其正常色调。调整时可以按下快捷键“[”或者“]”改变笔触的大小，便于更加精确地调整。

STEP 05 蒙版调整完成后，设置图层的“填充”为63%，使嘴唇部分的色彩更加自然。

STEP 06 单击“图层”面板下方的“创建新图层”按钮，得到“图层1”。单击多边形套索工具，在嘴唇的受光部分创建不规则多边形。

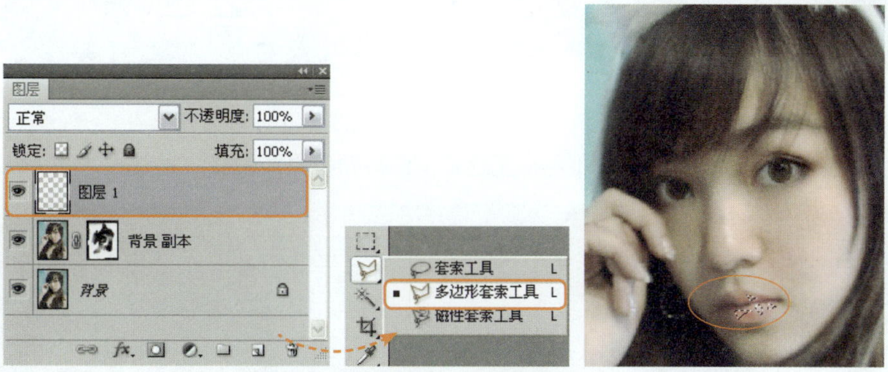

STEP 07 将所框选的不规则多边形填充为白色，按下快捷键Ctrl+D取消选区。设置图层混合模式为“柔光”，“不透明度”为100%，“填充”为93%。

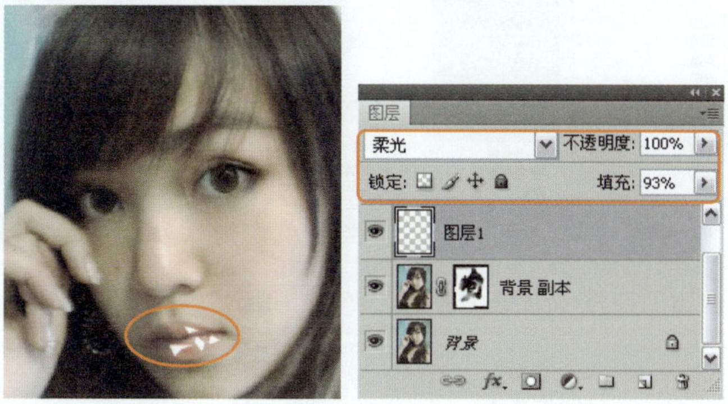

STEP 08 下面将受光部分的白色调整为模糊状态，执行“滤镜>模糊>高斯模糊”命令，弹出“高斯模糊”对话框。在打开的“高斯模糊”对话框中设置“半径”为4.8像素，完成后单击“确定”按钮。

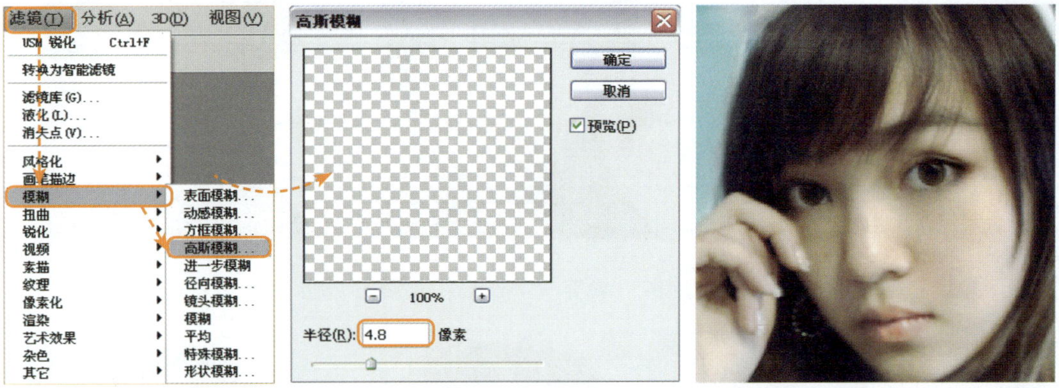

STEP 09 按下快捷键Ctrl+Shift+Alt+E盖印图层，得到“图层2”。使用套索工具将嘴唇部分选取，按下快捷键Ctrl+Shift+I反选图像，按下Delete键将嘴唇以外的部分删除。

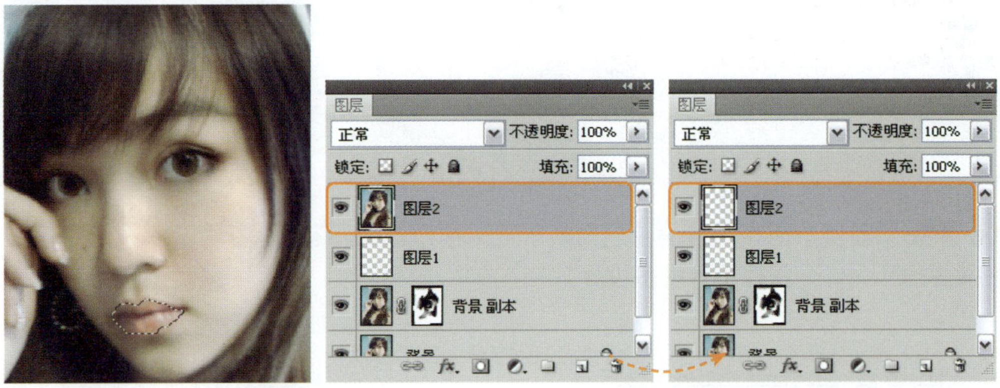

STEP 10 执行“滤镜>杂色>添加杂色”命令，弹出“添加杂色”对话框。在打开的“添加杂色”对话框中设置“数量”为37.74%，勾选“单色”复选框，使得颗粒更加明显，完成后单击“确定”按钮。

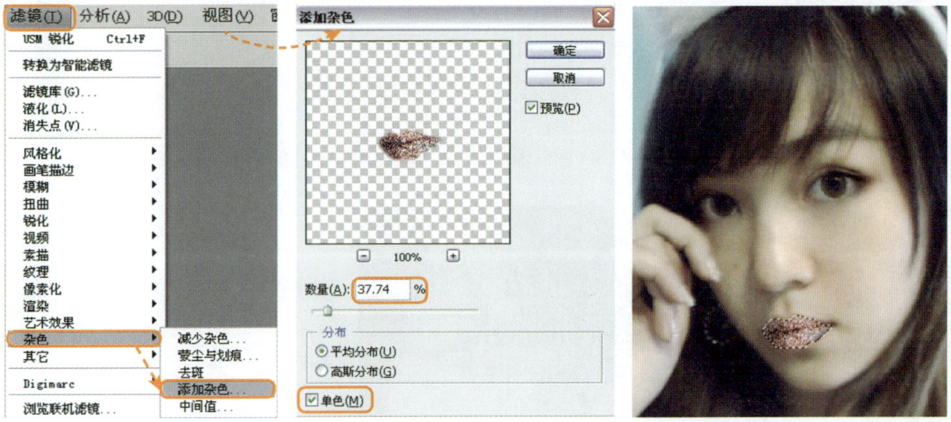

STEP 11 单击“图层”面板下方的“添加图层蒙版”按钮，设置画笔颜色为黑色，对嘴唇附近较暗的部分进行涂抹。

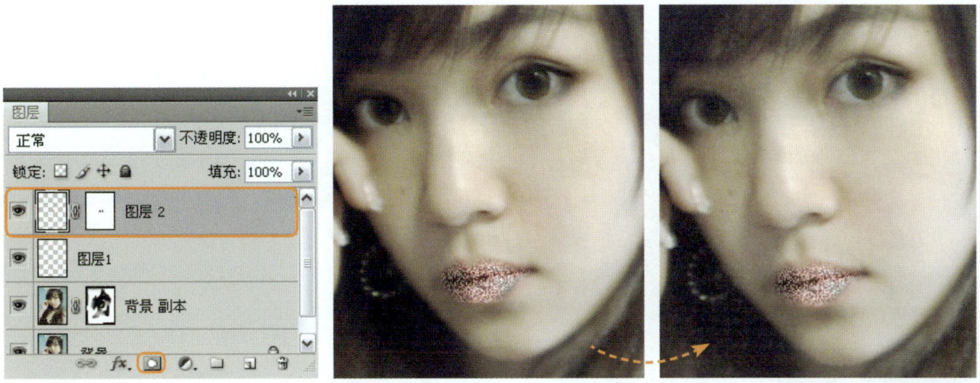

STEP 12 蒙版调整完成后，为了增添唇彩闪亮的效果，设置“图层2”的图层混合模式为“线性减淡（添加）”。经过调整，可以看到嘴唇部分的明显变化。过亮的效果不但没有起到唇彩的效果，反而破坏了画面，但这只是暂时的，通过下面的调整将会对其进行改变。

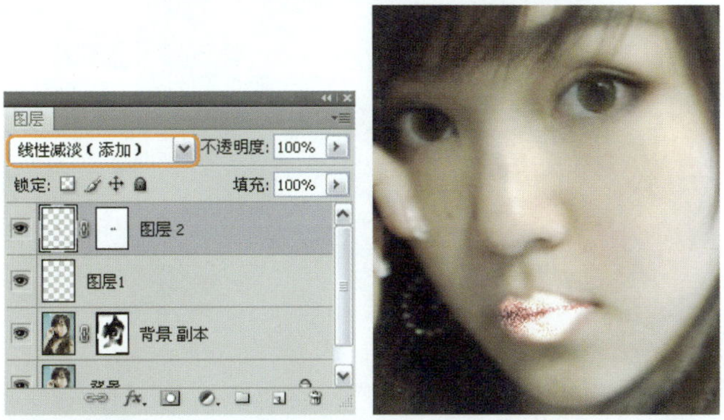

STEP 13 选择“图层2”，设置“图层2”的“不透明度”为52%，“填充”为100%。

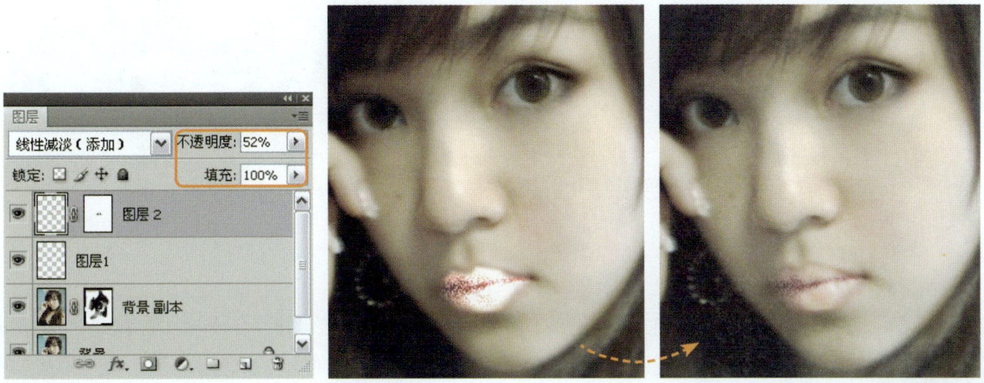

STEP 14 设置“填充”为43%，纠正嘴唇过白的现象。可以看出经过后期的调整，唇彩的效果完美体现，人物的嘴唇也更加水润。至此，本照片调整完成。

6.1.6 历史记录画笔工具——增加眼部神采

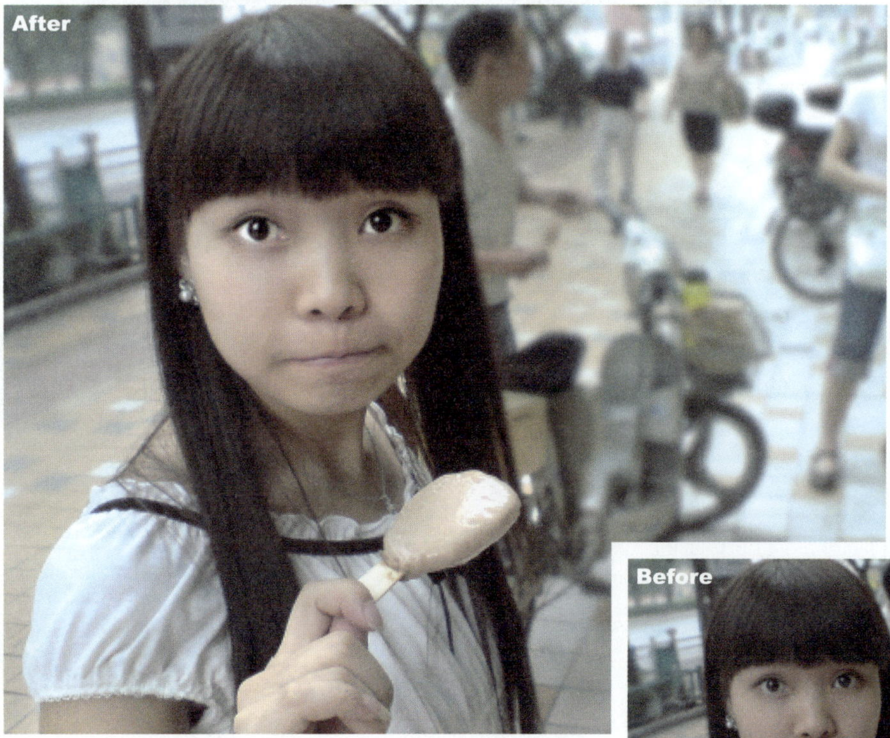

最终文件路径： 实例文件\chapter6\complete\06-end.psd

案例分析： 该照片是在街边拍摄的，由于天气的原因，造成人物眼部的对比度不够。该现象在拍摄面部特写时经常出现，稍作调整即可将眼睛变得明亮有神。通过后期的调整，将还原人物亮白清澈的眼底，使双眼神采奕奕。

功能点拨： Photoshop中的历史记录画笔工具能够结合指定的历史记录状态或者快照绘画源，通过重新指定的绘画源进行绘画。在历史记录画笔工具选项栏中设置不同的选项会生成不同的画笔效果。

STEP 01 打开本书配套光盘中的“实例文件\chapter6\media\06.jpg”文件，这是一张需要增加眼部神采的照片。将“背景”图层拖动到“创建新图层”按钮上，得到“背景副本”图层。

STEP 02 单击“图层”面板下方的“创建新的填充或调整图层”按钮，在弹出的菜单中选择“曲线”命令，在“调整”面板中显示相关选项。此时，“图层”面板中出现“曲线1”调整图层。

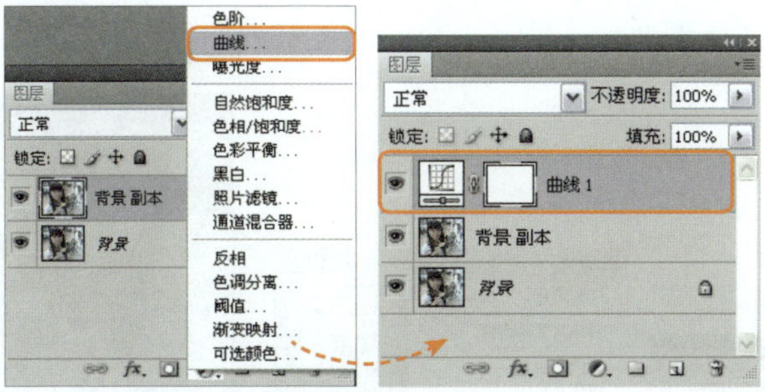

STEP 03 在“调整”面板中设置两个控制点，将其分别向相反方向移动，提高画面的亮部与暗部。

STEP 04 经过“曲线”命令的调整，眼睛的亮部与暗部明显提高，但周围不需要调整的部分也随之调整，下面将使用蒙版将其还原。单击“曲线1”调整图层中的蒙版缩览图，将其转换为蒙版模式。单击画笔工具，按下快捷键X切换默认前景色与背景色，设置“画笔”为“柔角160像素”。

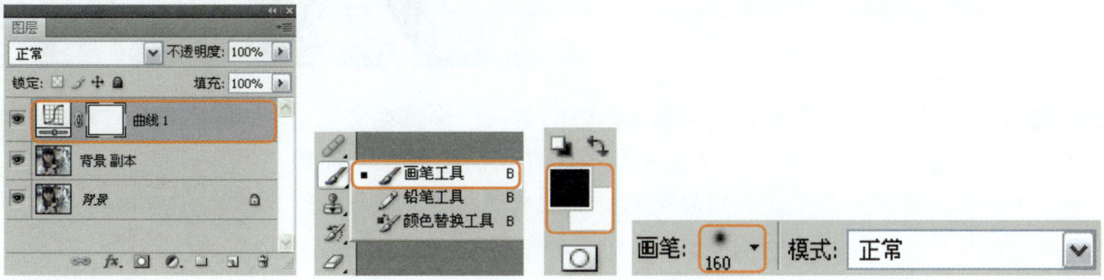

STEP 05 先对画面整体进行涂抹，恢复到“曲线”命令调整之前的状态。然后将前景色设置为白色，放大眼睛部分，开始在眼白上涂抹。可以看到眼睛区域会变得亮白起来这是之前使用曲线调整的效果。涂抹的同时可以按下快捷键“[”或者“]”，便于改变画笔尺寸以适应对眼底边角的精确绘制。

STEP 06 按下快捷键Ctrl+Shift+Alt+E盖印图层，得到“图层2”。执行“滤镜>锐化>USM锐化”命令。弹出“USM锐化”对话框，在打开的“USM锐化”对话框中设置“数量”为82%，“半径”为1.0像素，“阈值”为0色阶，完成后单击“确定”按钮。

STEP 07 使用“USM锐化”滤镜后，觉得效果不是很明显，需要重复使用，按下快捷键Ctrl+F即可重复操作上一步骤。如此运用多次，达到满意的效果为止。在本例中使用了4次锐化，眼睛部分已经接近了理想的效果，但是画面周围却锐化过度，接下来对其进行调整。

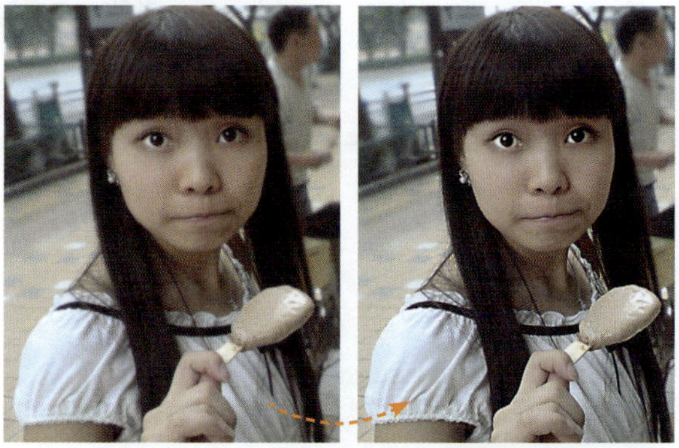

STEP 08 打开“历史记录”面板，对画面所做的每一个步骤在历史记录中都一一的列出，这些步骤被称为历史状态。在“历史记录”面板中，刚才操作的步骤都一目了然，当靠前的步骤被恢复后时，被忽略的步骤将在“历史记录”面板中变成灰色，在下一步骤时消失不被保留。

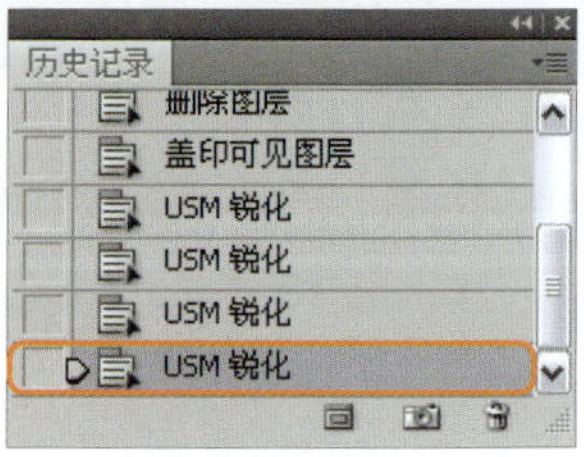

STEP 09 单击第一个“USM锐化”的步骤，之后对文件的改变步骤变为了灰色，表示锐化的效果不显示，图层上的照片回到了锐化以前的状态。单击最后一个步骤前的小方框，把历史笔触留在这个步骤上。

STEP 10 单击历史记录画笔工具，为了不使笔触太生硬，在选项栏中设置笔触为“柔角70像素”，“不透明度”为20%。

STEP 11 使用设置好的历史记录画笔工具，在眼睛部分单击，逐步描绘增加效果，历史记录画笔的神奇之处就在于此。通过锐化的作用，使眼睛看起来锐利而且明亮，而且脸部和其他部分都不会受到影响。

Photoshop基础

历史记录的使用

由于历史记录的使用是在所做的每一个历史步骤上进行的，它仅仅在工作的“历史记录”面板上体现。因此当文件存储或关闭以后，再一次打开如果有不满意的地方很难恢复。

为了避免这一现象，可以在开始这项工作前在原来的图层上复制一个图层，将原来的画面做一个备份。

也可以在文件调整到一定阶段时，在“历史记录”面板的下方单击“从当前状态创建新文档”按钮，建立一个新文档，以便保存调整的中间步骤。

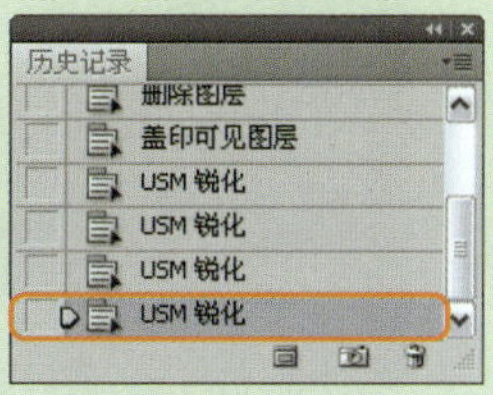

建立新文档

STEP 12 单击“图层”面板下方的“创建新的填充或调整图层”按钮，在弹出的菜单中选择“色阶”命令，设置“输入色阶”的参数为17、1.19和216。

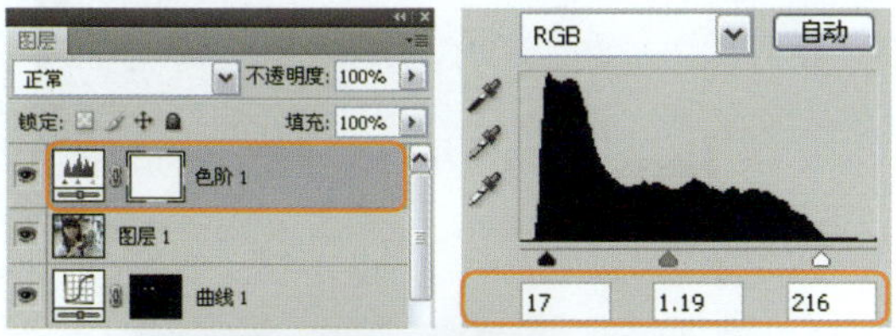

STEP 13 单击“色阶1”调整图层的蒙版缩览图，调整为蒙版状态。单击画笔工具，设置前景色为黑色，将背景部分涂抹，使得人物在画面中更加突出。至此，本照片调整完成。

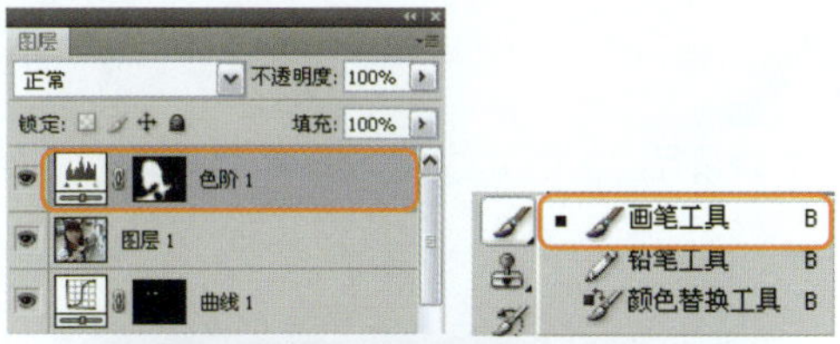

6.1.7 “液化”滤镜——为人物瘦身

最终文件路径：实例文件\chapter6\complete\07-end.psd

案例分析：该照片是在影楼拍摄的艺术写真，由于人物的手臂与腰部还不够纤细，使得画面效果不够理想。通过后期的处理，使用Photoshop的“液化”滤镜将手臂与腰部变细，塑造苗条的身材。

功能点拨：Photoshop中的“液化”滤镜是一种非常方便的瘦身工具，它可以轻松地调整照片人物的脸型、身材。通过膨胀与收缩的操作可以改变眼睛的大小、脸颊的胖瘦或者是肢体的粗细，使用“液化”滤镜可以改善人物的不足与瑕疵，从而达到趋于完美的照片效果。

STEP 01 打开本书配套光盘中的"实例文件\chapter6\media\07.jpg"文件，可以看到照片中的人物偏胖。通过后期的调整将使人物变苗条。按下快捷键Ctrl+J，复制"背景"图层得到"图层1"。

STEP 02 执行"滤镜>液化"命令，打开"液化"对话框。按下快捷键Ctrl++，放大需要瘦身的部分。

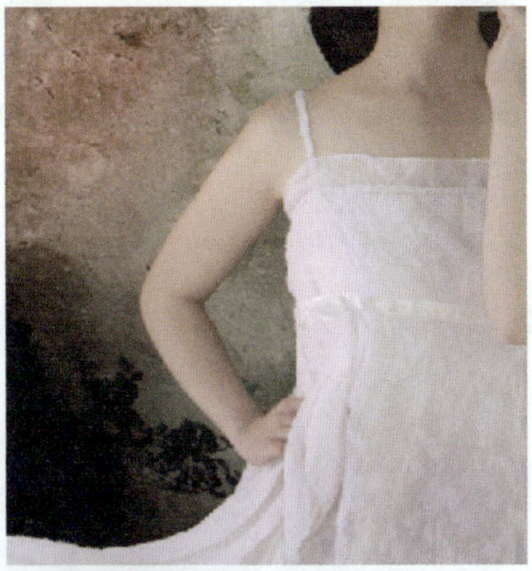

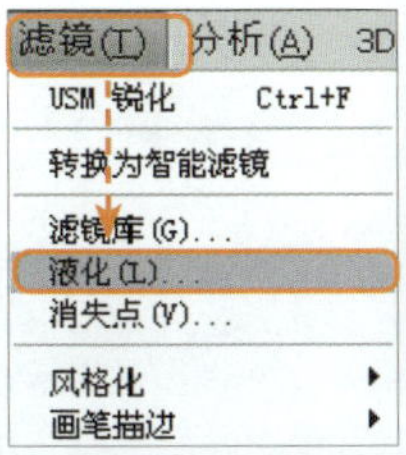

提示与技巧

重建工具的作用

在调整的过程中，要注意保持身体曲线的平滑，不可一味地追求消瘦而调整过度，这样反而会产生不自然的效果，另外需要注意衣服与身体之间的关系。

在对"液化"命令不是很熟练的情况下，即使操作有误也不必重新操作"液化"对话框中已经准备好了补救方法。

重建工具

在"液化"对话框中单击重建工具，能使图像恢复到调整前的状态。使用鼠标在需要重建的区域上拖动，图像即可恢复到原始状态。

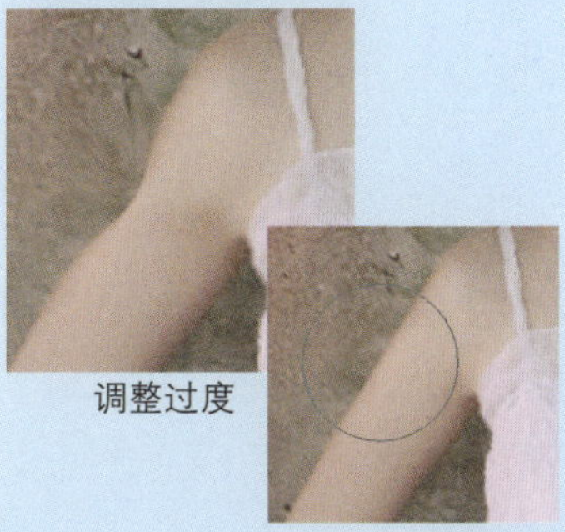

调整过度

重建效果

STEP 03 在打开的"液化"对话框中选择褶皱工具，设置"画笔大小"为70，"画笔密度"为50，"画笔压力"为100，"画笔速率"为80。使用设置好的画笔单击手臂上需要变瘦的部分。

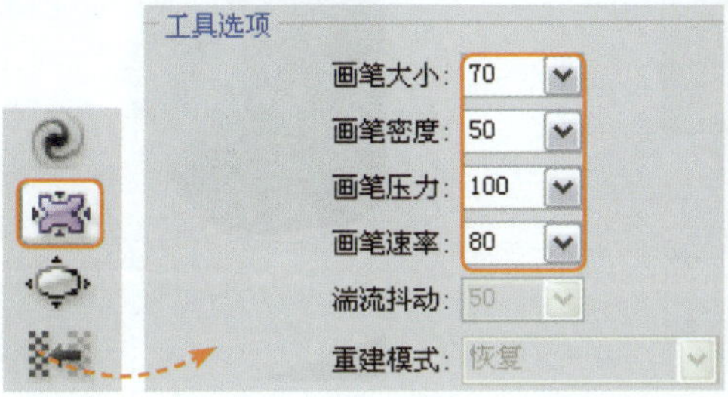

STEP 04 采用单击鼠标的方式可以对图像进行逐步调整，这样便于控制瘦身的程度。下面采用同样的方式为人物的腰部瘦身，单击褶皱工具，将笔触设置得略大一些将会得到自然的效果。设置“画笔大小”为78，“画笔密度”为50，“画笔压力”为100，“画笔速率”为80，使用画笔在腰部单击进行调整，完成后单击“确定”按钮。

STEP 05 经过液化工具的调整，可以看到人物达到了完美的瘦身效果。下面将通过“USM锐化”命令，使人物的边缘轮廓更加清晰。

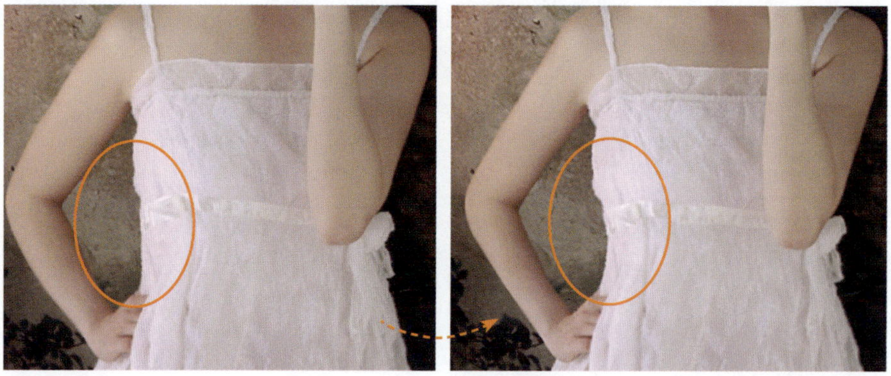

STEP 06 选择“图层1”，执行“滤镜>锐化>USM锐化”命令，弹出“USM锐化”对话框。在打开的“USM对话框”中设置“数量”为22%，“半径”为2.3色阶，“阈值”为0色阶，完成后单击“确定”按钮。至此，本照片调整完成。

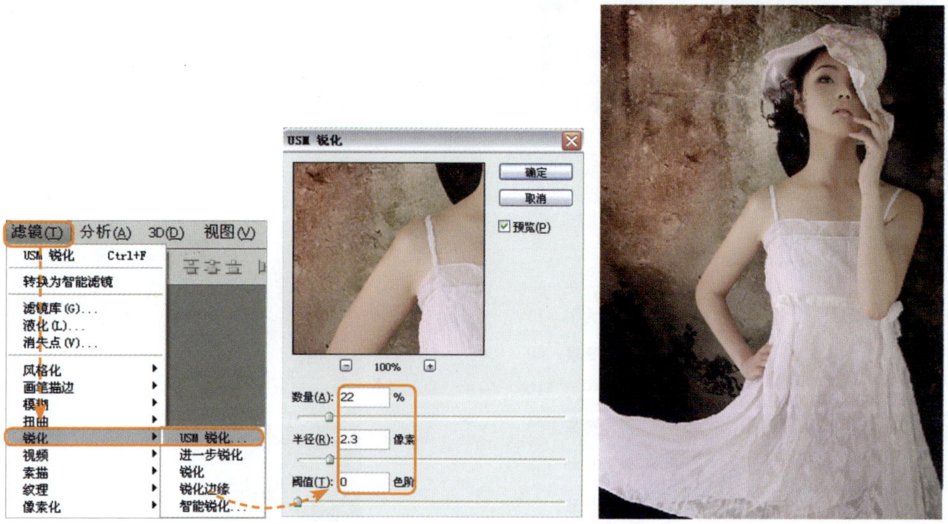

6.2 修补照片

在拍摄的人像照片时，由于人物自身存在一些瑕疵，加之拍摄时操作不当，可能会导致人物的瑕疵在画面中较为明显。在后期的调整过程中，可以运用不同的修补和美化的方法去除这些小瑕疵，赋予人物更加美丽的容貌，从而使拍摄出的人物形象更加完美。

6.2.1 修复画笔工具——美肤

最终文件路径：实例文件\chapter6\complete\08-end.psd

案例分析：该照片是在室外拍摄的，可以看到人物的皮肤上有一些小的斑点，通过使用Photoshop中的修复画笔工具对这些斑点进行处理，可以为人物打造完美无瑕的皮肤。

功能点拨：Photoshop中的修复画笔工具对于修复人物的皮肤有特殊的功效。

STEP 01 打开本书配套光盘中的"实例文件\chapter6\ media\08.jpg"文件，可以看到照片中的人物需要柔化皮肤。按下快捷键Ctrl+J，复制并得到新图层"图层1"。

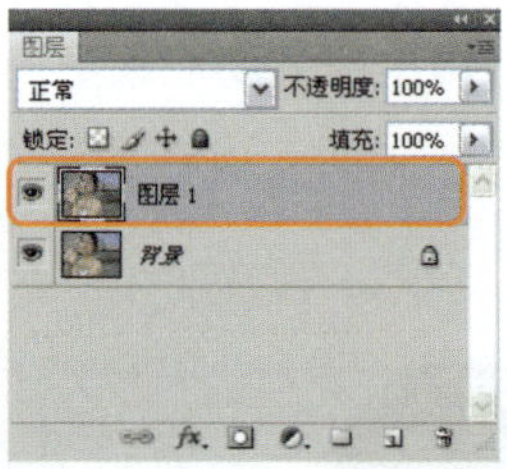

STEP 02 单击修复画笔工具，设置"画笔"为"柔角14像素"，对人物脸部与颈部的瑕疵部分进行修复，还原无瑕的皮肤。

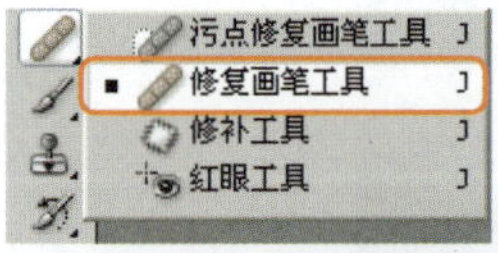

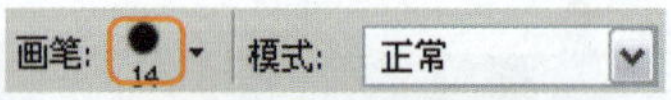

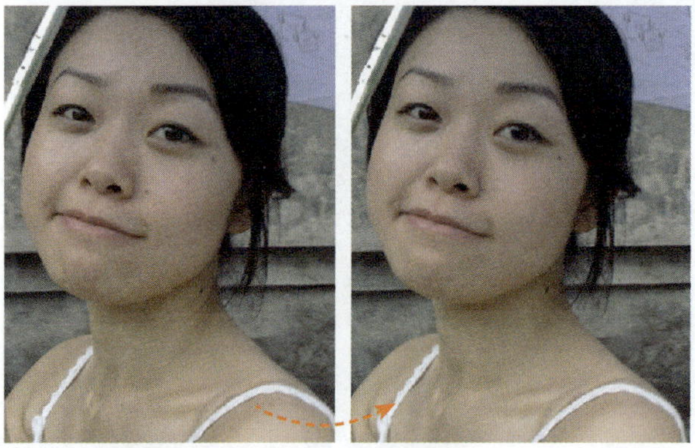

STEP 03 对人物皮肤部分的调整完成后，下面将对整个画面的色彩饱和度进行调整。单击"图层"面板下方的"创建新的填充或调整图层"按钮，在弹出的菜单中选择"色相/饱和度"命令，设置"饱和度"为+8。

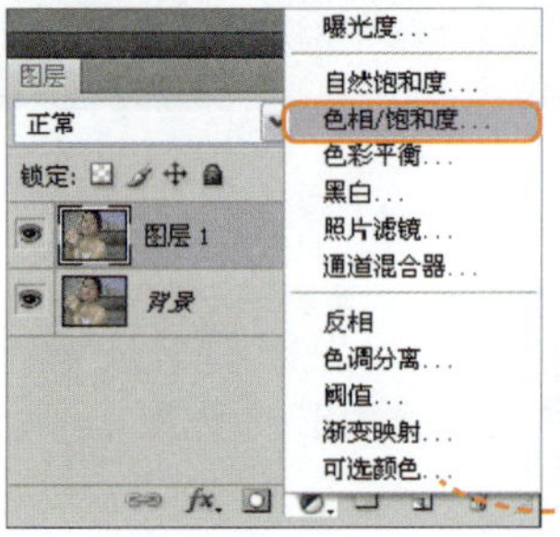

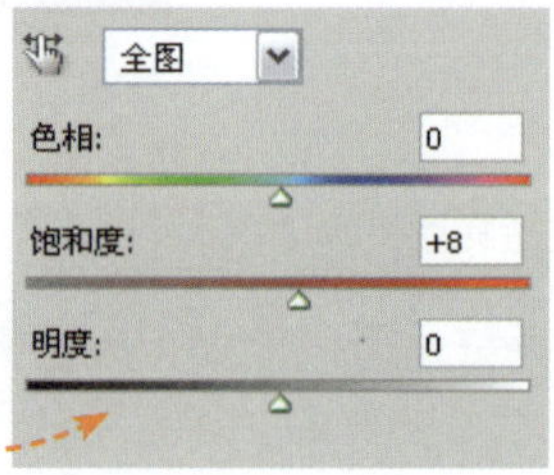

STEP 04 经过对图像色彩的调整，可以看到整体画面色彩变得丰富，照片质量也随之提高。

Photoshop基础

使用修复画笔工具修复皮肤瑕疵

修复画笔工具可以用于修复人物瑕疵，使它们消除在周围的图像中。

原图

修复效果

与仿制工具一样，使用修复画笔工具可以利用图像或图案中的样本像素来涂抹修复部位。不同的是，修复画笔工具还可以将样本像素的纹理、光照、透明度和阴影与源像素进行匹配，使得修复后的像素不留痕迹，更好地融入周围图像。

提示与技巧

在明暗交界处运用修复画笔工具

在使用修复画笔工具涂抹时，遇到结构转折处或是明暗交界处，如何才能更好地修复区域而又不影响到其他部分，这是一个常见的问题。

原图

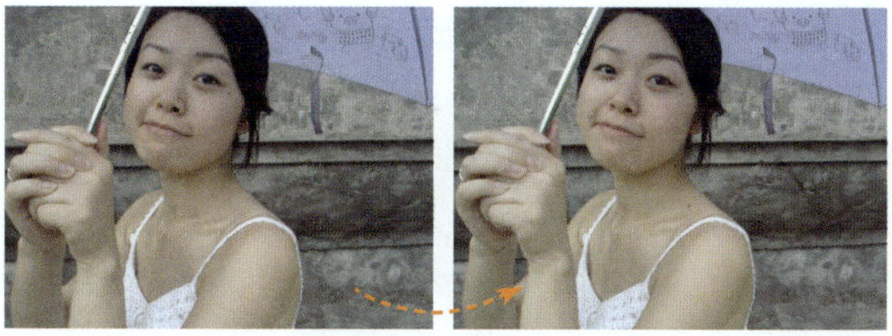

STEP 05 单击“图层”面板下方的“创建新的填充或调整图层”按钮，在弹出的菜单中选择“色阶”命令。在“调整”面板中向白色滑块向 左边移动，以提亮整体画面，设置“输入色阶”的参数为0、1.10和222。至此，本照片调整完成。

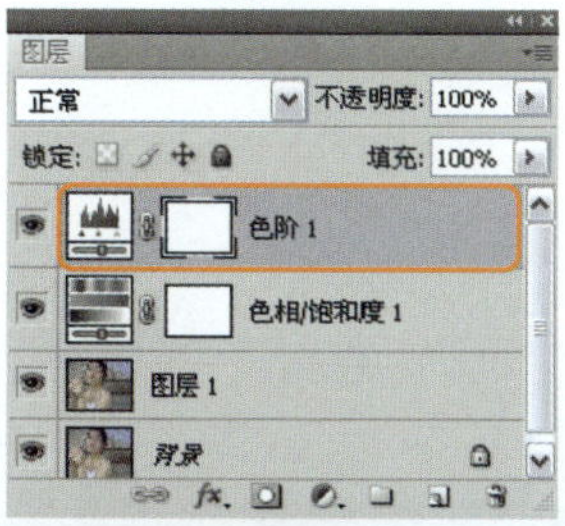

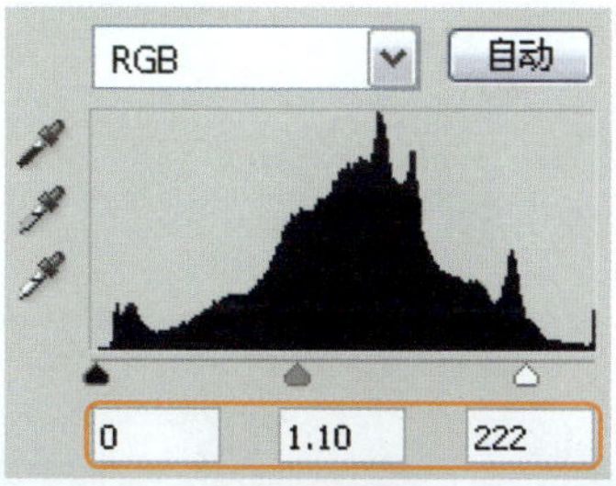

没有选取使得边缘模糊

这时需要与套索工具结合使用。首先使用套索工具选取需要调整的选区，之后使用修复画笔工具在选区内进行调整就可以达到自然的修复效果。

创建选区

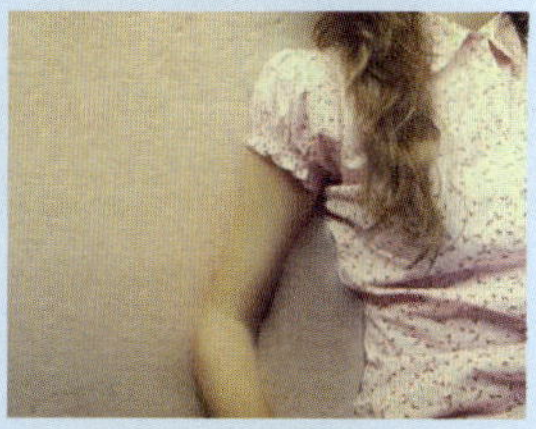

自然的修复效果

提示与技巧

使用修复画笔工具合成图像

修复画笔工具不仅可以无痕消除图像中的瑕疵，而且还可以进行简单的图像合成。

单击修复画笔工具，在“图层”面板下方单击“创建新图层”按钮，新建一个图层便于调整复制图像的位置。选择“背景”图层，按下Alt键的同时在云朵的边缘单击取样。

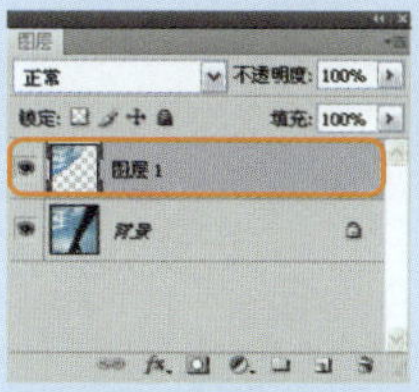

“原图1”的“图层”面板

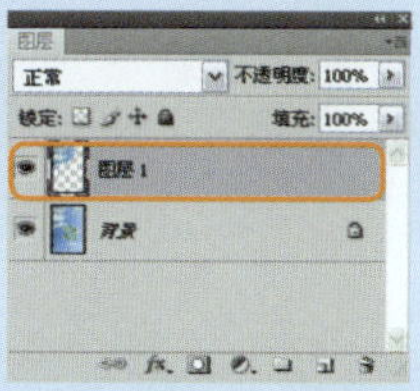

“原图2”的“图层”面板

然后选择“图层1”，在天空部分涂抹，可以观察到“原图1”中的云朵图像被复制到“原图2”中。将图层混合模式设置为“浅色”，使其更加自然地融入画面中。

原图1

原图2

复制效果

6.2.2 “自由变换”命令——为人物瘦脸

最终文件路径： 实例文件\chapter6\complete\09-end.psd

案例分析： 该照片中的人物脸型较圆，在后期处理中，将通过使用Photoshop中的变换工具对人物脸型进行调整，从而使脸片中的人物更加完美，使照片效果更加理想。

功能点拨： Photoshop中的“自由变换”命令能够迅速改变图像的比例。这是一种常用的调整方法，它能快速达到效果，但不影响画面的色调与影调。但是这种方法只适合于脸部相对垂直的角度，不适合脸部倾斜的角度。

STEP 01 打开本书配套光盘中的“实例文件\chapter6\media\09.jpg”文件，这是一张生活照片，需要通过调整使人物脸部看起来瘦一些。

STEP 02 按下快捷键Ctrl+A，全选“背景”图层中的图像，然后按下快捷键Ctrl+T，执行“自由变换”命令。拖动控制点，压缩照片的比例从而达到瘦脸的效果。

STEP 03 拖动左边的控制点向右边移动，整张照片向右边压缩。然后再拖动右边的控制点向左边移动，此时整张照片向中间压缩。在拖动的过程中，越向中间拖动，照片就越狭窄，可以反复拖动调整出最适合的程度。这里介绍一个比较精确的方式，在选项栏中直接输入一个宽度为94%，输入后画面将自动转换为所调整的比例。

Photoshop基础

“变换”命令的应用

“变换”命令可以将变换应用于某个图层、某个选区、多个图层或者是图层蒙版，还可以应用在矢量形状、矢量蒙版、路径、选区边框或是通道上。

当需要对选区进行旋转、变形和倾斜等操作时，就需要使用“变换”命令。执行“编辑>变换”命令，就可以在级联菜单中选择需要变换的方式。

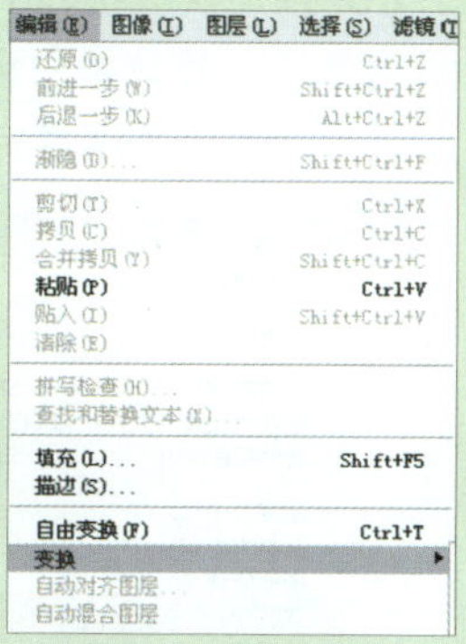

执行“变换”命令

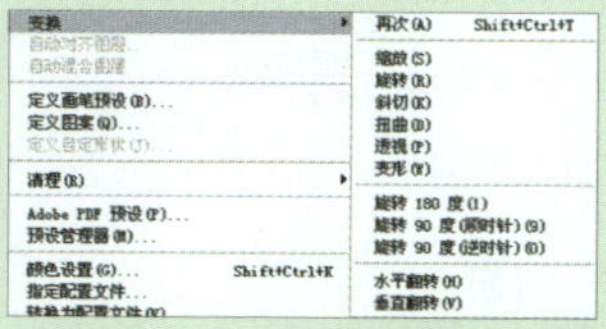

“变换”选项

1. 缩放

将光标移动到变换控制框的右上角，光标呈现移动状态，此时可以沿垂直或者水平方向向内外进行缩放。按住Shift键可以等比例进行缩放。

缩放操作

STEP 04 经过调整达到了瘦脸的目的，效果自然且肉眼几乎不能发觉。但是由于调整留下了一个白色的空白区域。

STEP 05 按下快捷键Ctrl+D将取消选区，执行“图像>裁剪”命令，框选照片，裁剪掉白色的部分，完成后按下Enter键确认裁剪操作。至此，本照片调整完成。

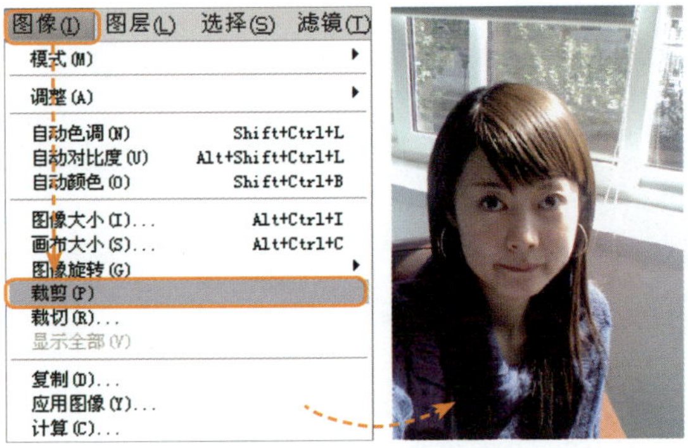

在默认情况下，变换需要根据中心点进行的，根据一些画面的需要可以更改中心点，或者将中心点拖曳到其他的位置。

拖曳中心点

2. 旋转

当光标离开变换控制框时，光标转换为旋转状态，此时可以移动选区。按住Shift键可以以15°角为增量进行旋转。

旋转操作

3. 斜切

拖动鼠标可以将图像向垂直或者水平方向调整。

斜切操作

4. 扭曲

拖动鼠标可以将图像进行自由伸展。

扭曲操作

5. 透视

拖动鼠标可以将透视应用到选取的图像中。

透视操作

6. 自由变换

可以对图像进行连续操作应用变换，包括旋转、缩放、斜切、扭曲和透视。按下快捷键Ctrl+T即可执行。在调整的过程中，可以不断转换变换方式却不需要在菜单中重新选择命令，只需按下不同的快捷键进行切换即可。在自由变换状态下按住Ctrl键可以进行自由扭曲调整，按下快捷键Ctrl+Shift可以进行斜切操作，按下快捷键Ctrl+Shift+Alt可以进行透视调整，双击结束变换。

6.2.3 “羽化”命令——为眼部上妆

最终文件路径：实例文件\chapter6\complete\10-end.psd

案例分析：该照片拍摄的是人物的近照，画面构图完整，色调清新。但是由于眼睛的妆容比较普通，因此无法给人留下深刻的印象。通过后期的处理，可以为她添加淡雅的眼妆，使眼睛看起来更加有神。

功能点拨：Photoshop中的“羽化”命令可以将选区的边缘羽化，达到朦胧自然的效果。羽化的像素大小代表虚化的程度，参数越大，边缘就越虚化。在调整的过程中，可以结合图层混合模式将效果调整得更加真实自然。

STEP 01 打开本书配套光盘中的“实例文件\chapter6\media\10.jpg”文件，可以看到人物的眼妆需要进一步加强。

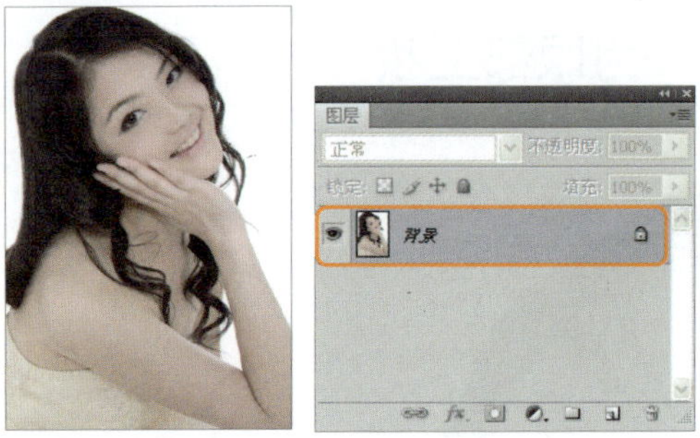

STEP 02 单击“图层”面板下方的“创建新图层”按钮，得到“图层1”。单击套索工具，框选眼睛部分。

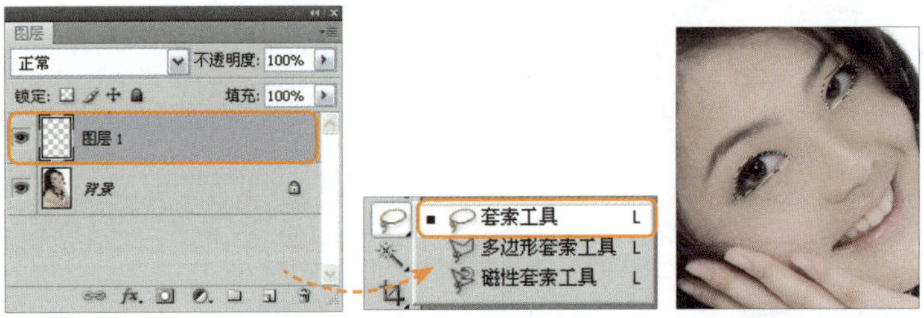

STEP 03 执行“选择>修改>羽化”命令，弹出“羽化选项”对话框，在“羽化选项”对话框中设置“羽化半径”为9像素，完成后单击“确定”按钮，调整后的选区边缘较为平滑。

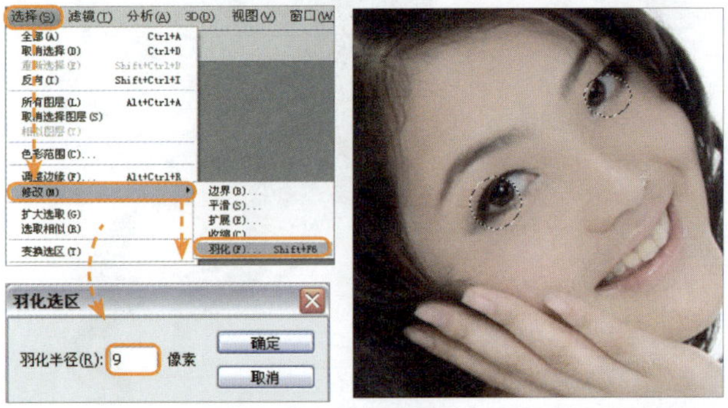

STEP 04 单击前景色图标，弹出“拾色器”对话框，设置颜色为R154、G75、B59，完成后单击“确定”按钮。按下快捷键Alt+Delete填充前景色，重复按下快捷键Alt+Delete3次加深颜色，可以看到人物的眼睛被色彩完全遮盖。

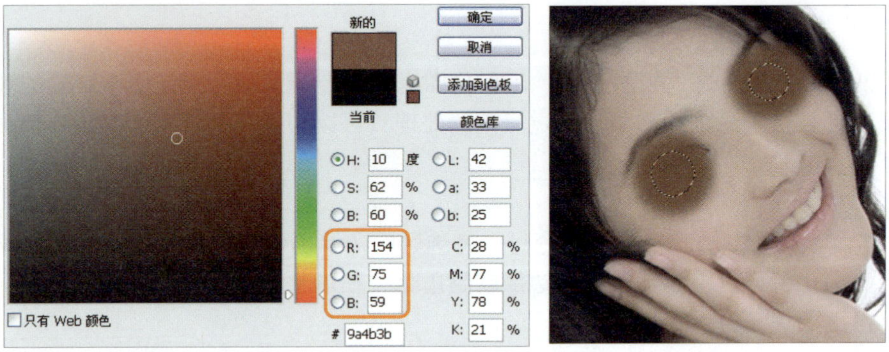

Photoshop基础

设置羽化参数的两种方法

“羽化”命令在处理照片的过程中起着很重要的作用，通过“羽化”命令能使照片处理效果更加自然，下面就来了解两种较为常见的羽化方式。

1. 通过选项栏设置羽化参数

在进行羽化设置的过程中，可以在选项栏中设置羽化值，但是该操作需要在绘制选区之前进行，如果绘制完成后在选项栏中设置羽化值则无效。

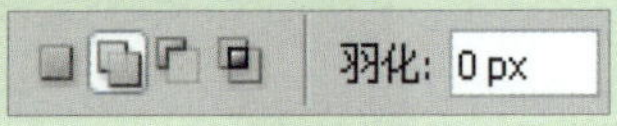

“羽化”选项

2. 通过“羽化选区”对话框设置

在创建选区后执行“选择>修改>羽化”命令，弹出“羽化选区”的对话框。在对话框中可以设置羽化的参数，完成后单击“确定”按钮，选区即调整为羽化的状态。这种方式需要在创建选区后进行设置。

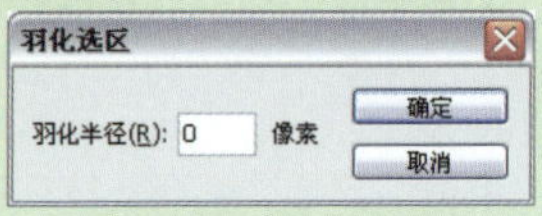

“羽化选区”对话框

STEP 05 按下快捷键Ctrl+D取消选区，然后在“图层”面板上方设置“不透明度”为99%，“填充”为66%，图层混合模式为“正片叠底”，可以看到使色彩变得柔和自然。

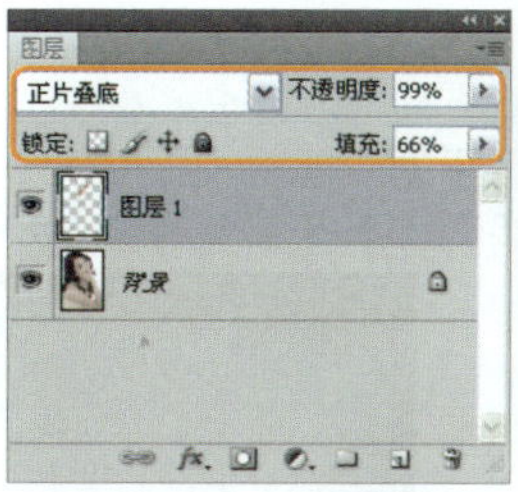

STEP 06 单击“图层”面板下方的“添加图层蒙版”按钮，为“图层1”添加图层蒙版。设置“画笔”为“柔角10像素”，“不透明度”为65%，“流量”为96%，这样可以使调整的效果更加自然。

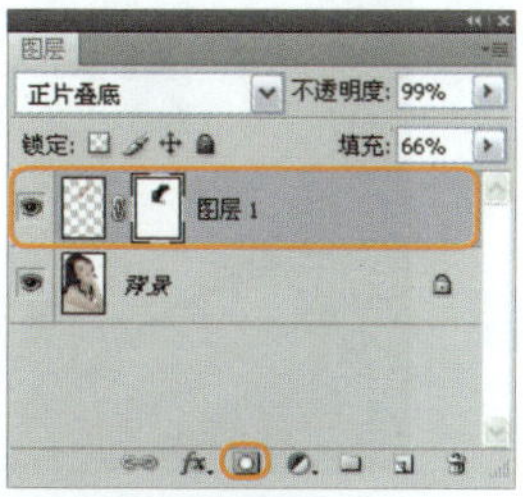

STEP 07 将前景色设置为黑色，首先在眼白部分涂抹，还原之前的眼的颜色，然后在下眼睑部分仔细涂抹，将颜色去掉。最后涂抹上眼皮部分，这是最重要的部分，涂抹的时候应保留靠近眼睛部分的颜色，将眉骨部分的颜色去除。

STEP 08 单击“图层”面板下方的“创建新图层”按钮，得到“图层2”。单击画笔工具，设置前景色为黑色，为人物添加睫毛。

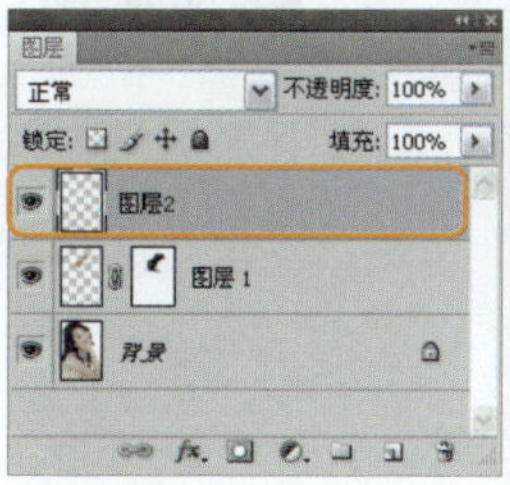

STEP 09 设置“图层”面板上方的图层混合模式为“叠加”，“不透明度”为79%，“填充”为82%，可以看到睫毛部分变得更加自然。

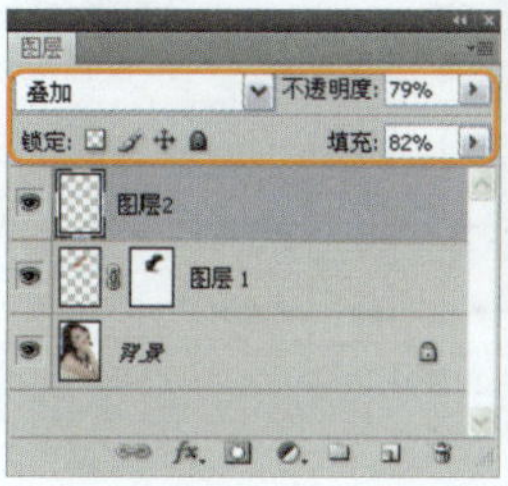

STEP 10 经过调整可以看到眼部的妆容更加自然，下面将通过蒙版去除多余的部分。单击“图层”面板下方的“添加图层蒙版”按钮，设置“画笔”为“柔角10像素”，“不透明度”为83%，“流量”为96%。

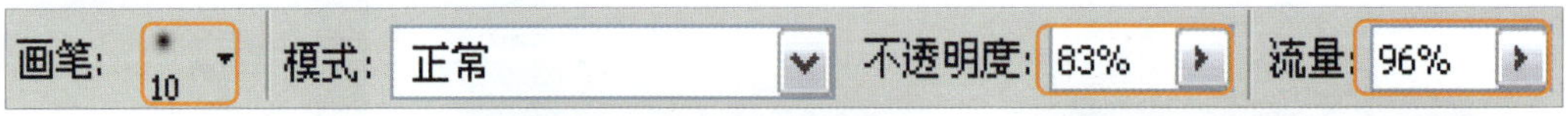

STEP 11 单击“图层”面板下方的“创建新图层”按钮，得到“图层3”。单击多边形套索工具，在眼睛与眉毛之间绘制不规则图形，然后按下快捷键Shift+F6，弹出“羽化选区”对话框。在打开的“羽化选区”对话框中名设置“羽化半径”为5像素，完成后单击“确定”按钮。

STEP 12 设置前景色为白色，按下快捷键Alt+Delete两次填充选区，使得眉弓部分产生高光，按下快捷键Ctrl+D取消选区。可以观察到整个妆容显得更加立体，但是由于颜色还不够自然，下面将对其进行调整。

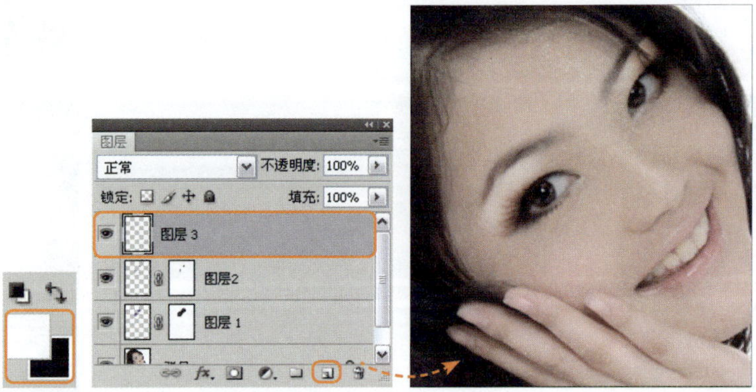

STEP 13 设置“不透明度”为77%，“填充”为100%，图层混合模式为“叠加”，使得高光部分更加自然。如果眼影的颜色过深，不但达不到美观的效果，反而会显得不自然。

STEP 14 单击“图层”面板下方的“添加图层蒙版”按钮，为“图层3”添加图层蒙版。设置前景色为黑色，选择一个较软的画笔对眼睛部分进行细微调整。

STEP 15 单击“图层”面板下方的“创建新图层”按钮，得到“图层4”。单击套索工具，设置选项栏中的“羽化”为2px。使用套索工具在眼头部分绘制不规则图形。设置前景色为白色，按下快捷键Alt+Delete将其填充，然后按下快捷键Ctrl+D取消选区。后设置“图层”面板中的“不透明度”为94%，“填充”为25%，图层混合模式为“叠加”。至此，本照片调整完成。

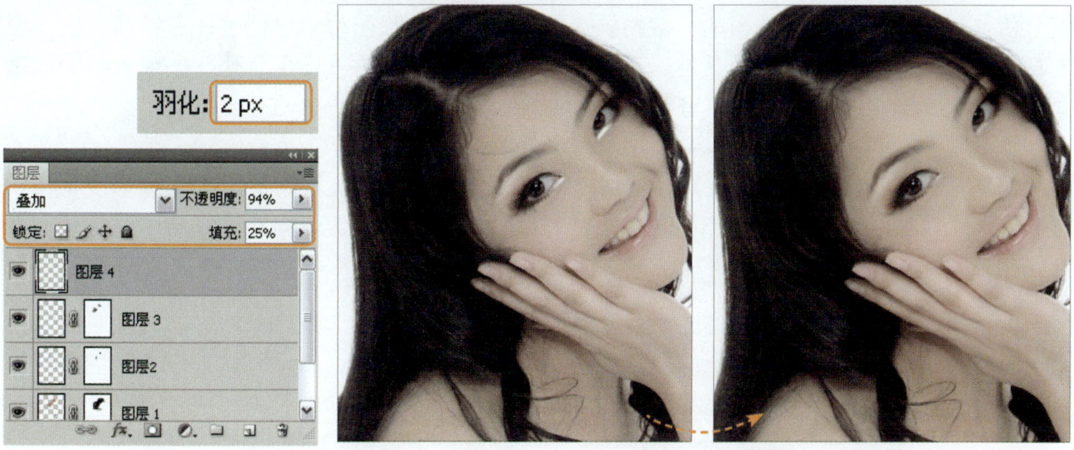

6.2.4 修补工具——去除眼袋

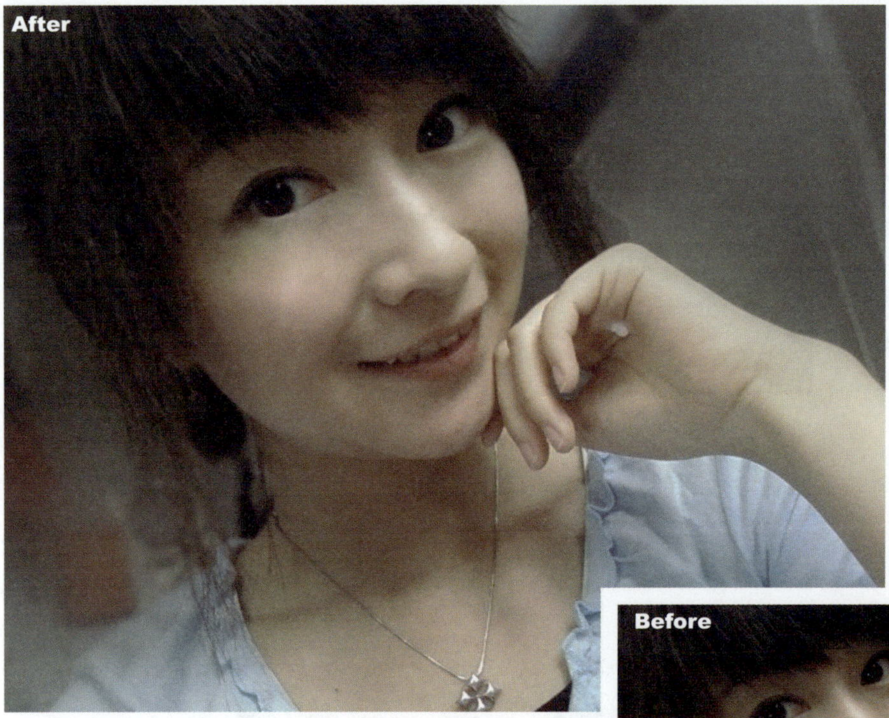

最终文件路径： 实例文件\chapter6\complete\11-end.psd

案例分析： 该照片是在室内拍摄的，被拍摄人物的眼袋和黑眼圈很明显地呈现在了照片上，影响了人物的美观，降低了照片的观赏性。通过后期的处理将弥补这一不足之处，去除人物的黑眼圈和眼袋，使人物显得更加年轻和富有活力。

功能点拨： Photoshop中的修补工具能够快速地将图像中的特定区域隐藏起来，也可以将特定区域复制到多个位置，从而修复局部的瑕疵。它利用特定区域的图像像素来修复选中的区域，并且这种隐藏与复制完全没有痕迹，可以与周围的图像像素自然融合。

STEP 01 打开本书配套光盘中的"实例文件\chapter6\media\11.jpg"文件，为了抓拍人物的可爱表情，有时会有照片模糊的情况，从这张照片就可以看出人物的脸部比较模糊，通过锐化，使画面中人物的五官显得清晰。

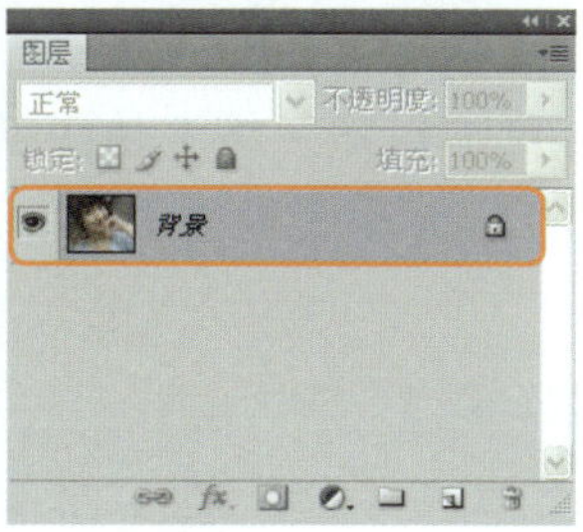

STEP 02 按下快捷键Ctrl+J复制"背景"图层，得到"图层1"。单击修补工具，单击选项栏中的"源"单选按钮。

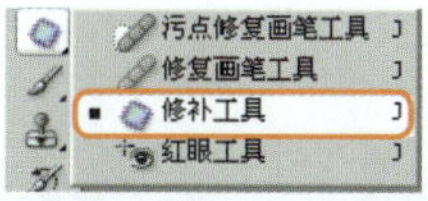

STEP 03 使用修补工具框选有眼袋的区域，其使用方式与套索工具相同。创建选区后，按下鼠标将其拖曳到附近无瑕的皮肤上。需要注意的是，不要将其拖动到有明显特征的地方，比如眼睛、鼻子、嘴巴，那样修复后的皮肤不能达到需要的皮肤质感和受光效果。只有将其拖拽到适合的位置上，才能看到眼袋消失的效果。

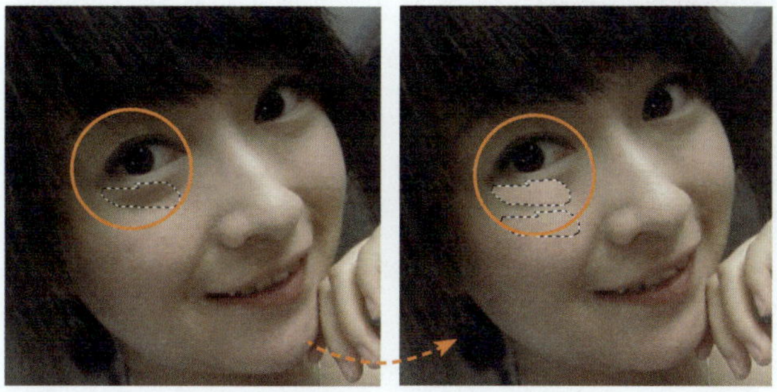

STEP 04 在使用修补工具进行选取的过程中，可以按住Shift键增加选区，也可以按住Alt键去除多余的选区。由于照片的拍摄角度是四分之三侧面，因此被摄者两只眼睛的视角是不一致的，靠近镜头的眼睛比较大，而另外一只相对较小。在选取的过程中，建议先对一边眼袋进行处理，完成后再处理另一边，不要因为选区的范围不同而顾此失彼。调整完成后，按下快捷键Ctrl+D取消选区，可以看到人物的眼袋已经完全消除。

Photoshop基础

修补工具选项栏的设置

使用修补工具可以用其他区域或者图案中的像素来修复选中的区域。其用法类似于修复画笔工具，修补工具会将样本像素的纹理、光照和阴影与源像素进行匹配。

修复图像中的像素时，可以选择较小区域以获得最佳效果。在选项栏中单击"源"单选按钮，表示在图像中选择和拖曳需要修复的区域到需要取样的区域。

原图

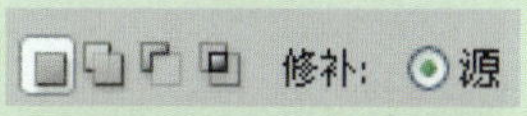

"源"选项

创建选区

向下拖曳效果

在选项栏中单击"目标"单选按钮，表示要拖曳取样的区域到需要修复的图像中。

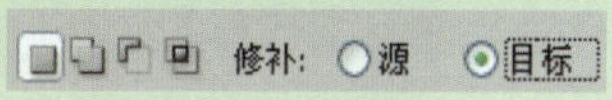

"目标"选项

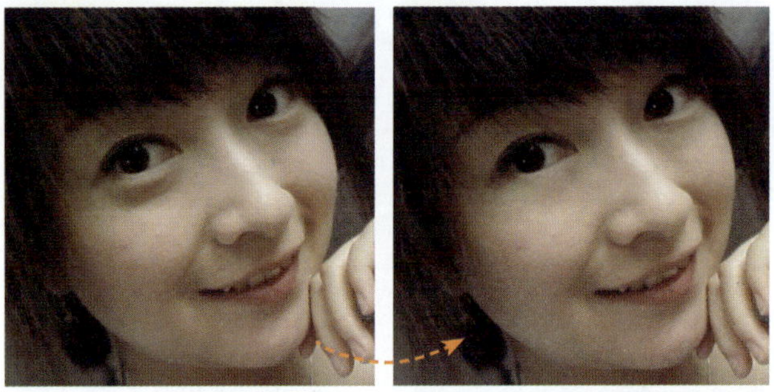

STEP 05 下面将眼睛部分调整得更加自然。按下快捷键Ctrl+Shift+Alt+E盖印图层，得到“图层2”。单击模糊工具，设置“画笔”为“80柔角像素”。

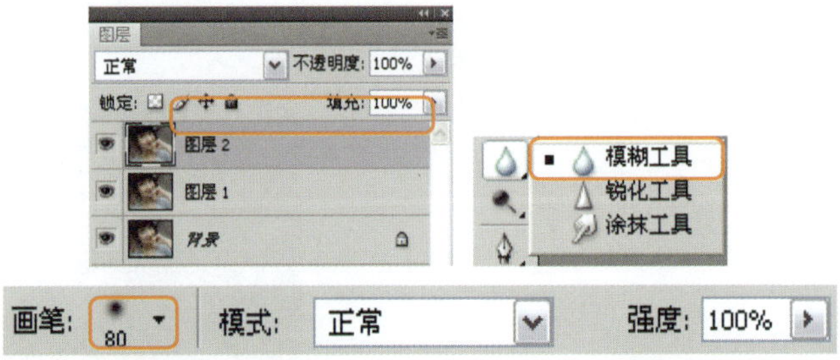

STEP 06 使用设置好的画笔，在调整后的下眼睑部分均匀涂抹，使得皮肤更加柔美。

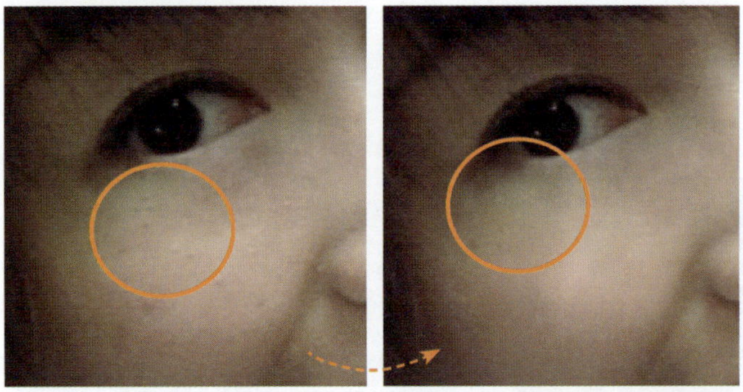

创建选区

向下拖曳效果

在建立选区的时候，也可以使用套索工具建立，修补工具的选取方式与选框工具相似。

提示与技巧

修复眼袋技巧

在使用修补工具去除眼袋时，眼袋部分会被擦拭得非常干净，使人物完全没有眼袋看起来非常年轻。

但是建议在修复的过程中不要将其修补得过于干净。因为人在微笑时会产生较淡的眼袋，完全没有眼袋的效果并不自然。

STEP 07 通过后期的调整，照片中的人物不仅消除了眼袋，还修饰了皮肤上的瑕疵。至此，本照片调整完成。

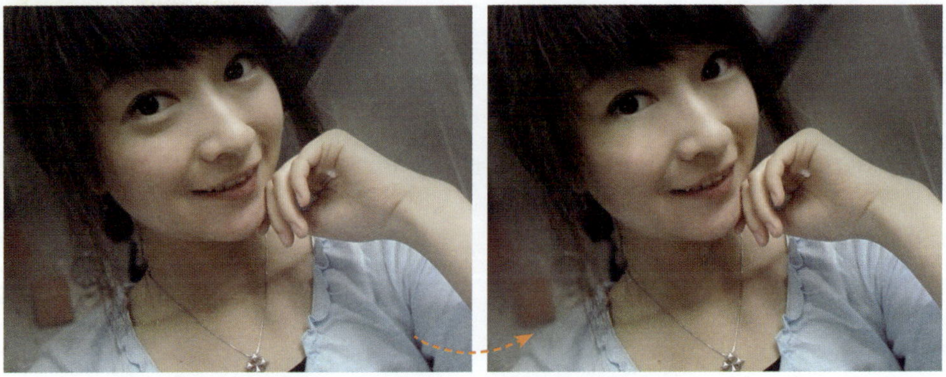

6.2.5 仿制图章工具——去斑

最终文件路径：实例文件\chapter6\complete\12-end.psd

案例分析：该是一张生活照片，将两个人物以不同的角度拍摄下来。但是通过仔细观察会发现照片中的人物脸上都有斑或者瑕疵，这在一定程度上影响了照片的美观。通过后期的调整，使用Photoshop中的仿制图章工具可以迅速展现透白无瑕的完美肤质。

功能点拨：Photoshop中的仿制图章工具可以在同一个图像的不同区域使用，也可以在两个图像中使用。在进行去除脸部瑕疵的操作时建议选用尺寸较小的画笔工具，这样调整后的效果会更加自然。

STEP 01 打开本书配套光盘中的“实例文件\chapter6\media\12.jpg文件，可以看出照片中的人物脸上都有一定瑕疵。按下快捷键Ctrl+J，复制“背景”图层得到“图层1”。

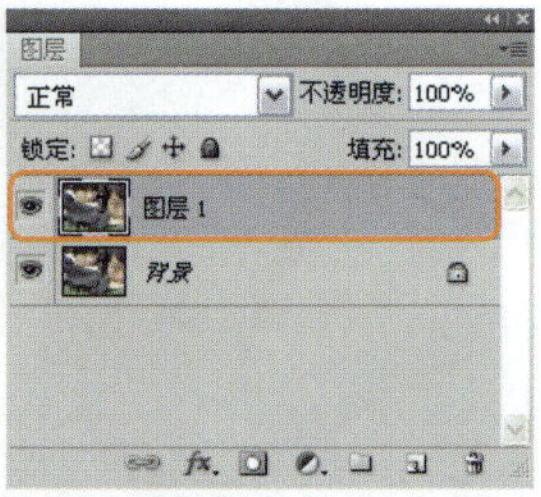

STEP 02 单击缩放工具，放大需要调整的部分。单击仿制图章工具，在选项栏中设置“画笔”为“柔角15像素”。在皮肤污点的周围找一块光滑且明暗度接近的皮肤，按住Alt键单击取得样本皮肤，到污点处单击即可。尽量减少来回涂抹，而采用单击的方式，这样调整出的皮肤会比较自然光滑。

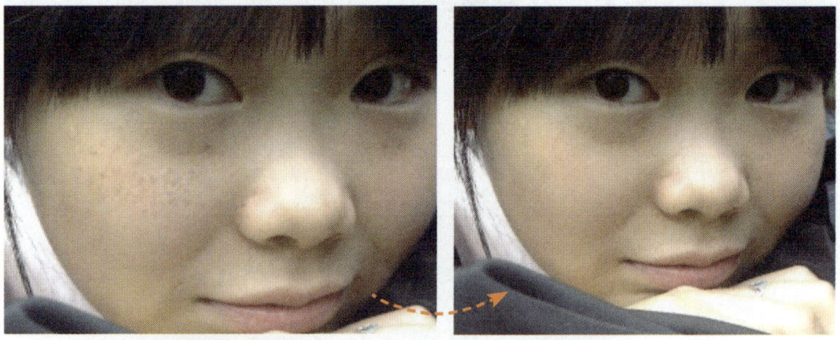

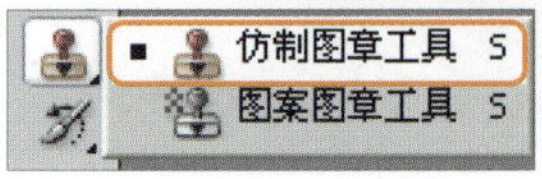

STEP 03 在取样的过程中，要保证样本十分接近需要调整的皮肤。如果需要调整亮部的皮肤而选择暗部的样本，会导致修复的地方留下明显的痕迹。使用同样的方式，对照片中的另一个人物皮肤调整。

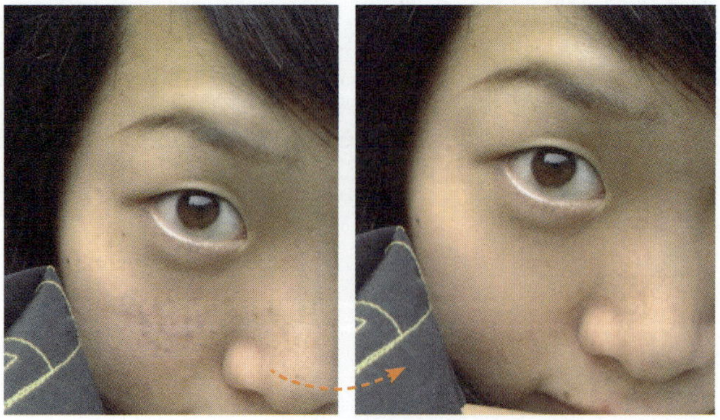

提示与技巧

选择合适的笔触大小

在调整的过程中，选择合适的笔触大小非常关键，在修复污点时建议选用比污点稍大的笔触，这样可以轻松地遮盖污点，效果也比较自然。

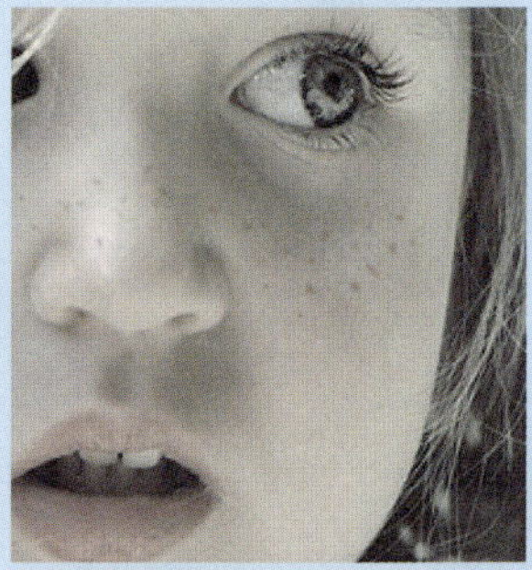

原图

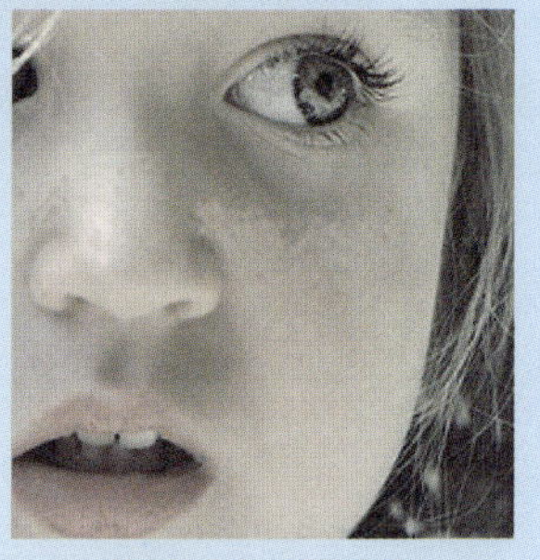

笔触过小留下痕迹

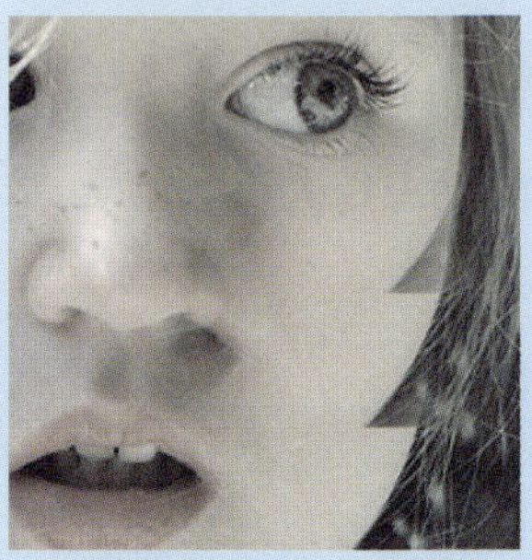

笔触过大破坏脸部轮廓

如果设置的笔触小于污点，就需要多次单击才能达到调整目的，但是笔触越多就越容易留下调整的痕迹。笔触过大时虽然污点被清除了，但过多的区域调整会影响原本的图像，而且在笔触过大时选取样本，可能会选取到面部轮廓线，不利于隐藏修改的痕迹。

STEP 04 对人物皮肤的调整完成后，下面将调整照片的亮度与对比度。单击“图层”面板下方的“创建新的填充或调整图层”按钮，在弹出的菜单中选择“亮度/对比度”命令。在“调整度”面板中设置“亮度”为17，“对比度”为14。

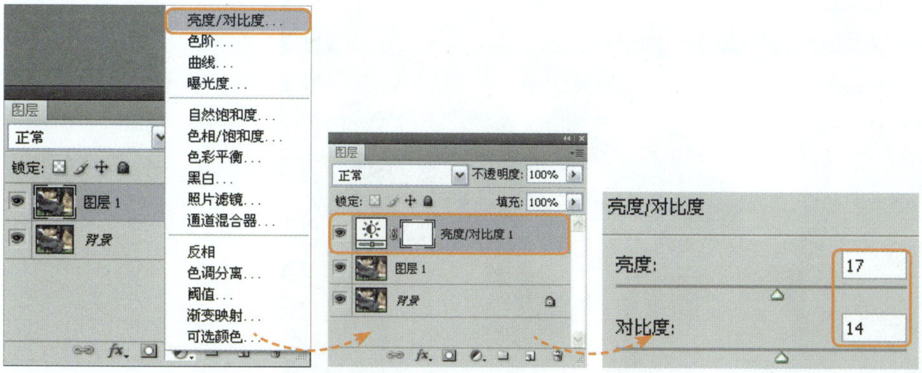

STEP 05 通过使用“亮度/对比度”命令进行调整，画面的整体亮度和对比度都有所提高，人物的肤色也摆脱了之前的暗淡感觉。

STEP 06 单击“图层”面板下方的“创建新的填充或调整图层”按钮，在弹出的菜单中选择“色阶”命令。“图层”面板中出现“色阶1”调整图层。在“调整”面板中将黑色滑块向右边移动，以增加画面中的暗部，设置“输入色阶”的参数为12、1.17和255。至此，本照片调整完成。

6.2.6 红眼工具——消除人物的红眼

最终文件路径：实例文件\chapter6\complete\13-end.psd

案例分析：在夜晚对人物进行拍摄时，会因为没有开启相机的去除红眼功能，或是闪光灯的照射，导致照片中人物的瞳孔出现了红色，这是一种常见的问题。通过后期的调整将使用Photoshop中的红眼工具对红眼现象进行调整，使其消除。

功能点拨：Photoshop中的红眼工具可以完全无痕地去除闪光灯红眼现象，使用的时候便捷、有效。其中红眼工具选项栏中的"瞳孔大小"表示设置眼睛的瞳孔或中心黑色部分的比例大小。

STEP 01 打开本书配套光盘中的"实例文件\chapter6\media\13.jpg"文件，可以看到由于闪光灯的作用使得照片人物有红眼现象。单击缩放工具，放大需要调整的部分，按下快捷键Ctrl+J，复制"背景"图层得到"图层1"。

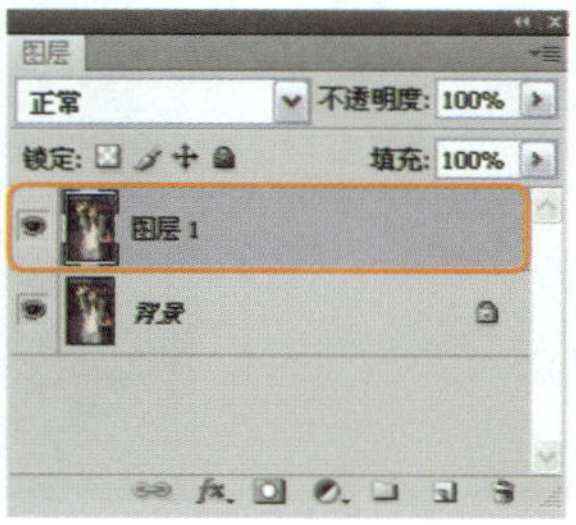

STEP 02 单击红眼工具，在调整前需要对"瞳孔大小"与"变暗量"选项进行设置，设置与整张照片相匹配的参数。在选项栏中设置"瞳孔大小"为50%，"变暗量"为50%。

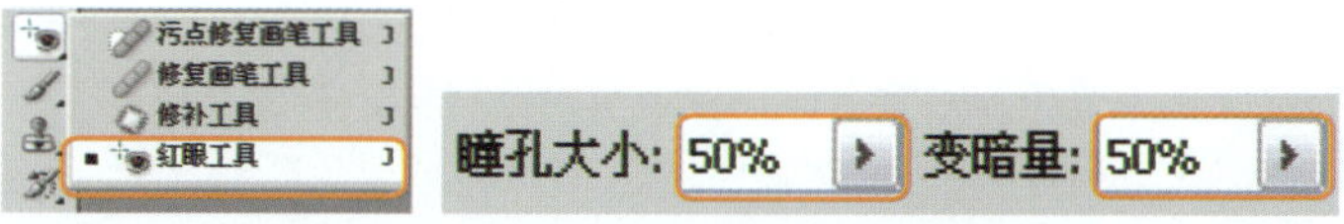

STEP 03 拖曳鼠标在眼睛周围框选，框选的范围要包含整个眼睛。调整后可以看到一只眼睛恢复了正常状态。

STEP 04 接下来使用同样的方法，使用红眼工具去除另一只眼睛的"红眼"现象。

提示与技巧

选择范围大小与去除红眼的效果

单击红眼工具后，在选取范围上选区的大小直接影响红眼去除的效果。建议创键选区覆盖整个眼睛部分，而不只是瞳孔部分。

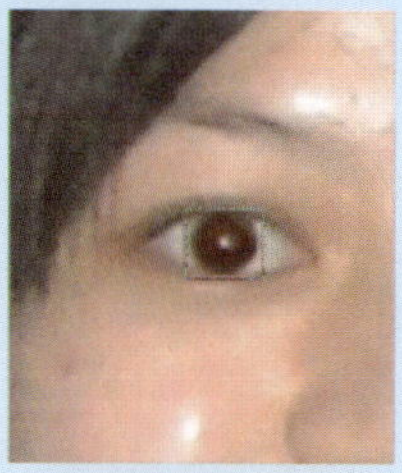

只选取瞳孔部分

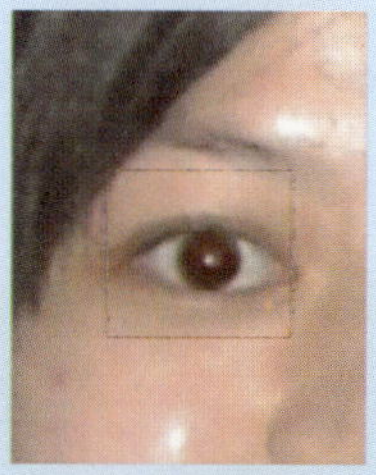

选取眼睛部分

下面为选取不同部分修复红眼后的效果，第一张只选取了瞳孔部分，效果并不理想，并没有把红眼现象消除掉。第二张选取了整个眼睛部分，调整后效果理想。可见选取的范围在调整中非常重要。

另外，使用红眼工具时不要同时框选两只眼睛，因为红眼工具只能够对选区中的红色修正，只有两只眼睛分别选取才会达到好的效果。

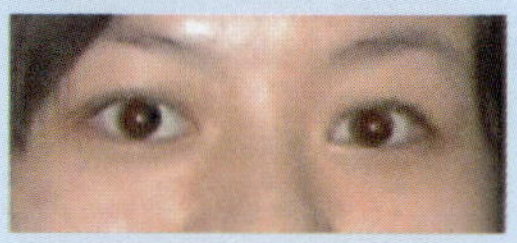

同时选取的效果

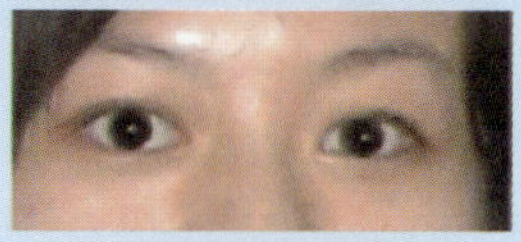

分别选取的效果

STEP 05 完成眼睛的调整后，与调整之前的画面进行对比，观察眼睛颜色是否协调，可以发现画面有了明显的改善，人物红眼已完全消除。至此，本照片调整完成。

提示与技巧

红眼产生的原因及避免方法

在夜晚拍摄人物照片的时候，常常会发生红眼现象，特别是在室内拍摄时尤为明显。

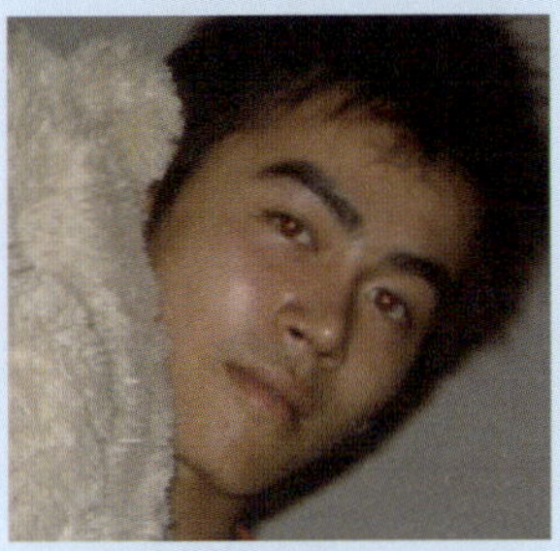

红眼现象

闪光灯的红眼现象是闪光灯反射视网膜血管所造成的，在弱光环境下瞳孔较大，光线进入视网膜后重新反射回相机的镜头，这样就造成了红眼现象。

红眼现象出现的概率是根据相机设计参数的不同而不尽相同的。通常镜头和闪光灯越接近，造成的红眼现象的可能性也就相对较大。如果在拍摄时使用了长焦距就更增加了红眼现象的概率。

现在许多数码相机在设置上也考虑到了红眼问题，都提供了防红眼功能或者是去除红眼功能。有些数码相机的厂家也把镜头和闪光灯的距离安排得稍远一些，这样在很大程度上会减少“红眼”现象，例如佳能S2IS就具备防红眼功能。

避免红眼现象最便捷的方法是开启相机上的防红眼功能，初次拍摄时会使被拍者的瞳孔缩小，第二次会拍摄出正常的照片。

另外还有一种方法即让被拍摄者凝视一下较亮的光源或者多开几盏灯，这样也可以使被拍摄者的瞳孔缩小，同样可以起到避免红眼现象的作用。

提示与技巧

“瞳孔大小”以及“明暗量”的调整

下面介绍如何调整红眼工具的选项栏，为了使效果更加自然，可以先调整其中一只眼睛，然后将照片缩小，整体观察调整后的颜色是否适合于照片。如果不满意可以再次调整“瞳孔大小”与“变暗量”的参数，直到满意为止。这样调整可以确保两只瞳孔的色度正常，不容易看出修改的痕迹。

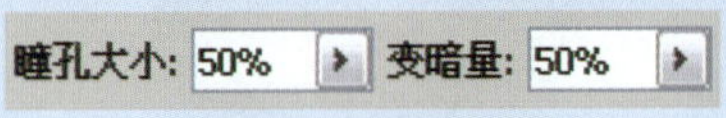

红眼工具选项栏

6.2.7 污点修复画笔工具——去除面部瑕疵

最终文件路径：实例文件\chapter6\complete\14-end.psd

案例分析：这是一张自拍照片，由于镜头离得很近，因此拍摄出脸上的一些小缺陷。通过使用污点修复画笔对不美观的部位进行修饰，可以大大提高脸部的光洁度，增加照片的美感。

功能点拨：Photoshop中的污点修复画笔工具可以去除图像中的瑕疵，并且与图像本身的纹理、透明度、光照和阴影进行交融，使得修复后的图像完美而且不生硬。它主要针对以点状形式存在的小面积瑕疵，不适合在较大面积中使用。在使用时不需要选取选区或者定义源点。

STEP 01 打开本书配套光盘中的“实例文件\chapter6\ media\14.jpg”文件，打开需要调整的照片。

STEP 02 按下快捷键Ctrl+J，复制“背景”图层得到“背景副本”图层。单击污点修复画笔工具，在选项栏中设置“画笔”为“柔角60像素”，“模式”为正常，“不透明度”为96%。

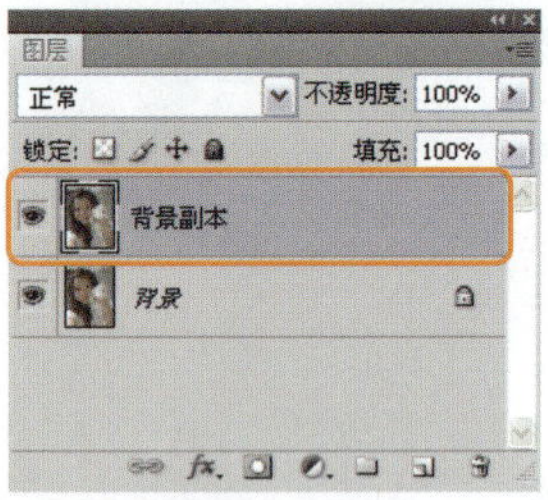

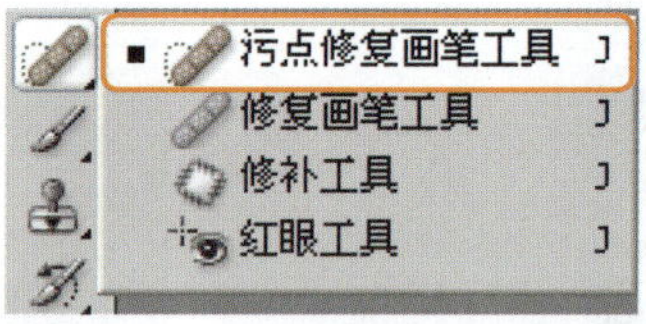

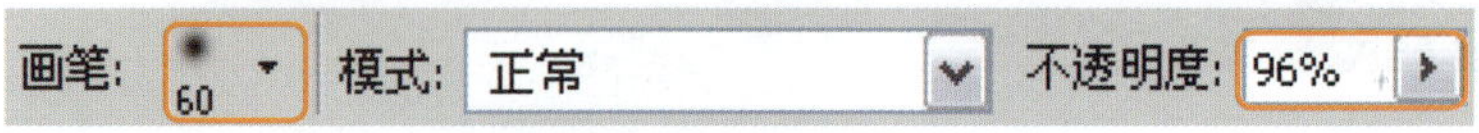

STEP 03 使用设置好的画笔在需要修复的地方单击，修复时不需要选取一个样本区域，只需单击污点即可。在调整过程中可以按下快捷键“［”或者“］”随时改变笔触的大小。

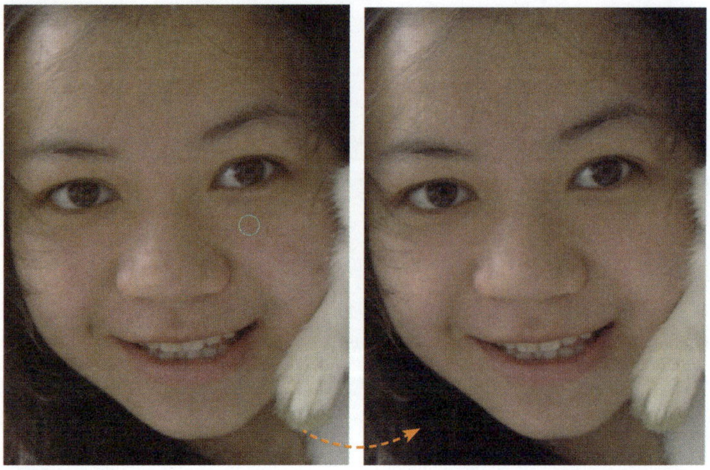

Photoshop基础

污点修复画笔工具的运用

污点修复工具比较适用于修复没有太多边界的部分，比如脸颊上光滑的皮肤或是大块的同一色阶区域。

但是在边界比较明显的区域中，污点修复画笔工具的调整效果并不尽如人意。在下面的例子中，污点在孩子的脸部，选择同样的笔触，笔触从左到右和从右到左的效果是不同的。

原图

笔触从左向右移动

笔触从右向左移动

STEP 04 经过修复后，人物还原了无瑕的皮肤，下面通过对图像亮度与对比度的调整，提高照片的亮度。单击“图层”面板下方的“创建新的填充或调整图层”按钮，在弹出的菜单中选择“亮度/对比度”命令，“图层”面板中出现“亮度/对比度1”调整图层。

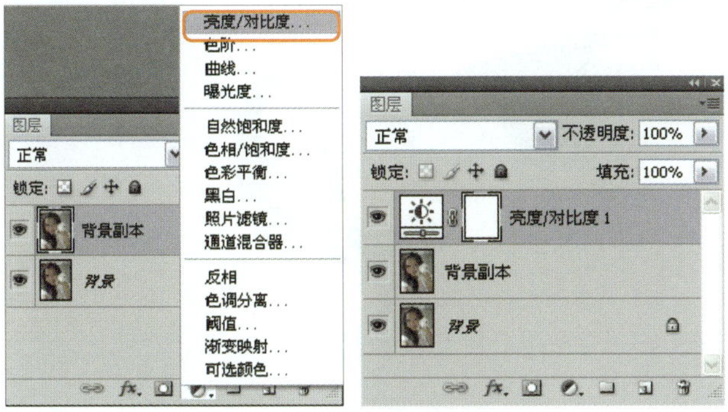

STEP 05 在“调整”面板中设置“亮度”为20，“对比度”为5。

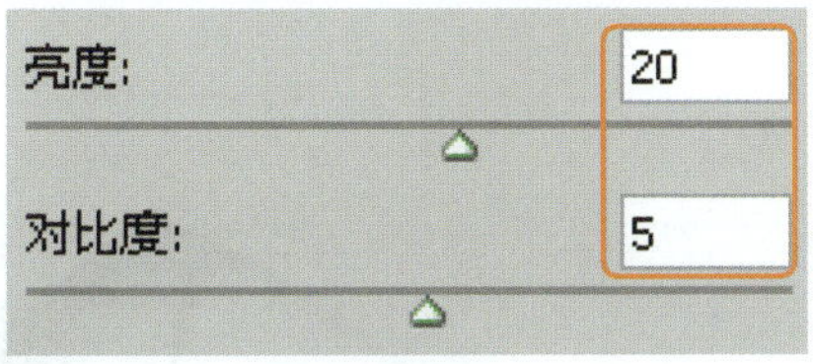

STEP 06 经过对亮度与对比度的调整，整个画面的影调提升，人物的皮肤也随之变得无瑕透明。至此，本照片调整完成。

提示与技巧

修复画笔工具与污点修复画笔工具的区别

污点修复工具主要针对以点状形式存在的小面积瑕疵，不适合在较大面积中使用。在使用时不需要选取选区或定义源点，只需在污点上小范围单击鼠标即可。

原图

使用污点修复工具

修复画笔工具的使用和污点修复画笔工具类似，也能够使修复的图像与周围图像的像素进行完美匹配，与样本图像的纹理、透明度、光照和阴影进行交融。

使用修复画笔工具

污点修复工具可以直接移去污点和对象，而修复画笔工具则需要利用选取的样本或图案进行绘制，从而修复图像中不理想的部分。

它们之间最大的区别在于污点修复画笔工具不需要选取样本就能够轻松地修复污点部分。

6.2.8 画笔工具——添加睫毛

最终文件路径：实例文件\chapter6\complete\15-end.psd

案例分析：该照片拍摄的是人物的半侧面，画面中的人物清新自然，惟一不足的是睫毛不够明显，如果添加一些卷翘浓密的睫毛会使得人物更有神采。在后期的处理中，可以通过调整画笔的不同角度，绘制自然生动的睫毛，起到增加眼睛神采的作用。

功能点拨：Photoshop中的画笔工具可以模拟自然的画笔，其效果不亚于真实的画笔。通过画笔拾取器可以设置画笔的大小以及笔触，设置合适的画笔样式后，可以在“画笔”面板中更加详细地设置画笔的形状动态纹理，散布等具体参数。

STEP 01 打开本书配套光盘中的“实例文件\chapter6\media\15.jpg”文件，可以看出需要为人物添加更多更长的睫毛，以提高图片的视觉效果。单击缩放工具，放大需要调整的部分。

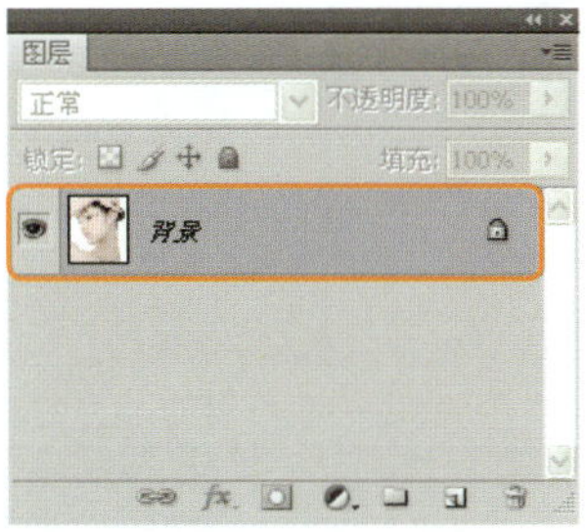

STEP 02 单击“图层”面板下方的“创建新图层”按钮，得到新建图层，将其重命名为“左眼睫毛”，下面将对左眼睛的睫毛进行添加。

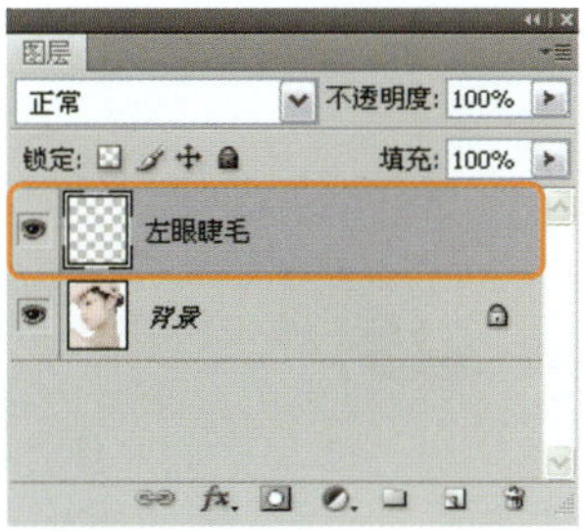

STEP 03 单击画笔工具，在属性栏右上角单击“画笔调板”按钮，在弹出的“画笔”面板中选择名称为“沙丘草”的画笔，然后在画笔预设面板中取消所有选项的勾选。

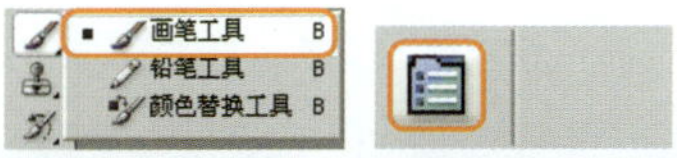

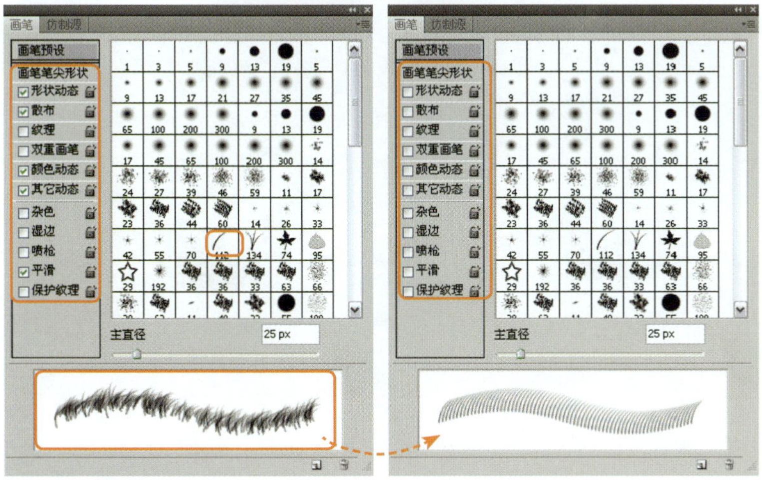

Photoshop基础

画笔的设置

Photoshop有着非常丰富的画笔设置功能，它可以模拟自然画笔的作画效果，其效果不亚于真实的画笔。通过画笔拾取器可以设置画笔的大小以及笔触。

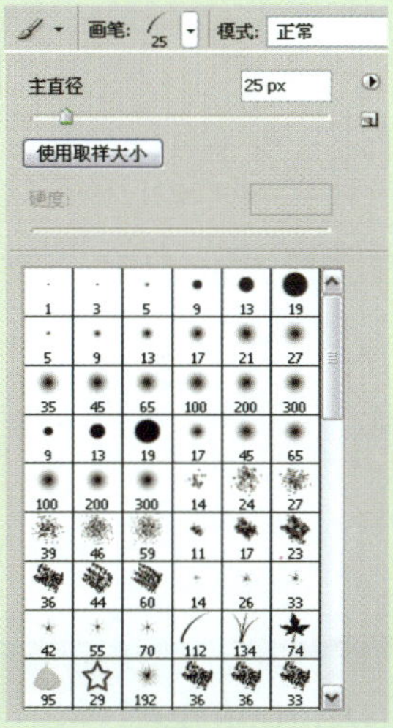

画笔拾取器

除了在画笔拾取器中设置画笔样式外，还可以在“画笔”面板中进行更详细的设置。单击画笔工具，单击选项栏右方的“画笔调板”按钮，即可弹出“画笔”面板。

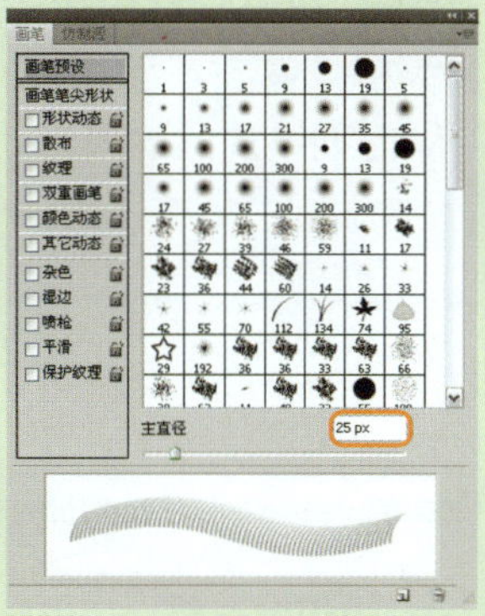

“画笔”面板

在“角度”和“圆度”数值框输入数值或直接拖动圆坐标，即可设置画笔的圆度和角度，使画笔效果产生透视效果。

STEP 04 为了使睫毛效果更加自然真实，设置画笔的“不透明度”为66%，“流量”为83%，设置前景色为黑色。使用设置好的画笔为左边眼睛上绘制添加睫毛。在调整的过程中，为了控制画笔的方向，需要取消勾选“翻转Y”复选框。

STEP 05 单击“图层”面板下方的“创建新图层”按钮，新建一个图层，将其命名为“右眼睫毛”。使用画笔工具添加右眼的睫毛。为了添加的睫毛效果更加真实自然，设置“不透明度”为99%，“填充”为74%。

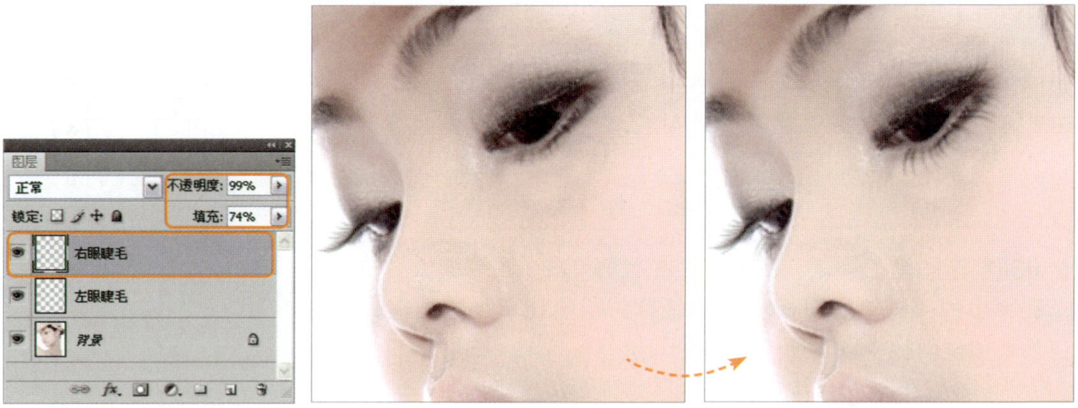

STEP 06 两只眼睛的睫毛添加完成后，将对整体进行调整。单击“图层”面板下方的“创建新图层”按钮，得到“图层2”。使用画笔工具调整整体部分，调整的同时可以按下快捷键“[”或者“]”随时调整笔触的大小，或者在“画笔”面板中设置“角度”以及“圆度”，改变笔触的方向。最后设置图层“填充”为88%。至此，本照片调整完成。

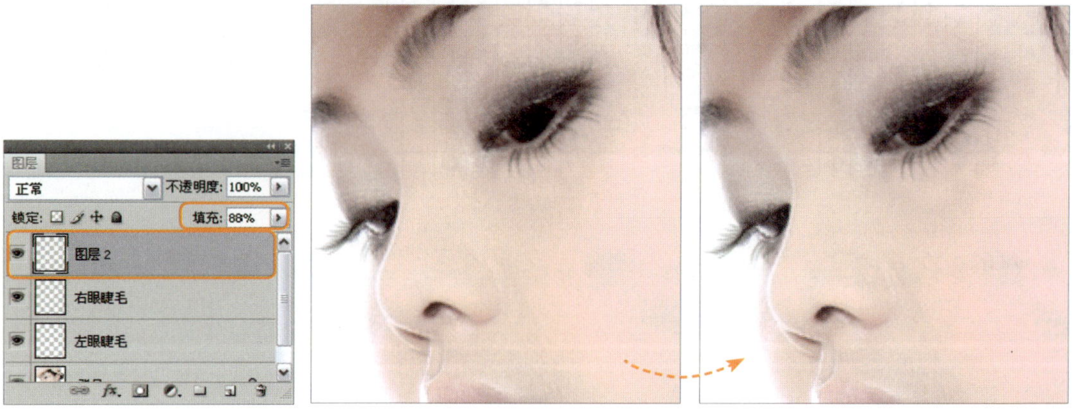

第 7 章
静物照片的修饰技法

通过对生活的留心观察会发现许多有趣的事物，将它们用数码相机拍摄下来将留下美好的回忆。但是由于拍摄环境的不同，有些照片会因为光线或相机设置的原因达不到理想效果。本章中介绍了静物照片的修饰技法，主要针对照片的局部不足进行调整，或者是添加艺术效果，使照片具有鲜明的主题感，从视觉上带来美的享受。

7.1 应用滤镜修饰照片

使用数码相机拍摄的静物照片，效果大多比较普通。在后期的调整修饰过程中可以应用滤镜对其进行加工，滤镜主要是用于实现各种特殊的图像效果，它在Photoshop后期处理中具有非常神奇的作用。一张普通的静物照片通过滤镜的处理即可变为一幅充满艺术气息的静物摄影作品。使用Photoshop滤镜为照片制作出艺术效果，可以带给人们不同的视觉感受。

7.1.1 “光照效果”滤镜——制作艺术照片

最终文件路径：实例文件\chapter7\complete\01-end.psd

案例分析：这是一张拍摄门环的照片，大红色的门与带有图腾造型的门环表现出浓厚的中国韵味。但是由于画面缺乏整体色调，门环的质感表现得不够到位，使得照片在艺术表达力上稍有欠缺。在后期的处理中，首先要解决整体色调问题，再制作出艺术效果。

功能点拨：Photoshop中的“光照效果”滤镜可以调整光照的方向，也可加入新的纹理和效果，创建出类似三维立体的效果。值得注意的是，“光照效果”滤镜只有在RGB图像色彩模式下才能够使用。

STEP 01 打开本书配套光盘中的“实例文件\chapter7\media\01.jpg”文件，按下快捷键Ctrl+J复制“背景”图层，得到“图层1”。

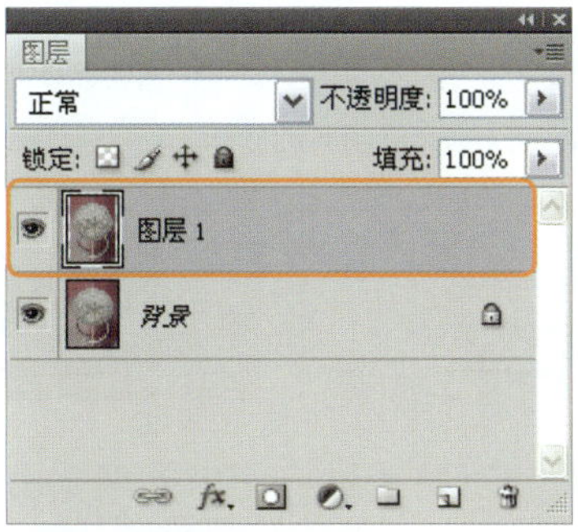

STEP 02 单击“图层”面板下方的“创建新的填充或调整图层”按钮，在弹出的菜单中选择“色阶”命令，“图层”面板中出现“色阶1”调整图层。

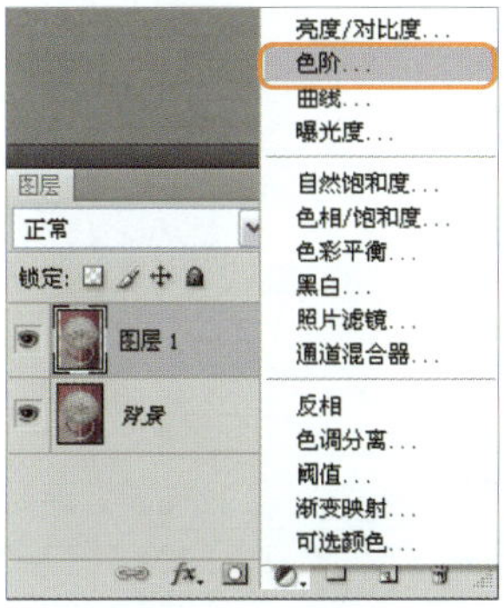

STEP 03 在“调整”面板中弹出相关选项，将黑色滑块与白色滑块分别向中间移动，设置“输入色阶”为23、0.88和231。经过调整后可以看出画面中的亮部与对比度加强，照片效果更加醒目。

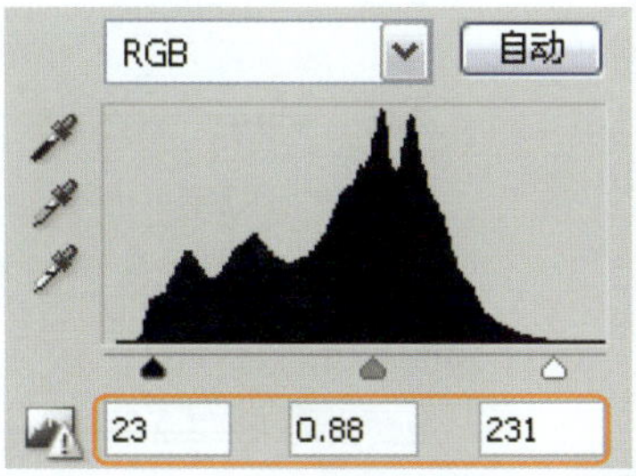

STEP 04 单击“图层”面板下方的“创建新的填充或调整图层”按钮，在弹出的菜单中选择“曲线”命令，“图层”面板中出现“曲线1”调整图层。

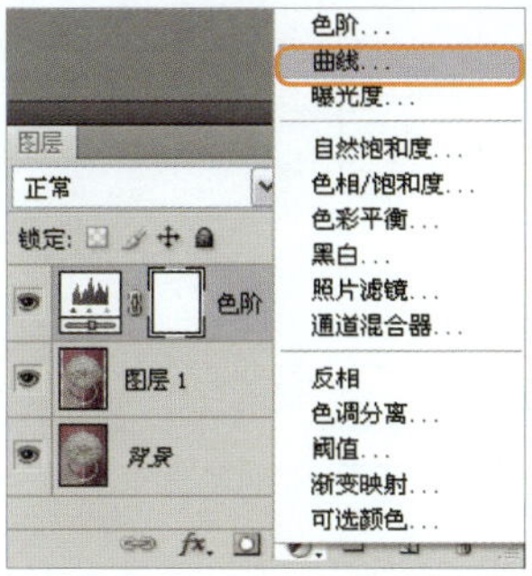

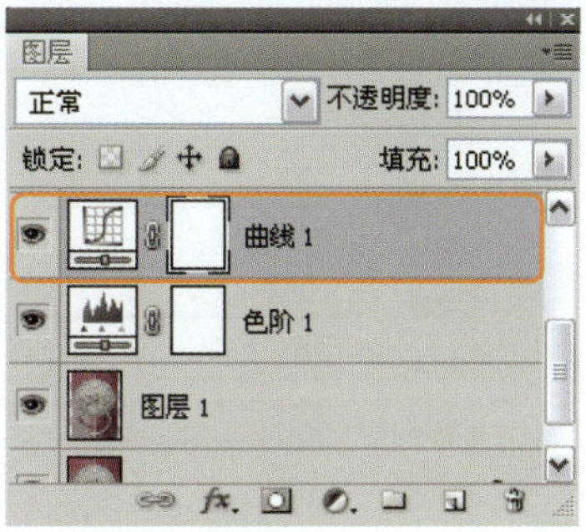

STEP 05 在打开的“曲线”面板中，设置两个控制点，将其分别向反方向移动，以加强画面的对比度。

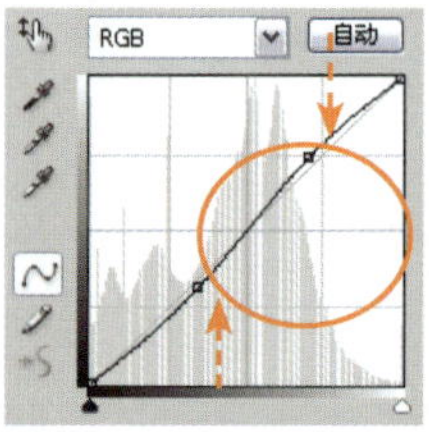

STEP 06 图像的对比度调整完成后，对照片进行艺术处理。由于“光照效果”滤镜只能在图像上处理，因此按下快捷键Ctrl+Shift+Alt+E盖印图层，得到“图层2”。执行“滤镜>渲染>光照效果”命令，弹出“光照效果”对话框。

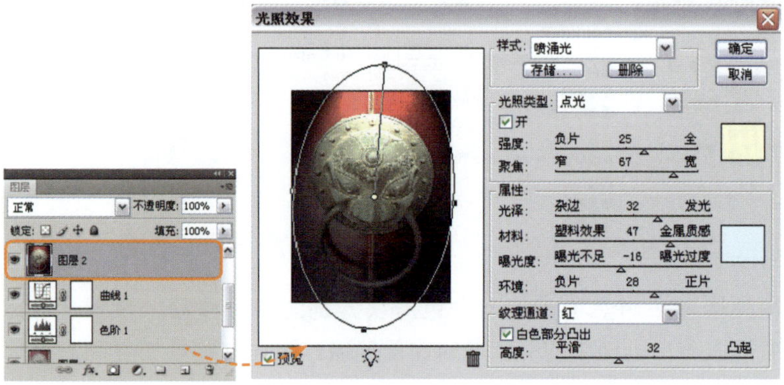

STEP 07 在打开的“光照效果”对话框中设置“样式”为“喷涌光”，这是一种较为柔和的光束，设置“光照类型”为“点光”。

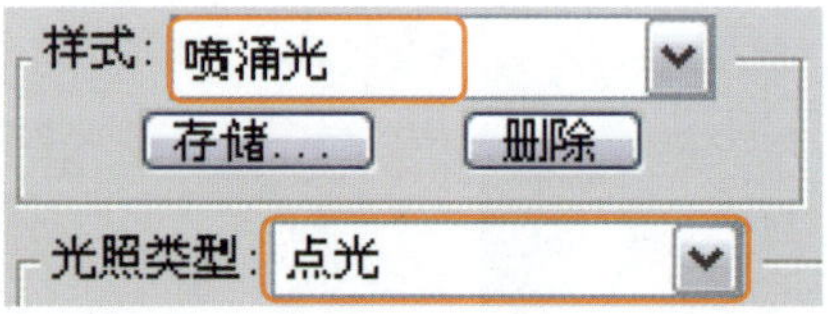

STEP 08 设置“负片”为25，“聚焦”为67，“光泽”为32，“材料”为47，“曝光度”为-16，“环境”为28。为了与画面协调，可以为光照添加颜色。

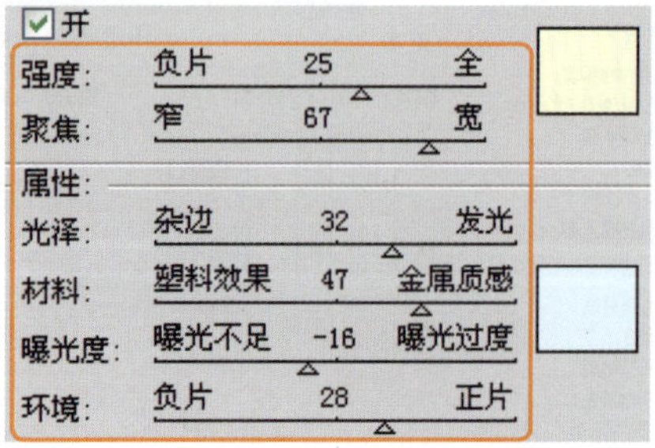

Photoshop基础

了解“光照效果”对话框

执行“滤镜>渲染>光照效果”命令，打开“光照效果”对话框。

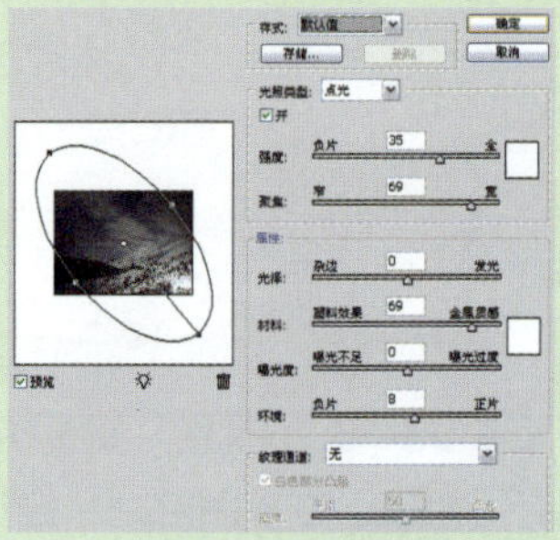

“光照效果”对话框

“强度”选项表示设置光照程度和椭圆形光区域的大小。当参数为100时光线最强，当参数为-100时光线最弱。

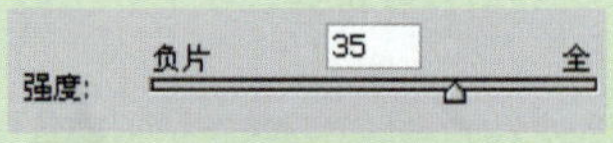

“强度”选项

“聚焦”选项表示椭圆区域内光源的填充大小。

“聚焦”选项

设置效果

STEP 09 为了突出门环的质地，增加其厚重感，应该通过“纹理通道”选项来进行调整。经过对比发现“红”通道能够表现画面的层次，勾选“白色部分凸出”复选框，设置“平滑”为32，完成后单击“确定”按钮。

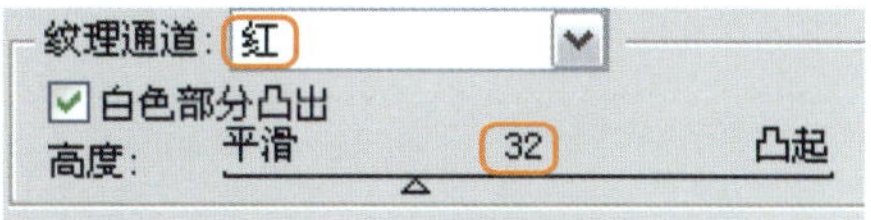

STEP 10 应用效果后可以看到没有光束的地方变暗，而被照亮的中间部分更加的醒目突出，画面具有了整体的色调。

提示与技巧

复制光源

在设置好一个光源效果后，如果需要再制作一个同样的光源效果在“光照效果”对话框中按下Alt键拖动光源即可，这样可以快捷准确地制作光源。

STEP 11 通过观察可以发现，画面中的暗部颜色过重，影响了画面的效果，可以使用蒙版对其进行调整。单击“图层”面板下方的“添加图层蒙版”按钮，为“图层2”添加图层蒙版，单击画笔工具，设置前景色为黑色，设置“画笔”为“柔角400像素”，“不透明度”为60%，“流量”为58%。

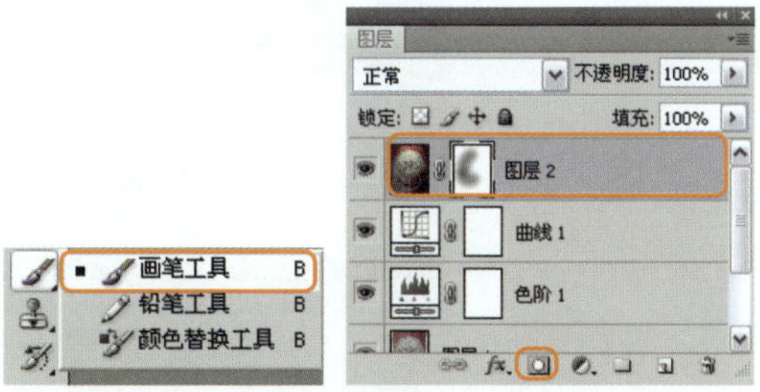

STEP 12 使用画笔在颜色过重的部分涂抹，适当恢复原本效果。经过调整，可以看出画面中的暗部变得清晰。但是门环的质感表现还不到位，下面通过调整增强质感。

STEP 13 单击“图层”面板下方的“创建新的填充或调整图层”按钮，在弹出的菜单中选择“曲线”命令，在弹的“调整”面板中设置两个控制点，将其分别向上下移动。

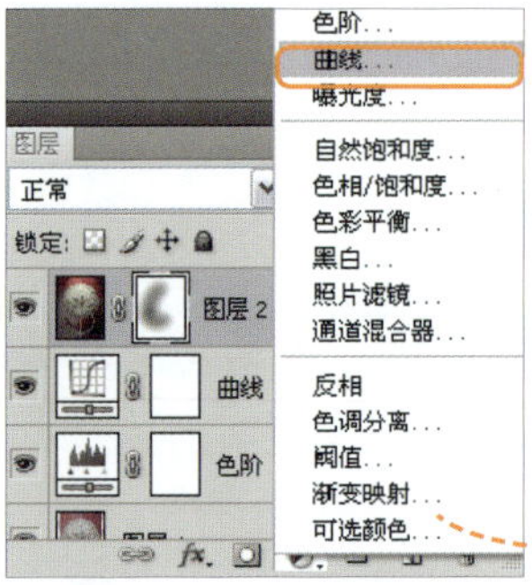

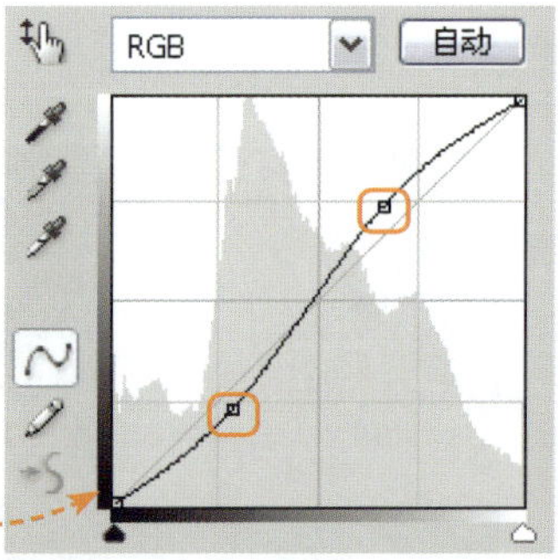

STEP 14 选择“曲线2”调整图层，单击图层蒙版图标，将其转换为蒙版模式选择一个较软的画笔，在门环以外的部分涂抹，可以看到背景部分恢复为之前的状态。

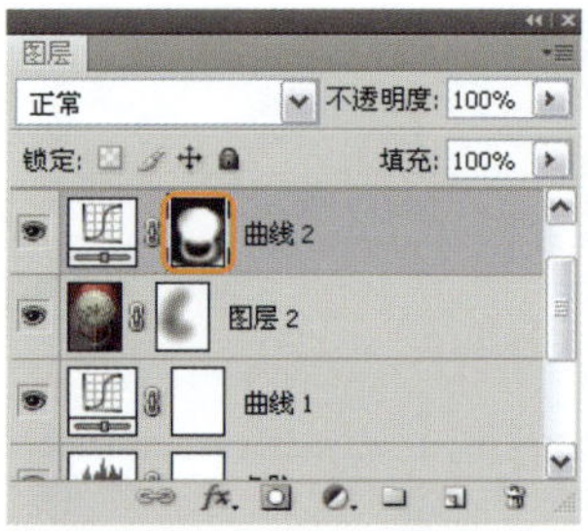

STEP 15 按下快捷键Ctrl+Shift+Alt+E盖印图层，得到“图层3”。执行“滤镜>锐化>锐化”命令，提高画面的清晰度。

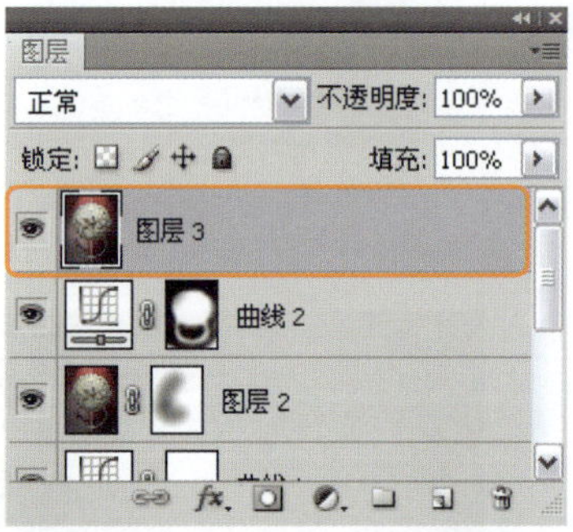

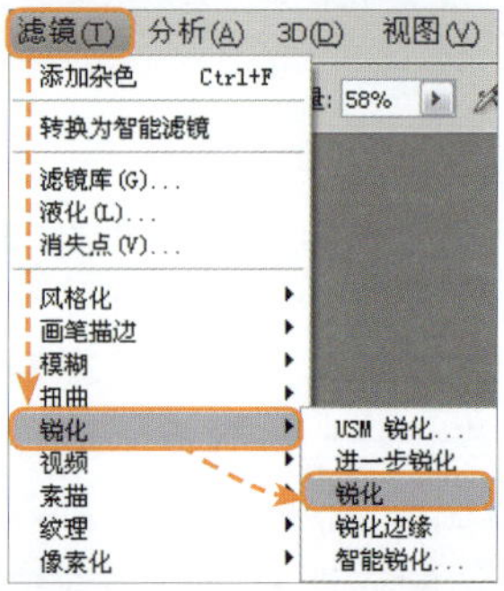

STEP 16 通过“锐化”命令的调整，画面的整体质量提高，更具有层次感和艺术质感。至此，本照片调整完成。

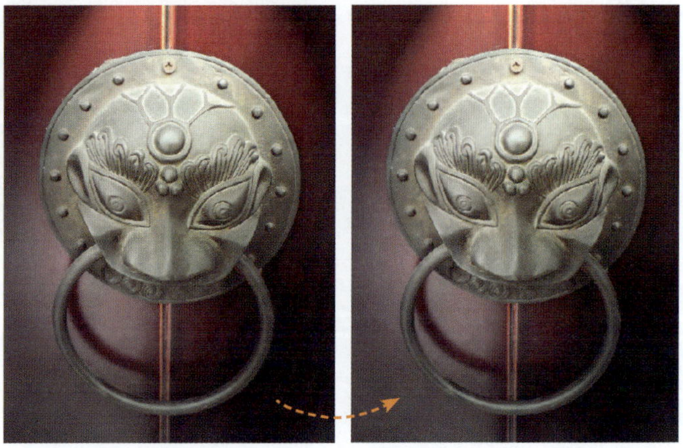

7.1.2 “消失点”滤镜（1）——修正照片中的杂物

最终文件路径：实例文件\chapter7\complete\02-end.psd

案例分析：这是一张室外静物照片，在照片中草地上的一些杂物影响了整体画面。由于透视角度的关系，即使使用仿制图章工具消除杂物，在花费大量时间的同时，也会留有透视方面的瑕疵。在后期的处理中，将通过使用“消失点”滤镜来消除背景中的杂物，使主体看起来更加突出。

功能点拨：Photoshop中的“消失点”滤镜自动运用透视原理，在包含透视平面的图像选区内，通过克隆、粘贴等操作，依据透视的角度和比例来调整图像。运用这一功能只需很短的时间就可以修正具有透视关系的图像。

STEP 01 打开本书配套光盘中的“实例文件\chapter7\media\02.jpg”文件，单击“图层”面板下方的“创建新图层”按钮，得到“图层1”。

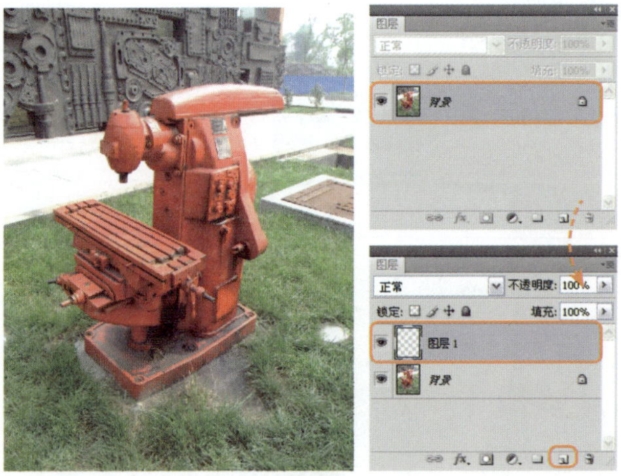

STEP 02 执行“滤镜>消失点”命令，弹出“消失点”对话框，下面将对其进行设置，消除背景中的杂物。

STEP 03 在打开的“消失点”对话框中，单击“创建平面工具”按钮，绘制背景的透视，在画面上定义一个透视的角度，从画面的左边起，逆时针方向设置3个透视点。

提示与技巧

绘制网格背景

当透视背景绘制好后，如果线条变为蓝色网格，则表示绘制的网格透视正确，但是有效的平面并不能保证具有适当透视的结果。必须确保定界框、网格与图像中的几何元素或者平面区域精确对齐。

正确的网格

当网格颜色为黄色时表示网格虽然已经绘制完整，但是无法解析平面中的所有消失点。这需要再次单击“创建平面工具”按钮，调整节点，直到使网格变为蓝色为止。

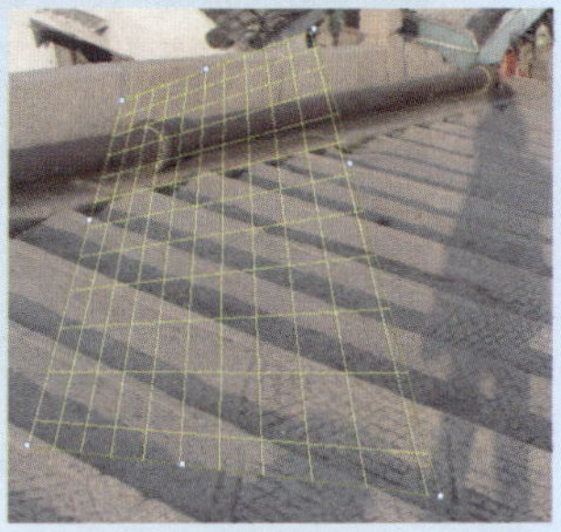

黄色网格

当网格颜色为红色，表示绘制的透视线框是错误的，消失点工具无法计算平面的长宽比。虽然可以在无效平面中进行编辑，但无法正确对齐结果的方向。需要重新调整，直到网格颜色变为蓝色。

红色网格

STEP 04 最后一个与第一个节点重合，当拖拽出4个合理的角节点以后，会自动出现一个透视四边形。绘制好透视平面后，移动4边的控制点使透视方向伸展。同时，网格也会按照透视的方向缩放，使网格方向覆盖要修改的范围。添加节点可以按下BackSpace键，删除节点可以按下Delete键。设置选项栏中的“网格大小”为350。

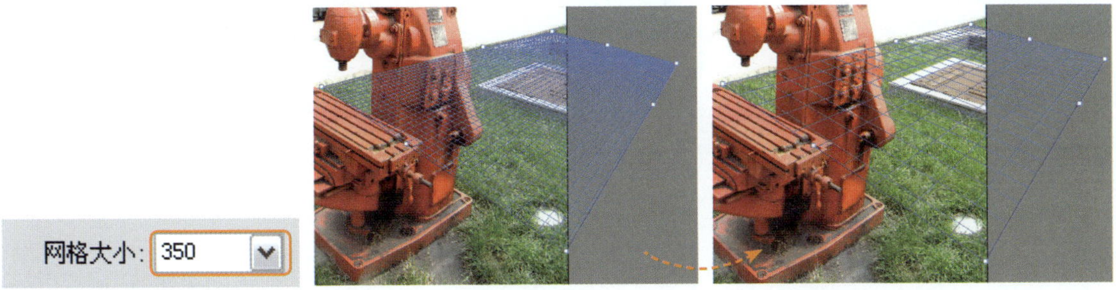

STEP 05 单击图章工具，在选项栏中设置“直径”为175，“硬度”为50，“不透明度”为100，设置“修复”为“开”，表示选择把复制的图像和底图更好地融合在一起。

STEP 06 选择图章工具后，网格显示为加粗的边框线。和使用仿制图章工具的用法一样，按住Alt键的同时在要选取的位置单击，放开Alt键，在要覆盖的位置拖拽。经过调整可以看到照片中的杂物消失。

STEP 07 按下快捷键Ctrl+Shift+Alt盖印图层，得到“图层2”。单击仿制图章工具，设置一个较软的笔触，对草地中不够自然的地方稍作调整。

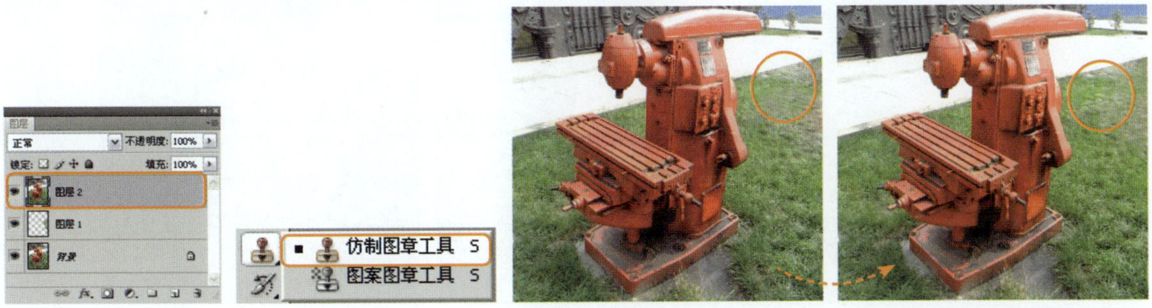

STEP 08 单击“图层”面板下方的“创建新的填充或调整图层”按钮，在弹出的菜单中选择“色相/饱和度”命令，在弹出的“调整”面板中，设置“饱和度”为+29。

STEP 09 经过对色彩饱和度的调整，画面中的色彩更加鲜艳，大红色的艺术雕塑与绿色的草地形成鲜明的对比。

提示与技巧

图层的上下关系

图层具有上下的关系，上面的图层可以遮盖下面的图层，改变图层的上下关系会影响图像的最终效果，因此在对照片进行调整的时候要特别注意避免影响照片的效果。

STEP 10 下面调整画面的亮度与对比度，单击“图层”面板下方的“创建新的填充或调整图层”按钮，在弹出的菜单中选择“亮度/对比度”命令，“图层”面板中出现“亮度/对比度1”调整图层。

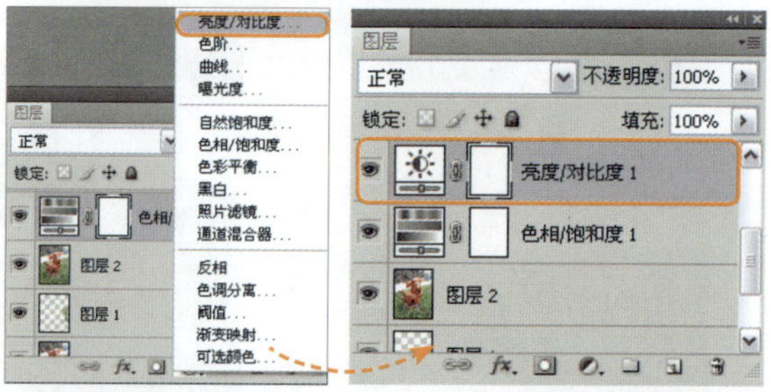

STEP 11 在打开的“调整”面板中设置“亮度”为-15，“对比度”为28。

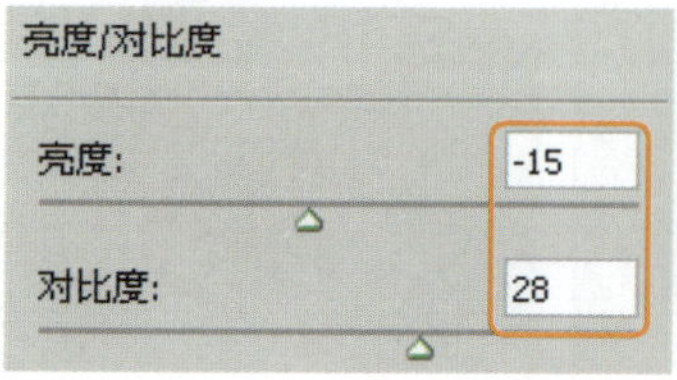

STEP 12 单击“图层”面板下方的“创建新的填充或调整图层”按钮，在弹出的菜单中选择“曲线”命令，“调整”面板中显示相关的选项，设置两个控制点，将其向下移动，将画面中的背景部分调暗。

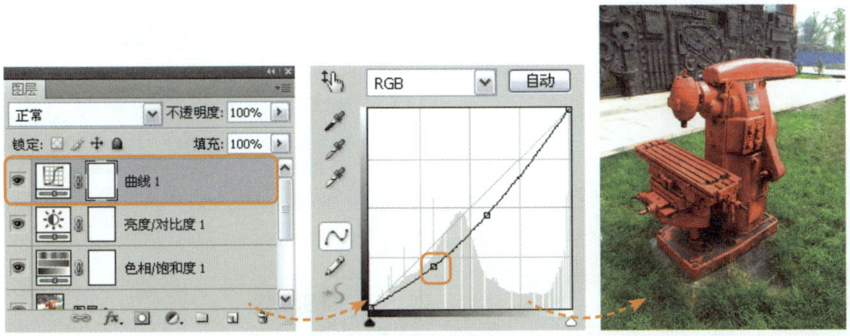

STEP 13 对曲线的调整使得画面整体变暗，下面将使用蒙版工具还原主体的亮度。单击“曲线1”调整图层中的蒙版图标，将其转换为蒙版模式。单击画笔工具，设置一个较软的画笔，涂抹背景以外的部分。

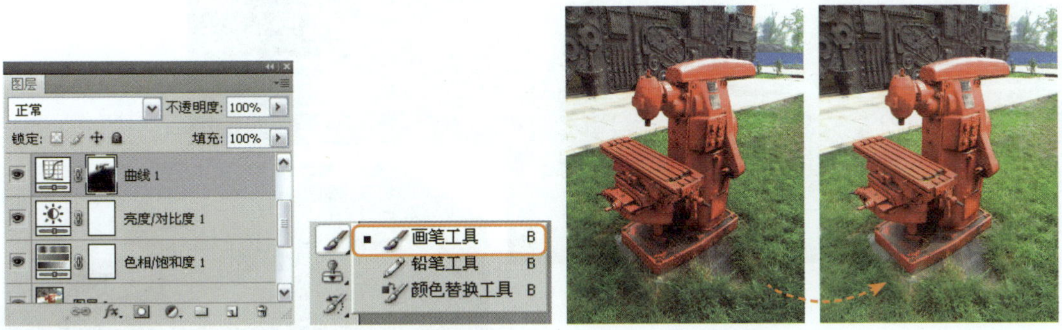

STEP 14 按下快捷键Ctrl+Shift+Alt盖印图层，得到“图层3”。单击模糊工具，设置“画笔”为“柔角500像素”，在背景部分上涂抹，使得画面的远近层次更加分明。

STEP 15 按下快捷键Ctrl+Shift+Alt盖印图层，得到“图层4”。单击加深工具，均匀涂抹画面四周，使得照片主体更亮。至此，本照片调整完成。

◐ 7.1.3 “消失点”滤镜（2）——向照片中添加物体

最终文件路径：实例文件\chapter7\complete\03-end.psd

案例分析：这是一张房屋的照片，可以使用Photoshop为其添加一扇窗户，使得画面效果更加丰富。通过复制的方式不能很好地控制透视关系，在这里将利用“消失点”滤镜准确快捷地为房屋添加窗户。

功能点拨：Photoshop中的“消失点”滤镜除了可以在透视背景上删除不需要的物体，还能够添加物体，遵循透视原则，可以使增加的物体也拥有真实的透视效果，从而迅速获得理想的透视效果。

STEP 01 打开本书配套光盘中的“实例文件\chapter7\media\03.jpg”文件，这是一张房屋的照片，将在侧面第一面墙上为它添加一个窗户。

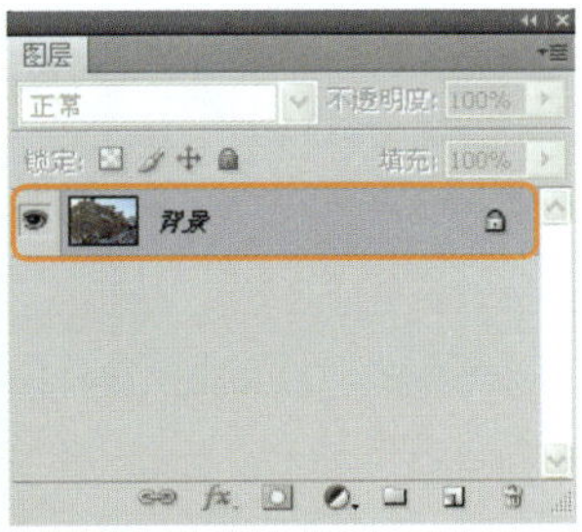

STEP 02 单击“图层”面板下方的“创建新图层”按钮，得到“图层1”。执行“滤镜>消失点”命令，弹出“消失点”对话框。

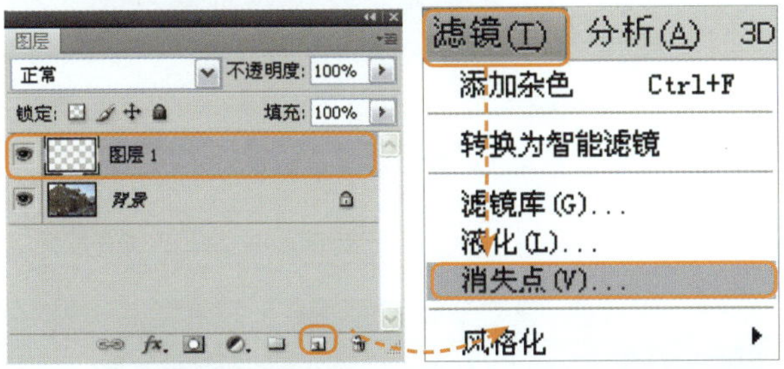

STEP 03 单击“创建平面工具”按钮，在将被复制的范围中绘制一个透视背景。

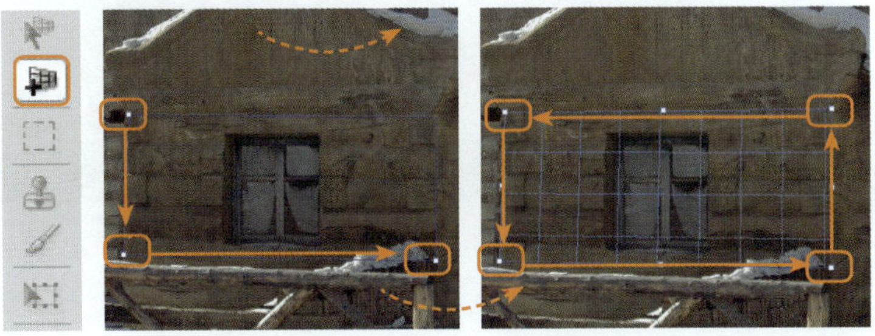

STEP 04 将鼠标移到平面交接的右侧，在按住Ctrl键的同时拖动右侧的边界点，拉出另一侧的一个平面，通过观察可以看到绘制的平面是遵循透视关系的。

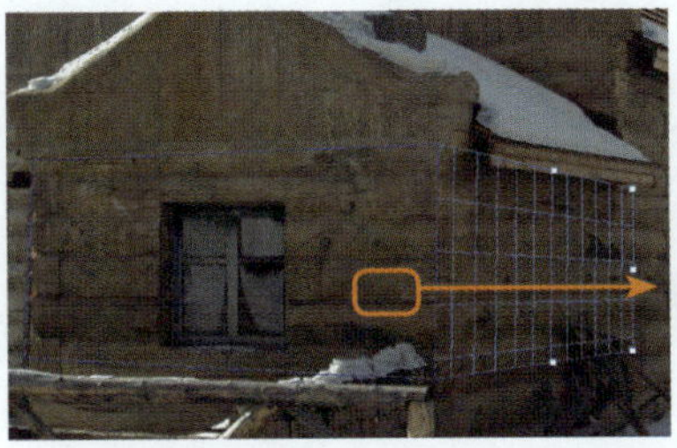

STEP 05 单击“编辑平面工具”按钮，拖动透视网格的控制点，将其调整到适合的位置上。

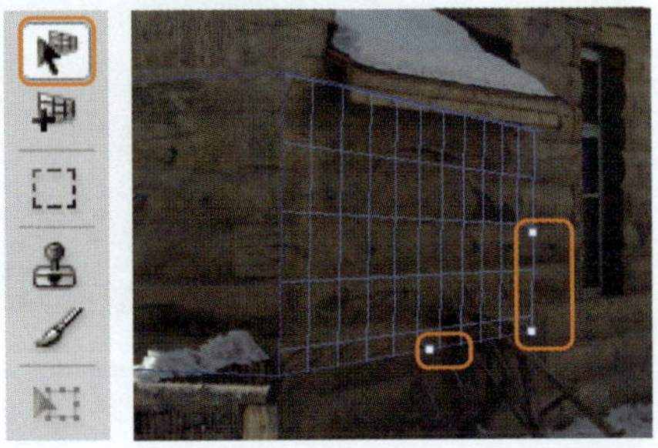

Photoshop基础

“消失点”对话框中的各种修复模式

在打开的“消失点”对话框中选择图章工具，在选项栏中有“修复”选项。

“关”表示绘制的图像与周围像素的颜色、光照和阴影没有任何关系。

“明亮度”表示将绘制的图像与周围像素的光照混合，并且保留样本像素的颜色。

“开”表示将绘制的图像保留样本图像的纹理，与周围像素的颜色、光照和阴影混合。

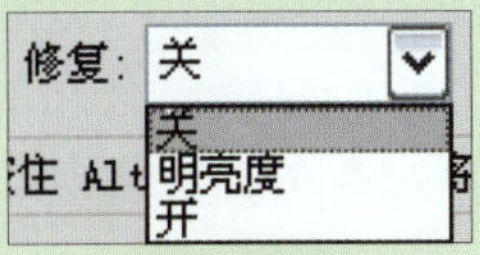

“修复”选项

STEP 06 单击“选框工具”按钮，框选窗户部分。框选的范围可以超出窗口一些，这样透视网格中的选区可以随着网格透视而变化，边缘显得过渡自然。

STEP 07 选择窗户范围后，设置“羽化”为1，“不透明度”为100，“修复”为“开”。按住快捷键Alt+Shift的同时平行移动并复制所选的窗口，将其向右拖移，移动到另外一面墙上。当遇到墙面转折的地方时，透视角度依然与墙面吻合。当释放鼠标后，复制的图像就与房屋的明暗方式重叠了。由于为选区设置了羽化使得复制的边缘不那么锐利，这样使得效果更加自然。

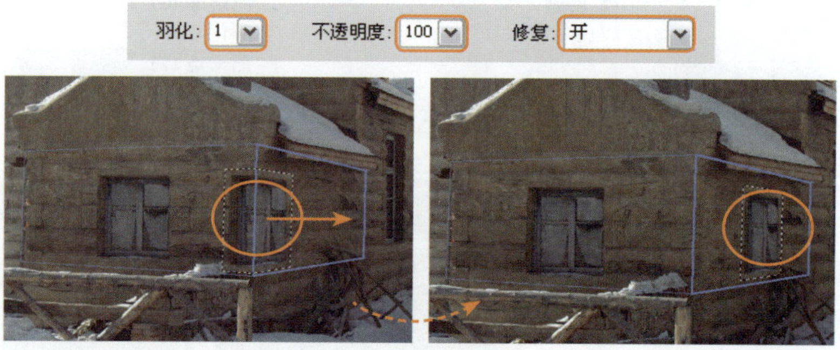

STEP 08 为了使得画面效果更加逼真，单击吸管工具，吸取周围的颜色，再单击画笔工具，设置“不透明度”为50%，在窗户的边缘涂抹，使它的颜色与周围融合。

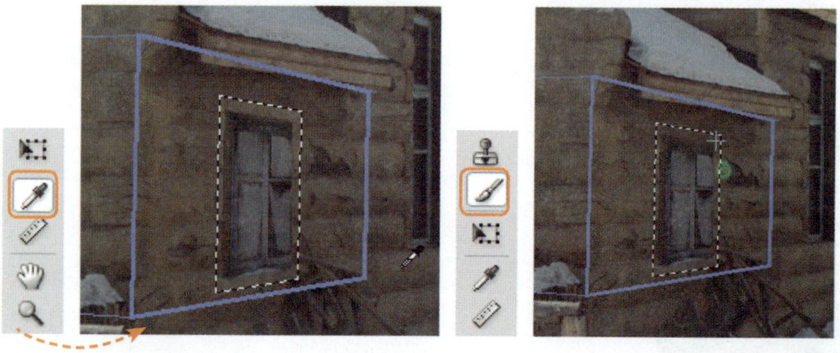

提示与技巧

画笔工具的使用

按下快捷键B可直接切换到画笔工具，在平面中单击并拖动鼠标可以进行绘画。按住Shift键的同时单击可以将描边扩展到上一次单击处。选择“修复亮度”可将绘画调整为适当的阴影和纹理。按下快捷键I可以将画笔工具切换为吸管工具，直接用于吸取画面颜色。

STEP 09 经过观察会发现，由于复制的原始窗户是右侧视角，而复制后的窗户由于透视的原因是左侧视角，对于两个相对的墙面透视是不正确的，这样看来会显得效果不够真实。

STEP 10 单击“变换工具”按钮，勾选对话框顶部的“水平翻转”复选框，表示对选择的图像进行水平翻转的操作。

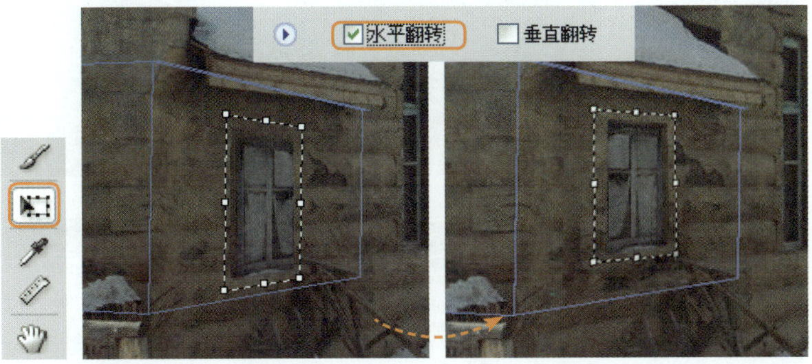

STEP 11 经过调整可以看到窗户与原来的方向相对，透视关系正确。完成后按下快捷键Ctrl+H观看编辑后的效果，单击“确定”按钮退出。

STEP 12 按下快捷键Ctrl+Shift+Alt+E盖印图层，得到“图层2”。单击仿制图章工具，设置画笔为“柔角25像素”，“不透明度”为100%，“流量”为86%，调整复制后的窗户边缘，使其与画面融合得更加自然。

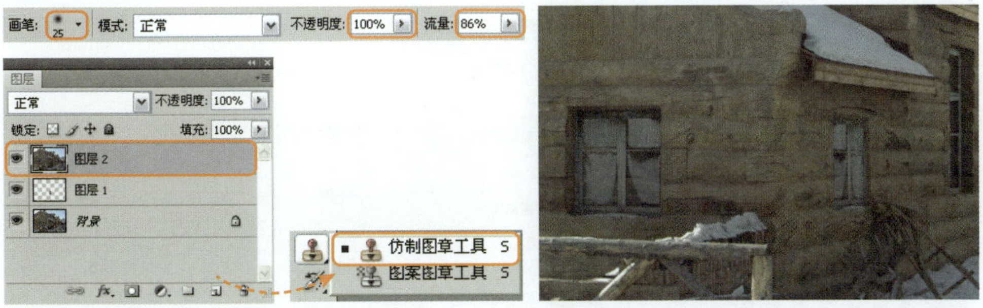

STEP 13 单击“图层”面板下方的“创建新的填充或调整图层”按钮，在弹出的菜单中选择“色相/饱和度”命令，在“调整”面板中显示相关的选项，设置“饱和度”为+13。

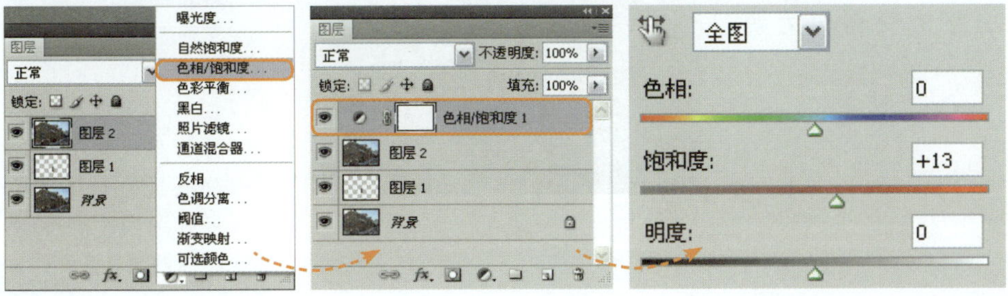

STEP 14 通过色彩饱和度的调整，可以看到天空部分显得更蓝，画面的效果有所提高。

STEP 15 单击“图层”面板下方的“创建新的填充或调整图层”按钮，在弹出的菜单中选择“色阶”命令，这时“图层”面板中增加“色阶1”调整图层。

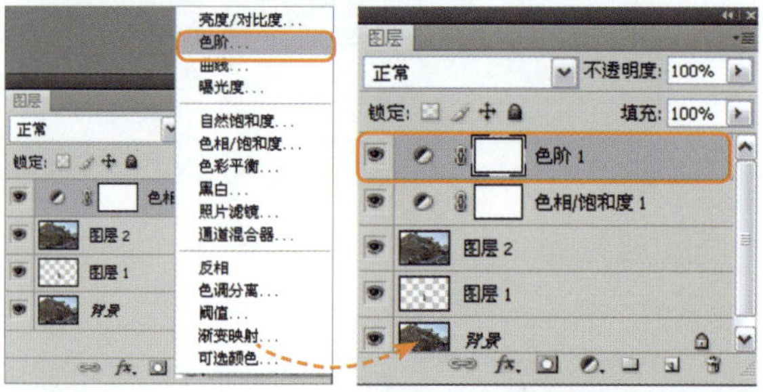

STEP 16 在“调整”面板中，将“输入色阶”的黑色滑块与白色滑块分别向中间移动，设置“输入色阶”的参数为18、1.00和237，通过调整可以看到画面中的亮部与暗部的对比提高。

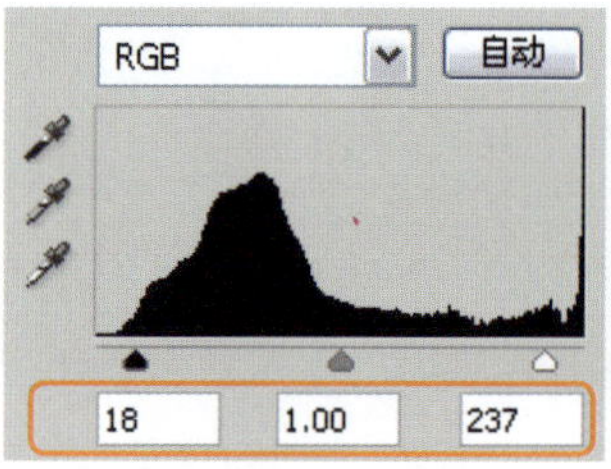

STEP 17 单击“图层”面板下方的“创建新的填充或调整图层”按钮，在弹出的菜单中选择“亮度/对比度”命令，在“调整”面板中弹出相关选项，设置“亮度”为14，“对比度”为8。

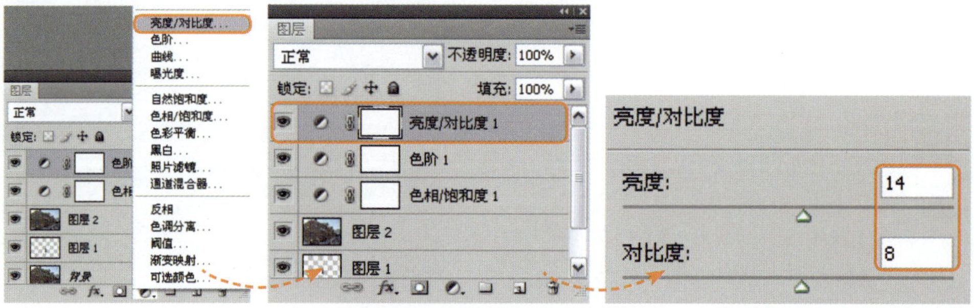

STEP 18 经过对照片亮度与对比度的调整，使得处于背光位置的房屋整体变得较为明亮。

提示与技巧

提亮画面亮度

由于拍摄时房屋处于背光位置，造成房屋较暗，影响了整体效果。由于使用减淡工具有降低画面对比度的缺点，所以最好选用“亮度/对比度”命令进行调整。

STEP 19 按下快捷键Ctrl+Shift+Alt+E盖印图层，得到“图层3”。单击模糊工具，设置一个较软的画笔，在画面中的背景部分涂抹。经过涂抹后背景变得模糊，房屋部分更加醒目。

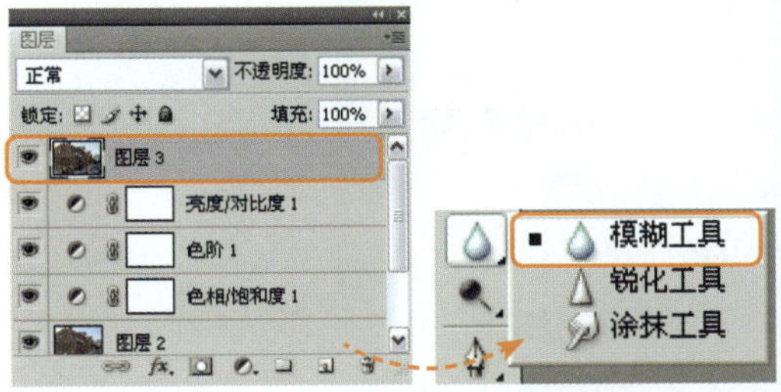

STEP 20 使用同样的方法，按下快捷键Ctrl+Shift+Alt+E盖印图层，得到“图层4”。单击加深工具，设置“画笔”为“柔角600像素”，“曝光度”为50%。

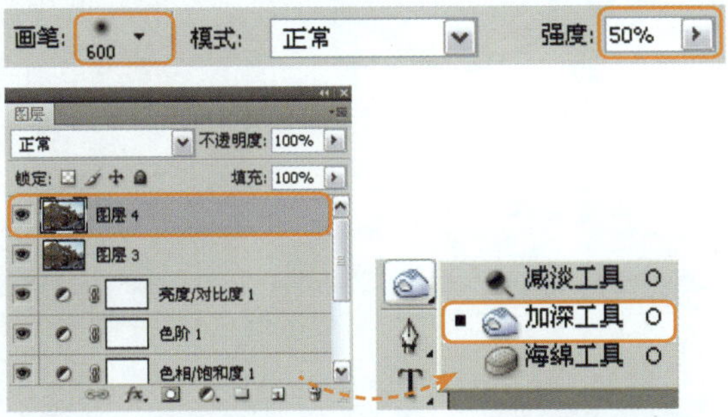

STEP 21 使用设置好的画笔在主体的四周涂抹，使周围画面变暗下来。

提示与技巧

画面效果的控制

使用加深工具涂抹画面时要注意控制整体效果。如果涂抹过度造成杂点，应该将画面缩小，使用较大的画笔在四周均匀涂抹。

STEP 22 按下快捷键Ctrl+Shift+Alt+E盖印图层，得到“图层5”。执行“滤镜>锐化>USM锐化”命令，弹出“USM锐化”对话框。在打开的对话框中设置“数量”为144%，“半径”为1.0像素，“阈值”为2色阶，完成后单击“确定”按钮。

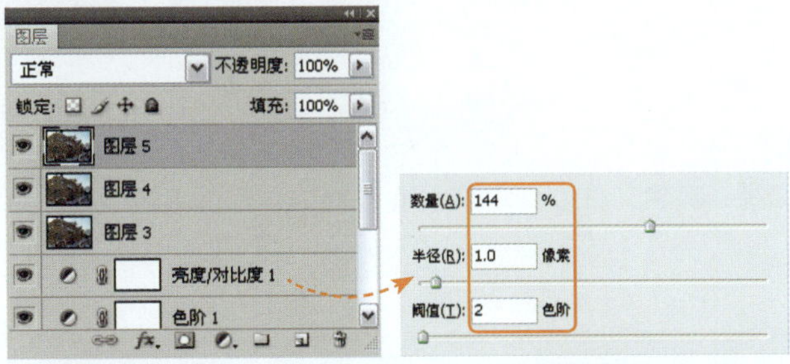

STEP 23 经过调整过后，画面清晰度提高。至此，本照片调整完成。

7.1.4 “镜头模糊”滤镜——制作景深效果

最终文件路径：实例文件\chapter7\complete\04-end.psd

案例分析：该照片是在一个酒吧门口拍摄的，由于对焦不够准确，使得照片看起来主次不够分明，背景部分大大分散了画面的注意力。下面将通过后期调整，使得背景虚化体现出拍摄主体，使画面有景深的效果。

功能点拨：Photoshop中的“镜头模糊”滤镜通过在图像中添加模糊效果，从而使画面产生狭窄的景深效果。它虽然很容易使背景产生模糊效果，但是整体效果又不像是使用大光圈拍摄的结果。

STEP 01 打开本书配套光盘中的“实例文件\chapter7\media\04.jpg”文件，打开一张需要制作景深效果的照片。

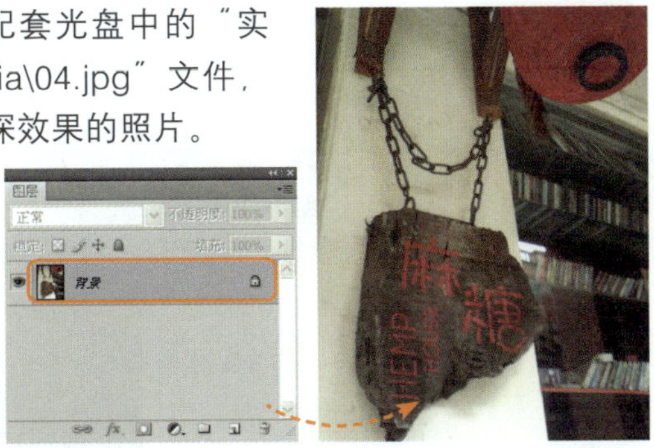

STEP 02 单击钢笔工具，沿着需要调整的背景部分绘制路径。切换到“路径”面板，单击“路径”面板下方的“将路径作为选区载入”按钮，所绘制的区域转化为选区。

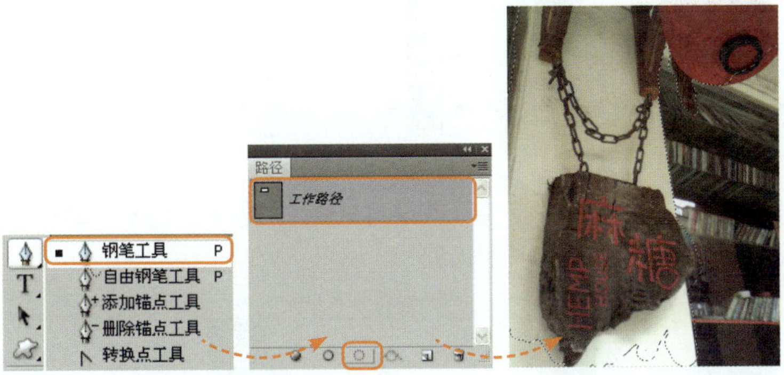

STEP 03 保持选区状态，切换到“图层”面板，按下快捷键Ctrl+J复制选区，得到新建图层“图层1”。单击“背景”图层前方的“指示图层可见性”按钮，将“背景”图层隐藏。此时图像仅显示背景部分。

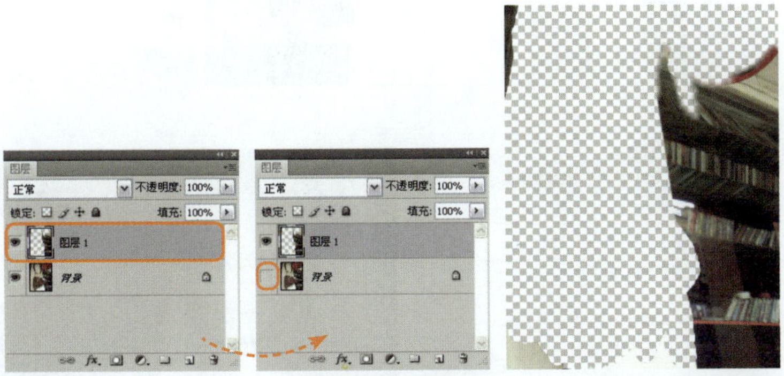

STEP 04 选择“图层1”，切换到“通道”面板，单击“通道”面板下方的“创建新通道”按钮，得到“Alpha 1”通道。

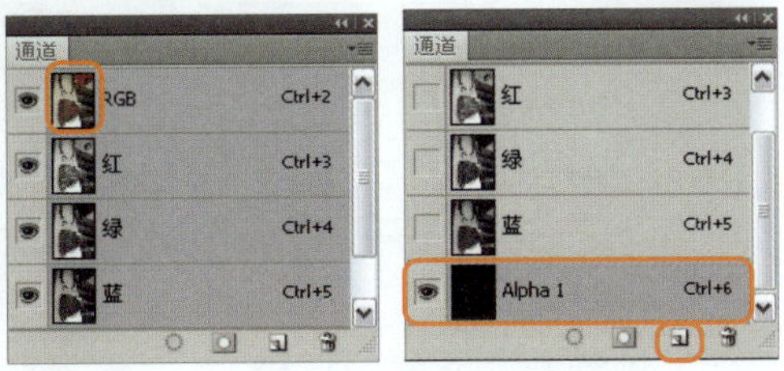

Photoshop基础

路径的绘制

在绘制路径时，使用钢笔工具既可以绘制平滑流畅的曲线，也可以绘制极其精确的直线。对于大多数人而言，钢笔工具提供了精确的绘图控制和极高的绘图准确度。

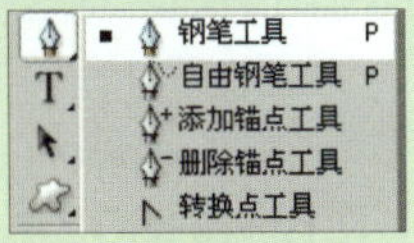

钢笔工具

单击产生尖角直线节点。

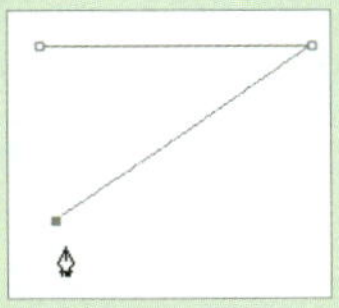

单击效果

拖动产生平滑的曲线节点。

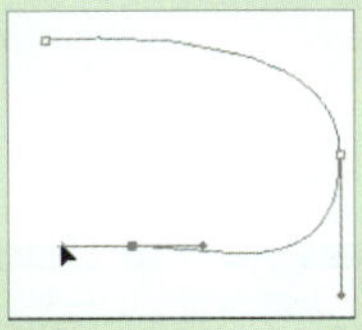

拖动效果

将光标移动到起始点时，可以看到钢笔光标右下角出现一个小圆圈，单击可以封闭曲线。

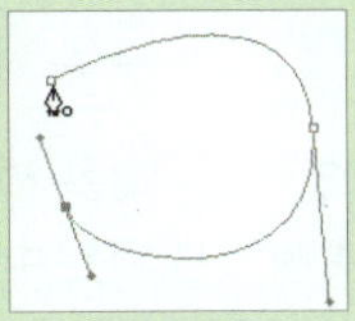

闭合路径

将光标移动到任意一个节点上，就可删除节点。

删除节点

STEP 05 单击渐变工具，设置前景色为白色，背景色为黑色，在图像中由下向上拖动绘制渐变填充。

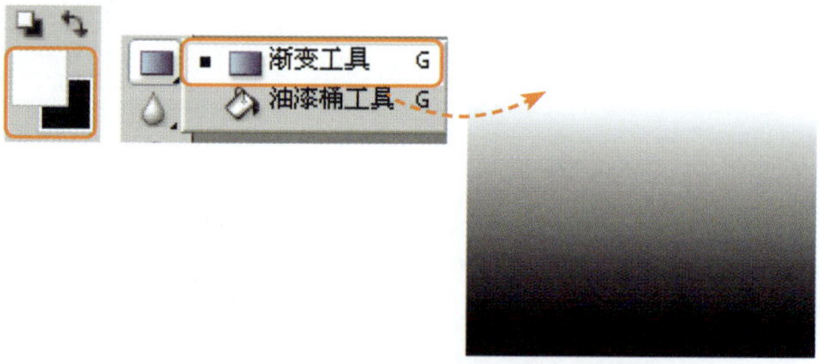

STEP 06 填充完成后，单击“图层”面板中的RGB通道显示所有的图像。由于照相机的景深是对焦点清晰，离焦点越远的地方越模糊。

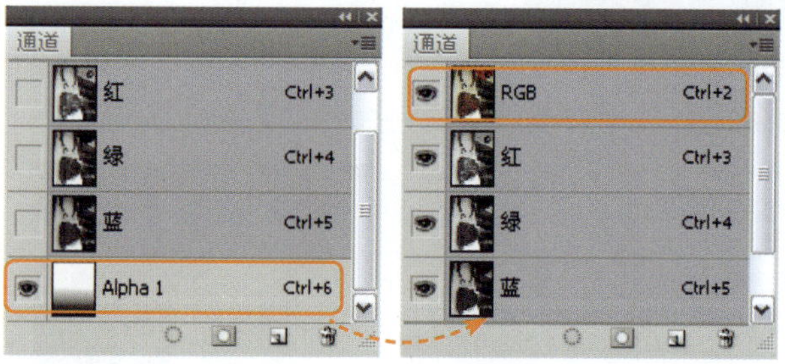

STEP 07 切换到“图层”面板，单击“背景”图层前面的“指示图层可见性”按钮，显示“背景”图层。执行“滤镜>模糊>镜头模糊”命令，弹出“镜头模糊”对话框。

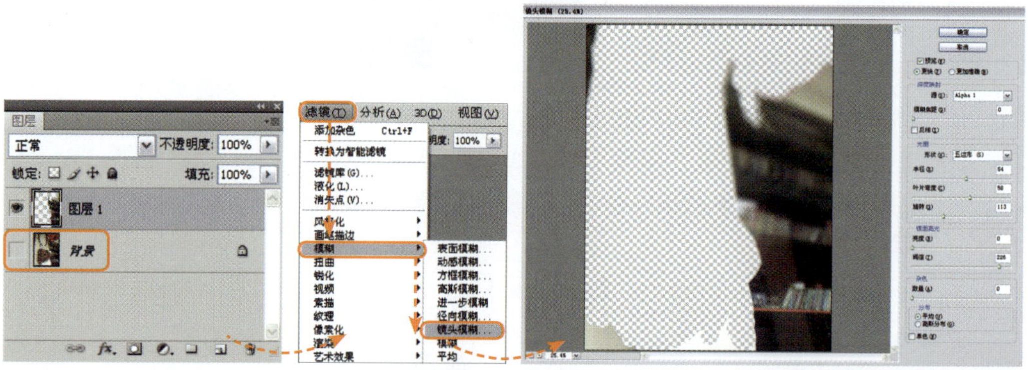

STEP 08 在“镜头模糊”对话框的“深度映射”选项组中设置“源”为将Alpha1，“模糊焦距”为参数为255。在“光圈”选项组中设置“形状”为“五边形（5）”，设置“半径”为32，“叶片弯度”为49，“旋转”为113，在“镜面高光”选项组中设置“亮度”为0，“阈值”为226，完成后单击“确定”按钮。

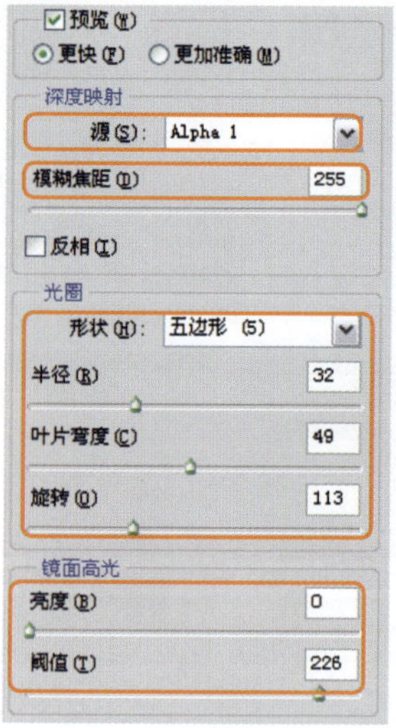

STEP 09 仔细观察画面会发现被摄主体与背景的边缘部分不够清晰，接下来将解决这一问题。

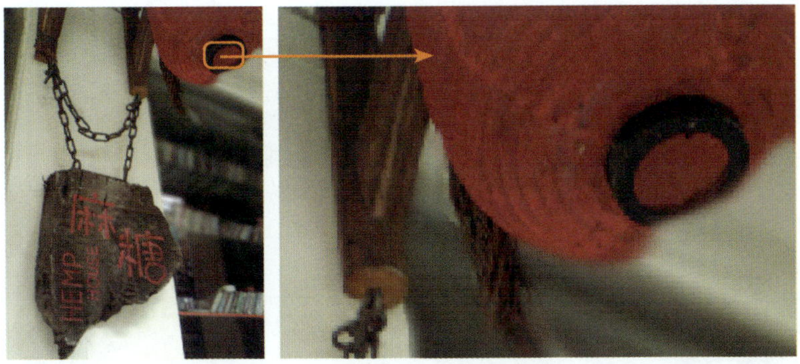

STEP 10 按住Ctrl键的同时，单击“图层1”的缩览图，可看到背景部分被框选。按下快捷键Ctrl+Shift+I将选区反选。单击“背景”图层，按下快捷键Ctrl+J复制得到“图层2”，将其放置在最上层，可以看到边缘部分变得清晰。

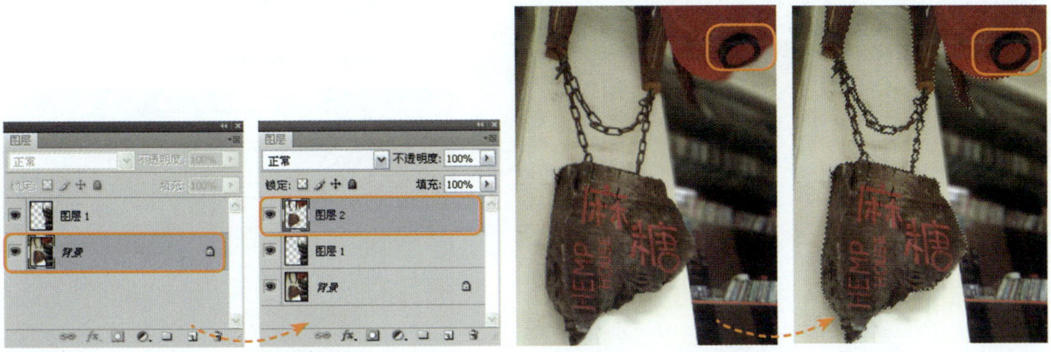

STEP 11 单击“图层”面板下方的“创建新的填充或调整图层”按钮，在弹出的菜单中选择“曲线”命令，“调整”面板中显示相关选项，此时“图层”面板中增加“曲线1”调整图层。

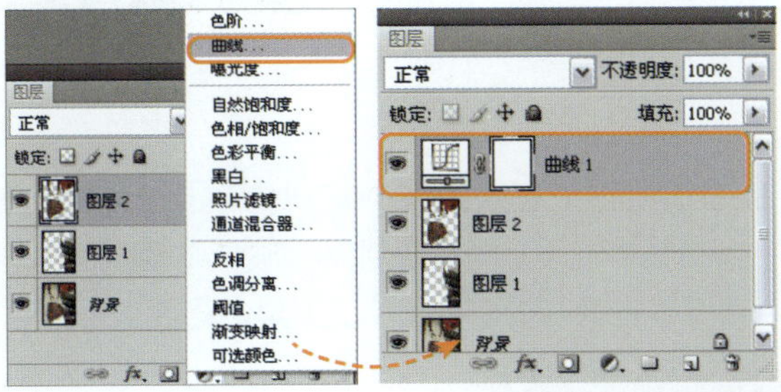

STEP 12 在“调整”面板中设置两个控制点，将其分别向相反方向移动，以增加画面的亮部与暗部。经过调整后画面的对比度加强，至此，本照片调整完成。

7.1.5 “减少杂色”滤镜——去除噪点

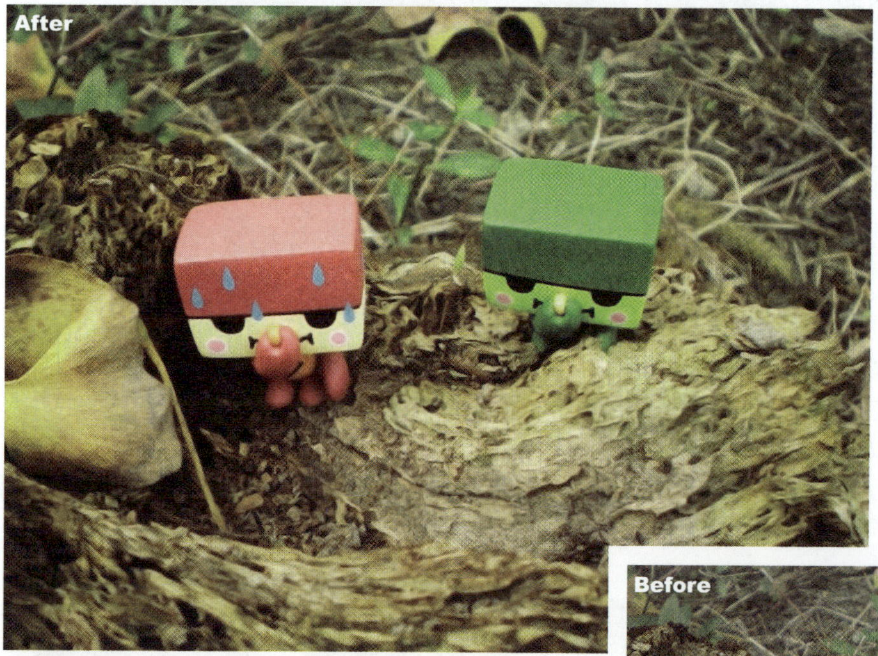

最终文件路径： 实例文件\chapter7\complete\05-end.psd

案例分析： 该照片拍摄的是一组静物，可爱的两个玩偶使照片充满了童趣。但是仔细观察会发现照片中有噪点，大量噪点的存在影响了照片的整体质量，破坏了画面的美感。通过后期的处理，可以使用Photoshop的“减少杂色”滤镜将噪点去除，还原高质量的画面。

功能点拨： Photoshop中的“减少杂色”滤镜是修饰照片的一种常用工具。它通过给图像淡化或删除一些干扰颗粒，使得扫描图像或者照片图像的杂色减少，从而提高照片的质量，使得画面更加清晰。

STEP 01 打开本书配套光盘中的“实例文件\chapter7\media\05.jpg”文件，这是一张需要去除杂点的照片，可以看到画面的杂点影响着画面的整体效果。

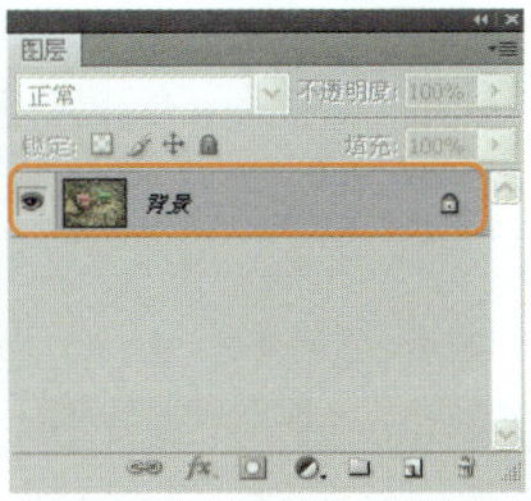

STEP 02 按下快捷键Ctrl+J复制“背景”图层，得到“图层1”。执行“滤镜>杂色>减少杂色”命令，弹出“减少杂色”对话框。

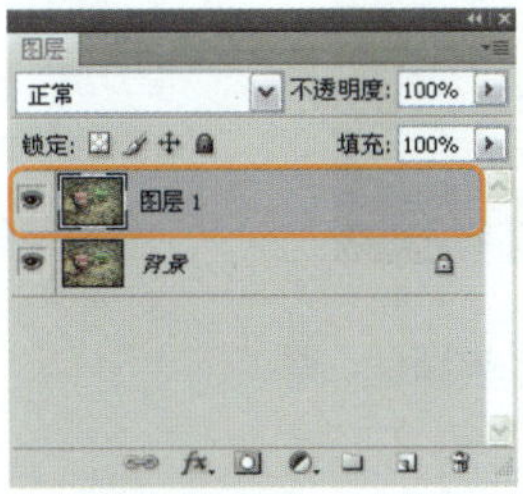

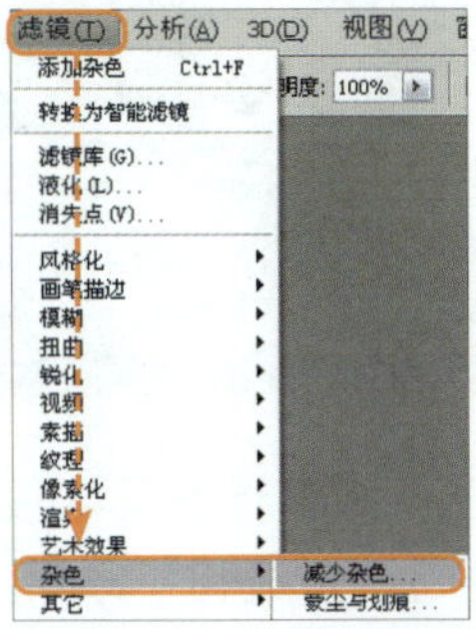

STEP 03 在弹出的“减少杂色”对话框中设置“强度”为4，“保留细节”为3%，“减少杂色”为82%，“锐化细节”为0%，完成后单击“确定”按钮。

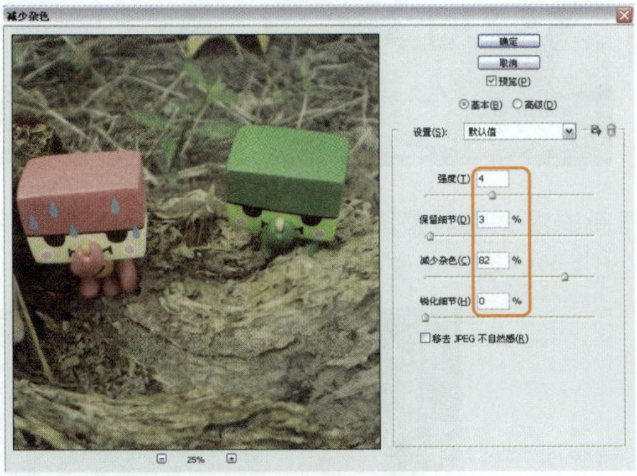

STEP 04 调整过后将图像放大，可以看到画面中的杂色减弱，照片的清晰度提高。

提示与技巧

噪点产生的原因

数码相机的噪点也称为图像噪音，是指CCD将光线作为接收信号接收并输出的过程中产生的图像中的粗糙部分。噪点看起来就像图像被弄脏，布满一些细小的糙点。以下情况会导致噪点的产生。

1. 使用JPEG格式对图像压缩而产生的噪点

由于JPEG格式图像在缩小图像尺寸后，图像仍显得很自然，因此可以利用特殊的方法来减小图像数据。在压缩时它会以上下左右8×8个像素为一个单位进行处理，因此在8×8个像素边缘就会与下一个8×8个像素单位发生不自然的结合。压缩率越高，噪点就越明显。

虽然把图像缩小后这种噪点也会不易被发现，但放大打印后进行色彩补偿就表现得非常明显。这种噪点的解决办法是利用尽可能高的画质或者使用JPEG格式以外的方法来记录图像。

噪点的产生

2. 长时间曝光产生的噪点

这种现象主要出现在拍摄夜景时，在图像的黑暗夜空中会出现一些孤立的亮点。这种噪点的产生原因是CCD无法处理较慢的快门速度所带来的巨大的工作量，致使一些特定的像素失去控制最终形成了噪点。

为了防止产生这种噪点的产生，部分数码相机中配备了被称为降噪的功能。这种功能

STEP 05 选择“图层1”，按下快捷键Ctrl+J复制得到“图层1 副本”。设置图层混合模式为“柔光”，可以看到画面更加柔和。

在记录图像之前就会利用数字处理方法来消除噪点，因此在保存完毕前需要多花费一些时间。

3. 模糊过滤造成的噪点

模糊过滤造成的噪点和JPEG一样，也属于对图像进行处理过程中造成的噪点，有时它是在数码相机内部处理过程中产生的。对于尺寸较小的图像，有时为了使图像显得更清晰而强调其色彩边缘时就会产生图像噪音。

所谓的清晰处理是指数码相机具有的强调图像色彩边缘的功能和图像编辑软件的“模糊过滤”功能。切忌不要因为处理过度而使图像显得过于粗糙。

STEP 06 单击“图层”面板下方“创建新图层”按钮，得到“图层2”。执行“滤镜>锐化>进一步锐化”命令。

STEP 07 单击“图层”面板下方的“创建新的填充或调整图层”按钮，在弹出的菜单中选择“色相/饱和度”命令，“调整”面板中显示相关的选项，设置“饱和度”为+15。

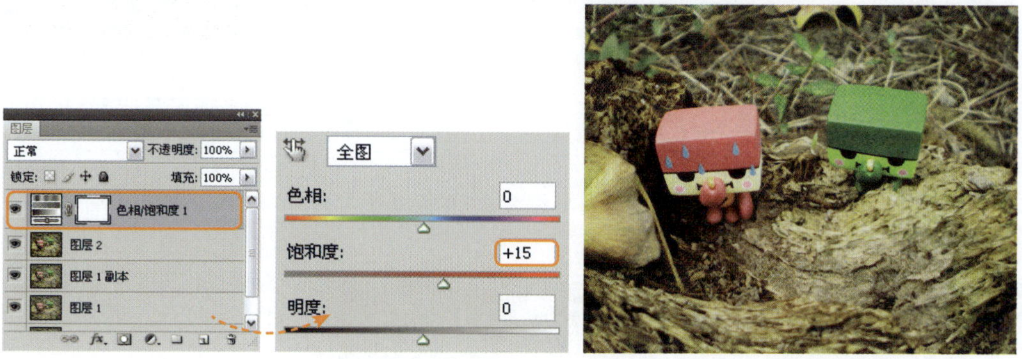

STEP 08 单击“图层”面板下方“创建新图层”按钮，得到“图层3”。执行“滤镜>杂色>减少杂色”命令，弹出“减少杂色”对话框。设置“强度”为10，“保留细节”为0%，“减少杂色”为100%，“锐化细节”为0%，完成后单击“确定”按钮。

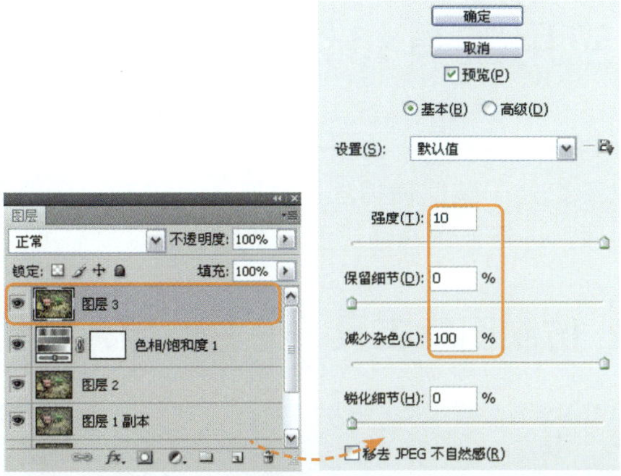

STEP 09 经过减少杂色的再次调整，画面中的噪点消除，照片质量提高。

STEP 10 单击“图层”面板下方的“创建新的填充或调整图层”按钮，在弹出的菜单中选择“亮度/对比度”命令，在“调整”面板中设置“亮度”为12。

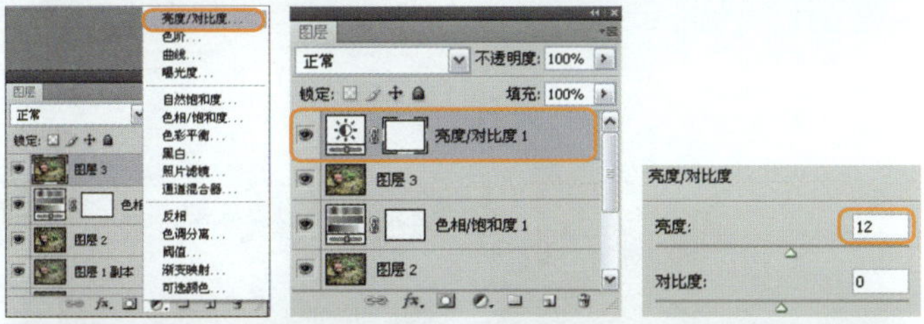

STEP 11 按下快捷键Ctrl+Shift+Alt+E盖印图层，得到“图层4”。执行“滤镜>锐化>USM锐化”命令，将图像锐化。至此，本照片调整完成。

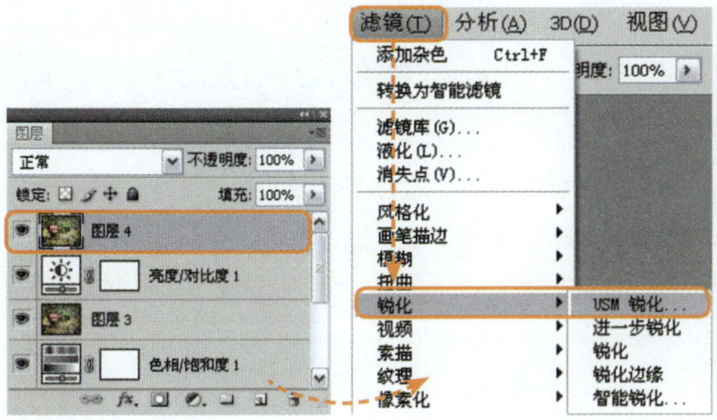

7.2 应用工具修饰照片

在拍摄的静物照片中，由于相机设置或者静物本身的原因可能会造成一些瑕疵，例如照片中显示日期或者静物处于暗部使得画面过暗等，这些都会影响照片的整体效果。通过应用一些调整与修饰的工具对照片进行处理或通过图层蒙版合成照片，可以制作出意想不到的效果。

7.2.1 仿制图章工具——去除照片中的日期

最终文件路径：实例文件\chapter7\complete\06-end.psd

案例分析：如今的数码相机专门设置有日期功能，便于在以后查看照片时提示拍摄日期和时间，为拍摄者带来方便。但是作为专业的数码摄影作品，日期的加入则大大影响了照片的整体美感。在Photoshop中，可以通过使用“仿制图章工具”复制周围的像素，去除照片中的日期。

功能点拨：Photoshop中的“仿制图章工具”能够复制特定区域或全部图像并将其粘贴到指定的区域中。

STEP 01 打开本书配套光盘中的“实例文件\chapter7\media\06.jpg”文件，可以看到画面的右下角有一行红色的日期及时间，影响了照片的整体效果。

STEP 02 按下快捷键Ctrl+J，复制“背景”图层得到“图层1”。单击工具箱中的仿制图章工具，在选项栏中设置“画笔”为“尖角50像素”，“模式”为“正常”。

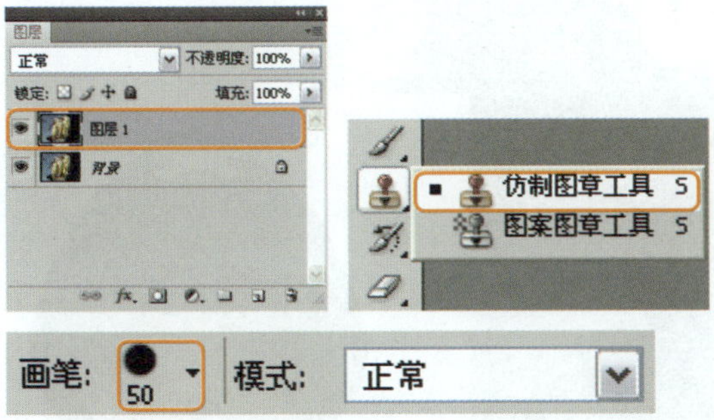

STEP 03 按下快捷键Z将图像放大，然后使用设置好的仿制图章工具，按住Alt键的同时单击取样区域设置取样点，然后沿着日期数值拖动鼠标，直到完全覆盖数字和文字。至此，本照片调整完成。

Photoshop基础

修复画笔工具、仿制图章工具与修补工具在应用上的区别

修复画笔工具、仿制图章工具与修补工具的工具原理相同，都是复制原样然后粘贴到另外区域的工具，而且取样区域与复制区域的像素相同。

修复画笔工具主要用于复制相对较小的面积，修补工具主要用于复制大面积。它们与仿制图章工具最大的不同在于其过渡效果较为柔和，取样区域的颜色与复制区域相差无几，而仿制图章工具照搬取样区图像颜色，过渡效果较为生硬，不够自然。

原图

修复画笔工具调整效果

仿制图章工具调整效果

7.2.2 历史记录画笔工具——添加真实阴影

最终文件路径： 实例文件\chapter7\complete\07-end.psd

案例分析： 这是一张可爱的玩偶照片，但是背景单一使画面效果显得有些单调，通过使用Photoshop软件可以将被摄主体选取出来放置到一个更加适合的背景中，使画面看起来更加丰富。

功能点拨： 使用Photoshop中的“历史记录画笔”工具结合指定的历史记录状态或者快照中的绘画源，可以通过重新指定的绘画源进行绘制，为照片中的被摄物体添加真实的阴影。这是一种简便有效的制作阴影的方法。

STEP 01 打开本书配套光盘中的“实例文件\chapter7\media\07.jpg”文件，然后再打开本书配套光盘中的“实例文件\chapter7\media\07草地.jpg”文件。下面将通过Photoshop将两张照片进行合成，并使用历史记录画笔工具绘制一个仿真的阴影。

> **提示与技巧**
>
> **如何选择合成照片**
>
> 在选择需要合成的照片时，不仅要考虑到照片的拍摄视角、受光面一致，而且要遵循透视关系与色彩搭配等原则，这样合成的照片才会逼真。

STEP 02 单击“图层1”前面的“指示图层可见性”按钮，隐藏草地部分，然后选择“背景”图层。单击魔棒工具，在选项栏中设置“容差”为120，使用鼠标在背景中单击，可以看到灰白色的背景部分被选取。

STEP 03 仔细观察会发现玩偶的手部选取不够精确，选择多边形套索工具，单击选项栏中的“添加到选区”按钮，将遗漏的部分选取。

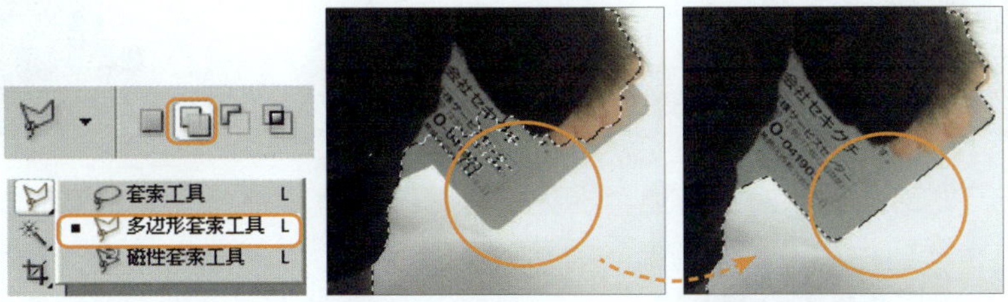

STEP 04 按下快捷键Ctrl+Shift+I反选选区，可以观察到玩偶部分就被完全选取。按下快捷键Ctrl+J复制选区，得到新建图层“图层2”。这个图层已经去除了背景部分，按下快捷键Ctrl+D取消选区。

STEP 05 单击模糊工具，在选项栏中设置“画笔”为“柔角45像素”，在玩偶的边缘部分稍作涂抹，使其效果更加自然。

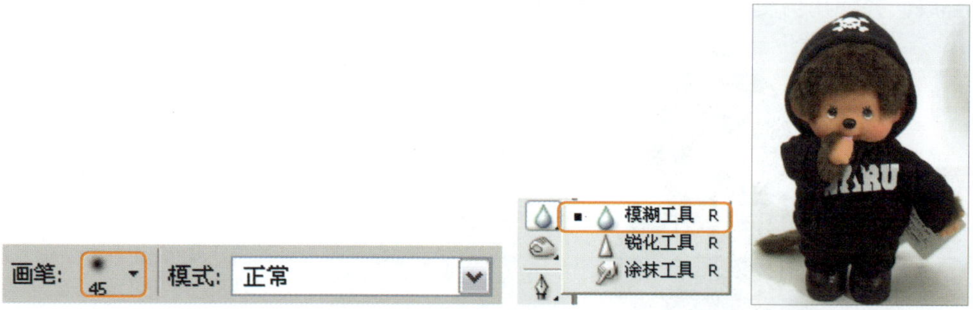

STEP 06 单击“图层”面板下方的“创建新图层”按钮，得到“图层3”，将其放置在“图层2”下方。设置前景色为白色，按下快捷键Alt+Delete将图层填充为白色。可以看到玩偶的背景被填充色取代。

STEP 07 单击历史记录画笔工具，设置“画笔”为“柔角70像素”，设置一个较为柔软的笔触为了使绘制的阴影没有明确的边界，使其显得更加自然。在调整的过程中笔触大小可以通过快捷键“[”或者“]”进行调整，设置好画笔后在“图层2”的阴影部分涂抹。

STEP 08 在使用历史记录画笔时，可能会在绘制投影的过程中将不需要的背景部分恢复出来了。单击画笔工具，在选项栏中设置“画笔”为“柔角30像素”，设置背景色为白色，在不需要被恢复的部分进行涂抹，使得阴影部分更加精确。

STEP 09 单击“图层3”前面的“指示图层可见性”按钮，隐藏填充的阴影部分。单击“图层1”，可以看到玩偶在草地中的效果，由于隐藏了“图层3”，因此看起来只是两张图片的重叠，并没有真实的效果。恢复显示“图层3”，又无法看到草地背景。经过下面的调整，将把这3个图层完美地融合在一起。

STEP 10 选择“图层3”，设置图层混合模式为“正片叠底”，可以看到3个图层很好地融合，草地上出现了自然的阴影，这是拍摄玩偶照片时候的真实投影。通过拼接图像便可以做出更加自然的投影。

STEP 11 单击“图层”面板下方的“创建新的填充或调整图层”按钮，在弹出的菜单中选择“亮度/对比度”命令，“调整”面板中显示相关的选项，“图层”面板中增加“亮度/对比度1”调整图层。

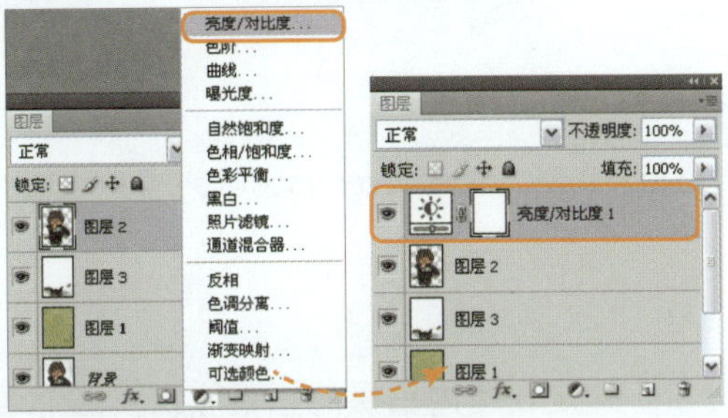

STEP 12 设置“亮度”为6，“对比度”为12。至此，本照片调整完成。

◐ 7.2.3 变换工具——为物体添加个性图案

最终文件路径：实例文件\chapter7\complete\08-end.psd

案例分析：这是在室内拍摄的一组静物，整个画面色彩较为单调，缺乏视觉重点。在后期的调整中，将运用变换工具为静物添加个性图案，以增加照片的视觉冲击力，使画面看起来更加丰富。

功能点拨：Photoshop中的“变换工具”可以对选区进行旋转、变形和斜切等一系列变换操作。在调整的过程中，可以结合图层混合模式为图案制作逼真的效果。

STEP 01 打开本书配套光盘中的“实例文件\chapter7\media\08.jpg”文件，这是一张普通的静物照片。按下快捷键Ctrl+J复制“背景”图层得到“背景副本”图层。

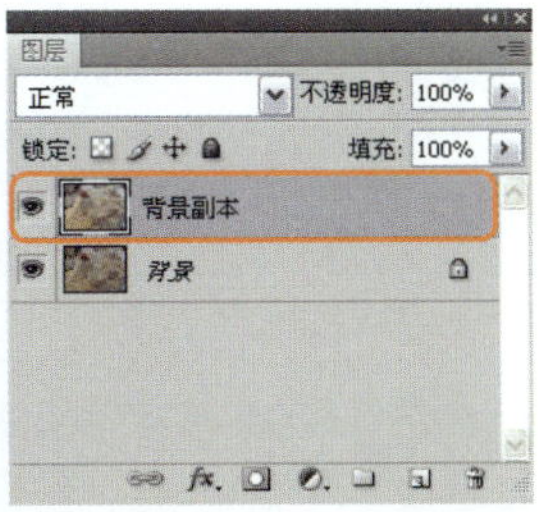

提示与技巧

变形工具的巧用

由于个性图案是平面的，被贴到水杯上以后会产生圆弧效果，为了使效果更加真实，必须考虑到个性图案随杯身产生的亮部和暗部、高光和反光。

为了不破坏图案本身的颜色，需要建立一个新的图层，进行单独的调整。

STEP 02 由于照片是在室内拍摄的，因此画面整体偏黄。按下快捷键Alt+Shift+Ctrl+L调整自动对比度，按下Shift+Ctrl+B调整自动颜色，最后按下Shift+Ctrl+L调整自动色阶，利用这些方式可以快速地将画面纠正为正常状态。

STEP 03 打开本书配套光盘中的“实例文件\chapter7\media\08个性图案.jpg”文件，也可以选用其他的数码照片。在工具箱中选择移动工具，单击并拖曳“08个性图案”文件至静物文件中，得到“图层1”。

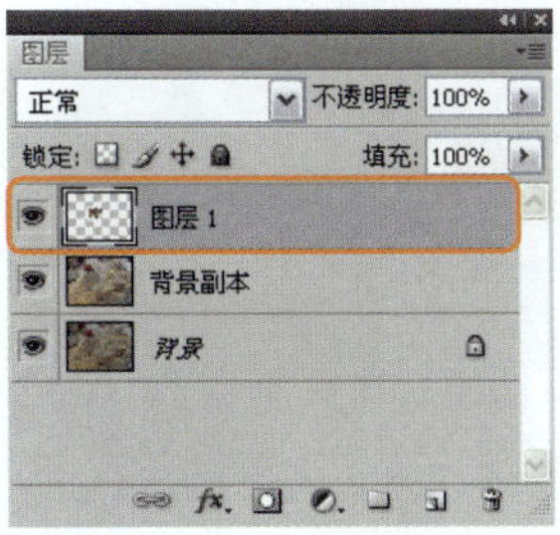

STEP 04 设置“图层1”的图层混合模式为“正片叠底”，“不透明度”为92%，使图案具有自然地印在静物上的效果。

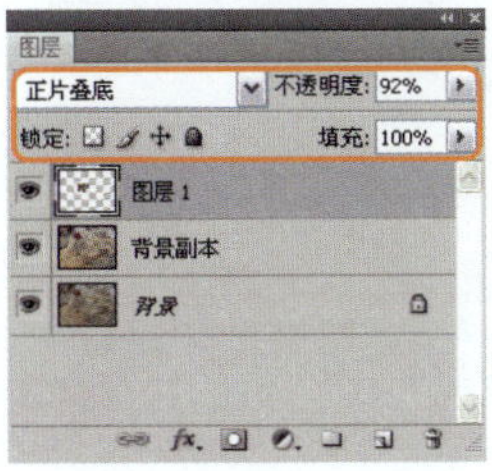

STEP 05 按下快捷键Ctrl+T显示自由变换控制框，按住Shift键的同时拖拽右上角手柄，等比例放大图案，将其调整到与杯子的大小相适应为止。按住Shift键是为了在使用变换工具改变尺寸的时候保持图案的比例不变。

STEP 06 单击选项栏中的“在自由变换和变形模式之间切换”按钮，直接进入变形模式。单击选项栏中的“变形”下拉按钮，在列表中选择“下弧”选项，图案变为弧形。

Photoshop基础

变换选区的快捷键操作

配合快捷键可以灵活地变换选区，下面介绍4种快捷键操作方法。

方法一：对选区进行旋转变换时，按住Shift键的同时拖曳自由变换控制框的节点，选区将以15°角的倍数进行旋转，也可以在选项栏中直接设置参数来准确旋转选区。

方法二：对选区进行缩放变换时，按住Shift键的同时拖曳自由变换控制框的节点，可任意等比例缩放选区，也可以在选项栏中设置水平缩放和垂直缩放参数来缩放选区。

方法三：对选区进行扭曲变换时，按住Alt键的同时拖曳自由变换控制框的节点，可以相对于外框的中心点扭曲对选区进行操作。按住Ctrl键拖曳自由变换控制框的节点，可以对选区进行自由扭曲。

方法四：按住快捷键Ctrl+Shift的同时拖曳自由变换控制框的节点，可以对选区进行斜切变换。也可以在选项栏中设置水平和垂直斜切的角度。按住快捷键Ctrl+Alt+Shift的同时拖曳自由变换控制框的节点，可以对选区进行透视变换。

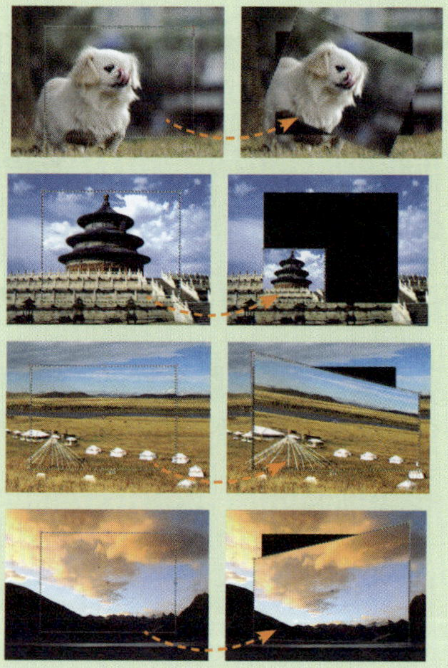

STEP 07 单击并拖拽自由变换控制框的节点，使变形方向符合静物的透视角度，制作出真实可信的效果。细节调整的重点在于图案的弧度要与静物的弧度保持一致，越远离视线的部分弧度越大。保持透视角度是添加个性图案的关键步骤，调整完成后按下Enter键确认变形效果。

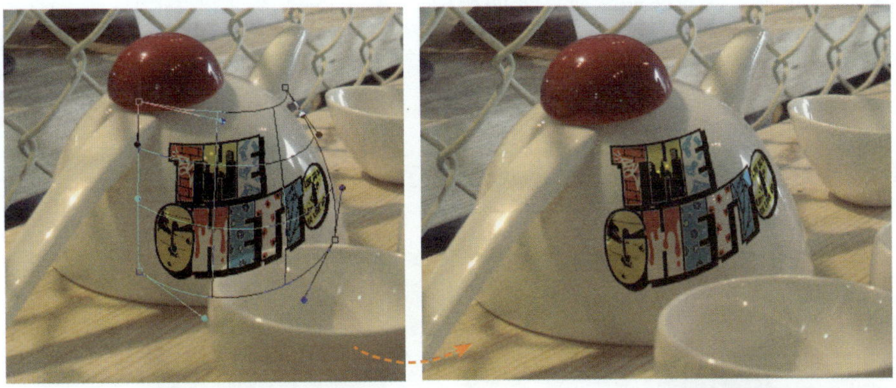

STEP 08 由于静物在拍摄时有自然光和环境色的反射，这使得静物看起来具有立体感。而图案是完全不受环境影响的平面图，虽然被恰当地放置在静物上却没有融合到静物的环境中去，下面将通过调整使其更加自然。

STEP 09 单击“创建新图层”按钮，得到“图层2”。单击吸管工具，在静物中的暗部单击，得到前景色。

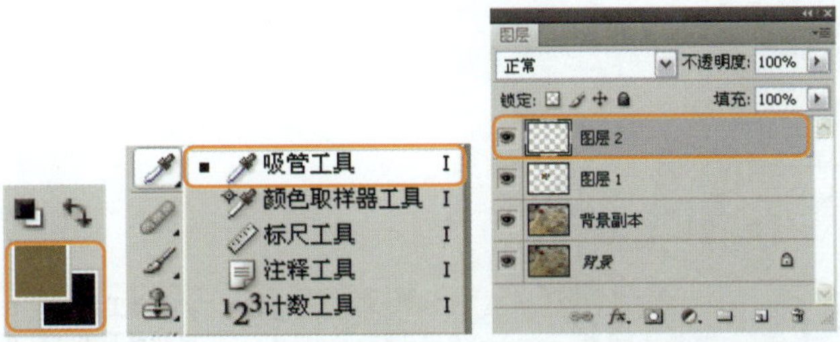

STEP 10 单击画笔工具，设置选项栏中的“画笔”为“柔角25像素”，“不透明度”为50%，“流量”为83%，然后在静物的暗部进行涂抹。

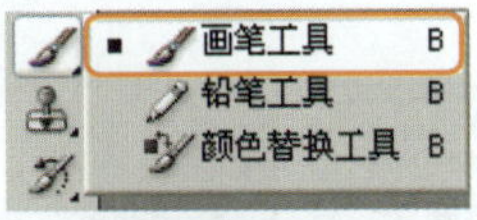

STEP 11 设置图层的“不透明度”为75%，使暗部效果更加自然。单击“图层”面板下方的“添加图层蒙版”按钮，为“图层2”添加图层蒙版。单击画笔工具，设置一个较软的画笔，在图案以外的部分进行涂抹。

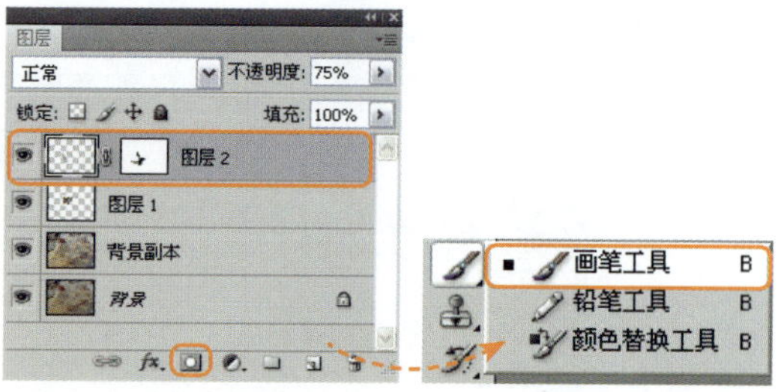

STEP 12 经过调整，可以看到图案以外的部分恢复了之前的状态，下面将使用同样的方式对亮部进行调整。

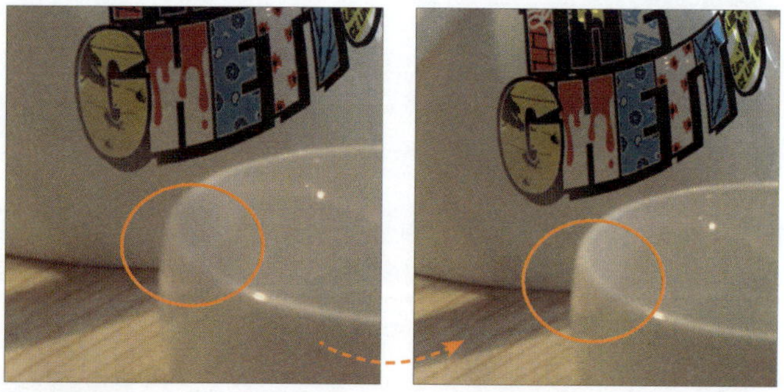

STEP 13 单击“图层”面板下方的“创建新图层”按钮，得到“图层3”。单击吸管工具，在静物中的亮部单击，得到前景色。使用画笔工具，在选项栏中设置“画笔”为“柔角16像素”，“不透明度”为50%，“流量”为74%。使用设置好的画笔在静物的亮部涂抹。

STEP 14 单击“图层”面板下方的“添加图层蒙版”按钮，为“图层3”添加图层蒙版，单击画笔工具，设置一个较软的画笔，在图案以外的部分进行涂抹。

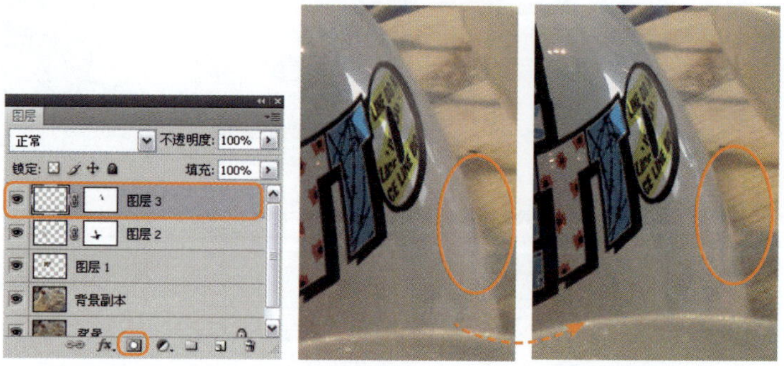

STEP 15 按下快捷键Ctrl+Shift+Alt+E盖印图层，得到“图层4”。单击模糊工具，将画面中的背景部分进行涂抹，使得虚实层次更加清晰。

STEP 16 单击“图层”面板下方的“创建新的填充或调整图层”按钮，在弹出的菜单中选择“色相/饱和度”命令，“图层”面板中出现“色相/饱和度1”调整图层。在弹出的“调整”面板中设置“饱和度”为+9。

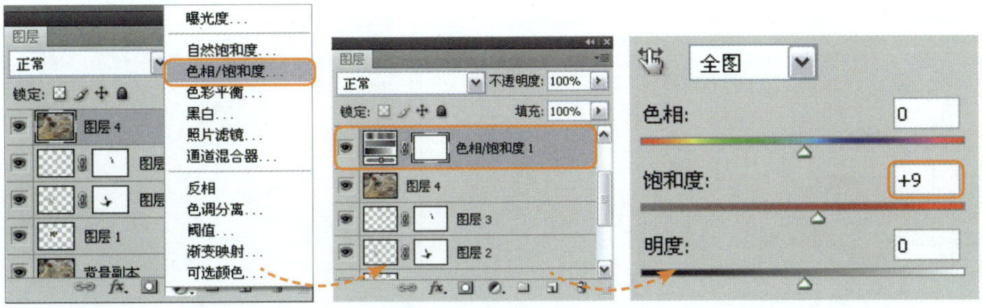

Photoshop基础

调整图层与调整命令的区别

Photoshop中的调整图层与调整命令都能够达到调整图像的效果，它们之间的根本区别在于调整图层不会改变图像像素，它只会在图层的上方以图层的方式作用于其下方的图层。调整图层可以反复进行修改，不需要调整效果时直接删除调整图层即可，图像本身不会发生改变。

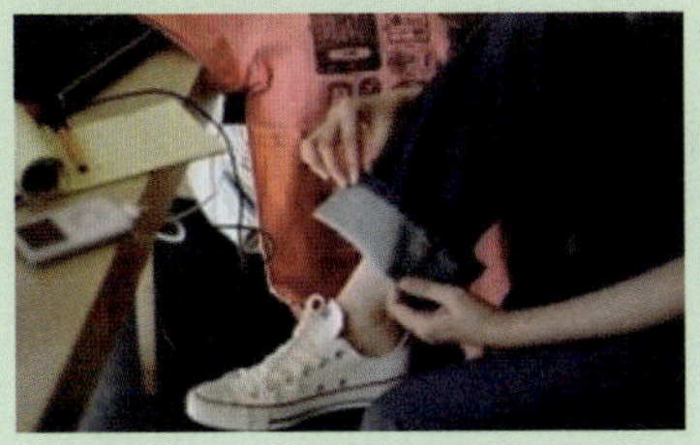

原图

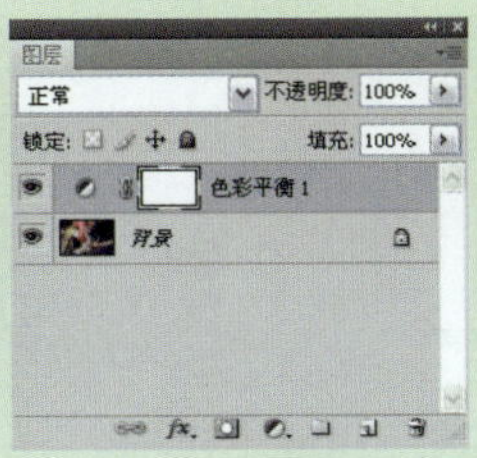

使用调整图层

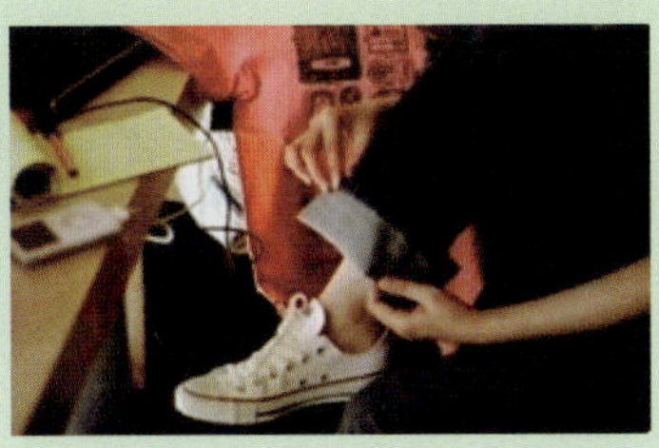

调整效果

如上图需要对颜色进行调整，单击“图层”面板下方的“创建新的填充或调整图层”按钮，在弹出的菜单中选择“色彩平衡”命令，在“调整”面板中设置相关的颜色即可。另外，调整图层和普通图层一样能设置图层的混合模式。

使用然而调整命令进行的调整会改变图像的像素，使用了调整命令后，只能通过退回历史记录的方式对图像进行再次调整。但是如果无法退回历史记录，就不能进行撤销操作。通常在执行调整命令时都会在“背景”图层之外新建图层，以便在不需要调整时，对原图效果有所保留。

通过比较可以看出在操作便捷方面调整图层是优于调整命令的。通过调整图层可以调整出不同的效果，且可以反复修改直到效果满意为止。但是调整图层中只有14种调整命令，而调整命令菜单中却有23种调整命令，在数量的方面调整命令是优于调整图层的。

STEP 17 经过对画面饱和度的调整，画面整体显得更加鲜艳，而水杯上的图案也变得醒目。

STEP 18 单击“图层”面板下方的“创建新的填充或调整图层”按钮，在弹出的菜单中选择“曲线”命令，“图层”面板中出现“曲线1”调整图层。在弹出的“调整”面板中设置两个控制点，将其分别向反方向移动。

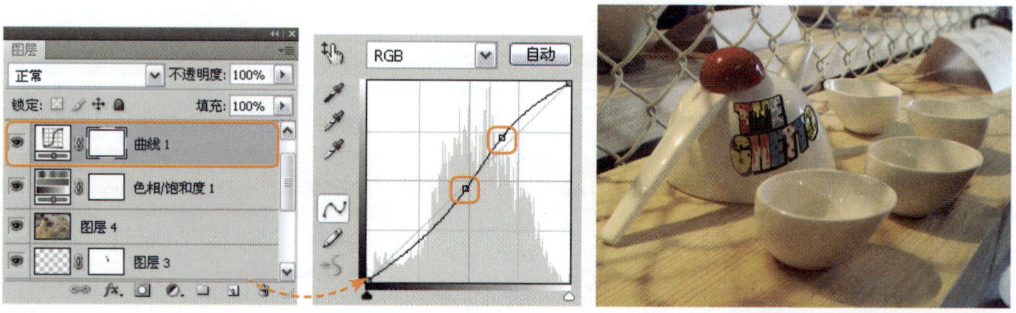

STEP 19 按下快捷键Ctrl+Shift+Alt+E盖印图层，得到“图层5”。执行“滤镜>锐化>USM锐化”命令，弹出“USM锐化”对话框。在打开的“USM锐化”对话框中，设置“数量”为74%，“半径”为0.7像素，“阈值”为0色阶，完成后单击“确定”按钮。至此，本照片调整完成。

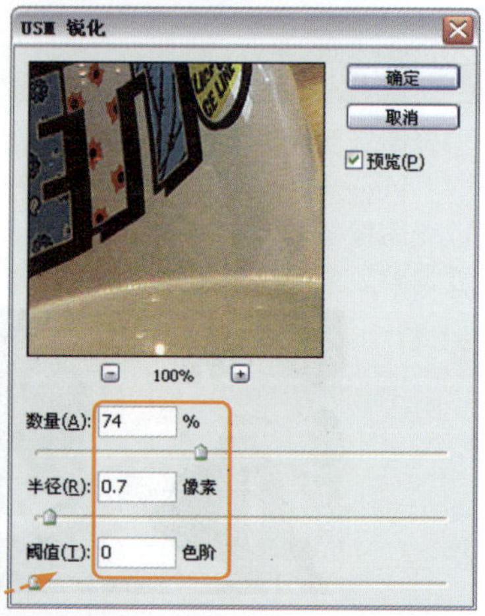

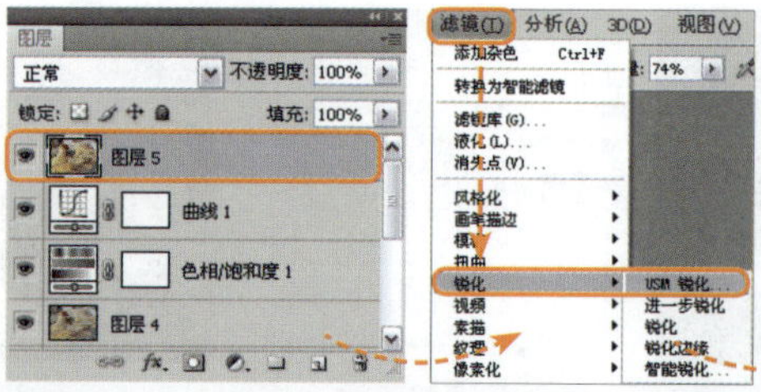

◐ 7.2.4 图层蒙版——合成照片

最终文件路径：实例文件\chapter7\complete\09-end.psd

案例分析：这是一张室外拍摄的照片，镜头对焦在扶手位置，使得背景部分模糊，照片整体充满空间感。但由于画面缺少主体，使得照片缺乏主题，过于平淡。通过后期的处理为照片添加一个可爱的静物，同时再增加一些简单的图像效果，可以使平淡的照片变得富有童趣。

功能点拨：Photoshop中的图层蒙版是图像合成中最常用的功能之一。它可以对需要保护的图像进行遮罩，也可以与绘图工具和滤镜等结合进行绘制、编辑和合成，使图像的效果更加丰富自然。

STEP 01 打开本书配套光盘中的“实例文件\chapter7\media\09.jpg”文件，这是一张在室外拍摄的照片，通过后期的调整将使其变得富有童趣。

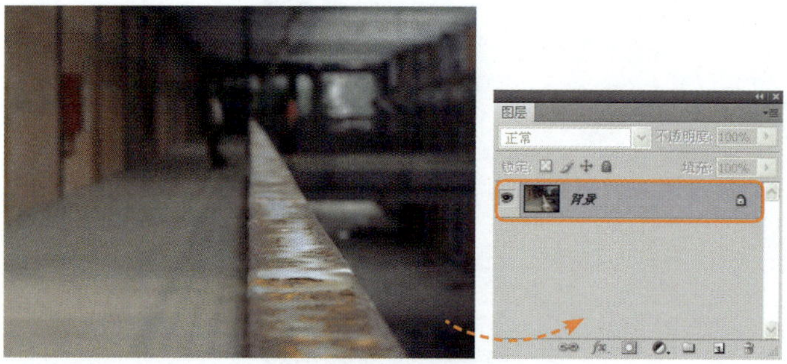

STEP 02 打开本书配套光盘中的“实例文件\chapter7\media\09娃娃.jpg”文件，单击移动工具，将其移动到09.jpg中，自动生成“图层1”。

STEP 03 单击“图层”面板下方的“添加图层蒙版”按钮，为“图层1”添加图层蒙版。单击画笔工具，按下快捷键D设置前景色与背景色为默认的黑色与白色，设置选项栏中的“画笔”为“尖角250像素”。

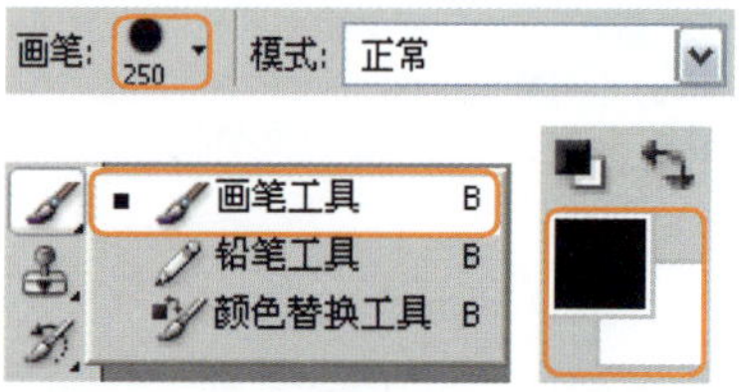

STEP 04 使用设置好的画笔工具在娃娃以外的部分进行涂抹。可以看到蒙版上使用黑色涂抹的部分已经完全被隐藏。如果不小心涂抹到不该涂抹的部分，不用按下快捷键Ctrl+Z撤销操作或者在“历史记录”面板中寻找历史记录，只需按下快捷键X交换前景色与背景色，即把前景色变为白色，然后在蒙版上使用白色画笔涂抹，就可以再现原来所隐藏的图像。

Photoshop基础

了解蒙版

蒙版是Photoshop图层中的一个重要概念，使用蒙版可遮罩图像保护其不被编辑。

蒙版可以控制图层区域中的内容。更改蒙版可以对图层应用各种效果，而不会影响该图层上的图像，完成设置后需要执行“应用蒙版”命令才可以使更改生效。

下面分别了解图层蒙版和矢量蒙版。图层蒙版是位图，图像与分辨率相关，由绘画或选择工具创建。矢量蒙版与分辨率无关，由钢笔或形状工具创建在图层面板中。图层蒙版和矢量蒙版都显示为图层缩览图右侧的附加缩览图。

蒙版是Photoshop图像处理中非常强大的功能，在蒙版的配合下，Photoshop中的各项调整功能才真正发挥到极致。

STEP 05 完成图像合成之后，下面将对图像的色调进行调整。按下快捷键Ctrl+Shift+Alt+E盖印图层，得到“图层2”。执行“图像>调整>色相/饱和度”命令，弹出“色相/饱和度”对话框。

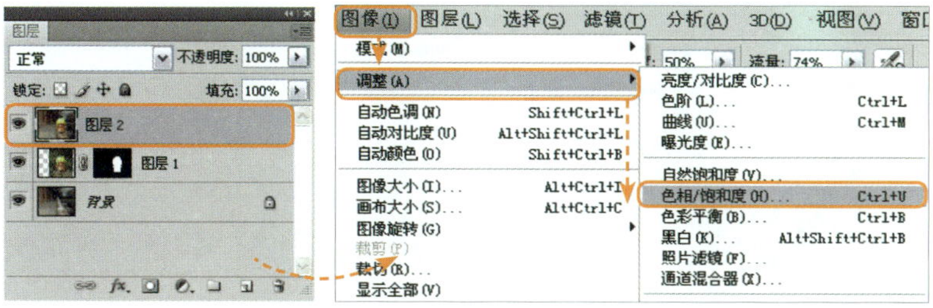

STEP 06 在打开的“色相/对比度”对话框中，选择“编辑”下拉列表中的“全图”选项，设置“饱和度”为15，单击“确定”按钮。经过调整可以看到画面的色彩饱和度提高。

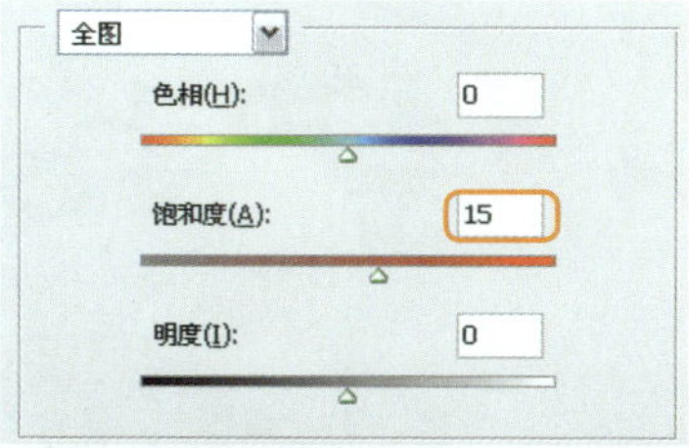

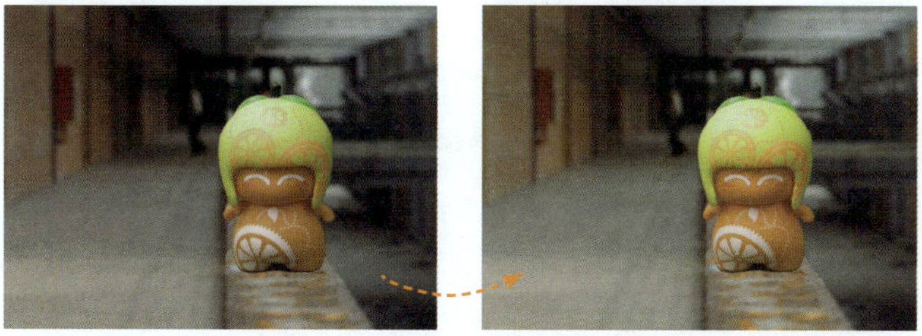

Photoshop基础

解析图层蒙版

图层蒙版可以理解为在当前图层上面覆盖一层玻璃片，这种玻璃片有透明的和不透明两种，前者为显示部分，后者为隐藏部分。可以使用各种绘图工具在蒙版上涂色，黑色的地方蒙版变为不透明，当前图层的图像被遮盖，白色则使涂色部分变为透明可看到当前图层上的图像，涂灰色使蒙版变为半透明，透明的程度由涂色的灰度深浅决定。

图层蒙版

图层蒙版虽然是种选区，但它与常规的选区有所不同。常规的选区表现了一种操作趋向，即将对所选区域进行处理；而蒙板却相反，它是对所选区域进行保护，让其免于操作，而对非掩盖的地方应用操作。

STEP 07 单击“图层”面板下方的“创建新的填充或调整图层”按钮，在弹出的菜单中选择“色阶”命令，在“调整”面板中将“输入色阶”中的黑色滑块与白色滑块分别向中间移动，设置参数为15、1.24和236。

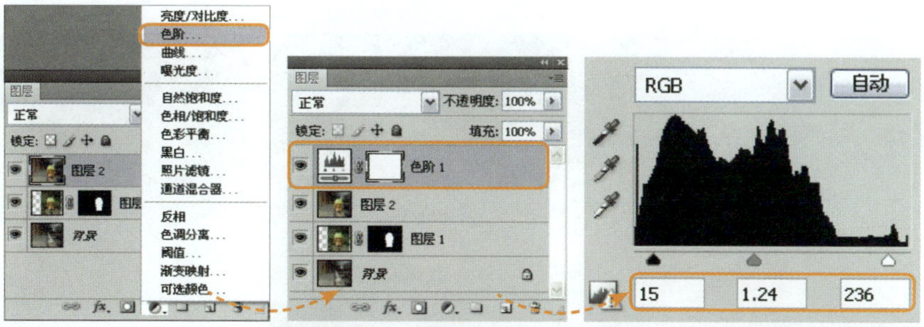

STEP 08 经过使用“色阶”命令进行调整，可以观察到画面的亮部与暗部加强，画面整体的对比度提高。

STEP 09 单击“图层”面板下方的“创建新的填充或调整图层”按钮，在弹出的菜单中选择“色彩平衡”命令，“图层”面板中出现“色彩平衡1”调整图层。在“调整”面板中，设置“色阶”为+16、-3、-60。

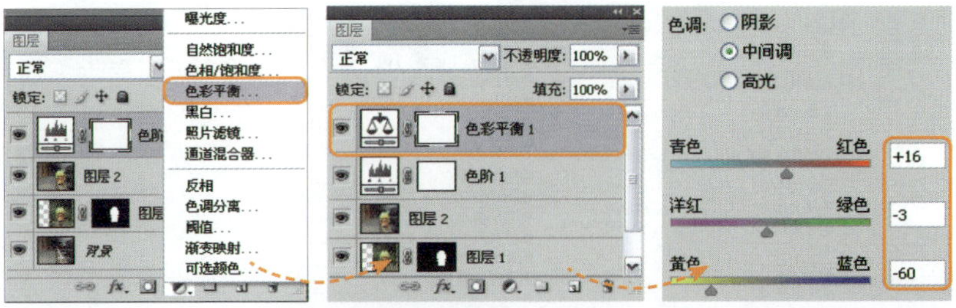

STEP 10 经过调整可以观察到画面呈现出温馨的暖色调，下面将调整画面中的对比度。

STEP 11 单击“图层”面板下方的“创建新的填充或调整图层”按钮，在弹出的菜单中选择“亮度/对比度”命令，“图层”面板中出现“亮度/对比度1”调整图层。在“调整”面板中设置“亮度”为-9，“对比度”为+56。

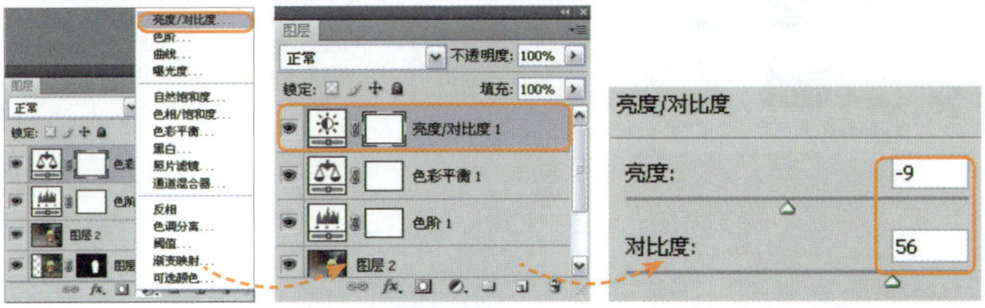

STEP 12 可以观察到，经过对亮度的减弱和对比度的提高，画面层次更加丰富。

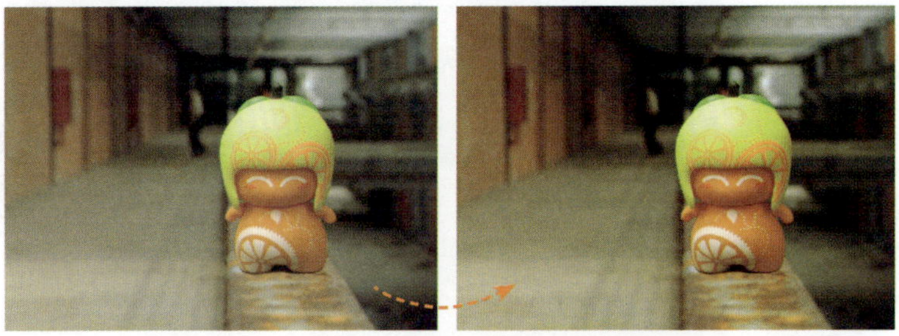

STEP 13 按下快捷键Ctrl+ Shift+Alt+E盖印图层，得到“图层3”。单击加深工具，设置一个较大的画笔，在选项栏中设置“画笔”为“柔角800像素”。

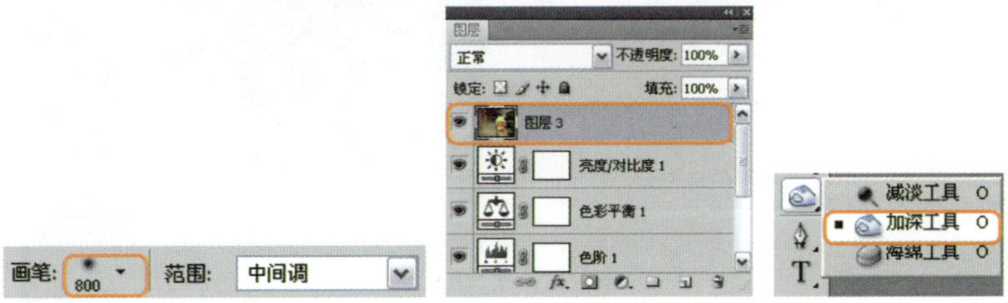

STEP 14 使用设置好的加深工具在画面的四周均匀涂抹。使画面有一种四周暗中间亮的效果，以此突出被摄主体。

STEP 15 按下快捷键Ctrl+Shift+Alt+E盖印图层，得到“图层4”。单击模糊工具，在选项栏中设置“画笔”为“柔角80像素”，“强度”为70%。在娃娃的边缘部分进行涂抹，使得娃娃与背景融合得更加自然。

STEP 16 单击“图层”面板下方的“创建新的填充或调整图层”按钮，在弹出的菜单中选择“曲线”命令，“图层”面板中出现“曲线1”面板设置两个控制点，将其分别向上下方向移动，以此提高画面的亮部与暗部。

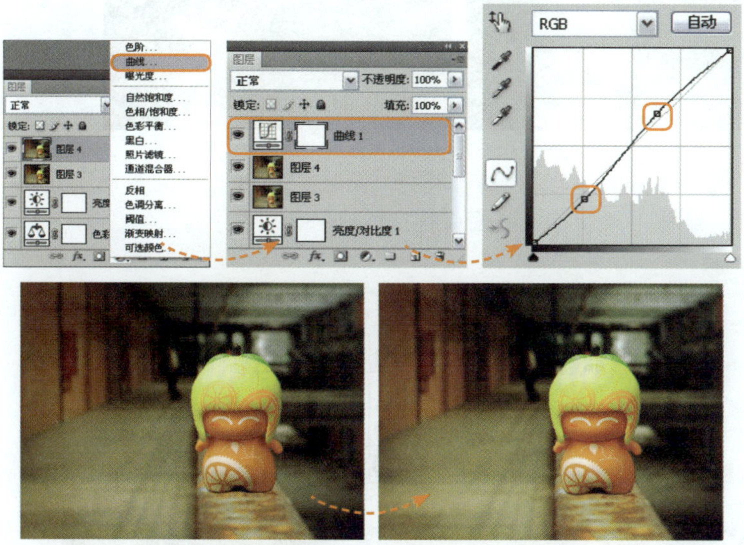

STEP 17 单击“创建新图层”按钮，得到“图层5”。单击画笔工具，按下快捷键D将前景色与背景色设置为默认的黑色与白色。在选项栏中设置“画笔”为“柔角125像素”，“不透明度”为72%，“流量”为38%。在画面中随意地单击绘制出梦幻的效果，绘制的同时可以按下快捷键[或]更改画笔的大小。

Photoshop基础

改变调整图层的调整效果

设置完成调整图层后，如果对效果不满意，可以对调整图层重新编辑，这是调整图层的一大优点。

通常可通过两种方式改变调整效果，一种是双击调整图层缩览图，在弹出的相应面板中进行参数调整。第二种方法是选择需要调整的调整图层，执行“图层>更改图层内容”命令，利用菜单中的调整命令再次调整图像，这样可以替换原有的调整图层。

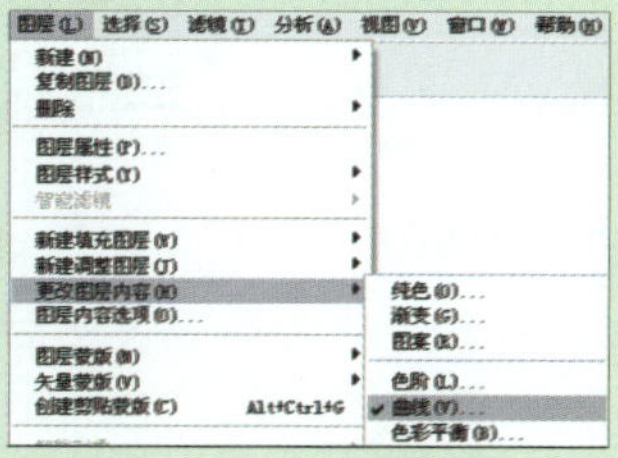

更改调整图层

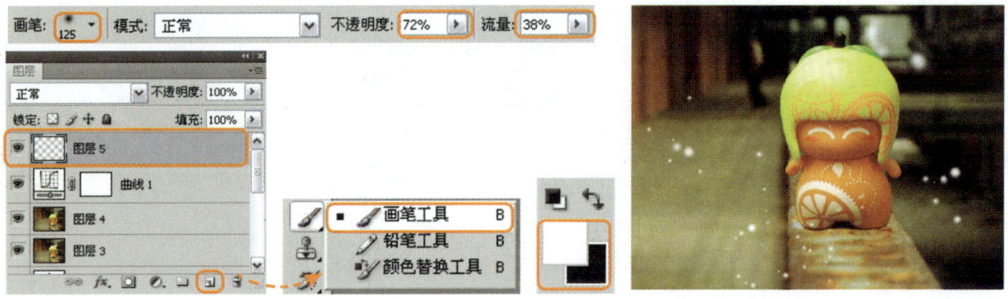

STEP 18 绘制完成后，观察发现梦幻的效果还不够强烈，缺少一些层次感。单击“图层5”，将其拖曳到“图层”面板下方的“创建新图层”按钮上。释放鼠标后得到“图层5副本”。按下快捷键Ctrl+T弹出自由变换控制框，调整出满意的效果后按下Enter键确定。

STEP 19 为了使绘制的白点具有层次感，设置图层“填充”为65%，使画面显得更加自然。

STEP 20 单击“图层”面板下方的“创建新图层”按钮，得到“图层6”。单击自定形状工具，在选项栏中的“形状”拾取器中选择“红桃”形状，在画面中拖曳绘制一个红桃。

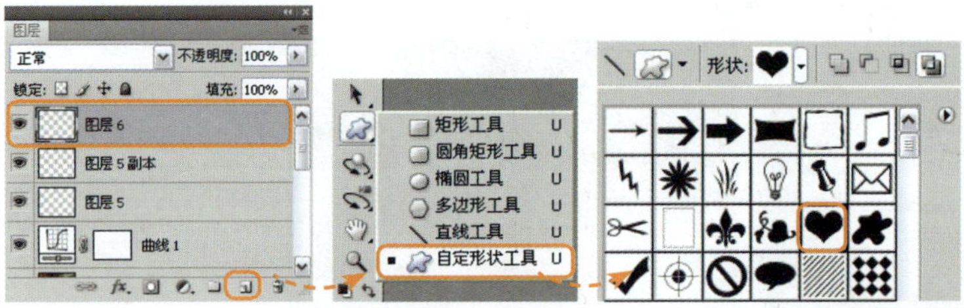

STEP 21 按下快捷键Ctrl+Enter将其转化为选区，然后设置前景色为R255、G160、B162，填充选区。按下快捷键Ctrl+T调整心形图形的方向与大小，最后按下Enter键确认。

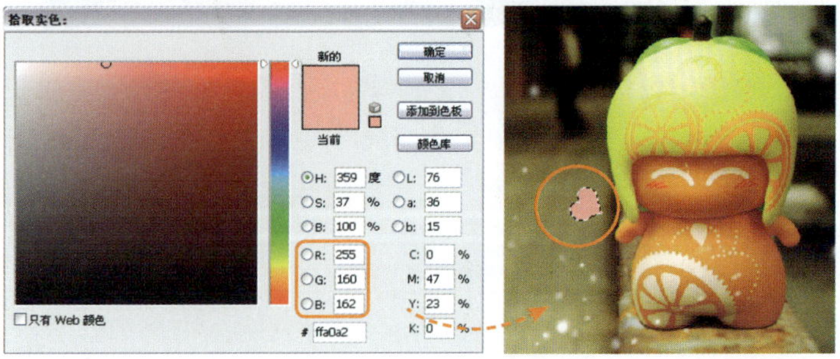

STEP 22 按下快捷键Ctrl+D取消选区，然后使用同样的方式再次绘制心形。单击“图层”面板下方的“创建新图层”按钮，得到“图层7”。单击自定形状工具，在画面中拖曳绘制一个心形，将其填充为R254、G144、B144。

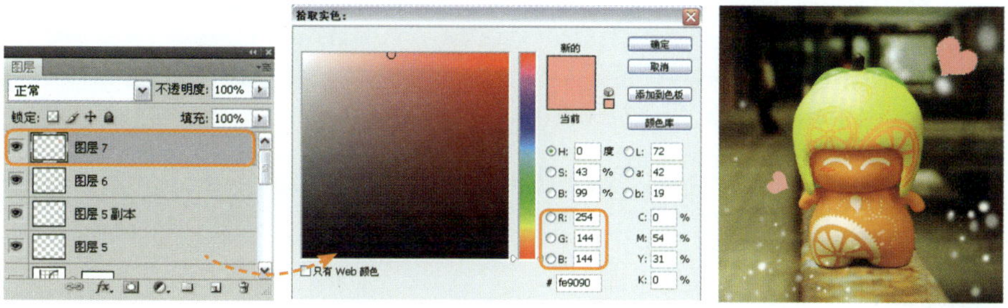

STEP 23 单击移动工具，按下Alt键复制移动心形图像，生成“图层8”。将其填充为R255、G122、B122。按下快捷键Ctrl+T调整心形图像的大小。

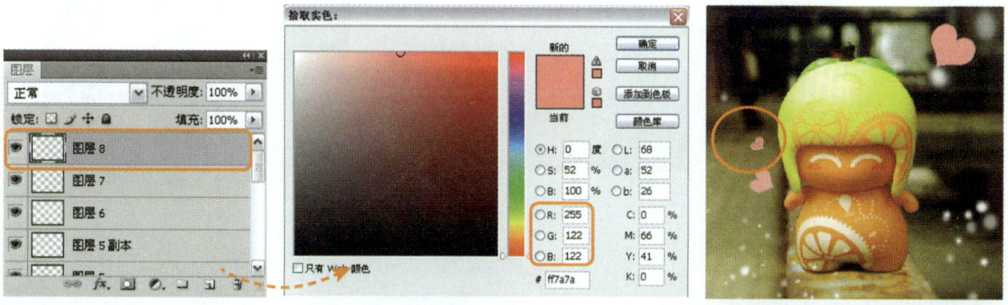

STEP 24 单击移动工具，按下Alt键再次复制移动心形图像，生成“图层9”，将其填充为R253、G178、B179。按下快捷键Ctrl+T调整心形图像的大小和方向。

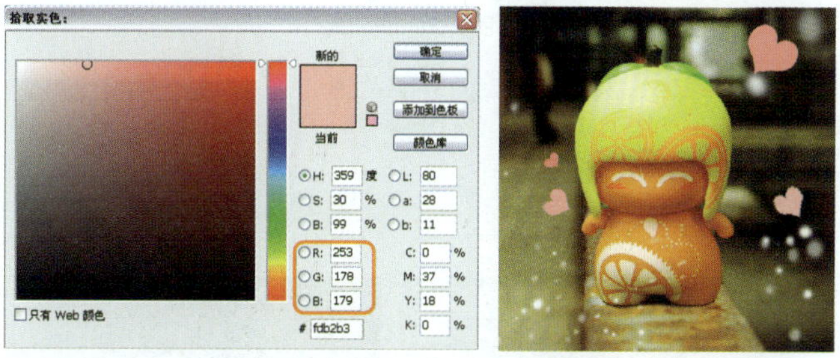

STEP 25 单击“图层”面板下方的“创建新图层”按钮，得到“图层10”。载入本书配套光盘中的“实例文件\chapter7\media\云朵画笔.abr”文件，单击画笔工具，在属性栏的“画笔”拾取器中选择名称为312Sparkle2的笔刷。

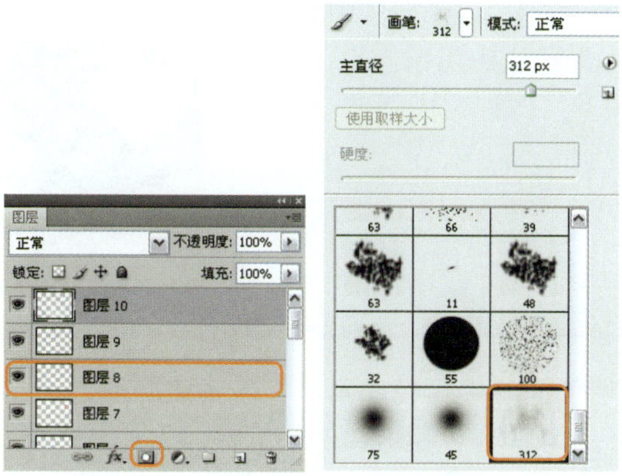

Photoshop基础

变换选区的作用

“变换选区”命令可以对选区进行移动、旋转、缩放和斜切操作。

既可以直接用鼠标进行控制，也可以通过在选项栏中输入数值进行控制。使用变换选区可以用于塑造理想的选区。变换选区只是对选区进行变换，而不会影响图像的效果。

STEP 26 设置画笔的大小为2500，“不透明度”为72%，“流量”为98%，对画面中的娃娃部分进行涂抹，营造出温馨浪漫的效果。

STEP 27 单击横排文字工具，设置字体为“康华童童体”，前景色为R252、G2、B120。在选项栏中设置字体大小为94.31点，设置消除锯齿的方法为“浑厚”。在画面上方输入文字，完成后按下快捷键Ctrl+T，调整文字的大小与方向。

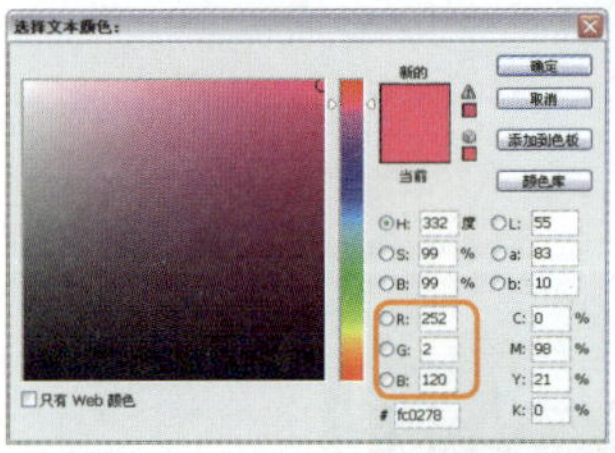

STEP 28 单击“创建新图层”按钮，得到“图层11”。单击钢笔工具，在画面中绘制一个桃心，按下快捷键Ctrl+Enter将路径转换为选区。

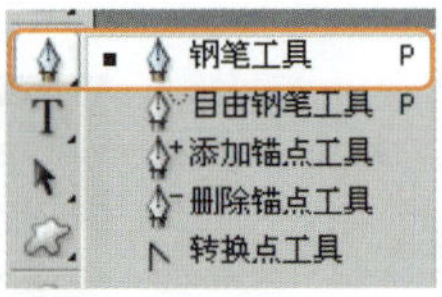

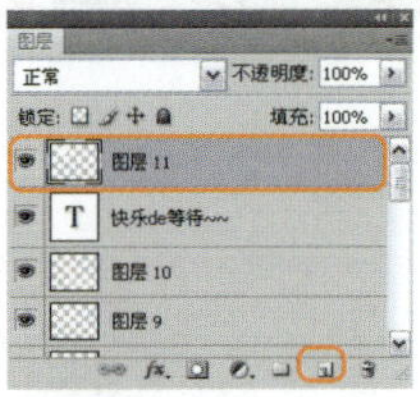

提示与技巧

合成照片的基本步骤

① 将两张照片合成。

② 使用“色阶”命令将图片控制在正常的曝光范围内。

③ 使用“色相/饱和度”和“色彩平衡”命令，细致入微地调整颜色，确定整体色调。

④ 使用“曲线”命令对合成照片的高光、阴影及中间调分别微调。

⑤ 加入文字与图案，为画面增添浪漫气氛。

STEP 29 按下快捷键D设置前景色与背景色为默认的黑色与白色，然后按下快捷键X转换前景色与背景色，按下快捷键Alt+Delete填充前景色为白色。

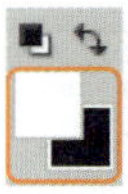

STEP 30 单击“图层”面板下方的“创建新图层”按钮，得到“图层12”。单击画笔工具，设置前景色为R214、G117、B28，设置“画笔”为“尖角15像素”，“不透明度”为100%，“填充”为100%。使用画笔工具在白色的桃心图形上随意地书写文字。

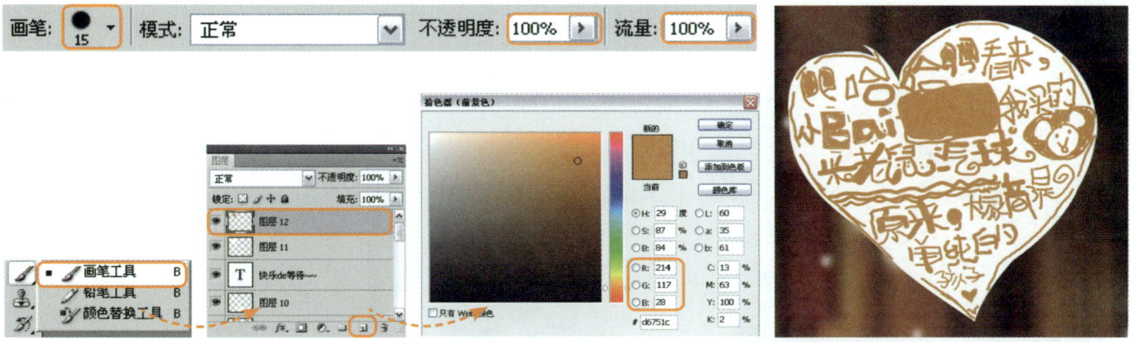

STEP 31 使用同样的方法，单击“图层”面板下方的“创建新图层”按钮，得到“图层13”。设置前景色为白色，使用画笔工具在桃心图形上绘制白色的文字。

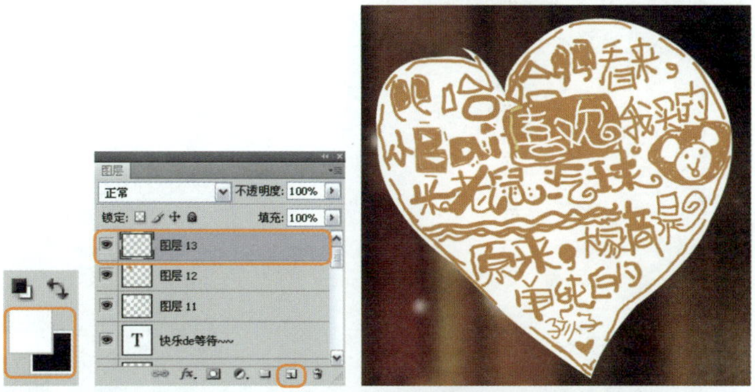

STEP 32 单击“图层”面板下方的“创建新图层”按钮，得到“图层14”。单击画笔工具，设置前景色为白色，选择一个较小的画笔，在画面中将娃娃的手与桃心图形连接，绘制出气球线缠绕的效果。

STEP 33 通过仔细观察可以发现，娃娃手中的气球线不够真实，有一部分气球线应该被手遮盖，下面通过图层蒙版将其调整。单击“添加图层蒙版”按钮，为“图层14”添加图层蒙版。设置前景色为黑色，在手部涂抹遮挡部分气球线。至此，本照片调整完成。

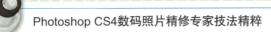

7.2.5 加深/减淡工具——局部增亮照片

最终文件路径：实例文件\chapter7\complete\10-end.psd

案例分析：这是一张玩具模型的照片，由于没有使用闪光灯，在逆光的环境下玩具模糊处理暗部，给人主次不分明的感觉。如果使用亮度调节工具，会使得背景部分的光源更加突出。此处使用加深工具和减淡工具将玩具进行部分调整。

功能点拨：Photoshop中的加深工具和减淡工具可以使局部区域更亮或者更暗。它们的作用相反，但都用于调整图像的对比度、亮度和细节。在调整的过程中可增加一个50%灰度的图层辅助调整，这样可以快速调整需要的亮部与暗部，以增加局部亮度或削弱过亮的高光部分。

STEP 01 打开本书配套光盘中的“实例文件\chapter7\media\10.jpg”文件，得到“背景”图层。由于光线的原因画面中的被摄主体与背景区分不明确。

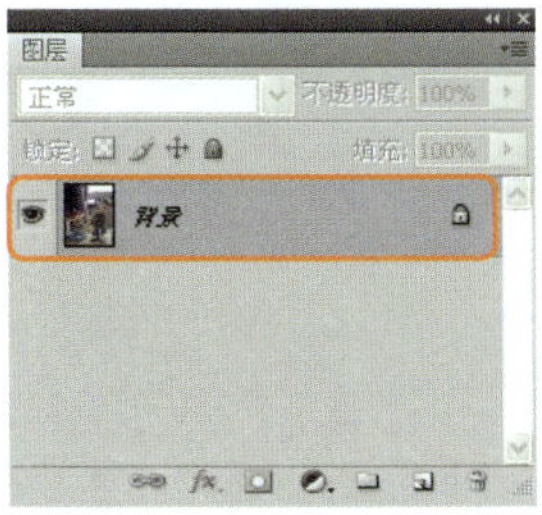

STEP 02 执行“图层>新建>图层”命令，弹出“新建图层”对话框。

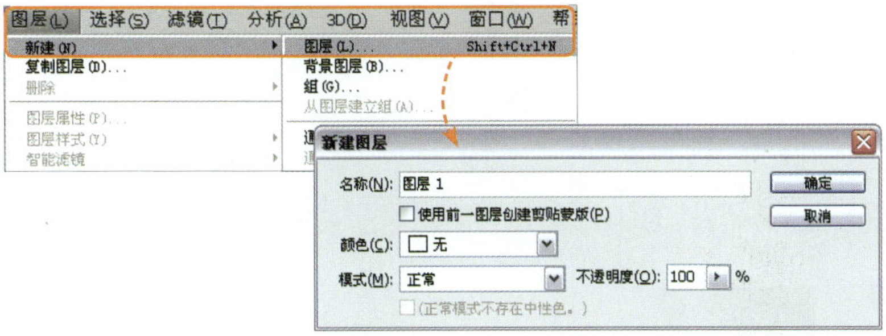

STEP 03 在打开的“新建图层”对话框中，设置“模式”为“叠加”，并勾选“填充叠加中性色（50%灰）”复选框，表示叠加一层颜色为50%灰色的图层，完成后单击“确定”按钮。

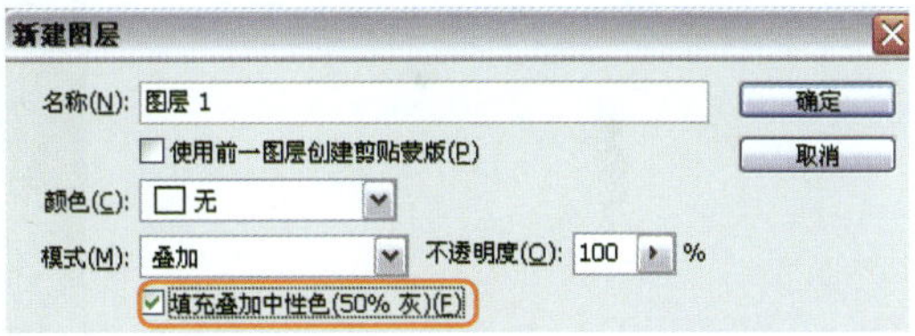

STEP 04 单击减淡工具，设置“画笔”为“柔角175像素”，为了使涂抹的亮部比较自然，设置“曝光度”为50%。

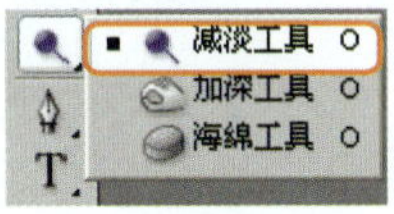

STEP 05 在需要加亮的玩具头部及手臂部分进行涂抹，所有需要加亮的部分都可以使用这个工具逐步加亮。通过观察可以看到图层中的颜色是灰色背景上的白色。

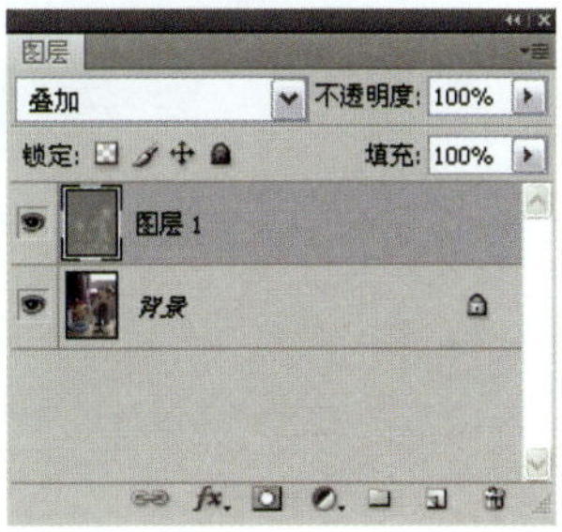

Photoshop基础

中性灰的使用

执行“图层>新建>图层”命令，弹出“新建图层”对话框，在打开的对话框中可以对图层使用中性色。

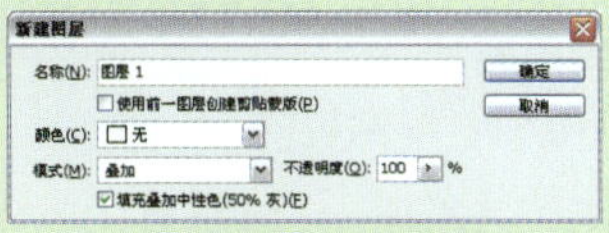

“新建图层”对话框

“填充叠加中性色”复选框只有在设置“模式”为“叠加”并且填充为50%灰色的时候才被激活，并将其视为中性色。中性色是根据图层的混合模式指定的，并且是无法看到的。

如果仅使用“正常”模式，使用中性色填充对其余图层没有任何影响。

“填充叠加中性色”复选框不适合用于使用正常、溶解、色相、饱和度、颜色或者亮度等图层模式的图层中。

STEP 06 经过调整，可以看到玩具部分变亮，从背景中突显出来。但由于背景部分的光源较强，下面将利用加深工具使其变暗。

STEP 07 使用同样的方法，执行“图层>新建>图层”命令，弹出“新建图层”对话框。在打开的“新建图层”对话框中设置“模式”为“叠加”，并勾选“填充叠加中性色“（50%灰）”复选框，完成后单击“确定”按钮。

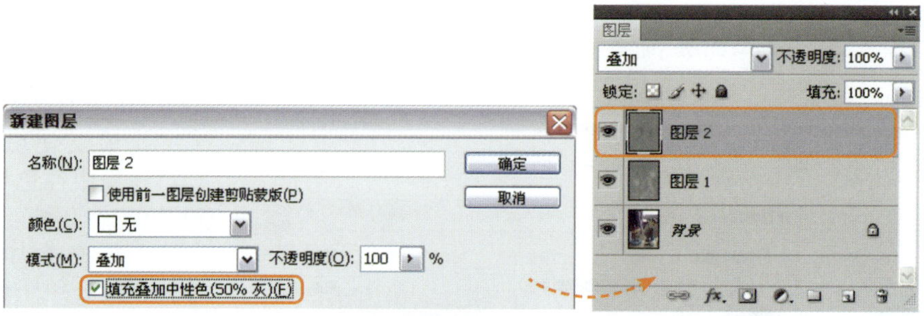

STEP 08 单击加深工具，选择一个较软的画笔在背景部分涂抹，使背景的光源看起来较弱。

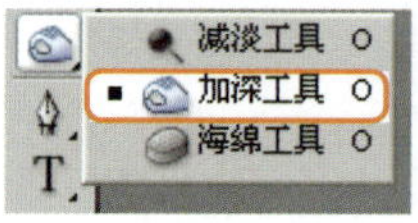

提示与技巧

调整画面层次

画面的层次可以通过被摄主体与背景的深浅层次来体现。背景较深而主体物较浅，可以使画面看起来空间感更强。也可以通过虚实关系来体现主体与背影的关系，如近处的物体清晰，远处的物体较为模糊，这样可以使画面看起来更立体。

STEP 09 单击“图层”面板下方的“创建新的填充或调整图层”按钮，在弹出的菜单中选择“色相/饱和度”命令，“图层”面板中出现“色相/饱和度1”调整图层。

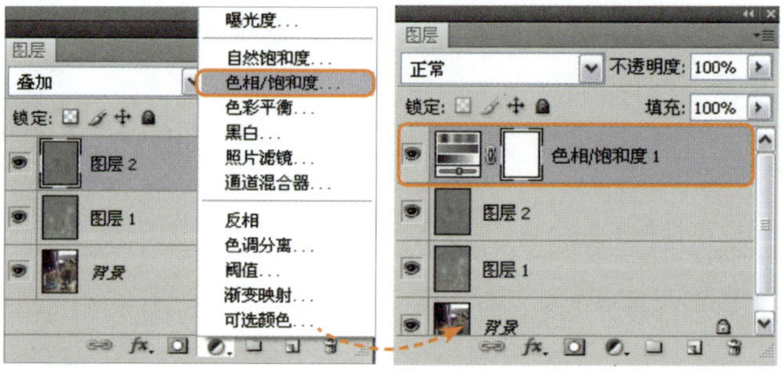

STEP 10 在"调整"面板中，设置"编辑"为"全图"，设置"饱和度"为+17。

STEP 11 按下快捷键Ctrl+Shift+Alt+E盖印图层，得到"图层3"。单击模糊工具，在选项栏中设置"画笔"为"柔角200像素"。

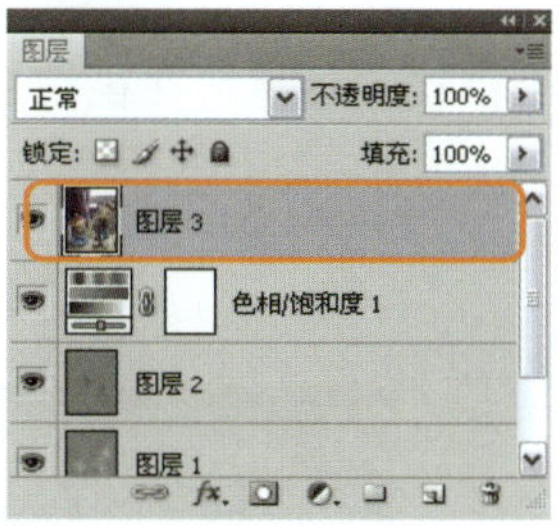

STEP 12 使用设置好的模糊工具对背景部分进行涂抹，特别是画面的右上角。经过涂抹可以看到背景部分变得模糊，被摄主体显得更加醒目。再次使用减淡工具将玩偶部分调亮。

提示与技巧

调整画面空间感

虽然清晰的画面会显得照片质量较高，但是背景过于清晰会使被摄主体不够明确。这时就需要通过模糊工具对背景部分进行调整，达到近实远虚的效果，从而使画面充满空间感。

STEP 13 单击"图层"面板下方的"创建新图层"按钮，得到"图层4"。单击渐变工具，单击选项栏中的"径向渐变"按钮，由内而外拖动鼠标绘制渐变。

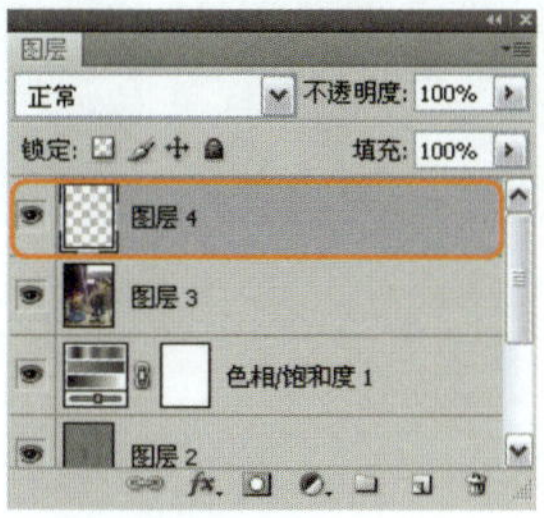

STEP 14 通过观察可以看到图像被“图层4”遮盖，设置“不透明度”为49%，“填充”为31%，图层混合模式设置为“正片叠底”。

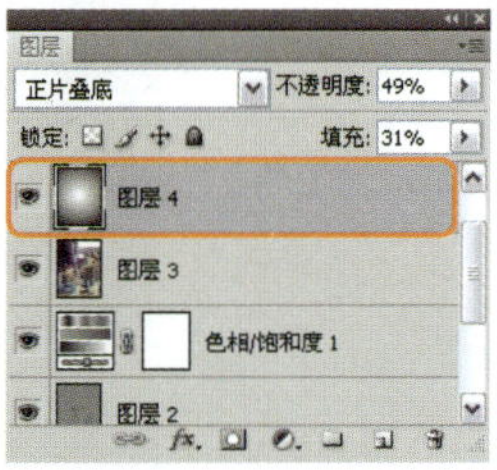

STEP 15 使用渐变填充后整个画面显得比较灰暗，下面将通过蒙版还原中间部分的亮度。单击“图层”面板下方的“添加图层蒙版”按钮，为“图层4”添加图层蒙版。单击画笔工具，选择一个较软的画笔，在被摄主体部分均匀涂抹。

STEP 16 单击“图层”面板下方的“创建新的填充或调整图层”按钮，在弹出的菜单中选择“亮度/对比度”命令，“图层”面板中出现“亮度/对比度1”调整图层。

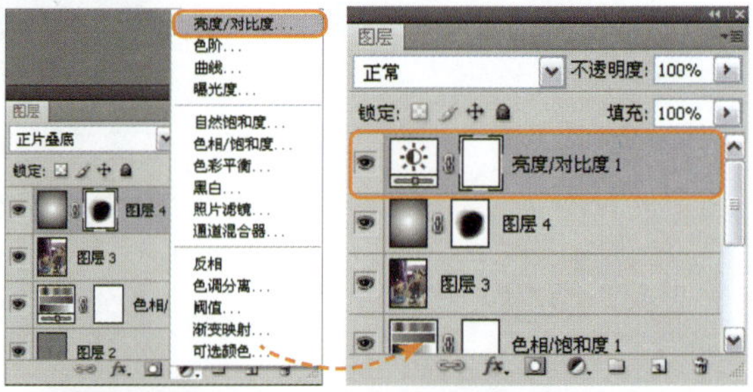

STEP 17 在“调整”面板框中，设置“对比度”为9。至此，本照片调整完成。

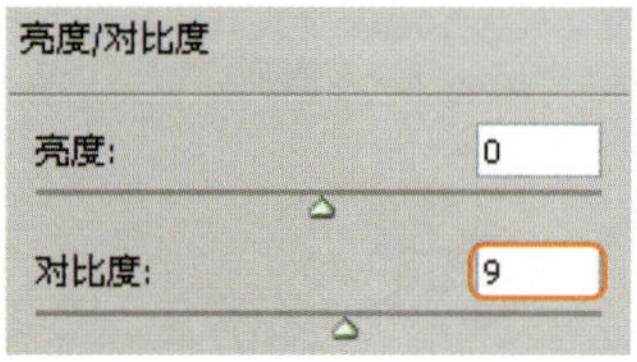

第 8 章 黑白照片的处理技法

黑白照片一直是人们喜爱的一种表现形式，它多以优美动人的影调或者丰富细腻的层次吸引人们的目光。除了使用相机直接拍摄黑白照片，也可以通过后期的调整着重体现黑白照片的明暗对比、光影层次，或将彩色照片制作为黑白效果，使得照片充满丰富的黑白和灰色影调，更加具有视觉冲击力。

8.1 快速制作黑白照片

一些数码照片由于背景过于杂乱或者光线不足，使得画面效果不够理想，这时可以通过后期处理将其制作为黑白照片。这样不仅可以弥补照片的不足，还能为照片增添特殊的怀旧气氛。在调整的过程中要掌握光线、曝光、影调、反差等要素的控制与处理技巧，这样才能够调整制作出一张优秀的黑白照片。

8.1.1 “通道混合器”命令——制作高对比度黑白照片

最终文件路径：实例文件\chapter8\complete\01-end.psd

案例分析：这是一张在游乐场拍摄的照片，人物表情自然，但由于人物处于背光的位置，使得拍摄出的画面比较黑。在照片的后期处理中，可以将其调整为高对比度的黑白效果，这样不但可以调整光源，还可以使照片更有意境。

功能点拨：Photoshop中的“通道混合器”调整命令是把当前颜色通道中的图像颜色，与其他颜色通道中的图像颜色按一定比例混合，通过该命令可以快捷方便地将彩色图像转换为黑白图像。

STEP 01 打开本书配套光盘中的“实例文件\chapter8\media\01.jpg”文件，可以看出明暗对比并不明显。按下快捷键Ctrl+J复制“背景”图层，得到“图层1”。

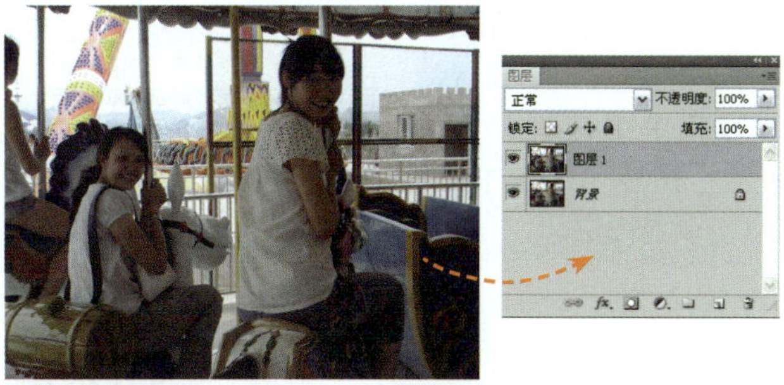

STEP 02 单击“图层”面板下方的“创建新的填充或调整图层”按钮，在弹出的菜单中选择“通道混合器”命令，“图层”面板中出现“通道混合器1”调整图层。

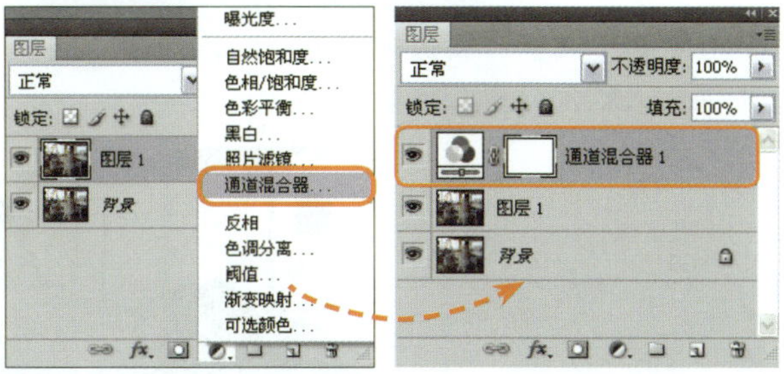

STEP 03 勾选“单色”复选项，“单色”将创建仅包含灰度值的彩色图像。在“通道混合器”下拉列表中观察每个选项的效果，经过对比发现“自定”选项中的人物较为清晰，设置“输出通道”为“灰色”。设置“红色”为+83%，“绿色”为+43%，“蓝色”为+11%，“常数”为+8%。

STEP 04 单击“创建新的填充或调整图层”按钮，在弹出的菜单中选择“色阶”命令，“图层”面板中出现“色阶1”调整图层。

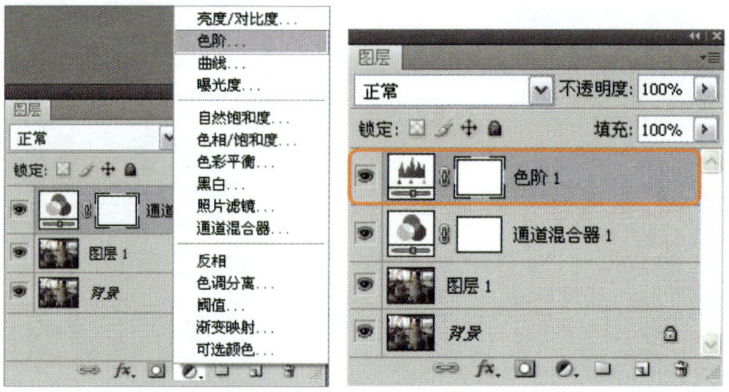

STEP 05 在“调整”面板中设置“输入色阶”的参数为20、1.08和236，可以看到画面中的亮部与暗部加强，人物部分更加清晰。

STEP 06 单击“图层”面板下方的“创建新的填充或调整图层”按钮，在弹出的菜单中选择“亮度/对比度”命令，“图层”面板中出现“亮度/对比度1”调整图层。

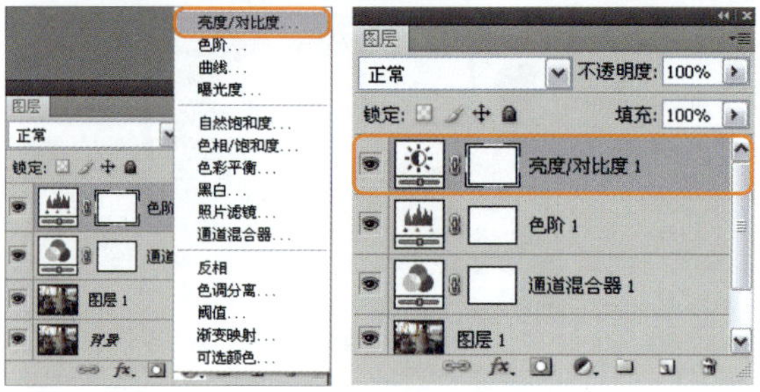

STEP 07 在“调整”面板中设置“亮度”为9，“对比度”为55。

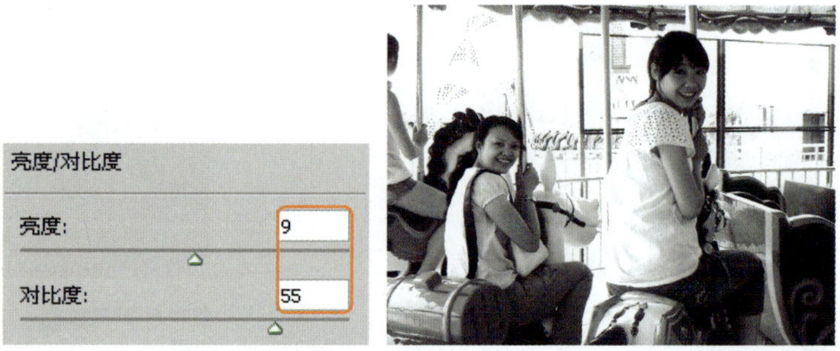

STEP 08 经过使用“色阶”与“亮度/对比度”命令进行调整，可以发现画面的明度明显提高，但是人物的脸部还是较暗。下面将通过局部的调整，将人物的脸部提亮。

STEP 09 单击“图层”面板下方的“创建新的填充或调整图层”按钮，在弹出的菜单中选择“曲线”命令，在“调整”面板中显示相关的选项，设置一个控制点，将其向上移动。

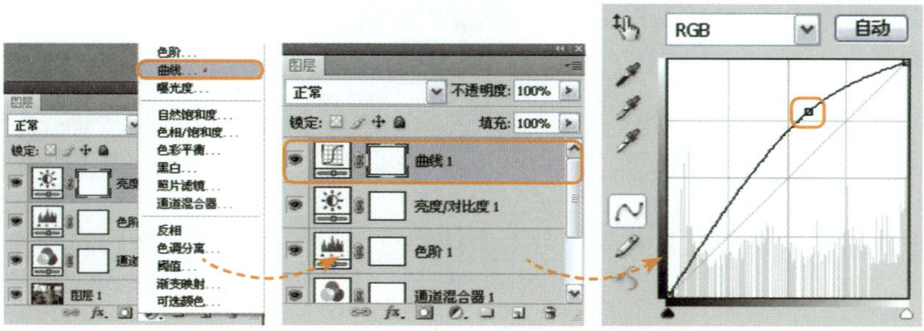

STEP 10 经过调整可以看到画面明显变亮，但是背景部分却因为过度调整而泛白，这就需要使用蒙版将其还原。

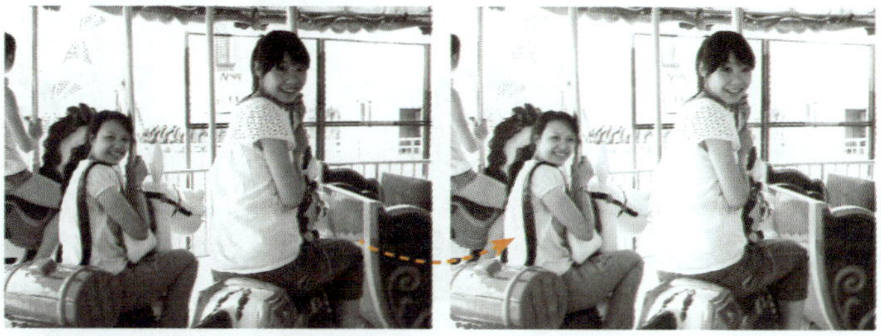

STEP 11 单击“曲线1”调整图层右侧的蒙版图标，将其转换为蒙版模式。单击画笔工具，在选项栏中设置“画笔”为“柔角90像素”，为了使涂抹效果自然，设置“不透明度”为100%，“流量”为50%。

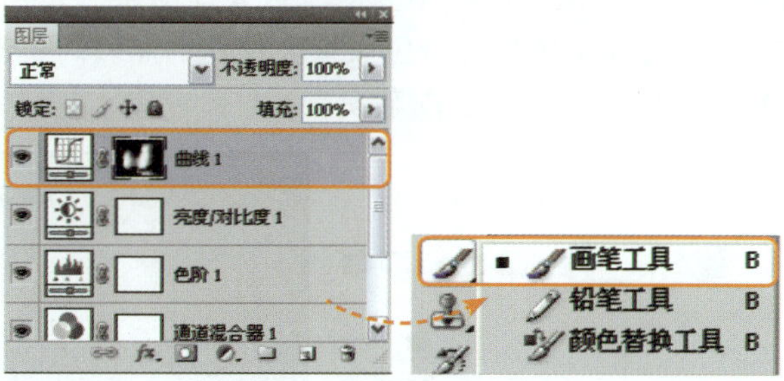

提示与技巧

区分图层缩览图与蒙版缩览图

在对添加了图层蒙版的图层或者调整图层进行操作时，一定要注意选择的是图层缩览图还是图层蒙版缩览图。选择图层缩览图是对图层进行操作，选择图层蒙版缩览图是对蒙版进行操作，由于其区别不是很明显，所以在操作的过程中一定要仔细加以区分。

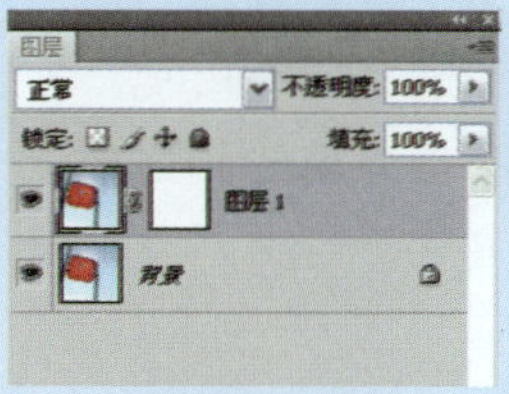

选择图层缩览图

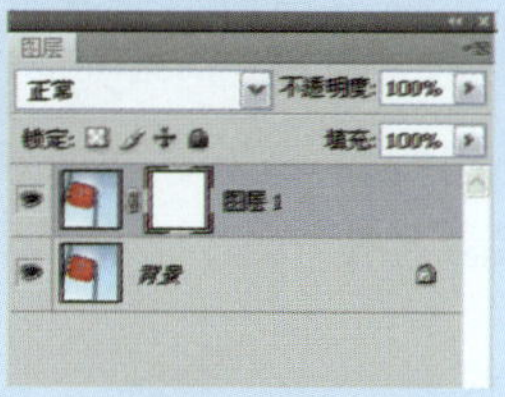

选择蒙版缩览图

STEP 12 使用设置好的画笔工具，在画面的背景部分上涂抹，还原之前的效果。

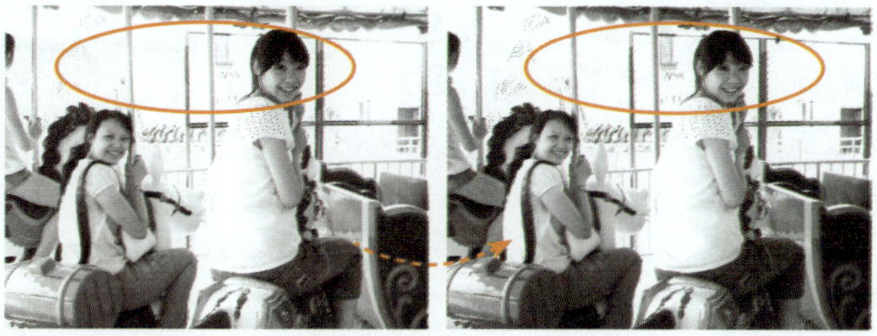

STEP 13 下面对背景部分进行模糊处理，按下快捷键Ctrl+Shift+Alt+E盖印图层，得到“图层2”。单击模糊工具，设置“画笔”为“柔角90像素”，“强度”为70%。

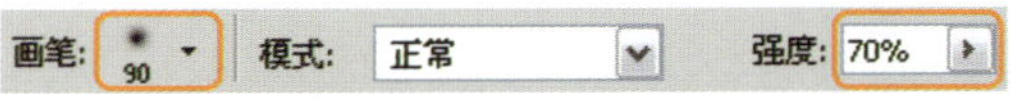

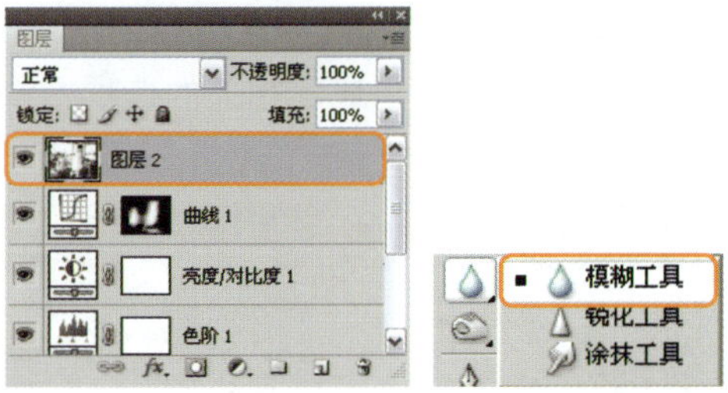

STEP 14 使用设置好的模糊工具在背景部分上涂抹，可以看到经过涂抹之后的照片有了近实远虚的效果，画面充满层次感。

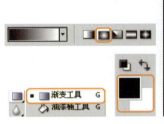

STEP 15 单击“图层”面板下方的“创建新图层”按钮，得到“图层3”。单击渐变工具，按下快捷键D，将前景色与背景色设置为默认的黑白。单击选项栏中的“径向渐变”按钮。由内向外拖曳鼠标，绘制一个黑白径向渐变。

STEP 16 此时画面已经被渐变填充完全覆盖，设置图层混合模式为“正片叠底”，“不透明度”为52%，“填充”为83%，可以观察到渐变填充图层与之前的画面自然融合在一起。

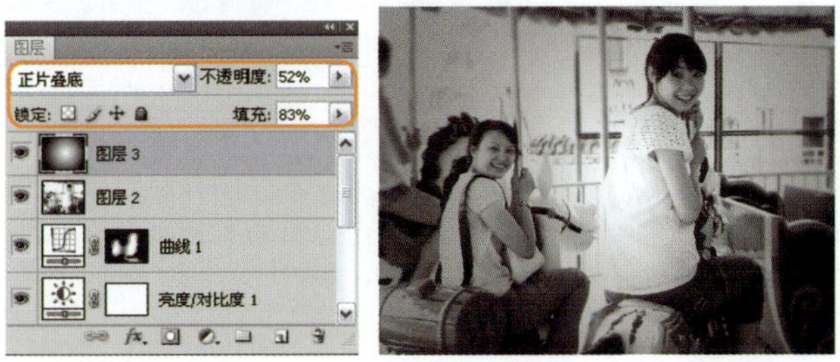

STEP 17 单击“图层”面板下方的“添加图层蒙版”按钮，为“图层3”添加图层蒙版。单击画笔工具，设置“画笔”为“柔角400像素”，“不透明度”为84%，“流量”为53%。

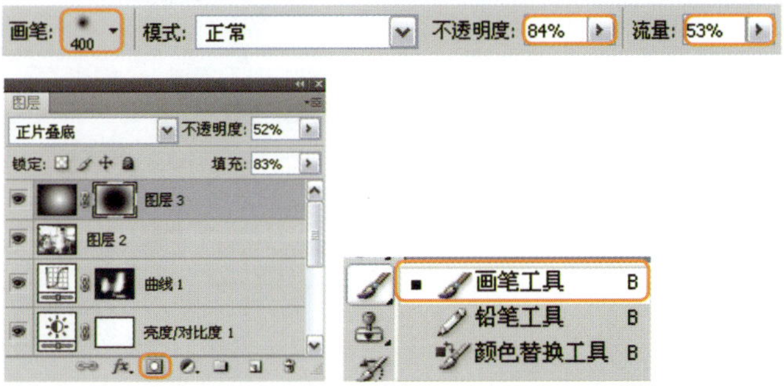

STEP 18 使用设置好的画笔工具在画面的中间部分单击，以提高画面中间位置亮度。

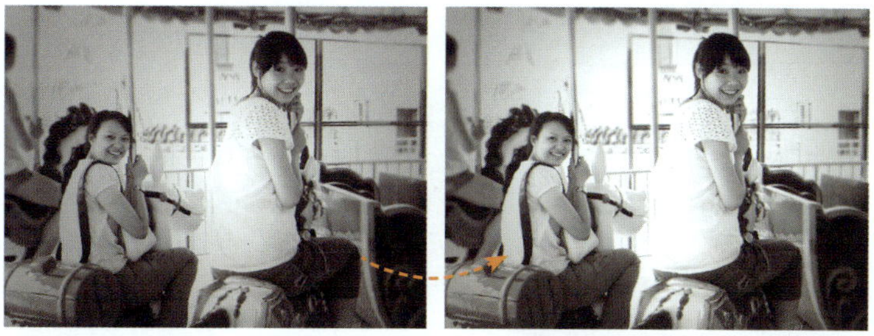

STEP 19 按下快捷键Ctrl+Shift+Alt+E盖印图层，得到“图层4”。单击加深工具，设置“画笔”为“柔角200像素”，“范围”为中间调“曝光度”为50%。在画面四周涂抹，使周围较暗。

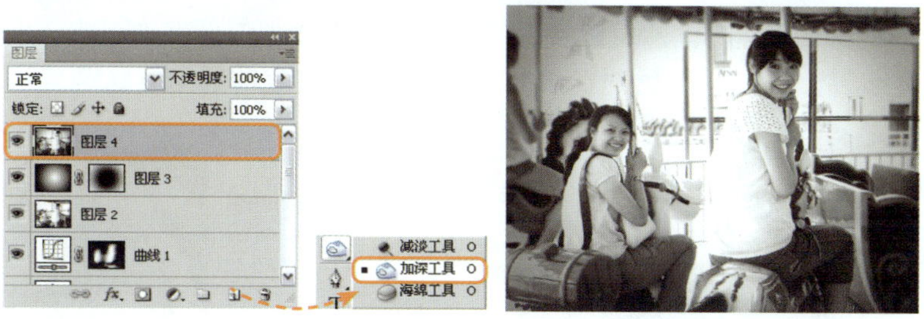

STEP 20 按下快捷键Ctrl+Shift+Alt+E盖印图层，得到“图层5”。执行“滤镜>锐化>USM锐化”命令，在打开的“USM锐化”对话框中设置“数量”为70%，“半径”为1.0像素，“阈值”为7色阶，完成后单击“确定”按钮。

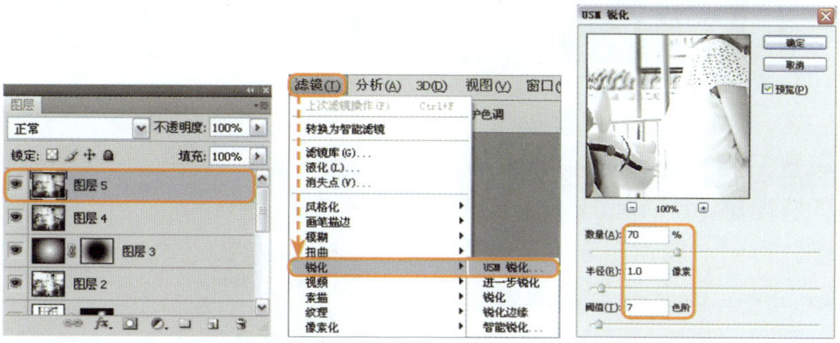

STEP 21 经过锐化调整后画面变得清晰，照片质量显著提高。

提示与技巧

控制锐化的程度

在对图像进行锐化的过程中，如果锐化效果过于明显，可以使用“渐隐”命令来消褪其效果。如果觉得锐化效果不够强烈，可以按下快捷键Ctrl+F重复上一步操作，从而强化效果。强化过后可以再次使用“渐隐”命令控制锐化程度。

STEP 22 单击“图层”面板下方的“创建新的填充或调整图层”按钮，在弹出的菜单中选择“亮度/对比度”命令，在“调整”面板中弹出相关选项，设置“亮度”为8，“对比度”为14。

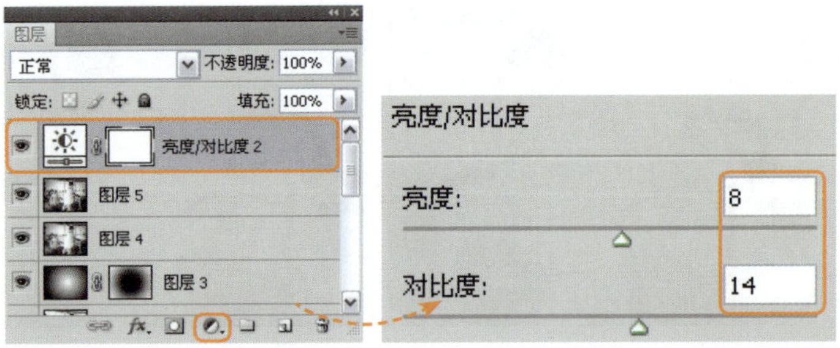

STEP 23 至此，黑白照片已经基本调整完成，但是仔细观察会发现人物的衣服部分由于调整变得缺少细节。单击“亮度/对比度1”调整图层，将之前的图层隐藏，可以看到人物衣服的褶皱。

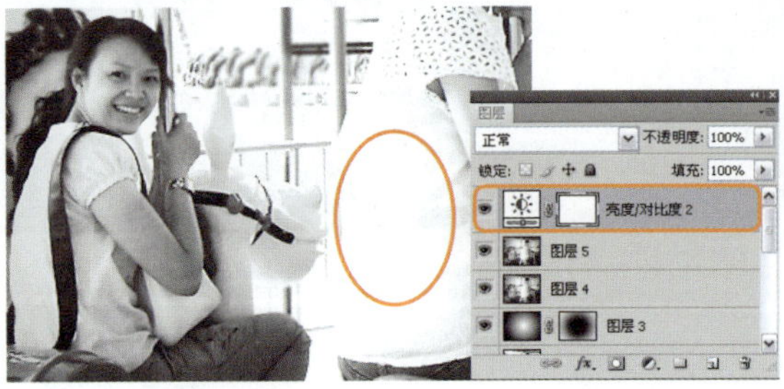

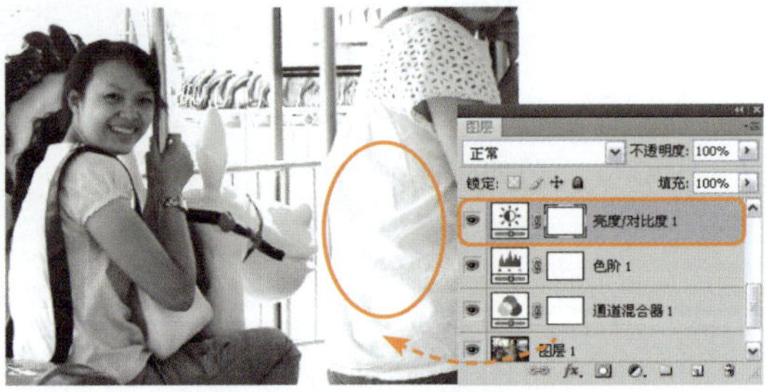

STEP 24 单击“亮度/对比度1”调整图层，隐藏之前的图层，按下快捷键Ctrl+Shift+Alt+E盖印图层，得到“图层6”。按下快捷键Ctrl+Shift+]将图层放置在最上一层。

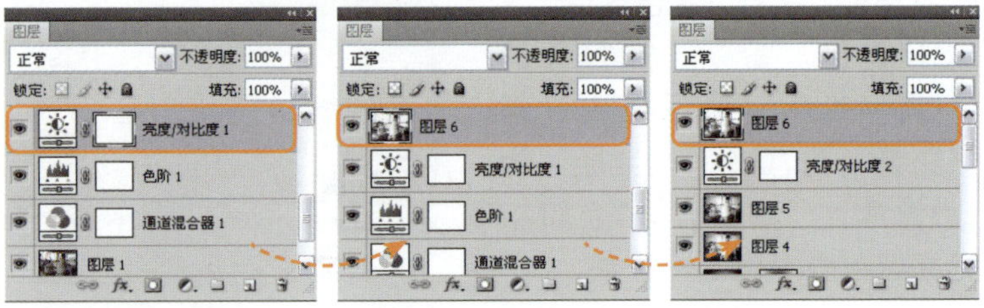

STEP 25 单击“图层6”前面的“指示图层可见性”按钮，隐藏“图层6”。选择“亮度/对比度2”调整图层，按下快捷键Ctrl+Shift+Alt+E盖印图层，得到“图层7”。使用同样的方式，按下快捷键Ctrl+Shift+]将“图层7”放置在最上一层。

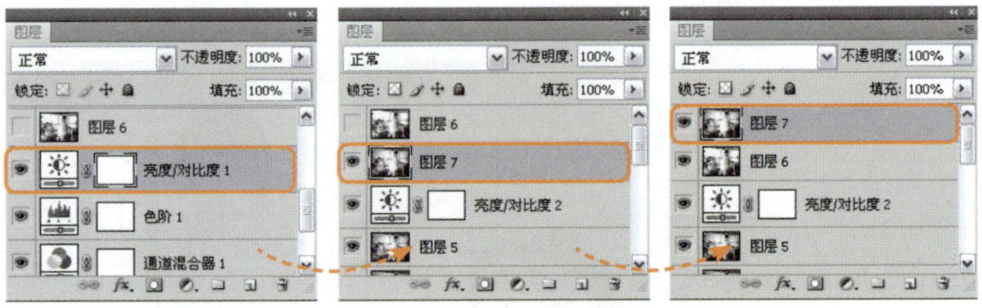

STEP 26 单击“图层”面板下方的“添加图层蒙版”按钮，为“图层7”添加图层蒙版。单击画笔工具，设置“画笔”为“柔角70像素”，“不透明度”为90%，“流量”为67%。在人物的衣服部分上涂抹。至此，本照片调整完成。

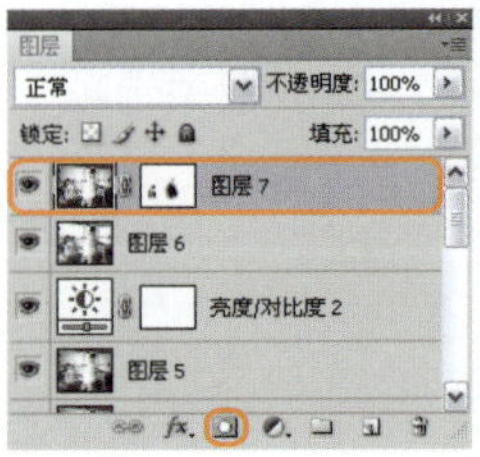

◐ 8.1.2 “渐变映射”命令——快速打造黑白照片

最终文件路径：实例文件\chapter8\complete\02-end.psd

案例分析：这是一张生活照片，对两个女孩使用特殊的角度进行了拍摄，构图新颖。在后期的调整中将其调整为黑白效果时，需要着重强调的是画面中的层次和影调，以此突出两个人物的快乐表情，为照片增添更多生活情趣。

功能点拨：Photoshop中的“渐变映射”调整图层用于在普通的图像上设置色带形态的渐变颜色，可以通过这种方式来快速打造黑白照片。

STEP 01 打开本书配套光盘中的“实例文件\chapter8\media\02.jpg”文件，打开一张需要调整的照片。按下快捷键Ctrl+J将其复制，得到“图层1”。

STEP 02 选择“图层1”，设置图层混合模式为“柔光”，然后设置“不透明度”为65%，可以看到画面效果更加柔和。

Photoshop基础

“渐变映射”命令的工作原理

“渐变映射”命令将相等的图像灰度范围映射到指定的渐变填充色中。

在默认情况下，图像的暗调、中间调和高光分别会映射到渐变填充的起始颜色、中点和结束颜色上。

渐变条

原图

调整效果

STEP 03 通过调整会发现暗部的颜色过深，使用蒙版将其还原。单击“图层”面板下方的“添加图层蒙版”按钮，为“图层1”添加图层蒙版。单击画笔工具，设置一个较软的画笔，对暗部进行涂抹。

STEP 04 单击“图层”面板下方的“创建新的填充或调整图层”按钮，在弹出的菜单中选择“渐变映射”命令，“图层”面板出现“渐变映射1”调整图层。

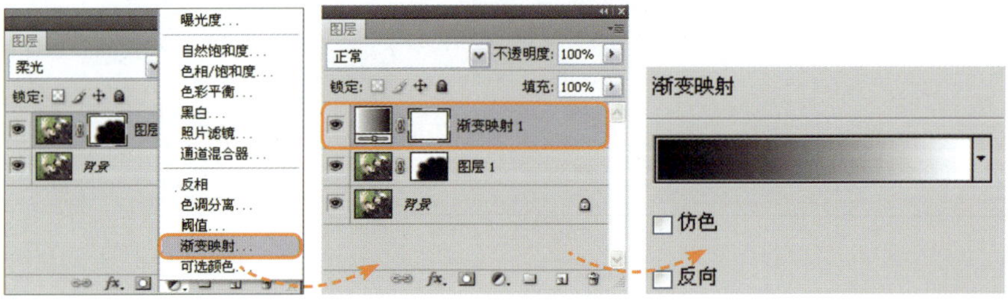

STEP 05 在"调整"面板中单击渐变条，弹出"渐变编辑器"对话框，选择"黑色、白色"渐变样式，完成后单击"确定"按钮。

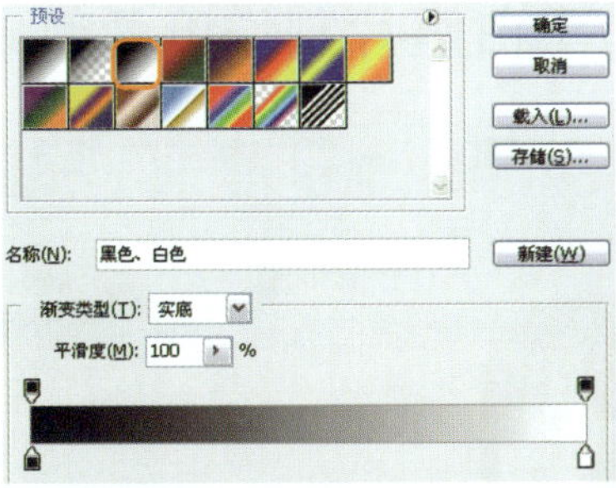

STEP 06 单击"图层"面板下方的"创建新图层"按钮，得到"图层2"。单击渐变工具，单击选项栏中的"径向渐变"按钮，由中间向四周拖曳鼠标绘制渐变。

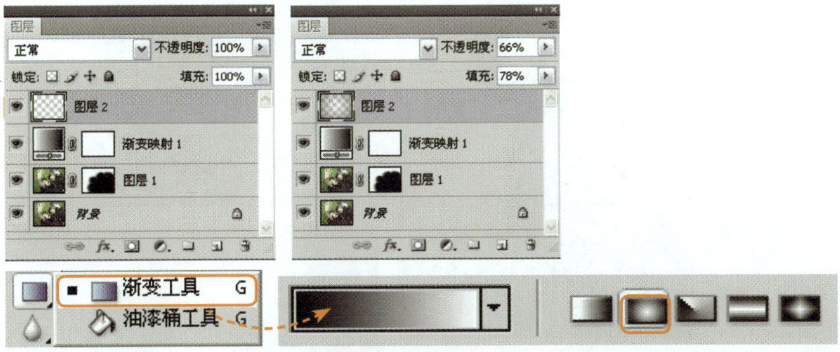

STEP 07 添加了渐变填充后，画面中间较亮而四周较暗，使画面的视觉中心点更加集中。

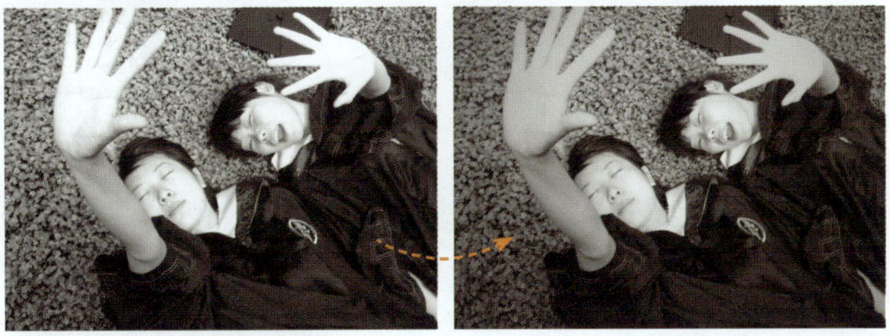

STEP 08 单击"图层"面板下方的"添加图层蒙版"按钮，为"图层2"添加图层蒙版，单击画笔工具，设置一个较软的画笔。

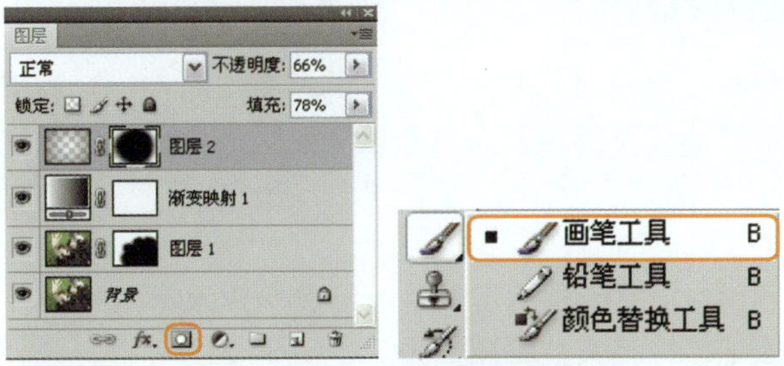

STEP 09 使用设置好的画笔在画面的中间部分涂抹，使其还原之前的亮度，与周围形成对比。至此，本照片调整完成。

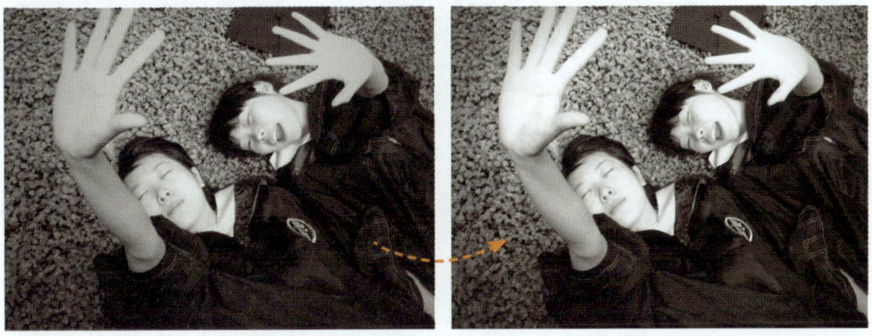

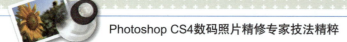

8.1.3 画笔工具——为黑白照片制作沧桑效果

最终文件路径：实例文件\chapter8\complete\03-end.psd

案例分析：这是一张黑白数码照片，杂乱的背景与略带忧郁表情的人物，使得照片充满了怀旧气氛。但是画面的对比度不够强烈，气氛没有完全表达出来。通过后期的处理，将使得画面充满艺术效果。

功能点拨：Photoshop中的画笔工具是绘制特殊效果常用的一种工具。通过单击、拖动绘制点或者线条可以轻松地模拟真实的绘图效果。

STEP 01 打开本书配套光盘中的“实例文件\chapter8\media\03.jpg”文件，下面将为这张黑白的照片调整出艺术效果。

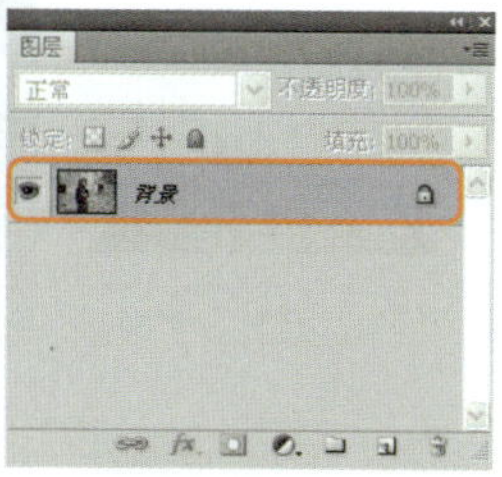

Photoshop基础

调整画笔大小的必要性

在使用画笔工具处理背景时，如果笔刷太小就需要大量时间完成涂抹，且涂抹效果会不够均匀。如果笔刷过大又会遮盖不需要涂抹的部分，影响画面的整体效果。这时就需要不断地调整笔刷的大小，在选项栏中设置笔刷的大小，或按下快捷键“[”或者“]”调整笔刷的大小。

STEP 02 单击“创建新的填充或调整图层”按钮，在弹出的菜单中选择“亮度/对比度”命令，在“调整”面板中显示相关的选项，设置“亮度”为17，“对比度”为68。

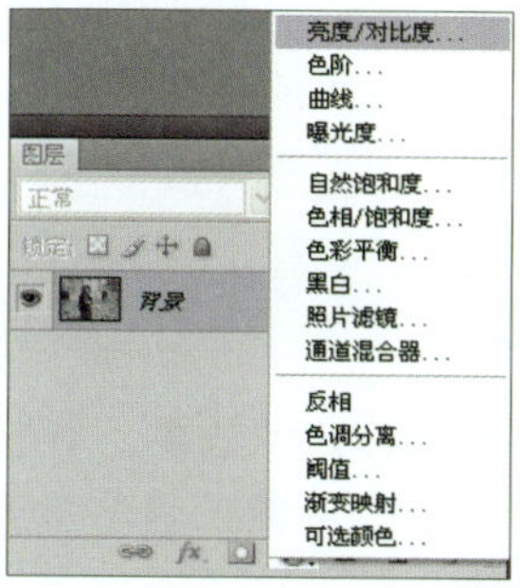

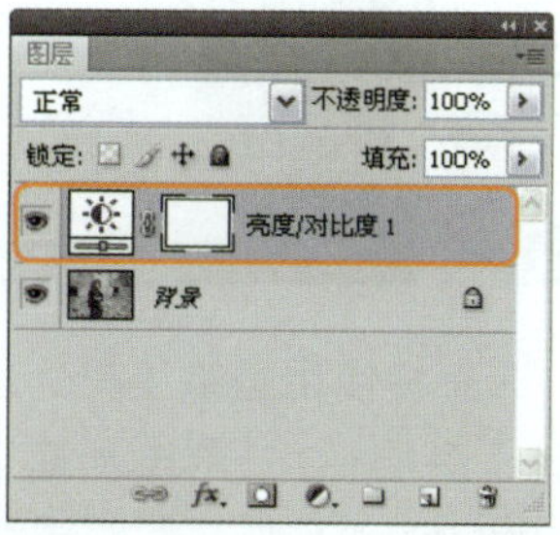

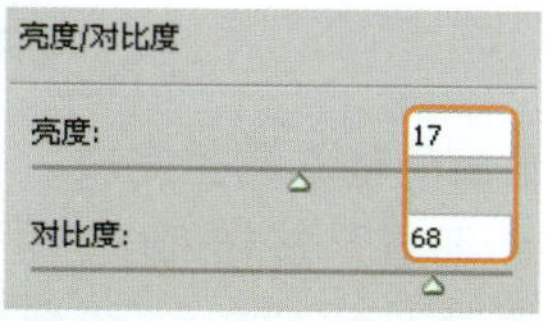

STEP 03 经过调整可以看到画面中原本灰蒙蒙的效果消失了，照片中的亮部与暗部的对比变得较为强烈。

STEP 04 仔细观察会发现，调整后人物的衣服变得缺乏层次，通过蒙版的调整可以还原之前的效果。单击“亮度/对比度1”调整图层右侧的蒙版图标，将其转化为蒙版状态。单击画笔工具，设置一个较软的画笔，在衣服的褶皱部分稍作涂抹。

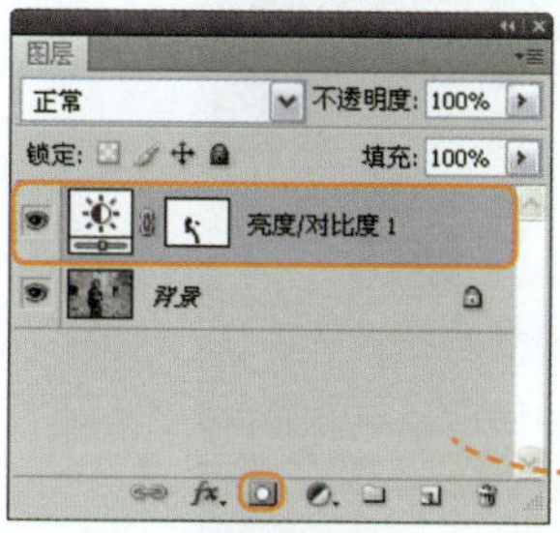

STEP 05 单击“图层”面板下方的“创建新的填充或调整图层”按钮，在弹出的菜单中选择“色阶”命令，设置“输入色阶”为10、0.84、250。

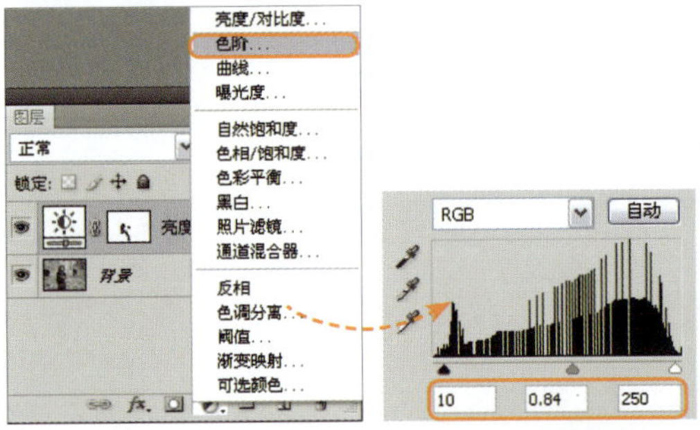

STEP 06 使用蒙版对衣服的褶皱部分进行涂抹。单击“色阶1”调整图层右侧的蒙版图标，将其转化为蒙版状态。单击画笔工具，在衣服的褶皱部分稍作涂抹。

提示与技巧

还原局部细节

在使用“色阶”命令调整暗部的时候，会因为暗部的加强而丢失了细节，使得画面质量降低。此时可以通过蒙版进行涂抹，将局部还原。

STEP 07 对画面的基本调整完成后，下面将使用画笔工具为照片制作艺术效果。单击“图层”面板下方的“创建新图层”按钮，得到“图层1”。单击画笔工具，设置“画笔”为“柔角700像素”，“不透明度”为56%，“流量”为80%，在画面的四周涂抹。

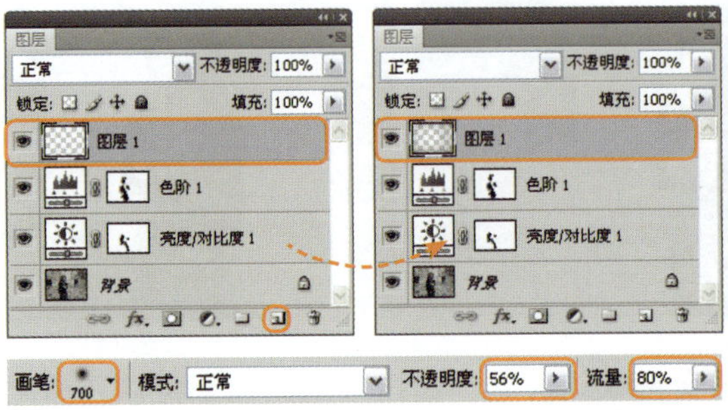

STEP 08 设置图层的“填充”为82%，可以观察到画面效果更加自然。

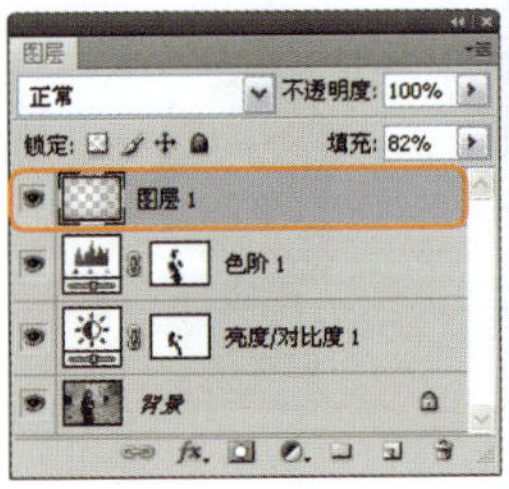

STEP 09 单击“图层”面板下方的“创建新图层”按钮，得到“图层2”。单击画笔工具，设置“画笔”为“柔角800像素”，“不透明度”为46%，“流量”为59%，使用画笔工具在画面的两侧涂抹。

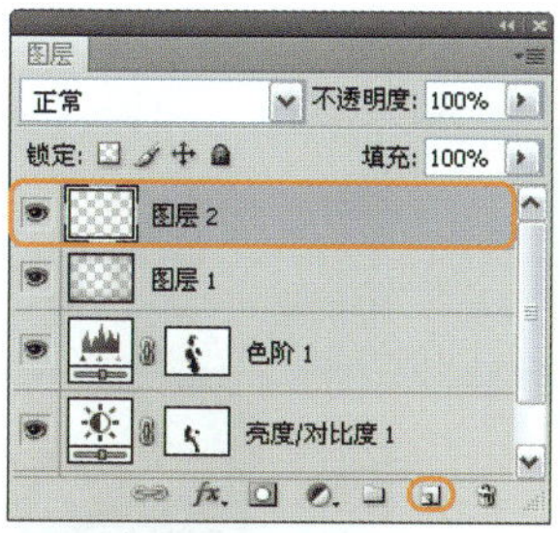

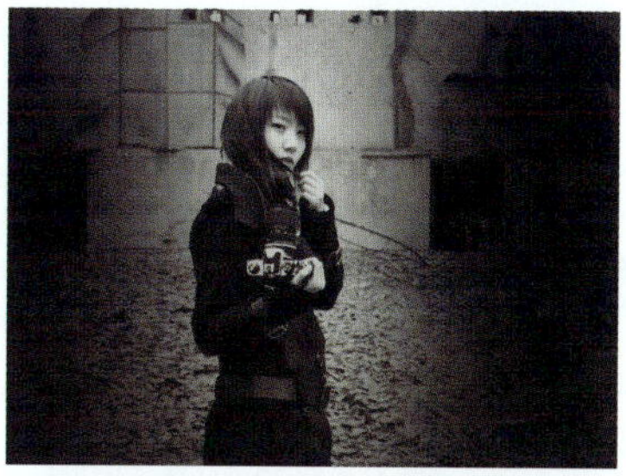

STEP 10 设置图层混合模式为“叠加”，“不透明度”为100%，“填充”为45%，此时画笔工具涂抹的部分很自然地融入到画面中。

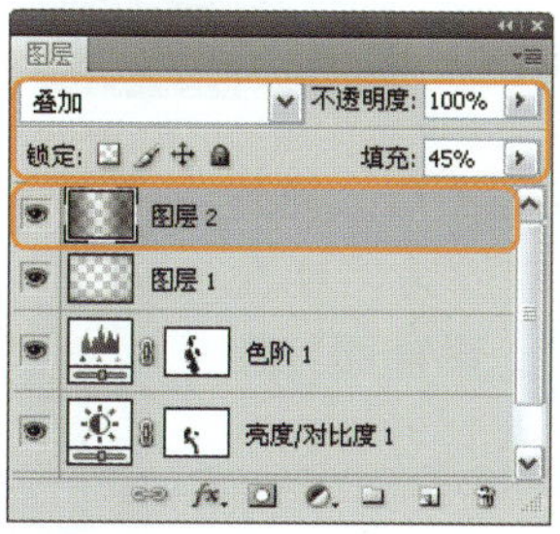

STEP 11 按下快捷键Ctrl+Shift+Alt+E盖印图层，得到“图层3”。执行“滤镜>模糊>高斯模糊”命令，在弹出的“高斯模糊”对话框中设置“半径”为2.0像素，完成后单击“确定”按钮。

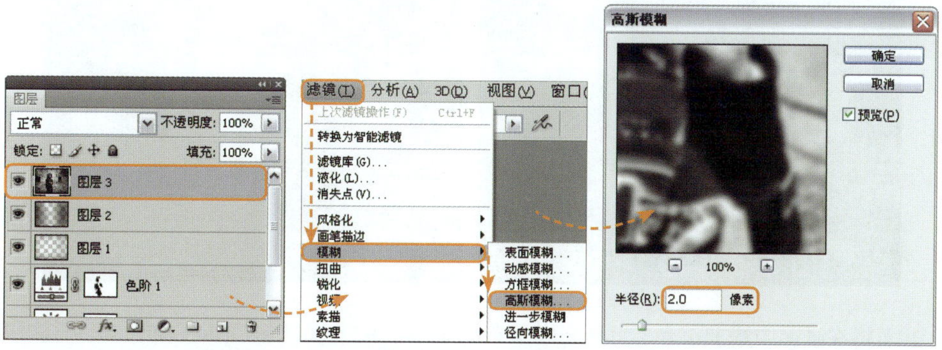

STEP 12 经过模糊处理后，画面看起来更加柔化。下面将通过对图层混合模式的设置，使得画面清晰。设置“图层3”的图层混合模式为“柔光”，“不透明度”为73%，“填充”为93%。经过调整后的画面呈现出一种柔和的效果。

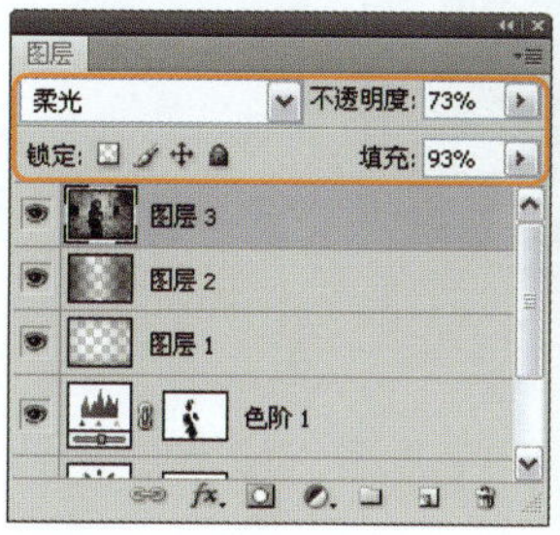

Photoshop基础

“柔光”混合模式的原理

“柔光”模式会产生一种柔光照射的效果。如果混合颜色比基色颜色更亮一些，则结果色更亮；如果混合色颜色比基色颜色的像素更暗一些，那么结果色颜色将会更暗，该模式将使图像的亮度反差增大。

STEP 13 单击“图层”面板下方的“添加图层蒙版”按钮，为“图层3”添加图层蒙版。单击画笔工具，选择一个较软的画笔在人物部分上稍作涂抹，使得人物部分更加清晰。

STEP 14 按下快捷键Ctrl+Shift+Alt+E盖印图层，得到“图层4”。单击模糊工具，设置“画笔”为“柔角400像素”，“强度”为70%。经过调整，背景部分变得模糊，画面充满虚实对比。

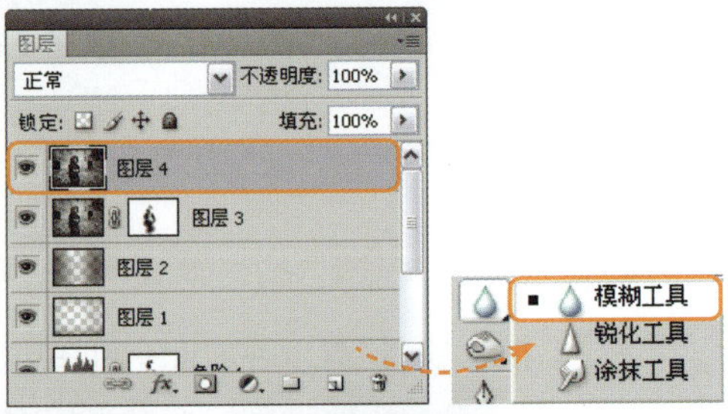

STEP 15 下面将在画面中添加杂色，为画面增添颓废效果。按下快捷键Ctrl+Shift+Alt+E盖印图层，得到“图层5”。执行“滤镜>杂色>添加杂色”命令，在打开的“添加杂色”对话框中设置“数量”为11.86%，完成后单击“确定”按钮。

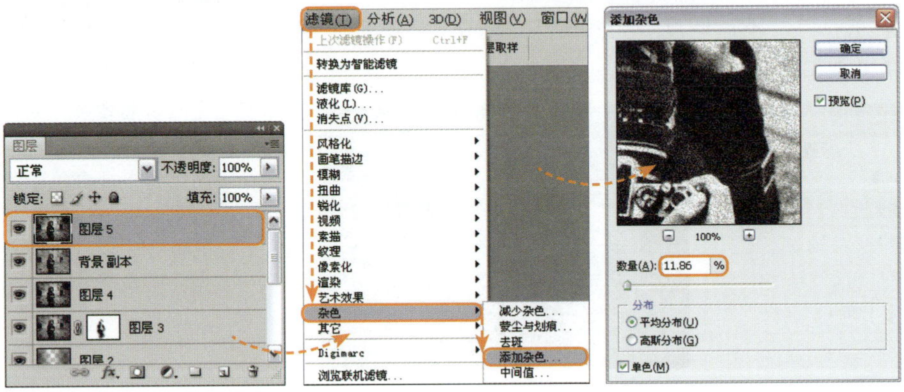

STEP 16 经过添加杂色，画面呈现出一种颓废的艺术效果。但是仔细观察会发现衣服部分的黑色过深，缺少细节，将通过蒙版对其进行调整。

STEP 17 选择“背景”图层，按下Ctrl+J复制得到“背景副本”。按下快捷键Ctrl+Shift+]，将“背景副本”放置在最上一层，最后将其放置在“图层5”的下面。

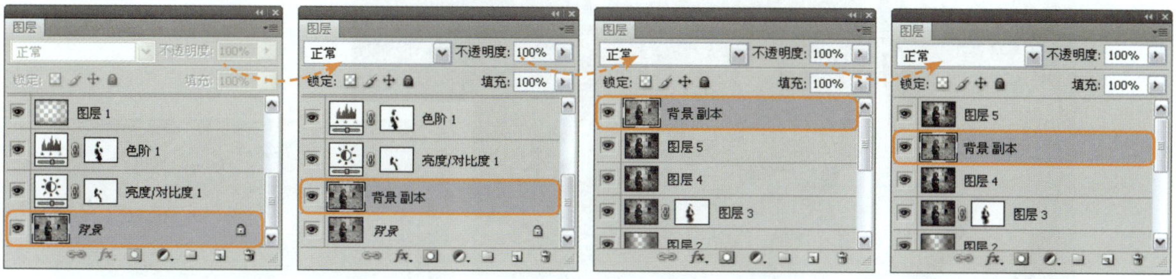

STEP 18 单击“图层”面板下方的“添加图层蒙版”按钮，为“图层5”添加图层蒙版。单击画笔工具，设置一个较软的画笔对人物的衣服部分进行涂抹。至此，本照片调整完成。

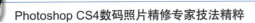

8.1.4 “去色”命令——制作魅惑艺术效果

最终文件路径： 实例文件\chapter8\complete\04-end.psd

案例分析： 这是一张艺术数码照片，人物的冷艳表情拍摄得非常到位。但由于闪光灯的设置使得画面亮度过高，对比度较低，画面缺乏层次感。通过后期的处理，可以将画面调整为黑白色调，制作出魅惑的效果。

功能点拨： Photoshop中的“去色”命令可以将照片快速调整为灰度图像。调整后可以使用画笔工具、“色相/饱和度”命令等工具或命令为其图像上色，还可以使用不同的图层混合模式制作艺术效果。

STEP 01 打开本书配套光盘中的“实例文件\chapter8\media\04.jpg”文件，打开需要调整的照片。

STEP 02 将“背景”图层拖动到“创建新图层”按钮上，得到“背景 副本”图层。执行“图像>调整>去色”命令，对图像进行去色处理，可以看到画面已经转变为黑白效果。

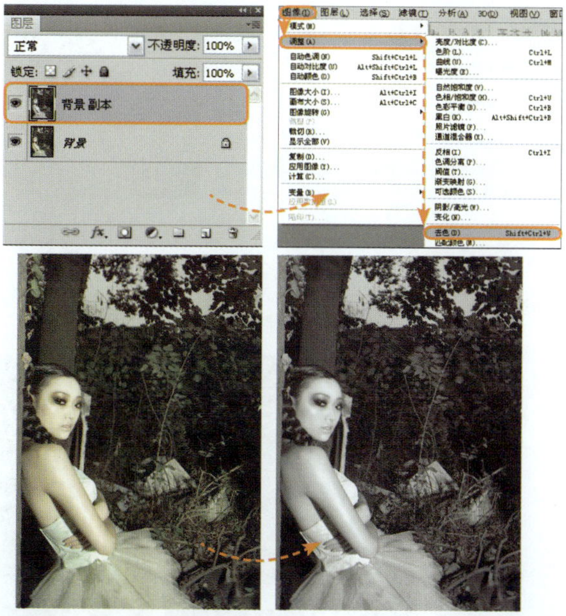

STEP 03 单击“图层”面板下方的“创建新的填充或调整图层”按钮，在弹出的菜单中选择“亮度/对比度”命令，“图层”面板中出现“亮度/对比度1”调整图层。

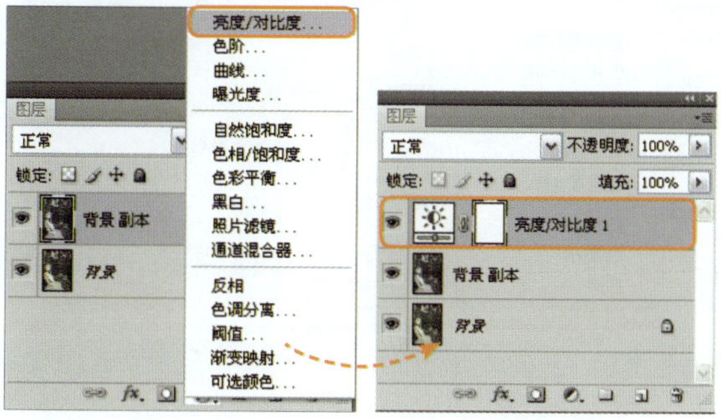

提示与技巧

“去色”和“黑白”命令的区别

“去色”与“黑白”命令都能够达到使照片变为黑白的效果，但这两个命令是有一定的区别。

1. “去色”命令

使用“去色”命令可以将当前所选图层转换为灰度图像，其作用与将图像的颜色饱和度降低为-100。执行该操作后，图像的亮度、对比度和色彩模式保持不变，执行“图像>调整>去色”命令，即对图像进行去色处理。

原图

“去色”效果

2. “黑白”命令

“黑白”命令是新增的一个调整命令。使用“黑白”命令可以调整图像在黑白模式下的颜色偏差，这是“去色”命令做不到的。下面通过实例来了解“黑白”命令的优势。

单击“创建新的填充或调整图层”按钮，在弹出的菜单中选择“黑白”命令，在“调整”面板中显示相关选项。设置“预设”为“中灰密度”，单击“确定”按钮。

STEP 04 在“调整”面板中设置“亮度”为-24，“对比度”为+32。

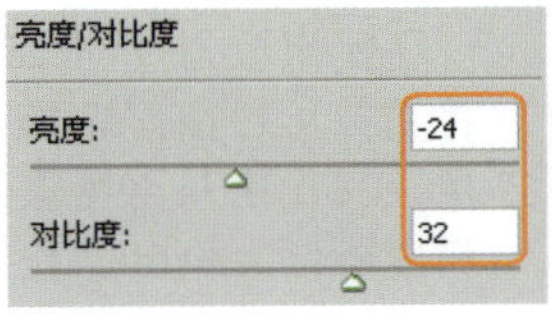

STEP 05 单击“图层”面板下方的“创建新的填充或调整图层”按钮，在弹出的菜单中选择“色阶”命令，“图层”面板中出现“色阶1”调整图层。

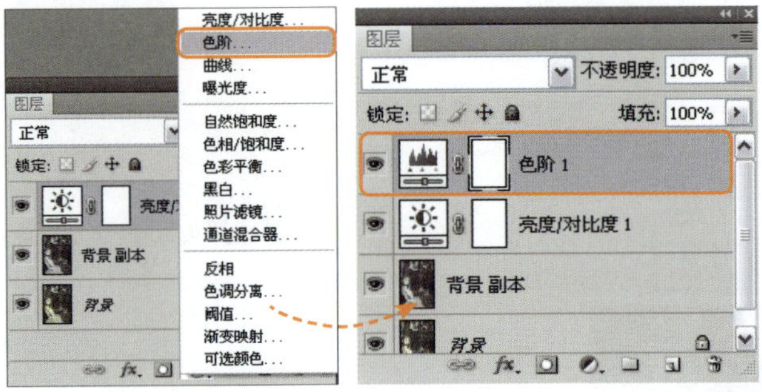

STEP 06 在“调整”面板中，将“输入色阶”的黑色滑块与白色滑块分别向中间移动，设置“输入色阶”为28、1.11和251。

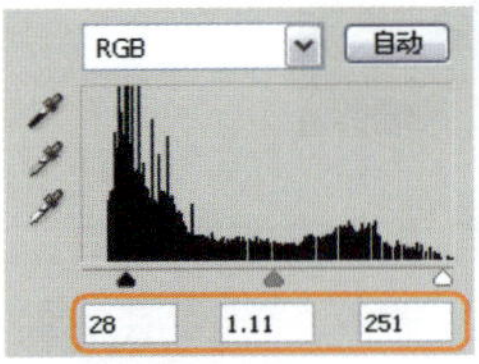

STEP 07 单击“图层”面板下方的“创建新的填充或调整图层”按钮，在弹出的菜单中选择“渐变映射”命令，“图层”面板中出现“渐变映射1”调整图层。

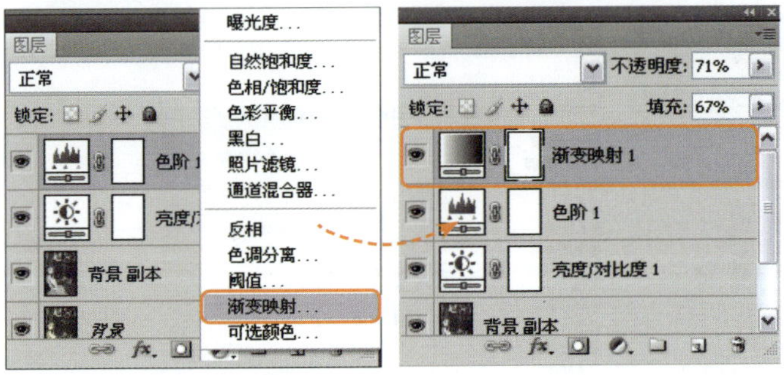

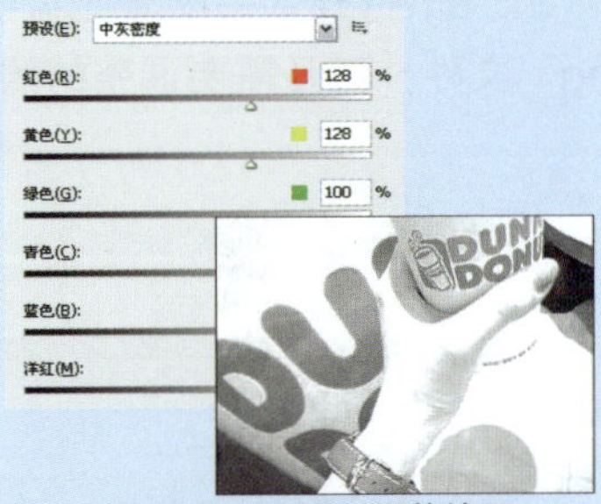

调整效果

“黑白”面板的“色调”选项组中提供了图像在黑白模式下的颜色偏差，设置各项参数后单击“确定”按钮。

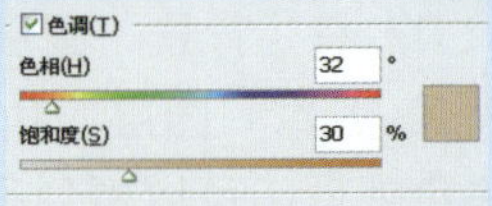

“色调”选项组

调整后效果

STEP 08 在“调整”面板中单击渐变颜色条，弹出“渐变编辑器”对话框，在对话框中选择黑白渐变，然后单击“确定”按钮返回到“调整”面板。

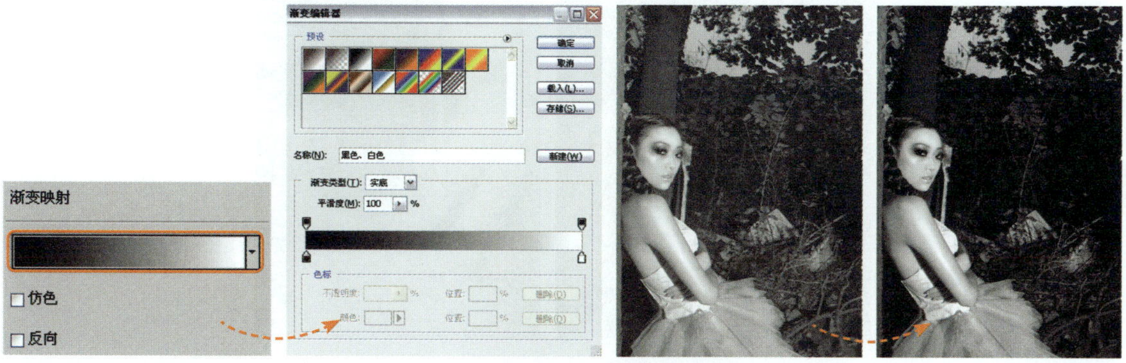

STEP 09 按下快捷键Ctrl+Shift+Alt+E键盖印图层，得到“图层1”。单击加深工具，设置选项栏中的“画笔”为“柔角175像素”，“曝光度”50%。

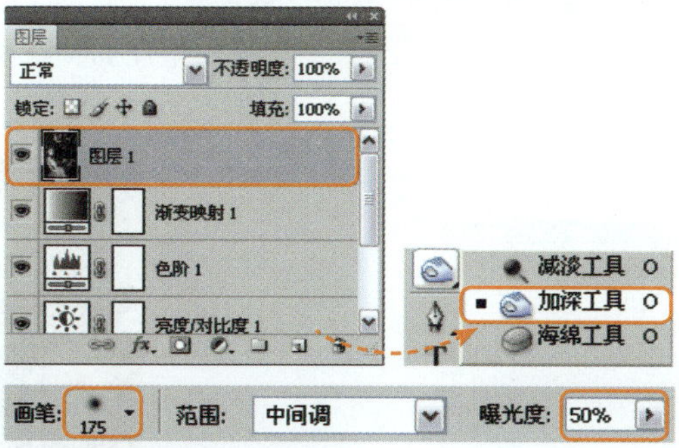

STEP 10 使用设置好的画笔，在画面的背景部分进行涂抹，使得背景变暗。在涂抹的过程中，如果有涂抹过多的情况，可以按下快捷键Ctrl+Z返回上一步骤。

提示与技巧

调整图像大小

在对图像进行调整时，为了便于操作需要调整图像的大小。按下快捷键Ctrl++可使图像显示持续放大，但窗口不随之放大，按下快捷键Ctrl+-可使图像显示持续缩小，但窗口不随之缩小。

STEP 11 使用同样的方法将画面中的人物部分提亮。按下快捷键Ctrl+Shift+Alt+E键盖印图层，得到“图层2”。单击减淡工具，设置选项栏中的“画笔”为“柔角300像素”，“曝光度”为50%。

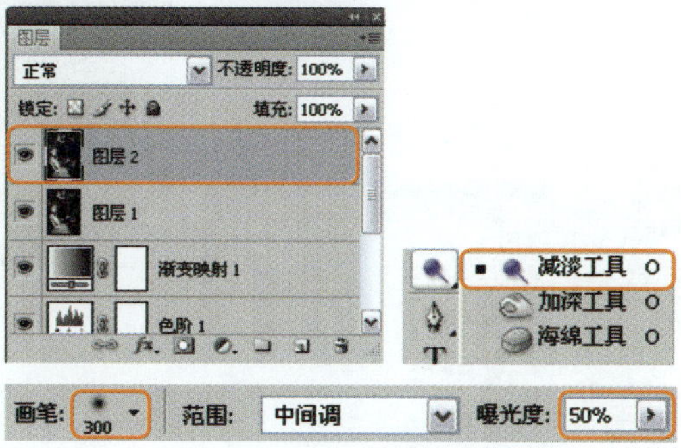

STEP 12 使用设置好的画笔在画面的人物部分上单击，使人物在画面中处于最亮的状态。涂抹的次数越多，该区域就会变得越亮，为了使画面效果自然，应尽量控制涂抹的次数。

STEP 13 按下快捷键Ctrl+Shift+Alt+E键盖印图层，得到“图层3”。单击模糊工具，设置选项栏中的“画笔”为“柔角250像素”，“强度”为70%。在画面中的背景部分进行涂抹，使得背景处于模糊状态，使画面的空间感更强。

STEP 14 按下快捷键Ctrl+Shift+Alt+E键盖印图层，得到“图层4”。执行“滤镜>锐化>USM锐化”命令，弹出“USM锐化”对话框。在打开的对话框中设置“数量”为64%，“半径”为1.0像素，“阈值”为0色阶，完成后单击“确定”按钮，可以看到画面的清晰度提高。至此，本照片调整完成。

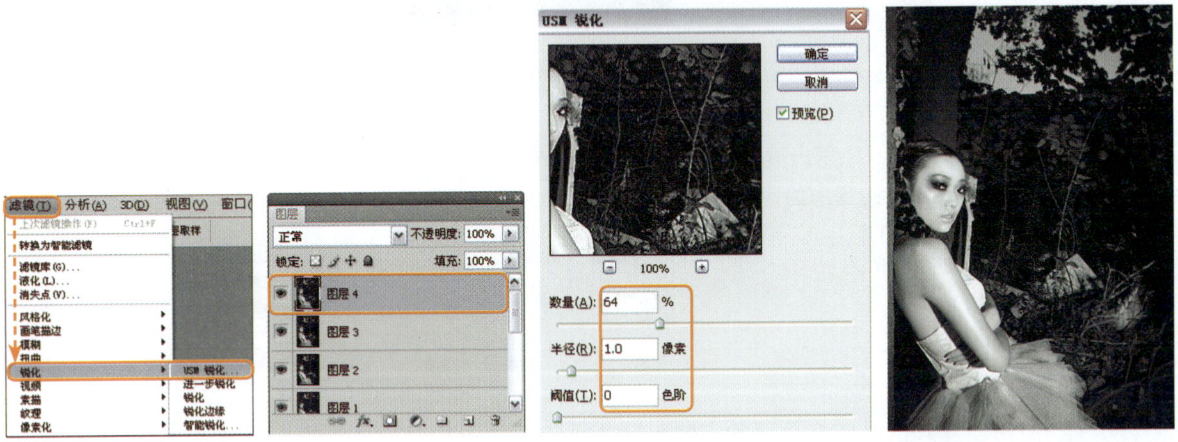

8.1.5 “高斯模糊”滤镜——调出柔美的黑白照片

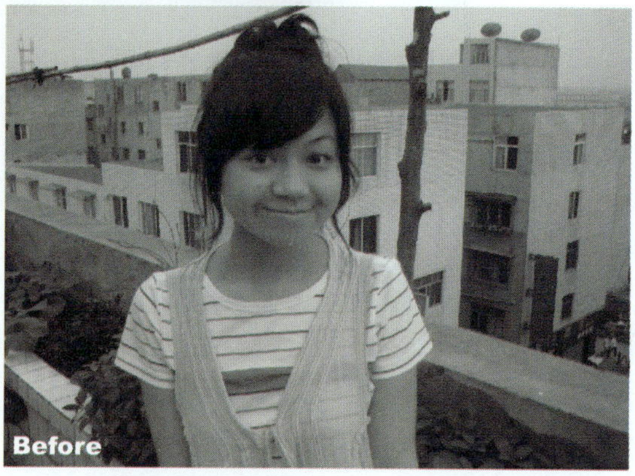

最终文件路径：实例文件\chapter8\complete\05-end.psd

案例分析：有时将照片拍摄为黑白效果后，由于设置不当使得照片看起来发灰。通过后期的调整，将使用Photoshop中的“高斯模糊”滤镜将照片变为柔美的黑白照片。

功能点拨：Photoshop中的“高斯模糊”滤镜是最常用的模糊滤镜之一，可以根据高斯曲线快速模糊图像，使画面产生模糊的效果。

STEP 01 打开本书配套光盘中的“实例文件\chapter8\media\05.jpg”文件，打开需要调整的黑白照片，通过后期的处理要将其调整为柔美的黑白照片。

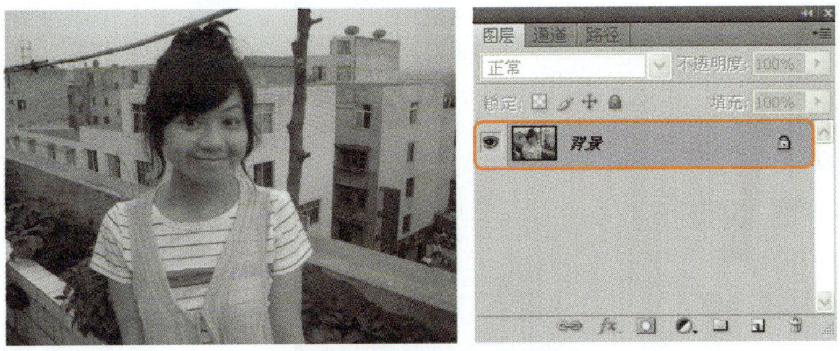

> **提示与技巧**
>
> **调整黑白照片**
>
> 普通的黑白照片亮部与暗部区分不够明显，会给人以比较灰的感觉。所以调整黑白照片，我们可以利用曲线、亮度/对比度或者色阶命令将其调整，改变画面亮部与暗部的对比，使画面看起来更加清晰。

STEP 02 单击“图层”面板下方的“创建新的填充或调整图层”按钮，在弹出的菜单中选择“曲线”命令，“图层”面板中出现“曲线1”调整图层。在“调整”面板中，设置两个控制点，将其向上移动，可以看到画面中的对比度提高。

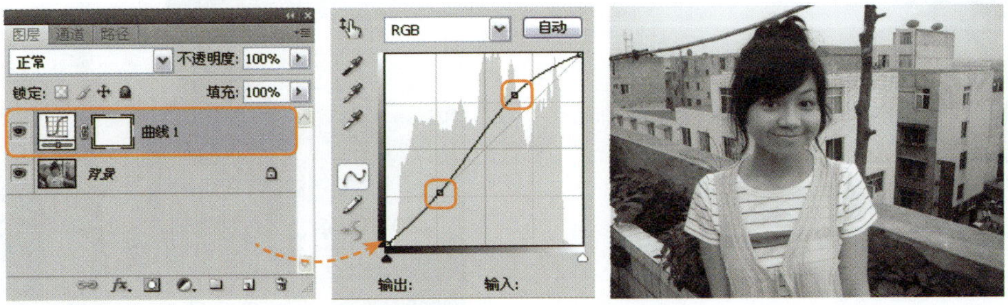

STEP 03 仔细观察会发现人物的脸部有一些瑕疵，按下快捷键Ctrl+Shift+Alt+E盖印图层，得到“图层1”。单击污点修复画笔工具，单击修复瑕疵部分，以调整人物的皮肤。

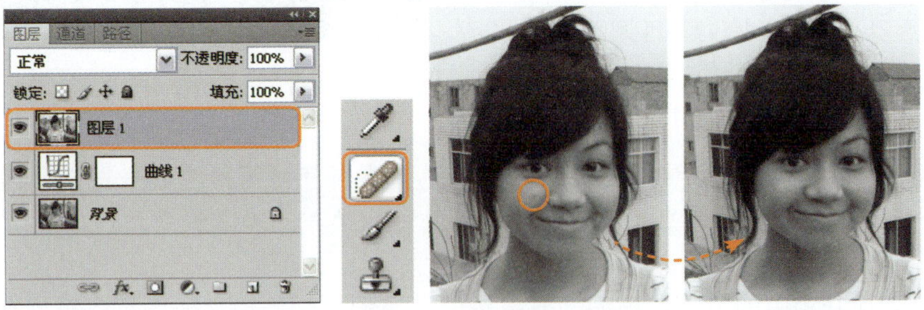

STEP 04 按下快捷键Ctrl+Shift+Alt+E盖印图层，得到“图层2”。设置图层混合模式为“正片叠底”，“不透明度”为39%，“填充”为100%。

STEP 05 按下快捷键Ctrl + Alt + ~选出高光区域，然后按下快捷键Ctrl+J新建一个图层，得到“图层3”，将其填充为白色。

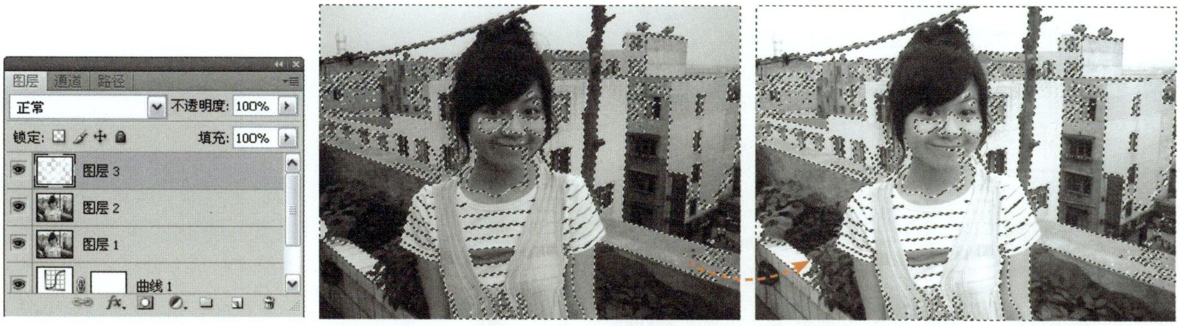

STEP 06 设置图层的“不透明度”为71%，然后按下快捷键Ctrl+D取消选区。

STEP 07 由于照片中背景部分的杂物影响了画面的整体效果，下面将其去掉。按下快捷键Ctrl+Shift+Alt+E盖印图层，得到“图层4”。单击仿制图章工具，按下Alt键的同时单击背景中的天空部分，然后松开Alt键，在杂物部分涂抹。

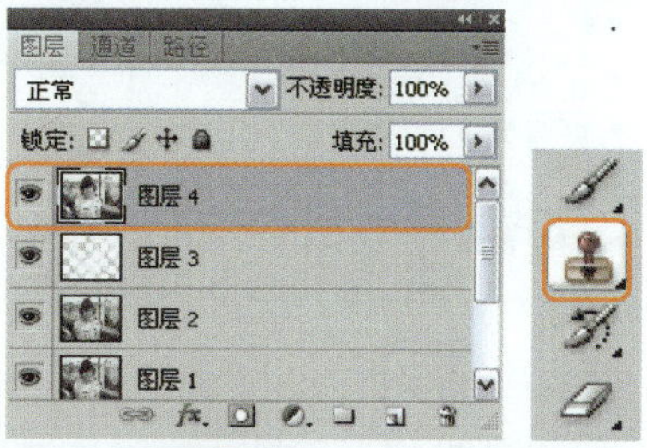

STEP 08 将“图层4”图层拖动到“创建新图层”按钮，得到“图层4副本”。执行“图像>模糊>高斯模糊”命令，弹出“高斯模糊”对话框，在打开的对话框中设置“半径”为2.4像素，完成后单击“确定”按钮。

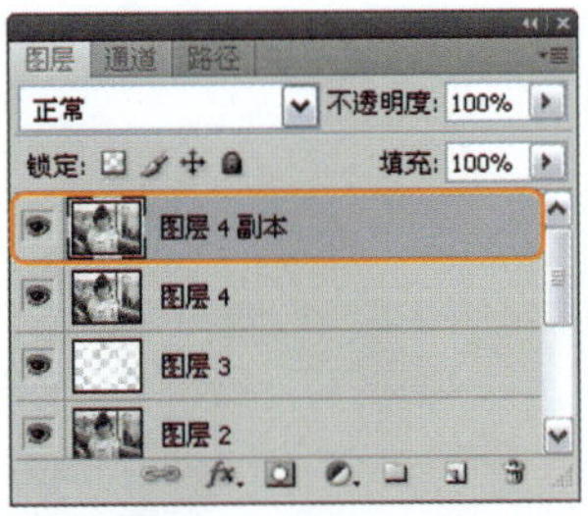

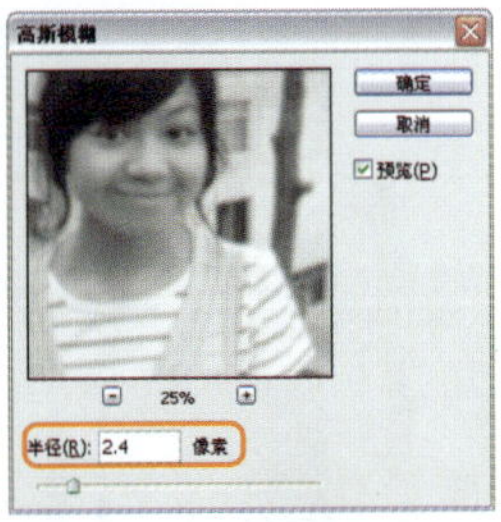

STEP 09 单击“图层”面板下方的“添加图层蒙版”按钮，为“图层4副本”添加蒙版。单击画笔工具，设置一个较软的画笔，对人物进行涂抹，使人物还原之前的清晰状态。

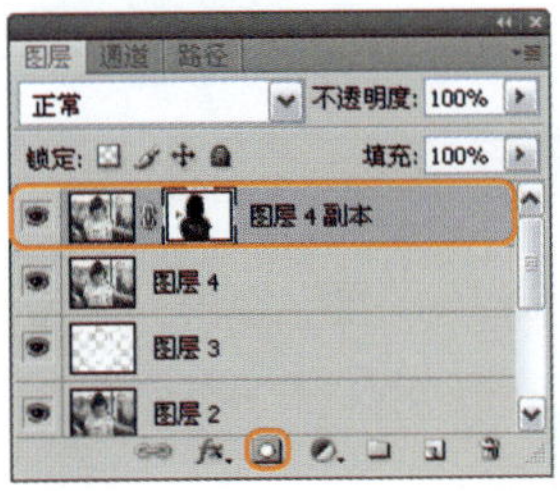

STEP 10 按下快捷键Ctrl+Shift+Alt+E盖印图层，得到“图层5”。单击加深工具，设置选项栏中的“画笔”为柔角65像素，“曝光度”为10%，对头发进行涂抹，加深头发的颜色。

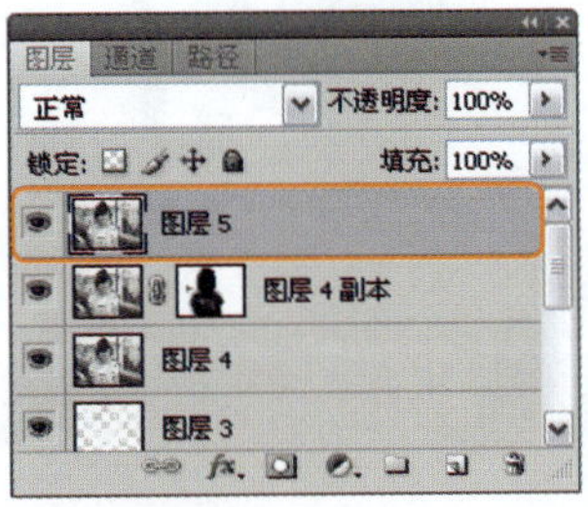

Photoshop基础

了解“高斯模糊”滤镜

“高斯模糊”滤镜是较为常用的模糊滤镜，它能够快速地模糊图像，使其产生朦胧的效果。

执行“滤镜>模糊>高斯模糊”命令，弹出“高斯模糊”对话框。在打开的对话框中设置“半径”的参数即可，参数设置越大，调整后的图像就越模糊。

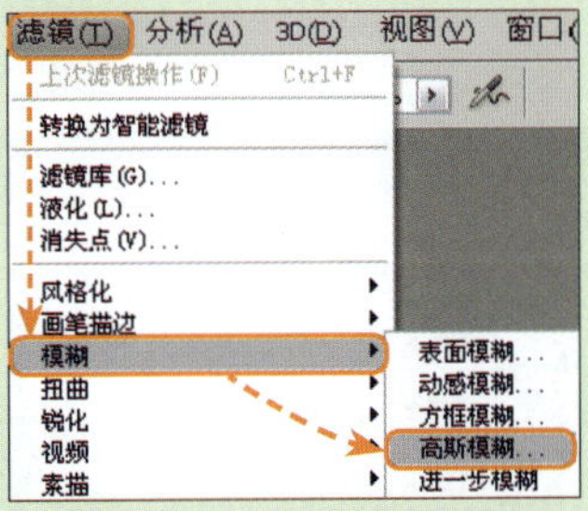

执行“高斯模糊”命令

“高斯模糊”对话框

“高斯模糊”对话框中的“半径”用于设置高斯模糊的程度。半径的参数越大，模糊的程度就越强。半径的参数越小，模糊的程度就越弱。

勾选对话框中的“预览”复选框，可以同步查看模糊的效果。取消勾选“预览”复选框，则需要在单击“确定”按钮后才能查看调整后的效果。

STEP 11 按下快捷键Ctrl+Shift+Alt+E盖印图层，得到“图层6”。设置图层混合模式为“滤色”，可以观察到画面呈现出柔和的效果。

STEP 12 设置图层“不透明度”为72%，使得画面看起来比较清晰。

提示与技巧

调整图层不透明度

“滤色”混合模式将基色和混合色的补色混合，效果色整体比较亮，所以需要适当调整图层的不透明度。

STEP 13 单击“图层”面板下方的“添加图层蒙版”按钮，为“图层6”添加蒙版。单击画笔工具，对画面中人物的眼睛进行涂抹，还原之前的清晰状态。

STEP 14 单击“图层”面板下方的“创建新的填充或调整图层”按钮，在弹出的菜单中选择“选取颜色”命令，“图层”面板中出现“选取颜色1”调整图层。在“调整”面板中设置“颜色”为“黑色”，调整“黑色”的参数为+17%。

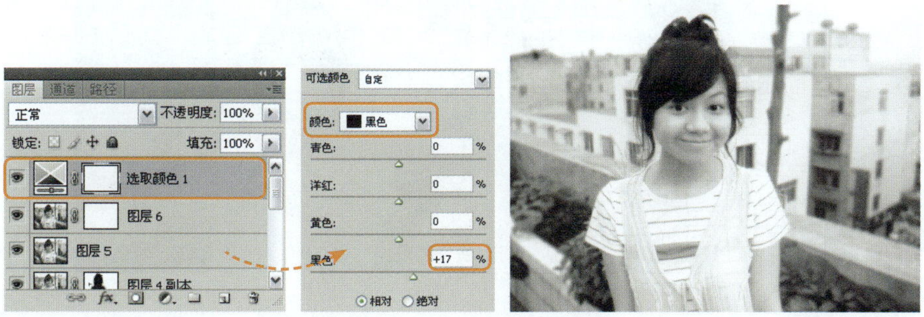

STEP 15 单击“选取颜色1”调整图层右侧的蒙版图标，将其转换为蒙版模式。单击画笔工具，对头发进行涂抹，还原之前的光泽度。

STEP 16 按下快捷键Ctrl+Shift+Alt+E盖印图层，得到“图层7”。单击锐化工具，在人物的头部单击，使其更加清晰。

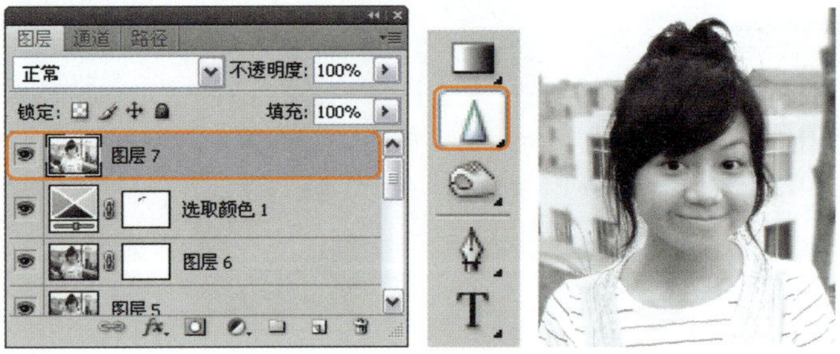

STEP 17 单击“图层”面板中的“创建新图层”按钮，得到“图层8”。单击渐变工具，单击选项栏中的“径向渐变”按钮，设置前景色与背景色为黑与白色，在画面中由内向外拖曳鼠标，绘制一个径向渐变。

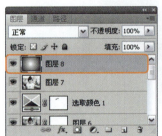

STEP 18 设置图层混合模式为“正片叠底”，可以观察到图像融合了渐变效果，但是效果还是不够自然，设置“不透明度”为52%。

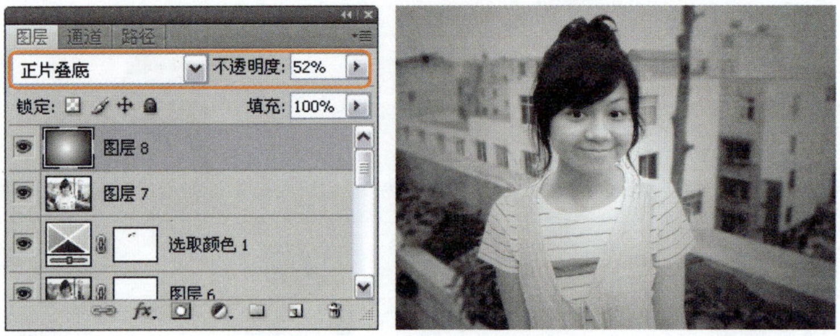

STEP 19 单击“图层”面板下方的“添加图层蒙版”按钮，为“图层8”添加图层蒙版。单击画笔工具，使用画笔对人物进行涂抹。

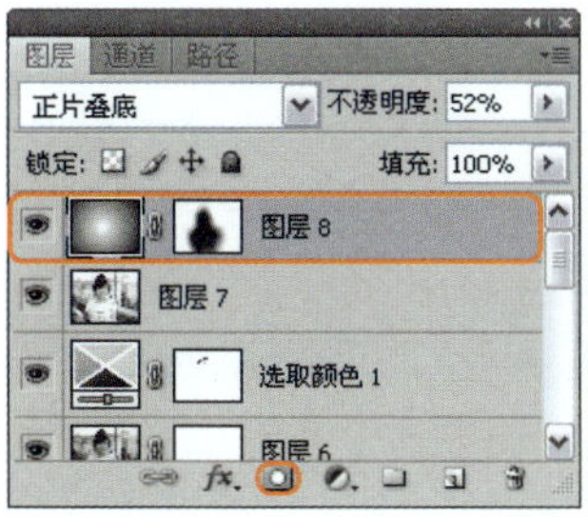

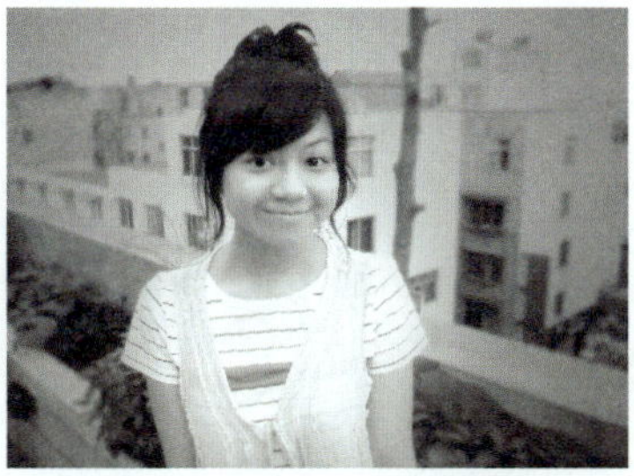

STEP 20 单击“图层”面板下方的“创建新的填充或调整图层”按钮，在弹出的菜单中选择“亮度/对比度”命令，“图层”面板中出现“亮度/对比度1”调整图层。在“调整”面板中设置“亮度”为-11，“对比度”为79。

提示与技巧

突出人物部分的技巧

渐变效果的添加会削弱背景部分，使人物部分更加突出。这种方式在人像照片的后期处理中经常使用。但是在使用的过程中要注意图层混合模式的选择，使得渐变效果很好地与图像融合。为了使得效果更加自然，可以对不透明度做适当的调整。

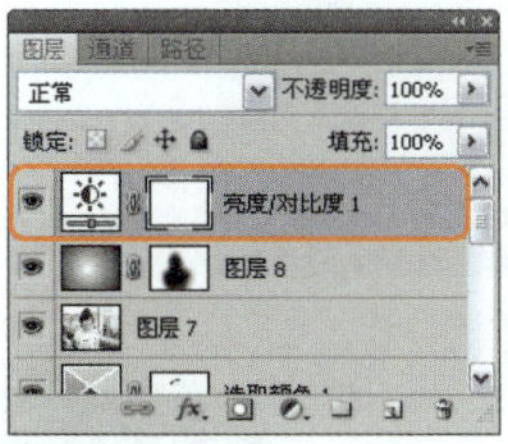

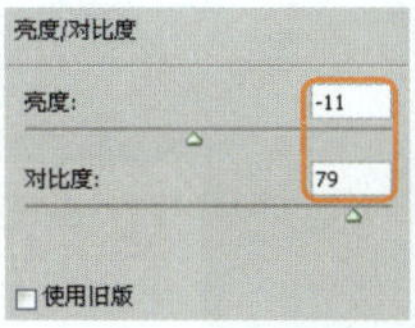

STEP 21 单击“图层”面板下方的“创建新图层”按钮，得到新图层“图层9”。单击画笔工具，设置前景色为R235、G198、B183，为人物绘制腮红与唇彩。

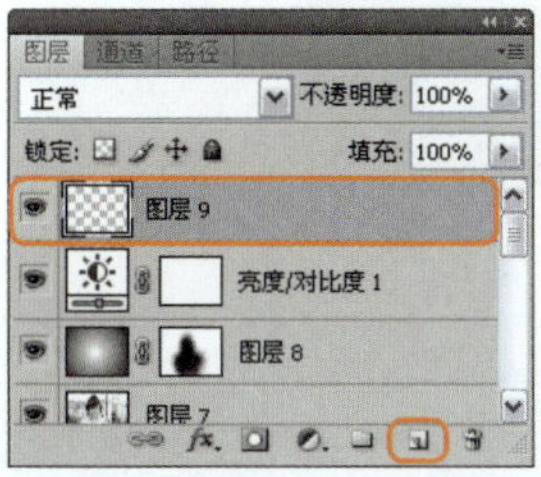

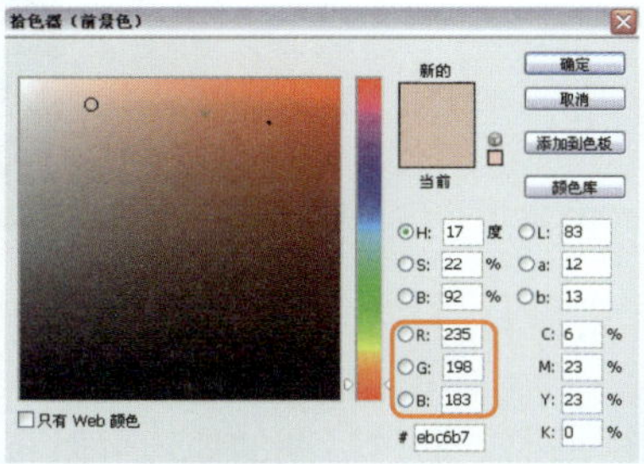

STEP 22 设置图层的图层混合模式为“正片叠底”，“不透明度”为54%，“填充”为53%。至此，本照片调整完成。

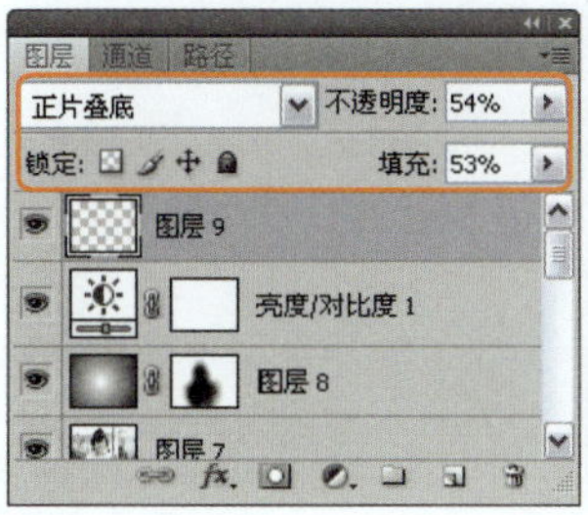

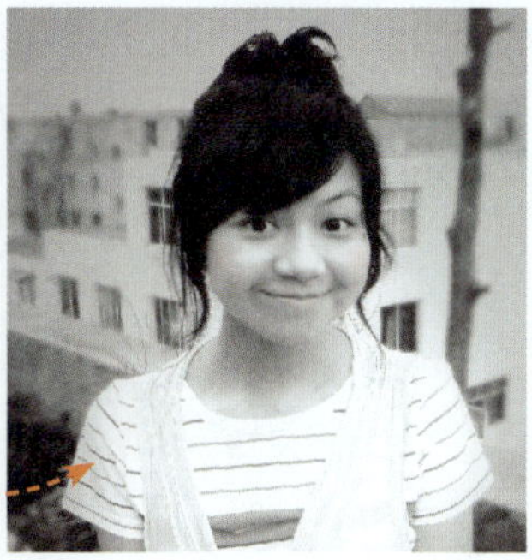

8.1.6 “添加杂色”滤镜——制作老照片效果

最终文件路径： 实例文件\chapter8\complete\06-end.psd

案例分析： 该照片是一张彩色生活照，通过后期的处理可以将其调整为具有怀旧风格的老照片效果。通过使用Photoshop中的“添加杂色”滤镜可以调整制作出仿旧的效果，使照片散发出怀旧的气息。

功能点拨： Photoshop中的“添加杂色”滤镜可以在图像中产生像素，使图像具有颗粒状的特殊效果。为照片添加杂色，可以制作出旧照片的效果。

STEP 01 打开本书配套光盘中的“实例文件\chapter8\media\06.jpg”文件，这是一张彩色的数码照片，通过后期的处理要将其调整为黑白旧照片。

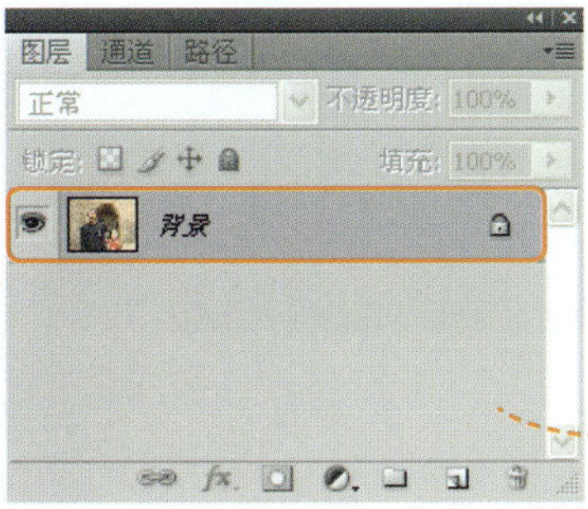

Photoshop基础

为照片添加边框

在旧照片的制作过程中，为了使照片效果更加真实，可以为照片添加白色的边框，从而模拟老照片的白色边框。

STEP 02 执行“图像>画布大小”命令，弹出“画布大小”对话框，设置“宽度”为88.48厘米，“高度”为72.81厘米，完成后单击“确定”按钮，为图像添加一个白色边框。

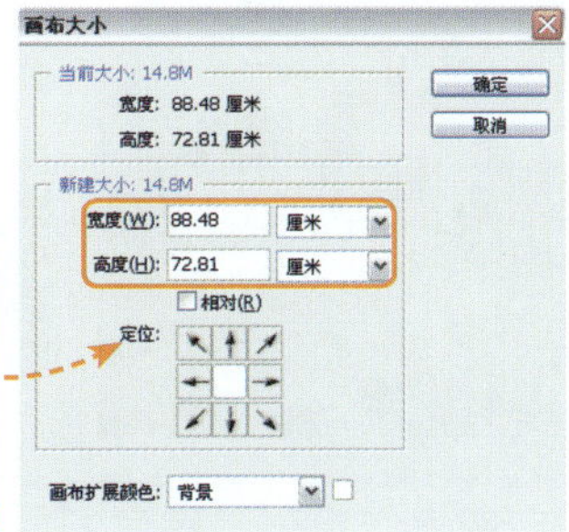

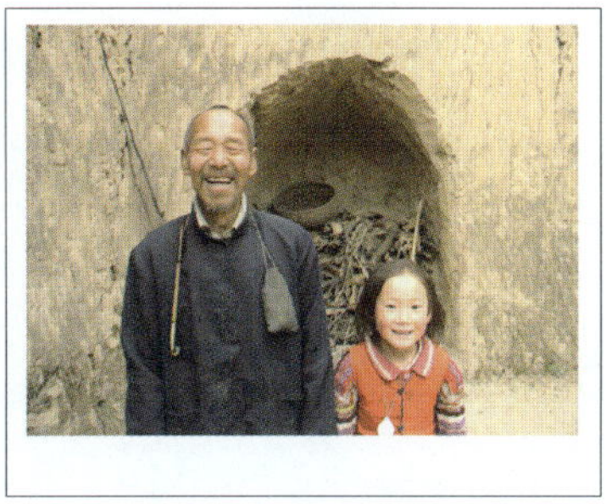

STEP 03 将“背景”图层拖动到“创建新图层”按钮上，得到“背景副本”图层。单击“图层”面板下方的“创建新的填充或调整图层”按钮，在弹出的菜单中选择“亮度/对比度”命令，“图层”面板中出现“亮度/对比度1”调整图层。在“调整”面板中设置“亮度”为10，“对比度”为-30。

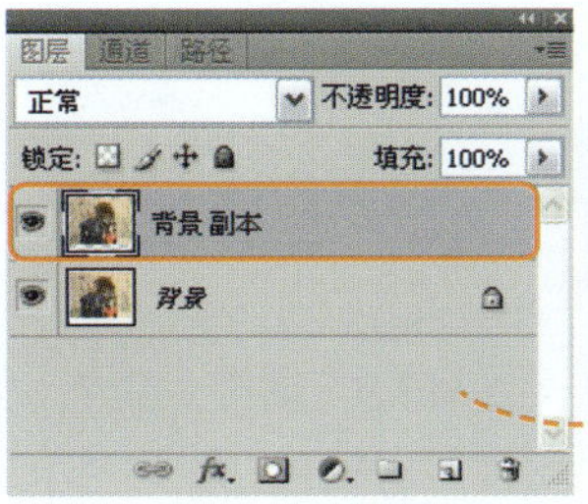

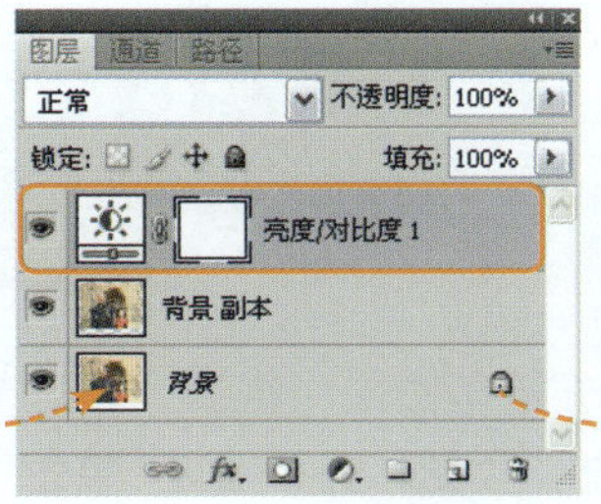

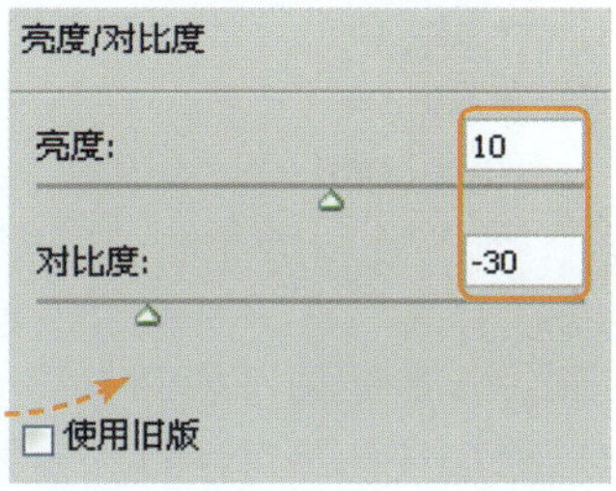

STEP 04 经过亮度与对比度的调整，将画面中的亮度提高，对比度减弱，降低照片的质量。

STEP 05 按下快捷键Ctrl+Shift+Alt+E盖印图层，得到“图层1”。执行“图像>调整>去色”命令，将照片调整为黑白效果。

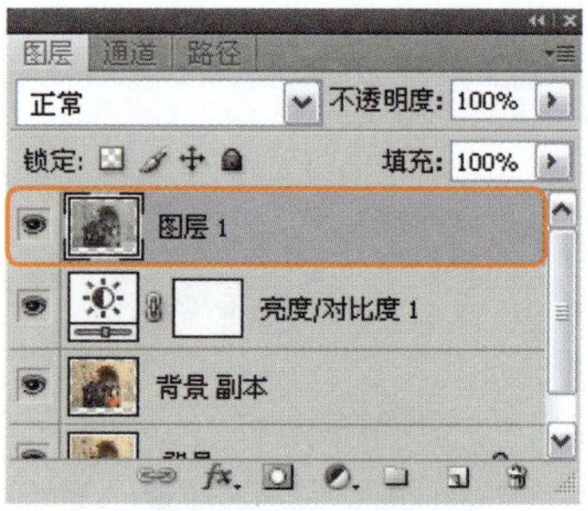

STEP 06 单击“图层”面板下方的“创建新图层”按钮，得到“图层2”。设置前景色与背景色为黑色与白色，执行“滤镜>渲染>云彩”命令，设置图层的图层混合模式为“柔光”，“不透明度”为50%，“填充”为100%。

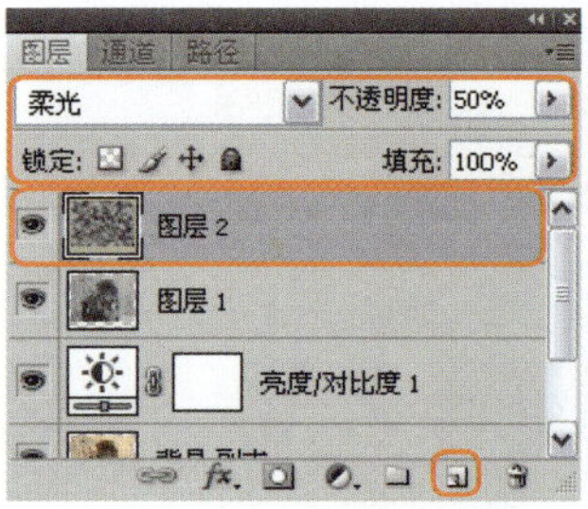

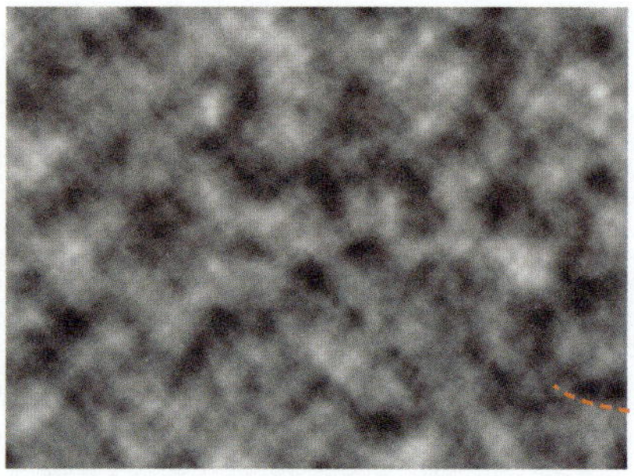

STEP 07 按下快捷键Ctrl+Shift+Alt+E盖印图层，得到“图层3”。单击涂抹工具，在图像的边缘进行涂抹，使照片看起来有一些缺失。单击加深工具，在照片的四周涂抹加强颜色。

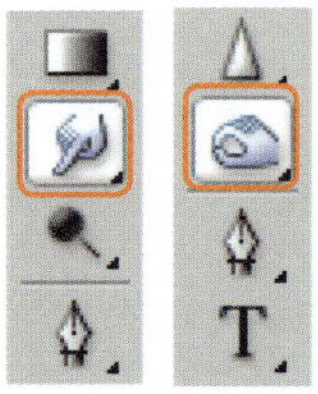

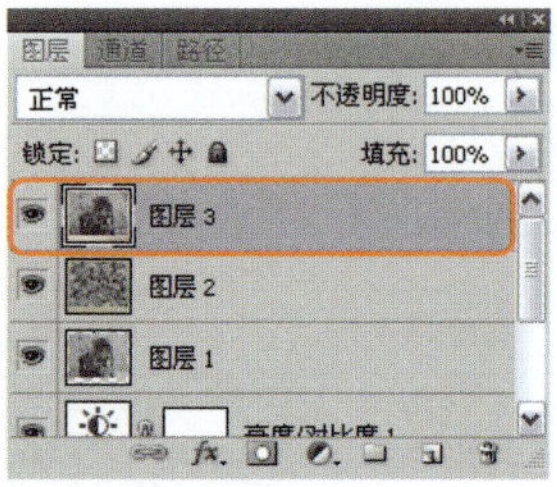

Photoshop基础

模糊图像边缘

旧照片的图像边缘不会太平整，而且都会有一些模糊，这里可以通过使用涂抹工具模拟出老照片的效果。

STEP 08 按下快捷键Ctrl+Shift+Alt+E盖印图层，得到“图层4”。执行“滤镜>杂色>添加杂色”命令，弹出“添加杂色”对话框，设置“数量”为12.5%，单击“确定”按钮。

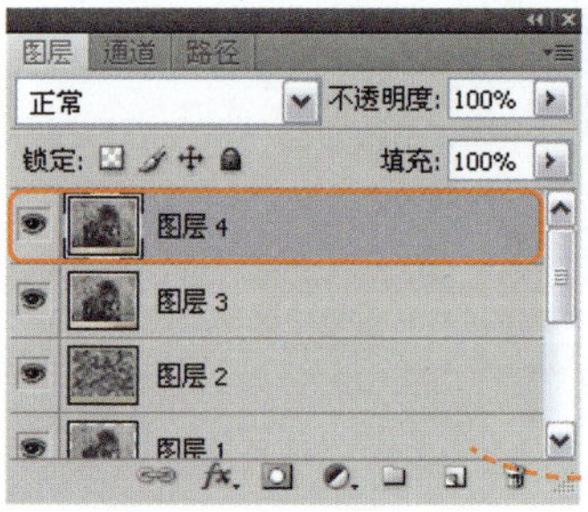

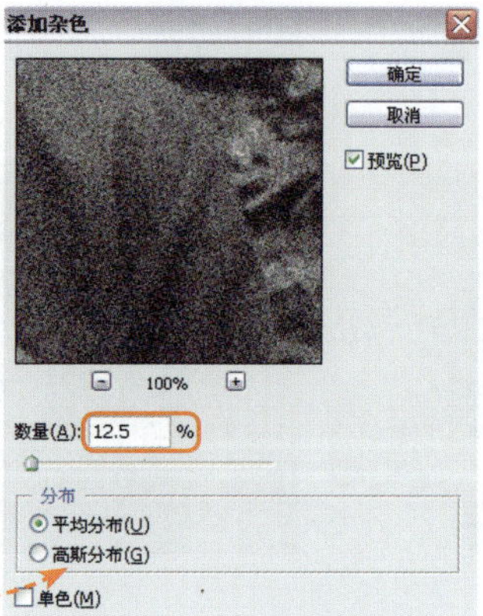

STEP 09 按下快捷键Ctrl+Shift+Alt+E盖印图层，得到“图层5”。执行“滤镜>杂色>添加杂色”命令，弹出“添加杂色”对话框，在对话框中设置“数量”为13%，完成后单击“确定”按钮。

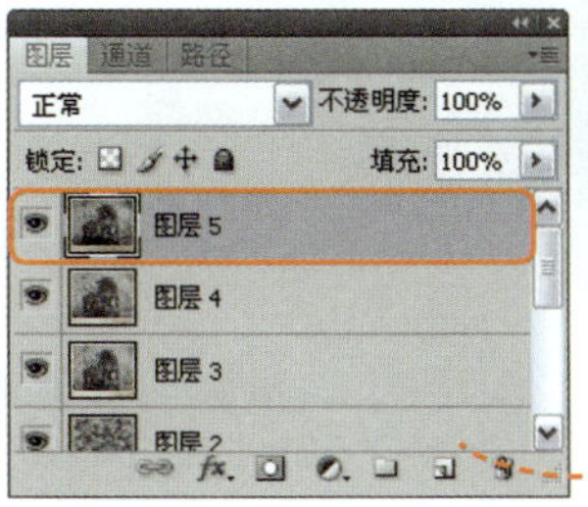

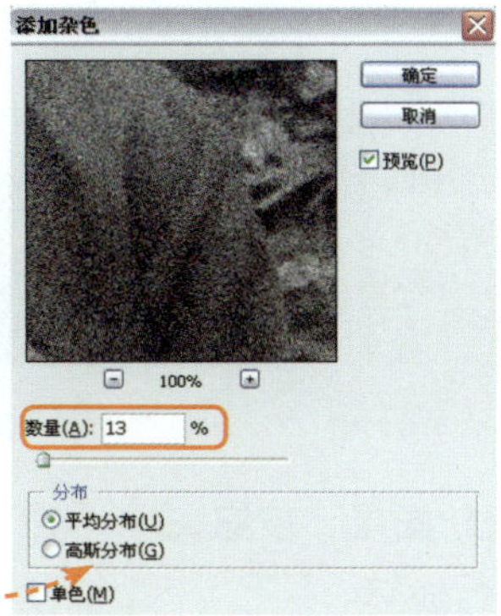

Photoshop基础

“添加杂色”滤镜解析

使用“添加杂色”滤镜可以制作一些特殊的图像效果，执行“滤镜>杂色>添加杂色”命令，弹出“添加杂色”对话框，在打开的对话框中设置合适的参数即可。

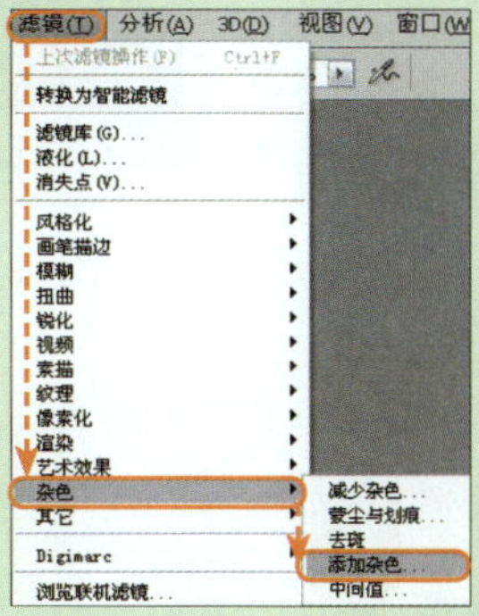

对话框中的“数量”表示添加杂色的数量。设置的参数越大，添加的杂色越多。

“分布”选项组中有“平均分布”和“高斯分布”两个选项。“平均分布”表示添加的杂色会比较平均，“高斯分布”选项表示添加的杂点是按高斯曲线分布的，比较密集。

勾选“单色”复选框，杂点只改变原图像像素的亮度而不改变颜色。取消勾选“单色”复选框，图像中的杂色颜色会比较丰富。

STEP 10 单击“图层”面板下方的“添加图层蒙版”按钮，为“图层5”添加图层蒙版。单击画笔工具，设置选项栏中的“画笔”为“柔角17像素”，在画面中随意涂抹，将之前的杂色效果减淡。

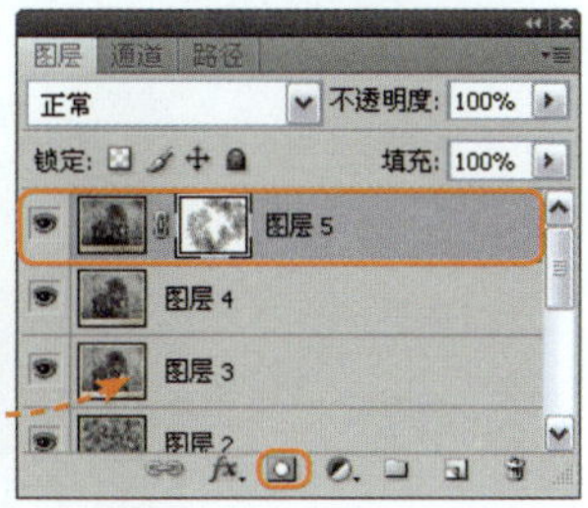

STEP 11 经过调整，画面呈现出比较旧的感觉。下面将加入一些暗黄色，使得照片呈现因为时间久远而产生变色的效果。

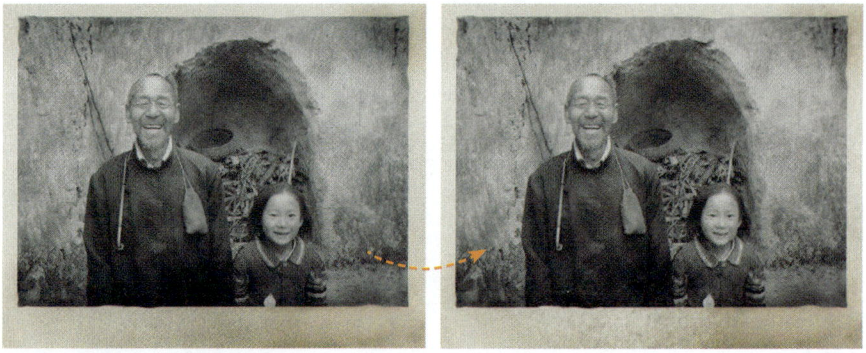

STEP 12 单击"图层"面板下方的"创建新图层"按钮，得到"图层6"。设置前景色为R155、G138、B94，使用画笔工具在画面中进行涂抹。

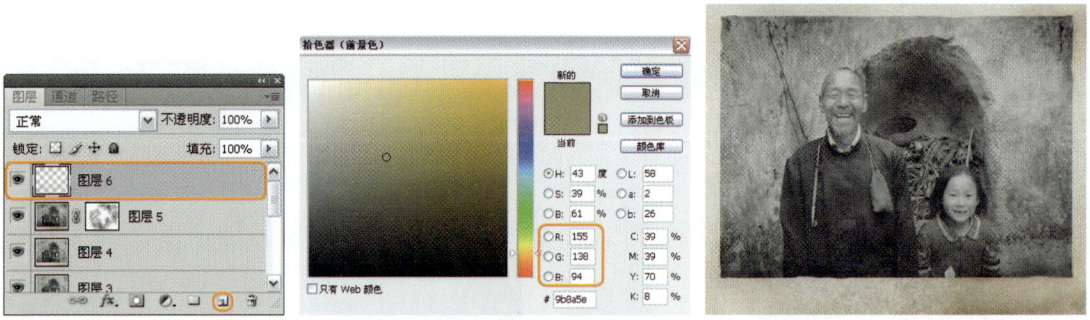

STEP 13 单击"图层"面板下方的"创建新图层"按钮，得到"图层7"。设置前景色为R168、G145、B116，使用画笔工具在画面中涂抹。

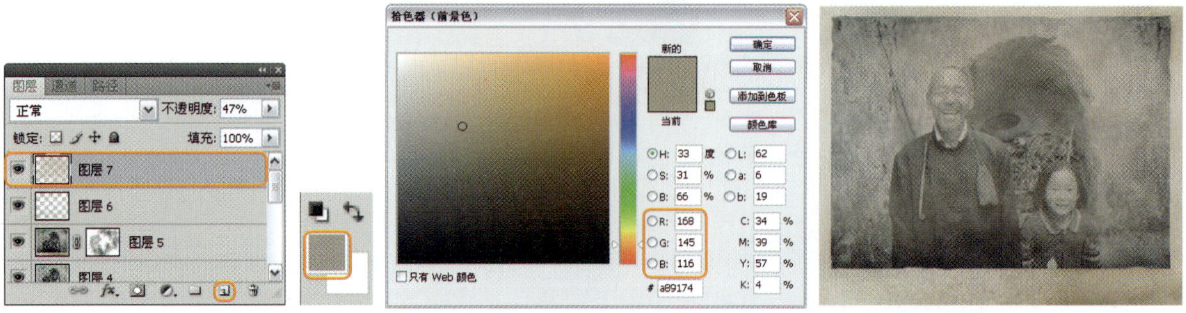

STEP 14 涂抹颜色后照片效果比较灰，设置图层的"不透明度"为47%，使照片看起来更加自然。

STEP 15 单击“图层”面板下方的“添加图层蒙版”按钮，为“图层7”添加图层蒙版。单击画笔工具，设置前景色为默认的黑色，在画面中稍作涂抹。

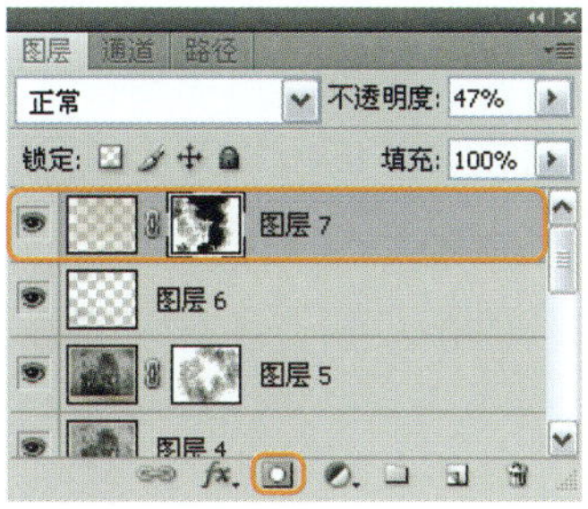

STEP 16 选择横排文字工具，在照片的右下方输入相关文字，设置颜色为R131、G115、B33，设置选项栏中的文字为“华文行楷”，字体大小为76.42点。

STEP 17 单击“图层”面板下方的“创建新的填充或调整图层”按钮，在弹出的菜单中选择“亮度/对比度”命令，“图层”面板中出现“亮度/对比度2”调整图层。在“调整”面板中设置“亮度”为-6，“对比度”为58。

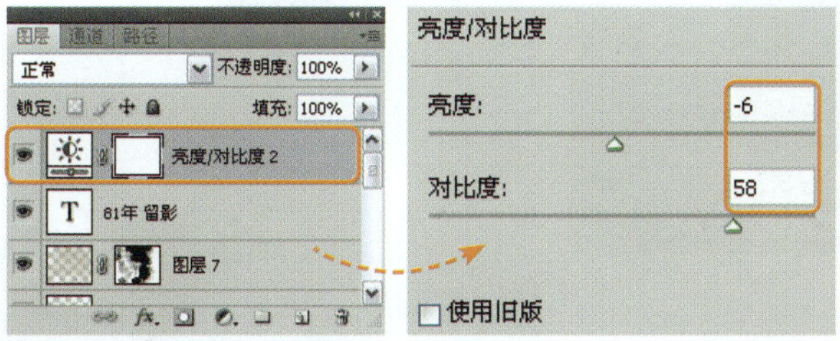

STEP 18 按下快捷键Ctrl+Shift+Alt+E盖印图层，得到“图层8”。执行“滤镜>渲染>蒙尘与划痕”命令，弹出“蒙尘与划痕”对话框，在打开的对话框中设置“半径”为1像素，“阈值”为0色阶，完成后单击“确定”按钮。为“图层8”添加图层面蒙版，还原局部，使效果更加自然。至此，本照片调整完成。

8.2 黑白与彩色照片之间的转换

黑白与彩色照片之间的转换，会为照片带来别样的气氛。黑色与白色两种色调的强烈对比，因此黑白效果往往会使照片产生更加强烈的视觉冲击力。根据照片的不同需求，分别对应不同的调整方式。可以通过“应用图像”和“计算”命令将照片调整为黑白的效果，也可以通过颜色替换工具为黑白的照片上色。

8.2.1 “计算”命令——转换黑白照片

最终文件路径：实例文件\chapter8\complete\07-end.psd

案例分析：这是一张在海边拍摄的生活照片，画面构图与人物造型都比较到位，但是由于画面缺乏特别之处，因此显得比较平淡。通过后期的处理，使用Photoshop中的“计算”命令将照片调整为黑白，使画面充满意境。

功能点拨：Photoshop中的“计算”命令可以将来自一个或多个源图像的两个单通道混合，然后将计算结果应用到新图像或者新通道中。使用它只能创建新的黑白通道，选区或图像文件不能创建彩色图像。

STEP 01 打开本书配套光盘中的“实例文件\chapter8\media\07.jpg“文件，打开一张生活照片，在后期的调整中要将其变为富有意境的黑白照片。

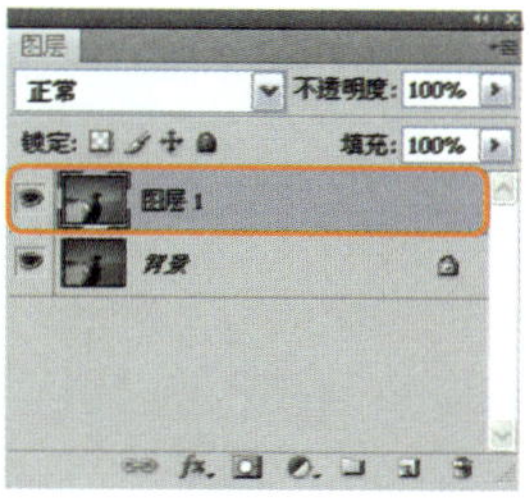

STEP 02 打开“通道”面板，观察分析原始照片的颜色层次，经过对比发现”红“通道层次比较丰富，适合进行调整。

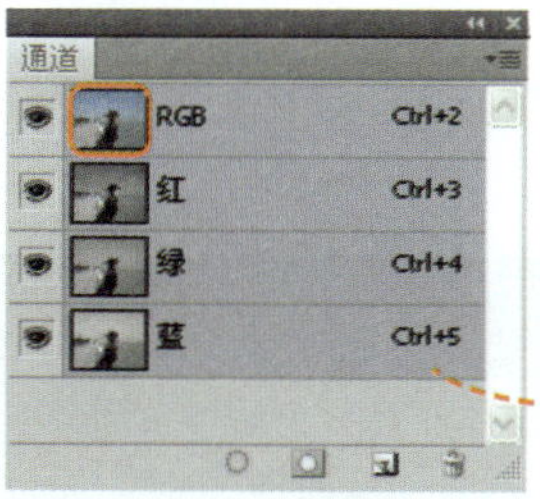

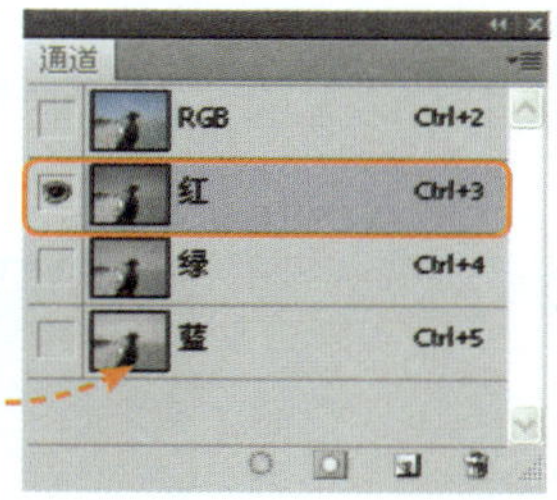

STEP 03 执行“图像>计算”命令，弹出“计算”对话框。对话框中有两个选项组“源1”和“源2”。在默认的情况下，“计算”命令会把两个源图像的“红”通道叠加在一起。

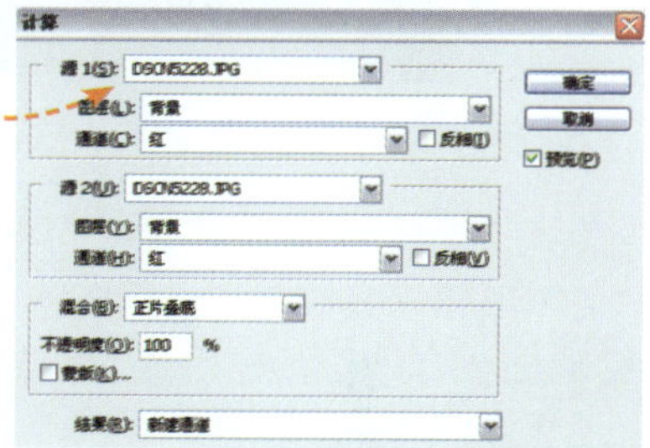

STEP 04 经过之前的观察，发现“红”通道层次较为丰富，适合调整将其创建为黑色图像。设置“源1”与“源2”的“通道”为“红”通道。

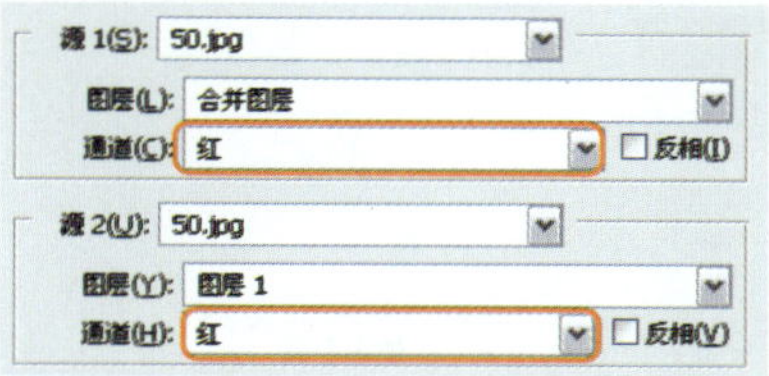

STEP 05 设置“混合”为“正片叠底”，原理是将选择的两个通道叠加。但这时照片过暗，就需要将“不透明度”设置为60%。

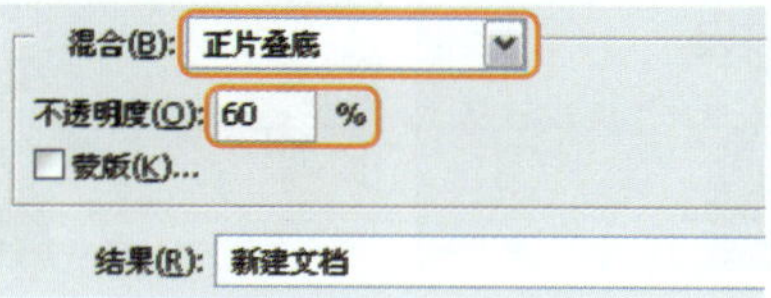

Photoshop基础

认识“计算”命令

“计算”命令是将两个通道混合在一起，创建出新的通道。其原理是将多个源图像的单色通道混合，然后将计算结果应用到新图像或者新通道中。“计算”命令能够调整出独特的合成效果。但是“计算”命令不能创建彩色图像，只能创建黑白图像。

STEP 06 设置完成后单击“确定”按钮。可以看到画面发生了很大的改变。在黑白对比中，照片更加富有意境。

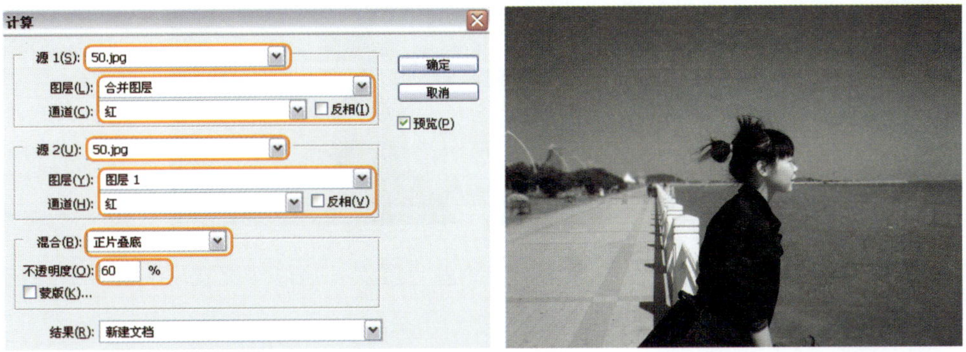

STEP 07 单击“图层”面板下方的“创建新的填充或调整图层”按钮，在弹出的菜单中选择“亮度/对比度”命令，弹出“调整”面板中显示相关的选项，在“调整” 面板中设置“亮度”为27，“对比度”为12。

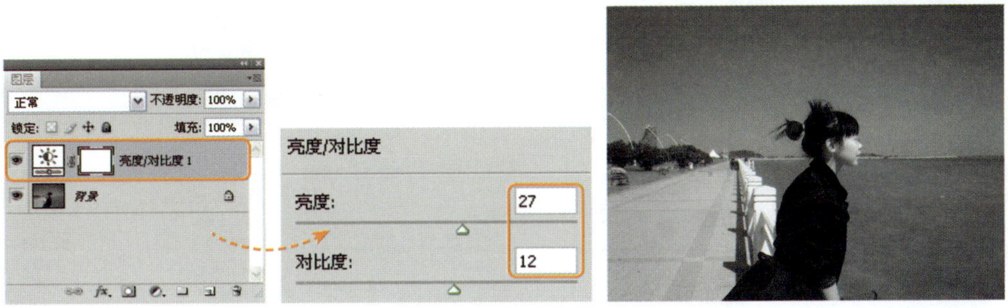

提示与技巧

调整黑白照片

在对黑白照片进行调整时，需要着重体现黑白照片的明暗对比与光影层次。这些都需要通过使用“亮度/对比度”、“曲线”或者“色阶”命令来实现。

STEP 08 按下快捷键Ctrl+Shift+Alt+E盖印图层，得到“图层1”。单击模糊工具，设置笔触为“柔角100像素”，对最远处的海景进行涂抹。至此，本照片调整完成。

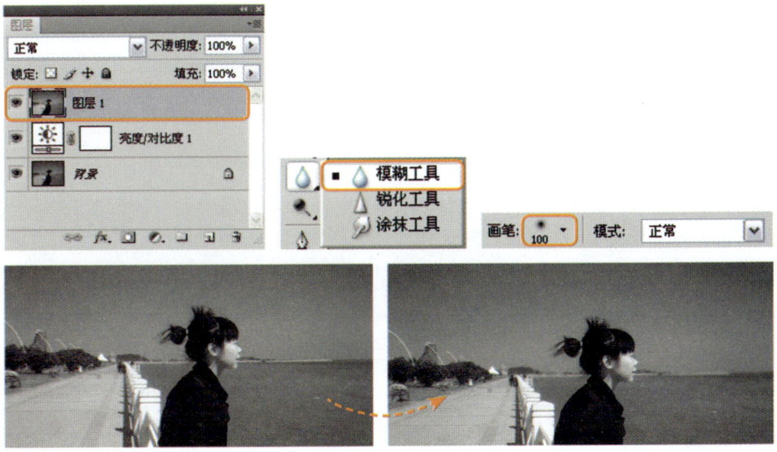

8.2.2 “应用图像”命令——制作黑白人像

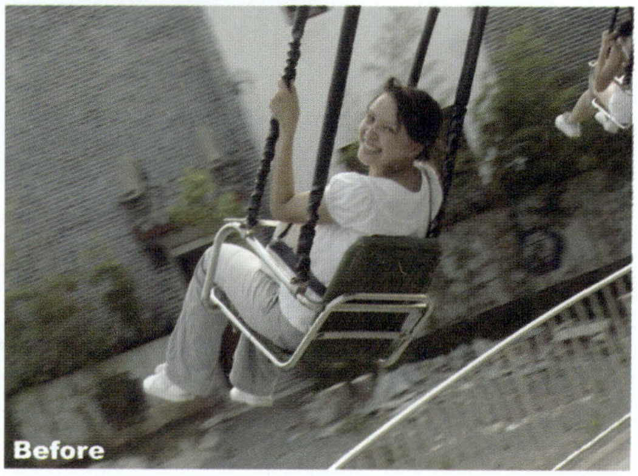

最终文件路径：实例文件\chapter8\complete\08-end.psd

案例分析：这是一张在游乐园拍摄的照片，人物表情自然，虚实处理得当，整个画面充满欢乐的气氛。通过后期的处理，可以将画面调整为黑白效果，在调整的过程中体现出的不同程度的灰色，使得画面更加丰富。

功能点拨：Photoshop中的“应用图像”命令将图层和通道进行“计算”后应用在当前选定的图像上，主要针对单个源的图层和通道的混合方式，同时可以为源添加一个蒙版的计算方式。

STEP 01 打开本书配套光盘中的“实例文件\chapter8\media\08.jpg”文件，看到一张彩色的生活照片，将通过后期的调整将其转换为黑白的效果。

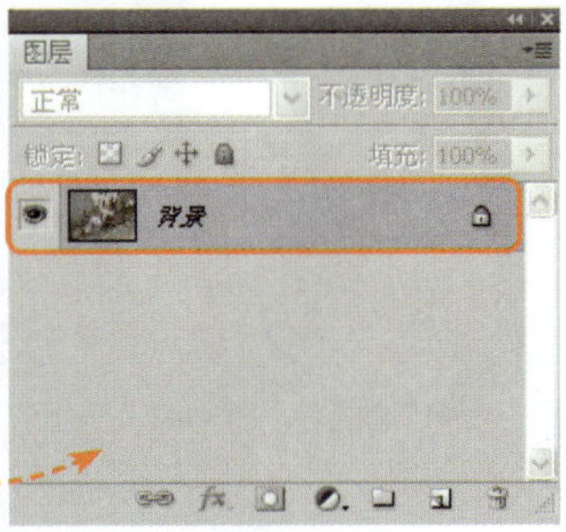

STEP 02 按下快捷键Ctrl+J，复制得到“图层1”。

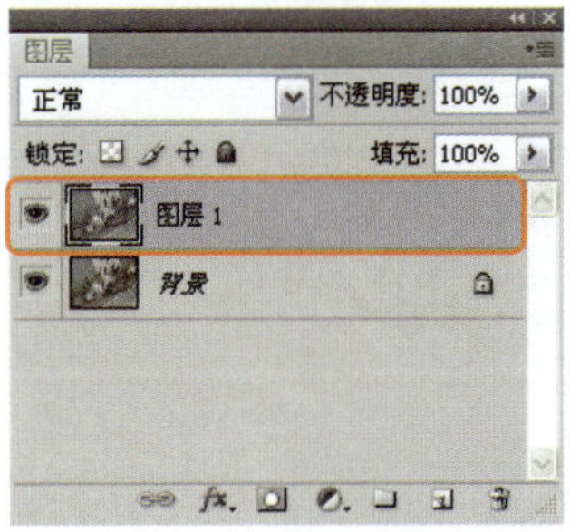

Photoshop基础

“应用图像”命令的原理

使用“应用图像”命令可将一个图像的图层和通道（源）与现有图像（目标）的图层和通道进行混合。

打开源图像和目标图像，并在目标图像中选择所需的图层和通道。图像的像素尺寸必须与“应用图像”对话框中出现的图像名称匹配。

如果两个图像的色彩模式不同如分别为RGB和CMYK模式，可以在图像之间将单个通道拷贝到其他通道，但不能将复合通道复制到其他图像中的复合通道。

STEP 03 执行“图像>应用图像”命令，弹出“应用图像”对话框，对其进行调整可以将图像转换为黑白的效果。使用“应用图像”命令的优点在于可以选择层次丰富的颜色通道。下面观察“通道”中的“红”、“绿”、“蓝”通道，可以看出“红”通道的层次最丰富。

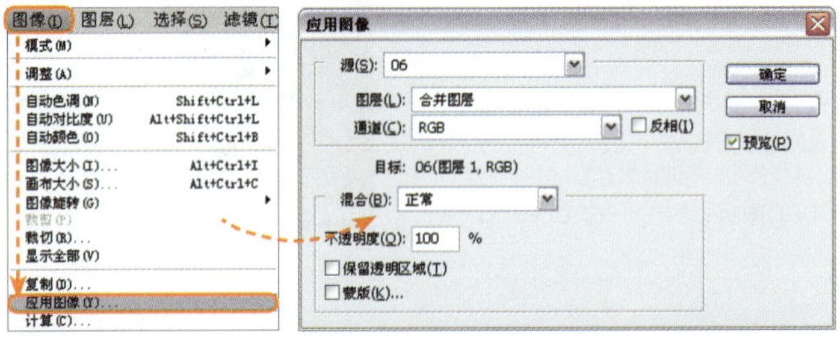

STEP 04 在打开的“应用图像”对话框中设置“通道”为“红”通道，完成后单击“确定”按钮退出。

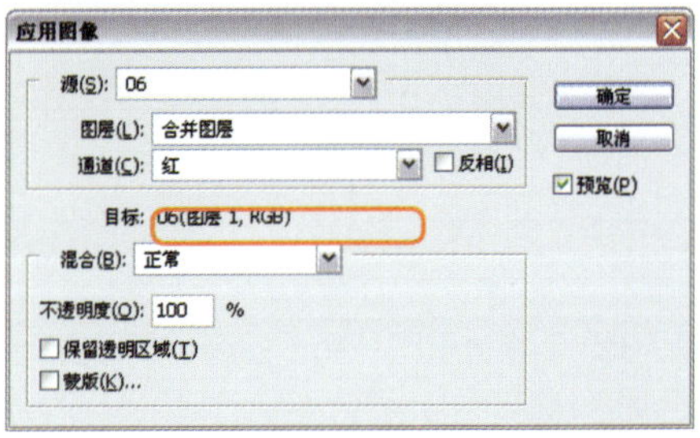

STEP 05 经过调整可以看到画面已经由彩色转换为黑白的效果。但由于对比度不够，图像亮部与暗部的区分不够明显，使得画面灰暗。下面将通过调整解决这一问题。

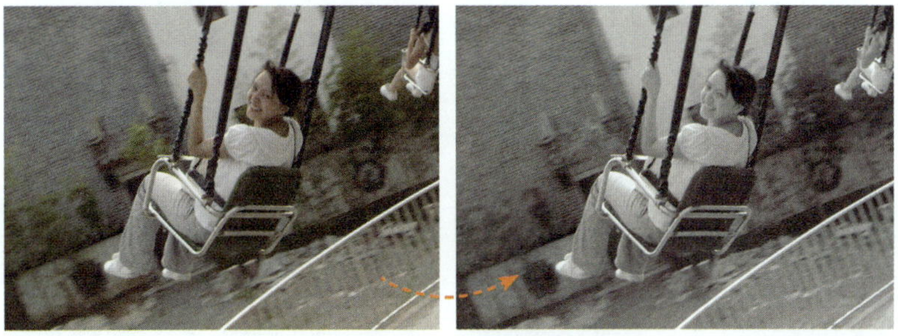

STEP 06 单击“图层”面板下方的“创建新的填充或调整图层”按钮，在弹出的菜单中选择“亮度/对比度”命令，“图层”面板中出现一个“亮度/对比度1”调整图层。

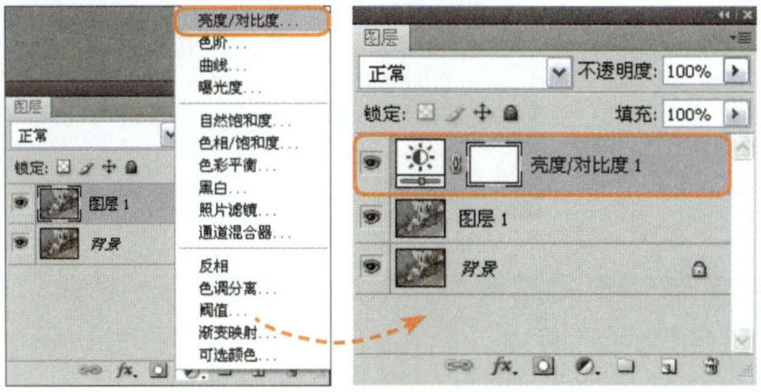

STEP 07 在“调整”面板中设置“亮度”为6，“对比度”为71。

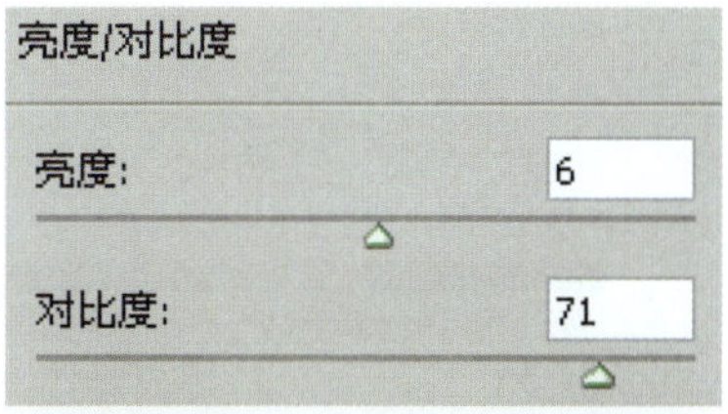

提示与技巧

适合调整为黑白效果的照片类型

在数码照片中，有一些照片适合调整为黑白照片，调整后的照片更富有气氛。但是有的照片调整为黑白照片后反而丢失了以前的美感。究竟哪些照片适合调整为黑白效果呢？

首先，处于动态的人物照片比较适合，经过调整可以使得照片充满怀旧气氛；其次是色彩对比不够强烈的照片，经过调整能够将人们的注意力集中在画面的明暗对比上，提高画面的视觉感；最后，构图完整的照片也比较适合，因为在黑白照片中构图与光影的层次感占据着同样重要的位置。

STEP 08 单击“图层”面板下方的“创建新的填充或调整图层”按钮，在弹出的菜单中选择“色阶”命令，“图层”面板中出现“色阶1”调整图层。

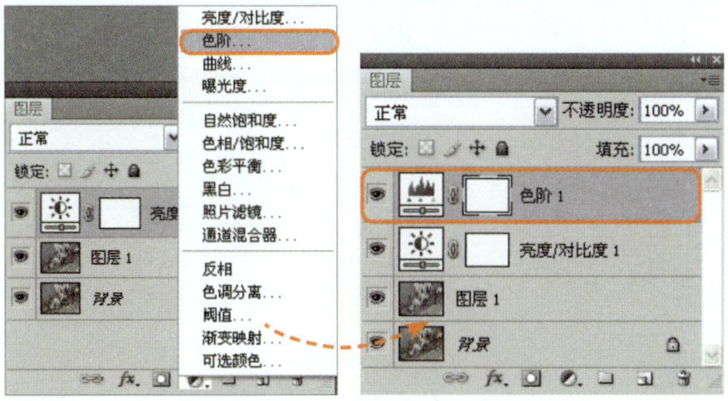

STEP 09 在“调整”面板中将“输入色阶”中的白色滑块与黑色滑块向中间移动，以增加亮部与暗部的对比，最后，设置“输入色阶”为12、0.94和250。

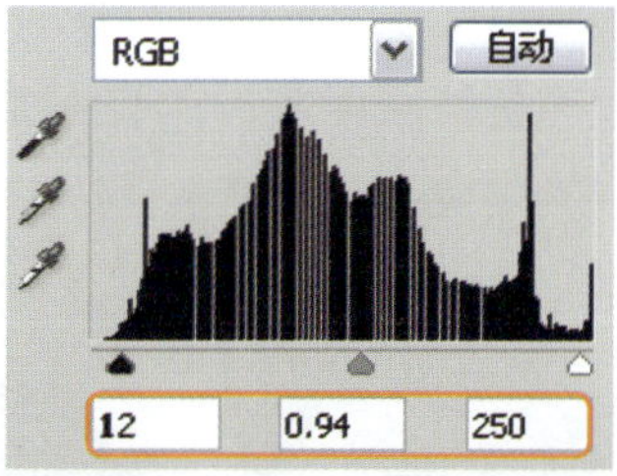

STEP 10 经过使用“亮度/对比度”与“色阶”命令进行调整，黑白照片的对比度加强，画面更加醒目，下面将通过“曲线”命令使画面更加协调。单击“图层”面板下方的“创建新的填充或调整图层”按钮，在弹出的菜单中选择“曲线”命令，在“调整”面板中设置两个控制点，将其分别向上下移动。

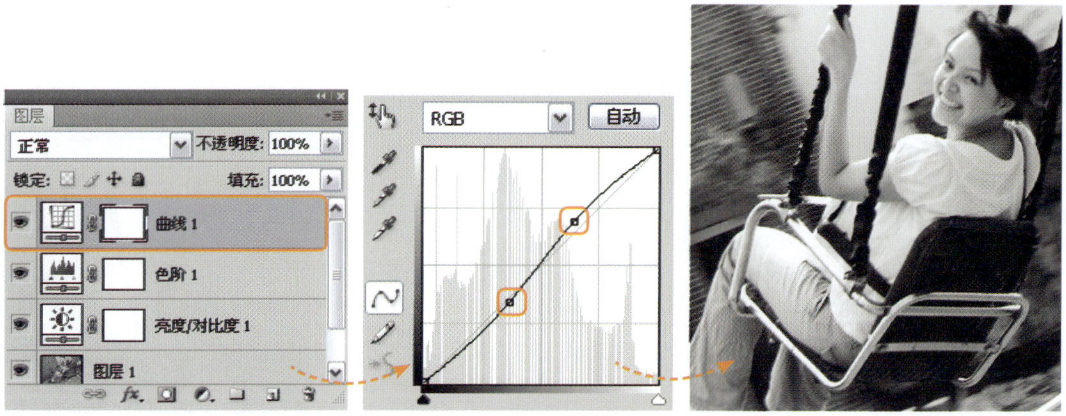

STEP 11 单击“图层”面板下方的“创建新图层”按钮，得到“图层2”。单击渐变工具，在选项栏中单击“径向渐变”按钮。

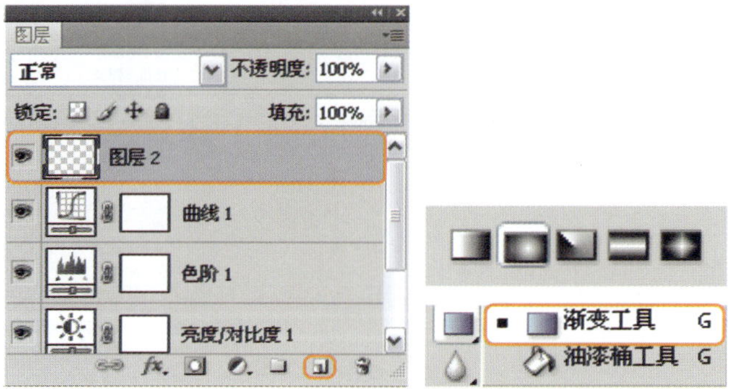

STEP 12 按下快捷键D将前景色与背景色设置为默认的黑白状态，然后使用鼠标由里而外拖曳，得到一个径向渐变。画面被渐变效果覆盖，不用担心这只是暂时的。

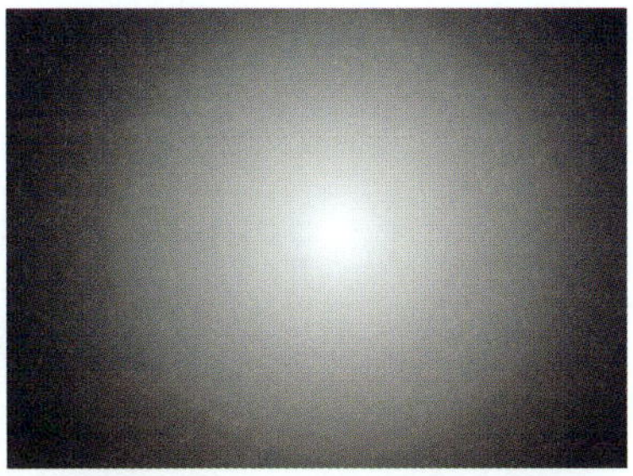

STEP 13 设置图层的“不透明度”为48%，“填充”为28%。画面变得四周较暗，中间较亮。

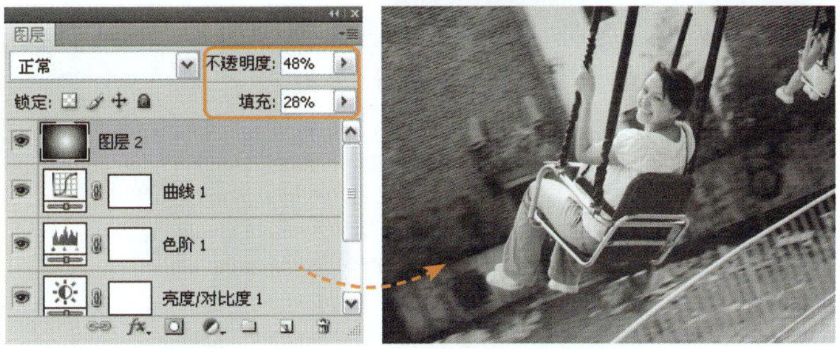

STEP 14 仔细观察会发现，渐变填充使得画面比较灰暗，下面将通过蒙版还原中间部分的亮度。单击“图层”面板下方的“添加图层蒙版”按钮，为“图层2”添加图层蒙版。单击画笔工具，选择一个较软的笔触。

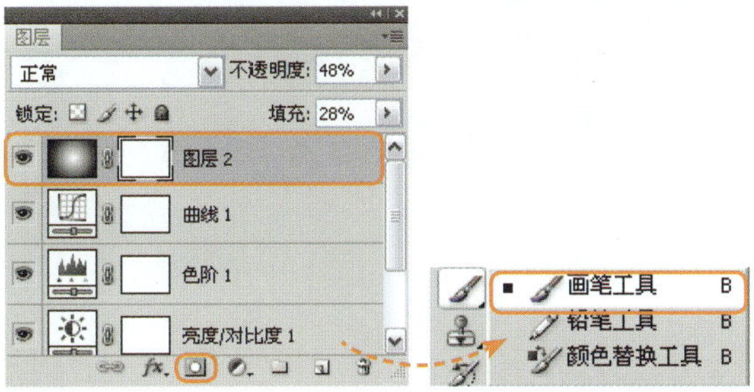

STEP 15 使用设置好的画笔工具，在画面的中间部分均匀地涂抹，以提高画面的亮度。至此，本照片调整完成。

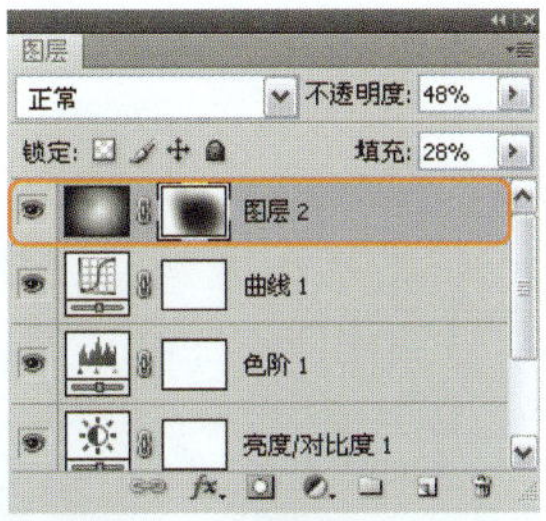

提示与技巧

使用蒙版的好处

图像中的每一个图层都可以添加图层蒙版，但是每图像只能添加一个蒙版。使用蒙版的好处就是它不会破坏原来的图像，只是通过蒙版控制图像的显示和隐藏。

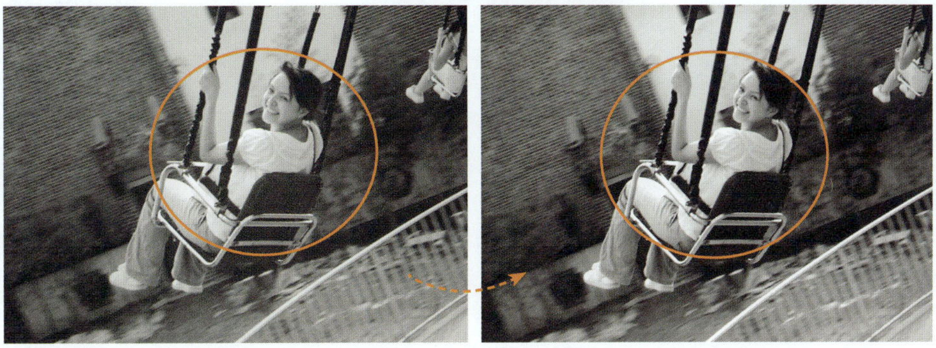

8.2.3 颜色替换工具——为黑白照片上色

最终文件路径： 实例文件\chapter8\complete\09-end.psd

案例分析： 这是一张静物的照片，画面构图完整，主体物清晰，但是可爱的玩偶并不适合用黑白效果来表现。通过后期的处理，将使用Photoshop的颜色替换工具为黑白照片添加上鲜艳的颜色，给人以温馨的感觉。

功能点拨： Photoshop中的颜色替换工具用于对图像中指定的颜色区域进行替换。颜色替换工具比画笔工具更加便捷，由于它兼具图层混合模式的功能，因此可以使得使得涂抹的颜色自然地叠加在原图像之上。

STEP 01 打开本书配套光盘中的“实例文件\chapter8\media\09.jpg”文件，下面将为这张黑白照片添加颜色。

STEP 02 按下快捷键Ctrl+J复制“背景”图层，得到“图层1”。单击颜色替换工具，单击选项栏中的“画笔”右侧的下三角按钮，设置“直径”为38px，“硬度”为9%，“间距”为28%。然后单击“模式”为“颜色”选项，“限制”为“连续”，“容差”为46%。

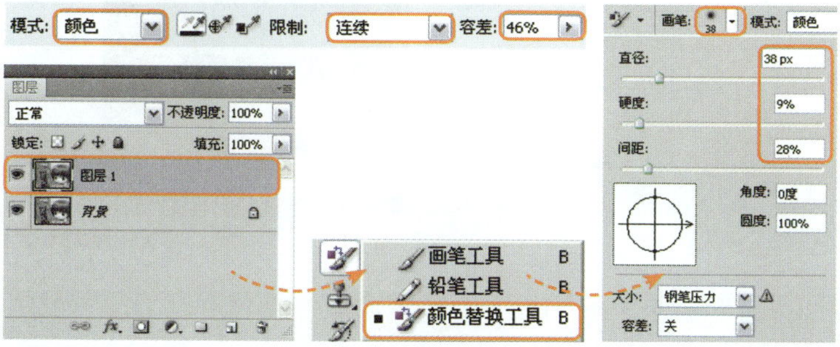

STEP 03 单击工具箱中前景色图标，弹出“拾色器”对话框，在打开的“拾色器”对话框中设置颜色为R179、G97、B83。使用颜色替换工具在娃娃的头发部分仔细涂抹，可以看到头发的颜色明显改变。

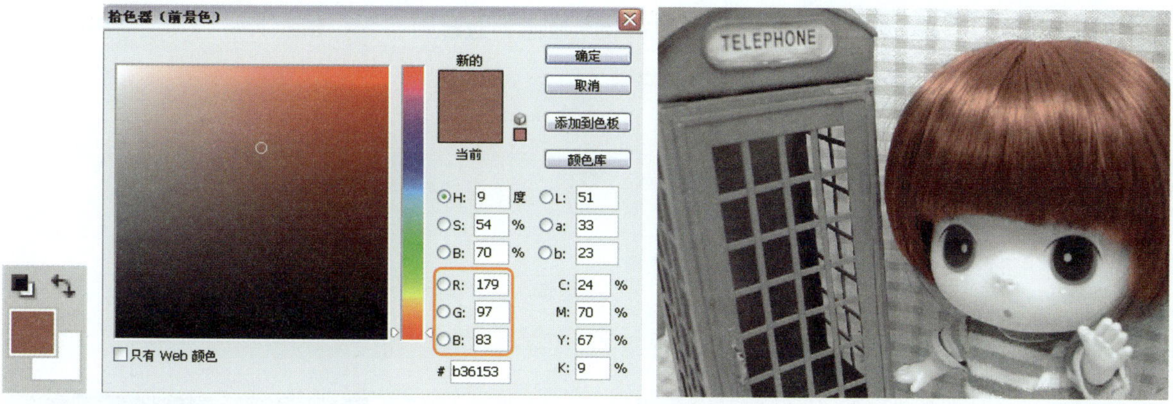

STEP 04 单击工具箱中的前景色图标，弹出“拾色器”对话框，在打开的“拾色器”对话框中设置颜色为R255、G205、B194，使用颜色替换工具将娃娃的脸部涂抹为肉色，应注意涂抹时避开眼睛部分，使之保留先前的颜色。

提示与技巧

为黑白照片上色的技巧

为黑白照片上色是修复老照片的常用方法。在这类调整的过程中是有技巧可寻的。

首先，上色不只是添加颜色，除了灰度层次以外，色彩也是有层次的。建议在添加颜色后，通过对“不透明度”与“填充”的参数设置或是添加蒙版使得画面效果更加自然。

其次需要懂得如何搭配，使整张照片看起来自然美观，这对个人审美能力有一定要求。

最后，在上色之后最好对照片进行曲线调整，将画面的亮部与暗部加强。这一操作可以使照片有一种清新的感觉。

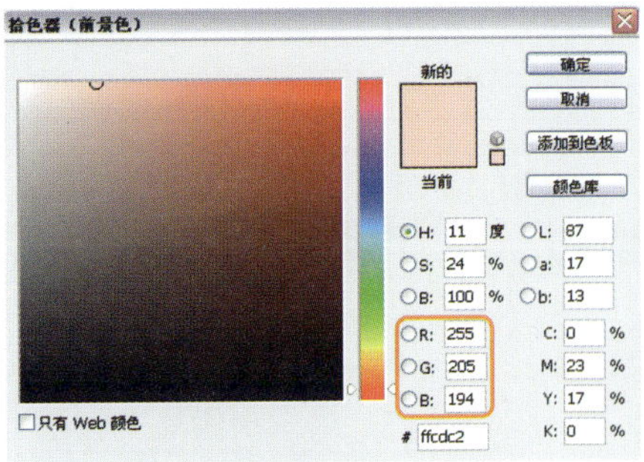

STEP 05 下面涂抹娃娃的衣服部分。单击颜色替换工具。单击选项栏中的〝画笔〞右侧的下三角按钮，设置〝直径〞为17px，〝硬度〞为5%，〝间距〞为28%。设置颜色为R255、G145、B175。对娃娃的衣服进行涂抹，涂抹边缘时要注意不要超出。

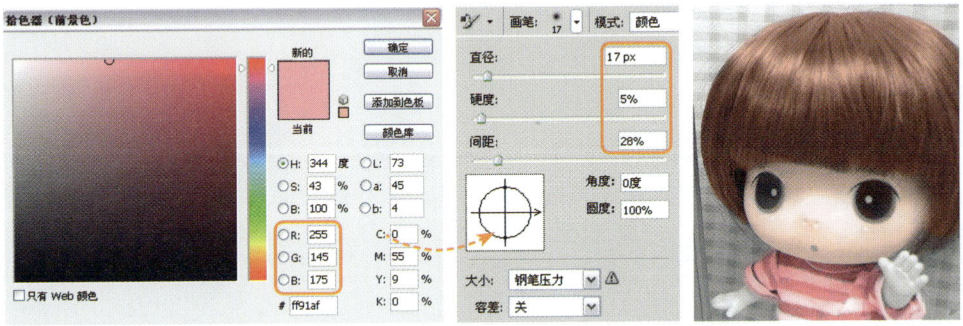

Photoshop基础

了解颜色替换工具

颜色替换工具能够将图像中的颜色替换，但不适用于位图、索引或者多通道色彩模式下的图像。下面对颜色替换工具中的选项栏做介绍。

〝颜色替换〞工具的选项栏

画笔： 用于设置画笔的大小、样式以及其他详细细节。

模式： 通常默认为“颜色”选项。

“连续”按钮： 表示连续对图像取样。

“一次”按钮： 表示只替换一次颜色。

“背景色板”按钮： 表示只替换背景色区域。

“限制”下拉列表： 表示替换区域的范围，有“不连续”、“连续”和“查找边缘”3个选项。

消除锯齿： 可以控制选区边缘的平滑度。

STEP 06 娃娃的上色已经基本完成，最后使用同样的方法为手部上色，选用比脸部较浅的肉色，设置颜色为R213、G180、B163。

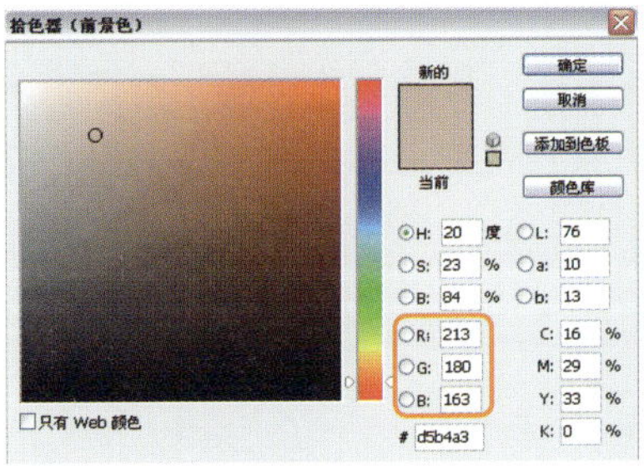

STEP 07 手部的上色完成后，可以看到画面的效果已经有了明显的改变，娃娃由之前的黑白效果转变为了彩色，色彩效果十分自然。

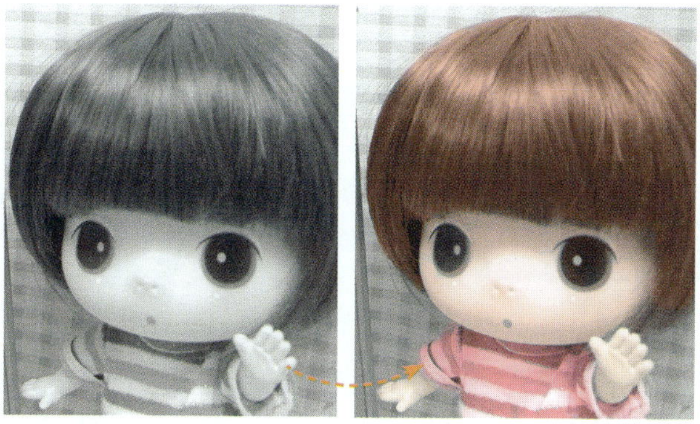

STEP 08 下面将为电话亭部分上色，单击颜色替换工具，单击选项栏中的“画笔”右侧的下三角按钮，设置“直径”为67px，“硬度”为5%，“间距”为28%。设置前景色为R235、G89、B90，在电话亭部分上涂抹。

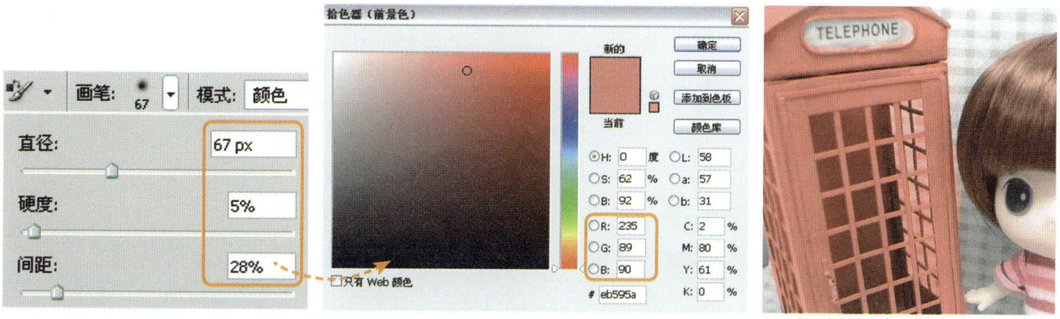

STEP 09 设置前景色为R255、G226、B233，对背景部分进行涂抹，可以看到背景由之前的黑白变为淡红色，整个画面色调显得一致且和谐。

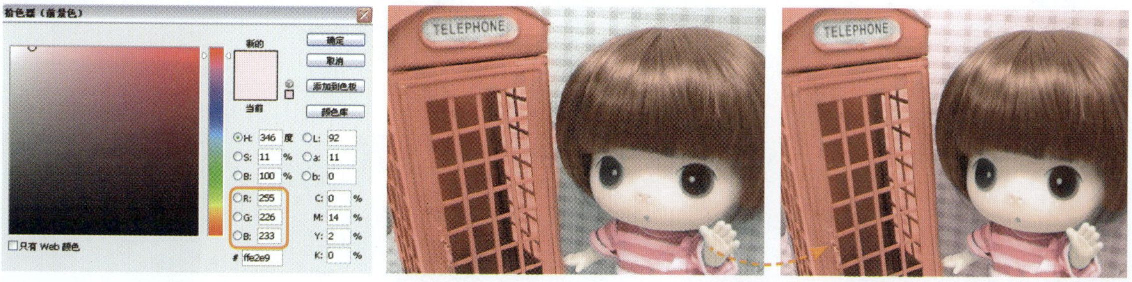

STEP 10 使用同样的方法，将电话亭的标点涂抹为R237、G222、B235的颜色。

STEP 11 上色已经基本完成，但仔细观察会发现，电话亭的内部偏红，没有将空间效果呈现出来，应选择一个较深的红色对其进行替换。单击颜色替换工具，设置前景色为R91、G29、B32，在电话亭的内部涂抹。

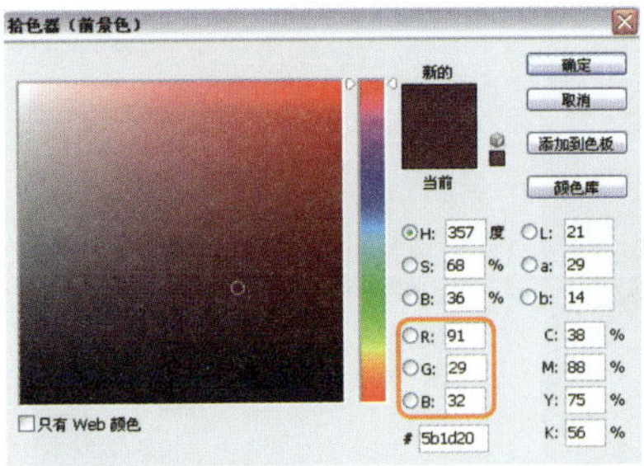

STEP 12 替换过后整个照片的上色部分已经基本完成，下面将对遗漏的一些细节部分进行填补。单击“图层”面板下方的“创建新图层”按钮，得到新建图层，将其命名为“细节”。单击颜色替换工具，单击选项栏中的“画笔”右侧的下三角按钮，设置“直径”为10px，其他参数不变。

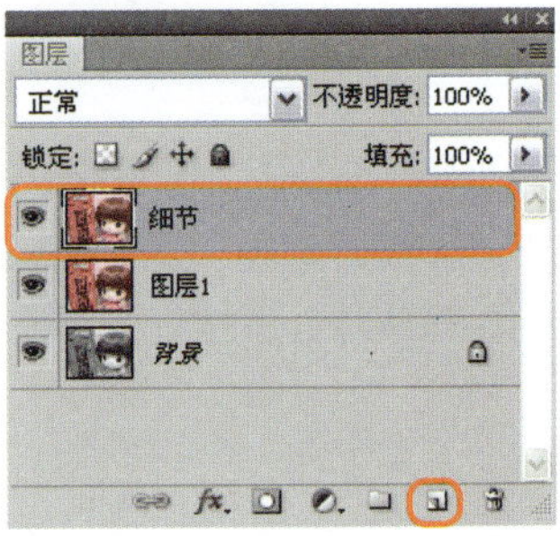

STEP 13 使用设置好的颜色替换工具，按住Alt键，颜色替换工具光标变为吸管工具光标，在需要取样的地方单击取样，然后释放Alt键，在需要调整的地方涂抹。例如娃娃的头发部分，有一些边缘没有填充到位，可以在该步骤中将其替换。

提示与技巧

细微部分的调整

在对图像进行色彩填充时，有一些边缘部分会填充不准确，此时需要将笔触调小，对不准确的地方进行细微调整。

STEP 14 单击“图层”面板下方的“创建新的填充或调整图层”按钮，在弹出的菜单中选择“色相/饱和度”命令，“图层”面板中出现“色相/饱和度1”调整图层。

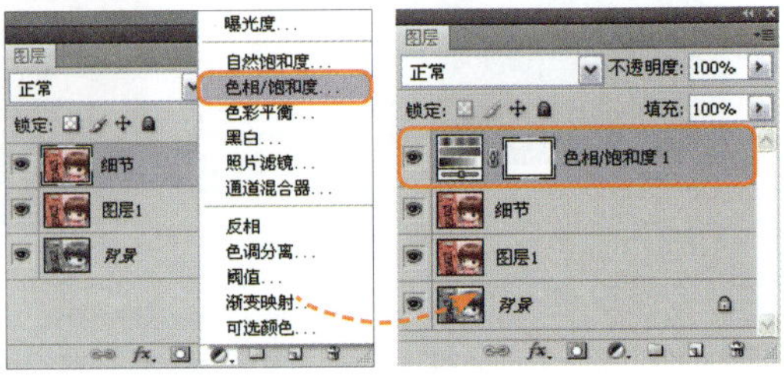

STEP 15 在“调整”面板中设置“编辑”中的“全图”选项，设置“饱和度”为+13，可以看到画面的色彩更加鲜艳。

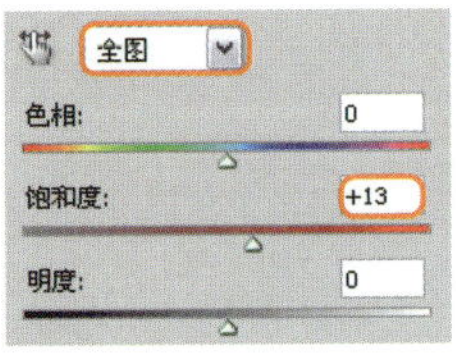

STEP 16 单击“图层”面板下方的“创建新的填充或调整图层”按钮，在弹出的菜单中选择“曲线”命令，“图层”面板中出现“曲线1”调整图层。

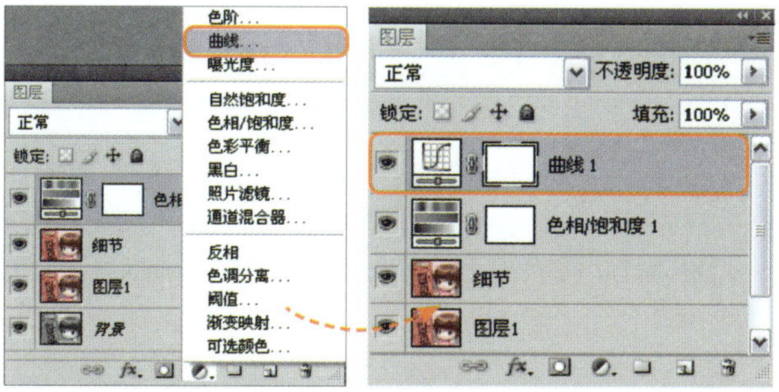

STEP 17 在“调整”面板中设置两个控制点，将其分别向上下移动，从而提高画面中亮部与暗部的对比。

STEP 18 按下快捷键Ctrl+Shift+Alt+E盖印图层，将得到的新建图层命名为“锐化”。执行“滤镜>锐化>USM锐化”命令，弹出“USM锐化”对话框。在打开的“USM锐化”对话框中设置“数量”为96%，“半径”为1.0像素，“阈值”为0色阶，完成后单击“确定”按钮。

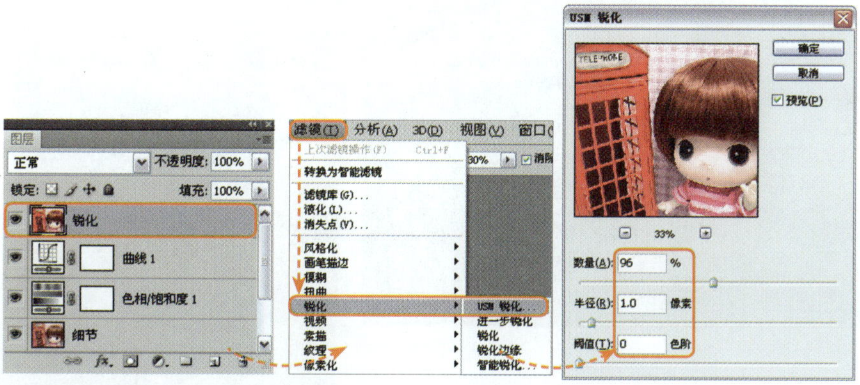

STEP 19 可以看到画面中的细节部分更加明显，画面的清晰度提高。至此，本照片调整完成。

8.3 修复黑白旧照片的瑕疵

在生活中，一些珍贵的黑白老照片可能会由于存放不当或者时间久远等一些客观原因，出现污点，严重划痕或者图像颜色泛黄等常见的问题。在Photoshop中，通过运用各种工具和命令，对图像进行处理，可以使受损的照片恢复本来的面貌，从而保留珍贵的回忆。

8.3.1 修复画笔工具——去除旧照片的污迹

最终文件路径： 实例文件\chapter8\complete\10-end.psd

案例分析： 这是一张老照片，由于年代长久使得画面上出现了一些污迹，破坏了照片的整体美观，通过后期的处理可以将其恢复到原来的模样。为了使得调整后的效果更加自然，在消除污迹时，需要将亮度调整得和原图像色调一致。

功能点拨： Photoshop中的修复画笔工具使修复的图像与周围的图像完美匹配，能够将样本图像中的纹理、透明度、光照进行复制，复制后的效果自然。

STEP 01 打开本书配套光盘中的“实例文件\chapter8\media\10.jpg“文件，这是一张需要修补的老照片。由于经过扫描仪扫描得到，图像有所倾斜。

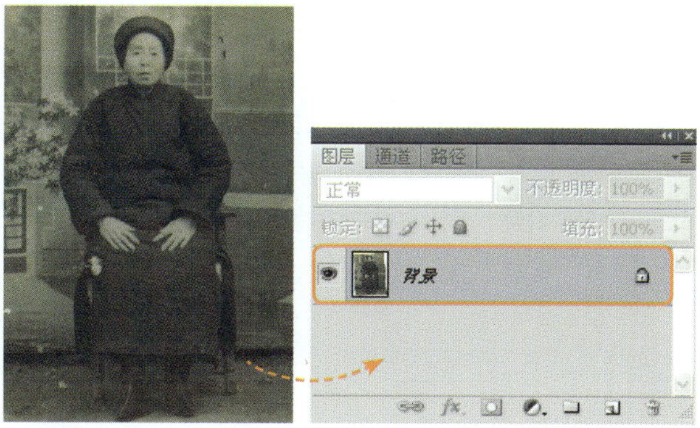

STEP 02 单击裁剪工具，框选图像部分，调整完成后单击Enter键确定，可以看到倾斜的图像立即转变为正面。

STEP 03 将“背景”图层拖动到“创建新图层”按钮，得到“背景副本”图层。单击修复画笔工具，设置选项栏中的“画笔”为“柔角25像素“。

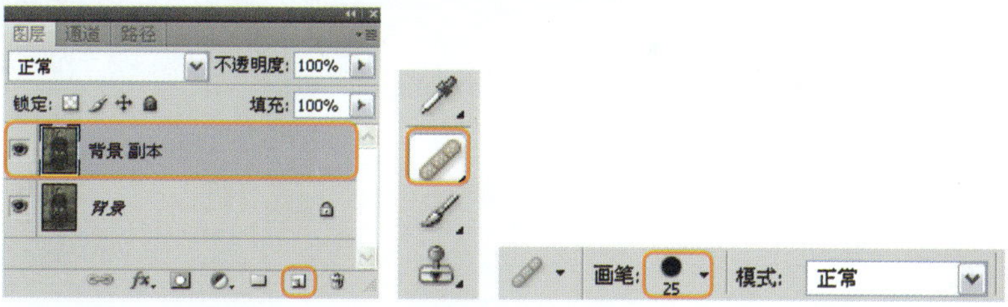

STEP 04 按住Alt键的同时在画面左下方的干净部分单击吸取颜色，松开Alt键后在画面中有瑕疵的地方进行涂抹，经过多次涂抹后去除了画面左下方的瑕疵。

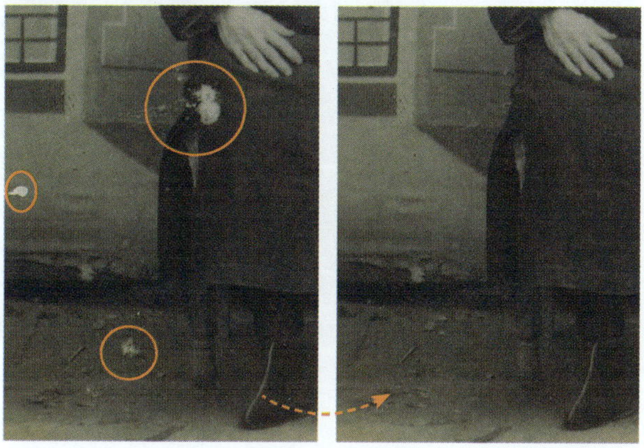

STEP 05 使用同样的方法，按住Alt键在画面右下方的干净部分单击吸取颜色，松开Alt键后在画面中有瑕疵的地方进行涂抹，去除画面右下方的瑕疵。

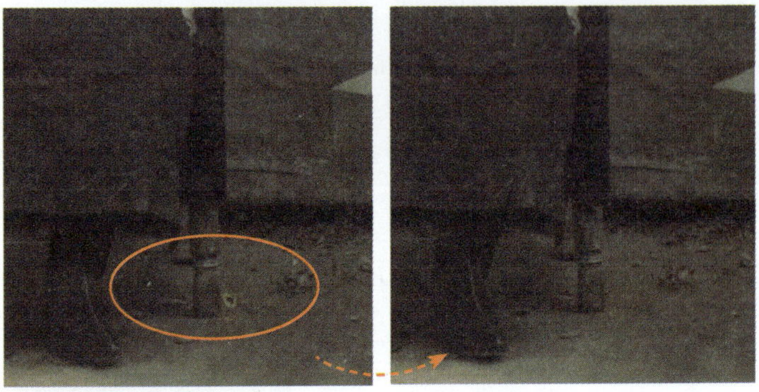

STEP 06 经过细节部分的修补，可以看到画面中的污迹已被消除，照片质量明显提高。

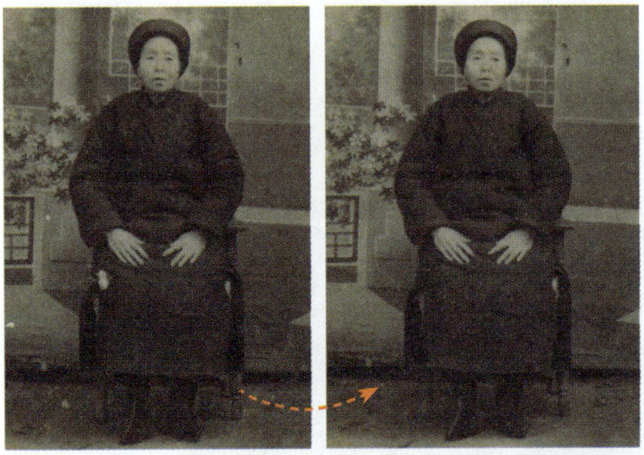

提示与技巧

灵活调整画笔大小

在使用仿制图章工具对照片进行修补时，会遇到大小不一的污点。可按下键盘上的[和]键，随时灵活地调整画笔的大小，这样会使得调整后的效果更加自然。

STEP 07 单击“图层”面板下方的“创建新的填充或调整图层”按钮，在弹出的菜单中选择“黑白”命令，“调整”面板中显示相关的选项，在打开的面板中设置“红色”为80，“黄色”为109，“绿色”为63，“青色”为60，“蓝色”为-57，“洋红”为20。

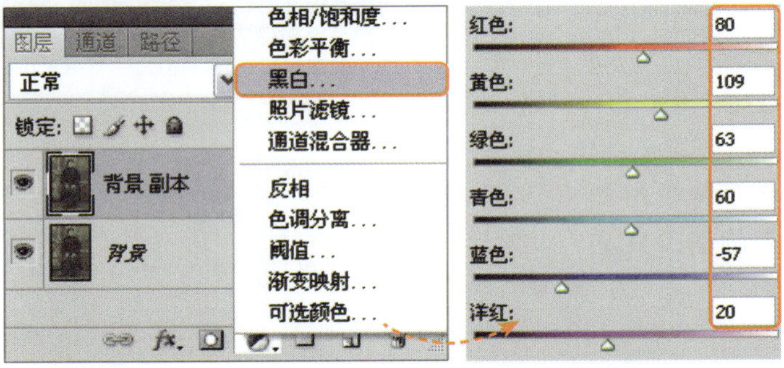

STEP 08 原照片由于放置时间较长，出现了暗黄色，经过调整后，可以看到照片恢复为黑白的效果。

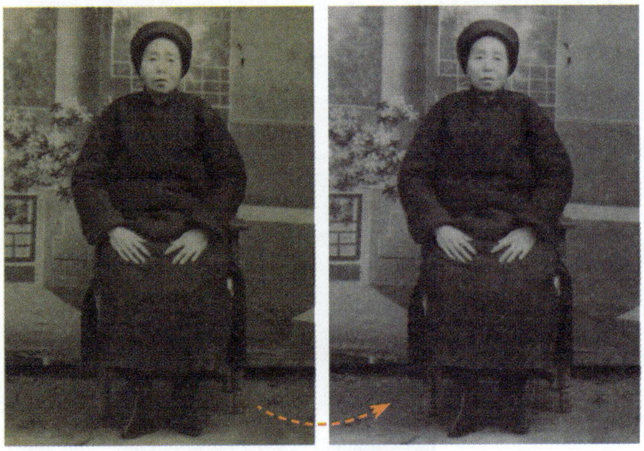

STEP 09 单击“图层”面板下方的“创建新的填充或调整图层”按钮，在弹出的菜单中选择“曲线”命令，在“调整”面板中设置两个控制点将其分别往上下移动。

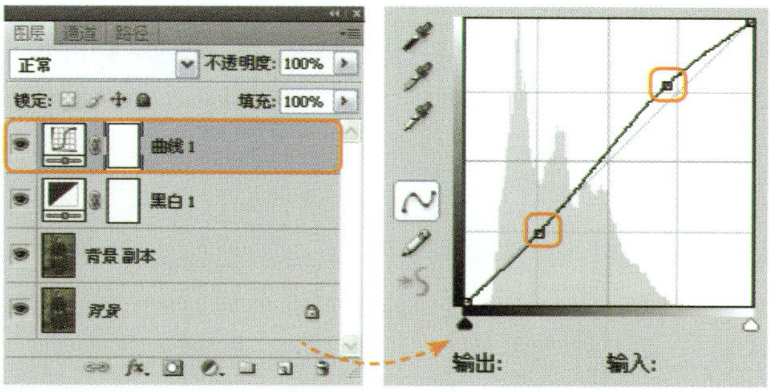

STEP 10 通过使用“曲线”命令进行调整，画面中的亮部与暗部的对比度提高，图像更加清晰。

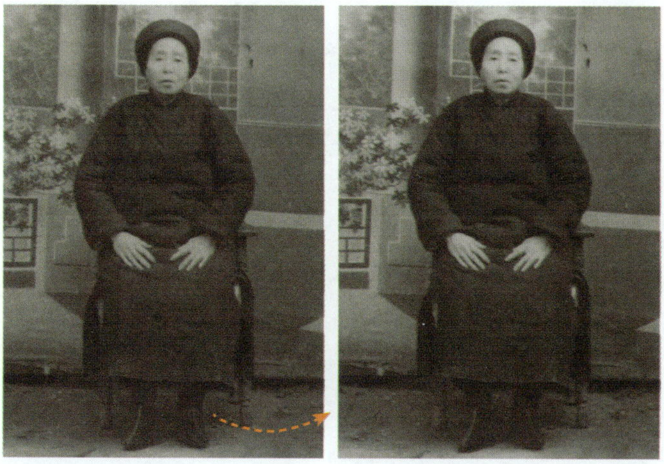

提示与技巧

调整照片对比度

由于老照片的放置时间长久，画面中的对比度会逐渐减弱。通过使用“曲线”命令进行调整，可以在不改变影调的条件下，提高画面的对比度。

STEP 11 单击“图层”面板下方的“创建新的填充或调整图层”按钮，在弹出的菜单中选择“亮度/对比度”命令，在“调整”面板中显示相关选项，设置“亮度”为0，“对比度”为12，可以看到画面中的对比度提高。至此，本照片调整完成。

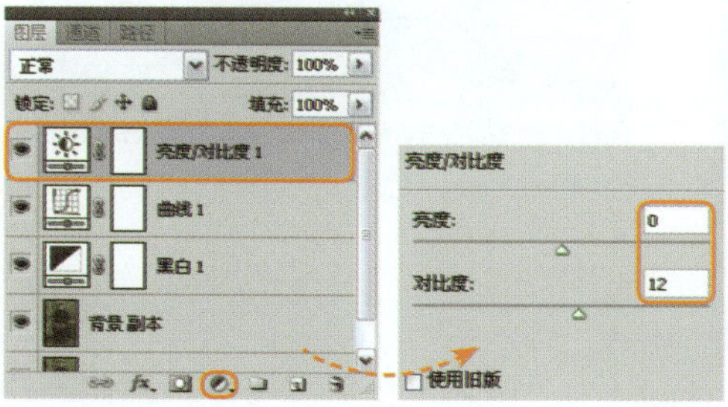

提示与技巧

如何保存黑白照片

普通的黑白照片，只要保存条件得当，可以使照片多年不褪色、不变色。

首先，将照片过塑或者用冷裱膜冷裱。其次，选择有贴膜的相册。由于高温潮湿的环境会使底版老化或照片和薄膜粘连，因此相册应存放在防潮、避光的地方。如果条件允许，可以将照片扫描到计算机里进行保存，还可以刻录成光盘使之保存更久。

8.3.2 修补工具——修补旧照片的严重划痕

最终文件路径：实例文件\chapter8\complete\11-end.psd

案例分析：该照片是在十几年前拍摄的，由于存放的时间比较长，照片出现了明显的划痕，而且在人物部分也有划损的迹象。通过后期的调整，使用Photoshop中的修补工具将其修复，使照片恢复原貌。在修复时要注意褶皱的连贯性。

功能点拨：Photoshop中的修补工具可以利用特定区域的图像像素来修复选中的区域，修补效果自然不留下痕迹，可以与周围的图像很好地交融在一起。在修补工具的选项栏中设置不同的参数，会产生截然不同的效果。

STEP 01 打开本书配套光盘中的“实例文件\chapter8\media\11.jpg”文件，会发现照片的下方有严重的划痕，使得画面效果被破坏。

STEP 02 将“背景”图层拖动到“创建新图层”按钮，得到“背景副本”图层。单击污点修复画笔工具，在需要修复的地方单击去除污点，使得画面变得光洁。

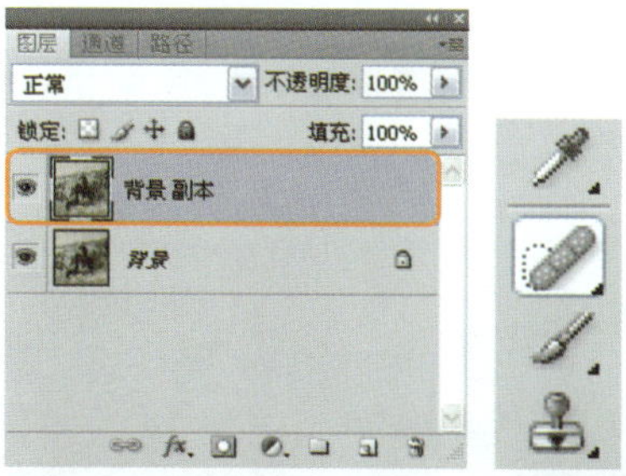

提示与技巧

快速去除污点

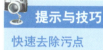

污点修复工具可以快速去除画面中的污点，在调整的过程中，只需单击需要修复的部分即可。

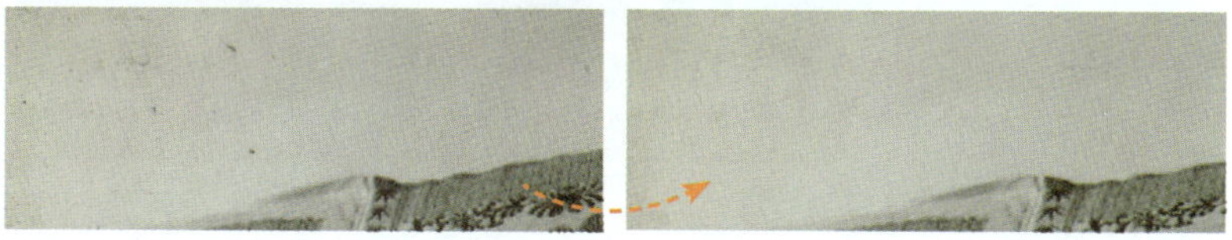

STEP 03 使用同样的方法，将“背景”图层拖动到“创建新图层”按钮，得到“背景副本2”图层。单击污点修复画笔工具，在背景中有杂点的地方单击去除杂点，使得背景恢复光洁。

STEP 04 将“背景”图层拖动到“创建新图层”按钮，得到“背景副本3”图层。单击修补工具，在划痕附近的干净区域创建选区，然后将其拖动到有划痕的区域将划痕区域覆盖，反复进行相同的操作直到修补工作完成，最后按下快捷键Ctrl+D取消选区。

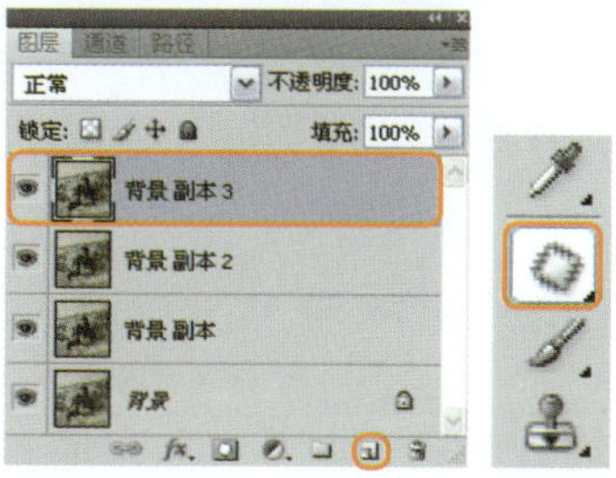

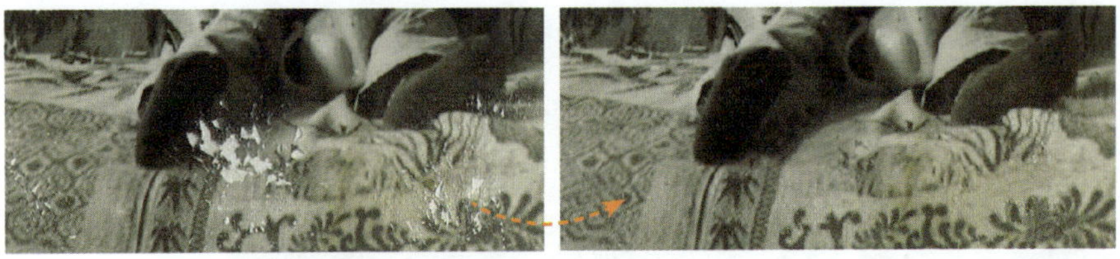

Photoshop基础

“源”与“目标”选项的区别

在修补工具的选项栏中，“源”选项表示选中的图像区域为要修补的选区，“目标”选项表示移动后达到的图像区域为要修补的选区。单击“源”单选按钮修补方法是选择需要修补的区域，然后再把选区拖拽到用于修补的区域。单击“目标”单选按钮的修补方法是先选择合适的区域，再拖动选区到要修补的区域。

STEP 05 经过修补，可以看到画面中的划痕消失，照片质量提高。下面将对画面的整体影调进行细致调整。

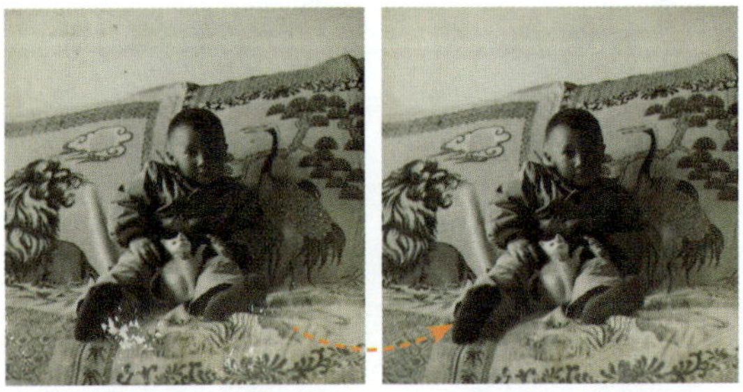

提示与技巧

修补技巧

在修补时应该注意毯子褶皱的连贯性，这样才会使画面更加真实自然。

STEP 06 单击“图层”面板下方的“创建新的填充或调整图层”按钮，在弹出的菜单中选择“亮度/对比度”命令，在“调整”面板中显示相关选项，设置“亮度”为2，“对比度”为10。通过调整，画面中的亮度与对比度提高。

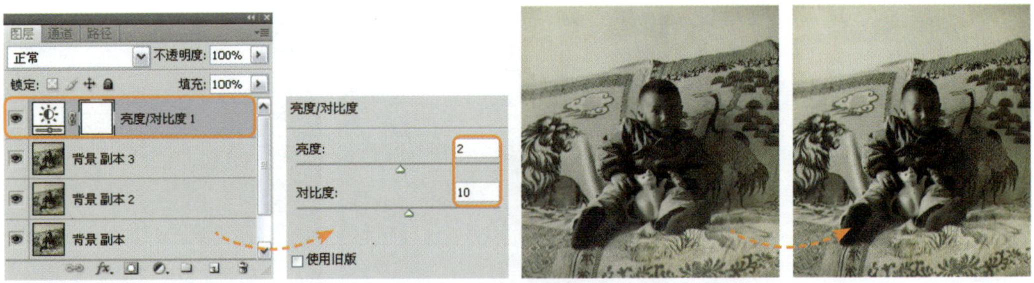

STEP 07 单击“图层”面板下方的“创建新的填充或调整图层”按钮，在弹出的菜单中选择“曲线”命令，在“调整”面板中，设置3个控制点并将其分别向上移动。

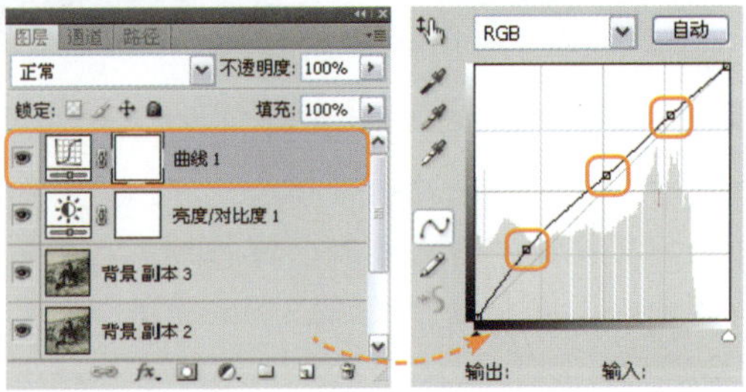

STEP 08 由于照片是在侧光的条件下拍摄的，使得人物的脸部有一半处于背光状态。通过使用“曲线”命令进行调整，可以将画面的整体亮度提高，使得人物的部分脸庞看起来较为清晰。

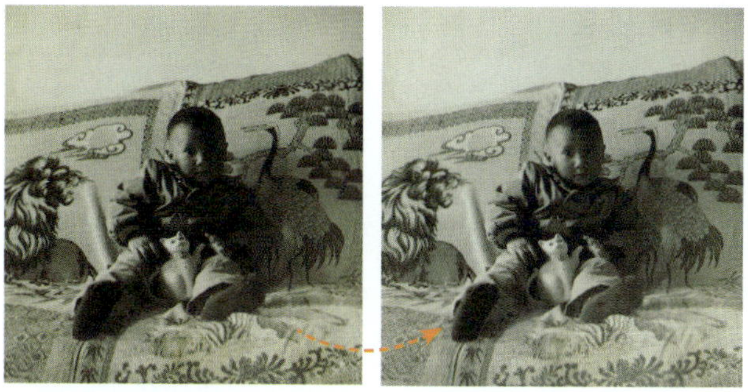

提示与技巧

调整照片的亮度与对比度

照片的放置时间越长，对比度越弱，画面效果也就越模糊。在后期的处理中可以通过使用“亮度/对比度”命令进行调整，从而将其还原。

STEP 09 按下快捷键Ctrl+Shift+Alt+E盖印图层，得到“图层1”。单击减淡工具，设置一个较大的笔触，对人物部分进行单击，提高图像亮度。

STEP 10 单击“图层”面板下方的“创建新的填充或调整图层”按钮，在弹出的菜单中选择“亮度/对比度”命令，在“调整”面板中显示相关选项，设置“亮度”为2，“对比度”为20，可以观察到画面的清晰度提高。

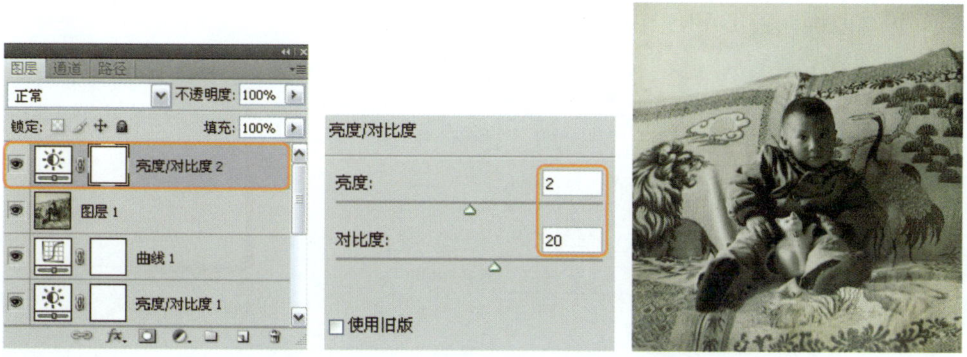

STEP 11 仔细观察会发现画面的右下方有一些黄色的污迹。按下快捷键Ctrl+Shift+Alt+E盖印图层，得到“图层2”。单击减淡工具，在污迹部分进行单击，提高图像亮度。

STEP 12 按下快捷键Ctrl+Shift+Alt+E盖印图层，得到“图层3”。执行“图像>调整>去色”命令或者按下快捷键Shift+Ctrl+U，对画面进行去色处理。

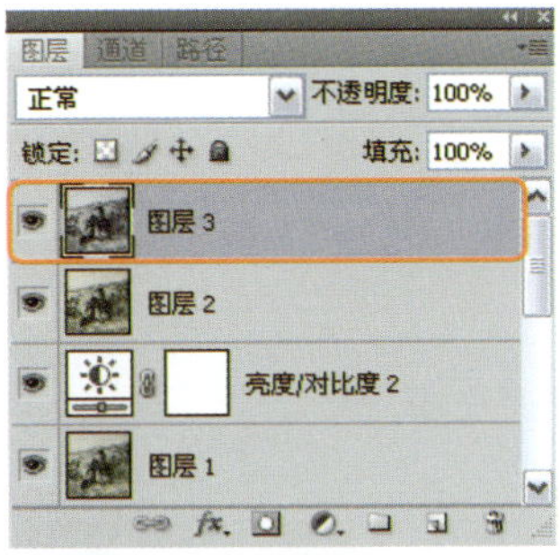

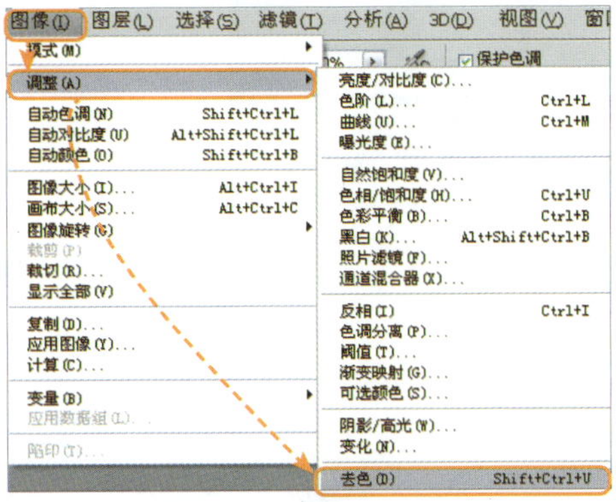

提示与技巧

“去色”命令与灰度模式的区别

灰度模式也能够去除图像的色彩，但是不能为灰度图像上色。利用“去色”命令不仅可以调整灰度图像，还可以通过画笔工具、“色相/饱和度命令”等为图像上色。

STEP 13 偏色是黑白照片常见的问题，通过执行“去色”命令可以纠正图像偏色的现象，将照片调整为黑白的效果。

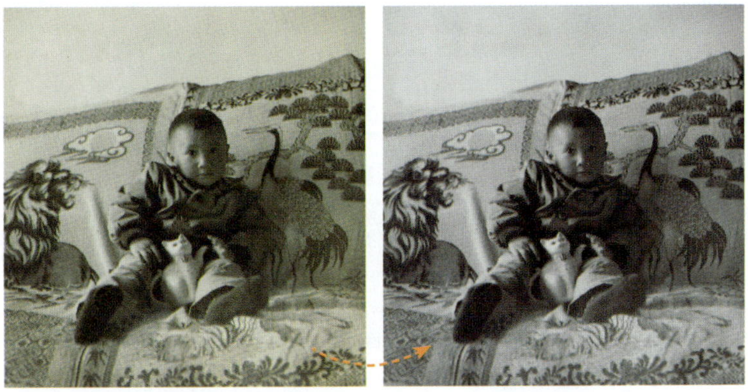

STEP 14 单击“图层”面板下方的“创建新的填充或调整图层”按钮，在弹出的菜单中选择“曲线”命令。在弹出“调整”面板中设置两个控制点，将其分别向上移动。经过使用“曲线”命令的调整，画面中的人物部分更加清晰。至此，本照片调整完成。

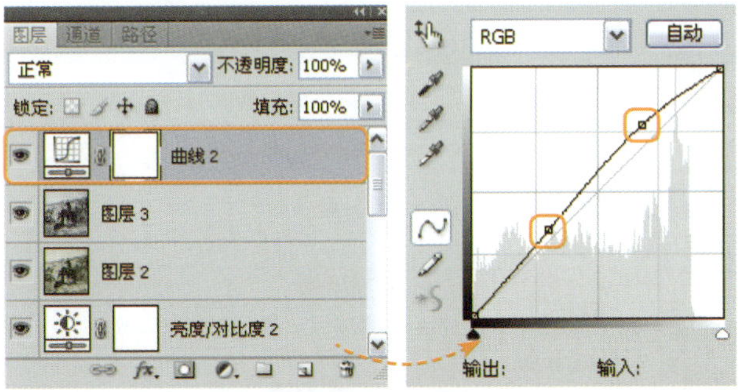

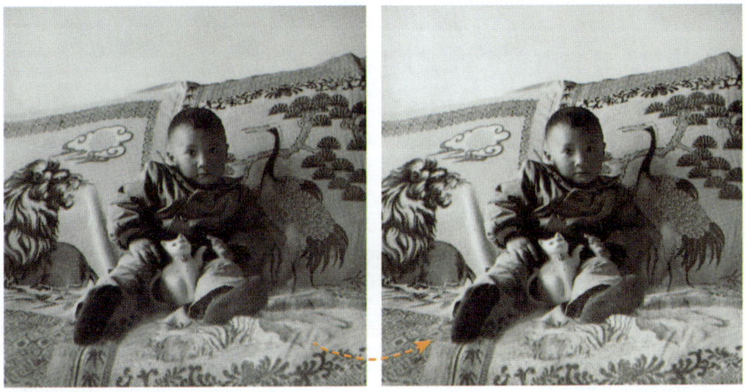

◐ 8.3.3 仿制图章工具——修补缺失的旧照片

最终文件路径：实例文件\chapter8\complete\12-end.psd

案例分析：该照片是一张收藏已久的合照，由于保存不当使得照片的左边破损，导致照片画面的严重缺失，同时照片的四周还存在很多污迹。通过后期的调整，将使用Photoshop中的仿制图章工具对图像进行调整和修补，使照片还原以前的效果。

功能点拨：Photoshop中的仿制图章工具可以将指定区域图像复制到需要修复的区域。该工具常用于修复老照片，其仿制效果非常自然。

STEP 01 打开本书配套光盘中的“实例文件\chapter8\media\12.jpg”文件，通过观察会发现照片的左侧有严重的损坏，导致画面部分缺失。

STEP 02 将“背景”图层拖动到“创建新图层”按钮，得到“背景副本”图层。单击仿制图章工具，按住Alt键的同时在照片边缘干净处单击吸取颜色，然后松开Alt键，在四周有污迹的部分进行涂抹，去除照片四周的污迹。

STEP 03 单击“图层”面板下方的“创建新的填充或调整图层”按钮，在弹出的菜单中选择“色阶”命令，“调整”面板中显示相关的选项，设置“输入色阶”为10、0.93、222，可以看到画面中亮部与暗部的对比度提高。

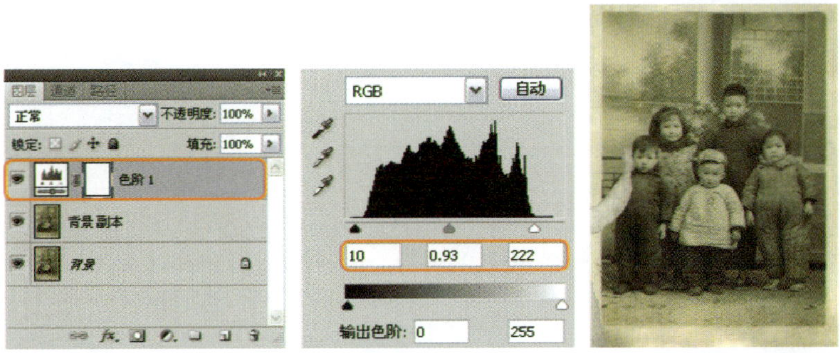

提示与技巧

如何快速隐藏图层

按住Alt键的同时单击图层左侧的“指示图层可见性”按钮，即可快速隐藏除该图层外的所有图层，重复该操作即可重新显示所有图层。

STEP 04 按下快捷键Ctrl+Shift+Alt+E盖印图层，得到“图层2”。单击多边形套索工具，将图像部分框选，然后按下快捷键Ctrl+Shift+I反选选区，可以看到照片的边框部分被选取。

STEP 05 单击仿制图章工具，按住Alt键的同时在画面左边单击吸取颜色，松开Alt键后在画面中空缺的地方进行涂抹，以修复丢失的部分。

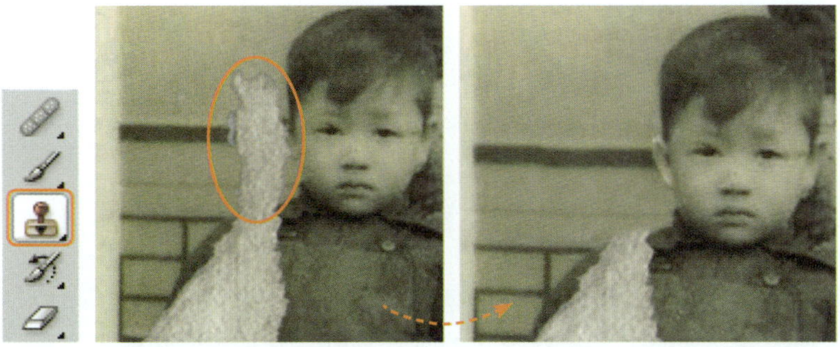

提示与技巧

仿制图章工具与画笔笔尖的结合

仿制图章工具结合画笔笔尖一起使用，可以对仿制区域的大小进行多种控制。此外，还可以在选项栏中设置“不透明度”和“流量”，通过画笔笔尖的微调使得画面更加自然。如果两个图像文件的色彩模式相同，还可以从一个图像取样在另一个图像中应用仿制。

STEP 06 按下快捷键Ctrl+Shift+Alt+E盖印图层，得到“图层3”。单击仿制图章工具，按住Alt键的同时，在画面中单击需要复制的颜色，松开Alt键后在画面中空缺的地方进行涂抹，还原损坏的部分。

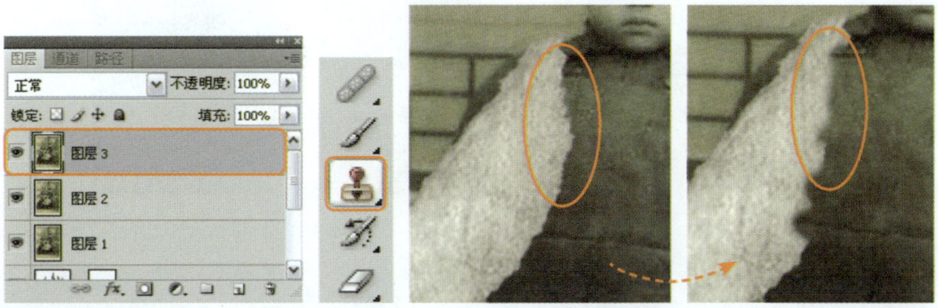

STEP 07 单击套索工具，框选人物右边的手，按下快捷键Ctrl+J复制选区，得到新建图层“图层4”，然后按下快捷键Ctrl+T。

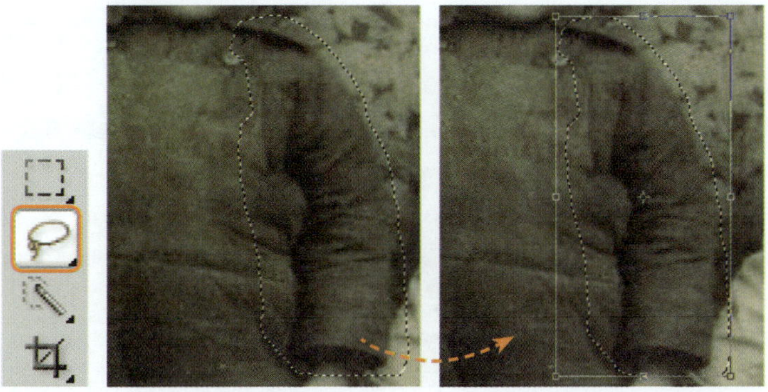

提示与技巧

修补缺失的部分

利用复制局部图像来填充旧照片，是修复旧照片的一种常用方式。在选择复制的图像时，要注意与缺失部分的色调及光源基本一致。

STEP 08 将框选的部分移动到缺失部位，调整好相关位置后按下Enter键确定，可以看到缺失的部分已经被填补。

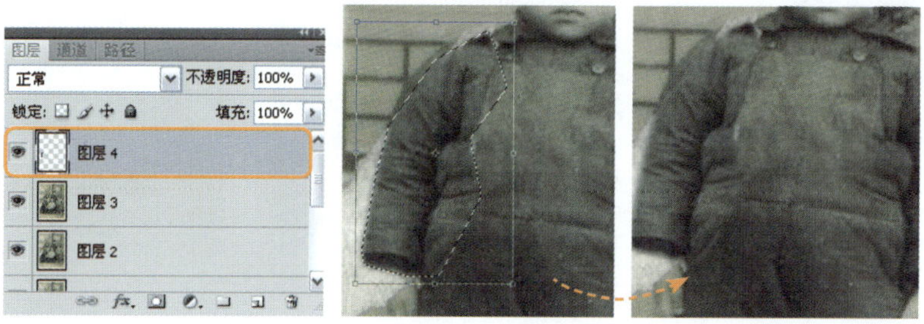

STEP 09 按下快捷键Ctrl+Shift+Alt+E盖印图层，得到“图层5”。单击仿制图章工具，按住Alt键，在画面中单击需要复制的颜色，松开Alt键后在画面中需要衔接的地方进行涂抹，还原损坏的部分。

STEP 10 通过调整人物手部的修复已经完成，下面将修复背景部分。按下快捷键Ctrl+Shift+Alt+E盖印图层，得到“图层6”。单击多边形套索工具，框选缺失的背景部分，然后单击仿制图章工具，使用与前面同样的方法修复缺失的部分。

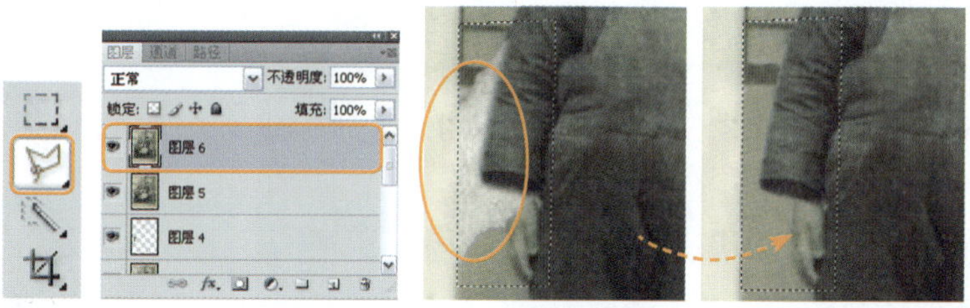

提示与技巧

修补边缘部分

在修补照片的过程中，有一些边缘部分无法准确地进行填补。这时就需要使用套索工具将其框选，然后在选区内进行修补，这样修补后的边缘就会比较准确。

STEP 11 按下快捷键Ctrl+D取消选区，仔细观察会发现修复的袖口部分比较生硬。按下快捷键Ctrl+Shift+Alt+E盖印图层，得到“图层7”。单击模糊工具，在袖口部分涂抹，调整近实远虚的效果。

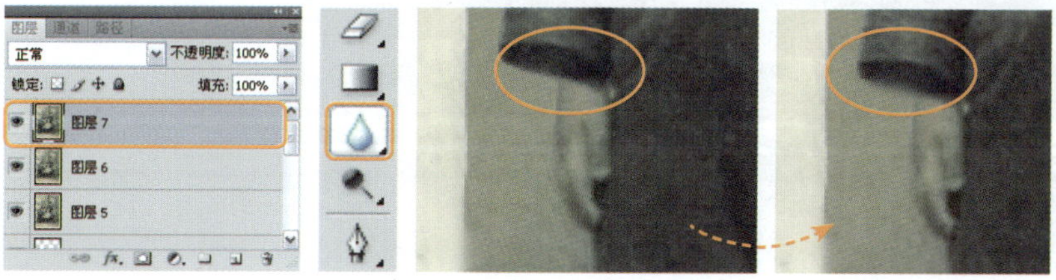

STEP 12 按下快捷键Ctrl+Shift+Alt+E盖印图层，得到“图层8”。执行“图像>调整>去色”命令，将图像调整为黑白效果，改变之前偏色的效果。

STEP 13 单击“图层”面板下方的“创建新的填充或调整图层”按钮，在弹出的菜单中选择“亮度/对比度”命令，在“调整”面板中显示相关的选项，设置“亮度”为23，“对比度”为32。

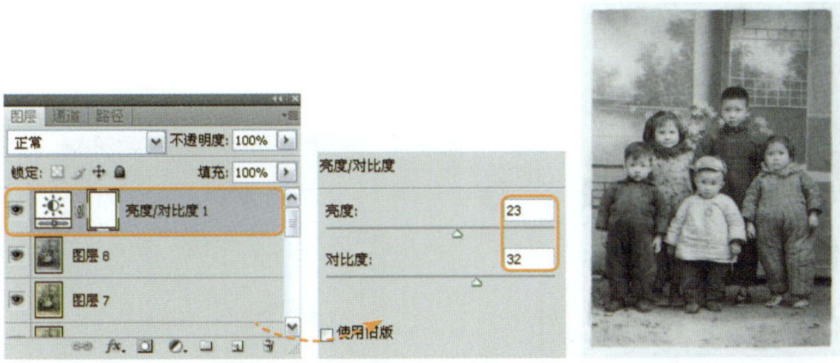

Photoshop基础

调整图像的方法

调整图像有两种方法，一种是执行“图像>调整”命令，该方法用于改变图层中的像素。另一种是使用调整图层，它不会对图像像素造成影响。调整图层的使用非常灵活，在需要改动时可以将其调出重新设置参数。不需要时可以将其删除。

STEP 14 按下快捷键Ctrl+Shift+Alt+E盖印图层，得到“图层9”。单击污点修复画笔工具，逐个单击画面中的污点部分，从而提高照片的整体质量。至此，本照片调整完成。

8.3.4 “去色”命令——调整泛黄的旧照片

最终文件路径： 实例文件\chapter8\complete\13-end.psd

案例分析： 这是一张年代久远的旧照片，由于保存不当导致了照片的泛黄现象比较严重。通过照片的后期处理来改变泛黄的现象，并修复照片中的污点，使其最终恢复本来的面貌。
在调整的过程中要注意整体效果的把握，这样才会调整出自然的效果。

功能点拨： Photoshop中的“去色”命令可以将当前所选图层转换为灰度图像，其作用与将图像的颜色饱和度降低为-100相同。进行该操作后，图像的亮度、对比度和色彩模式将保持不变。

STEP 01 打开本书配套光盘中的“实例文件\chapter8\media\13.jpg”文件，可以看到照片已有严重的泛黄现象，通过后期的调整将改变偏色的现象。

提示与技巧

复制背景图层用于对比

将图像调整为黑白效果之前，应先复制“背景”图层以保留原效果用于对比。然后执行“图像>调整>去色”命令，或者按下快捷键Ctrl+Shift+U对图像进行去色操作。

STEP 02 按下快捷键Ctrl+J，复制“背景”图层得到“图层1”。执行“图像>调整>去色”命令，将泛黄的照片调整为黑白效果。

STEP 03 单击“图层”面板下方的“创建新的填充或调整图层”按钮，在弹出的菜单中选择“亮度/对比度”命令，在“调整”面板中显示相关选项，设置“亮度”为5，“对比度”为17，可以看到画面的亮度与对比度得到提高。

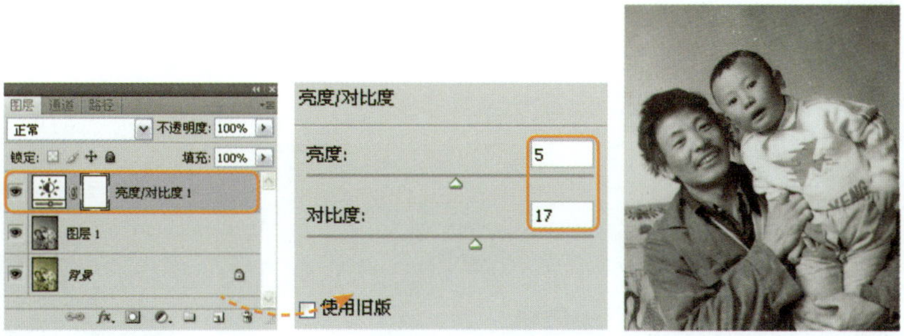

STEP 04 按下快捷键Ctrl+Shift+Alt+E盖印图层，得到“图层2”。单击修复画笔工具，按住Alt键，在画面中的干净部分单击吸取颜色，松开Alt键后在污点部分进行涂抹。

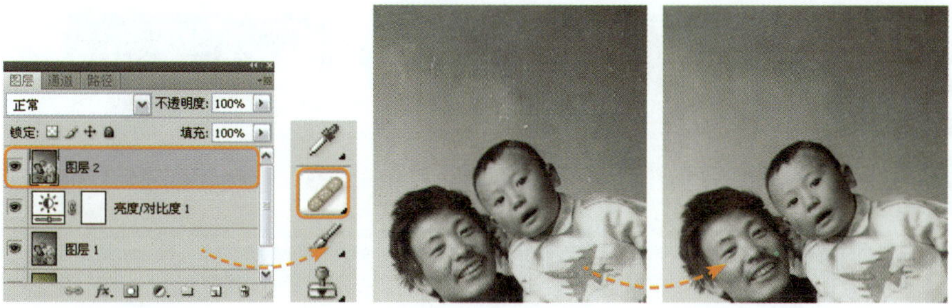

STEP 05 单击“图层”面板下方的“创建新的填充或调整图层”按钮，在弹出的菜单中选择“色阶”命令，在“调整”面板中显示相关选项，将“输入色阶”中的黑色滑块与白色滑块分别向中间移动，设置“输入色阶”为15、1.08、243。

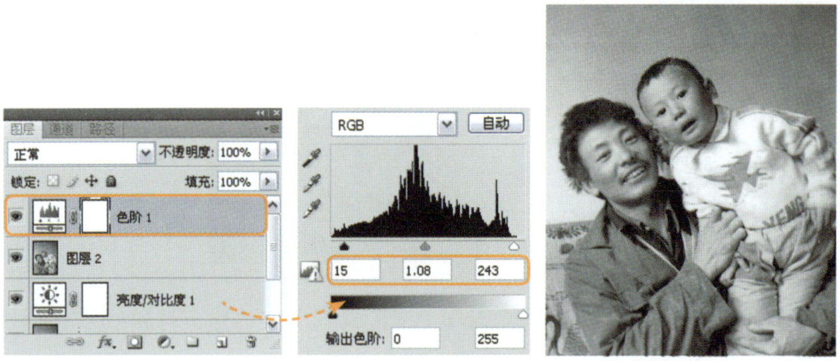

STEP 06 单击“图层”面板下方的“创建新的填充或调整图层”按钮，在弹出的菜单中选择“亮度/对比度”命令，在“调整”面板中显示相关选项，设置“亮度”为2，“对比度”为27。

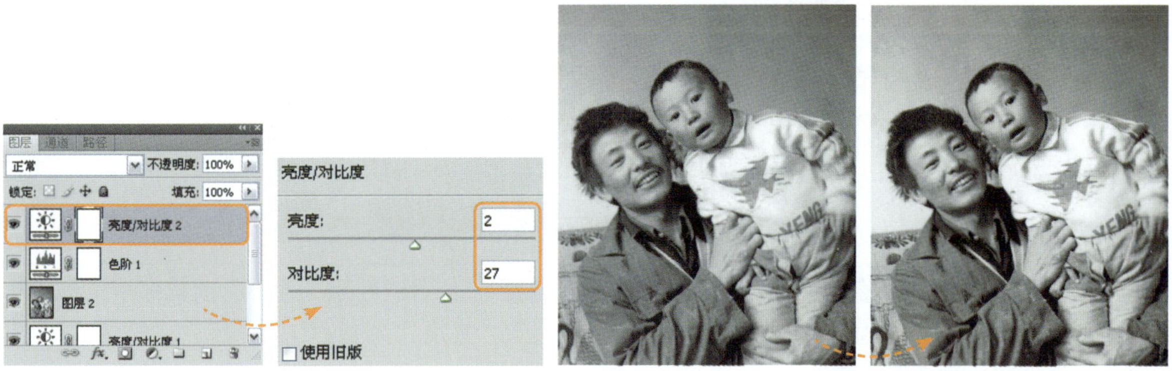

STEP 07 按下快捷键Ctrl+Shift+Alt+E盖印图层，得到“图层3”。单击仿制图章工具，按住Alt键，在画面中的干净部分单击吸取颜色，松开Alt键后在污点部分涂抹。调整完成后可以看到画面中背景部分的污点消失，人物衣服的泛白部分有所修复。至此，本照片调整完成。

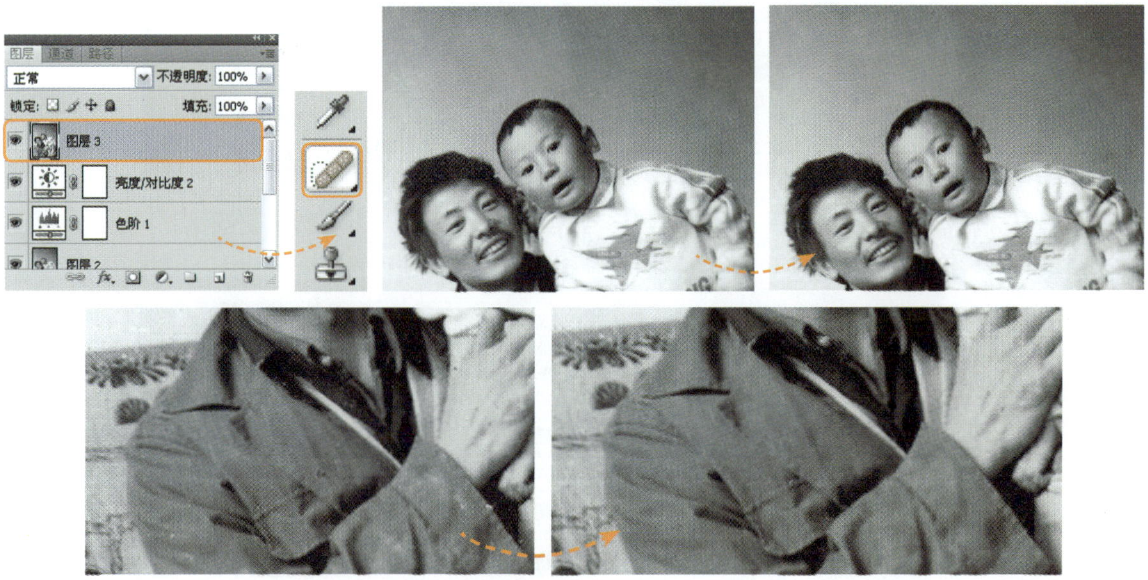

第9章 数码照片的合成和艺术处理技法

借助专业的技术手段对数码照片进行调整，能够弥补照片本身存在的不足，或者将普通的生活照片调整为充满新意的视觉照片，表达出无限的创意。本章分为了两个部分，第一部分介绍数码照片的合成，第二部分介绍数码照片的艺术处理。

9.1 数码照片的合成

一些数码照片由于背景过于单调，使得画面效果不够理想。在后期的处理中，可以充分发挥想像力将它与其他照片合成，重组为一张具有创意效果的合成作品。

9.1.1 图层蒙版——为照片添加人物

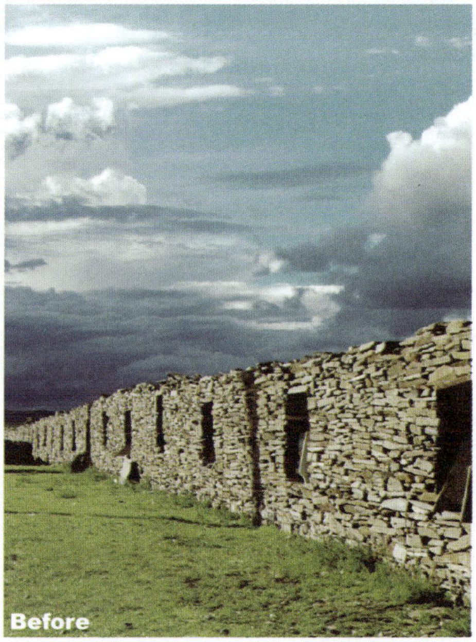

最终文件路径： 实例文件\chapter9\complete\01-end.psd

案例分析： 这是一张风景照片，构图讲求近大远小的透视关系，云朵疏密程度的抓拍也比较到位，通过将其与人物进行合成，且对整体色调进行调整，使得画面效果更加丰富多彩。

功能点拨： Photoshop中的图层蒙版通过遮罩的方式使部分图像不被编辑，是图像合成中最常用的工具。与矢量蒙版相比，图层蒙版的效果更加自然。

STEP 01 打开本书配套光盘中的"实例文件\chapter9\media\01.jpg"文件，这是一张风景照片，通过后期的合成将使画面效果更加丰富。

STEP 02 按下快捷键Ctrl+J，复制"背景"得到"图层1"。执行"图像>调整>色相/饱和度"命令，弹出"色相/饱和度"对话框，在对话框中设置"饱和度"为+12。

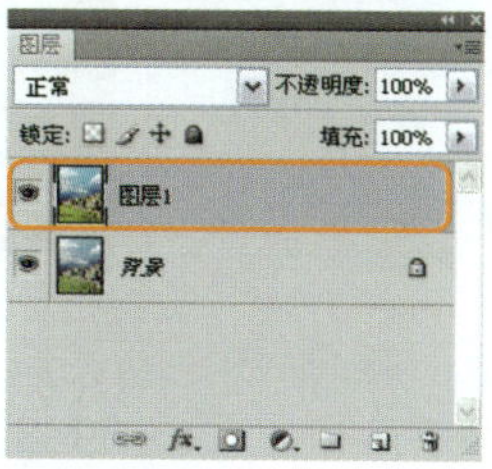

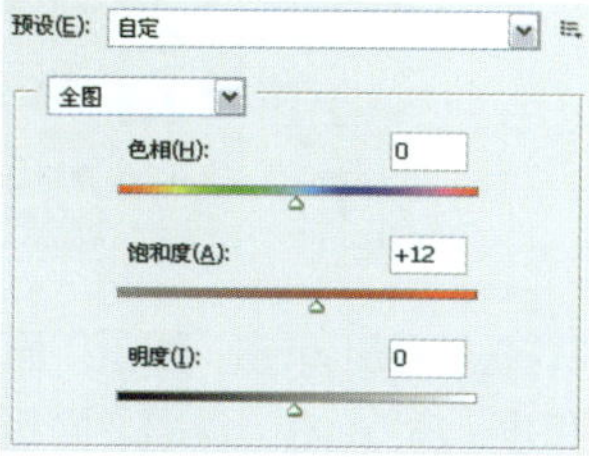

STEP 03 打开本书配套光盘中的"实例文件\chapter9\media\01人物.psd"文件，使用移动工具将其拖拽到风景图片中，得到"图层2"。

提示与技巧

选择适合的照片

为了使合成效果更加真实，照片的选择很重要，要注意素材的受光方向、拍摄角度以及整体色调的一致。

STEP 04 单击"图层"面板下方的"添加图层蒙版"按钮，为"图层2"添加图层蒙版。单击画笔工具，设置前景色为黑色，将人物图像中多余的部分涂抹掉，使得画面效果更加真实。

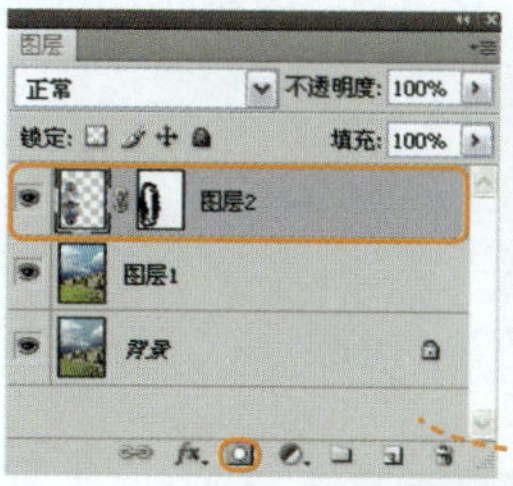

Photoshop基础

图层蒙版的工作原理

蒙版是快速工具在图层上的重要应用，在Photoshop中可以创建快速蒙版、图层蒙版、剪贴蒙版和矢量蒙版。无论是快速蒙版、图层蒙版或者剪贴蒙版，黑色都表示隐藏的部分，白色表示显示的部分，而灰色则是透明的部分。被隐藏的部分是被保护的图像区域，保持图像之前的状态不变。被显示的部分则是被编辑的图像区域。

STEP 05 单击“图层1”，将其拖曳到“图层”面板下方的“创建新图层”按钮，得到“图层1副本”。单击加深工具，在草地部分涂抹绘制出人物的阴影。

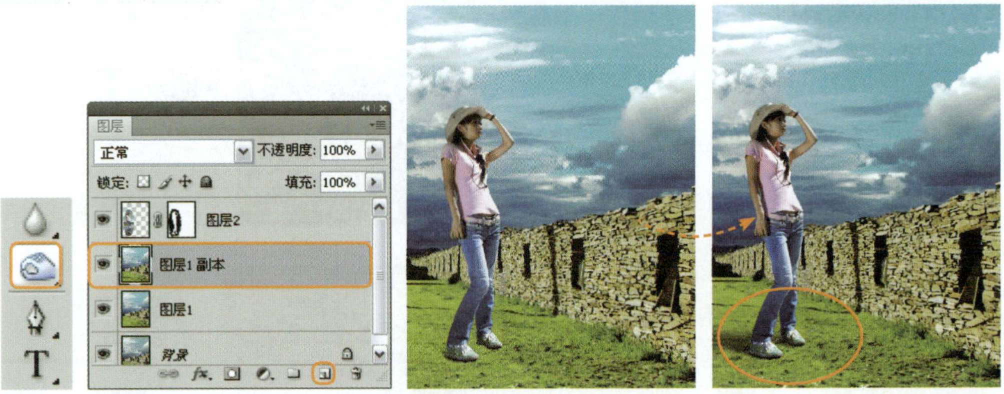

STEP 06 单击“图层”面板下方的“创建新的填充或调整图层”按钮，在弹出的菜单中选择“色相/饱和度”命令，在“调整”面板中显示相关选项，设置“饱和度”为+7。

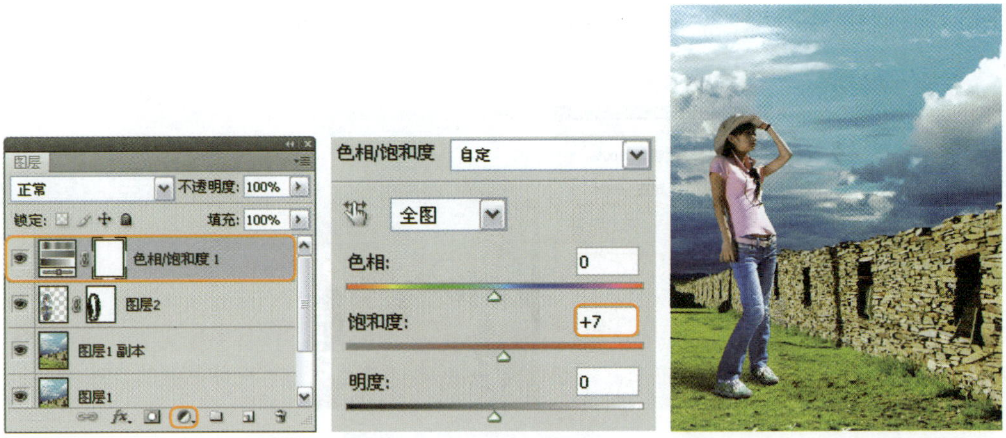

STEP 07 单击“图层”面板下方的“创建新的填充或调整图层”按钮，在弹出的菜单中选择“色阶”命令，在“调整”面板中显示相关选项，调整“输入色阶”中的白色滑块，设置参数为0、1.00、252，可以看到图像的亮度提高。

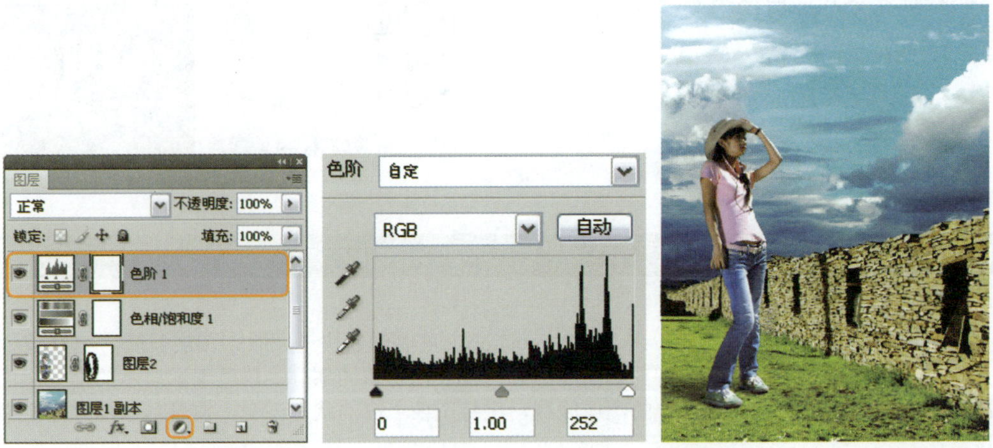

STEP 08 单击“图层”面板下方的“创建新图层”按钮，得到“图层3”。单击矩形选框工具，在图像的右下方绘制一个矩形。

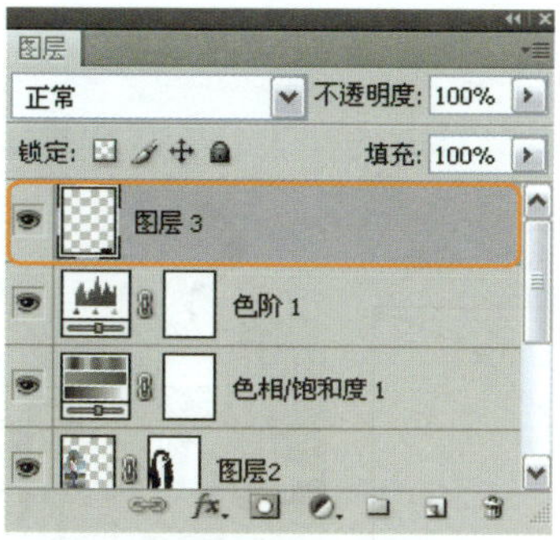

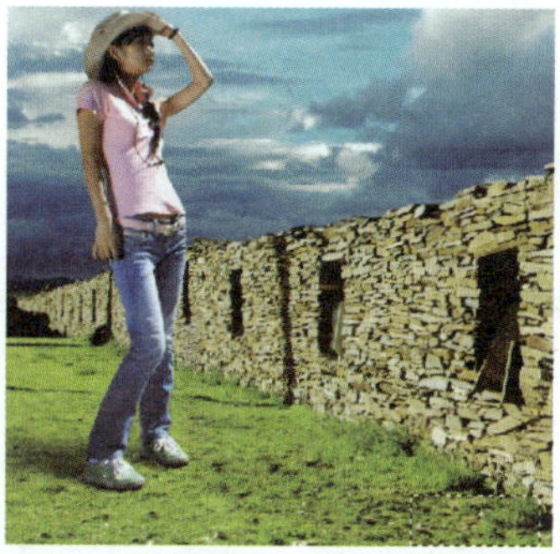

STEP 09 将选区填充为黑色，按下快捷键Ctrl+D取消选区。

STEP 10 选择横排文字工具，设置前景色为黑色，“字体”为“创艺繁超黑”，输入文字。把“图层3”拖动到“创建新图层”按钮，生成“图层4”。单击“图层4”的“指示图层可视性”按钮，隐藏“图层4”。选择“图层3”，单击“图层”面板的扩展按钮，在弹出的扩展菜单中选择“创建剪贴蒙版”命令，创建剪贴蒙版。将“图层4”置于文字图层上方，单击“锁定透明像素”按钮，设置前景色为黑色填充，并将其置于文字图层下方。

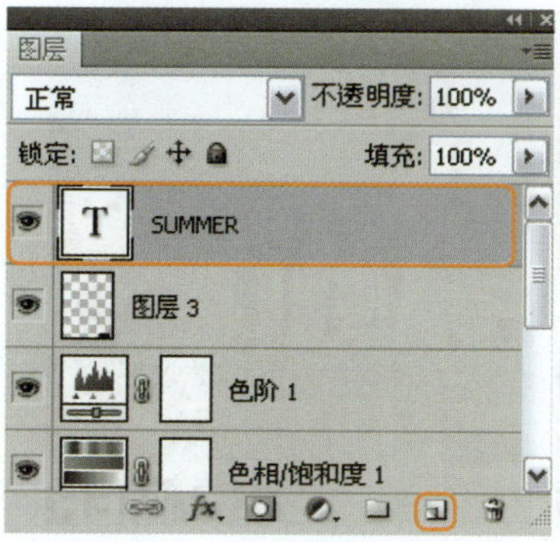

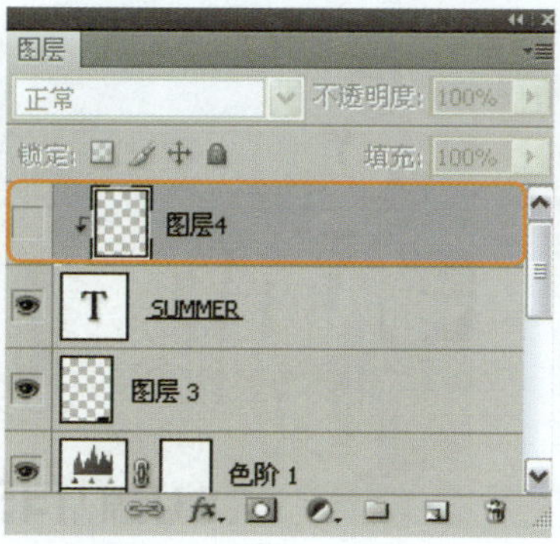

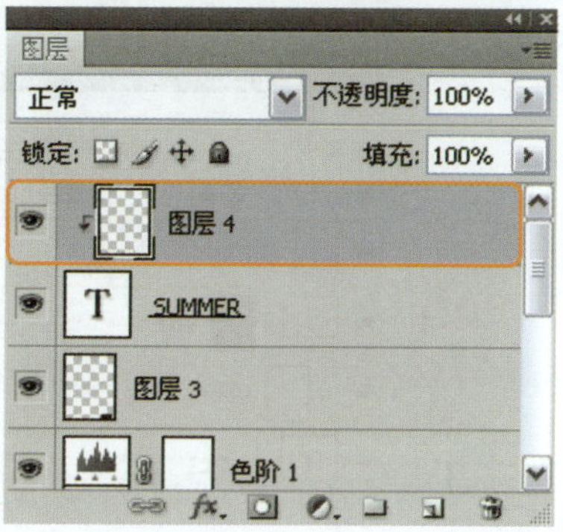

STEP 11 仔细观察会发现人物的头部比较暗，单击“图层”面板下方的“创建新的填充或调整图层”按钮 ，在弹出的菜单中选择“曲线”命令，设置一个控制点，将其向上移动以提高画面的亮度。

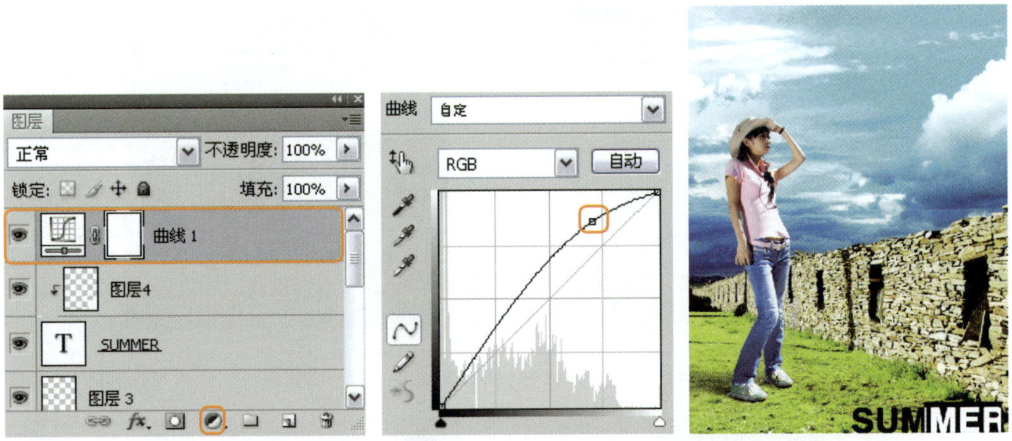

STEP 12 单击“曲线1”调整图层右侧的蒙版图标，将其转换为蒙版模式。单击画笔工具，对人物头部以外的部分进行涂抹，保证其不被编辑。

STEP 13 按下快捷键Ctrl+Shift+Alt+E盖印图层，得到“图层5”。单击减淡工具，设置一个较大的笔刷，在人物的头部单击进行减淡操作。

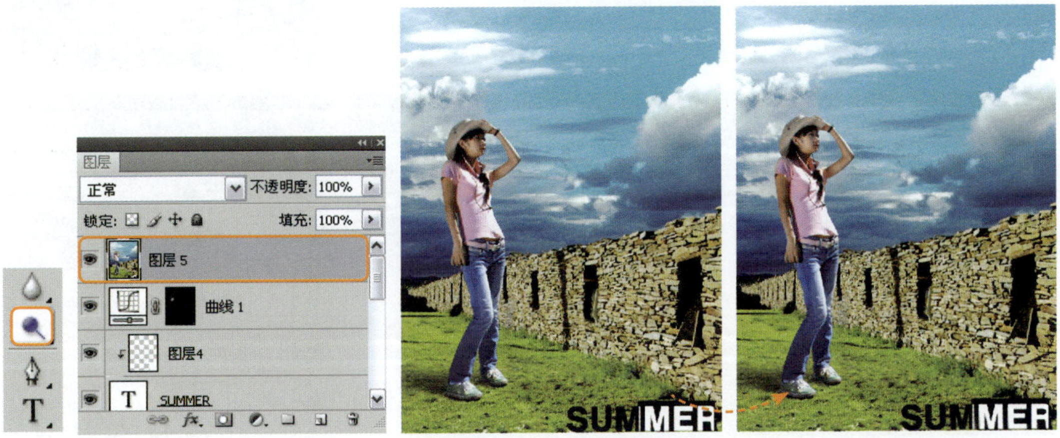

STEP 14 单击"图层"面板下方的"创建新的填充或调整图层"按钮，在弹出的菜单中选择"可选颜色"命令，设置"颜色"为"黄色"，"洋红"为+5%，"黄色"为+19%；然后设置"颜色"为"绿色"，"洋红"为+74%。

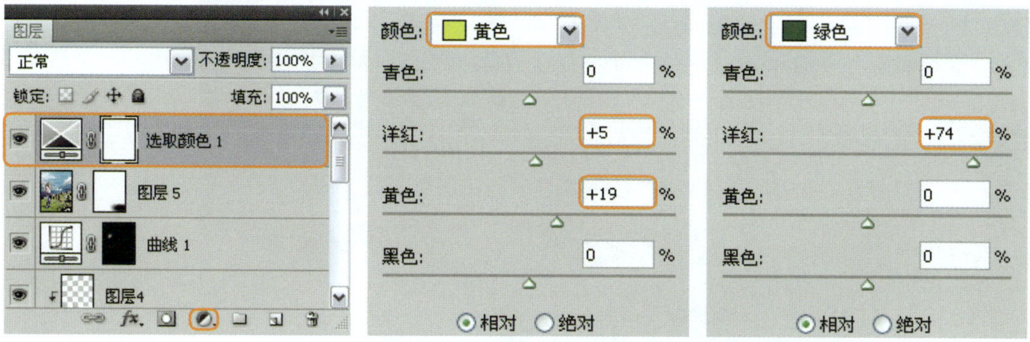

STEP 15 通过使用"可选颜色"命令进行调整，可以观察到画面的色调有了细微的变化。

STEP 16 单击"图层"面板下方的"创建新的填充或调整图层"按钮，在弹出的菜单中选择"色相/饱和度"命令，设置"饱和度"为+8。至此，本照片调整完成。

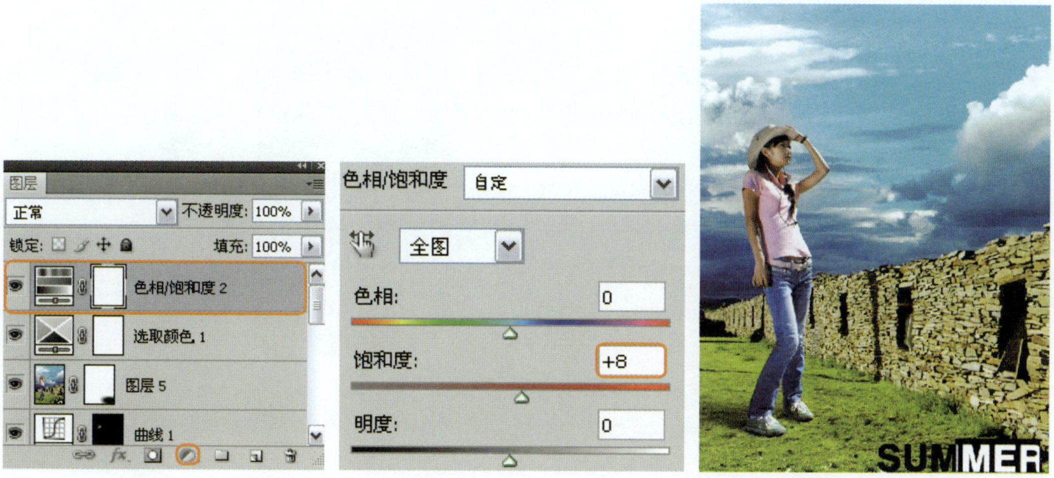

9.1.2 仿制图章工具——制作浪漫天空

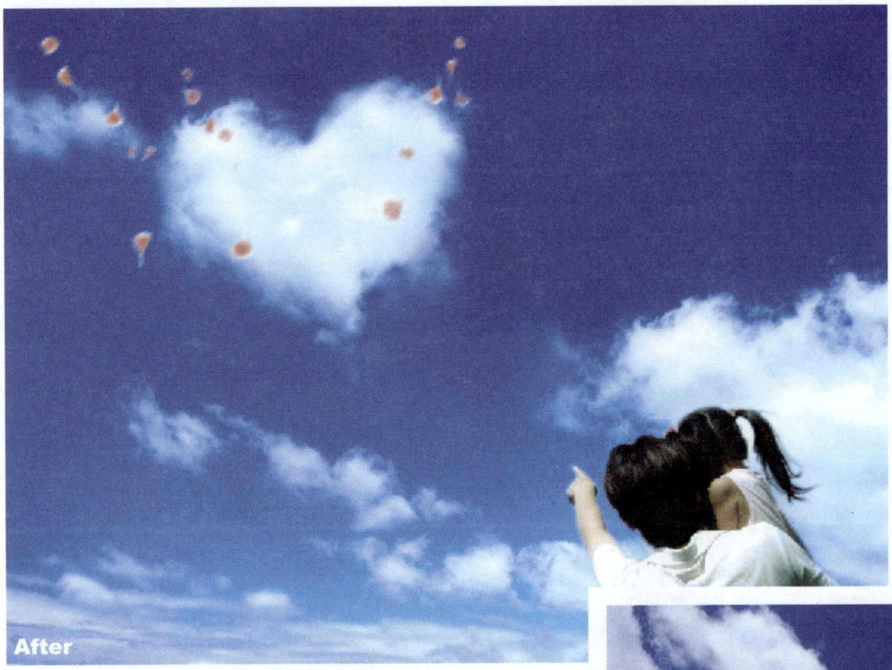

最终文件路径： 实例文件\chapter9\complete\02-end.psd

案例分析： 这是一张拍摄天空的照片，通过加入人物，使得画面更加丰富，更具有意义。在画面中对云朵的形状进行了改变，给人以不同寻常的视觉感受，使照片看起来更有创意。

功能点拨： Photoshop中的仿制图章工具可以复制局部图像而且复制效果自然。在使用的过程中，可以将仿制图章工具与选区工具结合使用，使得调整后的图像更加规范。

STEP 01 打开本书配套光盘中的“实例文件\chapter9\media\02.jpg”文件，这是一张普通的天空照片，通过图像合成与艺术加工将使其画面效果更加丰富。

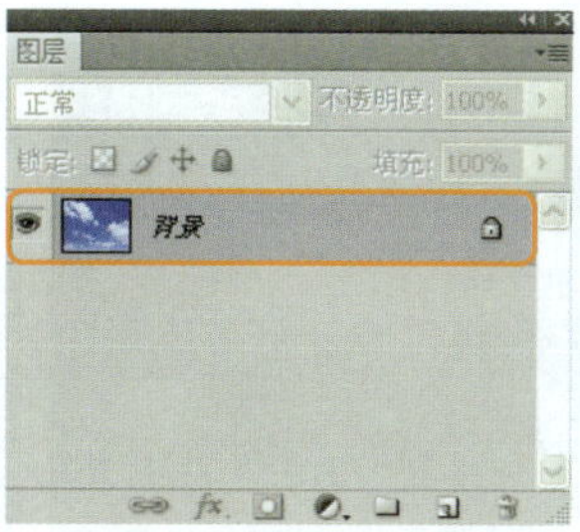

STEP 02 打开配套光盘中的“实例文件\chapter9\media\02人物.jpg”文件，使用移动工具将其拖曳到天空照片中，放置在画面的右下角。可以看出画面边缘的结合比较生硬，下面将通过使用图层蒙版使图像完美融合。

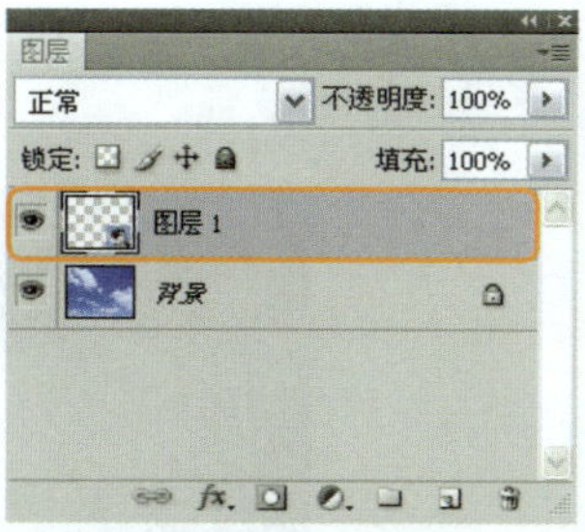

STEP 03 单击“图层”面板下方的“添加图层蒙版”按钮，为“图层1”添加图层蒙版。单击画笔工具，设置一个较小的画笔对多余的部分进行涂抹，使得合成效果更加真实自然。

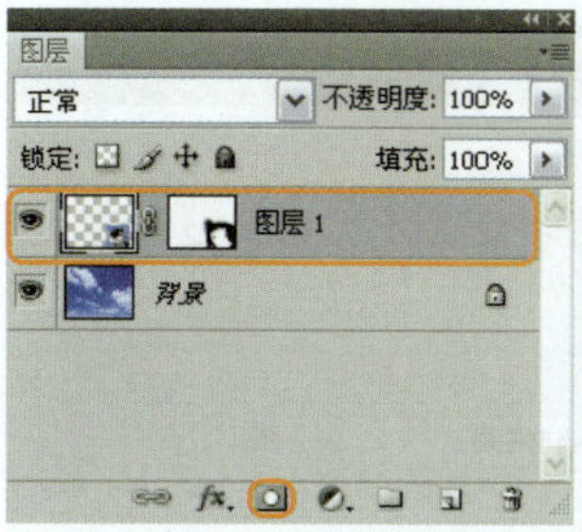

提示与技巧

画笔样式的选择

在对蒙版进行涂抹的过程中，根据实际情况选择适合的画笔样式很重要，如果需要使图像边缘柔和，可以选择柔边的画笔样式；如果需要边缘保持明显的分界线，可以选择比较生硬的画笔样式。

STEP 04 按下快捷键Ctrl+Shift+Alt+E盖印图层，得到“图层2”。单击自定形状工具，在选项栏中单击“路径”按钮，然后在形状拾取器中选择桃心图形。

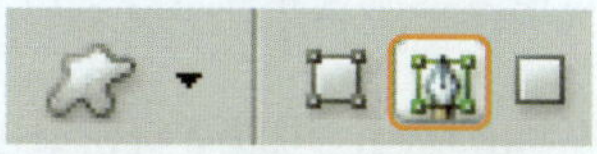

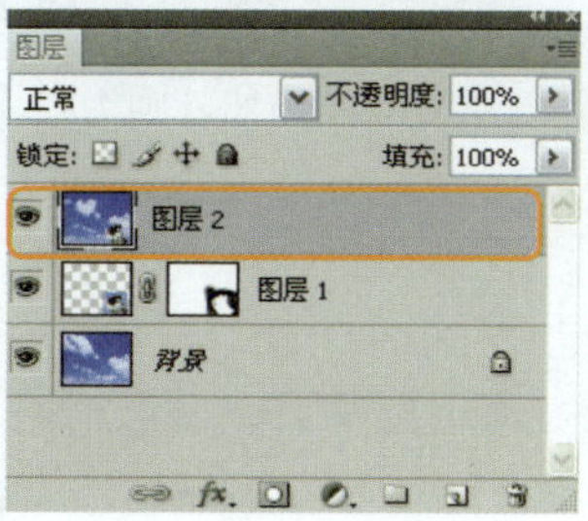

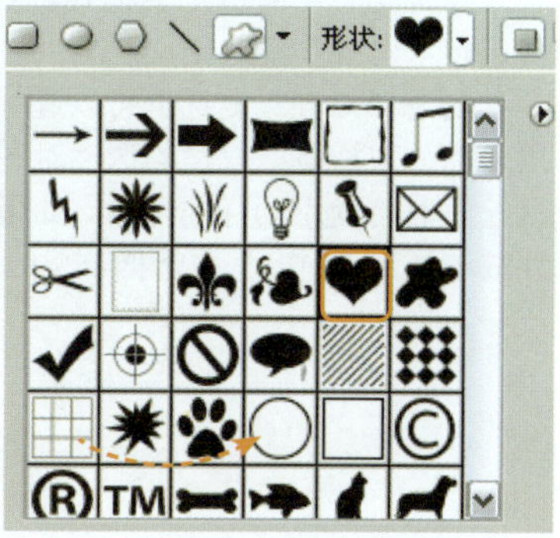

STEP 05 在画面中拖动鼠标绘制一个桃心路径，按下快捷键Ctrl+T使其处于自由变换状态，调整为倾斜角度后按下Enter键确认，按下快捷键Ctrl+Enter将路径转换为选区。

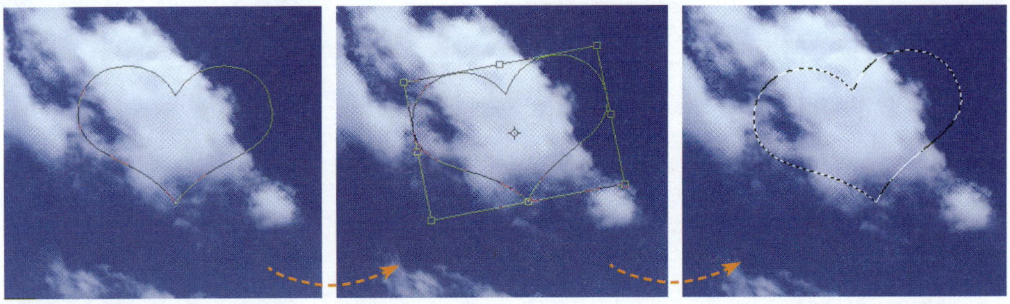

STEP 06 执行“选择>修改>羽化”命令，弹出“羽化选区”对话框，在打开的对话框中设置“羽化半径”为5像素，完成后单击“确定”按钮。 单击仿制图章工具，按住Alt键在需要复制的部分取样，然后释放Alt键在需要进行调整的地方单击。

Photoshop基础

仿制图章工具的作用

仿制图章工具可以将特定的图像复制到指定的区域中，笔触的大小可以随时使用【键和】键来进行调节。该工具一般用于修复图像中的缺陷。

下面介绍仿制图章工具的选项栏。

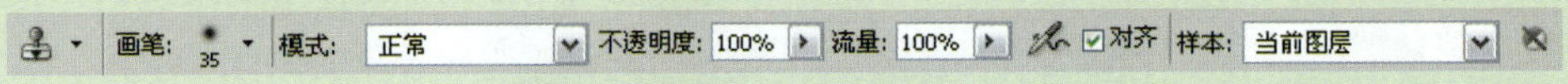

仿制图章工具的选项栏

在选项栏中有画笔、模式、不透明度、流量和样本等选项，它们与画笔工具的使用方式相同。下面将主要讲解“对齐”复选框。

勾选“对齐”复选框可以进行规则的复制，可以重新使用最新的取样点。取消勾选“对齐”复选框，在取样后每一次绘画时将使用同样的样本。如果需要重复复制局部，则需要取消勾选“对齐”复选框。

原图　　取消勾选“对齐”复选框

STEP 07 调整完成后按下快捷键Ctrl+D取消选区，通过观察可以看到不规则的云朵已经变成了桃心的形状，画面富有新意。

STEP 08 单击“图层”面板下方的“创建新图层”按钮，得到“图层3”。打开本书配套光盘中的“实例文件\chapter9\media\02花瓣.psd”文件。单击套索工具，框选部分花瓣，然后使用移动工具将其移动到画面中。

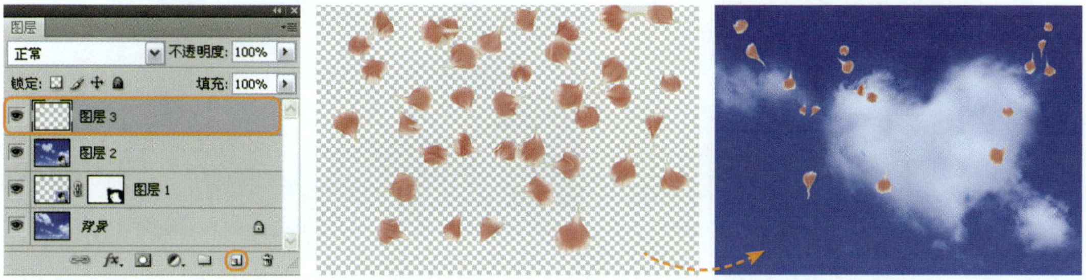

STEP 09 执行“图像>调整>色相/饱和度”命令，弹出“色相/饱和度”对话框，在打开的对话框中设置“饱和度”为-12，使花瓣的颜色与画面更加协调。

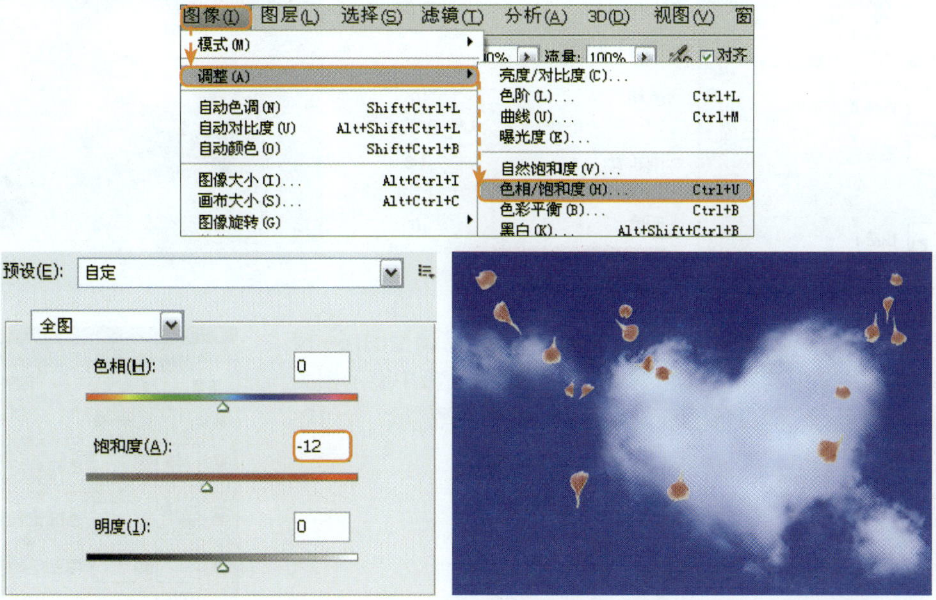

STEP 10 执行“滤镜>模糊>动感模糊”命令，弹出“动感模糊”对话框，在打开的对话框中设置“角度”为41度，“距离”为10像素，使得花瓣产生飘逸的感觉，完成后单击“确定”按钮。

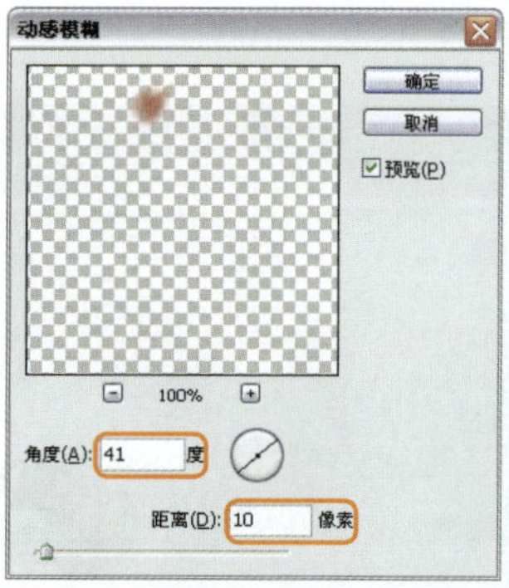

STEP 11 单击“图层”面板下方的“添加图层蒙版”按钮，为“图层3”添加图层蒙版。单击画笔工具，设置前景色为黑色，对多余的部分进行涂抹。

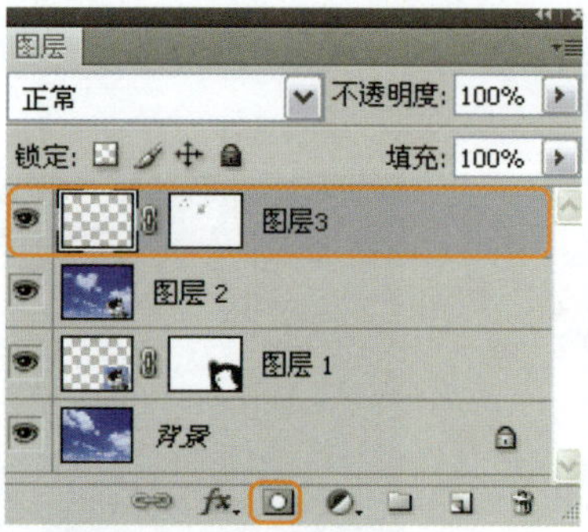

STEP 12 单击“图层”面板下方的“创建新的填充或调整图层”按钮，在弹出的菜单中选择“色相/饱和度”命令，在“调整”面板中显示相关的选项，设置“饱和度”为-8。

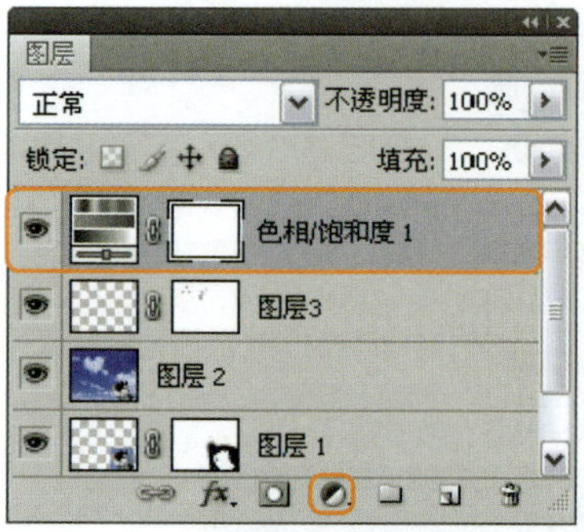

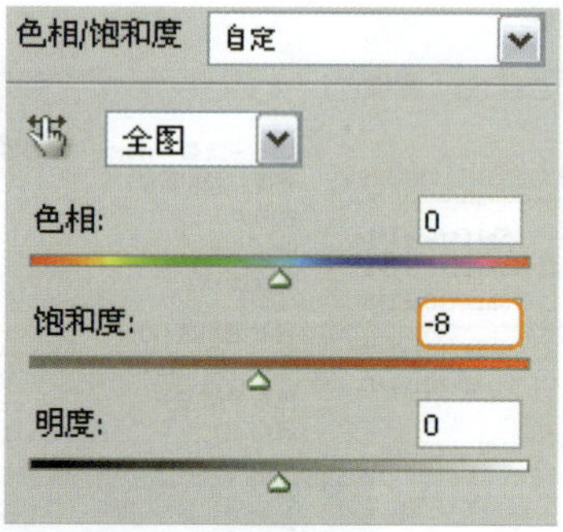

STEP 13 单击“图层”面板下方的“创建新的填充或调整图层”按钮，在弹出的菜单中选择“色阶”命令，在“调整”面板中显示相关的选项，将“输入色阶”的白色滑块向左移动，设置参数为0、1.13和238。

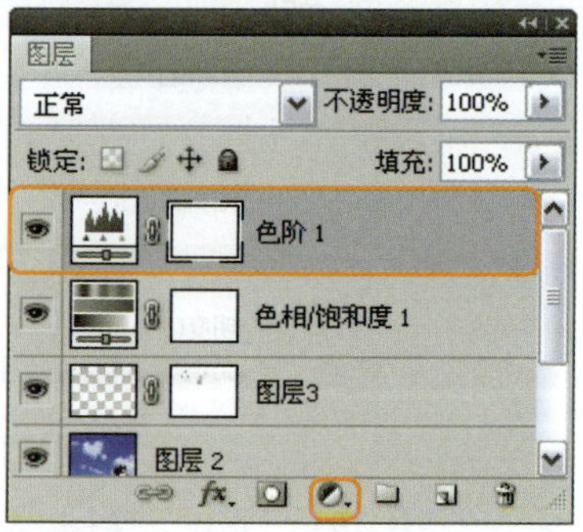

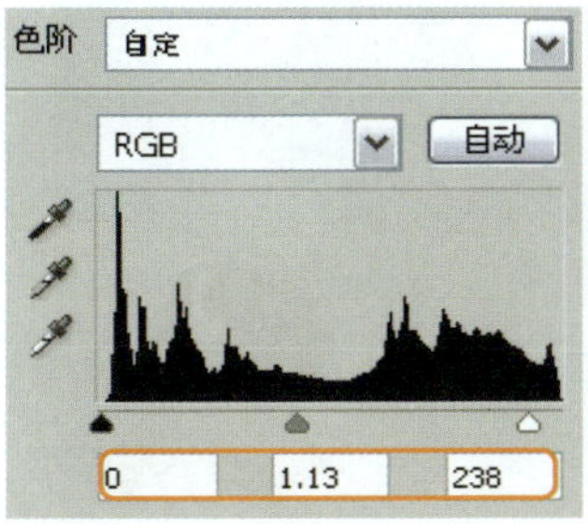

STEP 14 单击“图层”面板下方的“创建新的填充或调整图层”按钮，在弹出的菜单中选择“色彩平衡”命令。单击“中间调”单选按钮，设置参数为-7、+24、+30，然后单击“高光”单选按钮，设置参数为0、+1、+5。

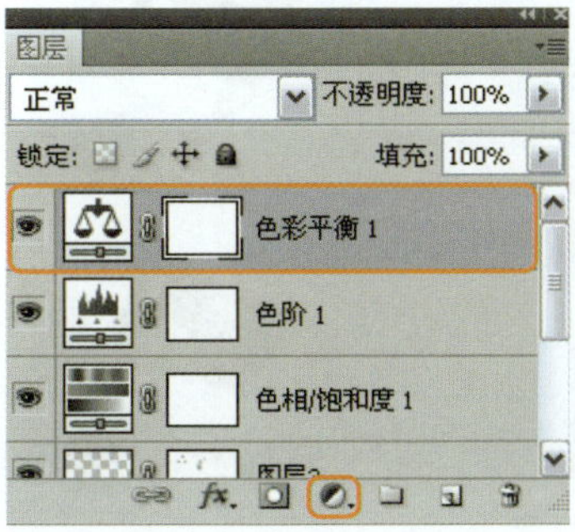

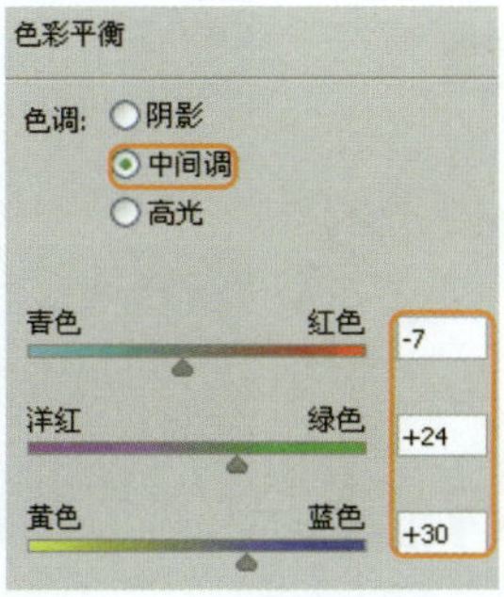

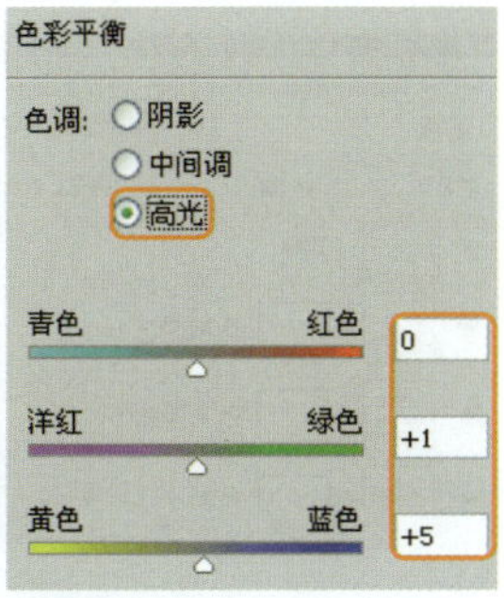

STEP 15 可以看到通过调整色彩发生了细微的变化，画面的色调更加清新淡雅。

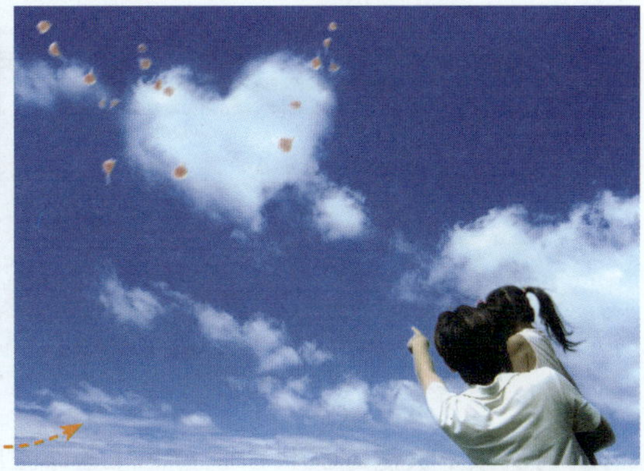

STEP 16 单击“图层”面板下方的“创建新的填充或调整图层”按钮，在弹出的菜单中选择“可选颜色”命令，在“调整”面板中显示相关的选项，设置“颜色”为“青色”，“青色”为+21%，“洋红”为-16%，“黄色”为+1%，“黑色”为+8%。

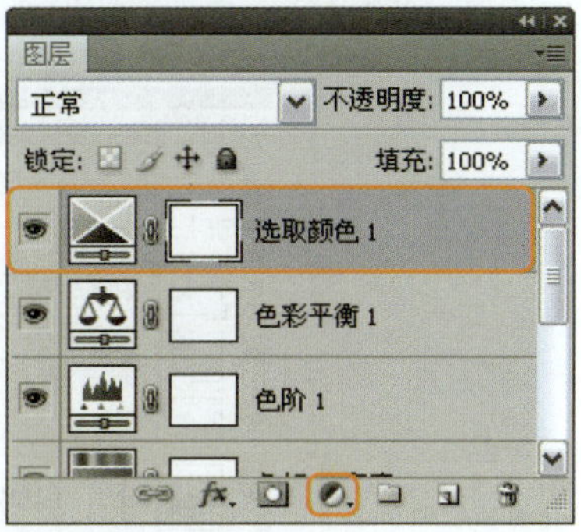

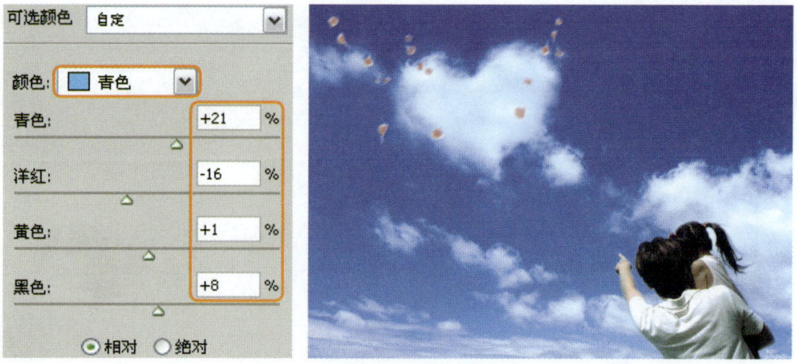

STEP 17 按下快捷键Ctrl+Shift+Alt+E盖印图层，得到“图层4”。单击模糊工具，设置一个较软的画笔在画面的左下方涂抹，将远处的云朵调整得更加模糊，使空间感更加强烈。

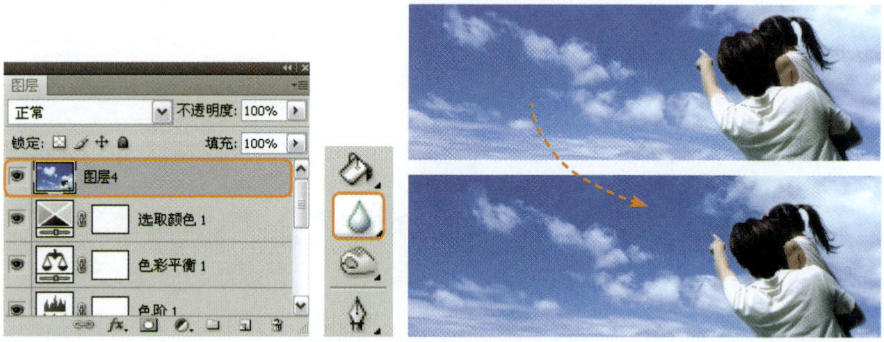

STEP 18 按下快捷键Ctrl+Shift+Alt+E盖印图层，得到“图层5”。单击加深工具，在画面的边缘进行涂抹，加深部分图像。

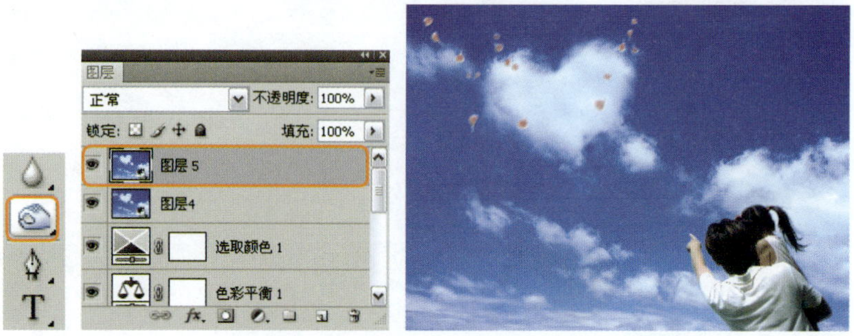

STEP 19 再次按下快捷键Ctrl+Shift+Alt+E盖印图层，得到“图层6”。设置图层混合模式为“柔光”，“不透明度”为100%，“填充”为88%，可以看到画面呈现出柔和的效果。

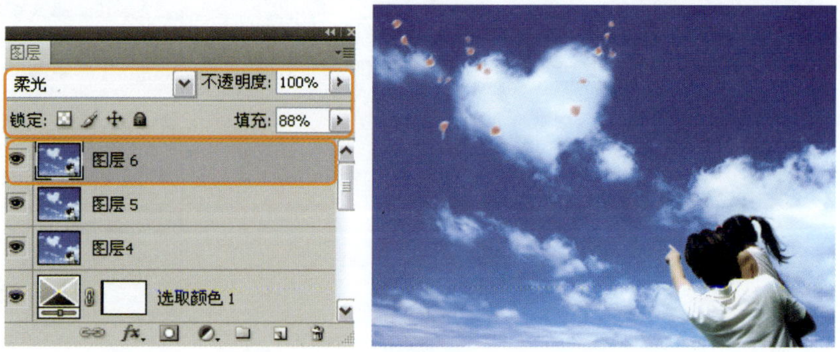

STEP 20 单击“图层”面板下方的“添加图层蒙版”按钮，为“图层6”添加图层蒙版。单击画笔工具，对人物部分进行涂抹，使其还原之前的清晰状态。

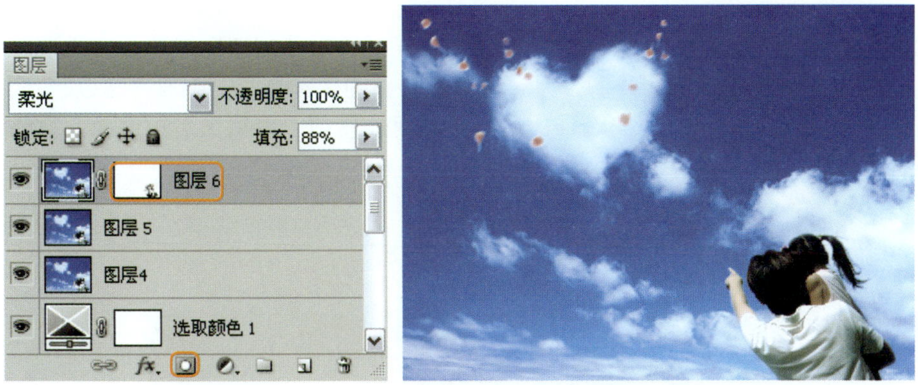

STEP 21 单击“图层”面板下方的“创建新的填充或调整图层”按钮，在弹出的菜单中选择“曲线”命令，在“调整”面板中设置两个控制点将其向上移动。单击“图层”面板下方的“添加图层蒙版”按钮，添加图层蒙版，使用画笔工具对背景部分进行涂抹。

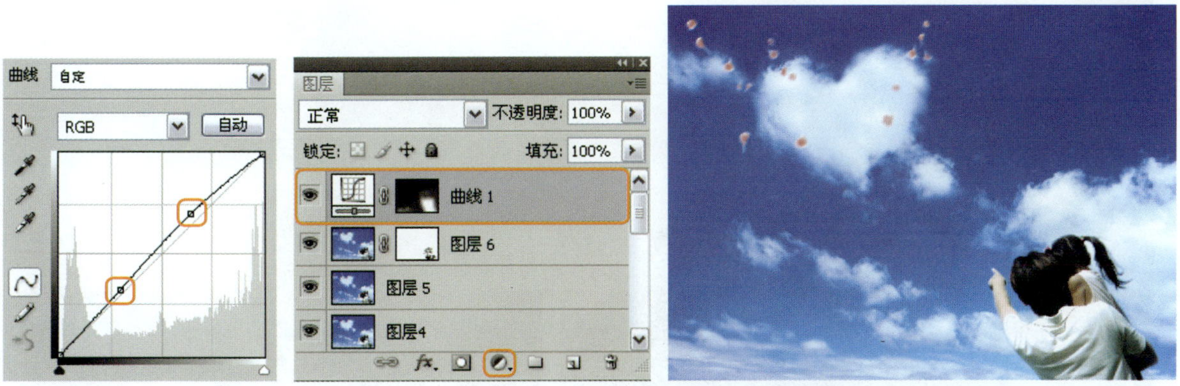

STEP 22 按下快捷键Ctrl+Shift+Alt+E盖印图层，得到“图层7”。使用仿制图章工具将多余的云朵消除。至此，本照片调整完成。

9.2 数码照片的艺术处理

日常生活中拍摄的生活照片，有些会因为光影的处理不当看起来比较普通。通过适当后期艺术处理与加工，可以将一张普通的照片调整为一幅富有美感的摄影作品。下面将通过3个实例展示将普通生活照片调整为艺术化效果照片的过程。通过对本章的学习，希望读者能够融会贯通，自己动手制作出更多艺术效果。

9.2.1 通道高级应用——调整逆光照片

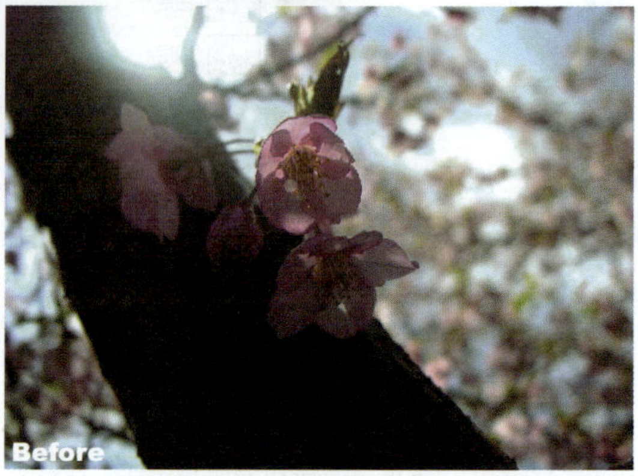

最终文件路径：实例文件\chapter9\complete\03-end.psd

案例分析：该照片是在公园拍摄的，由于阳光过于强烈，使得树干处于逆光状态。通过后期的调整可以将树干本身的质感还原，然后加入文字，并调整图像色彩，可以将照片调整为一幅色彩清新的摄影作品。

功能点拨：在Photoshop中，通道是高级处理中必不可少的重要功能，它主要用于修改、保存图像的颜色和选区信息，灵活应用这一功能可以制作出独特的图像效果。

STEP 01 打开本书配套光盘中的"实例文件\chapter9\media\03.jpg"文件，可以看到这是一张在逆光环境下拍摄的照片。按下快捷键Ctrl+J复制"背景"图层，得到"图层1"。

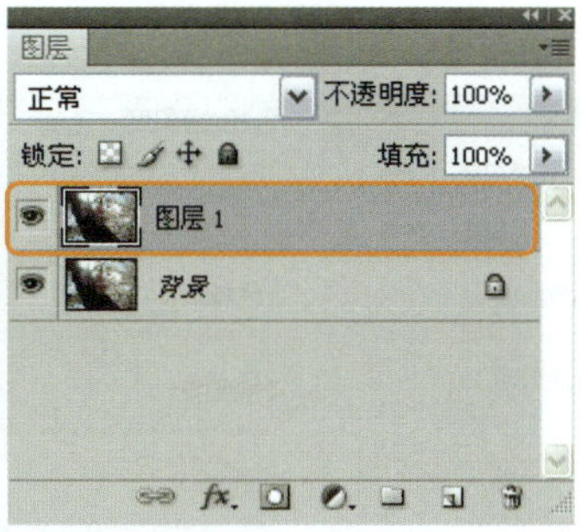

提示与技巧

逆光拍摄技巧

逆光环境中的静物往往会因为受光不足而显得过暗。当光源正对着照相机镜头时，被摄物体一面受光，而另一面则处于阴影之中，这时可以对较暗的部分进行补光，也可以将其拍摄为剪影效果。

STEP 02 单击"图层"面板下方的"创建新的填充或调整图层"按钮，在弹出的菜单中选择"亮度/对比度"命令，"图层"面板中出现"亮度/对比度1"调整图层，设置"亮度"为5，"对比度"为-4。

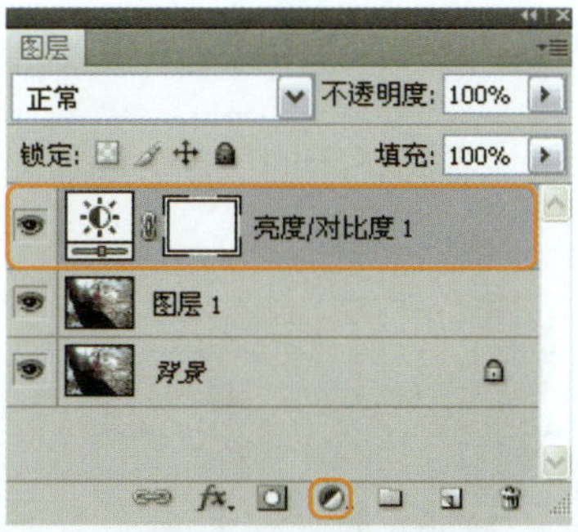

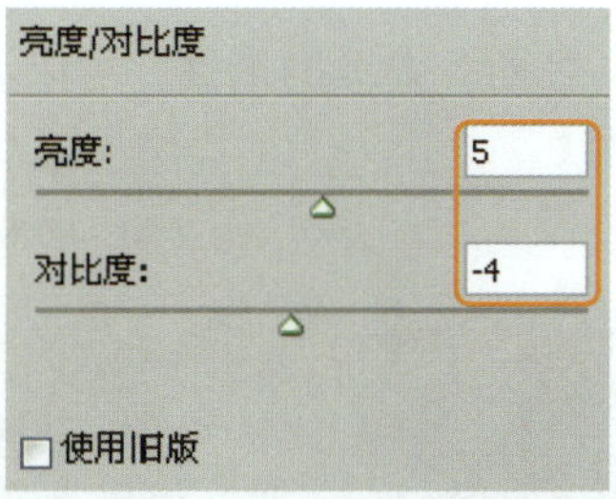

STEP 03 通过对图像亮度与对比度的调整，可以看到画面有了一些变化。接下来将增强画面色彩的饱和度，从而呈现出春天的气氛。

STEP 04 单击"图层"面板下方的"创建新的填充或调整图层"按钮，在弹出的菜单中选择"色相/饱和度"命令，"图层"面板中出现"色相/饱和度1"调整图层。在打开的面板中设置"饱和度"为+11。

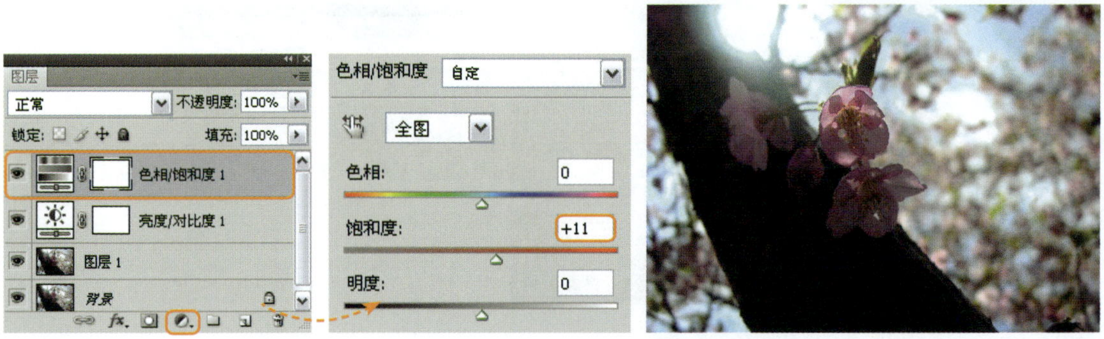

STEP 05 单击"图层"面板下方的"创建新的填充或调整图层"按钮，在弹出的菜单中选择"色阶"命令，"图层"面板中出现"色阶1"调整图层。调整输入色阶的灰色滑块，设置参数为0、1.63、255。

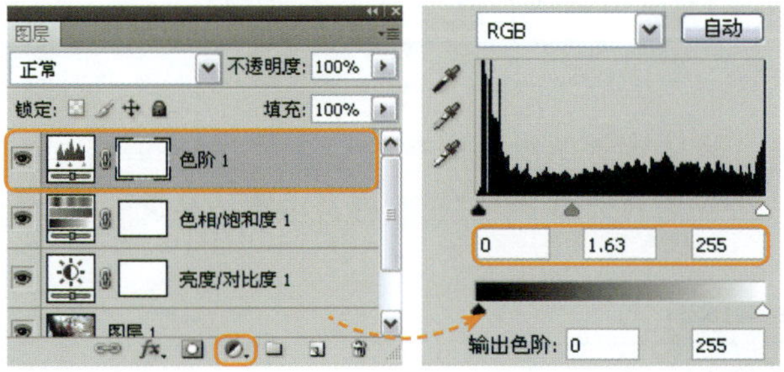

提示与技巧

注意前后效果对比

在使用"亮度/对比度"、"色相/饱和度"以及"色阶"命令时，应该多注意对比调整前后的图像，以免照片的颜色差别过大，而失去真实的效果。

STEP 06 经过使用"色阶"命令的调整，可以清楚地看到树干的质感，画面显得更加清新淡雅，更加符合艺术画面的风格。

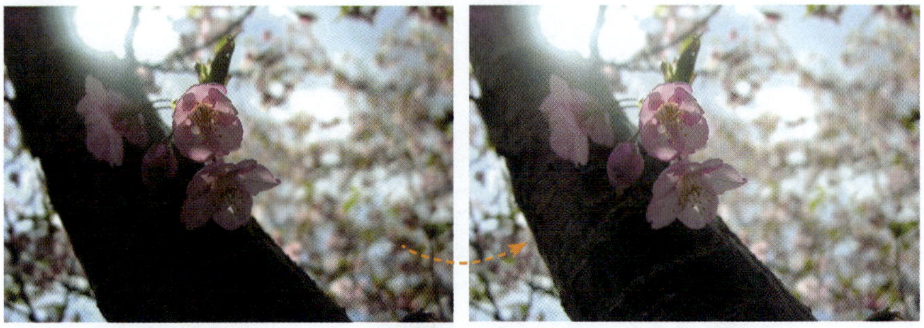

STEP 07 按下快捷键Ctrl+Shift+Alt+E盖印图层，得到"图层2"。单击加深工具，设置选项栏中的画笔为"柔角175像素"，"曝光度"为10%。

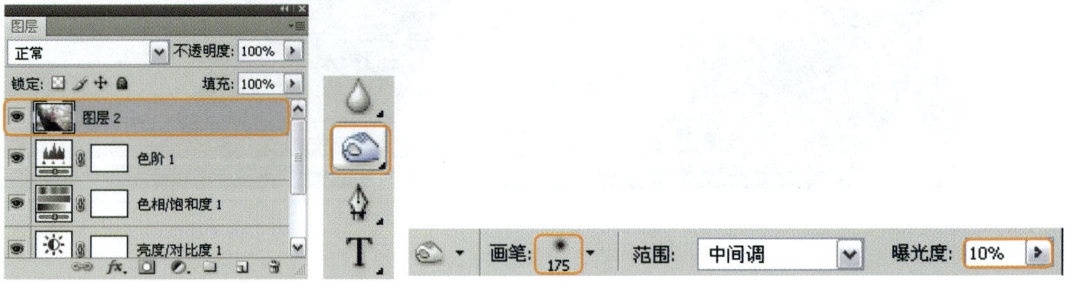

STEP 08 由于逆光光源比较强烈，导致四周比较亮，从而使得被摄主体在画面中不够突出。使用设置好的加深工具，在树干与花卉以外的部分进行涂抹，对图像进行加深操作。

STEP 09 按下快捷键Ctrl+Shift+Alt+E盖印图层，得到“图层3”。执行“滤镜>锐化>USM锐化”命令，在打开的对话框中设置“数量”为50%，“半径”为1.0像素，可以看到经过调整画面的清晰度提高。

STEP 10 单击“图层”面板下方的“添加图层蒙版”按钮，为“图层3”添加图层蒙版。单击画笔工具，设置一个较软的画笔对背景与花卉部分涂抹，还原调整之前的状态。

提示与技巧

调整蒙版时画笔工具的使用

在调整蒙版的过程中，使用画笔工具应该注意调整不透明度，以免在需要使用历史记录画笔工具还原的时候过渡不理想，并且尽量多使用柔角画笔工具，这样可以使照片效果更加自然。如果涂抹过度，可以将前景色设置为白色，对其涂抹以还原之前的状态。

STEP 11 切换到“通道”面板，选择其中的“红”通道，然后按住Ctrl键的同时单击“红”通道，选取画面中的亮部。

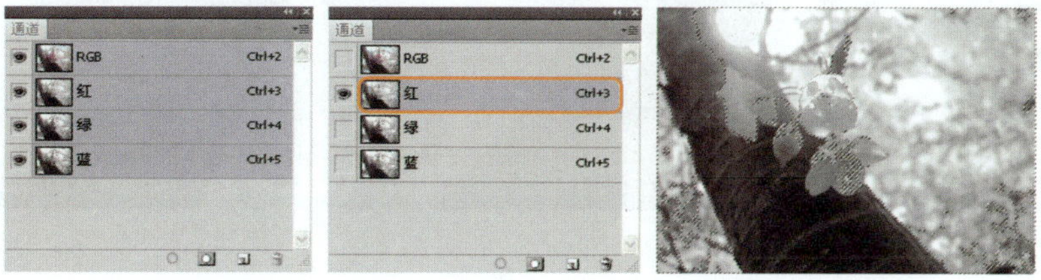

Photoshop基础

不同图像模式中的颜色通道

通道是用于存放图像中不同颜色的信息。在通道中可以进行编辑绘制，它不但能够保存图像色彩的信息，而且还能为保存选区和制作蒙版提供载体。如果一幅图像的色彩模式为RGB模式，RGB模式的图像有4个通道，分别用于存储图像中的R,G,B颜色信息，还有一个复合通道用于图像的编辑。当图像的色彩模式为黑白、灰度或者半色调时，则只有一个色彩通道。当图像色彩模式为CMYK时，图像有5个通道，分别用于存储图像中的C,M,Y,K颜色信息，此外有一个复合通道用于编辑图像。

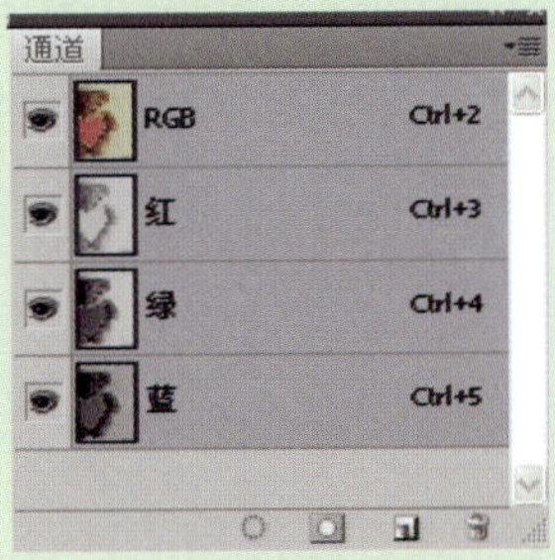

RGB模式

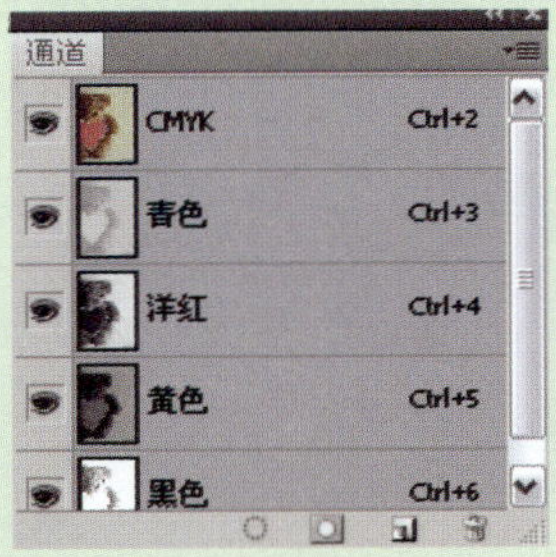

CMYK模式

灰度模式

STEP 12 按下快捷键Ctrl+Shift+Alt+E盖印图层，得到“图层4”。设置前景色为白色，填充选取的高光部分，然后按下快捷键Ctrl+D取消选区。

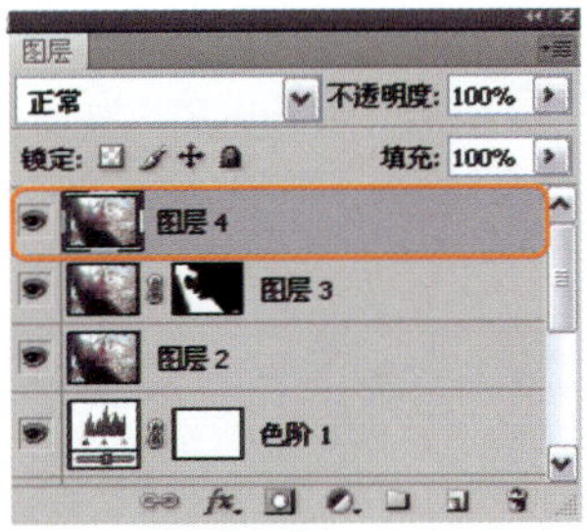

STEP 13 设置图层混合模式为“柔光”，“不透明度”为74%，“填充”为63%，使得效果更加柔和。

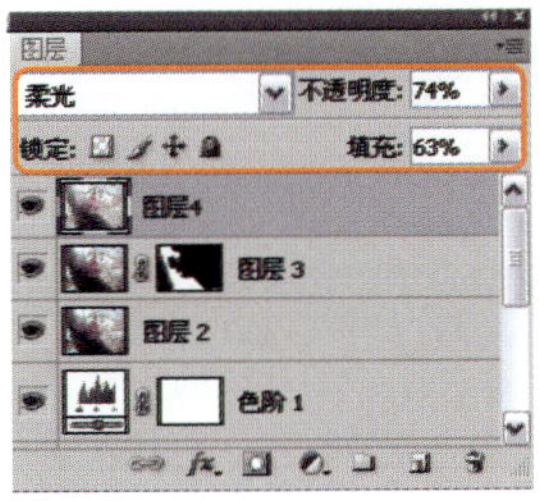

STEP 14 单击“图层”面板下方的“添加图层蒙版”按钮，为“图层4”添加图层蒙版。单击画笔工具，对背景部分进行涂抹，保留树干与花卉部分。

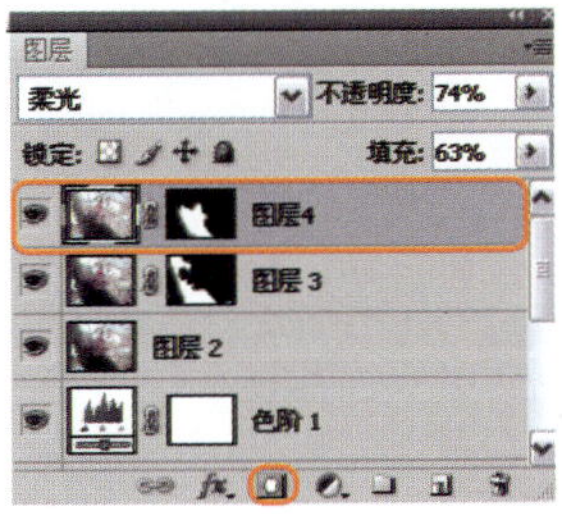

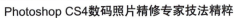

STEP 15 单击“图层”面板下方的“创建新的填充或调整图层”按钮，在弹出的菜单中选择“曲线”命令，“图层”面板中出现“曲线1”调整图层。设置一个控制点，将其向上移动，可以提高画面的整体亮度。

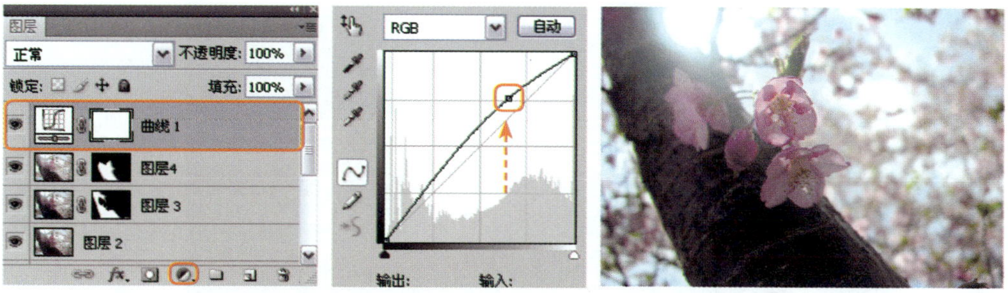

STEP 16 单击“曲线1”调整图层的蒙版缩览图，将其转换为蒙版状态。单击工具箱中的画笔工具，对背景部分进行涂抹。

STEP 17 单击横排文字工具，输入相关文字，在选项栏中设置字体为“MSP明朝”，“字体大小”为47.99点，字体颜色为白色。

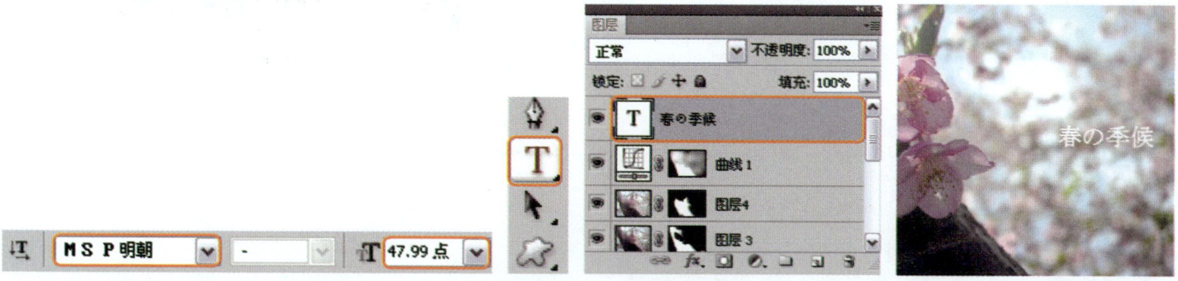

STEP 18 单击“图层”面板下方的“创建新的填充或调整图层”按钮，在弹出的菜单中选择“色相/饱和度”命令，在“调整”面板中显示相关选项，设置“饱和度”为+12。至此，本照片调整完成。

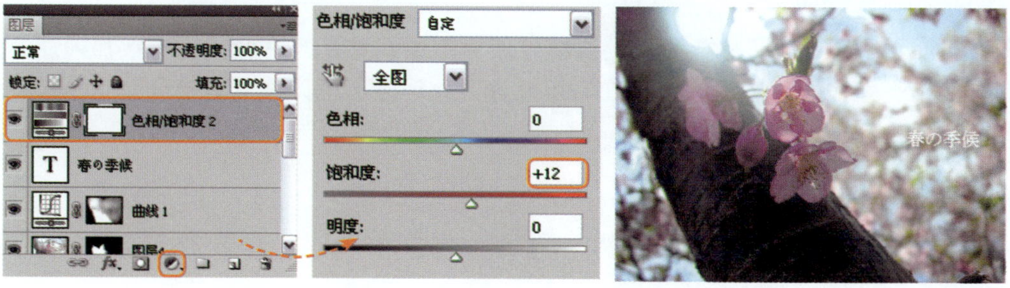

9.2.2 “光照效果”滤镜——制作电影场景效果

最终文件路径：实例文件\chapter9\complete\04-end.psd

案例分析：这是一张人物照片，由于衣服的颜色过于鲜艳而影响了画面的整体效果。通过后期的调整控制对比色彩，使画面看起来更加协调，模拟出电影场景的效果，最后根据构图需要加入字体，使画面看起来更加丰富。

功能点拨：Photoshop中“光照效果”滤镜可以为图像调整光照方向，也可以加入新纹理和效果，创建出类似三维立体的效果。在对照片进行处理时，可以将背景部分变暗，起到强化主体物的作用。

STEP 01 打开本书配套光盘中的“实例文件\chapter9\media\04.jpg”文件，按下快捷键Ctrl+J，复制“背景”图层，得到“图层1”。

STEP 02 由于人物的衣服颜色饱和度过高，影响了画面的整体质量，下面将解决这一问题。单击“图层”面板下方的“创建新的填充或调整图层”按钮，在弹出的菜单中选择“色相/饱和度”命令，选择“红色”选项，设置“饱和度”为-57。

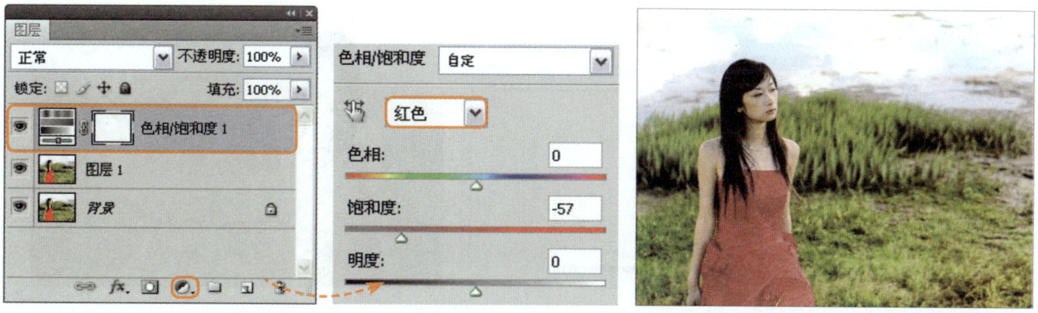

STEP 03 按下快捷键Ctrl+Shift+Alt+E盖印图层，得到“图层2”设置图层混合模式为“强光”，“不透明度”为25%。

STEP 04 单击“图层”面板下方的“添加图层蒙版”按钮，为“图层2”设置图层蒙版。单击画笔工具，对背景部分进行涂抹。

STEP 05 单击“图层”面板下方的“创建新的填充或调整图层”按钮，在弹出的菜单中选择“可选颜色”命令，弹出可选颜色“调整”面板，设置“颜色”为“红色”，设置“洋红”为-22%。

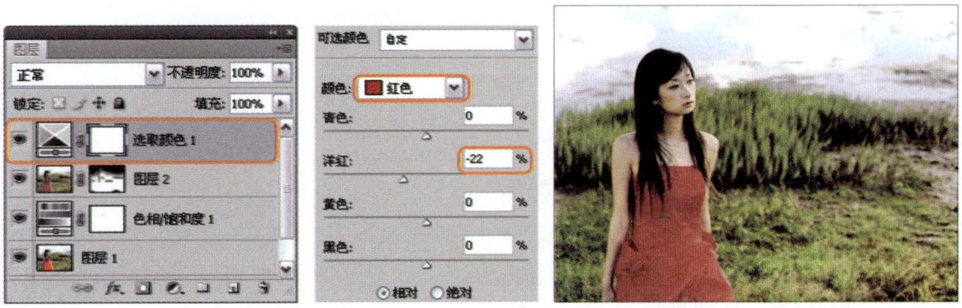

STEP 06 单击“图层”面板下方的“创建新的填充或调整图层”按钮，在弹出的菜单中选择“曲线”命令，弹出“曲线”面板，在打开的面板中设置两个控制点，将其向下移动。

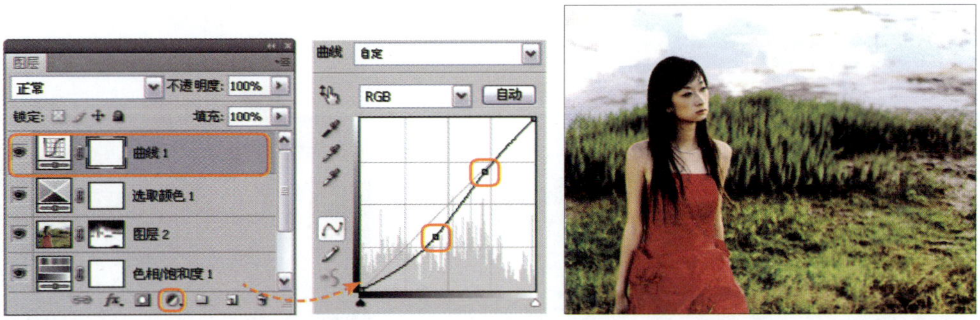

STEP 07 单击“曲线1”调整图层中的蒙版图标，将其转换为蒙版模式。单击画笔工具，将人物与天空部分还原。

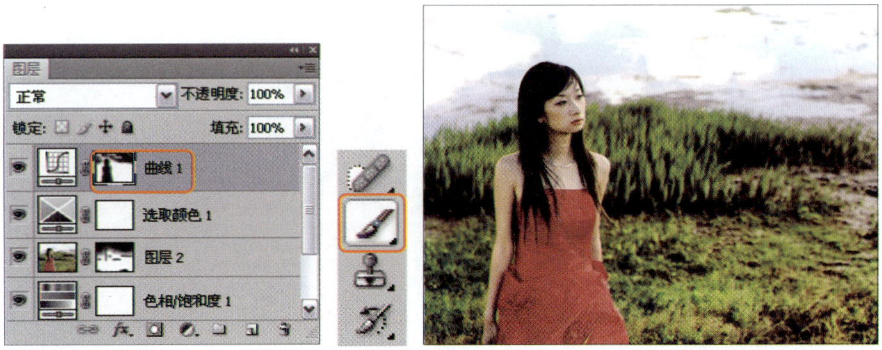

STEP 08 按下快捷键Ctrl+Shift+Alt+E盖印图层，得到“图层3”。执行“滤镜>模糊>高斯模糊”命令，弹出“高斯模糊”对话框，设置“半径”为5像素，完成后单击“确定”按钮。

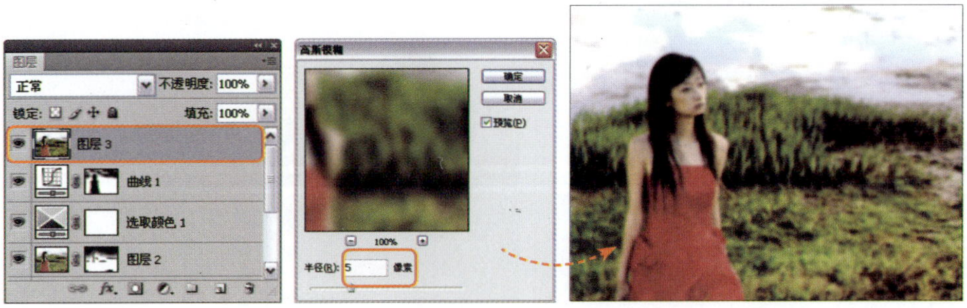

STEP 09 单击"图层"面板下方的"添加图层蒙版"按钮，为"图层3"添加图层蒙版。单击画笔工具，设置一个较软的画笔对天空以外的部分进行涂抹，使得天空部分看起来比较模糊。

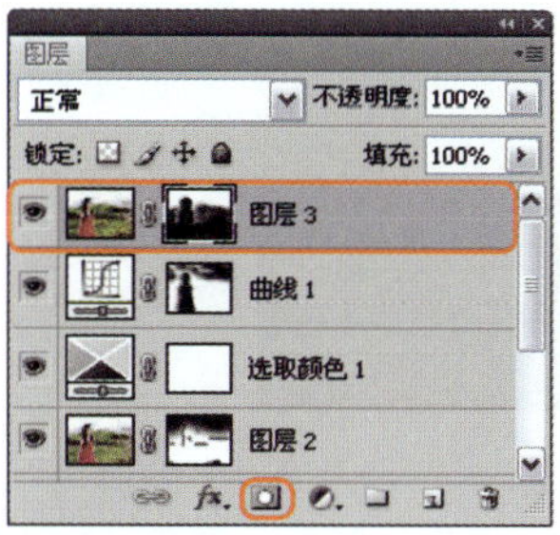

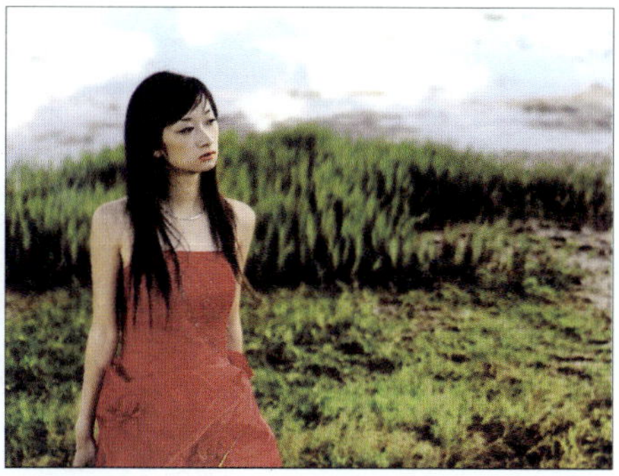

STEP 10 按下快捷键Ctrl+Shift+Alt+E盖印图层，得到"图层4"。执行"滤镜>渲染>光照效果"命令，弹出"光照效果"对话框，设置"光照类型"为"点光"，"强度"为17，"聚焦"为79，"光泽"为0，"材料"为69，"曝光度"为0，"环境"为8。

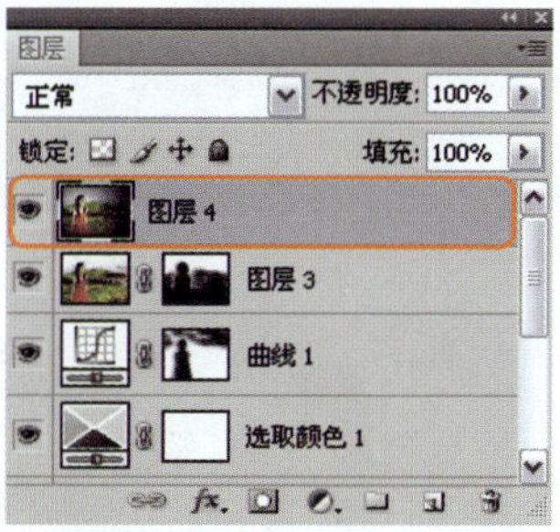

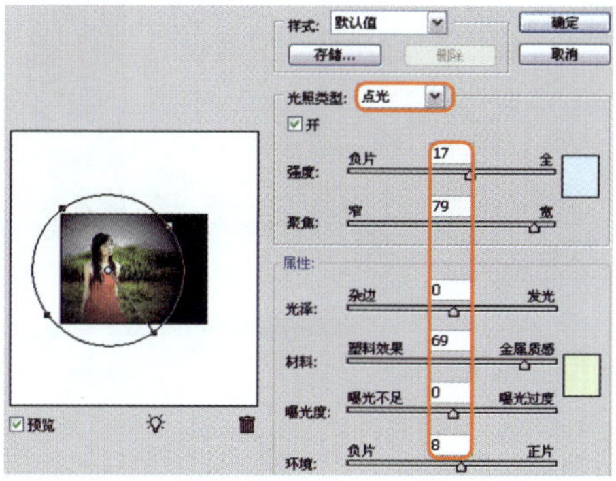

Photoshop基础

了解"光照效果"滤镜

"光照效果"滤镜只有在RGB模式下才能使用，它包括3种光照类型、4组光照属性和17种不同的光照风格。在对话框中可以调整光照的方向，也可以加入光照纹理和色彩，创建出三维效果。如果调整好一个光源，需要再绘制一个同样的光源时，无需重新设置参数，按下Alt键的同时拖动光源即可完成复制。下面来了解"光照效果"对话框。

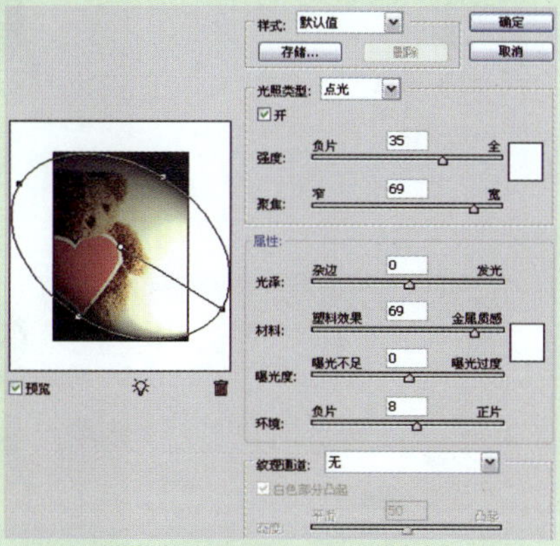

"光照效果"对话框

STEP 11 设置对话框中的光照颜色分别为R233、G245、B255与R248、G252、B208，完成后单击“确定”按钮。经过“光照效果”滤镜的调整，可以看出照片有了明显的变化。

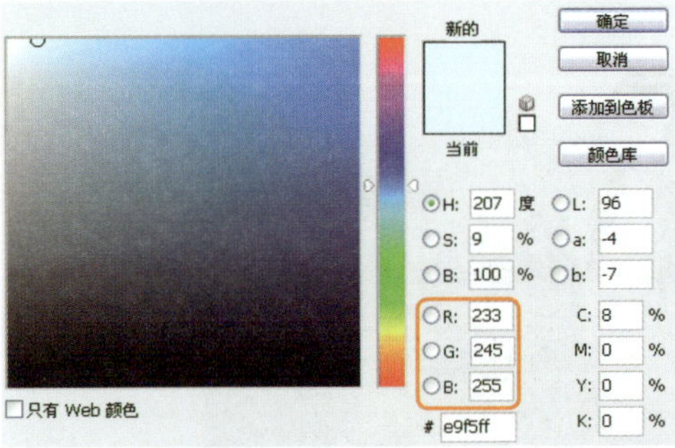

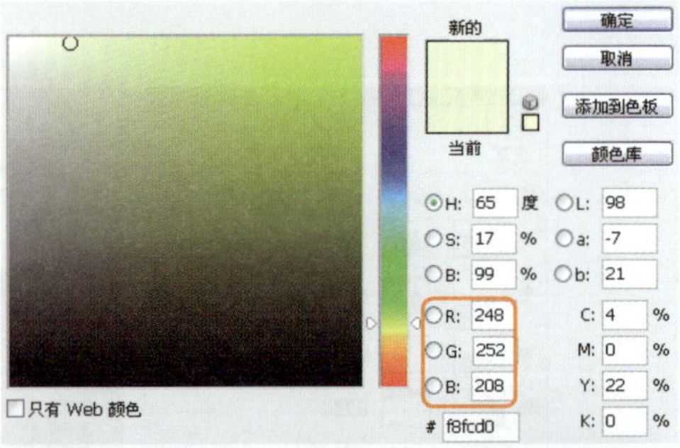

STEP 12 设置图层“不透明度”为78%，然后单击“图层”面板下方的“添加图层蒙版”按钮，为“图层4”添加图层蒙版。单击画笔工具，在画面的中间部分进行涂抹。

STEP 13 单击“图层”面板下方的“创建新图层”按钮，设置前景色为R133、G161、B57将其填充，设置图层混合模式为“颜色”。

STEP 14 设置图层“不透明度”为31%，使画面呈现绿色的色调，但是由于人物的肤色与裙子在绿色的映照下显得比较灰，下面将通过蒙版将其还原。

STEP 15 单击“图层”面板下方的“添加图层蒙版”按钮，为“图层5”添加图层蒙版。单击画笔工具，对人物部分进行涂抹，还原之前的效果。

STEP 16 单击“图层”面板下方的“创建新的填充或调整图层”按钮，在弹出的菜单中选择“色阶”命令，将“输入色阶”中的白色滑块向左移动，设置参数为3、0.89、231。

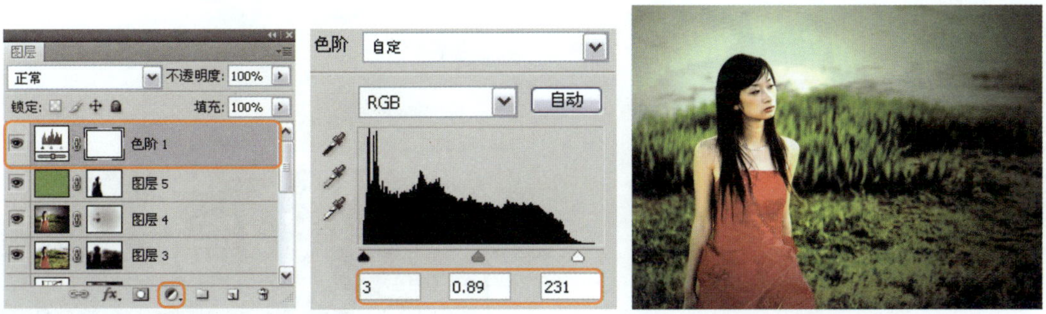

STEP 17 在“图层”面板中单击“色阶1”调整图层中的蒙版图标，将其转换为蒙版模式。单击画笔工具，设置前景色为黑色，对人物部分进行涂抹。

STEP 18 单击横排文字工具，分别设置选项栏中的字体为Arial Black与MSP明朝，字体大小为15点与13.46点，设置前景色为白色，然后输入相关文字。至此，本照片调整完成。

9.2.3 图层混合模式——调整灰暗的照片

最终文件路径： 实例文件\chapter9\complete\05-end.psd

案例分析： 这是一张在草地上拍摄的照片，画面构图与人物造型都比较到位。但是照片的整体色调给人以一种沉闷的感觉，通过后期的调整，结合文字将画面调整出清新浪漫的感觉。

功能点拨： Photoshop中图层混合模式表示两个图层之间的混合方式，多个图层之间的混合也可以产生独特的混合效果。通过使用“柔光”混合模式，将图像调整出柔和的效果，它能够在保留基色高光和阴影的同时，产生更加精细的效果色。

STEP 01 打开本书配套光盘中的“实例文件\chapter9\media\05.jpg”文件，得到“背景”图层。按下快捷键Ctrl+J复制“背景”，得到“图层1”。

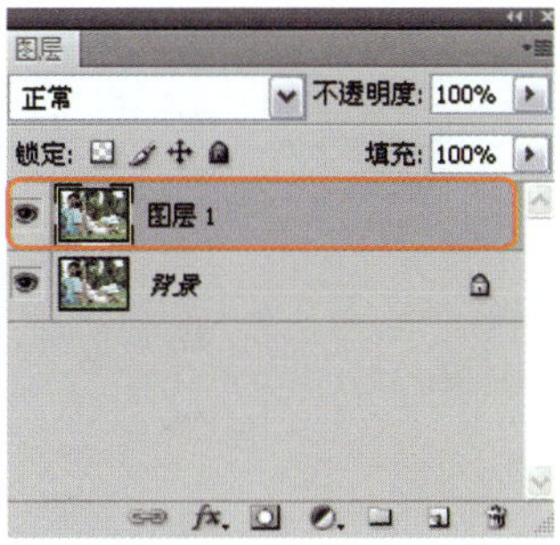

STEP 02 单击“图层”面板下方的“创建新的填充或调整图层”按钮，在弹出的菜单中选择“色相/饱和度”命令，选择“全图”选项，设置“饱和度”为+22，然后选择“绿色”选项，设置“饱和度”为+13。

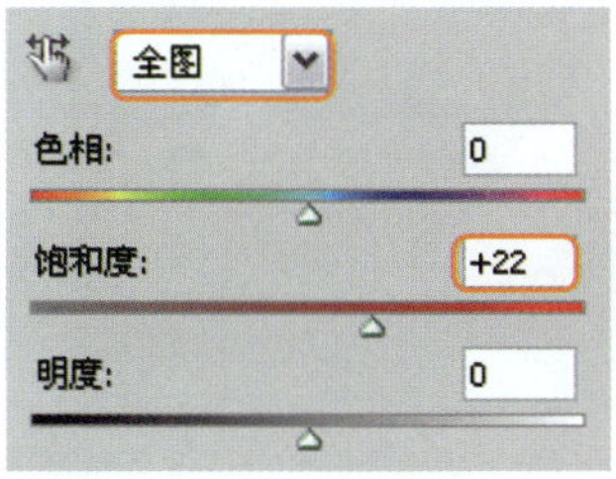

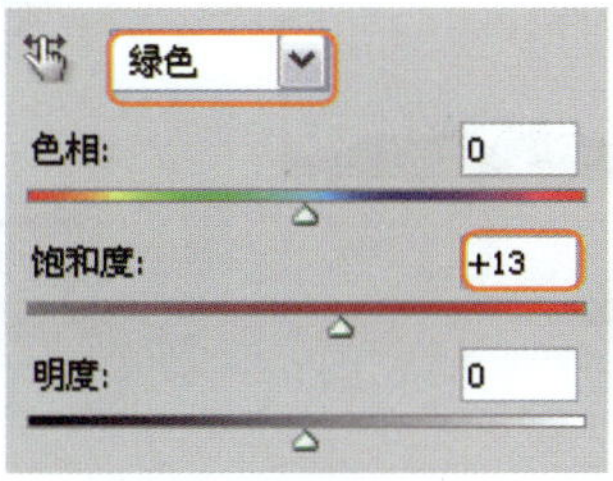

STEP 03 按下快捷键Ctrl+Shift+Alt+E盖印图层，得到“图层2”。执行“滤镜>模糊>高斯模糊”命令，弹出“高斯模糊”对话框，设置“半径”为5像素，完成后单击“确定”按钮。

STEP 04 单击“图层”面板下方的“添加图层蒙版”按钮，为“图层2”添加图层蒙版。单击画笔工具，对背景以外的部分进行涂抹，还原人物图像的清晰状态。

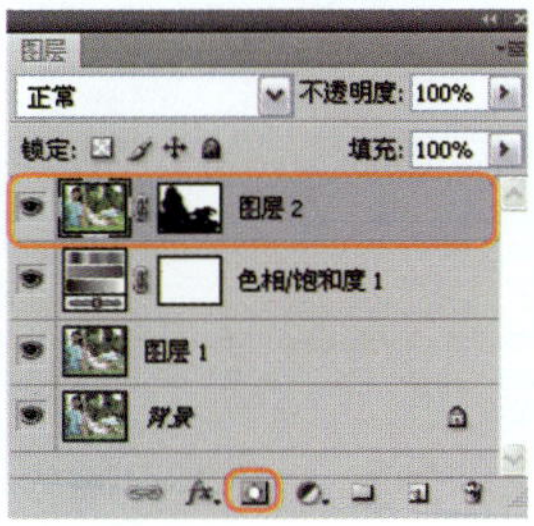

STEP 05 单击“图层”面板下方的“创建新的填充或调整图层”按钮，在弹出的菜单中选择“可选颜色”命令，选择“中性色”选项，设置“黄色”为+12%。

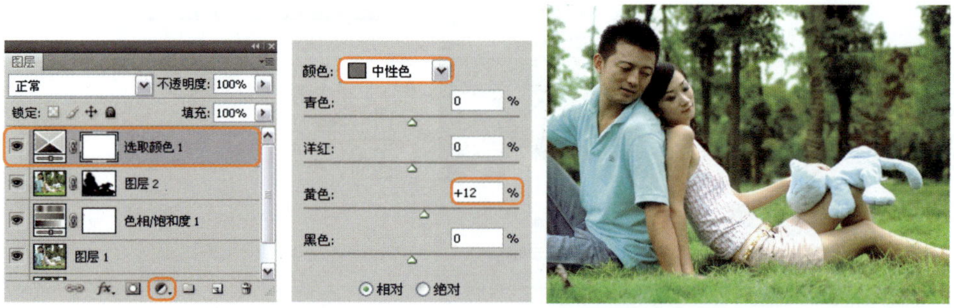

STEP 06 单击“图层”面板下方的“创建新的填充或调整图层”按钮，在弹出的菜单中选择“色阶”命令，弹出“色阶”面板，在打开的面板中，将输入色阶中的灰色滑块向左拖动，设置参数为0、1.35、255。

STEP 07 按下快捷键Ctrl+Shift+Alt+E盖印图层，得到“图层3”。切换到“通道”面板，选择其中的“红”通道，按住Ctrl键的同时单击“红”通道，图像中的高光部分被选取，然后再单击RGB通道。

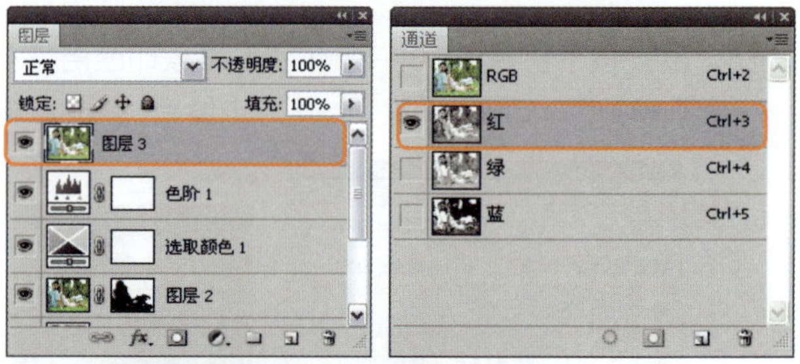

提示与技巧

通道的选择

在选择通道时可以根据照片本身的色调进行选择，这里选择的是红色通道，因为相对而言红色通道的高光部分比较明显。

STEP 08 单击“图层”面板下方的“创建新图层”按钮，得到“图层4”。将其填充为白色，然后按下快捷键Ctrl+D取消选区。

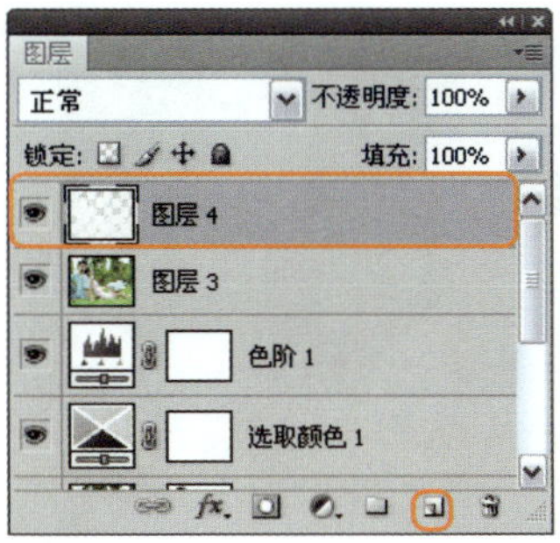

STEP 09 设置图层混合模式为“柔光”，“不透明度”为81%，“填充”为87%，使图像效果更加自然。

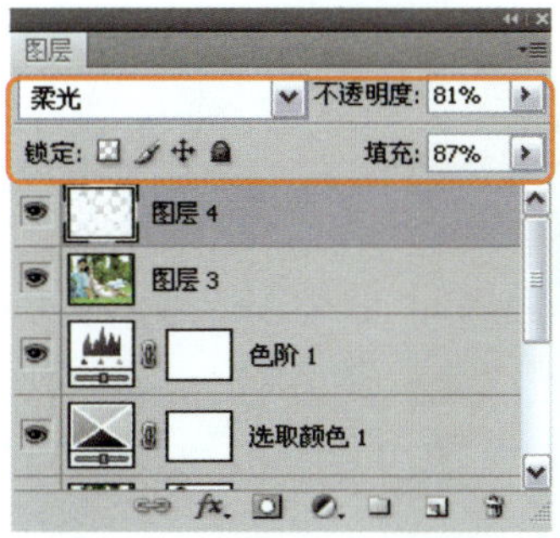

提示与技巧

控制画面效果

将画面中的高光部分调整为白色可以使画面更加柔和，但加入过多白色，会使照片泛白。这就需要通过设置“不透明度”与“填充”的参数来进行调整。

Photoshop基础

认识图层混合模式

Photoshop中的图层混合模式是两个图层间混合产生的特殊效果，图层混合模式与其他混合模式相似，它表示两种颜色、两个图像、两个图层或者两个通道之间的混合。但是没有绘图工具中的“背后”、“清除”模式，或通道“计算”命令中的“相加”和“减去”模式。

图层混合模式包括了组合型混合、加深型混合、减淡型混合、对比型混合、比较型混合和色彩型混合，选择不同的混合模式，可以调整出不同的特殊效果。

STEP 10 单击“图层”面板下方的“添加图层蒙版”按钮，为“图层4”添加图层蒙版。单击画笔工具，对人物以外的部分进行涂抹，使背景部分的颜色较深。

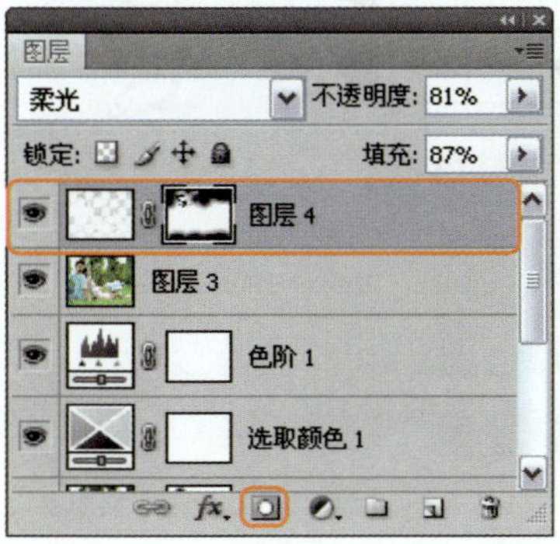

STEP 11 单击横排文字工具，在选项栏中设置字体为“方正仿宋简体”，字体大小为29.27点，设置前景色为白色，然后输入相关文字。

STEP 12 单击横排文字工具，在选项栏中设置字体为“方正仿宋简体”，字体大小为14.49，前景色为白色，输入相关文字。

STEP 13 单击“图层”面板下方的“创建新图层”按钮，得到“图层5”。单击自定形状工具，在选项栏中的形状拾取器中，选择“飞鸟”图形。在图像中绘制路径，按下快捷键Ctrl+Enter将其转换为选区，并填充为白色，按下快捷键Ctrl+D取消选区。至此，本照片调整完成。

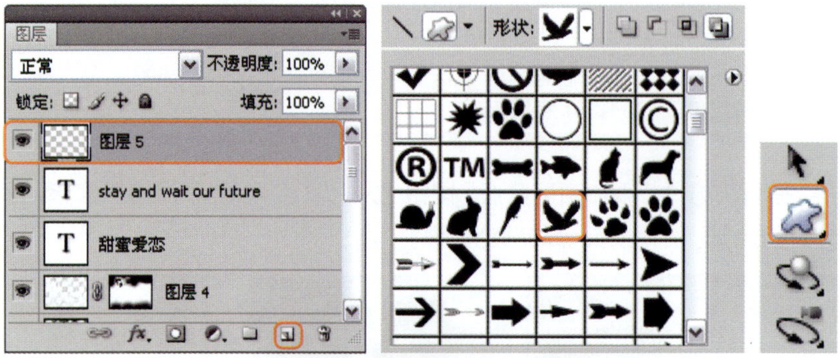

第 10 章 数码照片的输出和共享

对数码照片的调整完成后，可以将照片存放在计算机中，还可以对部分照片进行输出以及打印。在本章中主要讲解在后期的输出处理中如何将照片按照需要存储为不同的格式、制作为PDF演示文稿以及制作光盘CD的索引表等多方面的内容。

10.1 设置保存照片的类型

对照片的处理完成后，为了便于以后查看，最好将其保存。根据不同的图像需求，可以将图像保存为不同的格式，以便以后的查看和使用。Photoshop支持多种格式的图像文件，它保证了Photoshop与其他软件的兼容性，下面介绍几种Photoshop中常用的照片保存类型。

1. JPEG格式

JPEG是一种常见的图像格式，全称为Joint Photographic Experts Group。

因为不能存储图像中的图层和通道等Photoshop功能的应用信息，所以JPEG格式可以很好地减小文件的容量。它主要用于压缩由各种颜色组成的图像或者是颜色对比度不高的图像，但压缩后的图像依然保持原有的清晰度。

JPGE格式图像

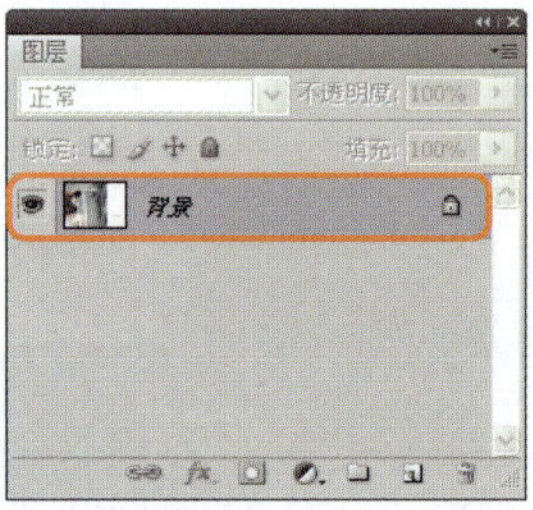

JPGE格式的“图层”面板

2. PSD格式

PSD格式是在Photoshop中操作时默认的文件格式，它能够将所有的图层、通道、路径文字、样式和注释等功能信息保存下来。PSD格式的优点在于保持处理图像的灵活性，能够随时对图像进行修改。

PSD格式图像

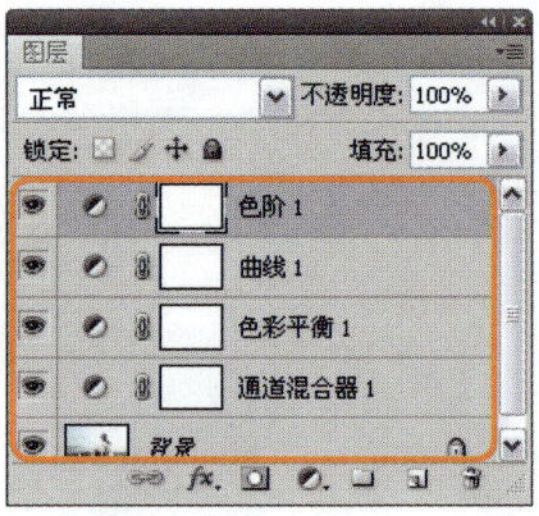

PSD格式的“图层”面板

3. PDF格式

PDF格式和PSD格式一样，也包含了图像中的图层、通道、路径文字、样式和注释等功能信息。PDF格式文件可以在Adobe Acrobat 浏览器中打开查看。

PDF格式图像

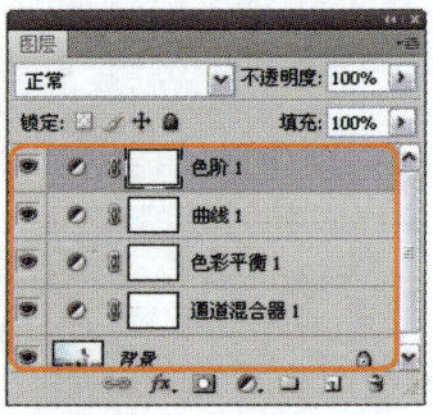

PDF格式的图层面板

Photoshop基础

如何保存照片

在调整完照片后，一定要养成保存文件的习惯。

执行“文件>存储”命令，或者按下快捷键Ctrl+S，弹出的“存储为”对话框，选择需要保存的位置，输入文件名称，设置保存的类型（PSD,PDF,EPS,TIFF,PDG,GIF等），单击“保存”按钮。

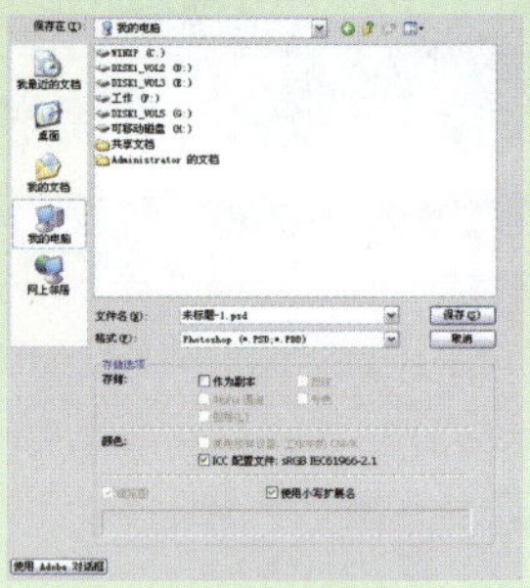

“存储为”对话框

执行“文件>存储”命令，弹出“Photoshop格式选项”对话框，提示存储文件格式的最大兼容性，一般情况下默认为最大兼容，这样可以在其他应用程序或版本中使用PSD文件。

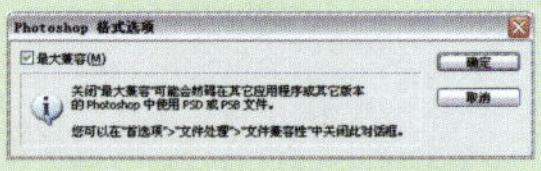

“Photoshop格式选项”对话框

4．TIFF格式和EPS格式

在照片处理完成后，如果需要将文件用于印刷程序，通常会存储为TIFF或者EPS格式。

TIFF格式可以对文件进行无失真压缩，包含了剪贴路径，文件更小。在存储和转移的同时不降低图像质量，还提供印刷时对特定区域进行透明处理的功能。EPS格式文件包含了剪贴路径在内的向量信息，印刷的图像与原图像非常接近，文件大小比TIFF格式的文件大。

EPS格式图像及“图层”面板

TIFF格式图像及“图层”面板

5．GIF格式

GIF的全称为Graphics Interchange Format，意思是图形交换形式，它是一种图形文件格式。GIF文件内部分成许多存储块，用于存储多幅图像或者用以实现动画和交互式应用。GIF文件还可以通过LZW压缩算法压缩图像数据以减少图像的尺寸。

GIF格式动画的一帧

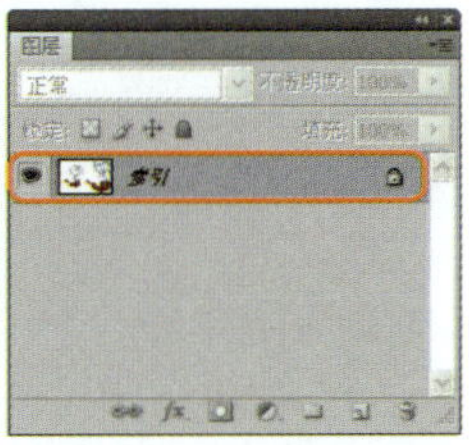
GIF格式的“图层”面板

6．PNG格式

PNG格式是较早的图像文件存储格式，它的全称为Portable Network Graphic Format，即流式网络图形格式。

当使用PNG格式文件存储灰度图像时，灰度图像的深度可以多达16位。当存储彩色图像时，彩色图像的深度可以达到48位。PNG格式允许连续读出和写入图像数据，这个特性很适合在网络的传输中生成和显示图像。

PNG格式的图像

PNG格式的“图层”面板

10.2 运用不同软件浏览照片

在电脑中浏览数码照片时，都希望找到一种适合自己的方式，这样浏览起来会感觉比较顺畅。下面将介绍Panorado图片浏览器、CoolView图片浏览器、Aplus Viewer图片浏览器以及ACDSee图片浏览器。这些软件各具特色，相信读者会找到一款适合自己的图片浏览器。

1. CoolView图片浏览器

CoolView是一款功能齐全、浏览方便的图片浏览软件，它可以对图片进行编辑制作和导入屏保，并且附带抓屏、音乐播放器等功能。其界面美观，绿色环保，可浏览多种格式的图片，支持列表查看和幻灯片放映、缩放、使用放大镜等功能。

使用CoolView查看图像

此外，CoolView还增加了拼图游戏的功能，用户可以选择任意一张照片，将其制作为多块拼图，下面介绍制作拼图游戏的方法。

STEP 01 运行CoolView图片浏览器，执行“文件>打开”命令，弹出“打开”对话框。

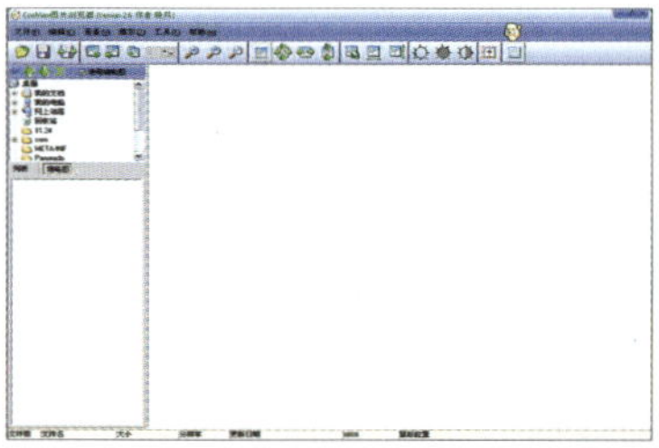

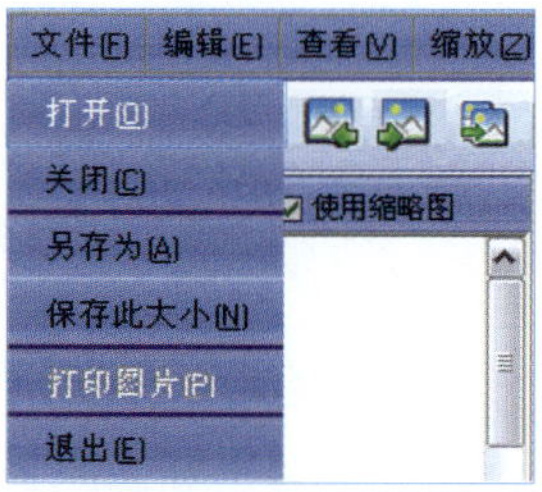

STEP 02 在对话框中选择需要的图片，单击“打开”按钮打开该图片。在工具栏中可以随意放大或者缩小图像，对图像进行翻转，同时可以调整图像亮度，对图像进行简单的调整。

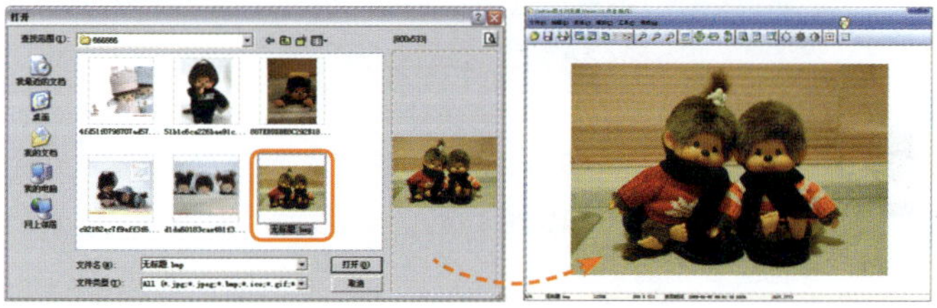

Photoshop基础

图像浏览软件中的常见问题

1. 怎样安装软件

在网上下载了Aplus Viewer软件后，双击该软件即可开始安装，根据程序的提示一步步操作就可将文件安装在指定的文件夹中。

单击“下一步”按钮

安装软件

2. 寻找安装软件

在桌面左下角单击“开始”按钮，选择“所有程序”命令，在级联菜单中就可以找到刚才安装的软件。

3. 图像缩览图

在Aplus Viewer图片浏览器中，文件夹也是以缩览图的方式显示的，这样方便对文件夹的内容进行查看，从而提高工作效率。

STEP 03 执行“工具>拼图游戏”命令，在“拆分”选项组中可以选择3×3或者4×3选项，将图片变成9块或者12块。

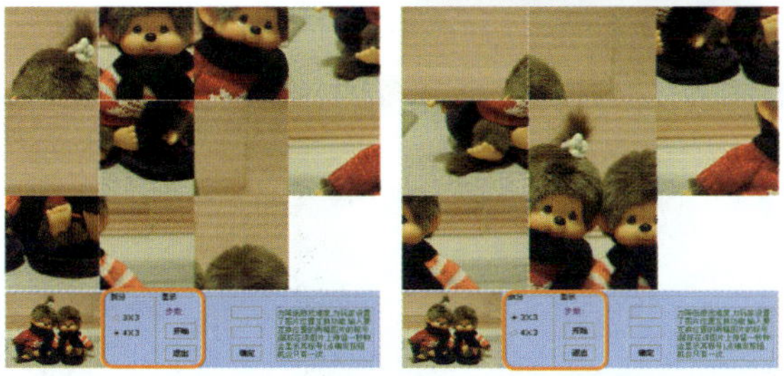

4. 软件的选择

在外旅游时，人们通常会拍摄很多风景照片，在计算机上查看这些照片的时候，可以选择Panorado图片浏览软件。这是一款专门对巨幅图片或者全景照片进行处理的浏览软件。

5. 为图像增加黑白效果

如果为图像中增加黑白效果，使用CoolView图片浏览软件就能够进行相关的处理。执行“编辑>黑白”命令，便可以将彩色的照片转换为黑白的效果。同时它还可以制作底片和浮雕效果。

2. Aplus Viewer图片浏览器

Aplus Viewer图片浏览器可以轻松地浏览计算机中的图片以及数码照片，还可以对图片进行操作，比如裁剪图片等。由于它占用的储存空间比较小，使用也十分方便，可以根据个人的需求调整视图模式和窗口布局。下面将介绍Aplus Viewer图片浏览器对图像进行操作。

STEP 01 运行Aplus Viewer图片浏览器，在“目录浏览”列表框中选择相关文件夹，右边的窗口便会显示该文件夹的内容。

STEP 02 选择其中的一个文件夹后，双击文件夹图标即可浏览该文件夹里的图片，然后选择文件夹中的一张图片，在界面的左下角便会显示当前图片的预览图。双击选好的图片，进行界面编辑，可以对图片进行放大、缩小、裁剪以及删除等操作。

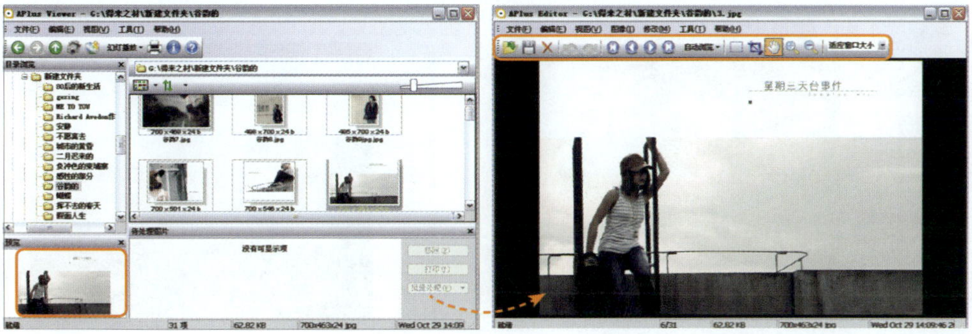

STEP 03 单击裁剪工具，在图像中单击并拖动鼠标，被裁剪的区域会显示为绿色，便于区分。在裁剪框的左上角显示了裁剪框的大小尺寸。

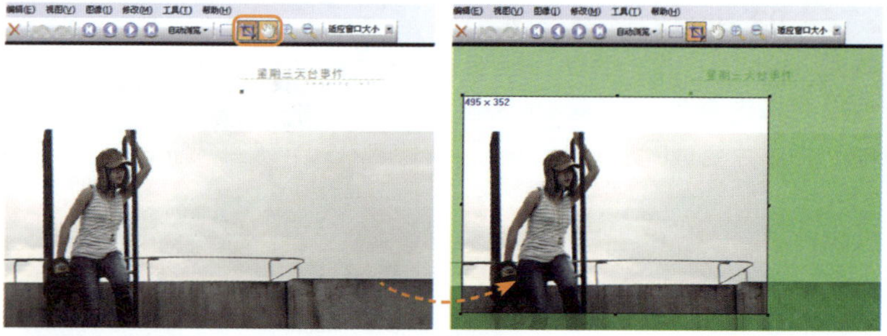

STEP 04 调整好裁剪大小后，双击鼠标便可以裁剪图像。需要切换到下一张图片时，便会弹出对话框询问是否保存修改，单击“是”按钮会将裁剪后的图片直接保存在指定的文件夹中。

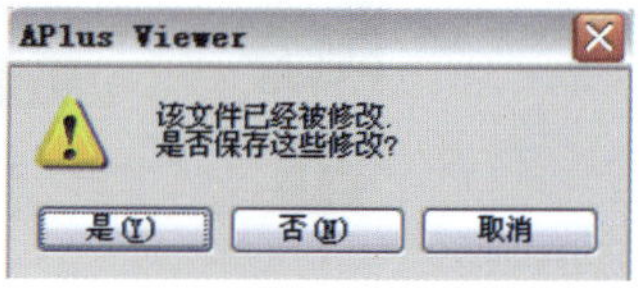

3．Panorado图片浏览器

在查看全景图片或者是巨幅图片的时候，一般的图像浏览软件不能很完整地展示画面。这时，通过Panorado就能够完整地查看这些图片，它是专门为风景、城市景观、室内装饰等全景图片而设计的图像检视软件，使用它能够全方位立体地浏览图片。下面将通过Panorado图片浏览器查看图像。

STEP 01 运行Panorado，打开操作界面，在界面左边的窗口中选择文件夹，随之右边的窗口中会显示文件夹中的图片缩览图。

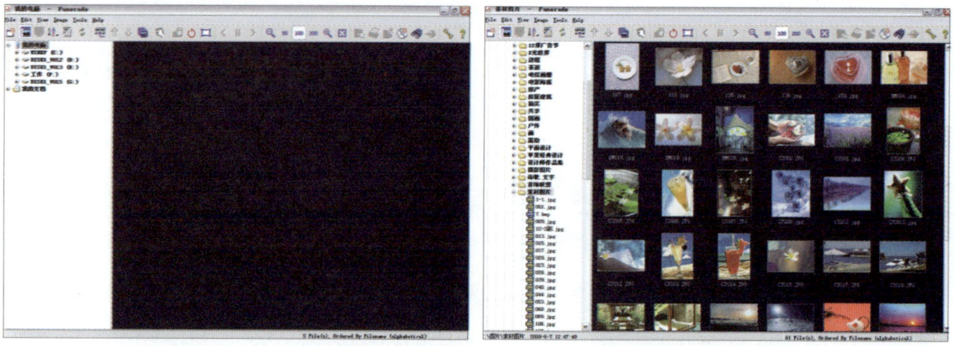

STEP 02 选中一张风景图片，双击右边的图片缩览图，打开图片对其进行浏览。如果图片太大便不能完全浏览，拖拽鼠标可以查看到图片的其他部分，单击全屏按钮即可查看到全部图像。

4. ACDSee图片浏览器

ACDSee图片浏览器是目前使用最为广泛的图片浏览工具软件之一。它的特点是支持性强，能打开二十余种图像格式，并且能够高品质地快速显示。与其他图片浏览器比较，ACDSee打开图像文件的速度相对比较快。下面将简单介绍它的一些常用功能。

ACDSee图片浏览器

首先，ACDSee可以用来管理文件。它提供了简单的文件管理功能，使用它可以进行文件的复制、移动和重命名等操作。使用时只需选择菜单中的命令或是单击工具栏上的命令按钮即可打开相应的对话框。

其次，使用固定比例浏览图片。在浏览图片文件时，如果遇到了比较大的图片文件，屏幕可能会无法全部显示。或者当遇到比较小的图片文件，以原本的大小观看又看不清楚。这时就需要使用ACDSee的放大和缩小显示图片的功能。

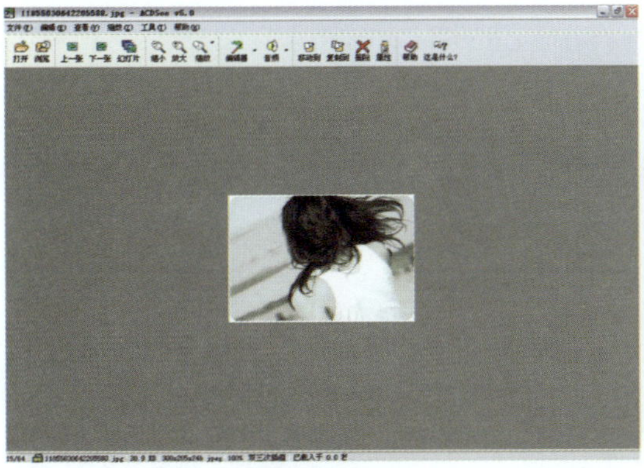
图像文件过小

图像文件过大

在浏览状态下，单击工具栏中的放大或者缩小按钮可以调整图像文件的大小。但是当切换到下一张时，ACDSee图片浏览器仍然默认以图片的原大小显示图片，这时候又需要重新单击放大或缩小按钮，使得查看比较麻烦。在ACDSee软件中有一个“锁定”命令，只要在浏览某一文件时将画面调整为合适大小，单击鼠标右键，在弹出的快捷菜单中执行“查看>锁定”命令，当浏览下一张图片时就会以固定的比例浏览图片，从而减少了再次放大和缩小调整图片的麻烦，非常方便。

锁定图像大小

固定比例浏览

第三，使用ACDSee还可以批量重命名文件。在Windows中，批量更改文件名称比较困难，使用ACDSee图片浏览器能够轻松解决这一问题。下面将介绍如何将ACDSee图片浏览器为文件夹中的图片批量重新命名，使读者能够更好地管理文件夹中的图片。

STEP 01 进入程序界面，在左边的界面中选择存放图片的文件，此时右边的界面显示出文件夹中的文件。按下快捷键Ctrl+A选择文件夹中的全部图片，图片会呈现灰色的状态。

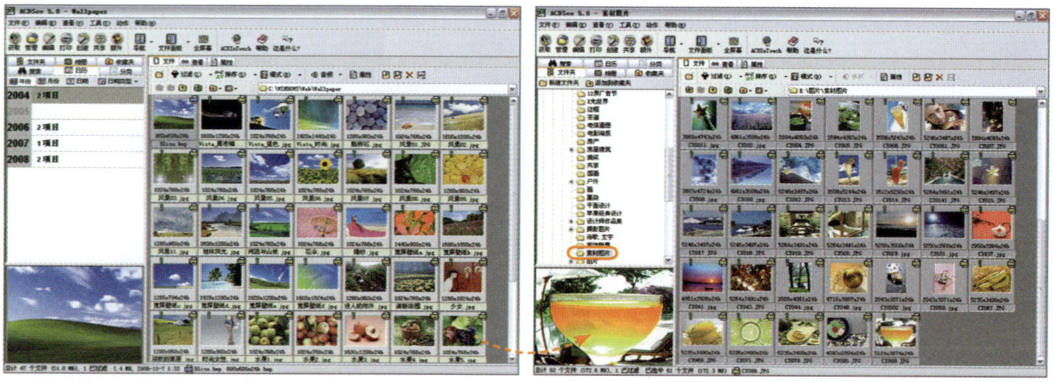

STEP 02 在选择的图片上右击鼠标，在弹出的快捷菜单中选择“批量重命名”命令，弹出“批量重命名”对话框。

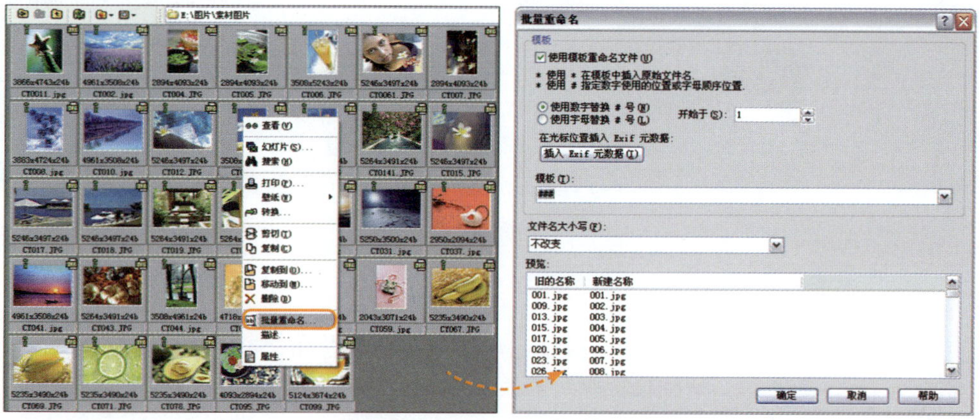

STEP 03 在打开的“批量重命名”对话框中单击“使用数字替换#号”单选按钮，设置相应的选项后单击“确定”按钮。再次观察文件夹的时候，就可以看到文件已经被命名为以001开始，照此顺序依次向下排列，这样整理过后的文件名就整齐多了，可以便于以后的查看。

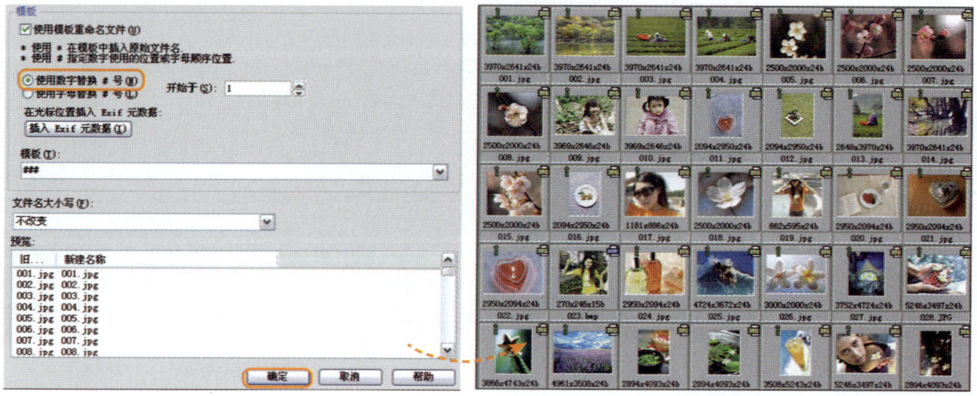

10.3 制作CD光盘的索引表

在查看数码照片时，怎样才能够快速在计算机中找到想要的照片呢？除了给照片起名外还有更加便捷的方法。通过Photoshop制作一个索引条，可以在没有启动计算机的情况下，方便地寻找到照片。

STEP 01 在Photoshop的官方网站下载增效工具，将其安装在Photoshop的增效工具文件包中，路径为Adobe\Adobe Photoshop CS4\Plug-ins\Automate。执行“文件>自动>联系表”命令，弹出“联系表”对话框。

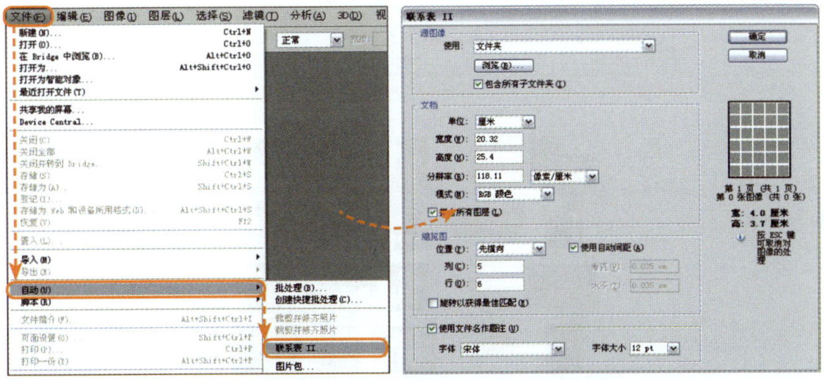

STEP 02 在“源图像”选项中设置“使用”为“文件夹”，然后单击“浏览”按钮，弹出“浏览文件夹”对话框，在对话框中选择需要创建索引表的目录，完成后单击“确定”按钮。

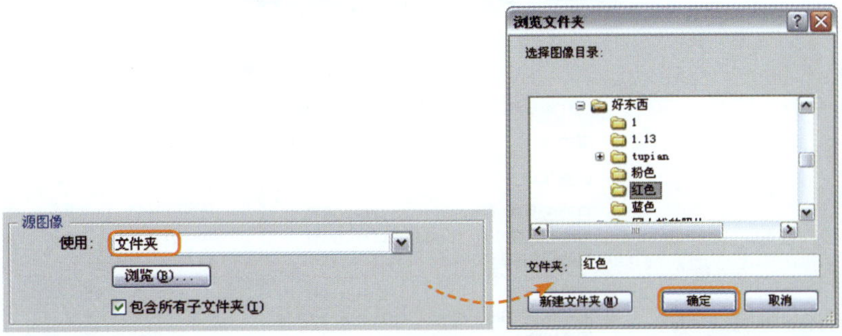

STEP 03 在对话框中的“文档”选项组中输入索引表的纸张大小以及页边距，制作CD索引页的纸张大小不能够大于12cm×12cm。设置“单位”为“厘米”，“宽度”为12，“高度”为12，“分辨率”为150像素/厘米，如果需要输出的效果更好，可以设置为300像素/厘米，设置“模式”为CMYK颜色，勾选“拼合所有图层”复选框。

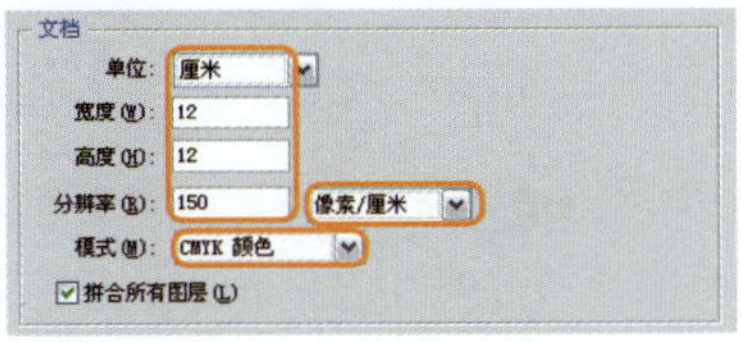

STEP 04 下面设置对话框中的“缩览图”选项组的主要功能是设置索引页的布局。设置“位置”为“先横向”，“列”为5，“行”为6，勾选“使用自动间距”复选框，在对话框的右侧有一个预览窗口，可以预览设置后的变化。

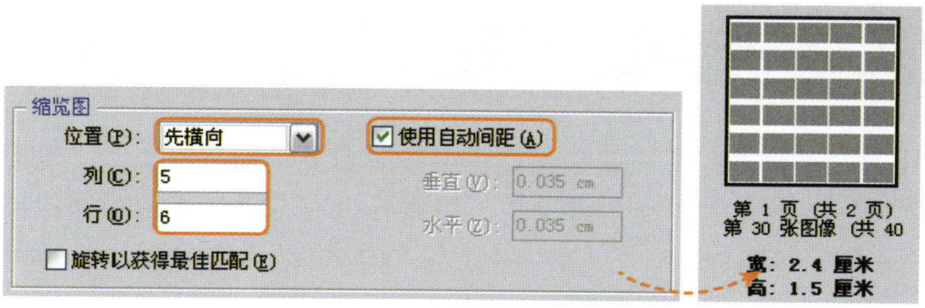

STEP 05 在对话框的最下方勾选“使用文件名作题注”复选框，设置“字体”为“宋体”，“字体大小”为8pt 。通过为文件名作题注，在需要查找图片的时候，就可以在CD中输入文件名查找相关图片。

STEP 06 设置完成后单击“确定”按钮退出，Photoshop将自动生成一张索引表。如果中途发现任何问题，可以按下Esc键立即取消。

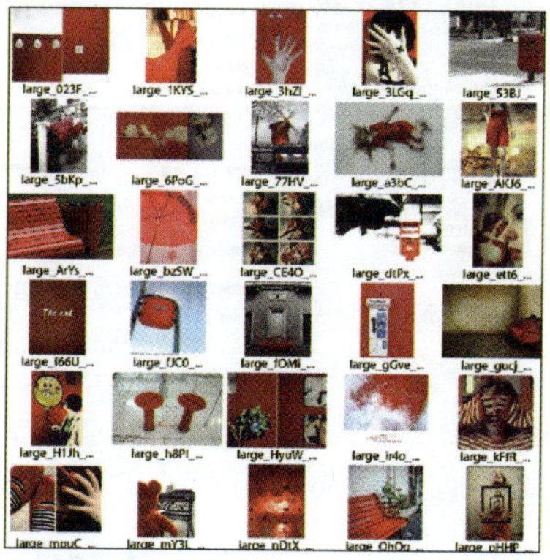

STEP 07 仔细观察会发现，自动生成的索引表没有间隔，使其观看起来不够明确。执行“图像>画布大小”命令，弹出“画布大小”对话框。设置“宽度”为13厘米，“高度”为13厘米，完成后单击“确定”按钮退出。

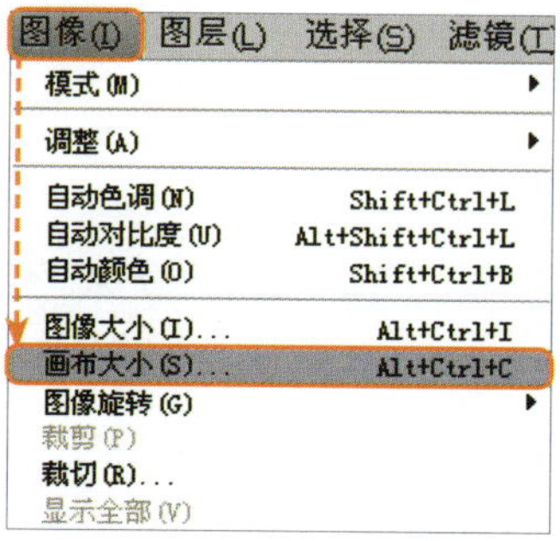

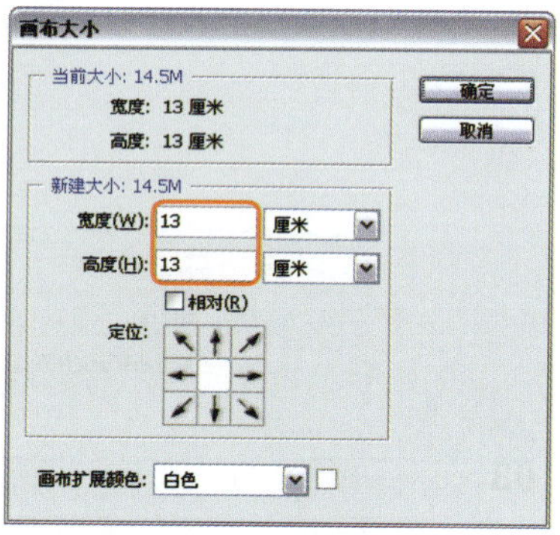

STEP 08 经过调整，可以看到图像之间有了间隔，观看起来比较清晰。至此，索引页的制作完成。

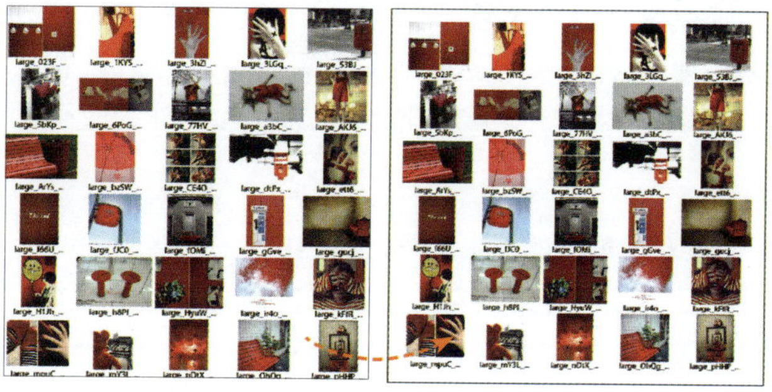

10.4 打印分辨率设置

打印分辨率的设置在每次的打印过程中都会遇到。对于要求不高的照片，使用默认大小的打印分辨率，效果差别并不大。但是对于一些要用于特殊场合的照片来说，设置合适的打印分辨率，往往能够得到较好的显示效果。使得打印出的图像显示更加精确。

1．了解打印分辨率

打印机分辨率又称为输出分辨率，是指在打印输出时在横向和纵向两个方向上每英寸能够打印的最多点数，通常以“点/英寸”即dpi表示。

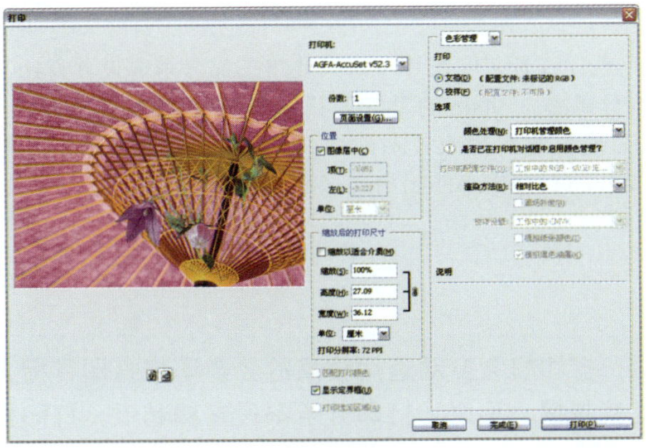

“打印”对话框

在一定程度上来说，打印分辨率决定了该打印机的输出质量。因为它决定了打印机打印图像时所能表现的精细程度，它的高低对输出质量有重要的影响。分辨率越高，其反映出来可显示的像素个数也就越多，就可以呈现出更多的信息和更好更清晰的图像。因此，打印分辨率是衡量打印机质量好坏的重要指标。

提示与技巧

设置正确的分辨率

为了确保数码照片打印的画面质量，在打印时设置合适的分辨率非常重要。以下列出一些标准输出格式的分辨率，提供给读者作为参考。

1．办公用单色图文并排文档

通常其分辨率为360dpi，一方面可以节约打印墨水降低打印成本，另一方面可以加快打印的速度。

2．普通数码照片

通常采用的分辨率为1200dpi，而打印高质量数码照片的分辨率要设置为2400dpi或者4800dpi。

另外，纸张和打印机的分辨率也有很大关系。普通的复印纸一般不推荐使用太高的分辨率。当使用过高的分辨率打印时，会造成色彩混杂。

2．打印分辨率的方向

打印分辨率一般包括纵向和横向两个方向，它的具体数值大小决定了打印效果的好坏。

纵向打印

横向打印

一般情况下激光打印机在纵向和横向两个方向上的输出分辨率几乎是相同的，但是也可以人为进行调整和控制。喷墨打印机在纵向和横向两个方向上的输出分辨率相差很大，一般情况下所说的喷墨打印机分辨率就是指其横向喷墨表现力。

例如800×600dpi，其中800表示打印幅面上横向方向显示的点数，600则表示纵向方向显示的点数。分辨率不仅与显示打印幅面的尺寸有关，还要受打印点距和打印尺寸等因素的影响，打印尺寸相同，点距越小，分辨率越高。

提示与技巧

扫描分辨率与打印分辨率的设置

扫描分辨率与打印分辨率在大多数情况下是不相同的，而且屏幕上看到的图像尺寸与实际打印出来的图像尺寸也是不同的。

如果打印机的分辨率为300dpi，在扫描彩色照片或者灰度照片时，只要将扫描分辨率设置为100dpi就能获得不错的打印效果。在此条件下，即使是扫描分辨率为100dpi的黑白文字也能被清晰地打印出来。

如果使用的打印机分辨率为600dpi，在扫描彩色照片或者灰度照片时，只需将扫描分辨率设置为150dpi，就能获得不错的打印效果。但是如果要想将扫描出来的黑白文字通过600dpi的打印机清晰地打印出来，必须将文字扫描的分辨率设置为600dpi才可以。

3. 改变打印分辨率

当打印机设备正确安装到本地计算机后，打印机会自动选用较高的分辨率来打印目标文档，而打印分辨率选用得越高，打印机的打印速度就越慢。反之，打印分辨率设置得越低，打印机的工作速度就越快。

实际上平时使用打印机打印材料时，通常都是以纯文本内容为主，这些内容在较低输出分辨率下也能打印清楚，因此在打印普通文字材料时，不妨尝试将打印机的输出分辨率设置得稍微低一些，这样就能够提高文档打印速度。

单击任务栏中的“开始”按钮，执行“设置>打印机和传真”命令在弹出的打印机列表界面中，单击鼠标右键，在弹出的快捷菜单中单击“属性”命令，打开目标打印机的属性设置对话框。

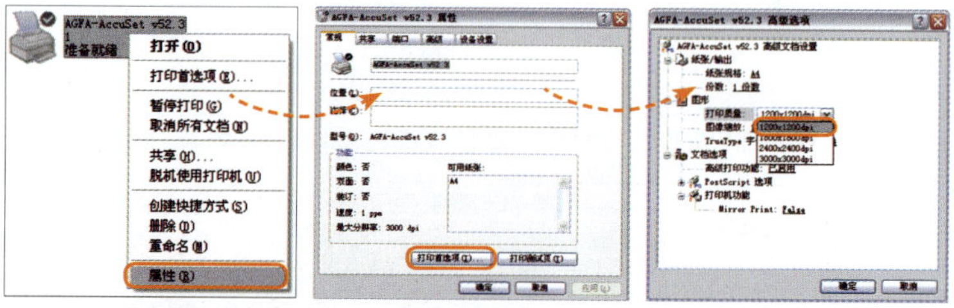

调整分辨率

单击窗口中的“常规”标签，在“常规”选项卡中单击“打印首选项”按钮，在其后弹出的设置界面中单击“高级”按钮，进入打印机设备的高级参数设置窗口。

在该设置窗口的“图形”选项组中单击“打印质量”选项的下拉按钮，在下拉列表中选择分辨率比较低的选项，例如这里可以选用“1200×1200dpi”选项，单击“确定”按钮保存好设置操作。这样，打印机就能以比较低的分辨率处理目标文档中的文字内容，而打印机速度就会明显提高许多。当然，如果此后需要高质量地打印图表或比较重要的文档内容时，还要及时将上面所做的修改设置还原为默认设置。

10.5 选择合适的纸张输出

在打印的过程中常常会遇到这样的情况，使用一台高分辨率的彩色喷墨打印机，却打印不出理想的图片。其实问题不在于打印机，而是在打印纸张的选择。

打印纸张对图像打印质量的影响非常大，尤其是使用高分辨率喷墨打印机时，专用纸张和普通纸张得到的打印效果差别非常明显。

随着计算机应用的深入发展，打印纸的需求量日益上升。为了可以最大限度地发挥出打印机的作用，各个厂家都研制了相应的高品质纸张与之相适应。常用的打印纸张有复写纸、普通喷墨打印纸、高级喷墨打印纸、高光相片纸、重磅粗面相片纸和激光打印纸等。

1. 普通喷墨打印纸

普通的喷墨打印纸适合打印图片文字结合的文档，打印时设置的分辨率最好不要超过1440dpi，否则容易造成色彩模式的侵染，使照片看起来很脏。

普通喷墨打印纸

2. 复写纸

复写纸适用于打印图片较少的文档，使用时分辨率的设置不要超过720dpi，否则容易使颜色墨水侵染。

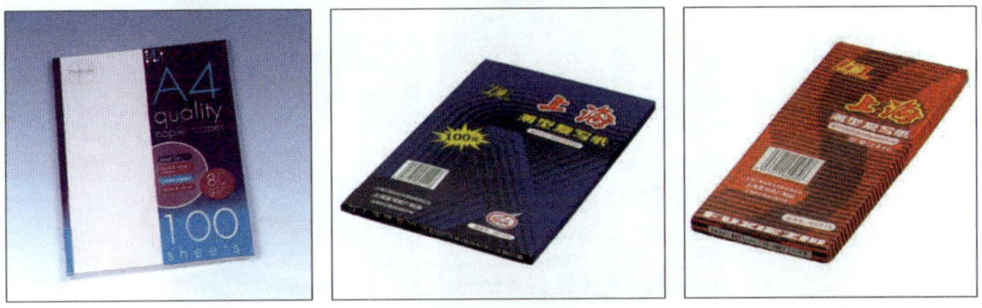

复写纸

3. 高级喷墨打印纸

复高级喷墨打印纸适于打印数码照片，使用时分辨率最好不要超过2880dpi。

高光相片纸适合打印品质颜色极高的数码照片，可以设置4880dpi的分辨率。

重磅粗面相片纸和激光打印纸在喷墨打印机上应用比较少，应该根据实际的情况选用。

高光相片纸

除一般的普通打印纸外，国内市场上大多数现代办公机器配套用的专用纸张还有比如喷墨纸、高光纸、光图纸、透明胶片、高宽胶片、灯箱片、纤维纸、转印介质等。

在选择打印纸张时，要尽量根据个人的需要打印机的种类和打印文件的情况综合考虑，合理地选择，这样才能使打印出的图片达到最佳效果。

10.6 制作标准证件照

由于证件照片的拍摄场景与构图都比较单一，照相馆拍摄出来的证件照有时无法使人满意。现在通过Photoshop对数码照片进行处理，可以选出满意的生活照片将其制作为证件照。

STEP 01 打开本书配套光盘中的“实例文件\chapter10\media\01.jpg”文件，可以看出这是一张生活照片，通过使用Photoshop进行后期的处理，可以将其调整为1寸的标准证件照。

STEP 02 单击裁剪工具，在画面中框选头部部分，完成后按下Enter键确认，可以看到画面由半身像变为脸部的近照。

提示与技巧

如何选择证件照

将生活照片调整为证件照时，照片的选择非常重要。首先，人物的拍摄角度为正面。其次，人物的表情不能过分夸张。最后，画面背景不能过于复杂。

STEP 03 为了制作出证件照的真实效果，首先需要为照片添加一个白色边框。执行“图像>画布大小”命令，弹出“画布大小”对话框，在对话框中设置“宽度”为2厘米，“高度”为2厘米，勾选“相对”复选框，完成后单击“确定”按钮。

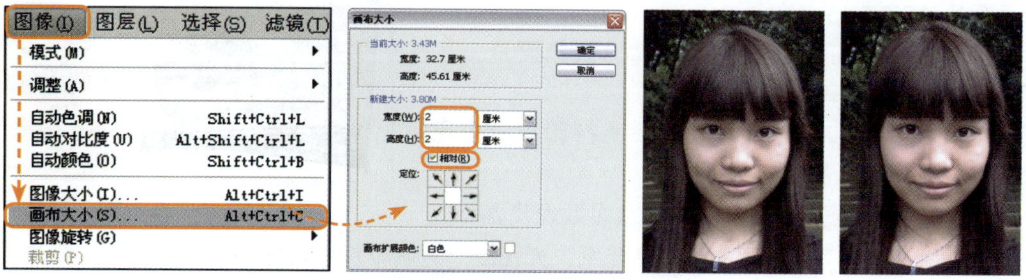

STEP 04 按下快捷键Ctrl+J复制“背景”图层得到“背景 副本”。执行“图像>调整>亮度/对比度”命令，弹出“亮度/对比度”对话框。

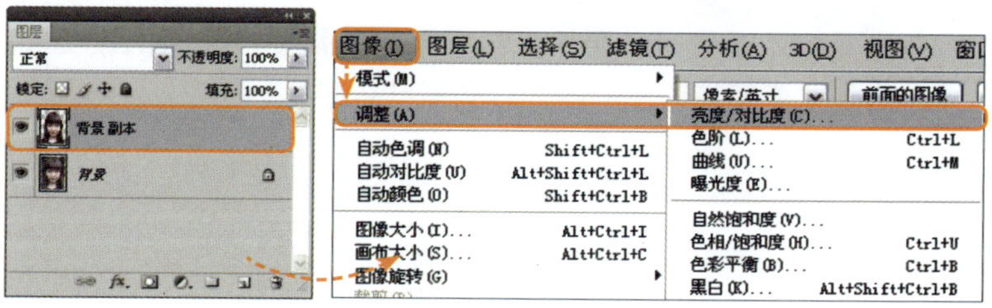

STEP 05 在打开的“亮度/对比度”对话框中，设置“亮度”为+12，“对比度”为+35，完成后单击“确定”按钮。可以看到画面的亮度明显提高。执行“图像>调整>色相/饱和度”命令，弹出“色相/饱和度”对话框，在打开的“色相/饱和度”对话框中选择“编辑”中的“全图”选项，设置“饱和度”为11，完成后单击“确定”按钮，可以看到画面中的色彩更加丰富。

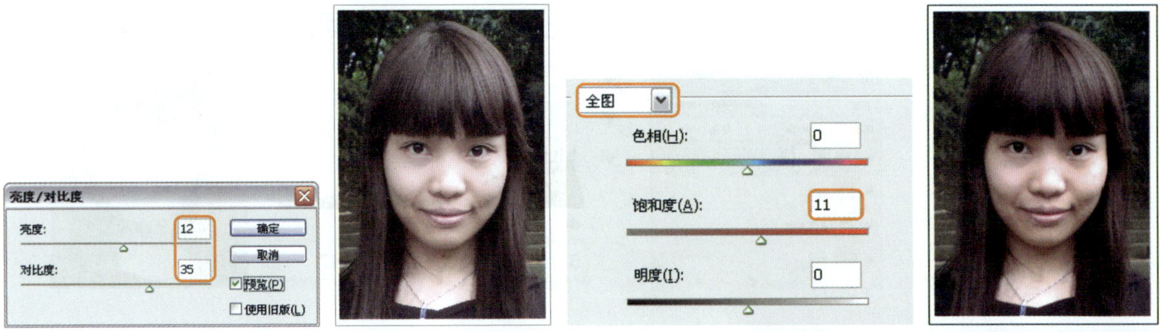

STEP 06 单击钢笔工具，绘制一个人物部分的路径，然后按下快捷键Ctrl+Enter将其转换为选区。执行“选择>修改>羽化”命令，弹出“羽化选区”对话框，在打开的对话框中设置“羽化半径”为5像素，完成后单击“确定”按钮退出。

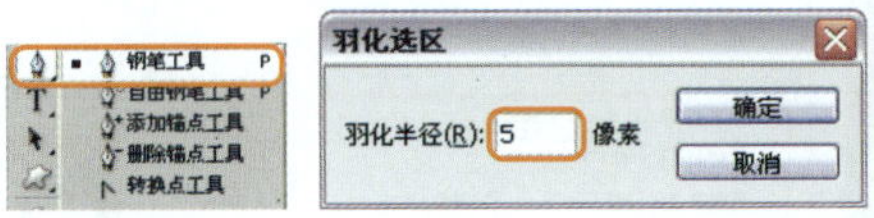

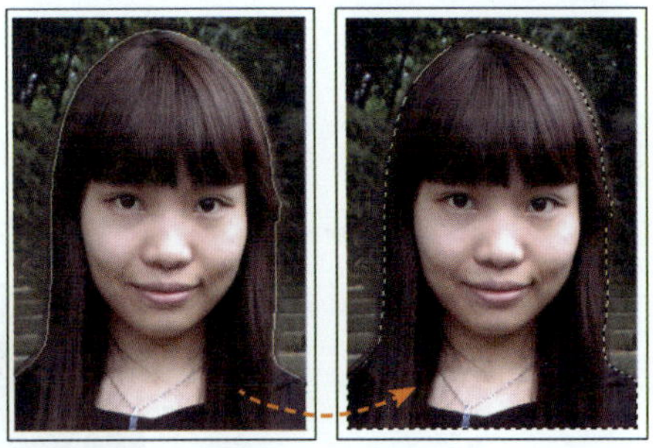

STEP 07 按下快捷键Ctrl+Shift+I反选选区，选取背景部分，按下Delete删除背景部分。单击“图层”面板下方的“创建新图层”按钮，得到“图层1”。设置前景色为R199、G48、B48，按下快捷键Alt+Delete填充“图层1”，然后将其移动到“背景 副本”之下。此时，证件照已经基本完成。

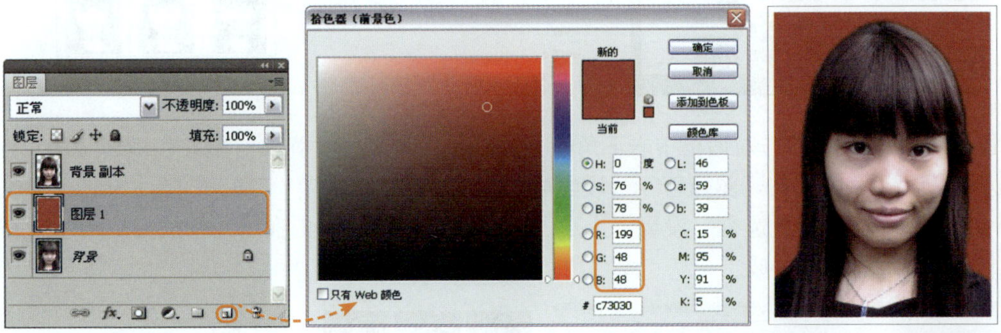

STEP 08 下面将对证件照进行局部调整，按下快捷键Ctrl+Shift+Alt+E盖印图层，得到“图层2”。单击污点修复画笔工具，选择一个较小的画笔在脸部单击，使人物皮肤更加光滑。

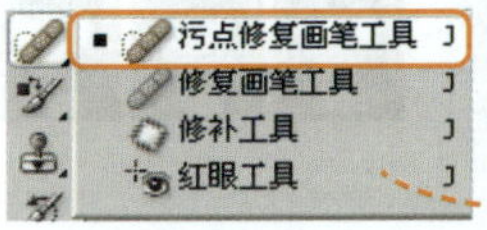

STEP 09 单击“图层”面板下方的“创建新的填充或调整图层”按钮，在弹出的菜单中选择“色阶”命令，“图层”面板中出现“色阶1”调整图层。将“输入色阶”中的黑色滑块与白色滑块向中间移动，设置“输入色阶”的参数为8、1.05、247，完成后单击“确定”按钮。证件照片就调整完成，下面将其制作为9张1寸的照片。

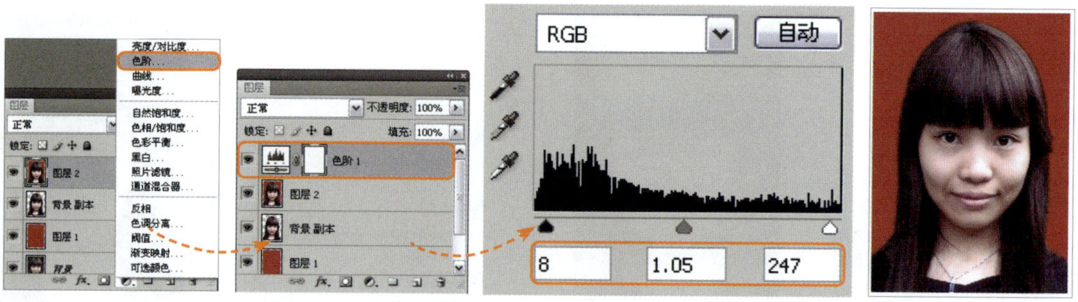

STEP 10 在Photoshop的官方网站下载增效工具，将其安装在Photoshop的增效工具文件包中。执行“文件>自动>图片包”命令，弹出“图片包”对话框，在对话框的“页面大小”的下拉列表中选择“3.5×5.0英寸”。由于证件照片需要冲印，对分辨率的要求比较高，所以在“分辨率”数值框中输入300，单位设置为“像素/英寸”，“模式”设置“为RGB颜色”。

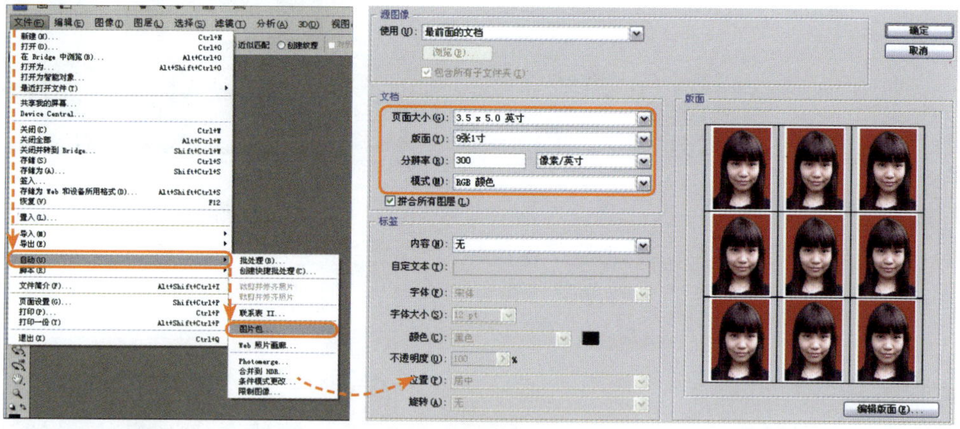

STEP 11 设置完成后，单击对话框中右下角的“编辑版面”按钮，弹出“图片包编辑版面”对话框。单击右边第一张证件照，在“图像区”选项组中设置“宽度”为1in，“高度”为1.5in，X为0.26in，Y为0.25in，勾选“对齐”复选框，设置“大小”为0.5in，将右边的9张照片摆放好后单击“确定”按钮。至此，证件照的制作完成。

提示与技巧

设定照片大小

设定单张照片的尺寸为1×1.5，必须将照片比例调整在这个比例中。可以使用裁切工具将其裁切为合适的大小。

10.7 打印照片的常用软件

为了能更好地保存数码照片，可以将其放置在计算机里面，也可以打印出来。打印照片一方面便于欣赏，另一方面也能够为照片多做一个备份。在打印照片时，常用的软件有Photoshop、ACDSee、Windows图片和传真查看器等，下面将一一介绍。

1．Photoshop软件

Photoshop软件可以在调整完图像后直接进行打印，执行“文件>打印”命令，弹出“打印”对话框，在打开的“打印”对话框中设置相关参数，单击“打印”按钮即可。

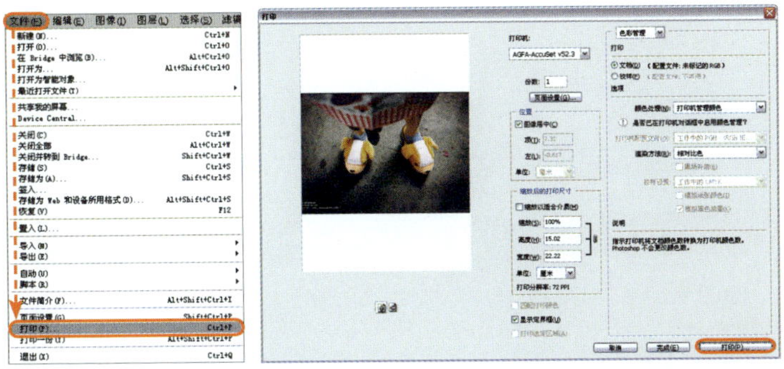

2．ACDSee软件

ACDSee软件不仅提供了良好的操作界面，简单人性化的操作方式，而且还可以对图像进行打印操作。执行“文件>打印图像”命令，即可弹出“打印”对话框，在打开的“打印”对话框中设置相关参数，单击“打印”按钮即可完成打印操作。

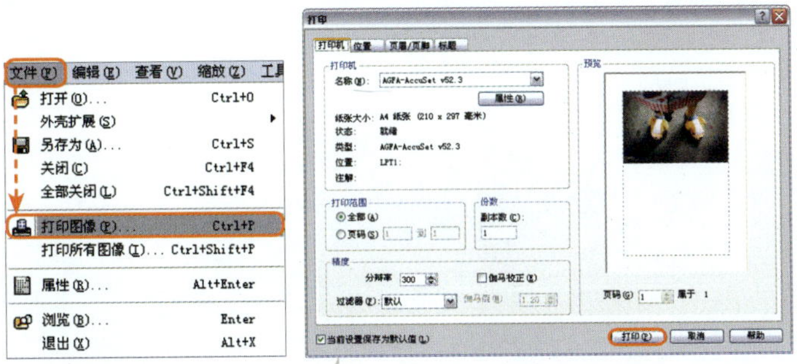

3．Windows图片和传真查看器

使用Windows图片和传真查看器可以对图像进行浏览和简单编辑。双击图片文件，系统会自动使用Windows图片和传真查看器进行浏览，在该软件中还可以对图像进行打印。

使用Windows图片和传真查看器对图像进行打印，单击下方的“打印”按钮，即可弹出“照片打印向导”对话框，根据系统的提示操作，即可完成打印。

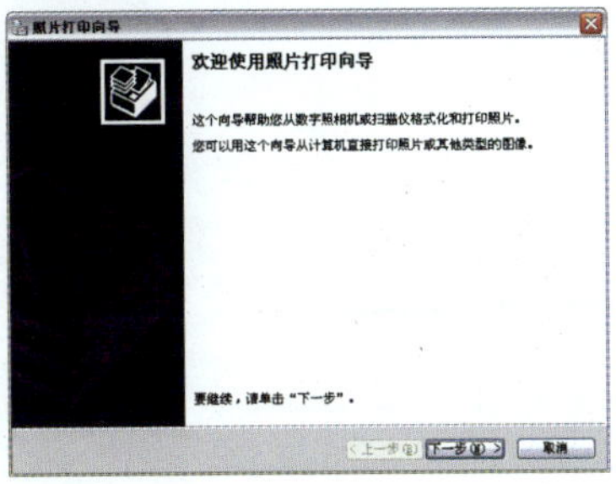